Joachim Klement

Technologie geradliniger und drehender Führungen

Technologie geradliniger und drehender Führungen

Dipl.-Ing. Joachim Klement

Mit 382 Bildern und 10 Tabellen

Bibliografische Information Der Deutschen Bibliothek

Die Deutsche Bibliothek verzeichnet diese Publikation
in der Deutschen Nationalbibliografie;
detaillierte bibliografische Daten sind im Internet über
http://www.dnb.de abrufbar.

Bibliographic Information published by Die Deutsche Bibliothek

Die Deutsche Bibliothek lists this publication
in the Deutsche Nationalbibliografie;
detailed bibliographic data are available on the internet at
http://www.dnb.de

ISBN 978-3-8169-3144-7

Vorwort

In den nachfolgenden Kapiteln wird die Erfahrung langjähriger Werkzeugmaschinen Konstruktions- und Entwicklungstätigkeit aufgezeigt, welche sich bei modernen Führungssystemen an Bearbeitungsmaschinen, Messmaschinen, Handlingachsen und Vorschubbaugruppen ergeben. Es werden praxisbezogene Lösungen angeboten.

Dazu gehört die Beschreibung von Hydrodynamischen Geradführungen, Wälzführungen, kombinierte gleitende und wälzende Geradführungen, Fehler der Gleitführungen und ihre Ursachen, Hydrostatische Gleitführungen, Aerostatische Geradführungen, Elektromagnetische Geradführungen, Schmierung von Gleitführungen, Schmierung von Wälzführungen, Klemmeinrichtung geradliniger Führungen, Dämpfelemente geradliniger Führungen, Messsysteme an geradlinigen Führungen, Hydrodynamische Drehführungen, Wälzende Drehführungen, Hydrostatische Drehführungen, Aerostatische Drehführungen, Elektromagnetische Drehlagerungen, Klemmung drehender Führungen, Schmierung drehender Führungen, Messsysteme drehender Führungen, Dichtung, Schutzabdeckungen, Werkstoffe drehender Führungen, Berechnung Programme, Gleitlager und Wälzlager Schäden.

Die Anforderungen an die Dynamik und gleichzeitig an die Genauigkeit von Produktionsmaschinen, Bearbeitungsmaschinen und Handlingsystemen steigt laufend.
Somit bilden Führungen ein wichtiges Bauteil der Maschinen.

Die Texte sind durch zahlreiche instruktive Skizzen ergänzt.

Ich danke den Herren Armin Kopp und Matthias Wippler und Herrn Jonas Frießlich für die nützlichen Hinweise zur Manuskriptgestaltung und für die Herausgabe des Buches. Besonders danke ich meiner Familie für die Geduld bei meinen Schreib- und Recherchearbeiten.

Coburg, März 2018

Dipl. Ing. Joachim Klement

Inhaltsverzeichnis

1 Allgemeine Gesichtspunkte 1

1.1 Führungsarten 2

2 Aufgabe und Einteilung der Führungen 4

3 Grundformen der Führungen 7

4 Auswahl von Führungen 9

4.1 Eigenschaften von Tischführungen 16

5 Geradführungen 17

5.1 Führungstypen 18

6 Hydrodynamische Führung (Gleitführungen) 29

6.1 Zulässige Flächenpressungen auf Führungsbahnen: 29
6.1.1 Werkstoffpaarung 31
6.2 Berechnungsbeispiel für eine Flachprismenführung 31
6.2.1 Prismenführung 33
6.2.2 Verschiebekraft 33
6.3 Gestaltung 33
6.3.1 Flachführungen 34
6.3.2 Schwalbenschwanzführung 34
6.4 Passleisten 35
6.5 Umgriffleisten 36
6.6 Rundführungen 38
6.7 Klemmgefahr 39
6.8 Hydrodynamische Druckbildung 40
6.9 Reibungsarten 43
6.10 Stribeck-Kurve 46
6.11 Werkstoffe für Gleitführungen 47

7 Wälzende Geradführungen 50

7.1 Vergleich zwischen Kugel- und Rollenführungen 54
7.2 Vergleich zwischen Gleit- und Wälzführungen 57
7.3 Crash-Sicherheit 57
7.4 Dämpfung 59
7.5 Genauigkeit der Anschluss-Konstruktion 61
7.6 Ablaufgenauigkeit der Linearführung 62

8 Kombinierte gleitende und wälzende Geradführung ... 64

9 Fehler der Gleitführungen sowie ihre Ursachen, ihre Messung und Korrektur ... 66

9.1 Messprinzipien ... 67
9.2 Messung der Tischgerad- und -ebenheit ... 69
9.2.1 Messverfahren mit Lineal und Wegaufnehmern ... 69
9.2.2 Messverfahren mit positionsempfindlicher Diode (PSD) ... 69
9.2.3 Messverfahren mit Autokollimator ... 70
9.2.4 Messverfahren mit elektronischer Neigungswaage ... 70
9.2.5 Messverfahren mit Laser-Interferometer und Winkeloption ... 71
9.3 Messung der Geradlinigkeit der Bewegung ... 71
9.4 3D-Formvermessung (Elcolevel) ... 72
9.5 Laservermessung ... 74
9.6 Abweichungs-Korrektur ... 75

10 Hydrostatische Gleitführungen ... 77

10.1 Eigenschaften und Anwendung der Hydrostatik ... 77
10.2 Arbeitsweise hydrostatischer Lager ... 80
10.3 Systeme zur Ölversorgung ... 83
10.4 Viskosität und Fließvorgänge des Druckmittels ... 92
10.5 Tragfähigkeit und Ölfilmsteifigkeit ... 95
10.6 Bauarten Hydrostatischer Flachführungen ... 102
10.7 Vorteile der hydrostatischen Führung ... 105
10.8 Nachteile der hydrostatischen Führung ... 105

11 Aerostatische Geradführungen ... 106

11.1 Präzisionsluftlager – Technologie der Zukunft ... 106
11.2 Funktionsweise von Luftlagern (aerostatische Lager) ... 106
11.2.1 Klassifizierung ... 106
11.2.2 Konventionelle Luftlager ... 106
11.3 Vorteile der aerostatischen Führung ... 108
11.4 Nachteile der aerostatischen Führung ... 108
11.5 Anwendungen ... 108

12 Elektromagnetische Geradführungen ... 112

12.1 Beschreibung der einzelnen Schwebeprinzipien ... 113
12.1.1 Permanentmagnetisches Schweben (PMS) ... 113
12.1.2 Verwendung des permanentmagnetischen Schwebens ... 113
12.1.3 Elektrodynamisches Schweben (EDS) ... 113
12.1.4 Verwendung des elektrodynamischen Schwebens ... 114

12.2 Anwendungen ... 114
12.2.1 Förderfahrzeug mit Hybrid-Magnetschwebesystem ... 114
12.2.2 Lineare Magnetführung für eine direkt angetriebene Vorschubachse ... 117
12.3 Magnetschwebetechnik am Beispiel des Transrapid ... 118
12.3.1 Antriebssystem ... 120

13 Beanspruchung, Steifigkeit und Kontaktsteifigkeit der Geradführungen ... 122

13.1 Berechnungsbeispiel: ... 124

14 Schmierung von Gleitführungen ... 128

14.1 Ölzufuhr ... 129
14.2 Gleitführungen mit polymeren Lagerwerkstoffen ... 131
14.3 Wirkung von Abstreifern ... 132
14.4 Einfluss des Werkstoffes ... 132
14.5 Einfluss der Flächenpressung ... 135
14.6 Strukturierung der Gleitflächen ... 135
14.7 Zusammenfassung ... 137

15 Schmierung von Wälzführungen ... 138

15.1 Führungs-Beschichtung ... 141
15.2 Spezialwerkstoffe ... 143
15.3 Abdichtung und Abstreifer ... 145

16 Führungselemente geradliniger Führungen ... 149

16.1 Geometrische Grundformen ... 149
16.1.1 Gleitführung ... 149
16.1.2 Wälzführungen: ... 151
16.2 Ausführungen linearer Profilschienenführungen ... 152
16.2.1 Rollenführungen ... 156
16.2.2 Profilschienenführung mit eingebautem elektrischen Direktantrieb ... 159

17 Klemmeinrichtungen geradliniger Führungen ... 162

17.1 Funktionsbeschreibung einer Sicherheitsklemmung für Schienenführungen 163
17.1.1 Pneumatisch mit Membrankammer ... 163
17.1.2 Pneumatisch mit Keilgetriebe ... 164
17.1.3 Hydraulische Schwerlastklemmung ... 165
17.1.4 Hydraulisches Brems- und Klemmelement mit Keilgetriebe ... 166
17.2 Maschinenspezifische Klemmlösungen ... 168

18 Dämpfungselemente geradliniger Führungen ... 170

18.1 Profilschienenführung mit Dämpfelementen ... 172
18.2 Zusammenfassung: ... 174

19 Messsysteme an geradlinigen Führungen ... 176
19.1 Beispiele von geradlinigen Messsystemen ... 177
19.1.1 Fotoelektrisches Linearmesssystem mit Strichmaßstab ... 177
19.1.2 Inkrementales Längenmesssystem mit fotoelektrischer Abtastung ... 178
19.1.3 Fotoelektrisches Linearmesssystem mit Code-Lineal. ... 179
19.1.4 Resolver ... 179
19.2 Elektrische Messsignal Verarbeitung ... 180
19.3 Eigenfrequenz des Messsystems ... 180
19.4 Längenmesssystem „Closed Loop“ und „Semiclosed Loop“ ... 181
19.4.1 Vergleich zwischen „Semiclosed Loop“ und „Closed Loop“ Messsystem ... 182
19.5 Prinzip und Baumaße der Längenmessgeräte ... 182
19.6 Profilschienenführung mit integriertem Wegmesssystem ... 184
19.7 Fehleinflüsse der direkten und indirekten Wegmessung ... 187
19.8 Übersicht über digitale Messverfahren ... 188
19.9 Übersicht über analoge Messverfahren ... 189

20 Drehführungen ... 190

21 Hydrodynamische Drehführungen ... 193
21.1 Aufbau der hydrodynamischen Spindel ... 193
21.1.1 Drehzahl ... 195
21.1.2 Steifigkeit ... 195
21.1.3 Schmierung ... 195
21.2 Anwendungsbeispiele mit hydrodynamischen Spindeln ... 197

22 Wälzende Drehführungen ... 205
22.1 Lagerauswahl für wälzgelagerte Werkzeugmaschinen-Spindeln ... 206
22.2 Thermisch neutrale Hauptspindellagerung ... 209
22.2.1 Ermittlung des thermisch neutralen Abstandes ... 209
22.3 Anwendungsbeispiel ... 213
22.4 Ausgeführte wälzende Drehführungen von Werkzeugmaschinen ... 215
22.4.1 Lagerungssysteme für die Arbeitsspindeln von Dreh- und Fräsmaschinen ... 215
22.4.2 Erfahrungen mit dem Fest-/ Loslager-System ... 217
22.4.3 Erfahrungen mit dem starren Lagerungssystem ... 220
22.4.4 Bearbeitungszentrum Arbeitsspindellagerung ... 220
22.4.5 Schleifmaschinen Spindellager ... 221
22.5 Rundachsenlagerung ... 221
22.6 Rundachslager mit Zusatzfunktionen ... 222
22.6.1 Rundachslager mit integriertem Winkel-Messsystem ... 223
22.6.2 Schwingungsgedämpftes Rundtischlagersystem ... 224
22.7 Drahtwälzlager für Leichtbau-Konstruktionen ... 227

23 Hydrostatische Drehführungen ... 228
23.1 Taschen-Drucköl-Systeme ... 231
23.1.1 Hydrostatische Lager ohne zusätzliche Regelung ... 231
23.1.2 Hydrostatische Lager mit Regelung ... 233
23.2 Hydrostatische Spindeln ... 234
23.3 Hydrostatische Axiallager ... 238
23.4 Hydrostatischer Gewindetrieb im Vergleich zum Linearmotor ... 239
23.4.1 Die Steife bei statischer sowie dynamischer Belastung ... 241
23.4.2 Die maximale Beschleunigung ... 242
23.5 Anwendungs-Beispiele ... 245

24 Aerostatische Drehführungen ... 247
24.1 Aufbau einer aeroynamischen Spindel ... 249
24.2 Anwendungen ... 250

25 Elektromagnetische Drehlagerungen ... 251
25.1 Unterschied zwischen magnetisch gelagerten Spindeln und herkömmlich gelagerten Spindeln ... 254
25.2 Prinzip der Regelung ... 255
25.3 Vor- und Nachteile magnetisch gelagerter Spindeln ... 256
25.4 Anwendungen magnetisch gelagerter Spindeln ... 257
25.5 Aufbau einer Magnetlager-Motorspindel ... 260
25.6 Vorteile von magnetgelagerten Motorspindeln im Formenbau ... 262
25.7 Grenzen von Magnetlager-Motorspindeln ... 264
25.8 Anwendungen ... 265
25.8.1 Rundtisch mit kombinierten mechanischen Lager und Magnetlagersystem ... 265
25.8.2 Rundtisch mit Magnetlager und Führung ... 265

26 Klemmung drehender Führungen ... 270
26.1 Funktion verschiedener Klemmsysteme ... 271
26.1.1 Pneumatisches Klemm- und Bremselement ... 271
26.1.2 Klemmelement zur Drehmomentaufnahme mit Federenergiespeicher ... 272
26.1.3 Klemmsystem „RotoClamp“ Fabrikat Hema ... 273
26.1.4 Axiale Klemmung einer Fräskopfachse ... 278
26.1.5 Radiale Klemmung einer Schwenkfräskopfachse ... 279

27 Schmierung drehender Führungen ... 283
27.1 Aufgaben der Schmierung ... 283
27.2 Fettschmierung ... 285
27.3 Öl+Luft-Schmierung ... 289
27.3.1 Vorteile der Öl+Luft-Schmierung ... 290
27.3.2 Schmierstoffmenge für Wälzlager ... 291
27.3.3 Anforderungen an den Schmierstoff ... 292
27.3.4 Druckluft ... 293

27.3.5 Schmierstoffzuführung 294
27.3.6 Öl+Luft-Schmieranlagen 296
27.4 Schmierung mit großen Ölmengen 297
27.4.1 Gestaltung der Einspritzschmierung 298
27.5 Schäden durch mangelhafte Schmierung 302
27.6 Selbstschmierende Gleitlager 304

28 Messsysteme für drehende Führungen 312
28.1 Fotoelektrischer Drehgeber mit Strichscheibe 312
28.2 Axial-Radiallager mit Messsystem 314
28.2.1 Vorteile des Messsystems 317

29 Dichtung 319
29.1 Dichtung geradliniger Führungen 319
29.2 Dichtung drehender Führungen 322
29.2.1 Berührende Dichtsysteme 322
29.2.2 Berührungsfreie Dichtsysteme 327
29.2.3 Sperrluft-Dichtsysteme 332
29.2.4 Drehende Dichtungen mit Sensor-Verschleißerkennung 336

30 Reibung 338
30.1 Äußere Reibung: 339
30.2 Innere Reibung 340
30.3 Reibung in der Schmierungstechnik 341
30.3.1 Tribologische Eigenschaften 341
30.4 Reibungsverhältnisse im Zahnradgetriebe 342
30.5 Reibungsverhältnisse bei Vorschubantrieben 343

31 Führungs-Schutzabdeckungen 347
31.1 Teleskop-Stahlabdeckungen 348
31.1.1 Stahlabdecksysteme für hohe Verfahrgeschwindigkeiten 349
31.2 Rolloabdeckungen 351
31.3 Faltenbälge 352
31.3.1 Schutzabdeckungen im Bereich Großbearbeitungszentren 355
31.4 Profilierte Führungsbahnabstreifer 357

32 Werkstoffe für drehende Führungen 358
32.1 Gleitlager 358
32.2 Normen 359
32.3 Hochbelastete Spindeln aus faserverstärkten Kunststoffen 360

33 Berechnungsprogramme Linearführungselemente ... 362
33.1 Berechnungsprogramm INA „Bearinx“ ... 362
33.1.1 Programm-Eingabeschritte ... 362
33.1.2 Berechnungs-Beispiel ... 366
33.2 Berechnungsprogramm Bosch Rexroth „Linear Motion Designer“ ... 368
33.3 Berechnungsprogramm für Schneeberger „Monorail“ Führungen ... 368

34 Gleitlager- und Wälzlager-Schäden ... 371
34.1 Gleitlager-Schäden ... 371
34.2 Wälzlager-Schäden ... 375
34.2.1 Überwachung der Lager ... 378

35 Anwendungsbeispiele ... 379

36 Literaturverzeichnis ... 391

37 Stichwortverzeichnis ... 398

1 Allgemeine Gesichtspunkte

Führungen sind neben den Antrieben und Gestellen die wichtigsten Bauteile der Maschinen. Zur Bewegung der Supporte und Arbeitstische sowie der Lagerung von Hautspindeln sind Führungen erforderlich.

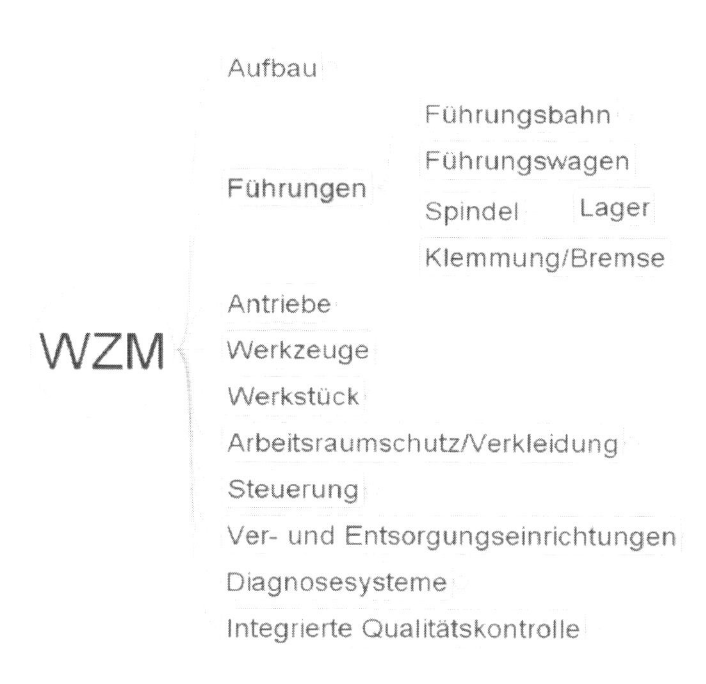

Bild 1.1: Baugruppen spanender Werkzeugmaschinen

Die Aufgabe einer Führung ist, die Geradlinige oder Drehbewegung umzusetzen. Dabei müssen zum Teil sehr hohe Kräfte aufgenommen werden. Außerdem hängen Genauigkeitswerte in starken Maßen von den Führungen ab.
Besondere Anforderungen an die Führungen und Lagerungen besonders von Werkzeugmaschinen sind:

- hohe Führungsgenauigkeit über die gesamte Betriebsdauer
- kein mechanisches und thermisches Verklemmen
- Geringe Haft- und Gleitreibung und Verschleiß
- Günstige Herstellung und Betriebskosten

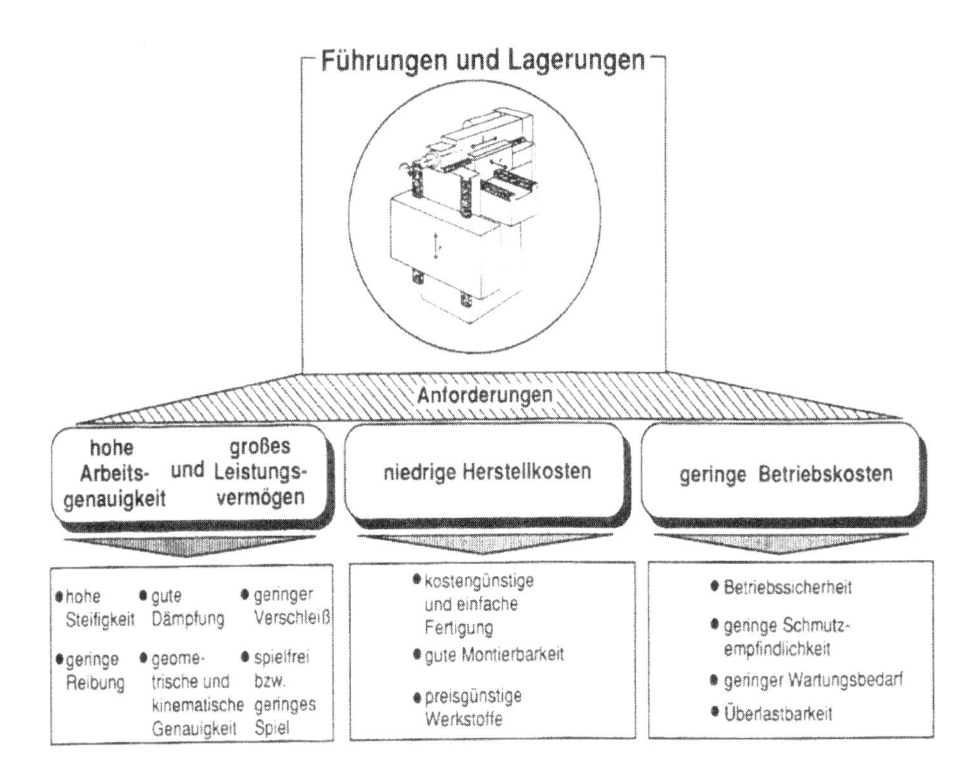

Bild 1.2: Anforderungen an Führungen und Lagerungen

1.1 Führungsarten

Bewegungsführungen ermöglichen während des Abspanvorgangs genaue geometrische Bewegungen von Maschinenteilen, die Werkstück oder Werkzeug tragen. Sie sind nötig zur Erzeugung der gewünschten Wirkbewegungen.
Verstellführungen sind während des Abspanens verschraubt oder geklemmt, sie dienen zum Beispiel zur Festlegung des Ausgangs- oder Endpunktes der Wirkbewegung.
Bei Bewegungsführungen sollen die Maschinenteile quer zur Führungsrichtung ihre Lage beibehalten, während sie in Führungsrichtung vom Antrieb bewegt werden. Die Geschwindigkeit in den Führungen richtet sich nach den Schnitt-, Vorschub- oder Zustellgeschwindigkeiten. Erstere können zum Beispiel im Verhältnis n max : n min = 200, letztere zum Beispiel im Verhältnis v Eilgang : v Vorschub = 1000 verändert werden. Bei den hohen Genauigkeitsanforderungen, die an die Führungen gestellt werden, ergeben sich allein schon aus den Geschwindigkeitsbereichen Probleme in Bezug auf Art die Führungen (gleitend, wälzend, hydrostatisch). Aus der unterschiedlichen Aufgabenstellung folgt, dass Bewegungsführungen schwieriger zu konstruieren und zu behandeln sind als Verstellführungen.

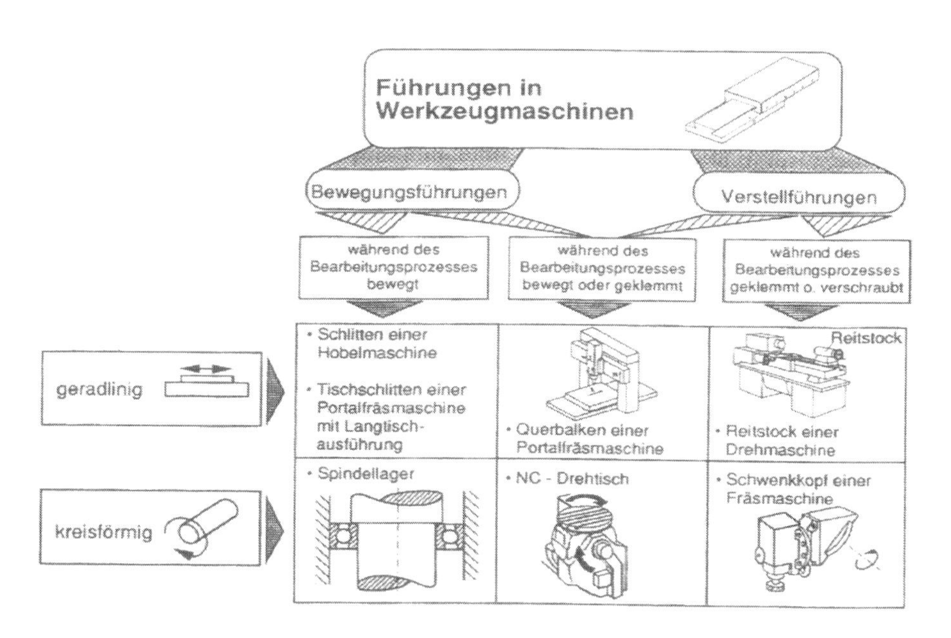

Bild 1.3: Führungen in Werkzeugmaschinen

Es kommt jedoch auch vor, dass Bewegungsführungen für bestimmte Aufgaben geklemmt werden müssen. Dann sind schädliche Nebenwirkungen, wie fehlerhafte Verschiebung oder Deformation, zu vermeiden.

Hohe Führungsgenauigkeit bedeutet:

- geringe Haft- und Gleitreibung für genaues Positionieren mit möglichst kleinen Vorschubkräften.
- Hohe statische Steifigkeit und geringes Führungsspiel, um die Abweichung von der Soll-Bewegung der geführten Bauteile bei unterschiedlichen Belastungen gering zu halten
- Hohe Dämpfung in Trag- und in Verfahrrichtung, um die Neigung zum Rattern und Ruckgleiten zu verringern
- Hohe thermische Steifigkeit zur Erhaltung der Führungsgenauigkeit während des gesamten Betriebszyklus
- Niedriger Verschleiß

Die Güte der Führungen beeinflusst die Dauergenauigkeit der Maschine besonders stark. Ein großer Prozentsatz der Herstellkosten einer Maschine entfällt auf die Führungen.
Führungen erzeugen geradlinige oder kreisförmige Bewegungsbahnen. Durch Kombination sind aber auch andere Bahnen möglich. Die Spindel eines Bohrwerkes zum Beispiel wird axial verschoben (gerade geführt) und gedreht. Entsprechend werden die Führungen in Gerad- oder Längsführungen, Kreis- oder Drehführungen mit je einem Freiheitsgrad und Gerad- und Kreisführungen mit zwei Freiheitsgraden eingeteilt. Kreisführungen kennzeichnen im Schrifttum vorwiegend Arbeitsspindellagerungen.

2 Aufgabe und Einteilung der Führungen

Führungen und Lagerungen müssen folgende Eigenschaften besitzen:

- geringe Reibung und Stick-Slip-Freiheit als Voraussetzung für exaktes Positionieren mit geringen Vorschubkräften,
- geringen Verschleiß und Sicherheit gegen Fressen, damit die Genauigkeit über lange Zeit erhalten bleibt,
- hohe Steifigkeit und geringes Führungsspiel beziehungsweise Spielfreiheit, um die Lageveränderungen der geführten Bauteile unter Last gering zu halten,
- gute Dämpfung in Trag- und Bewegungsrichtungen, um Überschwingungen der Vorschubantriebe und Ratterneigung der Maschine zu vermeiden.

Entsprechend den geforderten Führungsaufgaben werden dem zu führenden Element von den drei geradlinigen und den drei drehenden Freiheitsgraden der Bewegung mindestens vier – in den meisten Fällen fünf – Freiheitsgrade entzogen.

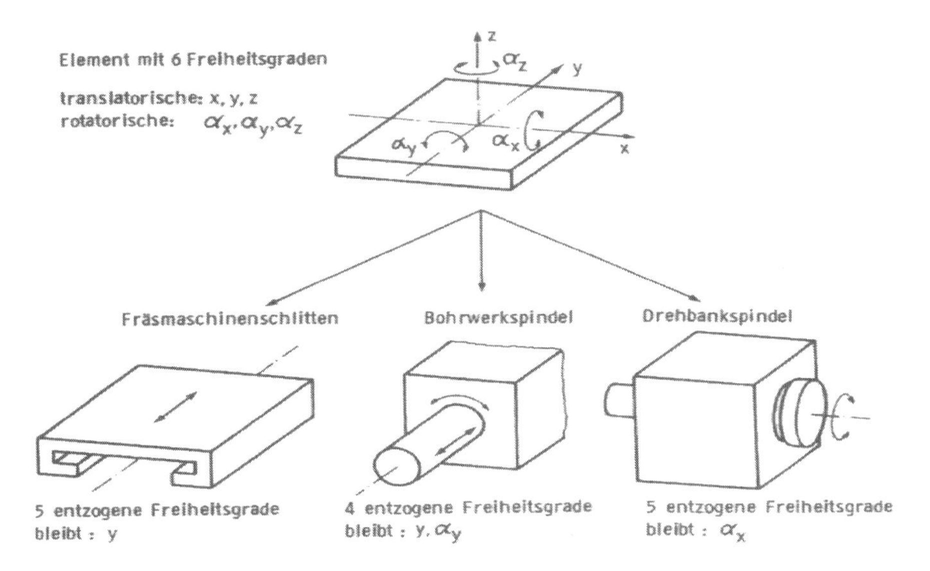

Bild 2.1: Bewegungsfreiheitsgrade

So besitzt beispielsweise ein geradlinig geführter Schlitten nur noch einen geradlinigen Freiheitsgrad. Die Bohrspindel in der Pinolenführung eines Bohrwerkes hat einen geradlinigen und einen drehenden Freiheitsgrad, während eine Arbeitsspindel einer Drehmaschine nur noch einen drehenden Freiheitsgrad behält.

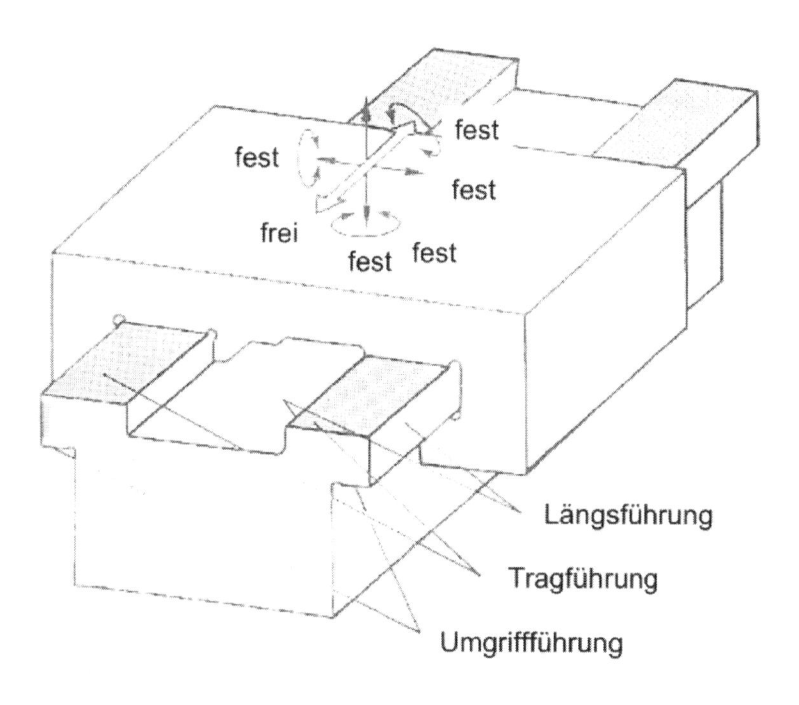

Bild 2.2: Eigenschaften von Tischführungen an Vorschubachsen

Tabelle 2.1: Führungsarten

	Gleitführung	Wälzführung	Hydrostatische Führung	Aerostatische Führung	Lineare Profilschienenführung
Reibungs- und Verschleißverhalten	Ungünstig, durch Werkstoffauswahl beeinflussbar	Günstig	Sehr günstig	Außerordentlich günstig	Günstig
Gefahr von Stick-Slip	Vorhanden	Nicht vorhanden	Nicht vorhanden	Nicht vorhanden	Nicht vorhanden
Anforderungen an Material- und Oberflächenqualität	Sehr hoch	Hoch	Gering	Gering	Gering (Montagefläche) (für OEM-Anwender)
Maßnahmen zur Erzielung hoher Dauergenauigkeit	Sehr aufwendig	Wenig aufwendig	Entfallen	Entfallen	Entfallen (für OEM-Anwender)
Steifigkeit	Sehr gut	Gut, falls vorgespannt und Umbauteile steif genug sind	Unterschiedlich, je nach Ölversorgungssytem. Hohe Steifigkeit bei Membrandrosseln	Weniger gut	Gut, falls vorgespannt und Montage auf genügend steife Teile erfolgt
Dämpfungsgrad	Sehr hoch, nicht konstant $D_{mech} \geq 0{,}1 \ldots 0{,}3$	Gering $D_{mech} \leq 0{,}1$	Hoch, durch konstruktive Maßnahmen beeinflussbar $D_{mech} \approx 0{,}15 \ldots 0{,}25$	Sehr gering $D_{mech} \leq 0{,}05$	Gering $D_{mech} \leq 0{,}1$
Herstellaufwand	Sehr hoch	Kaufteile, aufwendig bei Montage, die sorgfältig erfolgen muss	Wenig, jedoch Hydrauliksystem an der Maschine erforderlich	Gering, jedoch Luftaufbereitung erforderlich	Kaufteile Montage muss sorgfältig erfolgen
Bevorzugter Einsatzbereich	Werkzeugmaschinen, oft auch zusammen mit Wälzführungen als kombinierte Führung	Werkzeugmaschinen	Großwerkzeugmaschinen. HSC-Anwendungen	Messmaschinen	Werkzeugmaschinen, Handhabungstechnik Allgemeine Automatisierung

3 Grundformen der Führungen

Ausgangsform für Geradführungen sind die im folgenden Bild (A-D) dargestellten Führungspaare.
Das Führungspaar im Bild D ist Ausgangsform für Drehführungen oder kombinierte Dreh-Geradführungen.

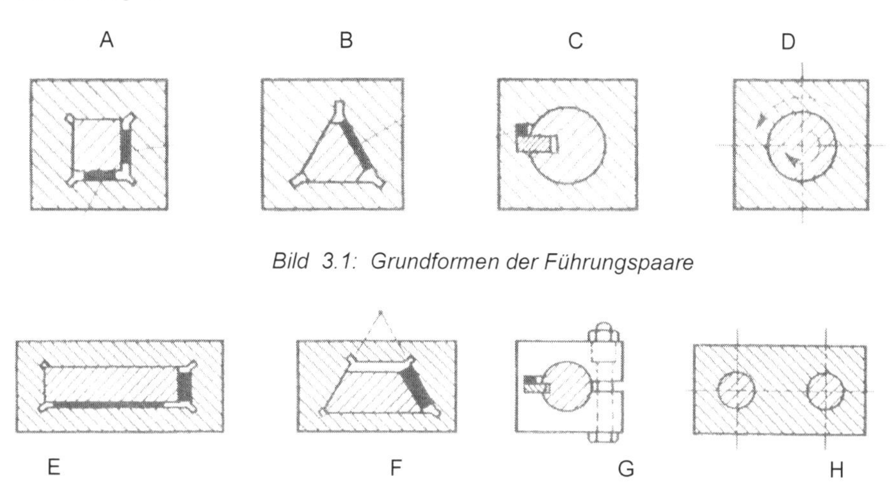

Bild 3.1: Grundformen der Führungspaare

Bild 3.2: Abwandlung der Grundformen der Führungspaare

Die Bilder (E-H) zeigen weitere Ausgangsformen. Aus der quadratischen ist eine rechteckige, aus der dreieckigen eine trapezförmige Führung geworden. Die Spielfreiheit der Führungspaare erreicht man durch Einbau genauer Passleisten. (Im Bild schwarz angelegt.)
Für die rechteckige Form sind zwei Passleisten, für die dreieckige Form ist eine erforderlich. Die Dreiecksform liegt dem bekannten Prisma zugrunde. Eine Geradführung mit zylindrischen Grundformen ist nur mit großem Aufwand spielfrei zu fertigen. In der Ausführung nach Bild G ist das gesamte Spiel zu beseitigen, welches auf dem Umfang des Zylinders besteht, nach Bild H ähnlich.
Bei jedem Herstellungsverfahren muss mit gewissen Fehlern gerechnet werden. Fehlerhafte Fertigung aber bedingt bei allen Grundformen nach den Bildern A-H Spiel oder Zwang.
Die Grundformen nach Bild A und B werden als statisch bestimmt betrachtet. Bei einem zylindrischen Führungselement nach Bild C ist dieser Zustand nicht garantiert.
Die Bearbeitung von zylindrischen Führungsteilen ist zwar einfacher als die von ebenen Teilen, dafür ergeben sich aber für zylindrische Elemente Nachteile, wenn die Herstellungsgenauigkeit nicht ausreicht, da sie normalerweise nicht nachgearbeitet werden können.
Vergleicht man die Grundformen der Bilder A und B, so stellt man fest, dass die Rechteckform vier, die Dreieckform drei bearbeitete Flächen für jedes Führungselement benötigt. Die Anzahl der zu bearbeitenden Führungsflächen kann man etwa proportional dem Fertigungsaufwand setzen.

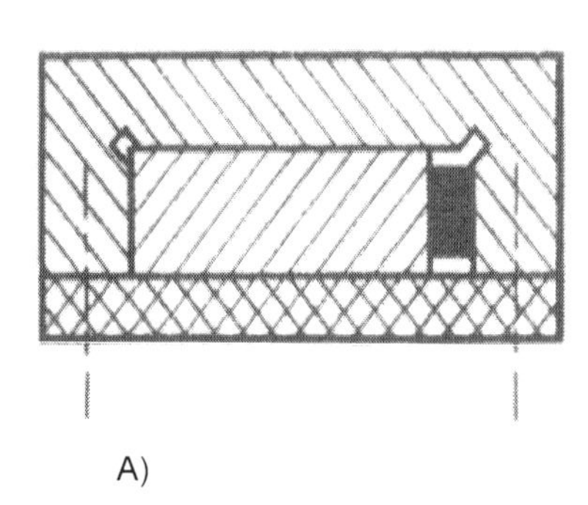

A)

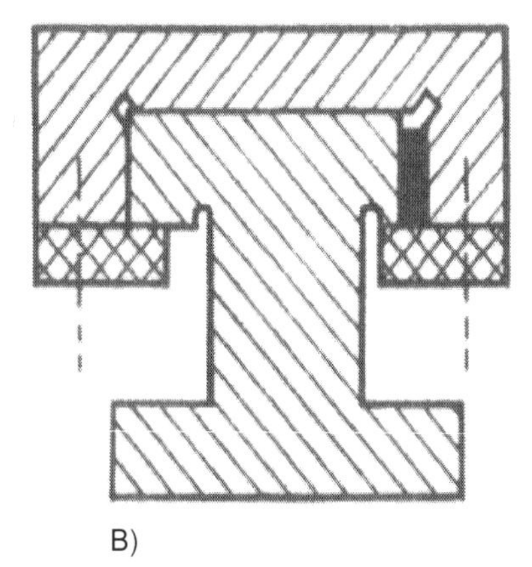

B)

Bild 3.3: Grundformen für Geradführungen
A) Schlitten geteilt, unten geschlossen
B) Schlitten unten offen

Das äußere Führungsteil kann in der Praxis selten das innere Teil voll umschließen. Das äußere Teil muss geöffnet werden können oder ganz offen bleiben. Die folgenden Bilder A und B sind Beispiele hierfür. Zylindrische Führungsteile – also Bohrung und Zylinder – sollten nicht geteilt ausgeführt werden. Die Grundform nach Bild C hat eine direkte praktische Bedeutung. Ihr Einsatzgebiet ist aber eingeschränkt, weil sie nicht geteilt und der Schlitten nicht herausgehoben werden kann.

Die im Einsatz befindlichen Geradführungen sind oft Kombinationen aus den Grundformen der Bilder A bis H.

Die Drehführungen (Lagerungen) entsprechen dem in Bild D dargestellten Prinzip. Durch verschiedene Lagerungsarten und Ausführungen versucht man bei ihnen: großen Wirkungsgrad, hohe Steifigkeit und Genauigkeit, sowie Spielfreiheit zu erzielen.
Von der Lagerungs- beziehungsweise Führungsart sind die Grundformen der Führungselemente nahezu unabhängig. An die Stelle eines Schmierfilmes bei Gleitführungen treten Rollkörper wie Kugeln oder Walzen bei Wälzführungen. Bei hydrostatischen Führungen unterliegt der Schmierfilm den Gesetzen der Hydrostatik.

4 Auswahl von Führungen

Eine Analyse der unterschiedlichen Geradführungen an Werkzeugmaschinen hat ergeben, dass eine Reihe von konstruktiven Merkmalen zur Erfüllung der Funktion bei allen Führungen vorkommt.

Die Merkmale lassen sich in folgende Punkte gliedern:

1. Führungsprinzip
2. Form der Führungsbahnen
3. Konstruktive Varianten
4. Schutzvorrichtungen
5. Schmiersystem
6. Schmierstoff
7. Werkstoffpaarung
8. Bearbeitung

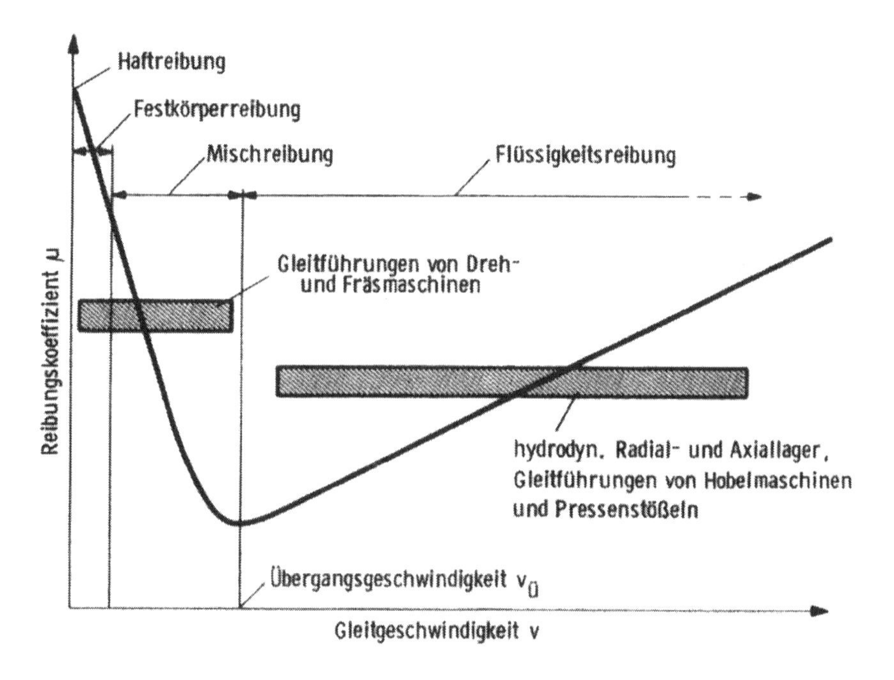

Bild 4.1: Führungszuordnung innerhalb der Stribeck-Kurve

Diese Grobpunkte können auch als Konstruktionsschritte für den Ablauf der Lösungsfindung dienen. Dabei ist die Reihenfolge der Entscheidungsstufen nicht zwingend. Im Lösungskonzept einer Führungskonstruktion müssen diese Entscheidungsstufen festgelegt werden.

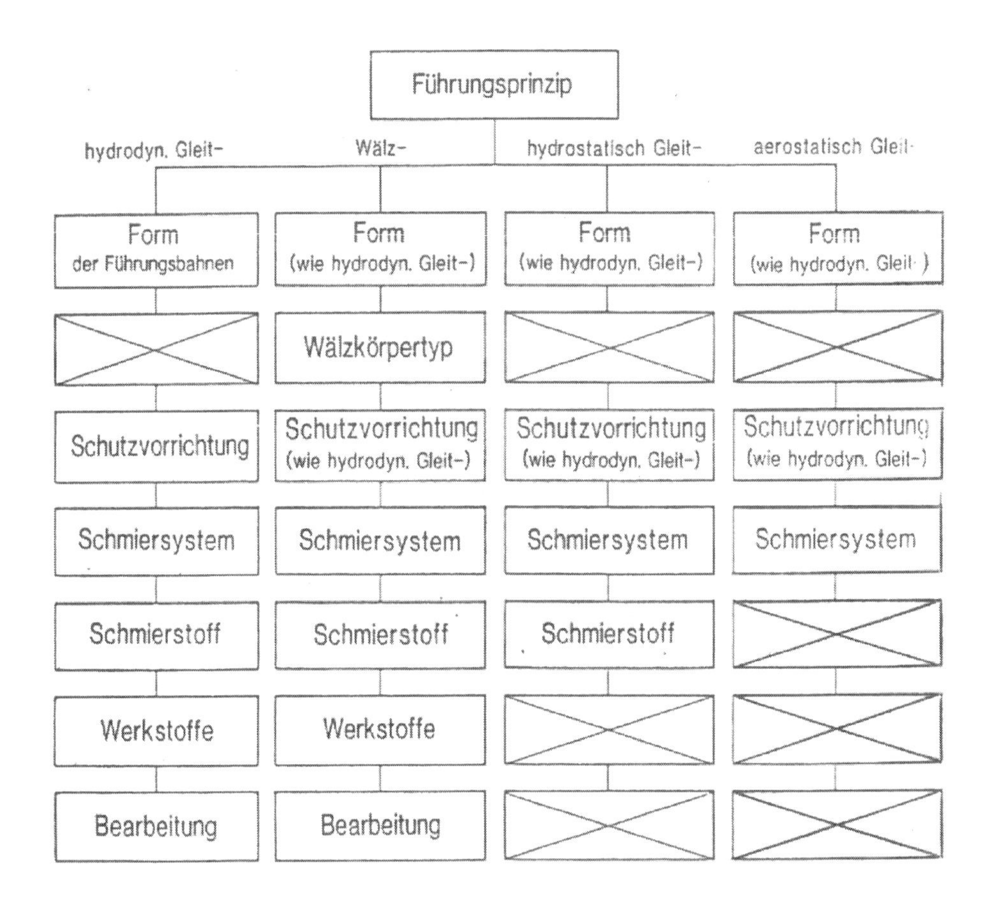

Bild 4.2: Entscheidungsstufen

Bild 4.3: Schema zur Auswahl von Führungen

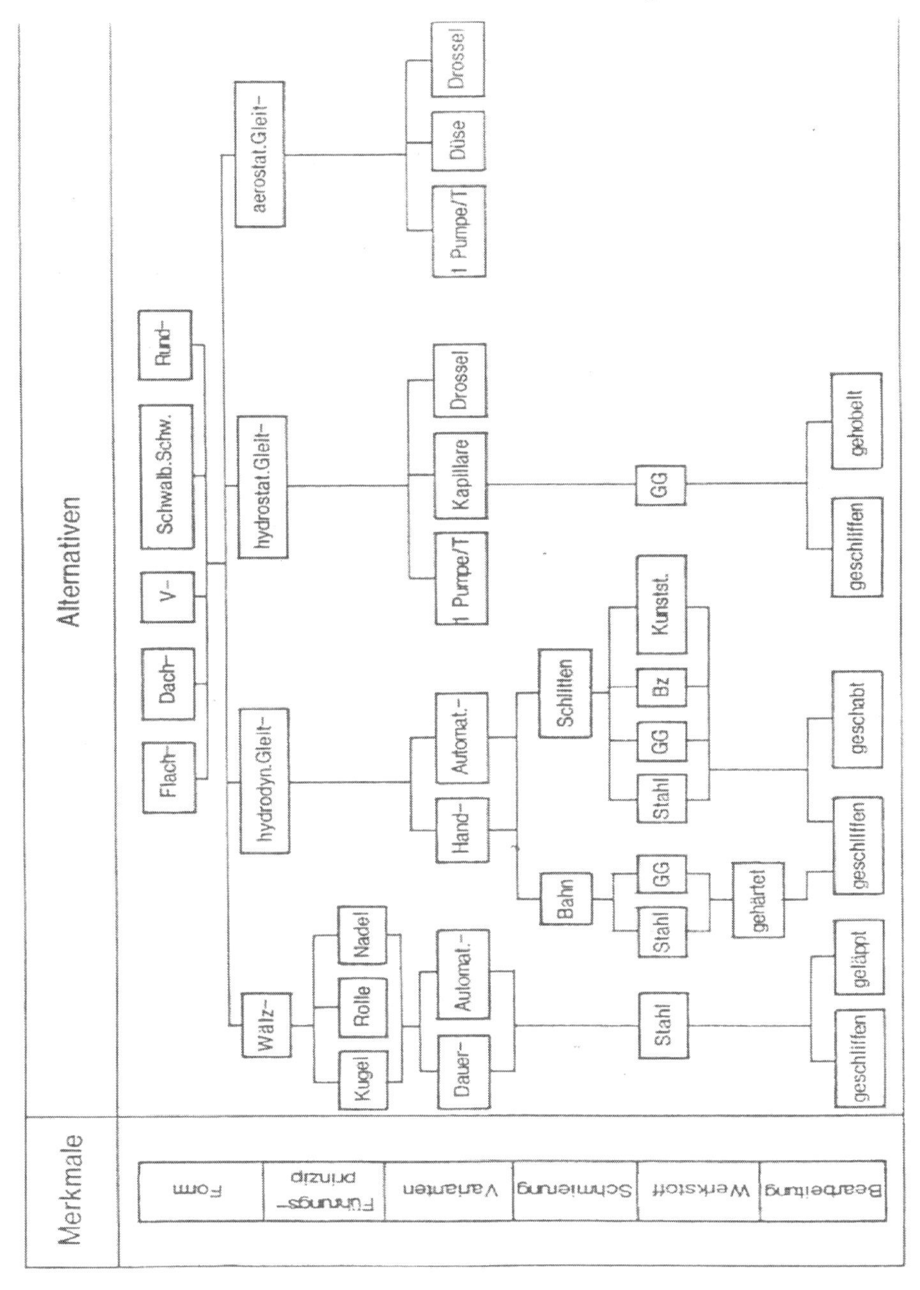

Für jedes konstruktive Merkmal gibt es eine Anzahl von Lösungsvarianten. So lassen sich für das Führungsprinzip zum Beispiel vier Alternativen aufzeigen:

- Wälzführung
- Hydrodynamische Gleitführung
- Hydrostatische Gleitführung
- Aerostatische Gleitführung

Innerhalb der verschiedenen Führungsprinzipien gibt es zum Teil unterschiedliche Alternativen für ein konstruktives Merkmal. Die Wälzführung kennt zum Beispiel als Werkstoffpaarung nur gehärtete Stähle, während die hydrodynamische Gleitführung eine reiche Auswahl an Werkstoffen hat. Für die hydrostatische und aerostatische Gleitführung ist die Werkstoffpaarung nicht entscheidend, da sich die Führungsflächen nicht berühren. Die Vielzahl von Alternativen ist in ein Einteilungsschema Bild 4.3 eingeordnet.

Als Ordnungsgesichtspunkte für das Einteilungsschema sind die konstruktiven Merkmale „links“ im Bild gewählt.
Das Alternativ-Spektrum teilt sich in vier Äste: Wälz-, hydrodynamische und hydrostatische und aerostatische Gleitführungen.
Eine Unterteilung der konstruktiven Alternativen ist notwendig, weil es innerhalb der Prinzipien unterschiedliche Alternativen gibt.
Die Wälzführungen haben eine besondere Vielfalt in der Stufe „Varianten“, zum Beispiel mit unterschiedlichen Wälzkörpern. Bei der hydrostatischen und aerostatischen Gleitführung liegt ein Konstruktionsschwerpunkt bei dem Schmiermittel-Versorgungssystem und bei den hydrodynamischen Gleitführungen kommt es besonders auf die Werkstoffpaarung an.

Um den Entscheidungsprozess für eine Alternative in den Entscheidungsstufen zu erleichtern, wird dieses Alternativspektrum einer Nutzwertanalyse unterzogen. Als Beurteilungskriterien sind die Eigenschaften von Führungen geeignet. Eine Anzahl von Eigenschaften wurde ausgewählt, die zur Beurteilung von Geradführungen an Werkzeugmaschinen dient.

Diese sind:

1. Baugröße
2. Dämpfung in Tragrichtung
3. Dämpfung in Fahrrichtung
4. Einlaufverhalten
5. Fressneigung
6. Kosten
7. Montierbarkeit
8. Schmiermittelbedarf
9. Schmutzempfindlichkeit
10. Stick-Slip-Neigung
11. Spielfreiheit
12. Störanfälligkeit
13. Verlustleistung
14. Verschleiß
15. Wartungsbedarf

Im Einzelnen:

Zu 1: Mit der Baugröße wird sowohl die Höhe der Führungsfuge als auch der Bauraum für verschiedene Anordnungen der Führungsflächen angesprochen.

Zu 2: Die Dämpfung in Tragrichtung bezeichnet die Dämpfungskomponente senkrecht zur Verfahrrichtung des Schlittens.

Zu 3: Die Dämpfung in Fahrrichtung wirkt in Bewegungsrichtung des Schlittens.

Zu 4: Das Einlaufverhalten einer Führung bezeichnet die Veränderung ihrer Eigenschaften vom Neuzustand bis zum eingelaufenen Zustand.

Zu 5: Das Fressen von Führungen tritt bei starker Überbelastung auf und bewirkt eine Zerstörung der Materialoberfläche.

Zu 6: Die Kosten umfassen sowohl die Herstellkosten als auch die Betriebskosten und stehen den technischen Eigenschaften gegenüber.

Zu 7: Die Montierbarkeit erfasst die leichte Zugänglichkeit bei etwaigen Überholungs- oder Nachstellarbeiten.

Zu 8. Der Schmiermittelbedarf ist bei Lebensmittelmaschinen von Bedeutung, wo zum Teil kein Schmiermittel benutzt werden darf. Eine hydrostatische Führung hat zum Beispiel einen hohen Schmiermittelbedarf.

Zu 9: Die Schmutzempfindlichkeit bezieht sich auf die Führungsfuge.

Zu 10: Die Spielfreiheit bezieht sich auf das seitliche Spiel.

Zu 11. Das Ruckgleiten (oder Stick-Slip) tritt unter Umständen bei langsamen Vorschubgeschwindigkeiten auf und ist für die Positioniergenauigkeit von Bedeutung.

Zu 12: Die Steifigkeit ist eine wichtige statische und dynamische Eigenschaft einer Werkzeugmaschine.

Zu 13: Die Störanfälligkeit verursacht unerwünschte Ausfallzeiten.

Zu 14: Die Verlustleistung wird durch Reibung an den Führungsbahnen und durch Zusatzaggregate hervorgerufen.

Zu 15: Der Verschleiß umfasst die allmähliche Zerstörung durch Abtrag oder Ermüdung.

Zu 16: Der Wartungsbedarf hat eine Bedeutung, da Wartungszeiten nicht produktive Zeiten der Maschine sind.

Bei der Auswahl der Eigenschaften ist zu beachten, dass möglichst wenig gegenseitige Überschneidungen und Abhängigkeiten auftreten.
So beschreiben zum Beispiel die Lebensdauer und der Verschleiß den gleichen physikalischen Zusammenhang und sind deshalb bei der Untersuchung unter Verschleiß behandelt.

Um einen einheitlichen Bewertungsmaßstab für die aufgeführten Bewertungskriterien zu bekommen, wird ein Punktsystem benutzt. Es werden 5 Bewertungsstufen von 0 bis 4 zugelassen, wobei 0 die schlechteste und 4 die beste Punktzahl ist.
Jede Lösungsalternative bekommt für jede Eigenschaft eine Bewertungspunktzahl zugeordnet, die angibt, wie gut die Eigenschaft erfüllt ist.
Auf diese Weise verbindet eine Bewertungsmatrix zwischen den Alternativen und den Beurteilungskriterien.
Beim Konstruktionsprozess wird eine Führung für eine spezielle Aufgabe konzipiert. Es werden ganz bestimmte Anforderungen in dieser Aufgabe gestellt. Die eine Führung soll besonders preiswert sein, die andere darf keine Stick-Slip-Erscheinungen zeigen und soll dennoch kostengünstig sein. Bei einer Dritten kommt es im Wesentlichen auf die hohe technische Qualität an, dafür weniger auf den Preis. Die Einbeziehung der speziellen Aufgabe wird durch die Gewichtung der Beurteilungskriterien erreicht.

Durch die Gewichtung zwischen 0 und 9 wird angegeben, wie wichtig die jeweilige Eigenschaft für diese Führung ist. Bei Gewicht 0 geht die Eigenschaft gar nicht ein und bei 9 sehr stark.

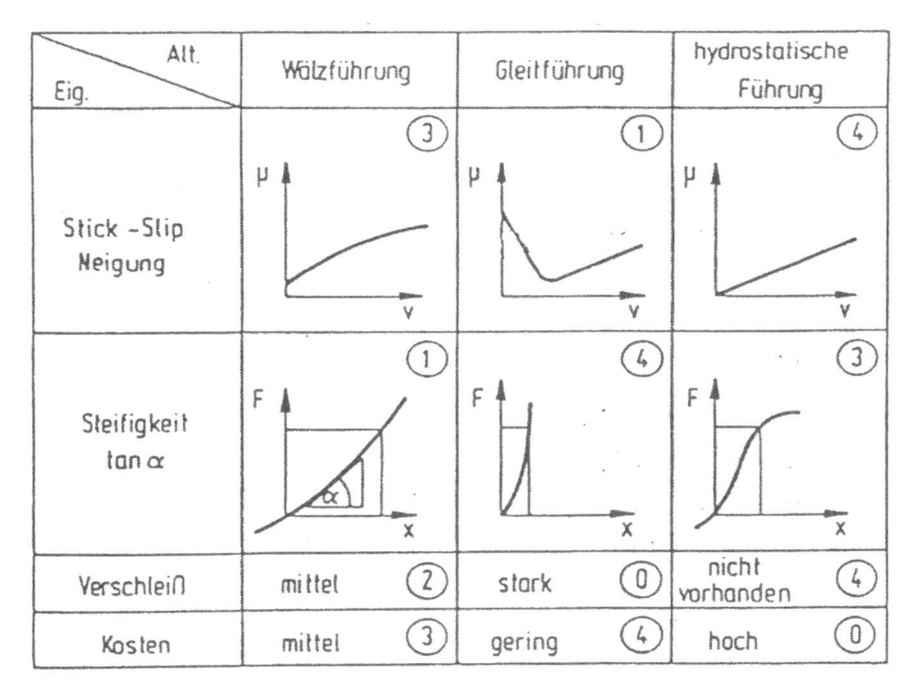

Eig. \ Alt.	Wälzführung	Gleitführung	hydrostatische Führung
Stick -Slip Neigung	(3) μ, v	(1) μ, v	(4) μ, v
Steifigkeit tan α	(1) F, x, α	(4) F, x	(3) F, x
Verschleiß	mittel (2)	stark (0)	nicht vorhanden (4)
Kosten	mittel (3)	gering (4)	hoch (0)

Bild 4.4: Bewertung von Führungsprinzipien

Eig. \ Alt.	Wälz-	Gleit-	hydr.-	Gewicht 1.)	Gewicht 2.)	Gewicht 3.)
Stick-Slip-Neigung	③	①	④	1	9	5
Steifigkeit tan α	①	④	③	4	2	5
Verschleiß	②	⓪	④	4	2	5
Kosten	③	④	⓪	9	8	3
1.) preiswerte Führung	42	[53]	32			
2.) Führung ohne Stick-Slip	[57]	49	50			
3.) technisch hochwertig Führung	39	37	[55]			

Bild 4.5: Durchführung der Nutzwertanalyse

Bei einer einfachen Führung für eine nicht sehr genaue Arbeit wird wenig Wert auf die Stick-Slip-Neigung gelegt. Auch auf Steifigkeit und Verschleiß kommt es nicht besonders an, wohl aber auf den Preis. Siehe dazu die Gewichtung im Bild 4.5.
Um ein Bewertungsergebnis zu erhalten, werden die Gewichte mit den Bewertungspunkten multipliziert und spaltenweise die Summe der entstehenden Produkte gebildet. So entsteht eine Punktzahl für jede Alternative. Die Alternative mit der höchsten Punktzahl ist die günstigste für diese spezielle Aufgabe. Für diesen Fall ist eine Gleitführung die günstigste mit 53 Punkten. Die zweitgünstigste ist die Wälzführung, und die hydrostatische Führung ist für diesen Anwendungsfall ungünstig.
Entsprechend ist bei einer Schleifmaschine das Reib-Geschwindigkeitsverhalten sehr entscheidend. Dafür sind die Kräfte nicht hoch, so dass Steifigkeit und Verschleiß eine geringere Rolle spielen. Dennoch soll auf die Kosten geachtet werden. Hier bietet sich eine Wälzführung als günstige Alternative an mit 57 Punkten. Die von den technischen Kriterien hochwertigste Führung ist die hydrostatische Führung.
Die für die Varianten im Einzelnen möglichen Entscheidungsstufen beziehungsweise Bewertungskriterien sind nachfolgend dargestellt.

4.1 Eigenschaften von Tischführungen

Tabelle 4.1: Eigenschaften von Tischführungen

	Gleitführung	Wälz-führung	Hydrost. Führg.	Aerost. Führg.
Reibungs- und Verschleiß-verhalten	ungünstig durch Werkstoffauswahl beeinflussbar	günstig	sehr günstig	Außer-orden-tlich günstig
Stick-Slip Ge-fahr	vorhanden	nicht vorhanden	nicht vorhanden	nicht vor-handen
Anforderung an Material- und Oberflächen-qualität	sehr hoch	hoch	gering	gering
Maßnahmen zur Erzielung hoher Dauergenauig-keit	sehr aufwendig	wenig aufwendig	entfallen	entfal-len
Steifigkeit	Normalerweise sehr gut	gut, falls Führung vorgespannt und Umbau-teile steif genug.	Unterschiedlich, je nach Ölversor-gungssystem. Hohe Steifigkeit bei Membran-drosseln	weniger gut
Dämpfungsgrad	sehr hoch, aber nicht konstant	gering	hoch, konstruktiv relativ einfach zu beeinflussen	sehr gut

5 Geradführungen

Trends in Werkzeugmaschinen nach höherer Spanleistung, zunehmender Flexibilität, besserer Bearbeitungsqualität, höherer Dynamik und Leistungsdichte wirken sich auf die Gestaltung von Maschinenstruktur und Komponenten aus. Durch die zunehmende Dynamik müssen bewegte Massen möglichst reduziert werden, gleichzeitig aber die dynamische Steifigkeit möglichst hoch sein. Somit müssen Eigenschaften wie Dämpfung, statische Steifigkeit und Tragfähigkeit von Komponenten die erforderlichen Werte annehmen, die von der Maschinenstruktur am Einbauort gefordert werden, damit sich eine hohe Gesamtsteifigkeit in der Bearbeitungsebene ergibt.

Große Dämpfungsfähigkeit, hohe Genauigkeit und Steifigkeit bei vertretbarem Konstruktions- und Fertigungsaufwand sowie ein kalkulierbares Risiko bei Neukonstruktionen sind Merkmale der Gleitführungen.

Forderungen an Führungen, diese sollen:

- die Lage des geführten Teiles eindeutig bestimmen
- die äußeren Kräfte (Prozess- und Gewichtskräfte) mit Sicherheit aufnehmen, das heißt auch unter Krafteinwirkung müssen sie ihre Lage beibehalten.
- Funktionsgerecht bemessen sein, damit sie unter Last nicht kippen, ecken oder abheben können. Das Kippen oder Ecken kann weitestgehend vermieden werden, wenn das Verhältnis von Führungslänge zu Führungsbreite möglichst groß ist. Deshalb sollte die Forderung möglichst erfüllt sein:

$L/B \geq 2$

L in mm Führungslänge
B in mm Führungsbreite

- einen möglichst geringen Verschleiß haben und bei eingetretenem Verschleiß leicht nachstellbar beziehungsweise nacharbeitbar sein.
- leicht vor Verschmutzung und Beschädigung zu schützen sein.
- durch leicht zugängliche Schmierstellen gut zu schmieren sein.

5.1 Führungstypen

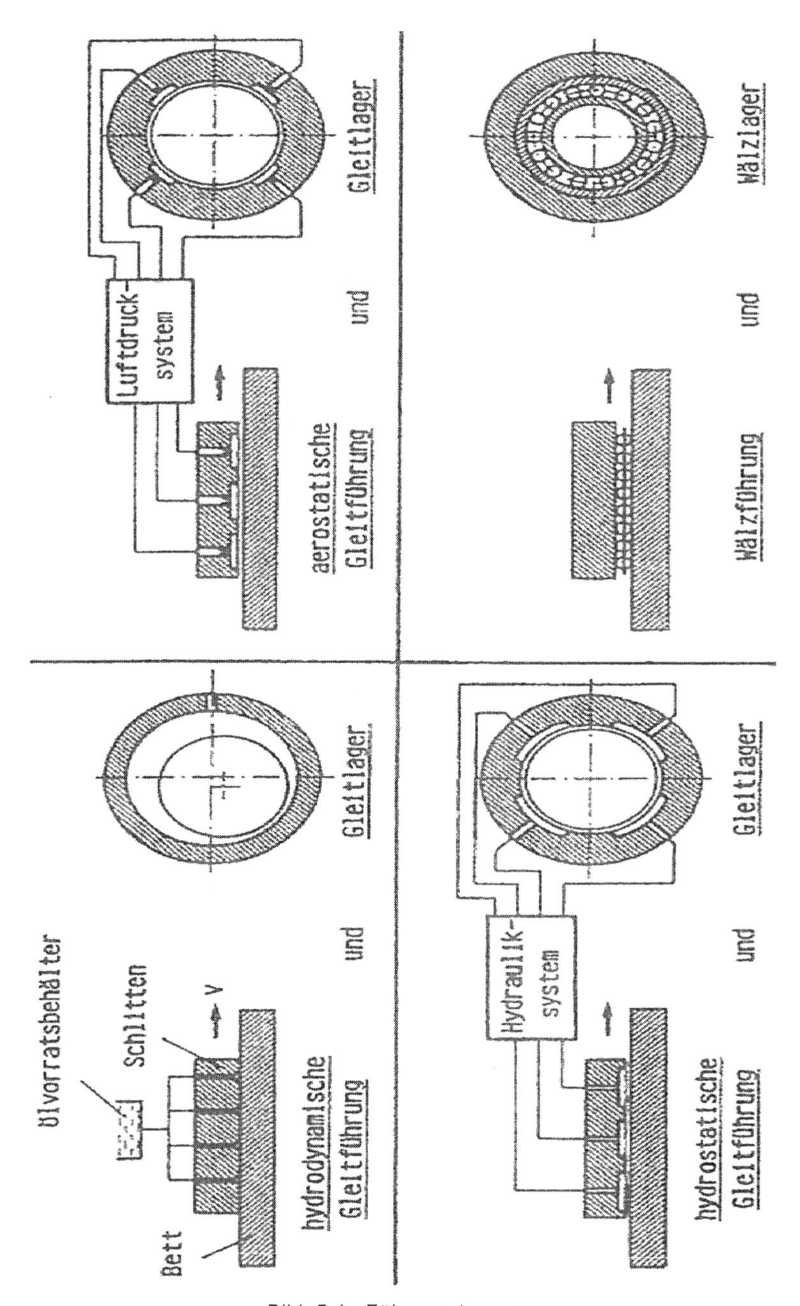

Bild 5.1: Führungstypen

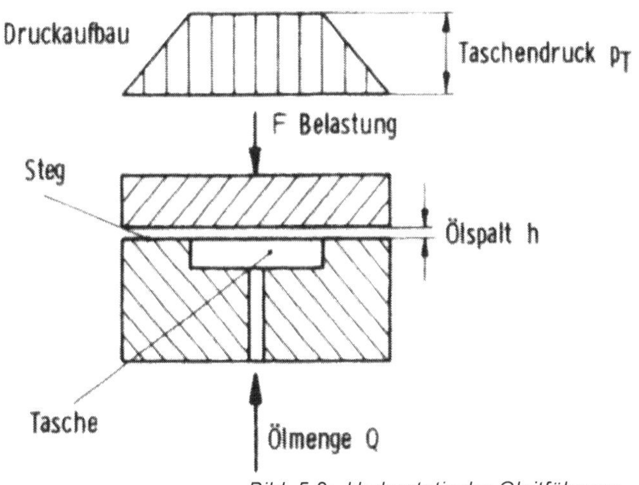

Bild 5.2: Hydrostatische Gleitführung

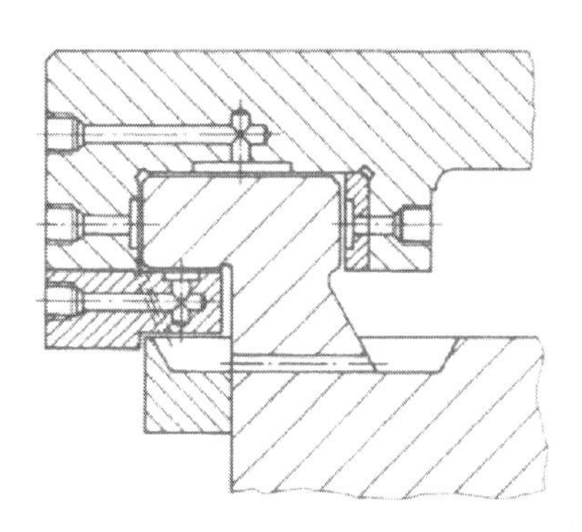

Bild 5.3: Hydrostatische Flachführung mit Um- und Untergriff

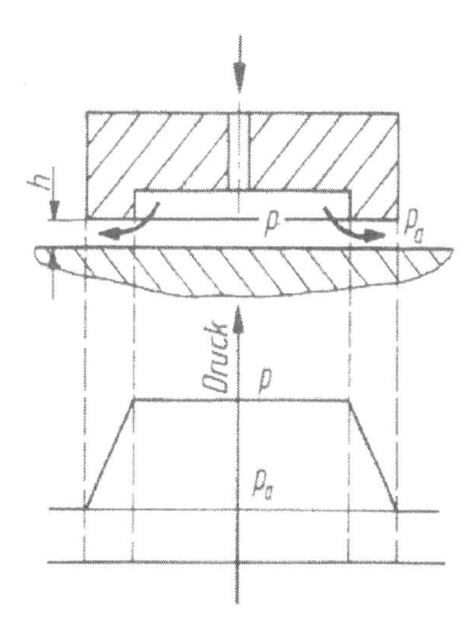

Bild 5.4: Prinzip der hydrostatischen und aerostatischen Führung

Hydrostatische Gleitführung

- Das bewegliche Element wird durch einen Öldruck angehoben. Die Gleitflächen berühren sich durch einen Ölfilm nicht mehr.
- Hydrostatische Führungen sind bei Werkzeugmaschinen insbesondere bei **Bewegungsführungen** anzutreffen.

Bei großen Maschinen kommen hydrostatische Führungen öfter zum Einsatz als bei kleineren Maschinen.
Eine Besonderheit bilden hydrostatische Spindeln.
Vorteile:
Hohe Tragfähigkeit
Hohe Dämpfung normal zur Führungsebene
Geringe Reibkräfte (Bewegungskräfte)
„Verschleißfrei" auch bei niedrigen Gleitgeschwindigkeiten
Ruckfreie Bewegung (kein Stick-Slip)
Nachteile
Hoher Aufwand durch Ölversorgungssystem
Geringe Dämpfung in Verfahrrichtung

Hydrodynamische Gleitführung

- Zwei geschmierte Flächen gleiten aufeinander .Zum Beispiel Flachführung, Prismenführung, Schwalbenschwanzführung.
- Hydrodynamische Führungen sind bei **Bewegungsführungen** in Werkzeugmaschinen seltener anzutreffen.

Ausnahme bilden hydrodynamische Lagerungen
Verstellführungen sind oft hydrodynamisch aufgebaut, zum Beispiel bei Reitstockverstellungen.
Vorteile:
Geringe Herstellkosten
Niedrige Betriebskosten
Nachteile:
Ruckgleiten beziehungsweise Stick-Slip
Hoher Verschleiß (Abrasion, Adhäsion) insbesondere bei niedrigen Gleitgeschwindigkeiten, Temperaturempfindlich

Aerostatische Gleitführung

- Ähnlich dem hydrostatischen Prinzip jedoch unter Verwendung des Mediums Luft statt Öl.

Wälzführung

- Die zueinander bewegten Maschinenelemente werden durch Wälzkörper (zum Beispiel Kugeln) getrennt.
- Wälzführungen werden bei Werkzeugmaschinen häufig eingesetzt (insbesondere Profilschienen-Wälzführungen)
- Einsatz auch in : Montage- und Handlingsystemen sowie Robotern.
- Wälzführungen werden oft auch als „Kompaktführungen" bezeichnet.

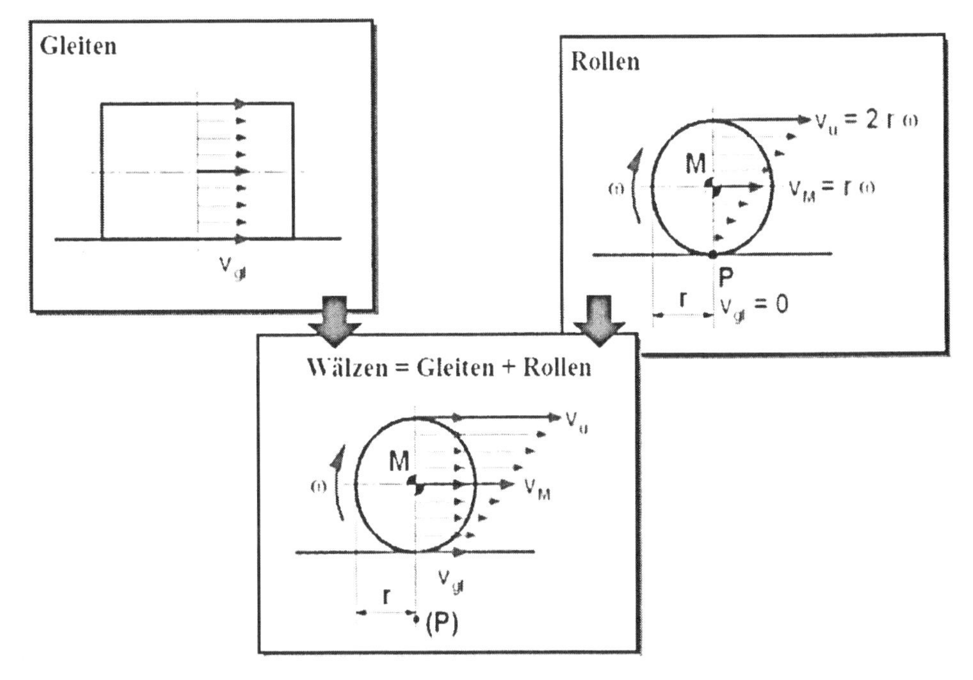

Bild 5.5: Schematische Darstellung von Wälzführungen

Bauformen von Wälzführungen

Profilschienenwälzführung
Laufrollenführungen
Flachkäfigführungen
Rollenumlaufschuhe
Wellenführungen

Profilschienenwälzführung

- Die am häufigsten eingesetzte Wälzführung
- Ausführungsformen mit Rollen oder Kugeln
- Zur Realisierung großer Verschiebewege, Führungen mit umlaufenden Wälzkörpern

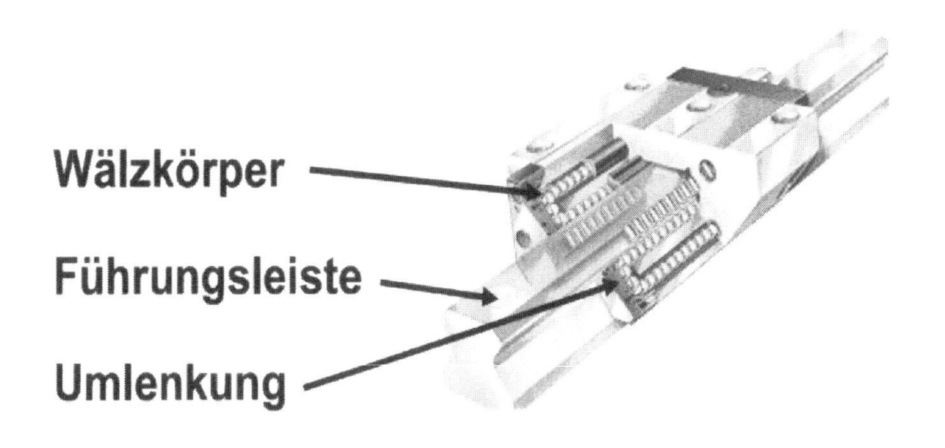

Bild 5.6: Profilschienenwälzführung

Laufrollenwälzführung

- Viele Anwendungsmöglichkeiten
- Gut geeignet für rauen und schmutzigen Einsatz
- Geräuscharm
- Verschleißfest
- Hohe Lebensdauer
- Relativ einfaches System

Flachkäfigwälzführung

- Bestehen aus Führungsschienen mit verschiedener Bauform und Flachkäfigen mit Rollkörpern
- Große Anzahl von Rollkörpern, dadurch höchste Tragfähigkeit und Steifigkeit
- Mittlere Reibung gegenüber anderen Führungssystemen
- Relativ geringe Geschwindigkeiten realisierbar.
- Keine Rückführung der Rollen, daher nur begrenzte Verfahrwege

Rollenumlaufschuhe

- Lagersysteme für Linearbewegungen mit unbegrenztem Verfahrweg
- Für jede Kraftrichtung ist ein Rollenumlaufschuh erforderlich
- Führungsbahn ist eben und gehärtet
- Rollkörper werden umgelenkt
- Hohe Tragfähigkeiten, hohe Reibung, geringe Geschwindigkeiten
- Geringer Einbauraum
- Unter Vorspannung sehr steif

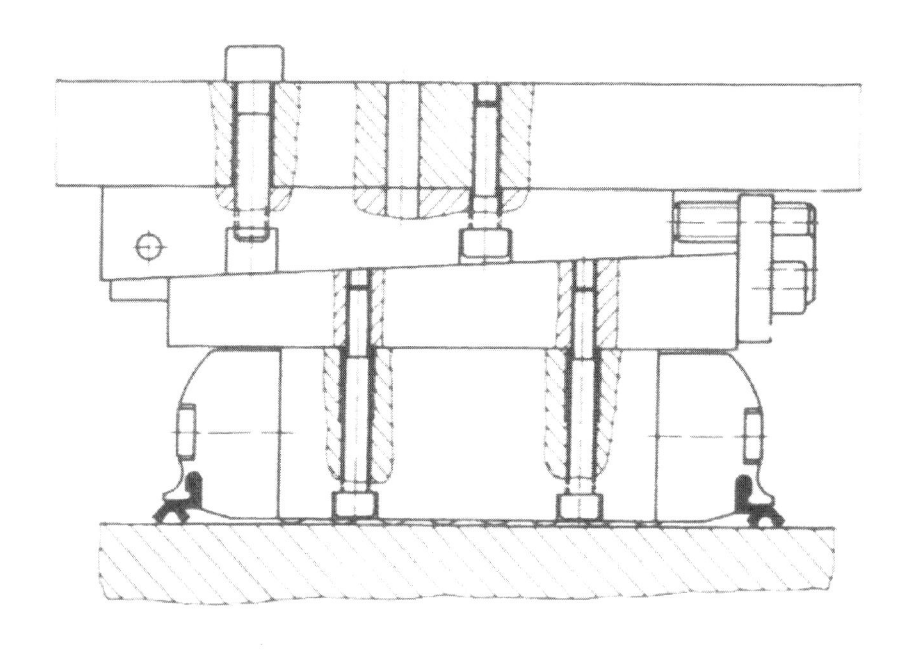

5.7: Bild Vorgespannte Flachführung eines NC-Bohrmaschinentisches

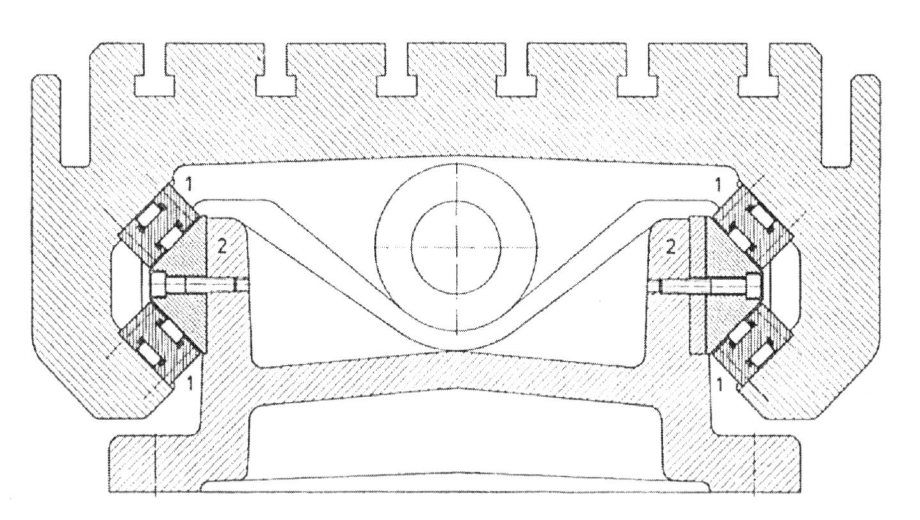

Bild 5.8: Geschlossene Prismenführung eines Werkzeugmaschinentisches

Wellenführung

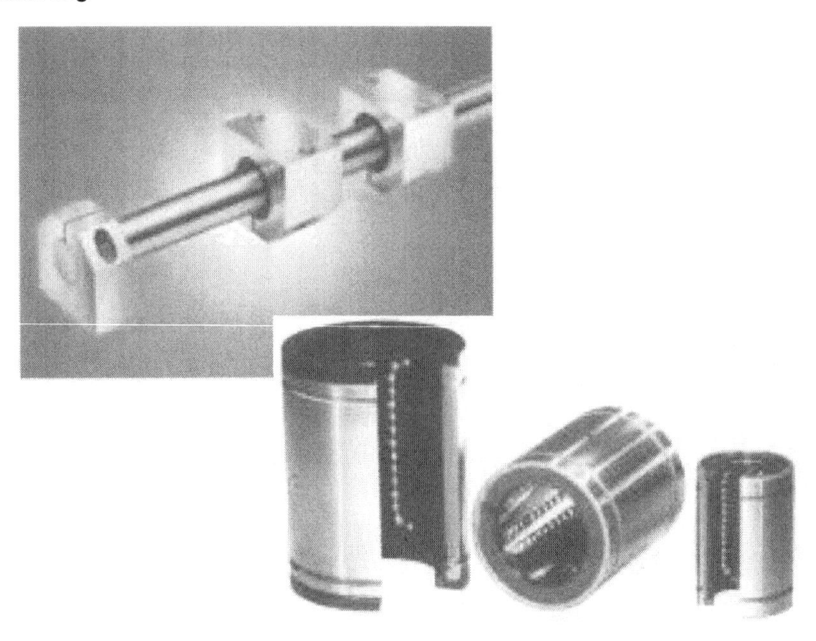

Bild 5.9: Wellenführung (Kugelbüchsen)

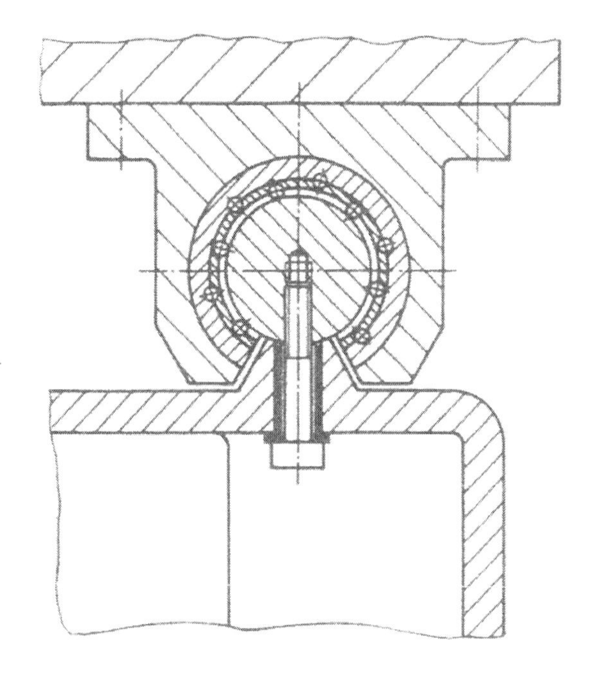

- Auch Kugelbüchsen genannt
- Geringe Reibung
- Hohe Geschwindigkeiten
- Kompakte Bauweise
- Laufruhe
- Kann Querkräfte in alle Richtungen aufnehmen

Bild 5.10: Rundführung für unbegrenzte Wege

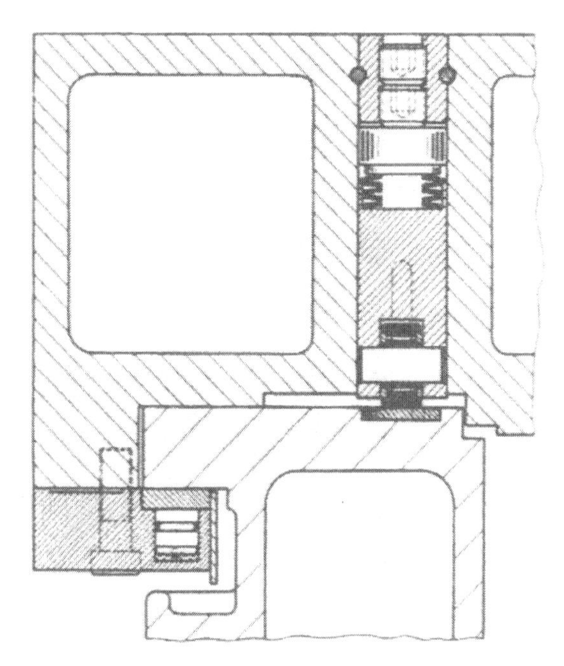

Bild 5.11: Aufteilung der Last auf 40% gleitende und 60% wälzende Führung

Vorspannung bei Wälzführungen

Als Zweck für die Vorspannung gilt:

- Ausschalten von Spiel
- Erhöhung der Steifigkeit
- Bei zu hoher Vorspannung kann sich die Lebensdauer verkürzen

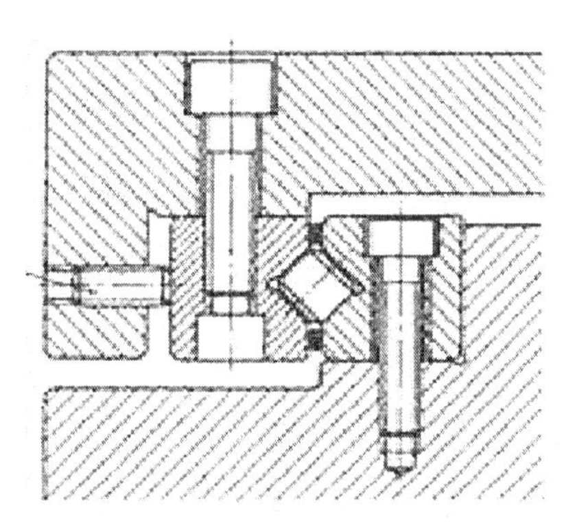

Bild 5.12: Vorspannung bei Wälzführungen

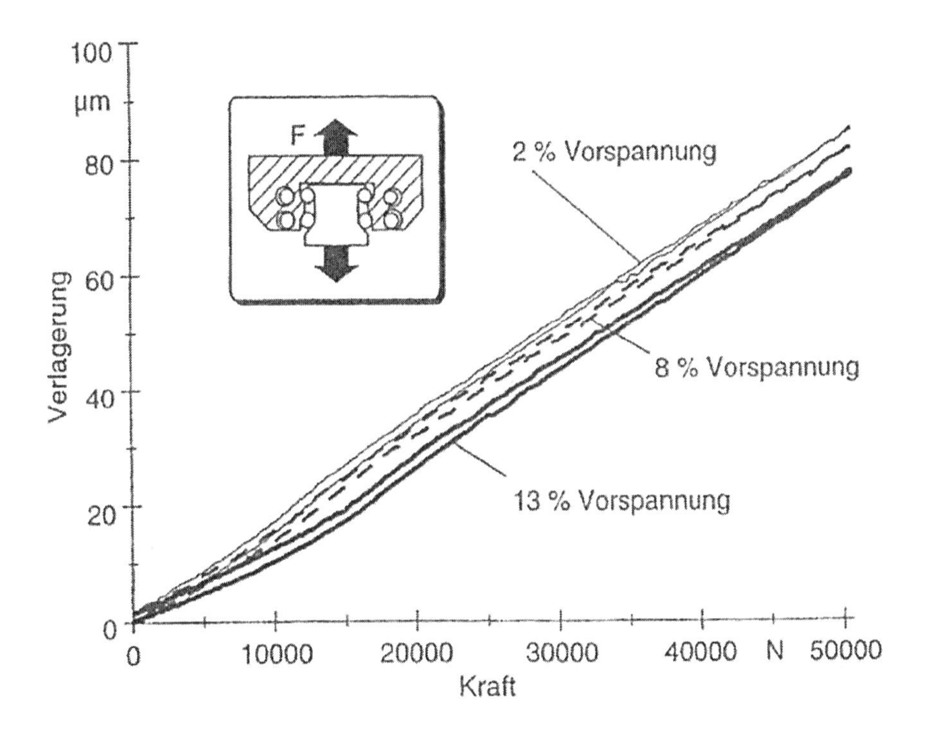

Bild 5.13: Vorspannung bei Wälzführungen

Vorteile:

Leichter Lauf
Geringe Reibkräfte (Bewegungskräfte)
Fast Wartungsfrei
Ruckfreie Bewegung (kein Stick-Slip)
Einfache Montage
Standardisiert

Nachteile:

Tragfähigkeit
Geringe Dämpfung
Raum- beziehungsweise Platzbedarf

		Wälz-lager	hydrodyn. Lager	hydrost. Lager	aerostat. Lager	Magnet-lager
Bohr-, Fräs-, Schleif- und Drehspindeln	Standard-Fräsen	●	◐	●	○	●
	Hochgeschw.-Fräsen 3)	● 2)	◐	◐	●	●
	Innen-Rundschleifen	● 2)	◐	◐	●	●
	Außen-Rundschleifen	●	● 1)	● 1)	◐ 1)	◐ 1)
	Drehen	●	◐ 1)	● 1)	◐ 1)	◐ 1)
	Bohren	●	●	●	◐	◐
Planscheiben an Bohr- und Fräsmaschinen		●	●	●	○	○
Walzen- und Kurbellager		●	●	●	○	○
Vorschubspindeln		●	○	◐	○	○
Getriebewellen		●	◐	◐	○	○
Drehtische		●	◐	●	●	○

● gut geeignet

◐ bedingt geeignet

○ ungeeignet

1) falls Oberflächenrauhigkeit kleiner als 0,2 μm gefordert

2) bei Fettschmierung bedingt geeignet

3) $n \cdot D_m > 10^6$

Bild 5.14: Einsatzbereiche der verschiedenen Lagersysteme

Merkmale	Führungsprinzip			
	hydro-dynamisch	wälzend	hydro-statisch	aero-statisch
Steifigkeit	●	◐	●	○
Dämpfung	●	○	●	●
Leichtgängigkeit	○	◐	●	●
Verschleißfestigkeit	○	◐	●	●
Stick-Slip-Freiheit	◐	●	●	●
Geschwindigkeitsbereich	◐	●	●	●
Betriebssicherheit	●	●	◐	◐
Standardisierungsgrad	○	●	○	○

Bewertung der Eigenschaften: ● hoch ◐ mittel ○ niedrig

Bild 5.15: Vergleich der Führungssysteme

6 Hydrodynamische Führung (Gleitführungen)

Bei der hydrodynamischen Führung gleiten zwei Flächen, die geschmiert werden, aufeinander.
Die für solche Gleitführungen verwendeten Werkstoffe sind:

- Grauguss
- Stahl (gehärtet und ungehärtet)
- Kunststoff

Weil der Verschleiß immer zuerst am kleineren Element, das man leichter nacharbeiten kann, auftreten soll (Tisch, Schlitten, Schieber), muss die Werkstoffpaarung richtig gewählt werden. In der Regel hat der härtere Werkstoff den geringeren Verschleiß. Deshalb werden für die Führungen am Gestell verschleißfeste Werkstoffe gewählt. Weil aber deshalb nicht das ganze Gestell aus teuren Werkstoffen hergestellt werden kann, wird die Forderung nach höherer Verschleißfestigkeit

- durch eine Oberflächenhärtung bei GG-Gestellen
- oder durch aufgeschraubte oder aufgeklebte gehärtete und geschliffene Stahlleisten erfüllt.

Außer der Werkstoffpaarung beeinflusst auch der Oberflächenzustand der Führung das Verschleißverhalten.
Deshalb werden Führungsbahnen meist geschliffen oder bei weichen Werkstoffen (zum Beispiel GG) geschabt.
Die Qualität der geschabten Flächen, die sehr gut abdichten und ein günstiges Schmierverhalten zeigen, wird durch die Anzahl der tragenden Punkte (2-3 Punkte pro cm²) gegeben.
Für einige gebräuchliche Werkstoffpaarungen zeigt die folgende Tabelle die zulässigen Flächenpressungen.

6.1 Zulässige Flächenpressungen auf Führungsbahnen:

Werkstoffpaarung	**Zulässige Flächenpressung p in N/mm²**
GG auf St gehärtet	1,5
GG auf St ungehärtet	1,2
GG auf GG	0,5
Kunststoff auf St	0,2-1,2

Für Genauigkeits- und Feinbearbeitungsmaschinen (zum Beispiel Schleifmaschinen) lässt man nur Flächenpressungen von 0,1 N/mm² (GG auf GG) zu.

Bild 6.1: Ausführungsformen der Gleitführungen

Art der Führung	Vorteile	Nachteile	Anwendung u. Berechnung
Flachführung 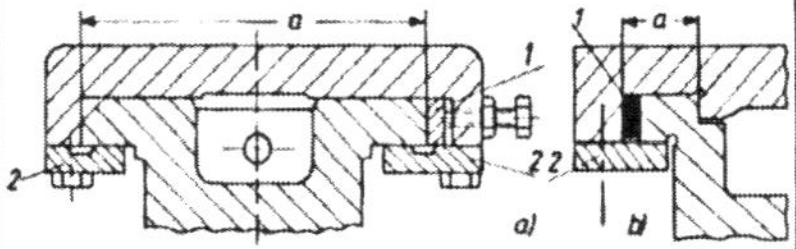	– günstige Kraftaufnahme – geringe Herstellkosten – Ausführung nach Bild 5.16 b besser als nach Bild 5.16 a, weil Abstand der Führungsflächen „a“ klein, deshalb $L/B = L/a > 2$	– Lagesicherung nur in einer Ebene. Deshalb zur Sicherung gegen seitliches Verschieben und Abheben zusätzliche Leisten erforderlich	z. B. bei NC-Drehmasch. 1 Spindelstock 2 Reitstock 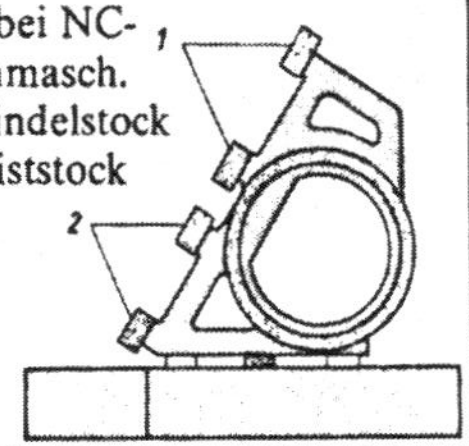
Prismenführung 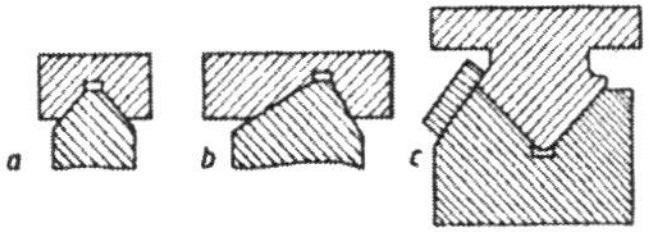	– sichert die Lage des geführten Teiles in 2 Ebenen (vertikal und horizontal) – stellt sich bei Verschleiß selbst nach	– Kraftaufnahme wegen der geneigten Flächen ungünstiger als bei Flachführungen – größere Führungsflächen erforderlich 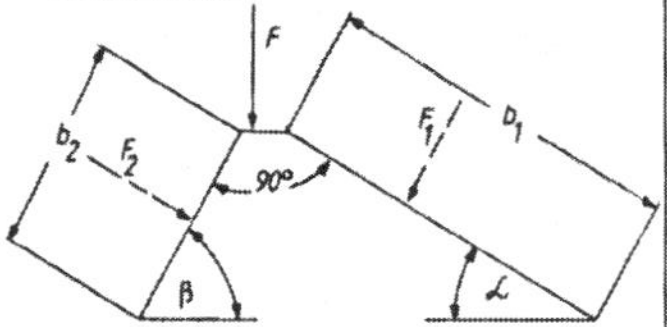	$F_1 = F \cdot \cos \alpha$ $F_2 = F \cdot \sin \alpha$ F in N äußere Kraft F_1 in N Kraft auf Seite b_1 F_2 in N Kraft auf Seite b_2 gilt für $\gamma = 90°$
Schwalbenschwanzführung 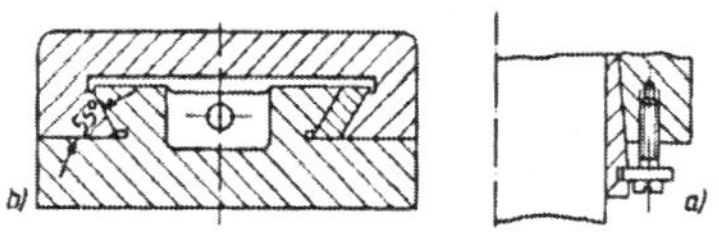	– sichert Lage des zu führenden Teiles in 3 Ebenen – Spieleinstellung durch konische Leiste in 2 Ebenen – Winkel zwischen geneigter und horizontaler Fläche 55° – geringe Bauhöhe	– in der Herstellung teuer – nur für kleine Führungssysteme geeignet	Supporte und Schieber

6.1.1 Werkstoffpaarung

Gleitführungen in der Paarung Grauguss gegen Grauguss, Grauguss gegen Stahl oder gegen Bronze entsprechend den an neuzeitlichen Werkzeugmaschinen gestellten Anforderungen nicht, da bei niedrigen Tischgeschwindigkeiten Mischreibung auftritt. Ungleiche Vorschubbewegungen, Verschleiß der Gleitbahnen und erhöhte Erwärmung sind die Folge.
Die Kunststoffe Polyoxymethylen (POM), Epoxidharz und SKC 3 weisen in der Paarung mit Gusseisen oder Stahl einen kleinen und nahezu gleich bleibenden Reibwert über der Gleitgeschwindigkeit auf und neigen daher nicht zum ruckenden Gleiten. Der Kunststoff Polytetrafluoräthylen (PTFE) neigt auch nicht zum Stick-Slip, hat aber einen relativ großen Verschleiß und kann deshalb nicht empfohlen werden.
Alle Kunststoffe haben sehr gute Notlaufeigenschaften. Untersuchungen zeigen, dass es bei allen Kunststoffen, die mit Gusseisen oder mit Stahl im Trockenlauf gepaart waren, selbst bei den Flächenpressungen über 80 bar, kein Fressen der Gleitbahnen gab.
Es gibt drei Verfahren für die Beschichtung von Gleitstücken mit Kunststoff.

- Gieß- oder Injizierverfahren
- Spachtelverfahren
- Aufkleben von Kunststoffbelägen

In allen Fällen muss beachtet werden, dass die Kunststoffschicht dünn wird (unter 2 mm), damit die Durchfederung des Kunststoffgleitbelages wegen des geringen Elastizitätsmoduls ($E = 32.000 \times 10\ N/m^2$) nicht zu groß wird.
Die Kunststoffe werden auf dem beweglichen Gleitstück, das heißt auf dem Schlitten und nicht auf der Gleitbahn (Bett oder Ständer) aufgetragen, damit verhindert wird, dass Späne oder harte Gegenstände die offenen und freien Bahnen beschädigen. Es muss noch darauf geachtet werden, dass die Abstreifer einwandfrei funktionieren, damit die Metallspäne nicht hineindringen und sich in die Kunststoffbahnen einfressen

Beispiel für die Ermittlung der Führungsbahnbreite:

$B = A_{erf} / l = F_n / p_{zul} \times l$

Aerf in mm^2	erforderliche Führungsbahnfläche
Fn in N	auf die Fläche wirkende Normalkraft
P zul in N/mm^2	zulässige Flächenpressung
B in mm	Führungsbahnbreite
L in mm	Schlitten- beziehungsweise Tischlänge

6.2 Berechnungsbeispiel für eine Flachprismenführung

Auf die kombinierte Flachprismenführung wirken 2 Kräfte,
die Gewichtskraft des Schlittens Fg
und die Hauptschnittkraft F

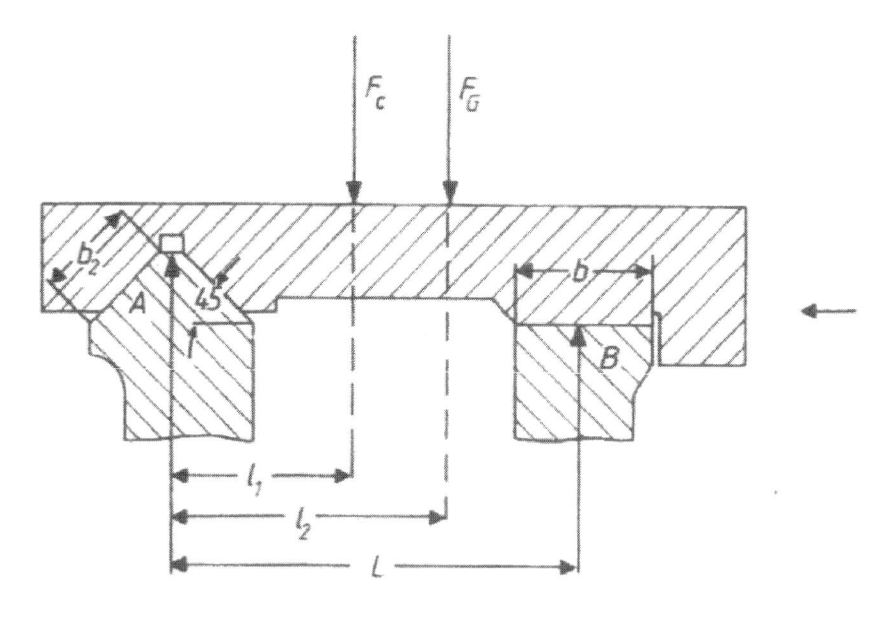

Bild 6.2: Kombinierte Flach-Prismenführung

Gegeben:

Masse des Schlittens	m = 275 kg (Fg = mg = 2,7 kN)
Hauptschnittkraft	Fc = 16,5 kN
Länge des Schlittens	l = 450 mm
Abstandsmaß der Auflagewirkungslinie	L = 600 mm
Abstandsmaß zu den Kraftwirkungslinien:	l_1 = 300 mm
	l_2 = 350 mm
Neigungswinkel der prismatischen Fläche	alpha = beta = 45°
Reibungskoeffizient	µ = 0,15
Werkstoffpaarung GG auf GG	

Gesucht:

1. Auflagereaktion bei A und B
2. Führungsbahnbreiten
3. Verschiebekraft des Schlittens

Lösung:

1. Auflagereaktion

   Summe Ma = 0 $\quad$ -Fc x l_1– Fg x l_2 + Fb x L = 0

   Fb = Fc x l_1 + Fg x l_2 / L =16,5kN x 300mm + 2,7kN x 350mm / 600mm
   Fb = 9,8 kN
   Summe F = 0 $\quad$ Fa – Fc – Fg + Fb = 0

   Fa = Fc + Fg – Fb = 16,5 kN + 2,7 kN – 9,8 kN
   Fa = 9,4 kN

2. Führungsbahnbreite

   P zul = 0,5 N/mm² für GG auf GG

3. Flachführung
   b = Fn / p zul x l = Fb / p zul x l = 9800 N /0,5 N/mm² x 450mm = 43,5mm
   b = 45 mm gewählt

6.2.1 Prismenführung

b2 = Fn / p zui x l = F2 / p zul x l = Fa x sin alpha / p zul x l
= 9400 N x 0,707 / 0,5 N/mm² x 450 mm
b2 = 29,5 mm
b1 = b2 = 30 mm gewählt

6.2.2 Verschiebekraft

Fv = μ (Fb + Fa x sin alpha + Fa x cos alpha) = μ (Fb + 2 x Fa x sin alpha)

weil alpha = 45°

Fv = 0,15 (9,8 kN + 2 x 9,4 kN x 0,707) = 3,46 kN
Fv = 3,46 kN

6.3 Gestaltung

Die drei Grundformen zeigt das folgende Bild außerdem ist die Anordnung und Anzahl der zur einwandfreien Bestimmung notwendigen Führungsflächen zusammengestellt.

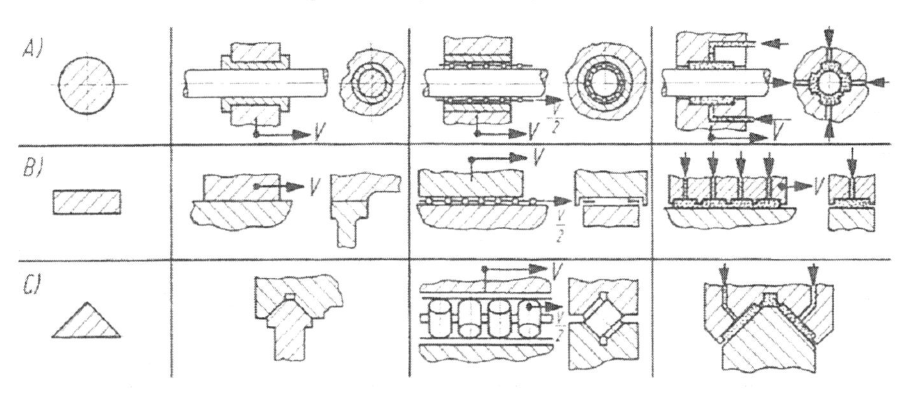

Bild 6.3: Grundformen der Geradführungen
A) Rundführung, B) Flachführung, C) Prismenführungen

Schema	Anzahl der Gleitflächen	Bezeichnung
	4 + 2 für Untergriff (Schließleisten)	Flachführung
	3 + 2 für Untergriff (Schließleisten)	kombinierte Prismen-Flachführung
	4	Prismenführung in Schwalbenschwanzbauweise
	2 + 1 für Untergriff (Schließleisten)	kombinierte Rund- und Flachführung

Bild 6.4: Führungsarten

6.3.1 Flachführungen

Es werden drei Ausführungen von Flachführungen einander gegenübergestellt. Die Konstruktion nach Bild a hat auf einer Seite eine einfache Passleiste für den Spielausgleich; die Schließleiste, mit Spiel von 0,01 bis 0,03mm eingebaut, verhindert, dass der Schlitten abhebt.
Diese gezeigte Ausführung ist leicht und genau herstellbar.
Das Verhältnis l1 zu b1, größer 2 erfordert allerdings einen langen Schlitten. Andernfalls besteht die Gefahr von Verkanten.
Die von der Führungsaufgabe her vergleichbare Lösung im Bildteil b erfüllt die Forderung nach Schmalführung, bei der das Führungsverhältnis größer 2 ohne weiteres realisiert werden kann.
Schmalführungen haben außerdem den Vorteil, dass die Auswirkungen ungleicher Verformung von Gestell und Schlitten beziehungsweise Tisch durch Wärmedehnung geringer sind. Bildteil c zeigt eine Konstruktion für die Führung der senkrechten Spindelkastenbewegung eines Bohrwerkes. Die doppelte Prismenführung hat den Vorteil, dass sie sich bei Abnutzung selbsttätig nachstellt, also keine Passleisten notwendig sind. Grobe Späne bleiben auf der Führung nicht liegen, aber das Öl läuft herunter. Der geringste Verschleiß tritt bei gleichen Prismenwinkeln alpha = beta = 45 ° auf.
Hat die Kraft eine Vorzugsrichtung, so macht man die ihr zugerichtete Bahn um 20% breiter. Das Doppelprisma ist statisch überbestimmt; nur mit viel Nacharbeit werden alle vier Flächen tragen. Zum Festlegen in allen Richtungen sind ebenfalls sechs Flächen mit Schließleisten erforderlich.

6.3.2 Schwalbenschwanzführung

Die Schwalbenschwanzführung legt den Schlitten mit vier Flächen fest. Nachteil ist, dass sie nur durch Schaben genau einzupassen ist; vorteilhaft ist die geringe Bauhöhe, so dass sie für „gestapelte" Schlitten für verschiedene Bewegungsrichtungen besonders geeignet ist.
Die Führungen der Bilder a und b vereinigen Prismen- und Flachführung beziehungsweise Schwalbenschwanz- und Flachführung. Diese statisch bestimmten Systeme haben kleine Führungsbreiten b bei hoher Steife, sind leicht nachstellbar und gut herzustellen.

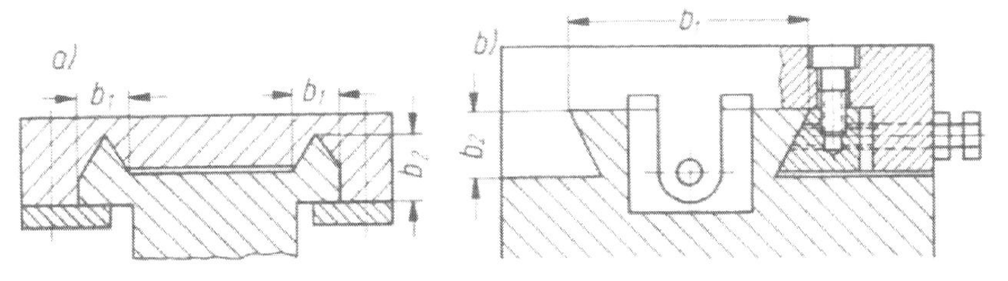

Bild 6.5: Prismenführungen

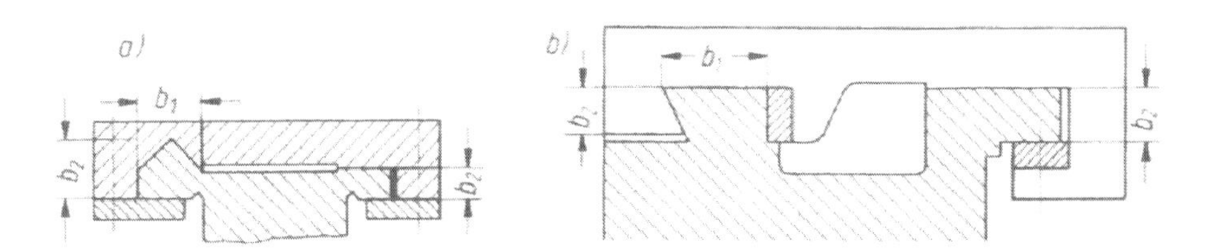

Bild 6.6: Vereinigung von Prismen- und Flachführung

6.4 Passleisten

Die Passleisten der Gleitführungen zum Ausgleich von Spiel und Verschleiß haben je nach Art der Führung verschiedene Formen. Passleisten mit der Führungslänge l sind überbestimmt, da die Leiste nicht auf der gesamten Länge trägt. Besser ist es, je eine kurze Leiste an den Führungsenden anzuordnen.

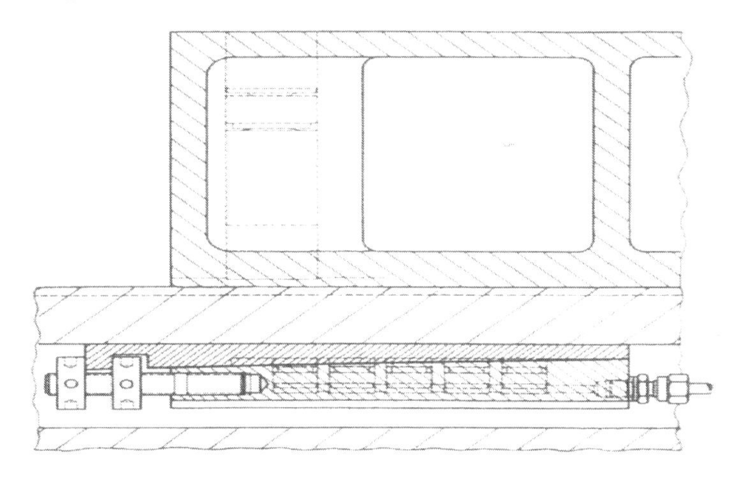

Bild 6.7: Passleiste mit Klemmeinrichtung

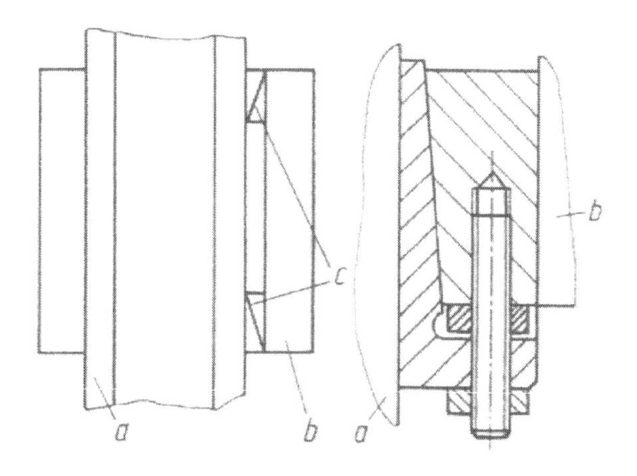

Bild 6.8: Passleiste zum Spielausgleich

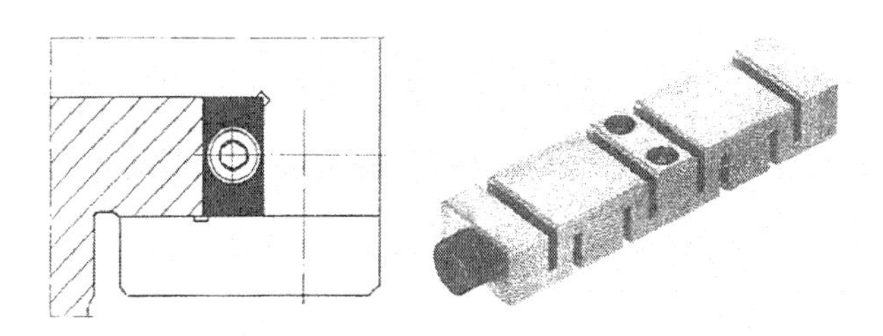

Bild 6.9: Führungsleiste (Spieth)

Die **flache** Passleiste wird mit Schrauben senkrecht zur Gleitrichtung nachgestellt und ihre Lage mit Kontermuttern gesichert. Das Justieren erfordert viel Feingefühl.
Die **keilförmige** Passleiste ist sehr einfach mit einer Schraube einzustellen und zu sichern. Die einfache Keilleiste wird nur selten verwendet, da eine Schräge im Schlitten einzuarbeiten und das Einpassen schwierig ist. Die Doppel-Keilleiste ist einfach herzustellen, benötigt aber etwas mehr Platz. Die Führungsleiste (Spieth) erfordert parallel geschliffene Führungsflächen. Passleisten werden auch zum Klemmen verwendet.

6.5 Umgriffleisten

Wie im folgenden Bild gezeigt, lässt sich die Schlittenkonstruktion nur schwer bearbeiten und ist auch nicht abnehmbar. Es wird daher eine Trennfuge vorgesehen.
Aus zwei Passleisten sind „Untergriffleisten" geworden, die auch anzupassen sind.
Bei den Untergriffleisten ist zu beachten, dass sie ausreichend zu dimensionieren sind. Entweder der Schlitten, Bildteil A oder die Leiste, Bildteil B, ist mit einer flachen Nut zu verstehen. Dann können sie statisch bestimmt und wiederholbar genau zusammengeschraubt werden. Die Untergriffleiste muss genügend dick sein, damit sie beim Festschrauben nicht deformiert. Das Spiel zwischen Schlitten und Untergriffleiste beträgt etwa 0,01 bis 0,03 mm. Völlige Spielfreiheit erzeugen die Leisten nicht. Ohne Spiel klemmen die Führungen.

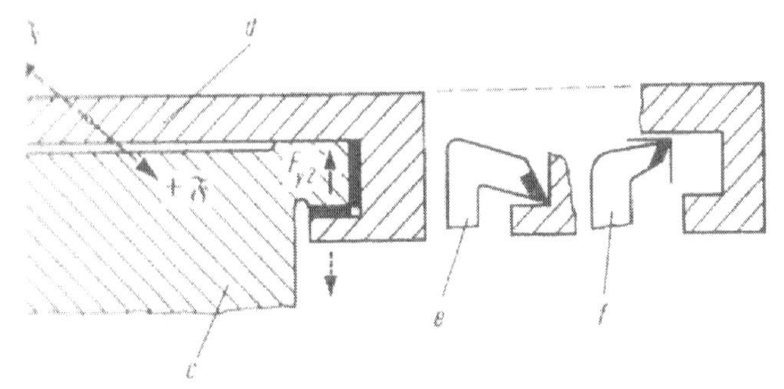

Bild 6.10: Schema einer Geradführung

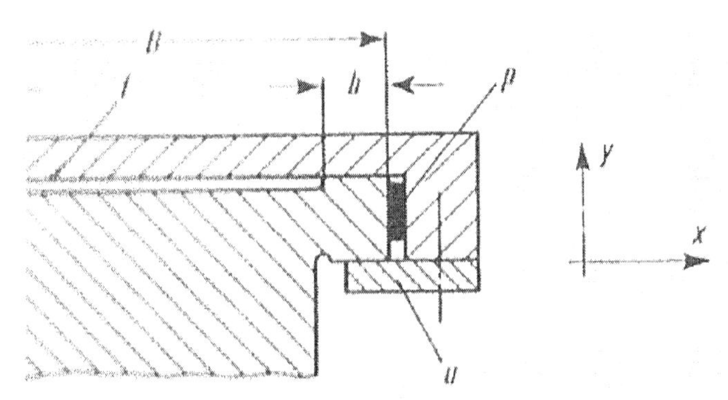

Bild 6.11: Geradführung Schlitten abnehmbar

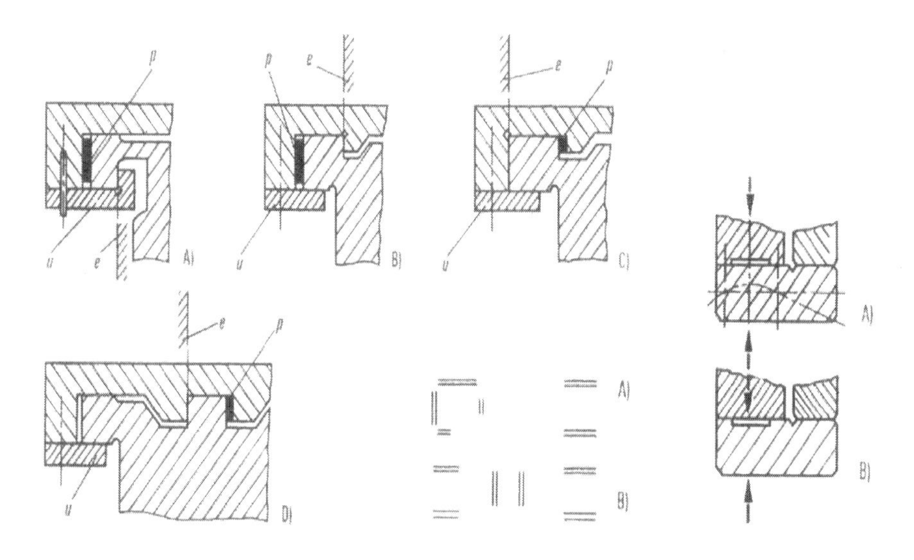

Bild 6.12: Horizontale Fixierung eines Schlittens

6.6 Rundführungen

Rundführungen sind leicht herzustellen, aber das Nachstellen bei Abnutzung ist schwierig. Eine Möglichkeit der Nachstellung bietet die „Spieth-Hülse"
Die Flächenpressungen werden mit p = 10 N/cm² bis 100 N/cm² angegeben: für Maschinen mit hoher prozentualer Einschaltdauer, zum Beispiel NC-Maschinen, oder besonders hoher Dauergenauigkeit liegen die Werte bei p= 10 bis 20 N/cm².

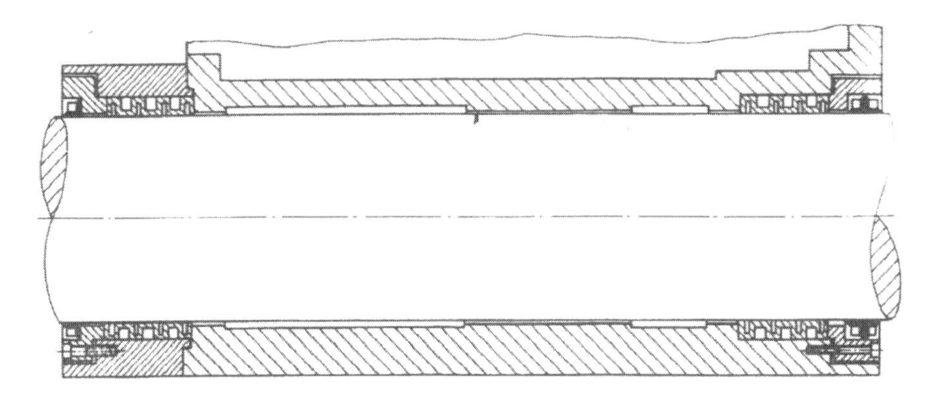

Bild 6.13: Rundführung des Spindelstocks einer Maschine

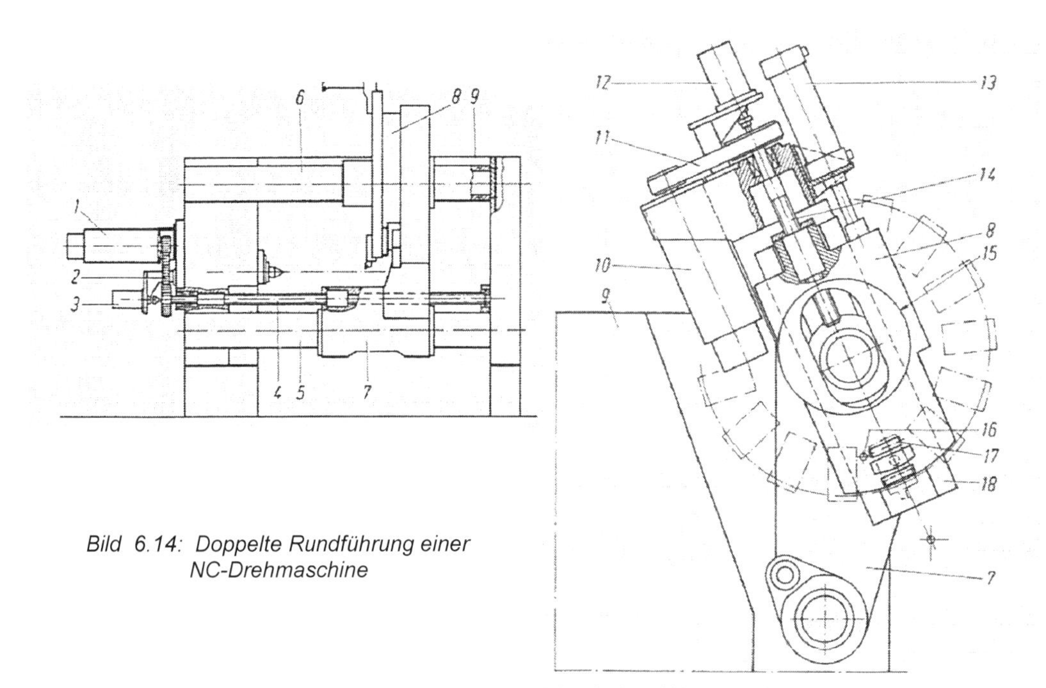

Bild 6.14: Doppelte Rundführung einer NC-Drehmaschine

6.7 Klemmgefahr

Bei den gleitenden Führungen muss überprüft werden, ob die Klemmgefahr beziehungsweise die Gefahr der ruckenden Bewegung des Schlittens besteht. Das Anwendungs-Beispiel zeigt einen Schlitten mit der Länge l, der durch eine zentrisch wirkende Vorschubkraft Fv und durch ein äußeres Moment M belastet wird. Das Moment M verursacht zwei Widerstandskräfte FQ.

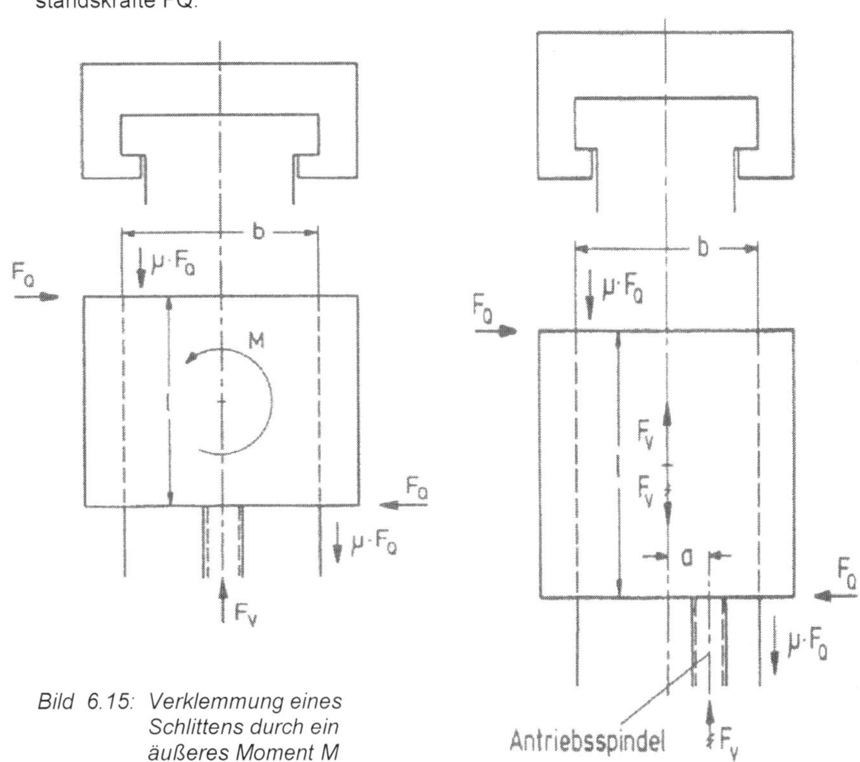

Bild 6.15: Verklemmung eines Schlittens durch ein äußeres Moment M

Bild 6.16: Verklemmung eines Schlittens durch eine exzentrisch wirkende Vorschubkraft

Die Gleichgewichtsgleichung für Momente lautet:

$$M = FQ \times l \quad \text{oder} \quad FQ = M/l$$

Die Querkraft FQ verursachen an den zwei Belastungskanten die Reibungskräfte

$$\mu \times FQ$$

Damit die Bewegung stattfindet, muss die Vorschubkraft Fv größer als zwei Reibungskräfte μ x FQ sein

$F_v >= 2 \times \mu \times F_Q$ oder

$F_v >= 2 \times \mu \times M/l$

Aus dieser Gleichung wird deutlich, dass μ und M klein und l groß sein soll, damit die Klemmgefahr verringert wird. Die Breite zwischen den Führungsbahnen b hat keinen Einfluss auf die Klemmgefahr.
Die Antriebsspindel liegt bei manchen Konstruktionen nicht in der Führungsbahnmitte. Die Vorschubkraft Fv, die auf den Abstand a von der Führungsbahnmitte wirkt, verursacht in der Führungsbahnmitte eine Kraft Fv und ein Moment Mv.

$M_v = F_v \times a$

Das Moment Mv verursacht zwei Widerstandskräfte FQ. Die Gleichgewichtsgleichung lautet:

$M_v = F_v \times a = F_Q \times l$ oder

$F_Q = F_v \times a / l$

Damit die Bewegung stattfindet, muss die Vorschubkraft größer als die Reibungskräfte sein

$F_v >= 2 \times \mu \times F_Q$

Setzt man den Ausdruck FQ in die obere Gleichung ein, ergibt sich

$F_v >= 2 \times \mu \times F_v \times a / l$

So erhält man die endgültige Gleichung
$l >= 2 \times a \times \mu$
Aus dieser Gleichung wird deutlich, dass μ und a klein und l groß sein sollen, damit der Schlitten nicht klemmt. Die Breite zwischen den Führungsbahnen b hat auch in diesem Falle keinen Einfluss auf die Klemmungsgefahr.

6.8 Hydrodynamische Druckbildung

Wird ein flächiger Körper über einen keilförmigen Schmierspalt bewegt, so entsteht durch das Einschleppen des Schmiermediums in den sich verengenden Keilspalt ein Flüssigkeitsdruck, der eine Belastung aufnehmen kann und somit den Körper aufschwimmen lässt.
Infolge der Überlagerung einer Gleitströmung, die durch die Mitnahme der Ölteilchen durch die mit der Gleitgeschwindigkeit v bewegten Fläche entsteht, und einer Druckströmung, die von der Spaltverengung herrührt, ergeben sich die im Bild dargestellten Strömungsgeschwindigkeitsfelder Vs (X,Y). Über dem Schmierspalt ergibt sich der eingezeichnete Druckverlauf.

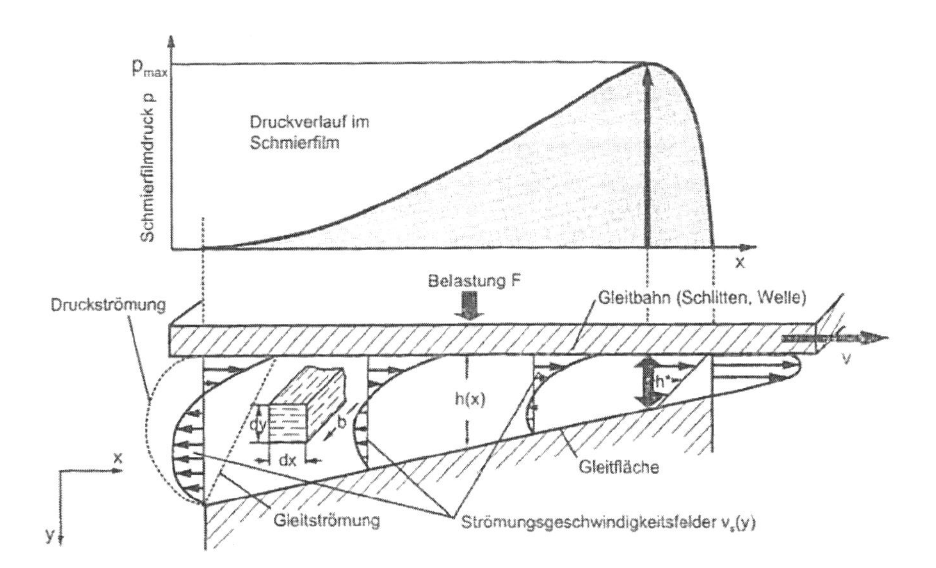

Bild 6.17: Geschwindigkeits- und Druckverhältnisse am keilförmigen Schmierspalt

Im Bild sind einige weitere für die hydrodynamische Druckbildung geläufige Spaltformen gezeigt. Für diese Spaltformen kann der Druckverlauf im Schmierspalt exakt bestimmt werden. Für hydrodynamische Lagerungen und Führungen im Werkzeugmaschinenbau sind Schmierkeilformen üblich, wie sie im Bild schematisch gezeigt sind. Beim kreiszylindrischen Gleitlager erhält man den Schmierkeil durch die exzentrische Lage der Welle zur Lagerschale. Besonders in hydrodynamischen Axiallagern – aber auch in Radiallagern – werden häufig Kippschuhsegmente eingesetzt, die entweder federnd oder drehbar gelagert beziehungsweise in elastischem Werkstoff eingebettet sind.

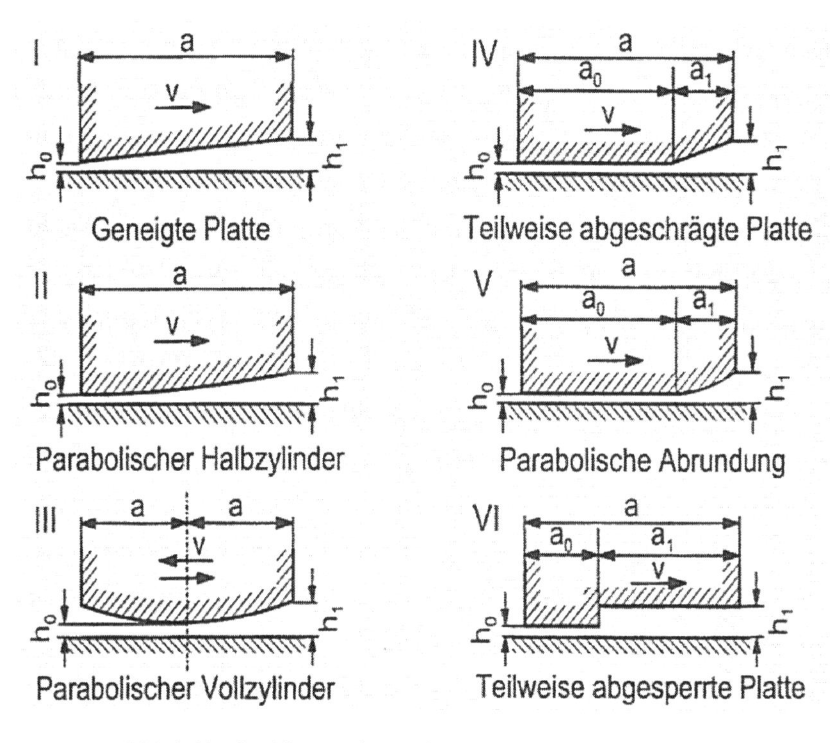

Bild 6.18: Spaltformen für die hydrodynamische Druckbildung

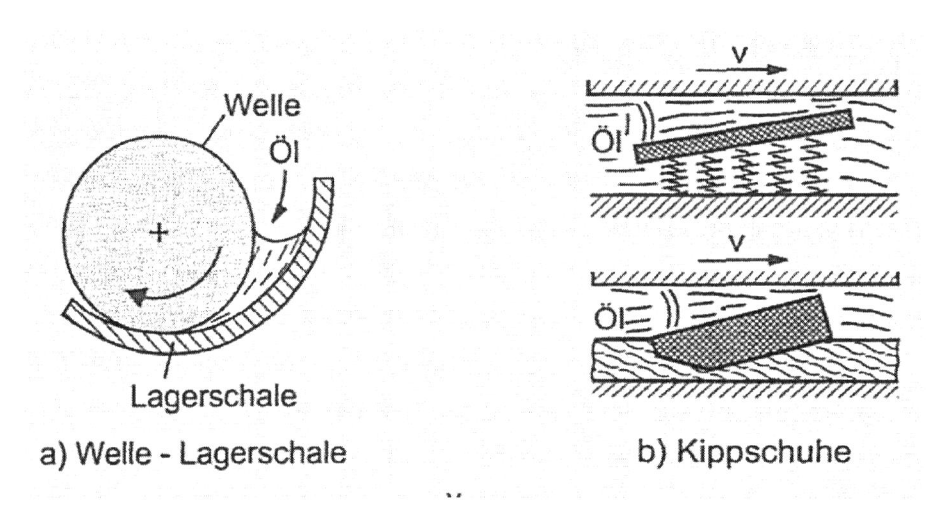

Bild 6.19: Übliche Schmierkeilformen im Maschinenbau

Bei hydrodynamischen Gleitführungen entstehen Mikro-Keilspalte durch die Oberflächenrauheit der Gleitflächen. Dies bedeutet, dass sehr glatte Oberflächen bei hydrodynamischen Führungen nicht immer die besten Gleiteigenschaften besitzen. Durch Schaben erhält man so genannte Ölnester, die die hydrodynamische Schmierfilmausbildung unterstützen.

6.9 Reibungsarten

Zwischen zwei sich relativ zueinander bewegenden Maschinenelementen entstehen Reibungsverluste. Dafür ist vom Vorschubmotor zur Tischbewegung die Summe der Reibungsverluste aufzubringen. Diese Reibungsverluste bestimmen den Wirkungsgrad des Vorschubantriebes.

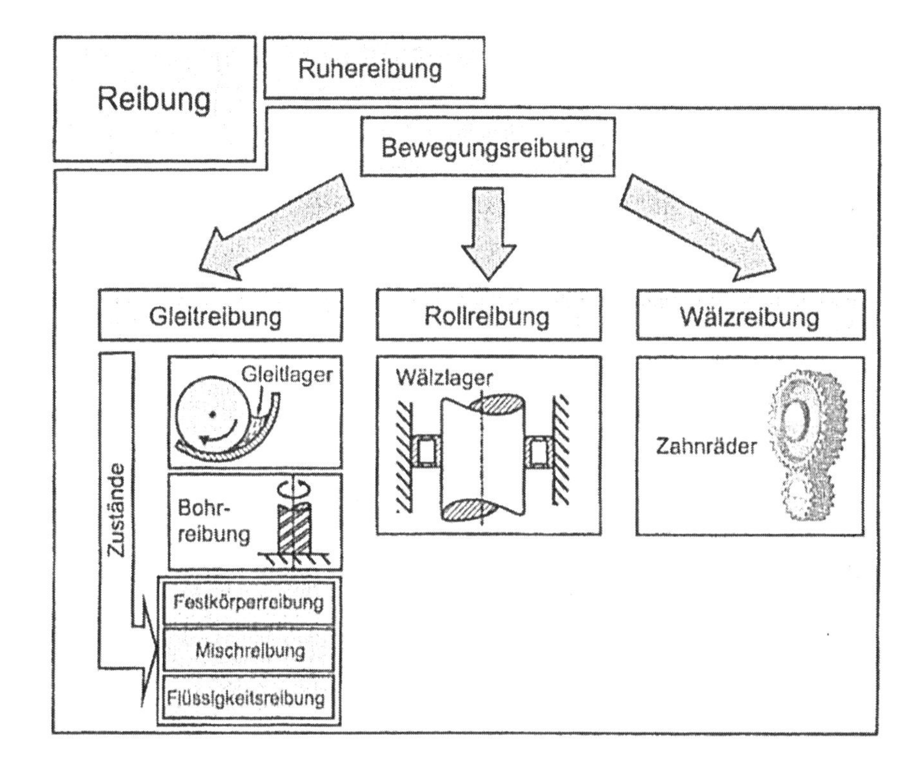

Bild 6.20: Reibungsarten

Bei Vorschubantrieben treten folgende Reibungsverluste auf:

- Lagerreibung
- Reibung im Getriebe
- Reibung in den Tischführungen
- Reibung der Führungsabdeckung

Hinzu kommt beim Gewindespindel-Antrieb:

– Reibung zwischen Gewindespindel und Gewindemutter

beim Zahnstangen-Antrieb:

– Reibung zwischen Ritzel beziehungsweise Schnecke und Zahnstange

Für die Verluste der Tischführung ergeben sich je nach Werkstoffpaarung bestimmte Kennlinien des aufzubringenden Drehmoments in Abhängigkeit der Geschwindigkeit.
Das Bild zeigt sechs mögliche Reibungscharakteristiken, abhängig von der jeweiligen Bauart der Tischführung.

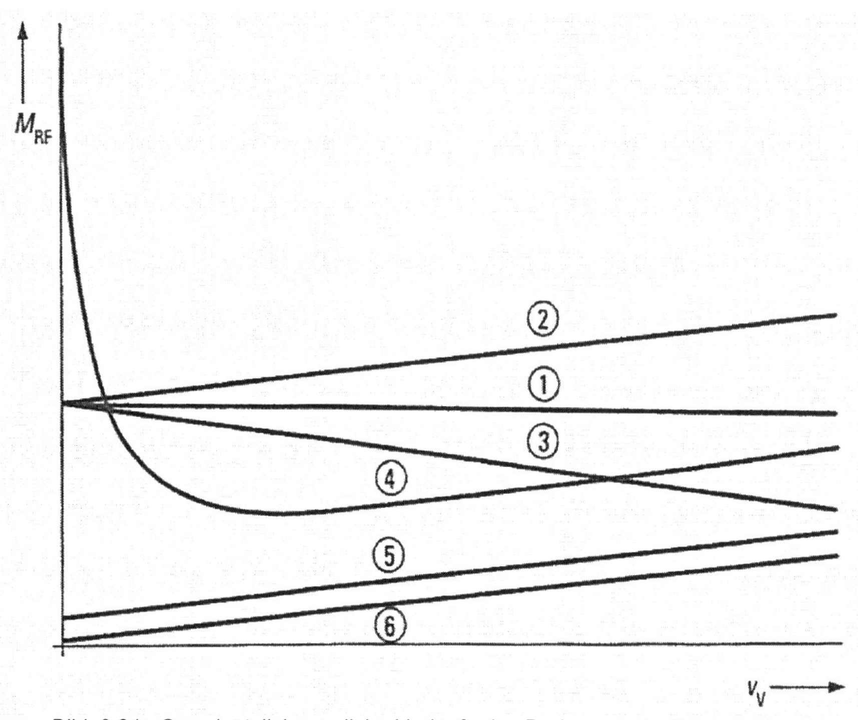

Bild 6.21: Grundsätzlich mögliche Verläufe des Drehmoments für die Reibung in Tischführungen in Abhängigkeit der Vorschubgeschwindigkeit

Diese sechs Fälle für das Reibungsverhalten von Tischführungen sind folgendermaßen charakterisiert:

Fall (1): Von der Geschwindigkeit unabhängige, konstante Reibung.

Fall (2): Von einer hohen Haftreibung proportional mit der Geschwindigkeit ansteigende Reibung.

Fall (3): Von einer hohen Haftreibung proportional mit der Geschwindigkeit abnehmende Reibung.

Fall (4): Sehr große Haftreibung, bei kleinen Geschwindigkeiten abnehmende und mit größeren Geschwindigkeiten wieder proportional ansteigende Reibung.

Fall (5): Von einer kleinen Haftreibung proportional mit der Geschwindigkeit anwachsende Reibung.

Fall (6): Nur geschwindigkeitsproportionale Reibung.

Die Fälle (1) bis (4) sind beispielhaft für Gleitreibung,
Fall (5) steht für rollende Reibung
(Wälzführung) und
Fall (6) für viskose Reibung (hydrostatische Führung).

Ausschlaggebend für die Auswirkung einer Reibungscharakteristik ist ihr Bezug
zur Vorschubgeschwindigkeit.
Dabei unterscheiden wir:

Geschwindigkeitsproportionaler Verlauf:

- Durch eine mit der Geschwindigkeit ansteigende Reibungskraft wird der Dämpfungsgrad erhöht
- Durch eine mit der Geschwindigkeit abnehmende Reibungskraft wird der Dämpfungsgrad vermindert. Es kann Instabilität eintreten.
- Eine stark negative Steigung im Bereich kleiner Geschwindigkeiten verursacht zusammen mit der Nachgiebigkeit der mechanischen Übertragungselemente den **Stick-Slip-Effekt**. Das ist ein ruckweises Gleiten, das durch einen periodischen Wechsel von Haften und Gleiten zustande kommt. Durch das hohe Losfahrdrehmoment werden die federnden Elemente aufgespannt. Bei der anschließenden Bewegung im Bereich der abfallenden Reibungscharakteristik entspannen sie sich und bewegen den Tisch mehr als gewünscht. Der Tisch kommt zum Stillstand und die federnden Elemente werden erneut aufgespannt, das Spiel wiederholt sich periodisch.
  Dieses ruckartige Gleiten ist eine selbsterregte Schwingung, die nur durch Verändern des Schmierzustandes, also durch Beeinflussung nach der Stribeck-Kurve zu vermeiden ist. Je geringer der Abfall im Grenz- und Mischreibungsgebiet und je kleiner der Unterschied zwischen dem Reibungsbeiwert der Ruhe und dem der Bewegung, desto höher ist die Dämpfung und desto niedriger die Anregung. Der Stick-Slip-Effekt kann also durch geeignete Schmiermittel oder spezielle Gleitbeläge weitgehend verhindert werden. Ziel aller Entwicklung ist es, den Reibwert im Grenz- und Mischreibungsgebiet von der Geschwindigkeit unabhängig zu machen oder einen geschwindigkeitsproportionalen Anstieg zu erreichen

Geschwindigkeitsunabhängiger Verlauf (in manchen Literaturstellen auch als trockene oder Coulombsche Reibung bezeichnet). Es befindet sich kein Schmierfilm zwischen den bewegten Teilen.

- Sie verursacht in Verbindung mit der endlichen Steifigkeit der mechanischen Übertragungsglieder die Reibungsumkehrspanne.

6.10 Stribeck-Kurve

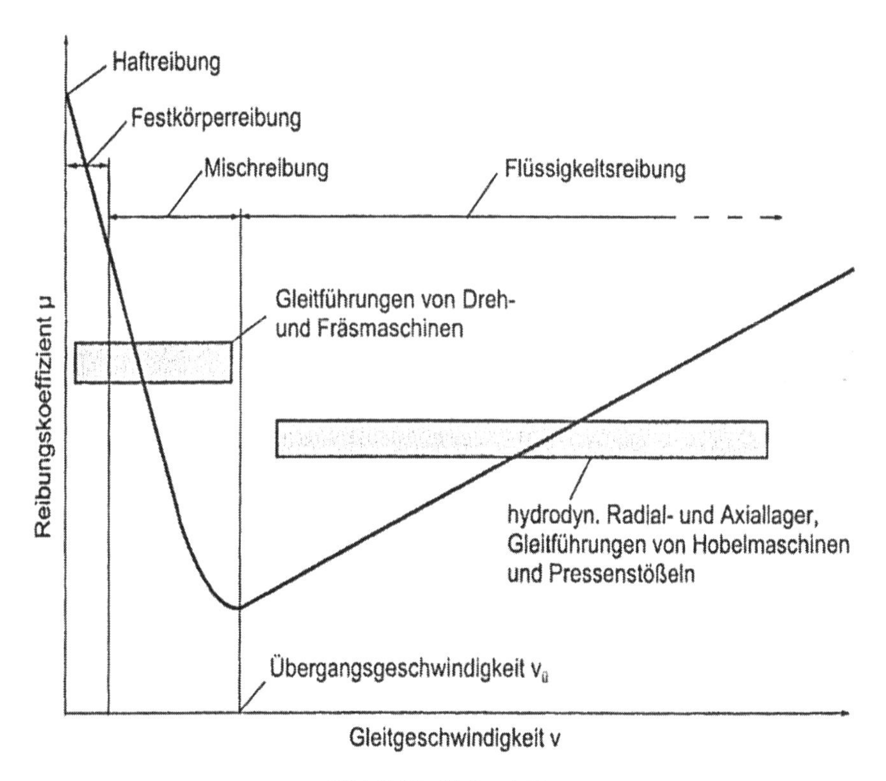

Bild 6.22: Stribeck-Kurve

In Abhängigkeit der Gleitgeschwindigkeit ändern sich bei hydrodynamischen Gleitführungen und Lagern die Reibungszustände und die Reibkraft Fr beziehungsweise der Reibungskoeffizient μ:

$$\mu = Fr / Fn \qquad \text{mit Fn als Normalkraft}$$

Diese Abhängigkeit wird mit der so genannten Stribeck-Kurve dargestellt.
Zwischen zwei unbewegten Führungselementen, die ohne trennendes Schmiermedium fest aneinander liegen, liegt im ruhenden Zustand die so genannte Haftreibung vor.
Bei sehr kleinen Gleitgeschwindigkeiten bildet sich noch kein voll tragender Schmierfilm aus, so dass hier noch gleichzeitig Festkörperreibung vorliegt, die in der Regel mit hohem Verschleiß der Gleitflächen verbunden ist. Mit wachsender Gleitgeschwindigkeit baut sich ein Schmierfilm auf, so dass der hydrodynamische Traganteil zunimmt und der Traganteil durch die Festkörperberührung entsprechend abnimmt (Mischreibungsgebiet) bis, beginnend bei einer bestimmten Gleitgeschwindigkeit, die gesamte Belastung über den Schmierfilm aufgenommen wird (Flüssigkeitsreibung). In diesem Bereich sind die Gleitflächen völlig durch den Schmierfilm voneinander getrennt, so dass kein Verschleiß der Gleitflächen mehr auftritt. Aus diesem Grund ist möglichst ein Dauerbetrieb oberhalb der Übergangsgeschwindigkeit anzustreben.

6.11 Werkstoffe für Gleitführungen

Gleitführungen werden meist im Mischreibungsgebiet betrieben und unterliegen damit einem Verschleiß. Im Hinblick auf die Gleit- und Reibungseigenschaften und damit auf die Langzeiteigenschaft der Gleitführungen kommt der Materialpaarung und Oberflächenbearbeitung der beiden Reibpartner eine entscheidende Bedeutung zu.
Beim bewegten Teil der Führung (Schlitten) kommen überwiegend Grauguss und Kunststoff auf Epoxydharz- und Teflonbasis (PTFE) zum Einsatz. Die Gleitbahn des feststehenden Führungsteils (Bett, Ständer) wird meistens aus Grauguss oder Stahl Ck45 (vergütet),16MnCr 5 (einsatzgehärtet) oder 90MnV8 (gehärtet) hergestellt.
Die Herstellung von kunststoffbeschichteten Führungen erfolgt durch Aufkleben von Kunststofffolien oder durch Abformtechnik.
Die einzelnen Phasen des Abformvorgangs bei der **Spachteltechnik** sind folgende:
Die Führungsflächen des Bettes sind fertiggeschliffen, die Laufflächen des Schlittens lediglich grob vorbearbeitet (gefräst oder gehobelt).
Die vorbearbeiteten Führungsflächen des umgedrehten Tisches werden mit Kunststoffmasse bespachtelt.

vorbereiteter Bettschlitten

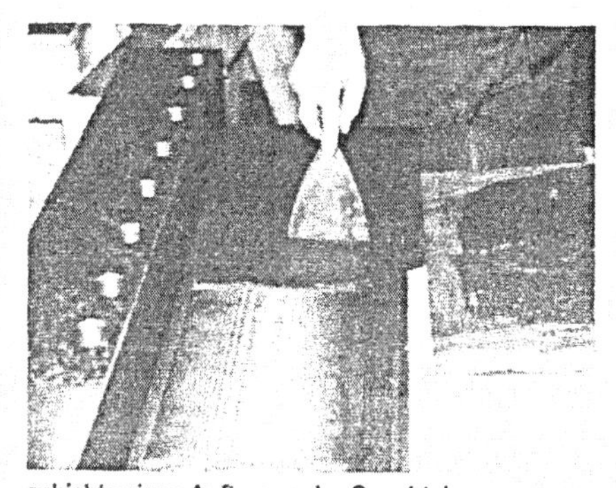

schichtweises Auftragen der Spachtelmasse

beschichteter Bettschlitten

Auflegen des Schlittens auf das Bett

Bild 6.23: Herstellung einer Kunststoffbeschichteten Führungsbahn mit der Spachteltechnik

Die bespachtelten Führungsflächen des Tisches werden daraufhin in die geschliffene Gegenführung des Bettes eingesenkt, die vorher mit einem Trennmittel eingesprüht wurde, damit die Kunststoffmasse an der Bettführung nicht anhaftet. Um eine korrekte Ausrichtung des Tisches und eine gleichmäßige Kunststoffschicht zu erzielen, justiert und befestigt man vor dem Einlegen des Tisches Anschlag- und Abstandsleisten am Bett. Durch das Tischgewicht und eventuell zusätzliche Lasten oder Verschraubungen wird der überflüssige Kunststoff aus der Fuge gedrückt. Im Zwischenraum zwischen Tisch und Bett härtet der nicht verdrängte Kunststoff aus.
Eine weitere Möglichkeit zur Herstellung kunststoffbeschichteter Gleitführungen bietet die **Einspritztechnik**.

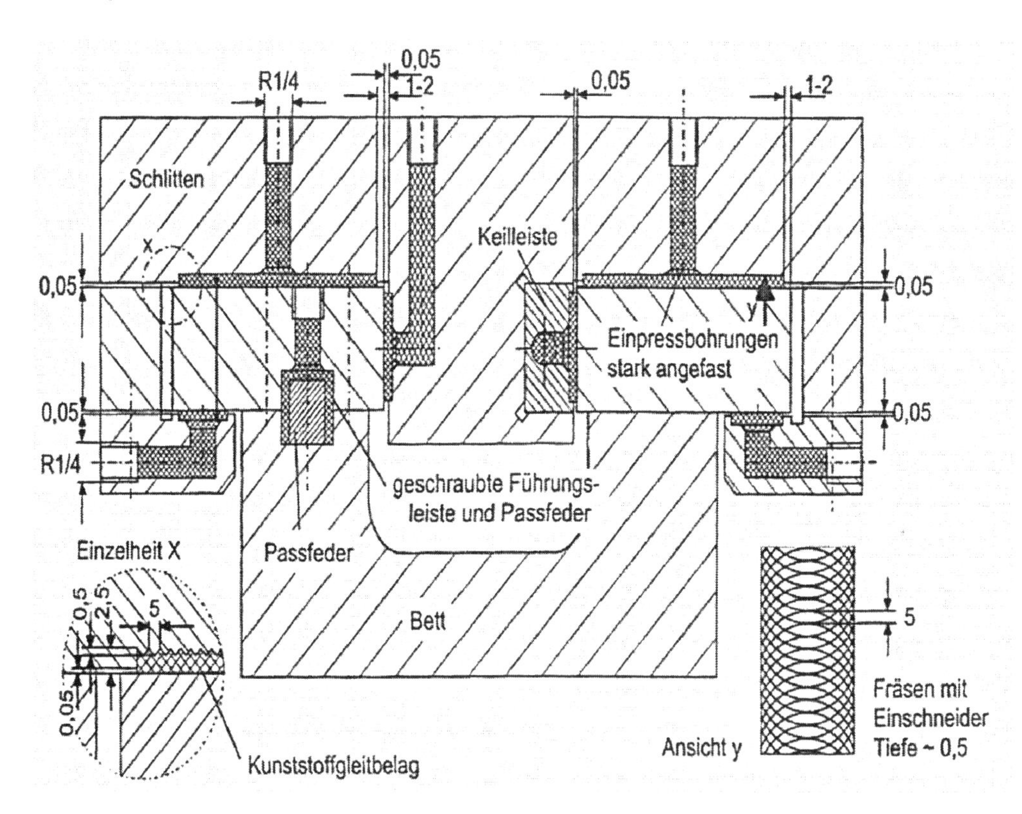

Bild 6.24: Gestaltung einer kunstoffbeschichteten Gleitführung
Quelle: SKC-Gleitbelagtechnik

Die zu beschichtende Oberfläche wird für die Gewährleistung einer besseren Haftung zwischen Metall und Kunststoff wie bei der Spachteltechnik grob gefräst oder gehobelt. Bei dieser Technik erfolgt die Beschichtung durch Einpressen der Kunststoffmasse in den Zwischenraum der beiden Bauteile, die genau ausgerichtet und fixiert werden. Zur Vermeidung des seitlichen Austretens der Kunststoffmasse während des Spritz- und Aushärtevorganges werden Klebebänder oder Moosgummi eingelegt.
Zur Erzeugung der Schmiernuten werden mäanderförmige Kunststoffkörper (Theroplast), welche die stoffliche Gestalt der Schmiernuten besitzen, vor dem Ausrichten des Tisches auf die Führungsbahn aufgeklebt. Danach werden die Führungsbahn und diese Kunststoffstreifen mit einem Trennmittel besprüht. Nach dem Einspritzen und Aushärten des eingespritzten Gleitkunststoffes und dem Abziehen der Kunststoffmäander ist die gewünschte Schmiernutform in die Kunststoffgleitbahn eingeformt.
In dem überwiegenden Teil (etwa 60%) der Kunststoffgleitführungen werden nach dem Aushärten, Öltaschen geschabt. Die durch das Schaben erzeugten kleinen Öltaschen verbessern das Gleitverhalten, insbesondere die Anfahrreibung nach längerem Stillstand. Durch das Abformen besitzt die Oberfläche der Kunststoffbeschichtung die gleiche Struktur der Oberflächenrauheit wie die metallische Seite des Gegenpartners. Das führt zu höheren Reibungswerten, da die beiden Gleitpartner zum Verzahnen neigen. Ein geringerer Teil (etwa 25%) kommt ohne weitere Bearbeitung nach dem Abformen zum Einsatz.
Die Führungsbahnen aus Grauguss werden durch Schaben, Umfangsschleifen, Stirnschleifen und Feinfräsen endbearbeitet, während die gehärteten Stahlleisten meist nur durch Umfang- und Stirnschleifen ihr endgültiges Maß erhalten.
Tragende Führungsbahnen sollten wegen Fressgefahr und Verschleiß gehärtet sein.
Grauguss wird durch Brenn- beziehungsweise Induktionshärtung oder Gießen gegen Abschreckplatten auf hohe Oberflächenhärten von HB = 4,5...6 kN/mm² gebracht.
Einsatzgehärtete oder nitrierte Stahlführungen (HRC 58 bis 63) sind in Form von Rechteckführungsleisten, Rundsäulen oder Federbandstahl im Handel erhältlich.
Das Material des kürzeren bewegten Gegenpartners sollte aus weicherem Material (Bronze, Kunststoff) bestehen, um Fressen bei hohen Pressungen zu vermeiden.

7 Wälzende Geradführungen

Ordnet man zwischen zwei Führungsflächen Wälzkörper an, so wird aus der gleitenden eine wälzende Führung.
Die Grundformen mit Wälzkörpern sind mit Kugeln, Rollen oder Nadeln zu verwirklichen. Der Rollwiderstand bei Wälzbewegungen ergibt einen Kennwert, der dem Reibungsbeiwert bei gleitender Bewegung vergleichbar ist. Dieser liegt im Arbeitsbereich der meisten Führungen etwa um eine Zehnerpotenz niedriger als bei Gleitführungen.
Bei verschiedenen Wälzlagertypen werden von Herstellern Werte von 0,001 bis 0,0018 genannt. Geradführungen mit gut geführten Wälzkörpern weisen ähnliche Werte auf. Interessanterweise besitzen die untersuchten Lager einen mit der Belastung fallenden Reibwert. Wobei Reibwert und Reibkraft auseinander zu halten sind. Der Reibwert bei rollender Reibung steigt mit der Geschwindigkeit an. Besonders stark ist die Abhängigkeit von der Schmierung. Größere Mengen Öles oder Fettes erhöhen die Walkarbeit und setzen den Reibwert herauf.
Die spezifische Pressung zwischen Wälzkörper und Führungsfläche ist infolge der punkt- oder linienförmigen Berührung um ein Vielfaches höher als bei der Gleitführung. Die Laufbahnen müssen daher aus legiertem und gehärtetem Stahl (Kugellagerstahl) mit etwa 60 HRC bestehen, die eingeklebt, aufgeschraubt oder aufgespannt werden.
Wälzführungen erfüllen viele Bedingungen, die man an eine Geradführung stellt.

Wichtige Eigenschaften, die an eine Längsführung gestellt werden, sind:

- hohe Lauf- und Positioniergenauigkeit (Spielfreiheit)
- hohe Steifigkeit
- große statische und dynamische Tragfähigkeit
- gute Dämpfungseigenschaften
- hohe Crash-Sicherheit
- gute Abdichtung
- einfache Montage
- angemessener Preis

Ihre besonderen Vorteile sind:

- Geringer Verschiebewiderstand und kein Stick-Slip-Effekt (Ruckgleiten).
  Während geschmierte Gleitführungen Reibungszahlen von
  $\mu = 0{,}03$ bis o,2
  und bei einem Wechsel zwischen Ruhe und Bewegung
  $\mu = 0{,}3$
  aufweisen, haben Wälzführungen Reibungszahlen von
  $\mu = 0{,}0005$ bis 0,005.
- Einfacher Einbau der standardisierten Elemente
- Einstellbares Spiel
- Mit Verschiebekeilen oder Exzentern kann das Spiel eingestellt werden. Vorgespannte Wälzführungen zeichnen sich besonders durch hohe Führungsgenauigkeiten aus.
- Hohe Steifigkeit und Tragfähigkeit
  Durch das Verspannen der Linearlager können große Steifigkeiten erreicht werden. Bezüglich der Tragfähigkeit sind Flächenlasten bis zu 75 N/mm² möglich.

Nachteile:

- Geringe Dämpfung (Ratterneigung)
- Geringere Steifigkeit als Gleitführungen (zulässige Belastung pro Kugel:etwa1000 N, pro Rolle 2000-5000 N)

Eine Längsführung, die alle Anforderungen optimal erfüllt, gibt es nicht. Sicher gibt es Führungen, die den hohen Ansprüchen zum größten Teil gerecht werden. Die Vielzahl der am Markt angebotenen Linearsysteme macht es dem Konstrukteur nicht leicht, die für die entsprechende Anforderung geeignete Führung auszuwählen.
Selbst wenn die grundsätzliche Entscheidung zugunsten einer Wälzführung (oder auch kombinierten Wälz-Gleitführung) gefallen ist, steht immer noch eine beachtliche Anzahl von Führungssystemen zur Auswahl.
Als „klassische" Lösung in Werkzeugmaschinen haben sich seit Jahren die Rollenführungen bewährt.
Man kann hier Wälz-Geradführungen mit unbegrenztem Hub und mit begrenztem Hub unterscheiden.
Bei Führungen mit unbegrenztem Hub werden die Wälzkörper zurückgeführt, bei begrenzten Wegen nicht. Mittelpunkt oder Mittelachse jedes Wälzkörpers bewegt sich mit halber Geschwindigkeit des bewegten Teils.
In der Führung mit begrenztem Hub wird nur ein Teil des Schlittens von Wälzkörpern gestützt; diese einfache Ausführung benötigt viel ungenutzten Platz in Bewegungsrichtung.
Wälzkörper besitzen Kugel- oder Zylinderform.
Die Grundformen der Führungen finden sich auch bei Wälz-Gradführungen in abgewandelter Form als Flach- oder Prismenführung und deren Kombinationen.
Außerdem lassen sich die Wälzkörper statt über eine Geradführung auch über einen Zylinder abwälzen und zurückführen.
Zum einwandfreien Abwälzen müssen die Walzen gut geführt sein. Stellen sich die Walzen infolge eines schlechten Käfigs schief oder sind die beiden Führungsflächen, zwischen denen die Walzen sich abwälzen, nicht parallel, so versuchen die Walzen seitlich auszuweichen. Die hierbei entstehende Axialkomponente ist vor allem von der Belastung abhängig. Die Seitenkraft bewirkt die Zerstörung des Käfigs (bohrende Reibung gegen die Seitenwand des Käfigs). Bei Kugeln tritt dieser Effekt nicht auf.
Kugeln als Wälzkörper haben den Nachteil, dass sie elastischer als Walzen sind (Punkt- statt Linienberührung). Beide, Kugeln wie Walzen, platten bei Belastung ab. Die Federzahl verläuft dabei progressiv. Wegen dieser Eigenschaft, die allen Wälzführungen gemeinsam ist, werden Wälzführungen vorgespannt. Die Vorspannung erhöht die Steifigkeit und garantiert die Spielfreiheit der Führung, solange die Vorspannung nicht von zu großen äußeren Kräften aufgehoben wird.
Bleibt die äußere Kraft kleiner als die Vorspannkraft, dann bleiben die Wälzkörper belastet. Die Federung infolge einer äußeren Last geht durch die Vorspannung auf die Hälfte zurück, falls die Federkennlinien linear verlaufen und gleich sind. Die Steifigkeit mit Vorspannung wird mithin doppelt so groß als die ohne Vorspannung.
Die Elastizität der Wälzführung hängt nicht von der Wälzführung allein ab, auch die Nachgiebigkeit der Führungsflächen ist an der Gesamtsteifigkeit beteiligt.

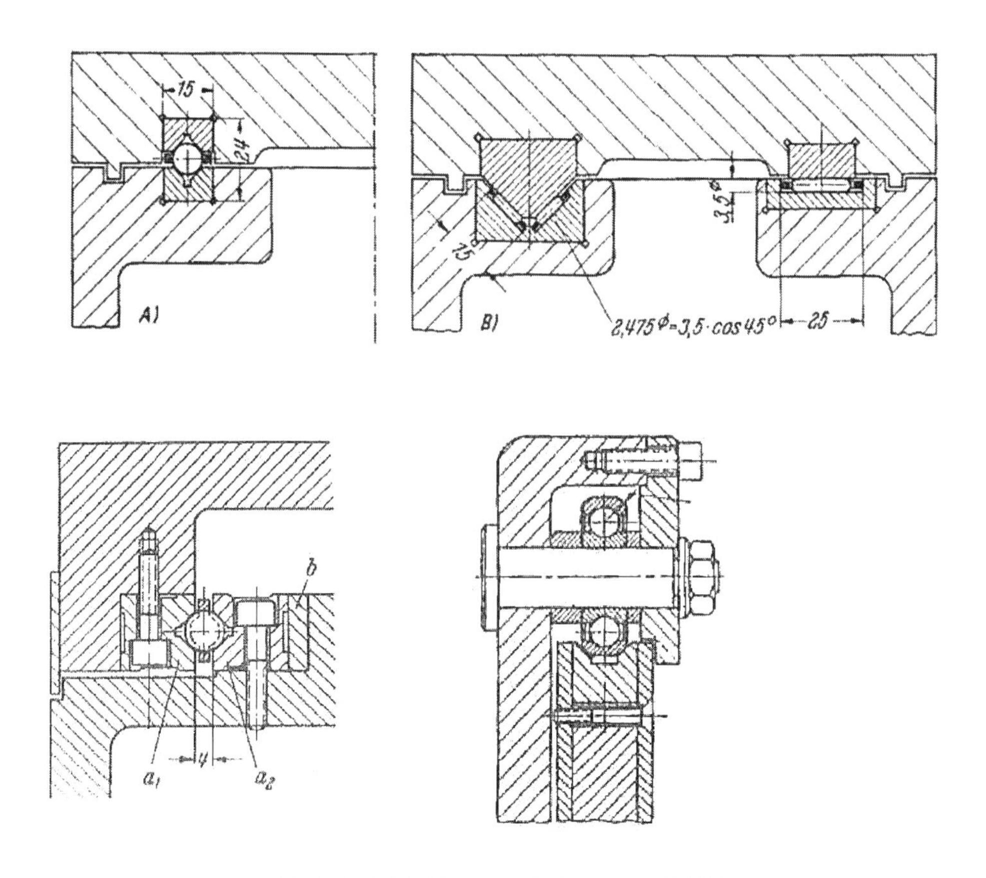

Bild 7.1: Wälzführungen für begrenzte Schlittenwege

Zu den Führungen mit begrenztem Hub zählen die Flachkäfigführungen auf Nadel- beziehungsweise Rollenbasis in den verschiedensten Profilausführungen.
Bedingt durch die hohe Anzahl von (meist kleinen) Rollkörpern zeichnet sich dieses Führungssystem durch äußerst hohe Tragfähigkeit und Steifigkeit aus.
Die außerordentlich hohe Genauigkeit, die mit diesem System erreicht werden kann, ist ein weiterer Grund, warum diese Führungen heute bei Linearbewegungen, zum Beispiel in Schleifmaschinen, nicht wegzudenken sind.
Das Bild zeigt einen typischen Anwendungsfall in einer Schleifmaschine. Für den weitaus größten Teil der Werkzeugmaschinen werden Linearführungen mit unbegrenztem Hub benötigt. Dies trifft in erster Linie für alle Fräsmaschinen, Drehmaschinen und vor allem für Bearbeitungszentren zu. Hier müssen vor allem die bewährten Rollenumlaufschuhe genannt werden, die den Ansprüchen einer Werkzeugmaschine am ehesten gewachsen sind.
In Verbindung mit einer Dämpfungsleiste stellen sie zurzeit wohl die technisch hochwertigste Wälzführung im Linearbereich dar.

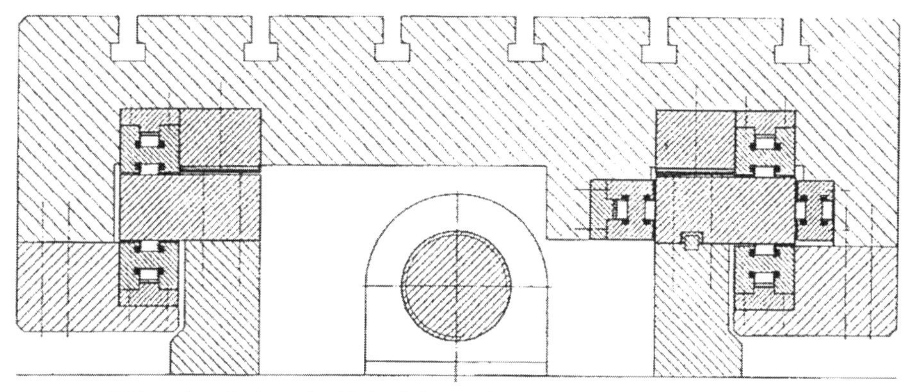

Bild 7.2: Gedämpfte Rollenführung in einem Fräsmaschinentisch

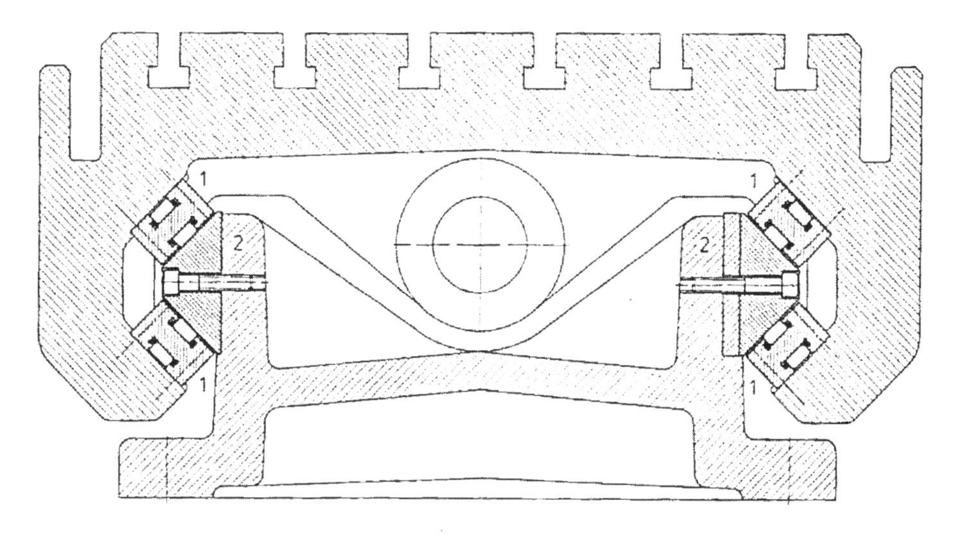

Bild 7.3: Prismenführung in einem Werkzeugmaschinentisch (Quelle: INA)

Diese Art von Linearwälzführung setzt eine sehr sorgfältige und zum Teil auch aufwändige Montage voraus.
Hieraus ergibt sich am Markt die Nachfrage nach kompakten einbaufertigen Einheiten mit deutlich reduziertem Montageaufwand. Das Bild zeigt eine solche kompakte Lineareinheit. Diese Einheit hat ein hochtragfähiges vollrolliges Laufsystem.
Sie ist aus allen Richtungen belastbar und kann Momente um alle Achsen aufnehmen. Die Zylinderrollen werden in vier separaten Umlaufkanälen mit engem Spiel geführt.
Im Zuge dieser kompakten Einheiten kommen auch immer häufiger Kugelumlaufeinheiten im Bereich der Werkzeugmaschinen zur Anwendung. In erster Linie handelt es sich hierbei aber um Anwendungen, bei denen Tragfähigkeit und Steifigkeit nicht im Vordergrund stehen.

Über den großen Bereich der spanenden Werkzeugmaschinen mit ihren hohen Anforderungen ist in erster Linie die Rollenführung in der Lage, die geforderte Führungsqualität zu bringen.

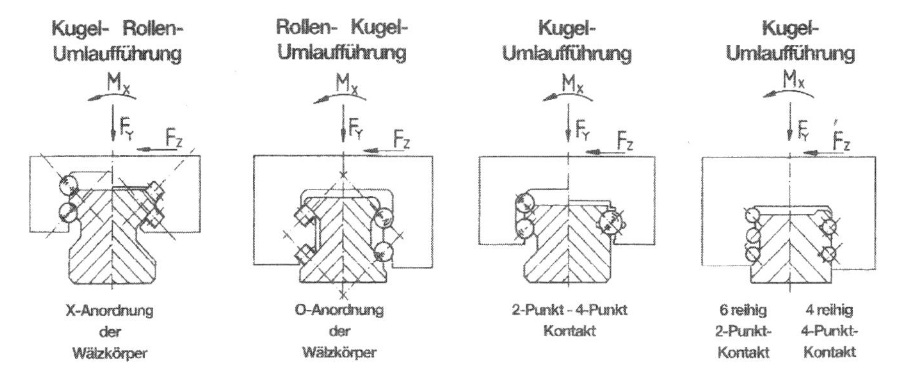

Bild 7.4: Merkmale von Linear-Wälzführungs-Einheiten (Quelle: INA)

7.1 Vergleich zwischen Kugel- und Rollenführungen

Anhand von wichtigen technischen Eigenschaften wie Steifigkeit, Tragfähigkeit und Crash-Sicherheit sollen im Folgenden untereinander austauschbare, kompakte Kugelführungen und kompakte Rollenführungen miteinander verglichen werden.
Ein Tragzahlenvergleich zeigt, dass die statische Tragzahl bei einem Rollenumlaufsystem höher ist als bei einem vergleichbaren austauschbaren Kugelsystem. Die dynamische Tragzahl liegt bei dem Rollensystem höher als die Tragzahl des entsprechenden Kugelsystems. Bei den dynamischen Tragzahlen muss vor allem darauf geachtet werden, dass die Tragfähigkeitsberechnung von gleicher Rechenbasis ausgeht.

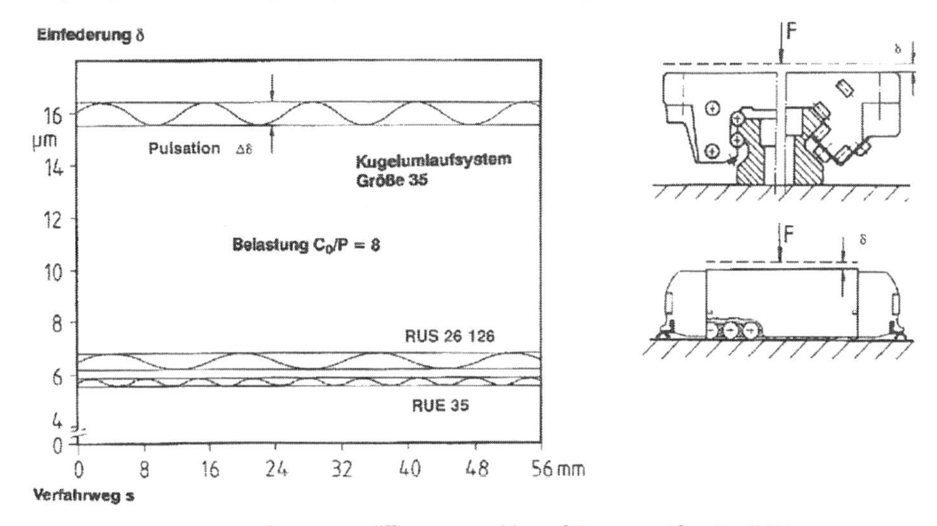

Bild 7.5: Federungsdifferenz von Linearführungen (Quelle: INA)

Europäische Hersteller von Linearprodukten berechnen die dynamischen Tragzahlen nach ISO. Hierbei wird die Lebensdauer L in 100 km zurückgelegte Strecke angegeben.

Einige ausländische Hersteller berechnen die Lebensdauer L in 50 km zurückgelegte Strecke.

Das hat zum Ergebnis, dass nach ISO berechnete Tragzahlen mit **Faktor 1,26** multipliziert werden müssen, um mit dynamischen Tragzahlen, die nicht nach ISO berechnet wurden, realistisch vergleichbar zu sein. Umgekehrt müssen Tragzahlen, die auf 50 km zurückgelegte Strecke basieren, mit **Faktor 0,794** multipliziert werden, um sie mit nach ISO berechneten Tragzahlen vergleichen zu können.
Ein weiteres Beispiel demonstriert, wie gravierend die Unterschiede zwischen Kugel- und Rollensystem in Bezug auf Steifigkeit und Lebensdauer sein können
Das Bild zeigt die unterschiedlichen Einfederungseigenschaften einer Rollen- beziehungsweise Kugelführung. Es handelt sich hier um die Einfederung des reinen Wälzkörpersatzes, bezogen auf austauschbare Systeme.
Es ist zu sehen, dass bei einer Vorspannung beider Systeme von VSP = 0,1 x C (C = dynamische Tragzahl) die Einfederung des Kugelsatzes (Kurve b) etwa dreimal höher ist als die des Rollensatzes (Kurve a).
Häufig wird bei Kugelsystemen eine Verbesserung der Federungseigenschaften über eine höhere Vorspannung versucht. Wie die dritte Kurve (c) zeigt, ist die Einfederung des Kugelsystems trotz dreifacher Vorspannung (VSP = 0,3 x C) immer noch doppelt so hoch wie die des Rollensystems.
Die Lebensdauer sinkt bei Verdoppelung der Vorspannung auf 12,5 % bei einer Kugelumlaufführung und auf 10 % bei einer Rollenumlaufführung.
Dass diese überhöhte Vorspannung gravierende Folgen für die Lebensdauer hat, zeigt das folgende Bild.

Bei einer Vorspannung der beiden Systeme mit 0,1 x C liegt die Lebensdauer der Rollenführung bei dem 4-5 fachen Wert der Kugelführung.
Wird bei der Kugelführung die Vorspannung auf 0,3 x C erhöht, beträgt die Lebensdauer der Rollenführung sogar mehr als das 100fache der Kugelführung. Bei dieser Betrachtung wurde keine zusätzliche äußere Last auf die Systeme berücksichtigt.
Des Weiteren ist bei solch hoher Vorspannung zu berücksichtigen, dass die Verschiebekraft des Linearsystems überproportional ansteigt.
Insgesamt sind diese durch erhöhte Vorspannung erreichten Dämpfungswerte jedoch so niedrig, dass der praktische Nutzen gering bleibt.
Der einzige sinnvolle Weg zur Erhöhung der Dämpfung des Gesamtsystems ist also ein zusätzliches Dämpfungselement.

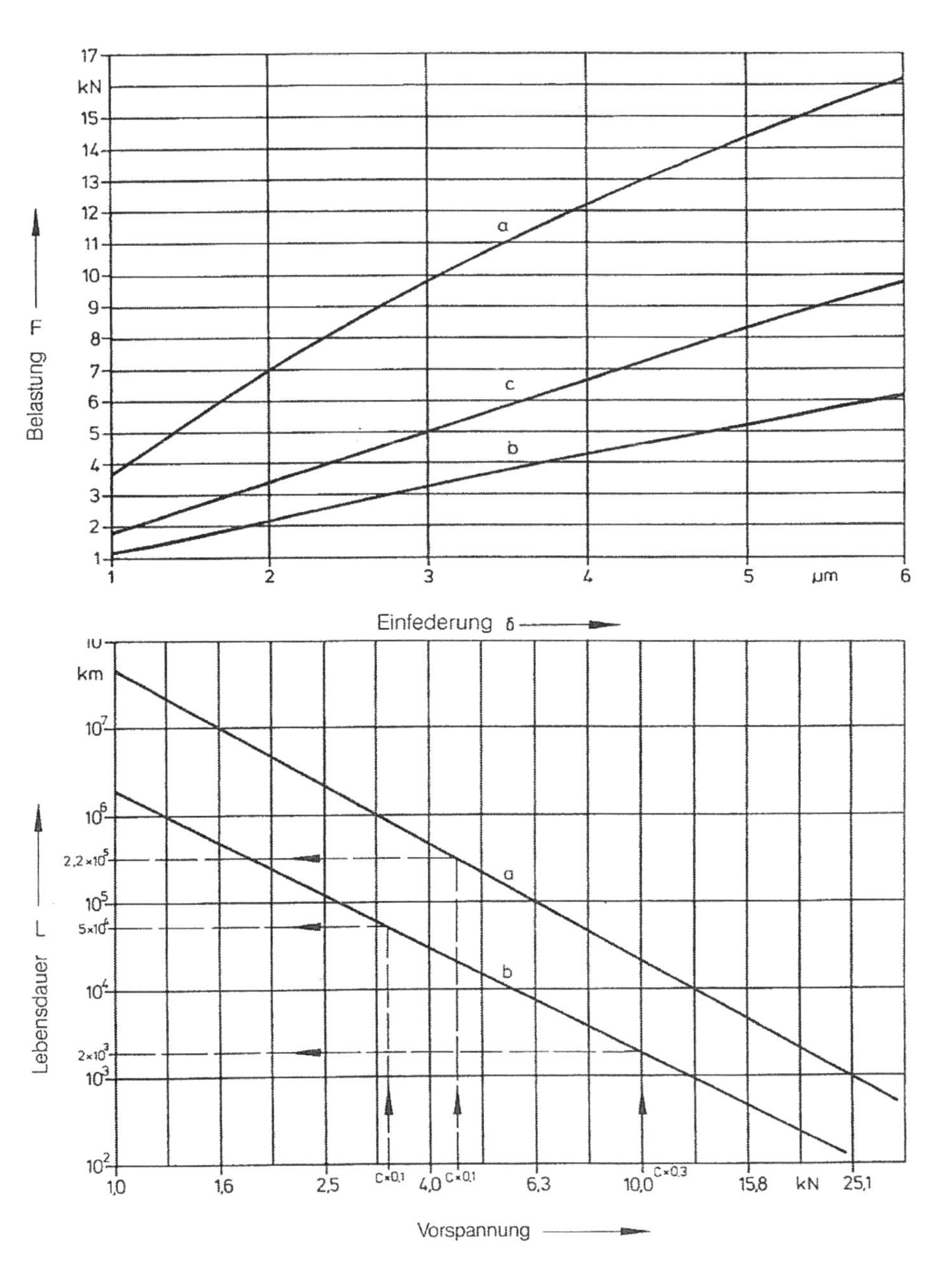

Bild 7.6: Lebensdauervergleich von Lineareinheiten
a) Rollenführung (VSP= 0,1xC)
b) Kugelführung (VSP= 0,1xC)
c) Kugelführung (VSP= 0,3xC)

7.2 Vergleich zwischen Gleit- und Wälzführungen

Wälzführungseinheiten können entweder mit Kugeln oder Rollen ausgeführt werden. Je nach Anordnung der Wälzkörperreihen unterscheidet man zwischen O-Anordnung und X-Anordnung. Bei Kugeln ist eine Ausführung mit 2-Punkt- oder 4-Punkt-Kontakt möglich. Abgesehen von den Kosten wird eine Längsführung unter anderem nach vier wesentlichen Kriterien beurteilt:

- Steifigkeit
- Genauigkeit
- Verschiebekraft
- Verschleiß

Während bei den ersten Kriterien mit Gleitführungen und hochwertigen Wälzführungen inzwischen gleiche Werte erreicht werden können, sind bei der Verschiebekraft klare Vorteile für die Wälzführung zu sehen. Die Wälzreibung liegt systembedingt etwa eine Zehnerpotenz unter der Gleitreibung. Zusätzlich sind die bei der Gleitführung gefürchteten Stick-Slip-Effekte nicht vorhanden. Die Zustellgenauigkeit kann somit erhöht werden.
Dies bedingt zwangsläufig, dass der Vorschubantrieb kleiner dimensioniert werden kann und / oder höhere Dynamik möglich ist und außerdem der Verschleiß der Führung stark abnimmt.

7.3 Crash-Sicherheit

Ein weiterer wichtiger Punkt für den Anwender ist die Crash-Sicherheit verschiedener Linearsysteme. Bedingt durch die außerordentlich hohen Tragzahlen von Rollenführungen müssen alle Umgebungsteile, vor allem die Schraubverbindungen, so dimensioniert sein, dass sie den hohen statischen Tragzahlen der Lineareinheiten gerecht werden.
Das Ergebnis hieraus sind deutlich höhere Anbindungskräfte des Systems an die Umgebungskonstruktion, bedingt durch zum Teil Verdopplung der Schraubenzahl im Vergleich zu Kugelsystemen. Dies bringt dem Anwender im Fall der Crash-Situation für seine Maschine eine zusätzliche Sicherheit, die bei einer Rollenführung in der Größenordnung von Faktor 2-3 im Vergleich zur Kugelführung liegt.

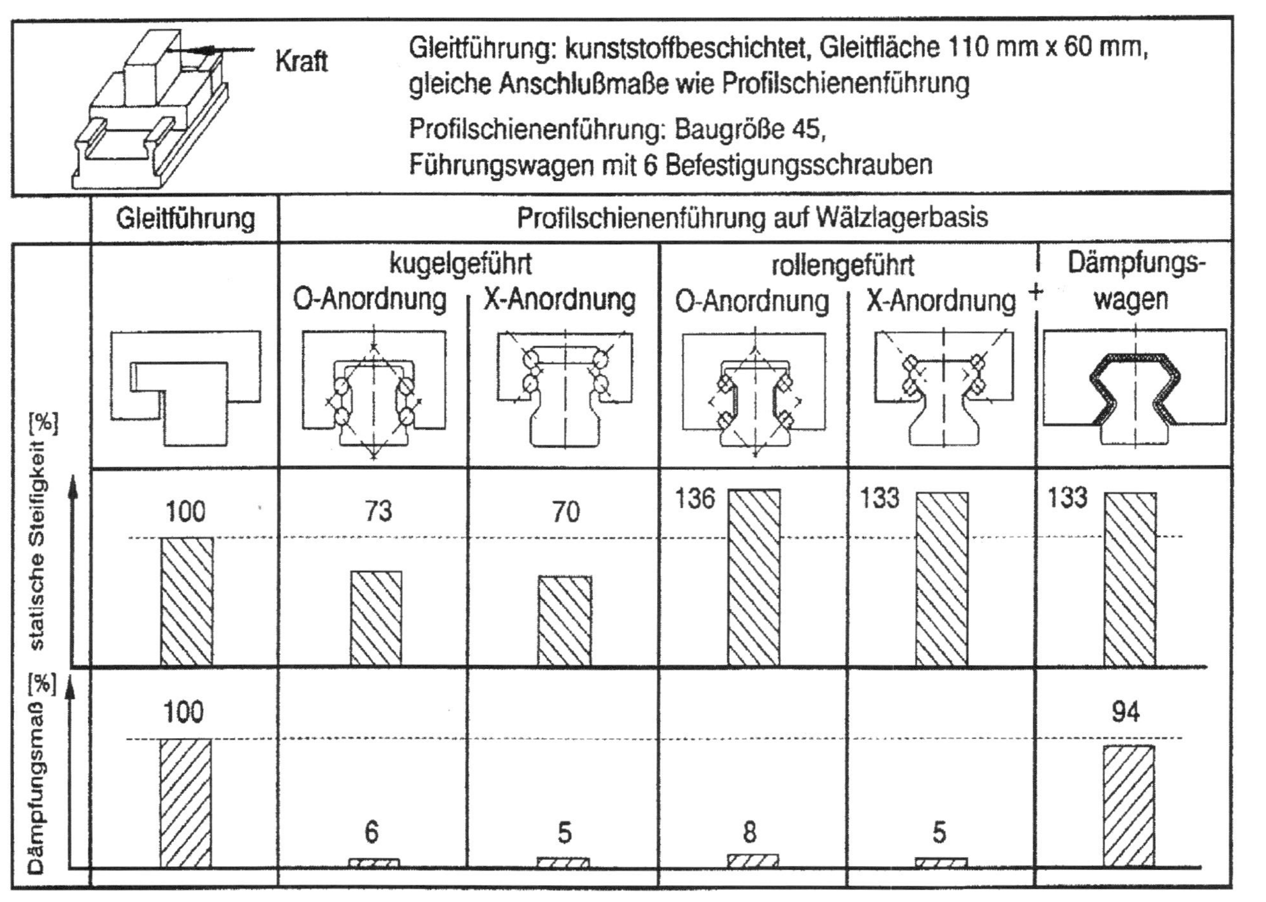

Bild 7.7: Steifigkeit und Dämpfung von Linearführungen

7.4 Dämpfung

Eine sehr wichtige technische Eigenschaft, die von einer Längsführung erwartet wird, ist die Dämpfung. Bei allen eindeutigen Vorteilen, die eine Wälzführung gegenüber der Gleitführung hat, muss gesagt werden, dass in puncto Dämpfung die Gleitführung der Wälzführung überlegen ist. Dass aber das Dämpfungsverhalten einer reinen Wälzführung in vielen Anwendungen trotzdem ausreicht, zeigt die Praxis.
Grundsätzlich wird aber eine Wälzführung, egal ob Rollen- oder Kugelführung, die Dämpfungseigenschaften einer Gleitführung nicht erreichen, wenn keine speziellen technischen Eingriffe erfolgen. Diese sollten sicherlich nicht darin bestehen, dass zum Beispiel Kugelführungen höher vorgespannt und dann erhebliche Dämpfungswerte erreicht werden, die einer Gleitführung nahe kommen.
Sehr gute Ergebnisse können mit Linearwälzführungen erzielt werden, die mit einer Dämpfungsleiste beziehungsweise einem Dämpfungsschlitten ausgerüstet wurden.
Diese Dämpfungselemente sind zwischen den Längsführungen angeordnet und so ausgelegt, dass sie das Schienenprofil über eine größtmögliche Fläche abdecken.
Zwischen Schiene und Dämpfungselement gibt es dabei jedoch keine direkte Berührung. Der mit Öl gefüllte, definierte Spalt zwischen Dämpfungselement und Schiene soll eine Höhe von etwa 0,02-0,03mm besitzen.

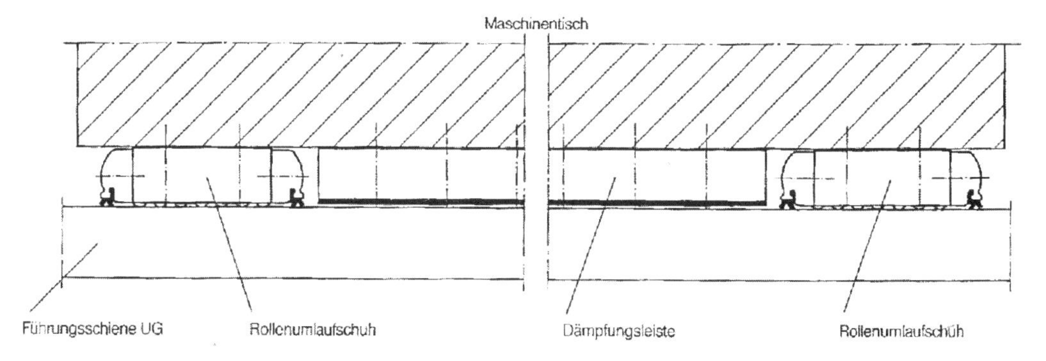

Bild 7.8: Dämpfungsleiste mit Rollenumlaufschuh
Quelle: INA

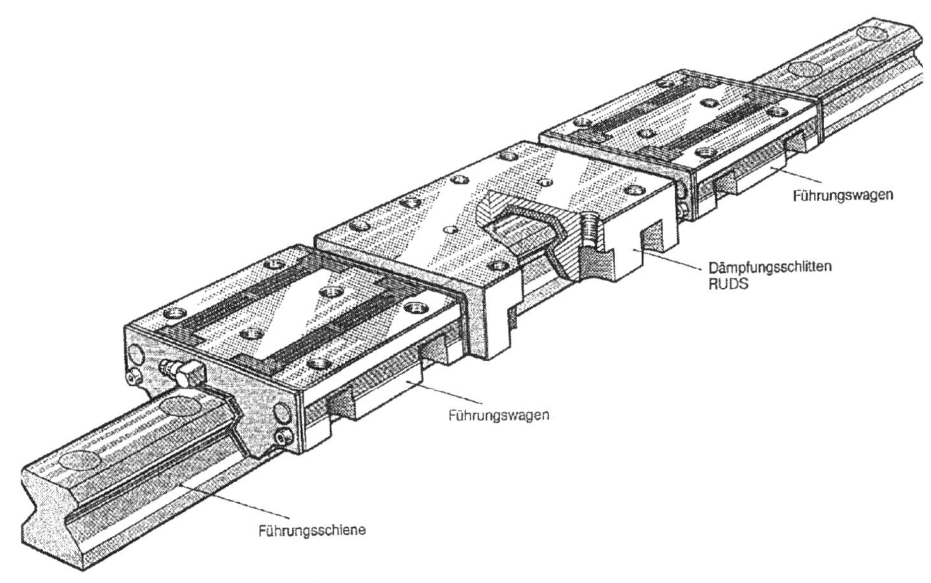

Bild 7.9: Gedämpftes Rollenführungssystem
Quelle: INA

Ein Sequeeze-Film- oder auch Quetschöl-Dämpfer basiert auf dem Effekt, dass parallele Platten, die in geringem Abstand zueinander montiert sind und zwischen denen sich ein viskoses Medium, zum Beispiel Öl befindet, nur schwer senkrecht zur Oberfläche bewegt werden können. Der Ölfilm muss nämlich in einem solchen Fall aus dem engen Spalt verdrängt werden und hierdurch wird ein Druck aufgebaut, der der Bewegungsrichtung entgegen wirkt. Diese Reaktionskraft ist in erster Näherung geschwindigkeitsproportional und dämpft somit die Schwingung.
Dieser Flüssigkeitsdämpfer ist in der Lage, ausgezeichnete Dämpfungseigenschaften der Gesamtführung zu erzeugen. Der ganz große Vorteil dieses Dämpfungssystems liegt darin, dass der „Wälzlagercharakter" der Gesamtführung erhalten bleibt, das heißt die Nachteile einer reinen Gleitführung wie Stick-Slip, Verschleiß, hohe Reibwerte nicht in Erscheinung treten.
Für Linearwälzführungen gibt es solche Sequeeze-Dämpfer als einbaufertige Einheit mit dem Querschnitt wie die Wälzführungseinheit.
Dieses System umschließt die Führungsschiene von drei Seiten. Zur Schiene besteht ein Spalt von zirka 25µm, der mit Öl gefüllt ist, das auf Grund der Kapillarwirkung im Spalt verbleibt. Um die Crash-Sicherheit zu erhöhen, ist die Berührfläche als Gleitbelag ausgebildet.

Werden zum Beispiel die Wälzführungen so hoch belastet, dass Einfederungen von mehr als 25 µm auftreten, nimmt das Dämpfungssystem Last auf und schützt somit die Wälzführungen. Wird bei dieser Überlast das System verfahren, kann auf Grund des Gleitbelages die Schiene durch den berührenden Dämpfungswagen nicht beschädigt werden.

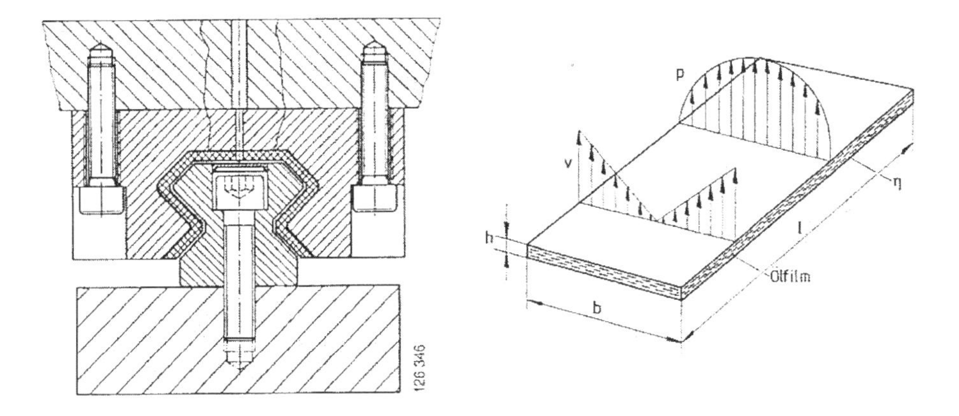

Bild 7.10: Dämpfungsschlitten mit Profilschiene *Bild 7.11: Squeeze-Film-Dämpfer*

Treten nun Schwingungen, das heißt Relativbewegungen zwischen Schiene und Wagen, senkrecht zur Verfahrrichtung auf, erzeugt das System eine der Bewegung entgegen gerichtete Reaktionskraft.
Der wesentliche Unterschied ist jedoch, dass Wälzführungen – auch hoch vorgespannte – keinen Dämpfungseffekt zeigen, der Dämpfungswagen jedoch auf Grund der viskosen Dämpfung Arbeit verrichtet, dem schwingenden System also Energie entzieht.
Vergleicht man nun Wälzführungen mit Gleitführungen experimentell, zeigt sich, dass mit dem Dämpfungswagen nahezu die gleiche Dämpfung als mit Gleitführungen erzielt wird.
Im Unterschied zu Gleitführungen bleibt jedoch der wesentliche Vorteil der Wälzführung, nämlich die geringe Verschiebekraft, erhalten.
Der Grund hierfür ist, dass beim Verschieben des Dämpfungswagens entlang der Schiene nur Flüssigkeitsreibung auftritt, die bei den in Werkzeugmaschinen üblichen Eilgangsgeschwindigkeiten nur im Bereich einiger Newton liegt.
Schwingungsuntersuchungen an bereits ausgeführten Maschinen bestätigen eine deutliche Schwingungsreduzierung und häufig auch eine Verbesserung der Ratterneigung. Dies führt zu entsprechend höheren Werkzeugstandzeiten und ermöglicht eine Erhöhung der Bearbeitungsgeschwindigkeit und somit der Wirtschaftlichkeit.

7.5 Genauigkeit der Anschluss-Konstruktion

Eine immer wieder aufgeworfene Frage ist die Genauigkeit der Anschluss-Konstruktion.

- Welche Genauigkeit wird gefordert?
- Muss die Anschluss-Genauigkeit bei einer Rollenführung deutlich höher sein als bei einer Kugelführung?
- Ist eine Kugel- beziehungsweise Rollenführung in der Lage, Ungenauigkeiten in der Anschluss-Konstruktion zu kompensieren?

Bei einigen Anwendern von Linearführungen besteht nur ein verschwommenes Bild, wie die Anschluss-Konstruktion auszusehen hat. Sicher kann gesagt werden, dass es die „magische Führung“, die ungenaue Maschinen und ungenaue Anschluss-Konstruktionen in supergenaue Führungen und entsprechend genaue Maschinen umwandeln kann, nicht gibt.

Selbstverständlich aber sind alle Wälzführungen in der Lage, zum Beispiel Unparallelitäten zweier Führungsschienen zueinander aus Gründen der Elastizität dieser Führungen zum Teil zu kompensieren. Dass eine relativ weiche Kugelführung in der Lage ist, größere Ungenauigkeiten zu kompensieren als die steifen Rollenführungen, liegt auf der Hand. Dieses Verhalten darf jedoch dem Konstrukteur nicht als „selbst einstellendes Führungselement" angeboten werden.
Grundsätzlich kann also gesagt werden, dass eine Rollenführung höhere Ansprüche an die Genauigkeit der Anschluss-Konstruktion hat als eine Kugelumlaufführung, was mit der deutlich höheren Steifigkeit dieser Systeme begründet werden muss.

7.6 Ablaufgenauigkeit der Linearführung

Die Ablaufgenauigkeit hängt im Wesentlichen von der Geradheit, Genauigkeit und Steifigkeit der Pass- und Montageflächen ab. Die Geradheit des Systems stellt sich erst ein, wenn die Schiene gegen die Bezugsfläche gepresst wird.
Je genauer und leichtgängiger die Führung sein soll, desto stärker muss auf die Form- und Lagegenauigkeit der Anschlussflächen geachtet werden:

- Toleranzen nach folgenden Bild
- Flächen schleifen oder feinfräsen – Mittenrauwert Ra 1,6 anstreben

Folgen bei Abweichungen von den angegebenen Toleranzen:

- Verschlechtern die Gesamtgenauigkeit der Führung
- Verändern die Vorspannung
- Verringern die Gebrauchsdauer

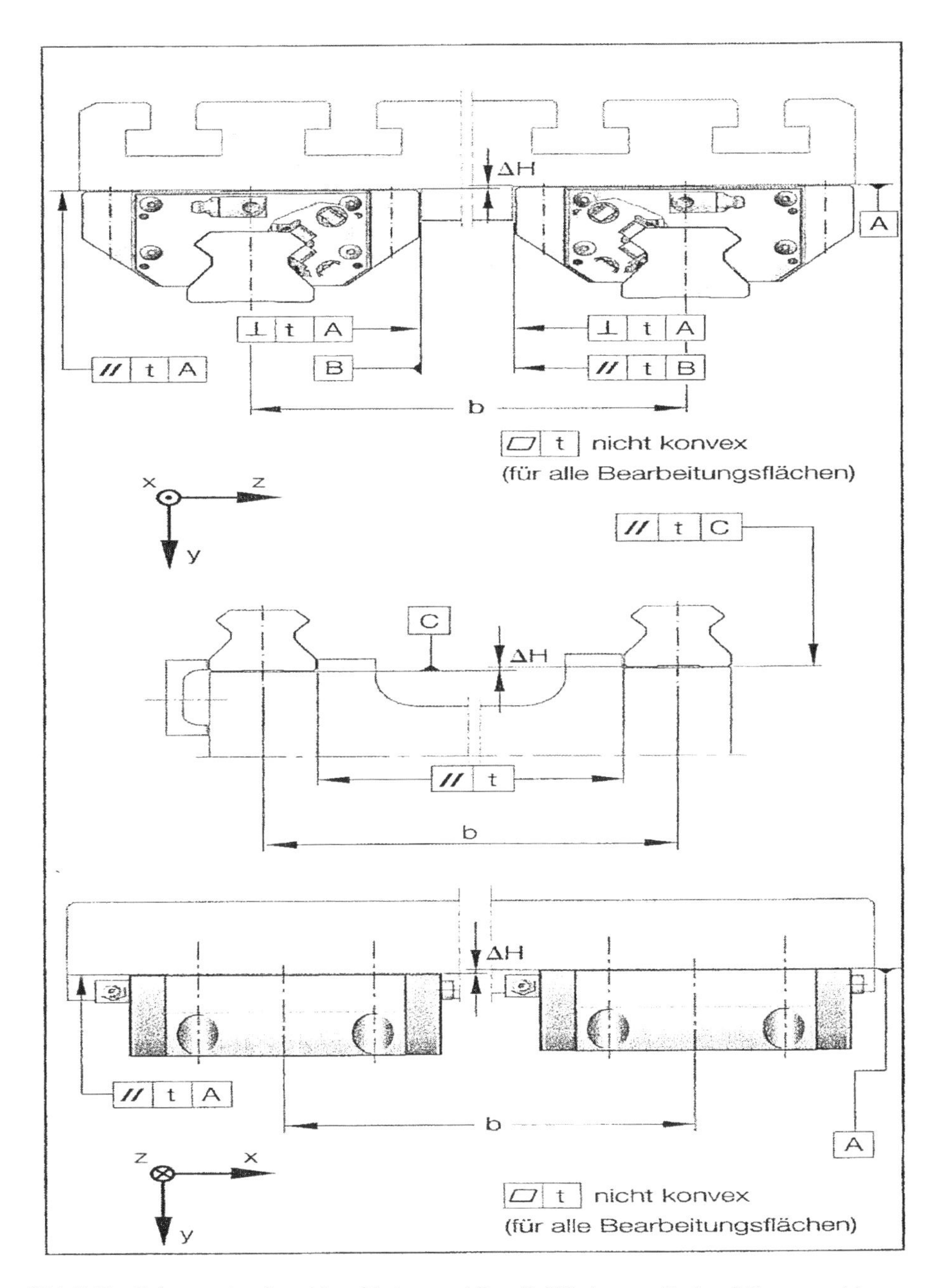

Bild 7.12: Toleranz der Anschlussflächen und Parallelität der montierten Führungsschienen

8 Kombinierte gleitende und wälzende Geradführung

Gleitende und rollende Reibung lassen sich an Geradführungen wie an Drehführungen kombinieren. Bei geschickter Konstruktion ist es möglich, die Vorteile der beiden Führungsarten auszunutzen, ohne ihre Nachteile zu übernehmen.
Nach dem Prinzip der „harten" und „weichen" Führungselemente wird bei einer Kombination die Gleitführung zur „harten", die Rollenführung zur „weichen" Führung verwendet.
Die hohe Genauigkeit, die relativ große Steifigkeit und die gute Dämpfungsfähigkeit liefert die Gleitführung. Die Rollführung sorgt für Spielfreiheit. Die Gleitführung wird also über weiche Rollen vorgespannt, die das Abheben der Führung verhindern. Gelingt es, die Vorspannung soweit zu erhöhen, dass die Gleitführung blockiert, dann ist die Führung geklemmt.
Die Vorspannung bis zum Blockieren lässt sich unter günstigen Bedingungen fernbedienbar auslösen. Damit ist eine wichtige Voraussetzung zur Automation erfüllt.
Seltener kommt es vor, dass eine Gleitführung mit übermäßig hoher Flächenpressung durch Rollen entlastet werden muss. Auch hierbei liegt eine Kombination gleitender und rollender Reibung vor.

Das Bild zeigt eine aus Prisma- und Flachführung bestehende Schlittenführung. Die Führung ist statisch bestimmt. Gleitend wird nur im Prisma geführt. Statt einer Umgriffleiste, die gegen Abheben sichern soll, wird der Schlitten durch eine weiche Rolle in das Prisma hineingezogen und dadurch vorgespannt. Um auch gegen sehr hohe Kräfte sicher vor dem Abheben zu sein, können neben den Rollen Umgriffleisten angeordnet werden. Sie besitzen dann ausreichendes Spiel bis zur unteren Führungsbahn. Erst wenn die Störkräfte den Schlitten um ein geringes Maß (Spiel der Leisten) abheben, werden die Untergriffleisten wirksam. Das ist aber nur bei Schruppbearbeitung der Fall.

Die hintere Führung des Schlittens besteht bei diesem Vorschlag nur aus Rollen. Die oberen Rollen sollen hart, das heißt möglichst steif sein, die untere muss weich gehalten werden. Nur die obere Führungsbahn ist damit genauigkeitsbestimmend. Möglicherweise ließe sich sogar eine Stahleinlage für die unteren Führungsbahnen einsparen. Die stark unterschiedliche Federsteifigkeit der Rollen erreicht man durch beidseitige beziehungsweise fliegende Lagerung der Rollen. Der geringe Reibwert der hinteren Rollen begünstigt, dass der Angriffspunkt der Vorschubkraft für den Schlitten in der Nähe des Reibungsschwerpunktes liegt. Dieses kombinierte Führungsprinzip verlangt nur drei Führungsflächen mit höchster Präzision. Die weichen Rollen auf Exzenterbolzen sind einstellbar. Eine Nacharbeit in der Montage kann dadurch vermieden werden.

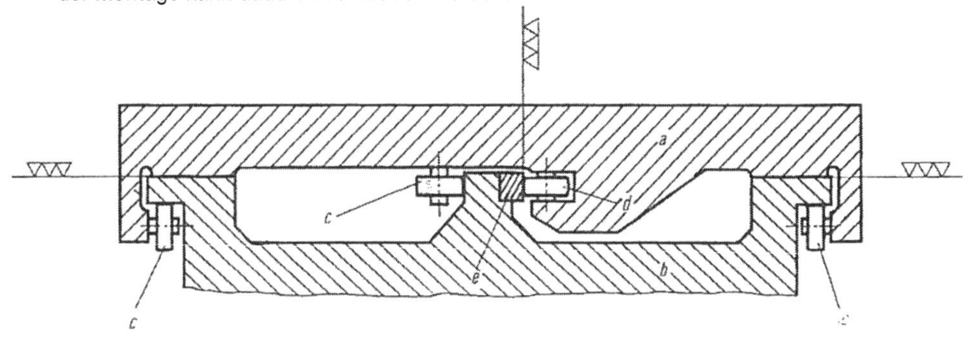

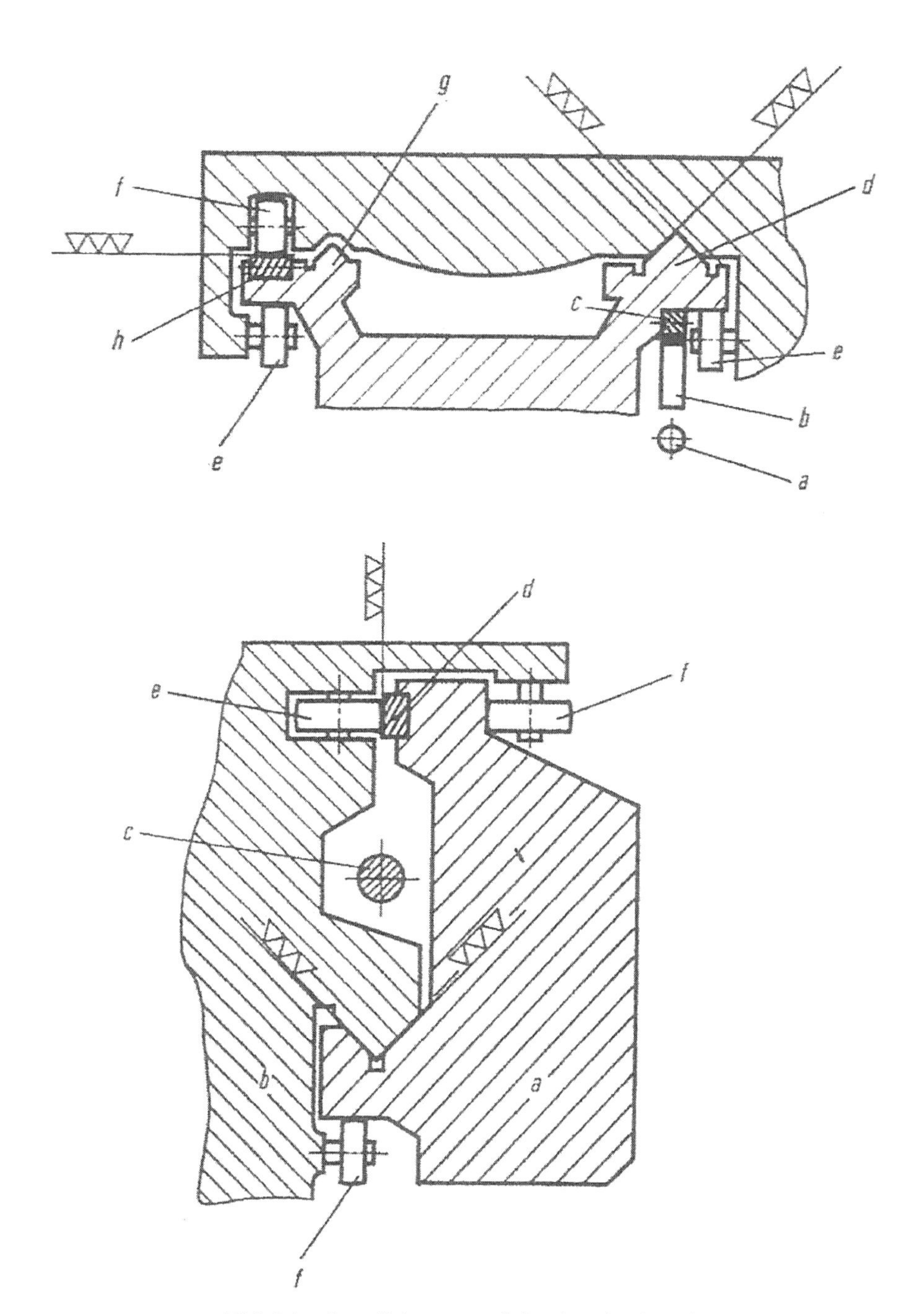

Bild 8.1.: Geradführungen, gleitend und wälzend
a=Schlitten,f,=harte Rollen e=weiche Rollen, d= Stahleinlagen

9 Fehler der Gleitführungen sowie ihre Ursachen, ihre Messung und Korrektur

Die Fehler der Führungen verursachen eine Relativbewegung zwischen Werkstück und Werkzeug. Steht diese normal zur Werkstückoberfläche, wirkt der Fehler voll auf das Werkstück ein; tangiert sie die Oberfläche, hat sie keinen Einfluss. Die Werkstückfehler sind von der Bewegungsrichtung abhängig. Die Bewegungsrichtung zum Werkstück hängt jedoch von der räumlichen Anordnung der Führungen ab, das heißt von der Konstruktion, von der Werkstück- und Werkzeugform und von der Größe der Führungsfehler.

Die geometrische Maßabweichung der auf spanenden, umformenden und abtragenden Werkzeugmaschinen hergestellten Werkstücke hängt von folgenden Einflussgrößen ab:

- Abweichungen von der Soll-Werkzeuggeometrie (Fertigungsfehler bei Formwerkzeugen)
- Technologisch bedingte Abweichungen, zum Beispiel Verschleiß oder Aufbauschneiden bei spanender Bearbeitung; Spaltabweichungen bei elektroerosiver und elektrochemischer Bearbeitung.
- Elastische Verformung von Werkzeugen, Werkstücken, Vorrichtungen und Spannelemente.
- Abweichungen der Maschinen-Vorschubbewegung von den vorgegebenen Relativbewegungen (Kontur beziehungsweise Position) zwischen Werkzeug (beziehungsweise Werkzeugträger) und Werkstück (beziehungsweise Werkstückträger) einschließlich der lastbedingten Verformungen der Maschinenstruktur sowie Abweichungen von der linearen oder rotatorischen Hauptbewegung des Prozesses (Dreh- oder Frässpindel, Pressenbär und so weiter).

Nur die zuletzt genannten Abweichungsursachen sind der Werkzeugmaschine zuzuschreiben und werden nachfolgend weiter behandelt.
Eine Übersicht über den Gesamtzusammenhang zwischen Ursachen und Auswirkungen auf die maschinenbedingten Abweichungen gibt das folgende Bild:

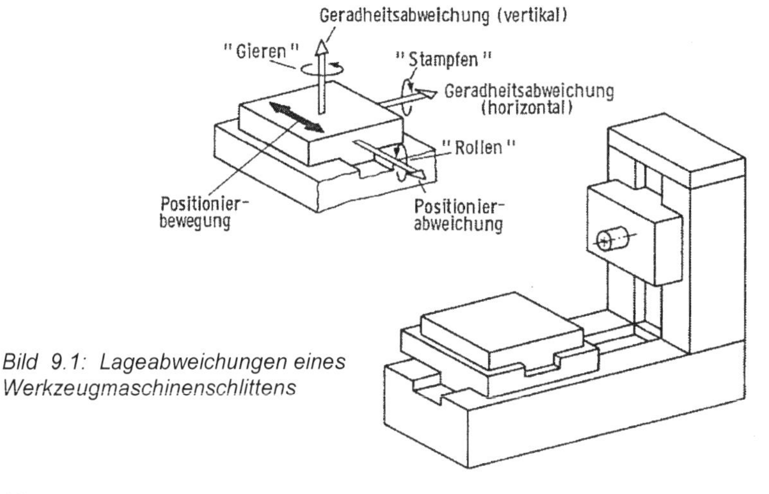

Bild 9.1: Lageabweichungen eines Werkzeugmaschinenschlittens

Man unterscheidet zwischen **geometrischen** und **kinematischen** Abweichungen.
Unter geometrischen Abweichungen sind Form- und Lageabweichungen einzelner Maschinenbauteile (Tische, Supporte, Schlitten, Pinolen) zu verstehen. Hier sind ausschließlich solche Bauteile von Interesse, welche Führungs-, Bewegungs- und Haltefunktionen zu erfüllen haben. In der Regel erfolgen die Maschinenbewegungen in mehreren Achsen (bis zu fünf und mehr), so dass neben den Abweichungen der Bauteilgeometrie und der Bauteilbewegung in den jeweiligen Einzelmaschinenachsen zusätzlich auch die geometrischen Abweichungen von der Soll-Lage der Maschinenachsen zueinander von Bedeutung sind.

Die Ursache kinematischer Abweichungen können häufig auf geometrische Abweichungen der an der Bewegungsübertragung beteiligten Bauelemente zurückgeführt werden.
Die geometrischen und kinematischen Abweichungen einer Werkzeugmaschine haben unterschiedliche Ursachen. Die geometrischen Abweichungen können zum einen bereits durch fehlerhafte Fertigung der relevanten Funktionsflächen (wie Führungen, Lager), zum anderen auch durch Verschleißerscheinungen hervorgerufen werden. Beim Zusammenbau der Einzelteile zur kompletten Maschine kommt es häufig zu montagebedingten Abweichungen. Schlechte Fundamentierung und Ausrichtarbeiten können sich hierbei negativ auf die geometrischen Maschinenabweichungen auswirken (zum Beispiel Verformungen unter Wanderlasten). Fehler in der Maschinensteuerung sind als weitere Ursache für geometrische und kinematische Maschinenabweichungen verantwortlich.

Als Beispiel sind Lage-, Geschwindigkeits- und Beschleunigungsabweichungen bei Nachformsystemen und NC-Achsen sowie Impulsverluste schrittgesteuerter Motoren zu nennen.

Entscheidenden Einfluss auf die geometrische und kinematische Genauigkeit einer Werkzeugmaschine nehmen zusätzlich die zahlreichen Belastungsparameter. Als statische Kräfte wirken Eigengewichte bewegter Maschinenteile, Werkstückgewichte sowie statische Prozesskräfte auf die Maschine ein, unter denen sie sich mehr oder weniger stark verformt. Beschleunigungen und Verzögerungen bewegter Massen (Ständer, Tische, Pinolen, Werkstücke) beanspruchen die Maschine dynamisch.
Außerdem kann zwangsläufige Erwärmung der Maschine im Betrieb zu erheblichen Verformungen der Maschinenstruktur und somit zu Relativverlagerung zwischen Werkzeug und Werkstück führen.
Durch Reibungs- und Klemmkräfte können zusätzlich undefinierte Verlagerungen auftreten.

9.1 Messprinzipien

Die meisten Messverfahren mit Messuhren, Wegaufnehmern erlauben lediglich eine punktuelle Messwertaufnahme. Zur Beschreibung der Oberfläche wird daher ein Netz von diskreten Messzeilen über die Tischfläche gelegt, die eine gute Vorstellung der Oberflächengestalt vermitteln.
Bei der Messung ist streng zu differenzieren zwischen den Begriffen:

- relative oder absolute Messung,
- Messung mit festem Messort an der Werkzeugwirkstelle oder Messung mit beweglichem Messort (Tisch),
- Messung bei bewegtem Tisch oder Messung bei bewegtem Messgerät

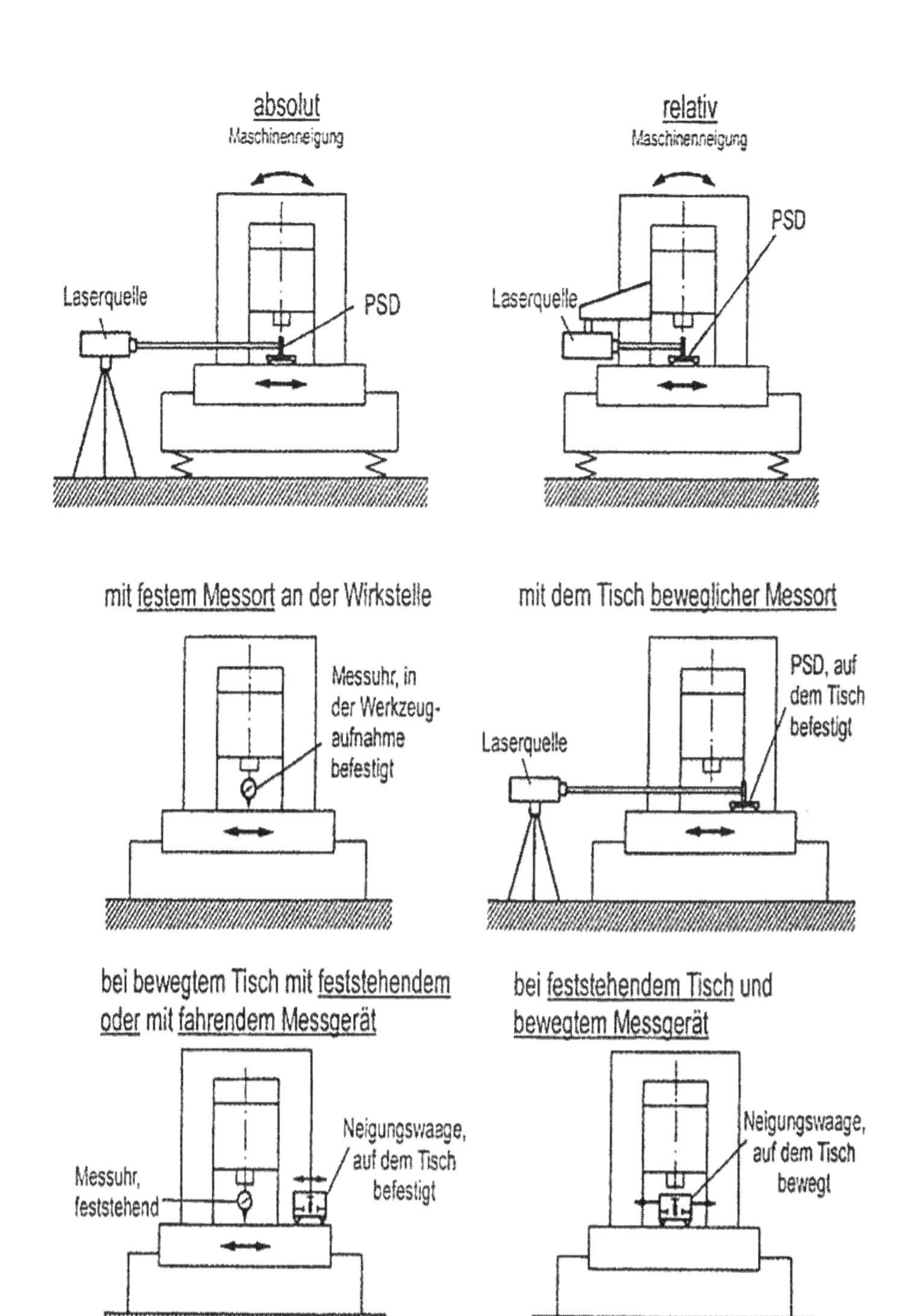

Bild 9.2: Übersicht über Messverfahren

9.2 Messung der Tischgerad- und -ebenheit

Die meisten Messverfahren zur Messung der Tischgeradheit beziehungsweise -ebenheit können auch bei der Messung bewegter Achsen eingesetzt werden.

9.2.1 Messverfahren mit Lineal und Wegaufnehmern

Zur Ermittlung der Geradheit einer Tischoberfläche wird ein Lineal mit zwei Stützen auf den Aufspanntisch gelegt. Wenn möglich soll das Lineal in den Punkten der Minimaldurchbiegung des Lineals infolge von Eigengewicht aufgelegt werden. Eine Messgabel, die in senkrechter Richtung von einem Stativ geführt wird, tastet mit ihrem unteren Ende die Tischoberfläche ab Am oberen Ende der Gabel ist eine Messuhr oder ein elektronischer Messaufnehmer befestigt, der die Auslenkung der Gabelbewegung relativ zum Messnormal, dem Lineal, erfasst.

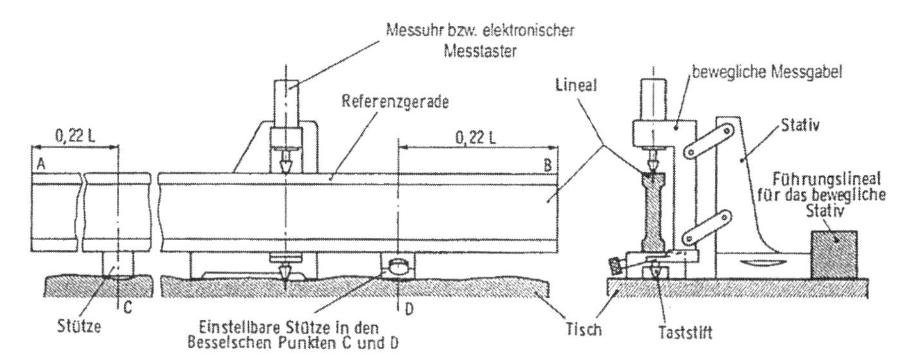

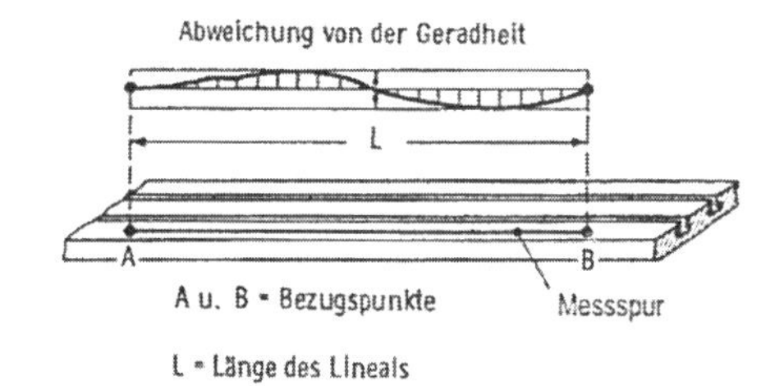

Bild 9.3: Prüflineal zur Messung der Geradheit der Aufspannfläche eines Tisches

9.2.2 Messverfahren mit positionsempfindlicher Diode (PSD)

Positionsempfindliche Dioden können zur Überprüfung der Ebenheiten genutzt werden.
Ein gebündelter Lichtstrahl – meist ein Laserstrahl – wird hierbei ähnlich wie das Lineal parallel zur Maschinenachse ausgerichtet. Der Lichtstrahl beleuchtet eine positionsempfindliche Diode, die auf dem Tisch in Richtung des Laserstrahles bewegt wird. Ein senkrecht zur Tischfläche geführter Taster, der längs des Tisches bewegt wird, ist direkt mit der Diode verbunden.
Zur Messung der Geradheit der Tischfläche wird die Einheit entlang der Messstrecke bewegt. Bewegungen in der Ebene senkrecht zur Verfahrrichtung ergeben Signalveränderun-

gen, die in der angeschlossenen elektronischen Schaltung umgewandelt und sodann in Verlagerungs-Ebenheitswerte umgerechnet werden können. Durch Parallelverschiebung der Messgeraden und Aufnahme von weiteren Profilschnitten in genügend kleinen Abständen wird eine Beurteilung der Ebenheit der Gesamtfläche möglich.

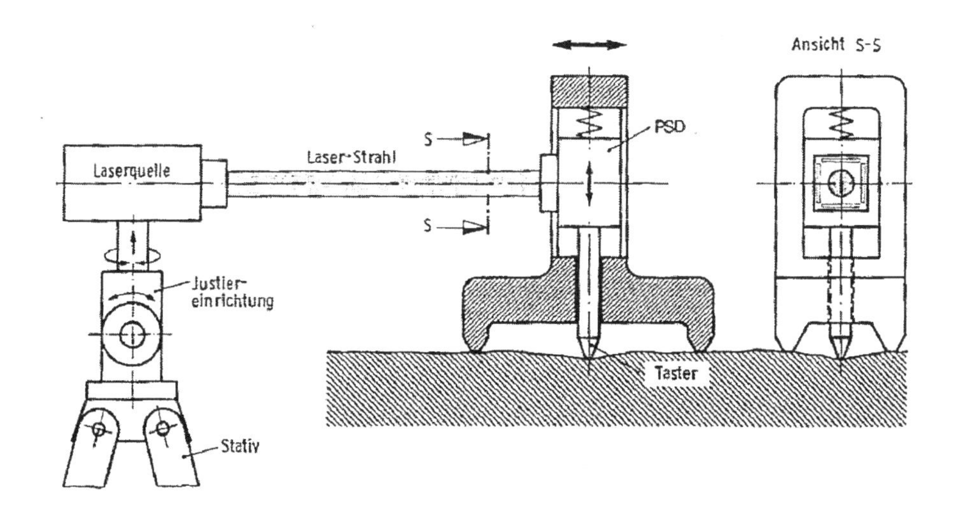

Bild 9.4: Geradheitsmessung mit Laser und PSD

9.2.3 Messverfahren mit Autokollimator

Die Vermessung der Ebenheit einer Fläche, zum Beispiel eines Maschinentisches kann an diskreten Punkten eines geeigneten Messgitters vorgenommen werden. Man misst die Ebenheit der Fläche unter Verwendung von Winkelmessgeräten wie dem Autokollimator, indem man die unterschiedlichen Neigungswinkel der Strecke zwischen zwei benachbarten Messpunkten bekannten Abstandes erfasst.
Die optische Achse des Autokollimationsfernrohres wird entlang einer Strecke des Messgitters möglichst parallel zur Tischoberfläche ausgerichtet. Der Reflektionsspiegel wird auf der Messstrecke in äquidistanten Schritten auf dem Tisch verschoben, die genau gleich dem Abstand a der Aufsatzpunkte der Spiegelgrundplatte sein müssen. Aus den gemessenen Neigungswinkeln und dem Abstand der Auflagepunkte a sind die Einzelhöhenunterschiede zwischen den Messpunkten berechenbar.

9.2.4 Messverfahren mit elektronischer Neigungswaage

Die Vermessung der Ebenheit von Flächen ist nach der im vorigen Abschnitt vorgestellten Vorgehensweise mit allen Messgeräten möglich, mit denen kleine Winkelveränderungen mit genügend guter Auflösung und Genauigkeit erfasst werden können.
Diese Möglichkeit bietet auch die elektronische Neigungswaage. Sie wird entlang einer Messstrecke des Messgitters auf den Maschinentisch gelegt und der angezeigte Winkel mit Hilfe der Nullpunktjustierung zu Null gesetzt.

In äquidistanten Abständen wird der Neigungsmesser entlang der Messstrecke aufgelegt und der jeweilige Messwert abgelesen.

9.2.5 Messverfahren mit Laser-Interferometer und Winkeloption

Das Laserinterferometer ist als hochauflösendes und hochgenaues Messgerät zur Messung von relativen Wegverlagerungen bekannt.
Der Lichtstrahl eines Zwei-Frequenz-Lasers wird parallel zur Tischoberfläche ausgerichtet. In einem ortsfesten Interferometer werden die Frequenzanteile f1 und f2 getrennt und auf einen Doppelreflektor abgelenkt. Dieser Doppelreflektor wird auf dem Prüfling in Messrichtung verschoben, und je nach Geradheit der Oberfläche werden die Reflektoren mehr oder weniger geneigt. Beide Reflektoren haben unterschiedliche Abstände zur Drehachse der Kippbewegung.
Aus diesem Grund erfahren die beiden Strahlen bei der Kippung des Doppelreflektors auf dem Messobjekt eine verschiedene Weglängenveränderung, so dass eine unterschiedliche Frequenzverschiebung f1 und f2 zu beobachten ist. Die Verschiebung der Schwebungsfrequenz am Interferometerausgang ist gleich der Differenz f1-f2. Hieraus und aus der geometrischen Anordnung (Abstand) der beiden Reflektoren kann die Winkelbewegung des Doppelreflektors berechnet werden.
In der Praxis wirkt sich beim Laser-Interferometer nachteilig aus, dass, sobald der vom Detektor aufgefangene Laserstrahl unterbrochen wird, das Zählwerk seinen Bezug verliert und die Messung muss abgebrochen werden.
Diesen Nachteil weisen die Messverfahren mit Autokollimator und elektronischer Neigungswaage nicht auf.

9.3 Messung der Geradlinigkeit der Bewegung

Die in Abschnitt 9.2.1 – 9.2.5 beschriebenen Messgeräte können in gleicher Weise für die Geradheitsmessung von bewegten Achsen herangezogen werden.
Der einzige Unterschied besteht darin, dass nicht das Messgerät beziehungsweise ein Teil des Messaufnehmers bewegt wird, sondern dass der Aufnehmer an einem Punkt des Tisches fest justiert und der Tisch verfahren beziehungsweise die Messuhr festgehalten und das auf dem Tisch befestigte Lineal an der Uhr vorbei bewegt wird.

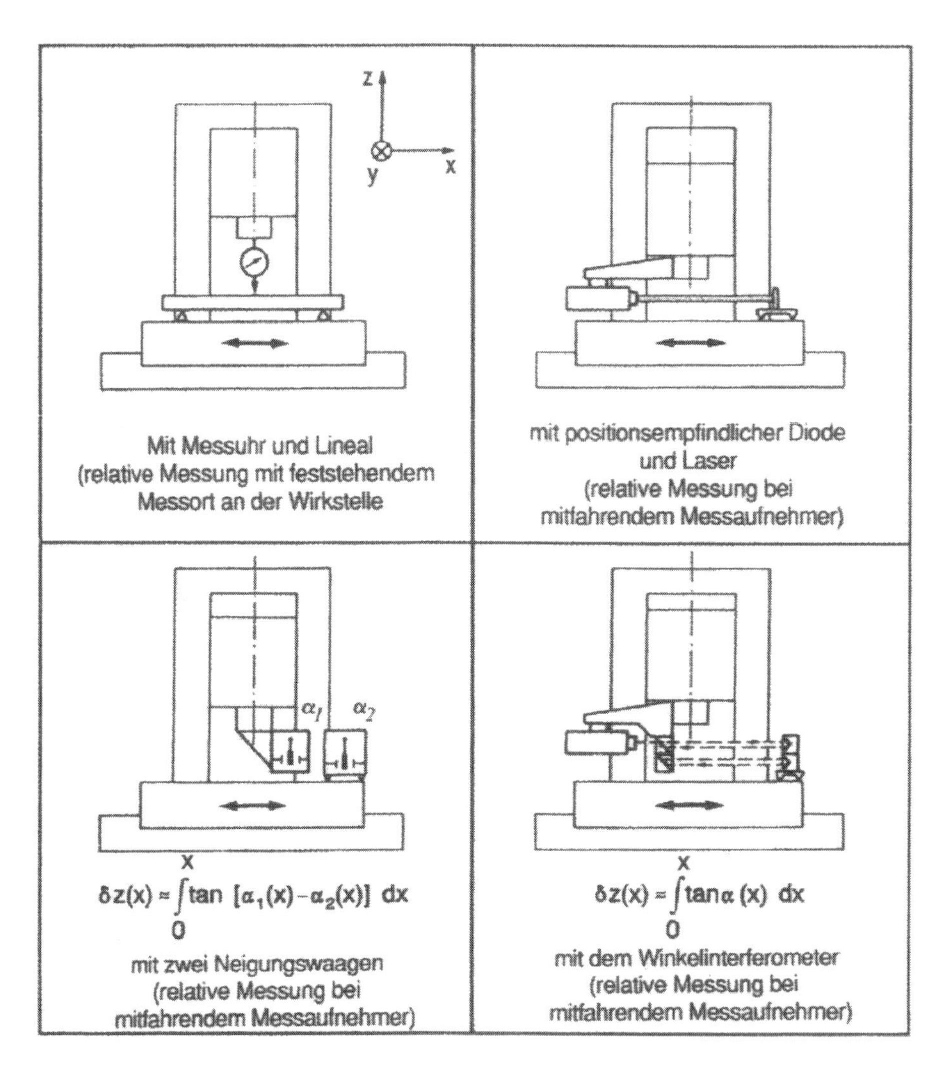

Bild 9.5: Verschiedene Möglichkeiten der Geradheitsmessung bewegter Achsen

9.4 3D-Formvermessung (Elcolevel)

Software: Elcolevel Fabr. OEG Frankfurt, dient zur gleichzeitigen Erfassung und Auswertung der Messwerte von einem Autokollimator und einer Neigungswaage. Dies ermöglicht die Messung der drei rotatorischen Freiheitsgrade (Nicken, Gieren und Rollen) sowie die Ermittlung von Geradheit, Parallelität, Rechtwinkligkeit und Verwindung (Twist) von Bauteilen beziehungsweise von einer oder mehreren Führungsbahnen in einem einzigen, gemeinsamen Messvorgang.
Das Messverfahren zeichnet sich dadurch aus, dass drei Messachsen gleichzeitig erfasst werden können, die frei mit unterschiedlichen Messwerterfassungsgeräten (einschließlich Handeingabe und Datenimport aus der Windows-Zwischenablage) zu konfigurieren sind.

Aktuell existierende Schnittstellen zu allen Autokollimatoren der Firma Taylor-Hobson sowie drei Typen von Neigungswaagen (Wyler, Leica, Taylor-Hobson).

Messprinzip: Die Geometriedaten werden grundsätzlich aus den ortsabhängigen Änderungen der Neigungswinkel der Bahnen bestimmt. Diese dienen als Eingabewerte für Elcolevel. Die Winkelmessung unterscheidet sich für die verschiedenen Messwertaufnehmer.

Aus den gemessenen Winkelwerten berechnet Elcolevel je nach Messaufgabe die entsprechenden Messwerte beziehungsweise Messergebnisse. Die Messgenauigkeit wird durch die Genauigkeit des jeweils verwendeten Winkel-Messsystems und die Umgebungseinflüsse bestimmt. Für die Formabweichungen sind Messgenauigkeiten im Mikrometerbereich zu erreichen.

Messfunktionen: Elektrolevel beinhaltet folgende Messfunktionen: Winkelmessung, Geradheitsmessung, Mehrbahnmessungen (= Parallelitätsmessung in bis zu 20 Bahnen), Rechtwinkligkeitsmessung, Twistmessung (Vermessung der Geradheit / Verdrehung von 2 - 3 parallelen Messbahnen in einem Zug; Darstellung als Flächenprofil) und Ebenheitsmessung.

Auswertmethoden: Das System unterstützt folgende Auswertmethoden: P – V Minimum (entsprechend DIN ISO 1101), Regression, Endpunktanpassung und Ausgabe der Rohdaten.

Darstellung der Messergebnisse: Darstellung von Bahnmessungen in variablen, frei skalierbaren 2D-Grafiken, Darstellung von Twist und Flächenmessungen in 3D-Grafiken mit wählbaren Profilschnitten in x- und y-Richtung, ebenfalls variabel und frei skalierbar.

Messwerttabelle: Es können Messwerttabellen mit vielen frei wählbaren Parametern erstellt werden (zum Beispiel Überschrift, Spaltenüberschriften, Dezimalstellenanzahl, Winkeldarstellung)

Messprotokolle: Die Ausgabe der Messprotokolle erfolgt als Text oder in Kombination mit den verfügbaren Grafiken.

Messwertspeicherung: Die Speicherung der Rohdaten erfolgt als ASCII-File.

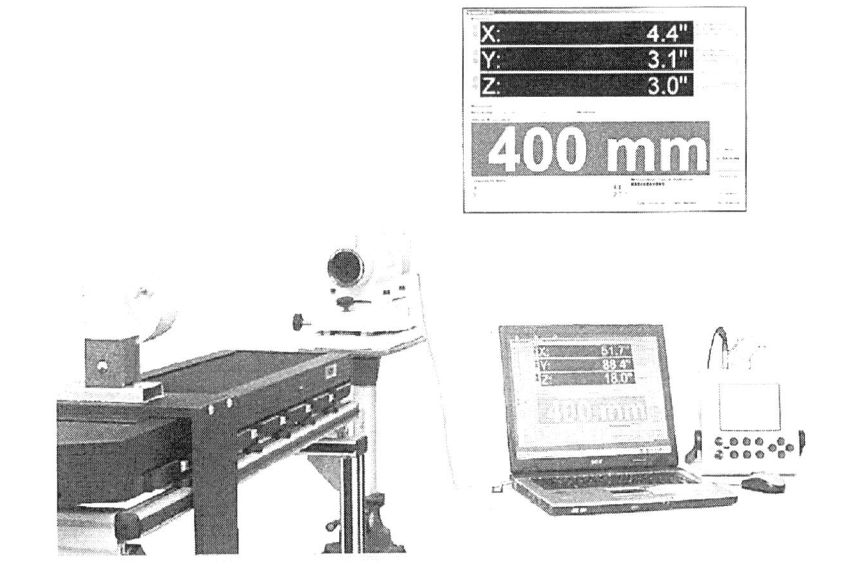

Bild 9.6: 3D Formvermessung

9.5 Laservermessung

Zusätzlich zu einer hohen Wiederholgenauigkeit spielt in modernen Werkzeugmaschinen, in Positionier-, Mess- und Handlingsystemen immer häufiger auch die Genauigkeit der Achsbewegung eine entscheidende Rolle. Bei der Montage und Prüfung solcher Systeme, aber auch bei der Fehlersuche nach einer Crashfahrt leistet die Laservermessung einen wertvollen Dienst: Sie erkennt selbst kleinste Bewegungsfehler und liefert die entscheidende Grundlage für deren Korrektur.

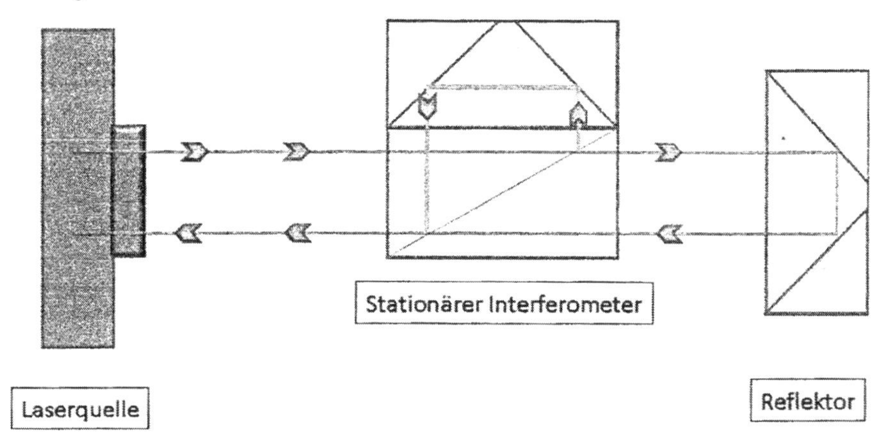

Bild 9.7: Das Laser-Interferometer stellt mit Hilfe von Lichtwellen kleinste Abweichungen fest.

Eingesetzt wird die Laservermessung überall dort, wo Anwender bei Fertigungs- oder Prüfprozessen auf eine hohe Ablaufgenauigkeit linearer Bewegungen oder auf eine hohe Absolutgenauigkeit angewiesen sind. In der Regel geht es dabei um Toleranzen unter 0,005 mm über die komplette Bewegung hinweg. Moderne Präzisionsmesssysteme, so genannte Laser-Interferometer, ermitteln die hierfür notwendigen, hochgenauen Daten.
In der Laser-Messtechnik steckt jede Menge Know-how.
Gebündeltes Licht wird durch Strahlteiler und Spiegel auf getrennte optische Bahnen gelenkt, am Ende des Messweges über Spiegel reflektiert und im Messgerät wieder zusammengeführt.
Die Differenz der Lichtstrahlen ergibt ein spezifisches Muster, die so genannten Inteferenzstreifen oder -ringe. Aus ihnen lassen sich Entfernungen, Winkelabweichungen und Brechzahlen ermitteln. Laser-Interferometer werden zum einen in Forschungs- und Laboranwendungen, zum anderen Immer häufiger auch in der Qualitätssicherung und somit direkt bei Anwendern vor Ort eingesetzt.
Um bei Linearsystemen die Positions- und Ablaufgenauigkeit zu ermitteln, wird das Laser-Interferometer parallel zu der Achse justiert, die geprüft werden soll.

Die optischen Bahnen werden in einen Messstrahl und in einen Referenzstrahl aufgeteilt. Ein Messgerät überlagert die reflektierenden phasen- und frequenzgleichen Wellenfronten und gibt sie als Messgröße aus. Schließlich bereitet eine Software die Umkehrspanne, Streubreite, Führungs- oder Positionsabweichung grafisch auf.

Bild 9.8: Laservermessung einer Linearachse

Grundlage für die Ermittlung der Positioniergenauigkeit sind in der Regel die Abnahmekriterien nach VDI/DGQ 3441, für die Geradheitsmessung die Kriterien nach VDI/DGQ 2617. Neue Richtlinien beschreibt auch die DIN ISO 230-2. Da bei der hochgenauen Vermessung von Linearsystemen häufig auf Vergleichsdaten zurückgegriffen wird, hat derzeit die Auswertung nach VDI-Regeln noch die größere Bedeutung.

9.6 Abweichungs-Korrektur

Bei der Führungsgenauigkeit von Linearsystemen sind insbesondere Winkelfehler, Nick- und Gierfehler sowie die daraus resultierende Rotation einer Führung von Interesse.
Neueste Laser-Interferometer liefern zudem dynamische Kennwerte als Weg-/Zeit- und Beschleunigungs-/Zeit-Diagramm. Vor allem bei Systemen für hochdynamische Anwendungen spielen diese Werte eine wichtige Rolle.
Auf Basis der Abweichungen können die vermessenen Systeme sehr präzise korrigiert werden. Dies geschieht zum einen mechanisch, indem die Baugruppen und Komponenten optimal zueinander ausgerichtet werden. Zum anderen werden beim so genannten Mapping systematische Abweichungen, wie etwa die Umkehrspanne oder die Positionsabweichungen, über eine Fehlertabelle in der Maschinensteuerung kompensiert.
Mit Hilfe der Laservermessung lässt sich eine sehr hohe Präzision über den kompletten Bewegungsprozess hinweg sicherstellen. So werden hochpräzise Fertigungs- und Prüfprozesse zum Teil überhaupt erst möglich. Hinzu kommen weitere Vorteile. Die präzise Ausrichtung der Systemkomponenten minimiert deren Verschleiß und sorgt für eine lange Lebensdauer des Gesamtsystems. Darüber hinaus liefert die Laservermessung die Grundlage für Dokumentation und Qualitätssicherung und sie stärkt die Kompetenz von Anlagebauern und Systemintegratoren. Nicht zuletzt vereinfacht sie die Fehlersuche und spart Zeit bei Problemen mit einer bestehenden Anlage, beispielsweise nach einer Crashfahrt.

Auf diese Weise können insbesondere Anlagenbauer und Systemintegratoren sicherstellen und dokumentieren, dass die von ihnen gelieferten Systeme alle Anforderungen präzise erfüllen.

Die Vorteile für den Anwender liegen auf der Hand:

- Sie können auf Grundlage der Messergebnisse ihre Systeme optimieren und damit die Prozesssicherheit und Lebensdauer steigern.
- Sie erhalten aussagefähige Protokolle über die Genauigkeiten ihrer Systeme und können diese in die Dokumentation integrieren.
- Bei Reklamationen können sie die Messergebnisse als Hilfestellung nutzen.

10 Hydrostatische Gleitführungen

10.1 Eigenschaften und Anwendung der Hydrostatik

Hydrostatische Lager haben bedeutende Vorteile gegenüber den bekannten Wälzlager- und hydrodynamischen Gleitlagerkonstruktionen, weil der Druck zum Trennen der Gleitflächen außerhalb des Lagers durch Pumpen erzeugt wird und weil sich überdies die Durchflussmenge so steuern lässt, dass die Ölspalthöhe in allen Betriebszuständen nahezu unverändert bleibt.

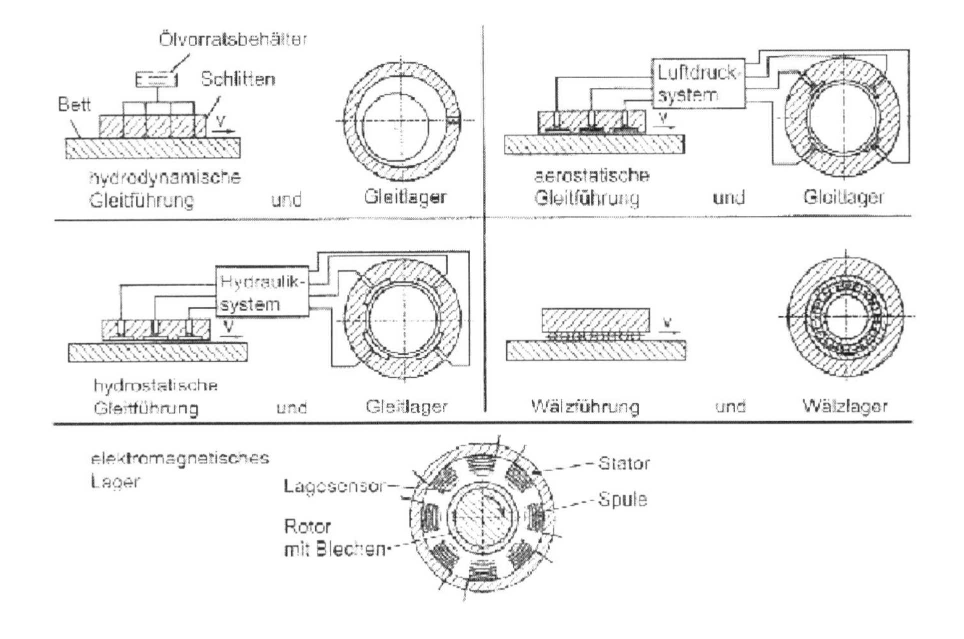

Bild 10.1: Führungs- und Lagerarten
Quelle: Weck

Im Einzelnen ergeben sich bei geeigneter Auslegung folgende vorteilhafte Merkmale:

- **Große statische Steifigkeit,** die von kleinsten Belastungen an voll wirksam und unabhängig von der Drehzahl ist ; somit auch vollkommene Steifigkeit.
- **Große dynamische Steifigkeit** des aus Welle und Lagern gebildeten Systems infolge des großen Dämpfungsmaßes.
- **An- und Auslaufreibung fehlen**, so dass der Betrieb bei kleinsten Geschwindigkeiten sowie oszillierenden Bewegungen möglich ist.

- **Kleine Reibung,** die insbesondere im Bereich der Taschenaussparung fast vernachlässigbar kleine Reibwerte annimmt.
- **Große zulässige Gleitgeschwindigkeit,** die auch bei hohen Drehzahlen große Lagerbelastung, d.h. genügend große Lagerdurchmesser gestattet.
- **Kein Verschleiß der Gleitflächen**, d.h. die Genauigkeit bleibt dauernd erhalten.
- **Geringe Wärmeentwicklung** sowie gute Möglichkeit der Kühlung und damit keine temperaturbedingte Verformungen genau laufender Maschinen.
- **Große Bewegungsgenauigkeit**, d.h. geringere Auswirkung der Fertigungsfehler, wie Maßhaltigkeit, Formtreue und Oberflächengüte der Gleitflächen als bei anderen Lagerkonstruktionen.
- **Kein Laufgeräusch**

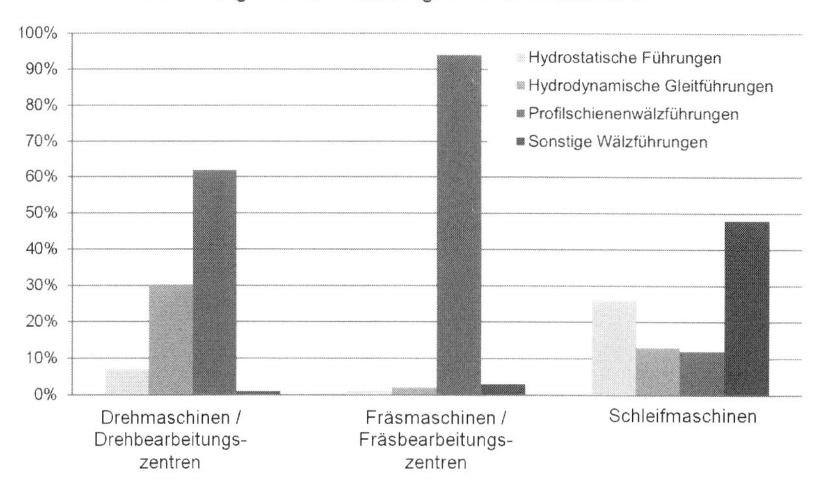

Bild 10.2: Häufigkeit unterschiedlicher Führungsprinzipien
Quelle: Weck

Die Vorteile gegenüber anderen Lagerkonstruktionen werden allerdings durch den Aufwand für die Ölzuführung erkauft:

Die Hydropumpe muss für den Größten Taschendruck ausgelegt sein. Wenn demgegenüber das **hydrodynamische** Lager ohne Pumpenaggregat auskommt, so liegt dies daran, dass es selbst im Prinzip eine Pumpe beinhaltet. Der tragende Schmierdruck entsteht hydrodynamisch in dem keilförmigen Spalt zwischen den Gleitflächen, indem das Schmiermittel auf Grund seiner Adhäsion und Viskosität durch die Gleitbewegung mitgerissen und in den sich verengenden Spalt gedrückt wird. Dadurch stellt sich ein Schmierspalt ein, bei dem Gleichgewicht zwischen Belastung und Schmierdruck besteht.

Eine solche Pumpe müsste als Viskositätspumpe bezeichnet werden, da ihre Wirkungsweise auf der Zähigkeit des Öles beruht
Bei einer vergleichenden Energiebetrachtung zwischen **hydrostatischen** und **hydrodynamischen** Lagern geht man von der Tatsache aus, dass die gesamten Energieverluste in Gleitlagern aus der Summe der Pumpverluste plus innere Lagerreibungsverluste resultieren:

Es ist leicht einzusehen, dass hydrodynamische Lager, deren so genannte Viskositätspumpen bestenfalls mit 33 Prozent Wirkungsgrad arbeiten, mit zunehmender Gleitgeschwindigkeit erheblich stärker anwachsende Energieverluste aufweisen. Das hydro-dynamische Lager ist bei der Druckerzeugung eben an ein ungünstiges „Pumpensystem" (am Lagerzapfen) gebunden, während für das hydrostatische Lager die besten Pumpsysteme gewählt werden können.

Beim hydrodynamischen Lager hängt die Druckerzeugung außerdem von Faktoren ab, die sich nicht immer beherrschen lassen; An- und Auslauf sind stets kritische Phasen im Betrieb solcher Lager.

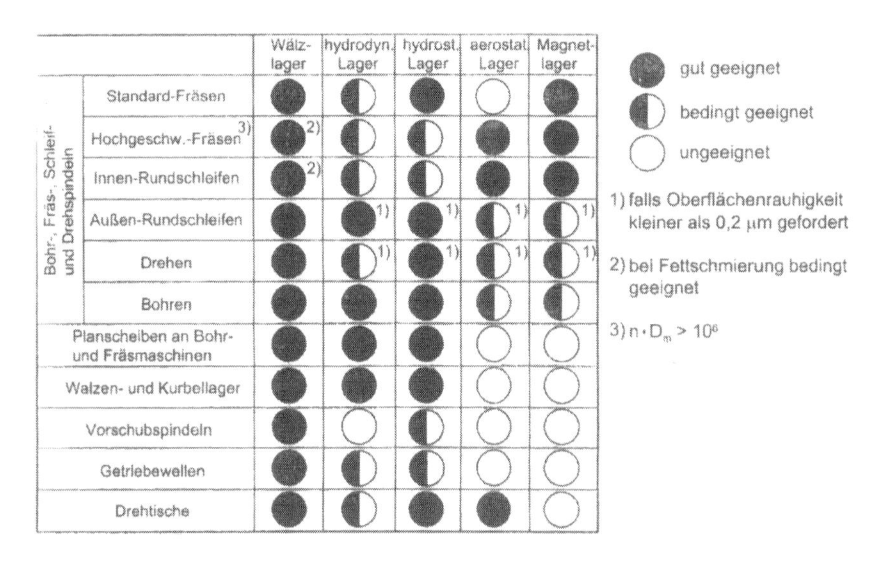

		Wälz-lager	hydrodyn. Lager	hydrost. Lager	aerostat. Lager	Magnet-lager
Bohr-, Fräs-, Schleif- und Drehspindeln	Standard-Fräsen	●	◐	●	○	●
	Hochgeschw.-Fräsen 3)	● 2)	◐	◐	●	●
	Innen-Rundschleifen	● 2)	◐	◐	●	●
	Außen-Rundschleifen	●	● 1)	● 1)	◐ 1)	◐ 1)
	Drehen	●	◐ 1)	● 1)	◐ 1)	◐ 1)
	Bohren	●	●	●	◐	◐
Planscheiben an Bohr- und Fräsmaschinen		●	●	●	○	○
Walzen- und Kurbellager		●	●	●	○	○
Vorschubspindeln		●	○	◐	○	○
Getriebewellen		●	◐	◐	○	○
Drehtische		●	◐	●	●	○

● gut geeignet
◐ bedingt geeignet
○ ungeeignet

1) falls Oberflächenrauhigkeit kleiner als 0,2 μm gefordert

2) bei Fettschmierung bedingt geeignet

3) $n \cdot D_m > 10^6$

Bild 10.3: Einsatzbereiche der verschiedenen Lagersysteme
Quelle:Weck

Sobald die Abmessungen und Anordnung der Taschen sowie Öldruck, Ölmenge und Viskosität für eine hydrostatische Lagerung festgelegt sind, müssen bei der Gestaltung der Lagerstelle noch einige besondere konstruktive Maßnahmen getroffen werde.
Bei Anwendung des hydrostatischen Schmierprinzips muss dafür Sorge getragen werden, dass:

- keine Bewegung der Gleitflächen stattfinden kann, solange in den Taschen nicht der vorgeschriebene Druck herrscht und die Gleitflächen voneinander getrennt sind.
- das von den Taschen durch Spalte austretende Öl gesammelt und verlustlos in den Vorratsbehälter zurückgeführt wird,
- das Öl vor Verunreinigungen geschützt ist
- Parallelität der aufeinander gleitenden Flächen bei der Herstellung und im Betrieb (z.B. bei der Durchbiegung einer Welle) eingehalten wird,

– die Rahmenelemente, die bei Lagern und Führungen mit Umgriff auch die dauernd anstehenden Taschendrücke aufnehmen, sich unter Einwirkung der Kräfte nur in geringem Maß aufweiten.

Andererseits ermöglicht die Anwendung des hydrostatischen Schmierprinzips konstruktive Vereinfachungen. Werden hydrostatische Führungen beispielsweise zum genauen Positionieren (etwa bei einem numerisch gesteuerten Bohrwerk) verwendet, dann besteht die Möglichkeit, durch Abschalten des Druckes, in den oben liegenden Taschen der Tischführung den Tisch aus seinem schwebenden Zustand auf die Führungsbahn abzusetzen. Infolge des Taschendruckes in der Gegenhalteleiste wird der Tisch in der eingefahrenen Position geklemmt. Oder wird in einem anderen Fall bei der Arbeitsspindel einer Feinbohreinheit die Ölzufuhr einseitig abgesperrt, so verlagert sich die Spindel exzentrisch, und die Pinole kann aus der Bohrung herausgezogen werden, ohne dass Rückzugriefen entstehen.

10.2 Arbeitsweise hydrostatischer Lager

Bei Lagern mit hydrostatischer Schmierung wird der Druck in der Schmierschicht zum Trennen der Gleitflächen von außen zugeführt. Im Gegensatz zur hydrodynamischen Schmierung ist keine Bewegung der Gleitflächen notwendig, um diese zu trennen. Unabhängig von jeder Eigenbewegung der Gleitflächen wird die Last, auch im Stillstand, vom hydrostatischen Druck getragen, der durch eine Pumpe mit genügend hohem Förderdruck geliefert wird. Beeinflussungen durch hydrodynamische Effekte bei höheren Gleitgeschwindigkeiten sind verhältnismäßig gering und können daher weitgehend vernachlässigt werden.

Das Drucköl von der Pumpe tritt über eine zentrale Bohrung in eine Vertiefung der Gleitfläche, die Tasche, und füllt diese auf. Die Tasche ist von einem Steg, dem Taschenrand mit der Länge l und Breite b, vollständig umschlossen. Das hydrostatische Lager wird mit fremd erzeugtem Druck beaufschlagt, der von außen zugeführt wird.

Bei dem im Beispiel dargestellten System mit nur einer Tasche sei zunächst kein Druck vorhanden. Die Gleitflächen liegen unter Einwirkung der Belastung F aufeinander. Bei Förderbeginn der Pumpe wird in diesem Beispiel der geförderte Ölstrom durch ein Überdruckventil auf konstanten Pumpendruck Pp eingestellt. Der Taschendruck Pt, der über der Fläche der Vertiefung wirksam ist, steigt zunächst ohne Ölströmung durch Lager und Drossel soweit an, bis er ausreicht, um die Last F anzuheben. Er wird als Luftdruck bezeichnet. Nach dem Abheben der Gleitflächen voneinander ist der Taschendruck geringer als zum Abheben benötigt, und es stellt sich ein Ölstrom ein.

Daher entsteht nunmehr ein Druckabfall an der Drossel. In dem Maße, wie der Taschendruck in der Lage ist, der Last F entgegen die Gleitflächen voneinander abzuheben, fließt Öl über den sich einstellenden Drosselquerschnitt mit der Spalthöhe h nach außen. Der Taschendruck Pt fällt bei einer rechteckigen Tasche über der Länge i der die Tasche umgebenden Stege linear auf den Außendruck o ab. Für die Ecken trifft dies zwar nur ungenau zu; es kann aber mit guter Näherung angenommen werden, dass Pt nicht nur auf der Taschenfläche At, sondern auch auf die Hälfte der Stegflächen Ast wirkt.

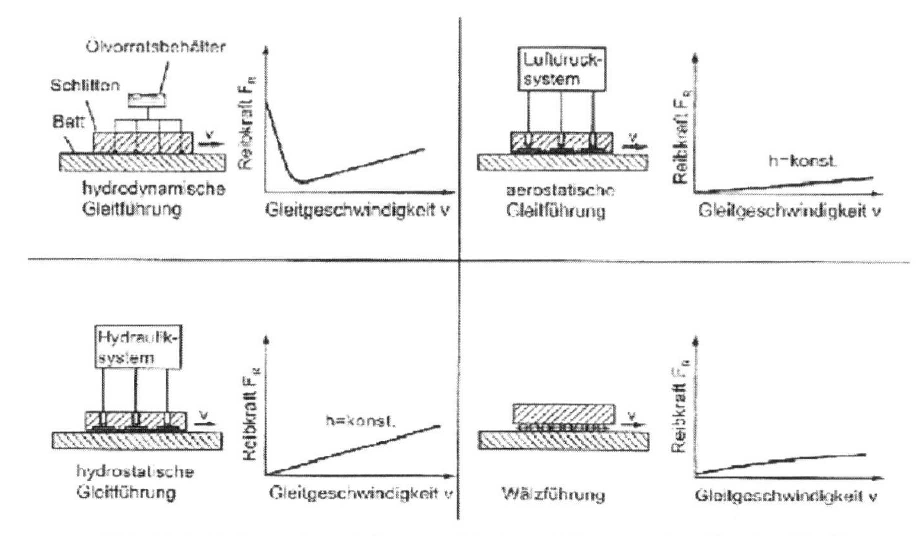

Bild 10.4: Reibungskennlinien verschiedener Führungsarten (Quelle: Weck)

Die effektive Lagerfläche ist dann:

1. Aeff = F / Pt ~ At + Ast / 2

Die durch den Lagerspalt fließende Ölmenge berechnet sich nach der Durchflussgleichung von Hagen-Poiseuille. Hierbei wird laminare Strömung und Parallelität der Spaltflächen vorausgesetzt. Wie im Bild gezeigt ergibt sich die Durchflussmenge zu.

2. Q = Pt x h³ x b / 12 x l

Da der Druck am Außenrand einer Lagerfläche meistens gleich o ist, lässt sich statt der Druckdifferenz der Taschendruck Pt einsetzen. Durch Einsetzen der ersten Gleichung in die zweite erhält man für

3. Q = F x h³ x b / Aeff x 12

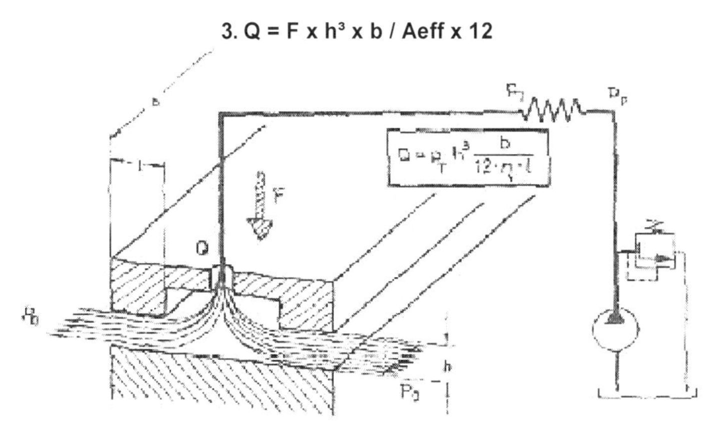

Bild 10.5: Hagen-Poiseuillesches Gesetz

Damit lässt sich bei festliegender Belastung und Spalthöhe die Ölmenge errechnen oder bei bestimmter Ölmenge eine Beziehung zwischen Belastung und Spalthöhe aufstellen. Es sei ausdrücklich darauf hingewiesen, dass ein hydrostatisch gelagertes Bauteil nicht im herkömmlichen Sinne auf seinem Ölfilm „schwimmt“. Denn damit verbindet sich vielfach der Begriff des instabilen oder indifferenten Gleichgewichts. Es besteht vielmehr für jeden Betriebszustand eine genau berechenbare stabile Lage und für jedes Lager eine bestimmte Abhängigkeit zwischen Durchfluss, Belastung und Spalthöhe. Für das Verständnis der Vorgänge in hydrostatischen Lagern ist es wichtig, zu wissen, dass die Kräfte im Wesentlichen durch den ruhenden (statischen) Druck erzeugt werden. Die Geschwindigkeitsenergie der strömenden Flüssigkeit ist gering und praktisch ohne Bedeutung. Infolge der leichten Verschiebbarkeit der Flüssigkeitsteilchen pflanzt sich der hydrostatische Druck nach allen Richtungen gleichmäßig fort.

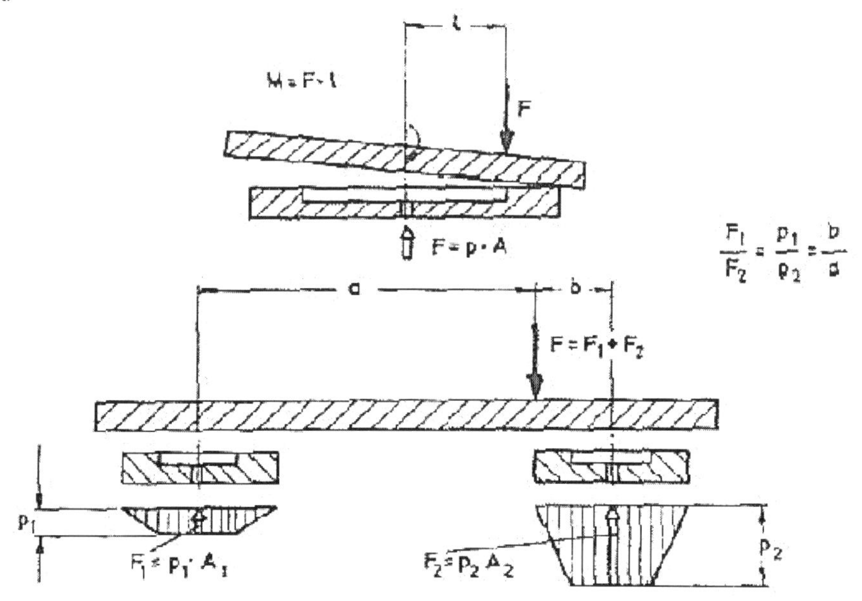

Bild 10.6: Hydrostatisches Lager mit einer und mit zwei Taschen bei exzentrischer Belastung

Ein hydrostatisches Lager mit nur einer Tasche, wie im Bild gezeigt, kann also keine exzentrische Belastung aufnehmen, weil der Druck in der Tasche überall gleich ist. Vielmehr entweicht das Öl durch den auf Grund der Schieflage einseitig vergrößerten Lagerspalt, wodurch der Druck in der Tasche zusammenbricht und das Lager auf der belasteten Seite anläuft. In einem Lager mit mehreren Taschen müssen sich die einzelnen Taschendrücke entsprechend zur Lastverteilung einstellen können. Vorstehend wurde ein frei aufliegendes Lager betrachtet:

Man sieht dabei aus Gleichung 3 (Bild 10.5), Q = konstant vorausgesetzt, dass diese Lager mit zunehmender Belastung immer steifer werden. Hier bietet sich eine Vorspannung zur Erhöhung der Steifigkeit geradezu an. Dabei ist eine Vorspannung praktisch gleichbedeutend mit einer Erhöhung des auf dem Lager ruhenden Gewichts. Auch eine Vorspannung durch gegenüberliegende Taschen ist möglich.

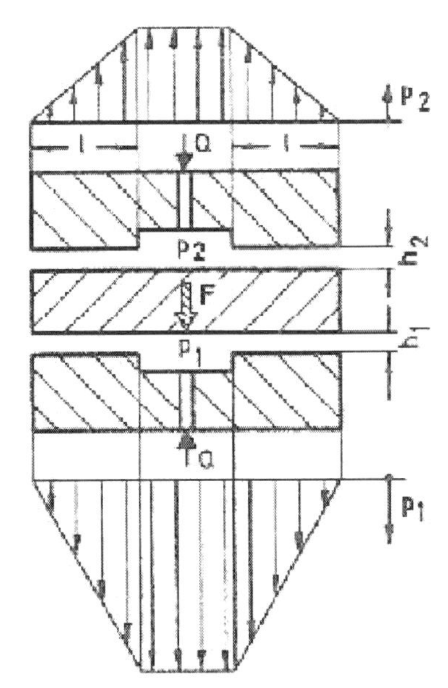

Bild 10.7: Funktionsprinzip einer hydrostatischen Lagerung mit Umgriff

Die Anordnung eines Bauteils zwischen gegenüberliegenden Taschen, wie im Bild schematisch dargestellt, wird als Lagerung mit Umgriff bezeichnet. Die einer äußeren Last F entgegenwirkende Reaktionskraft des Lagers ergibt sich aus der Differenz der Taschendrücke und der wirksamen Fläche.

F = Aeff x (p1 – p2)

Die Verwendung des Umgriffs bringt höhere Lagersteifigkeit und ist unumgänglich, wenn die von außen angreifenden Kräfte zu einem Abheben des gelagerten Körpers führen würden. Prinzipiell bestehen für Lager mit gegenüberliegenden Taschen oder für mechanisch vorgespannte Lagerungen sowie für allseitig wirkende Radiallager die gleichen Zusammenhänge. Damit sich die einzelnen Taschendrücke entsprechend der Belastung oder Spalthöhe einstellen können, müssen die Lagerstellen in ihrer Ölversorgung weitgehend voneinander unabhängig sein. Deshalb muss man entweder jede Tasche an eine besondere Pumpe anschließen oder bei Verwendung einer gemeinsamen Pumpe in die Zuleitungen Drosselstellen setzen, die einen Druckausgleich verhindern.

10.3 Systeme zur Ölversorgung

Methoden zur Ölversorgung hydrostatischer Lagerungen sind in Bild 10.8, 10.9,10.10 dargestellt. Es werden dabei prinzipiell drei Arten der Ölzufuhr unterschieden, zwar Lager mit

- einer Pumpe konstanter Fördermenge für jede Tasche (Q = konstant)
- gemeinsamer Pumpe für alle Taschen und Drosseln vor jeder Tasche (Q ~(Pp – Pt)
- gemeinsamer Pumpe und belastungsabhängigen – also veränderlichen – Vordrosseln

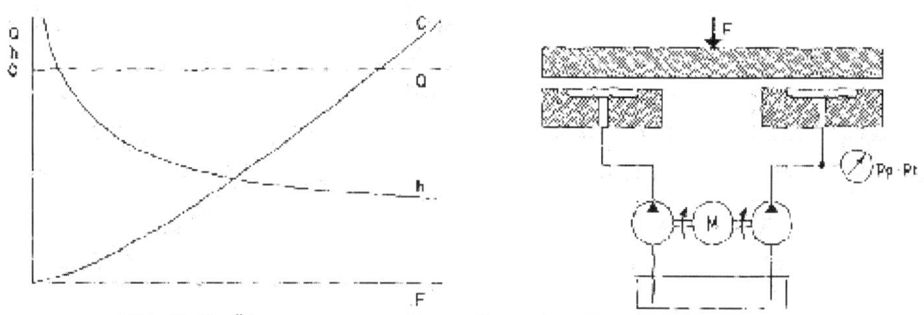

Bild 10.8: Ölversorgungssystem mit nur einer Pumpe je Tasche

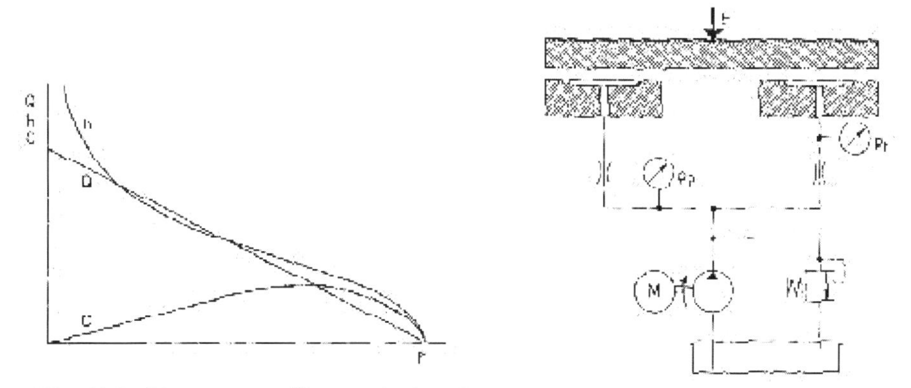

Bild 10.9: Ölversorgungssystem mit einer Pumpe und konstanten Vorwiderständen

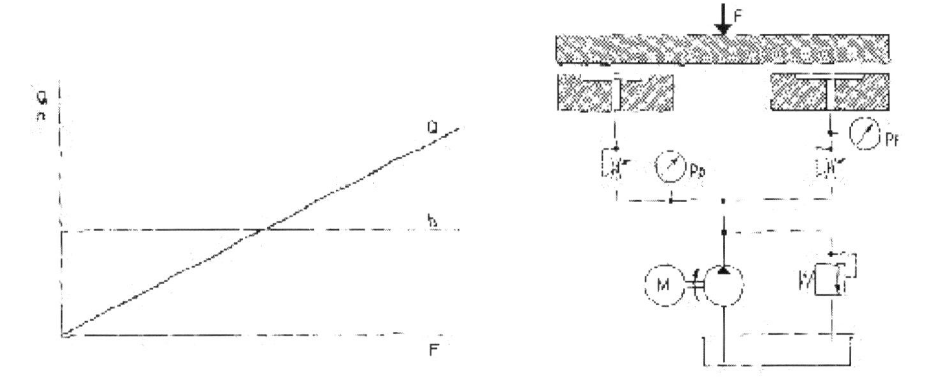

Bild 10.10: Ölversorgungssystem mit einer Pumpe und veränderlichen Vorwiderständen

Einen qualitativen Vergleich der verschiedenen Lagertypen ermöglicht das Bild 10.8 -10.10. Es zeigt die Mengenkennlinien der einzelnen Ölversorgungssysteme.
Im Idealfall, d.h., wenn mit zunehmender Lagerbelastung F keine Änderung der Ölspalthöhe h im Lager auftreten soll, muss nach Gleichung zwei , die Ölmenge proportional zur Last, das heißt aber auch proportional zum Taschendruck, ansteigen. Die ideale Mengenkennlinie ist demnach die Gerade Qid~Pt. Mit zunehmender Abweichung von dieser Geraden fällt auch die Lagersteifigkeit. Die Ölversorgung mit einer Pumpe pro Tasche (Q=konstant) weist noch eine relativ gute Kennlinie auf. Außerdem besteht der große Vorteil, dass keine Druckenergie in Drosseln vernichtet wird. Ölspalthöhe und Lagersteifigkeit sind jedoch von der Öltemperatur abhängig.

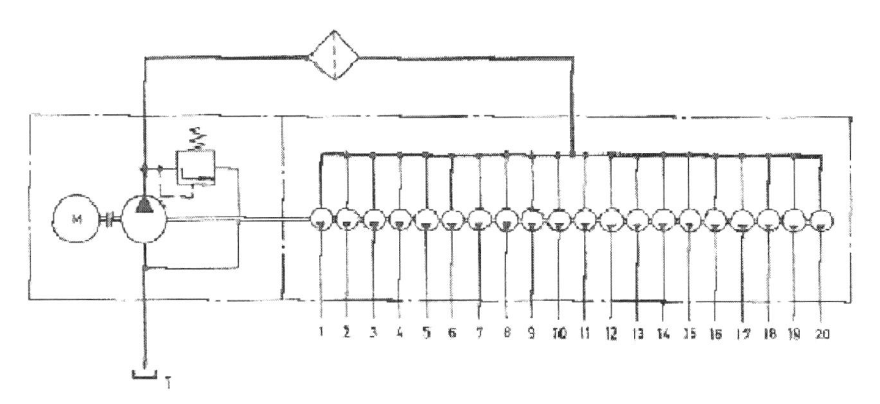

Bild 10.11: Schematische Darstellung einer Mehrkreispumpe mit Vordruckpumpe und Filter

Eine Mehrkreispumpe, die hierfür vorteilhaft verwendet wird, ist im Bild dargestellt. Diese Zwanzigkreispumpe ist mit einer Vordruckpumpe versehen, die sämtliche Verteilerpumpen speist. Auch kommen andere Mehrkreispumpen ohne Vordruckpumpen zum Einsatz.

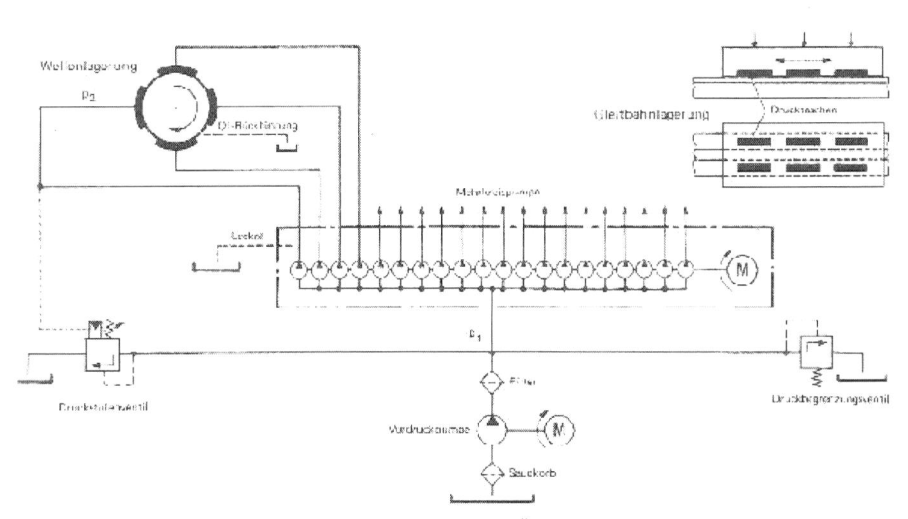

Bild 10.12: Prinzipskizze einer hydrostatischen Ölversorgung mit Mehrkreispumpen

Eine nicht so gute Mengenkennlinie hat das Ölversorgungssystem mit einer gemeinsamen Pumpe und konstanten Vordrosseln. Eine der Lagertasche vorgeschaltete Kapillare ist jedoch in gleicher Weise viskositätsabhängig wie der durch den Ölspalt gebildete Strömungswiderstand. Mit steigender Temperatur wird sich also der Durchfluss erhöhen, die Ölspalthöhe und damit auch die Lagersteifigkeit bleiben aber unverändert.

Deshalb und weil die Ölversorgung mit vorgeschalteten Kapillaren die am wenigsten aufwändige Ausführung darstellt, ist das Lager mit gemeinsamer Pumpe und laminaren Vorwiderständen die häufigste Ausführungsart. Im Bild ist die häufigste Ausführung einer handelsüblichen Drosselkontrolleinheit schematisch dargestellt.

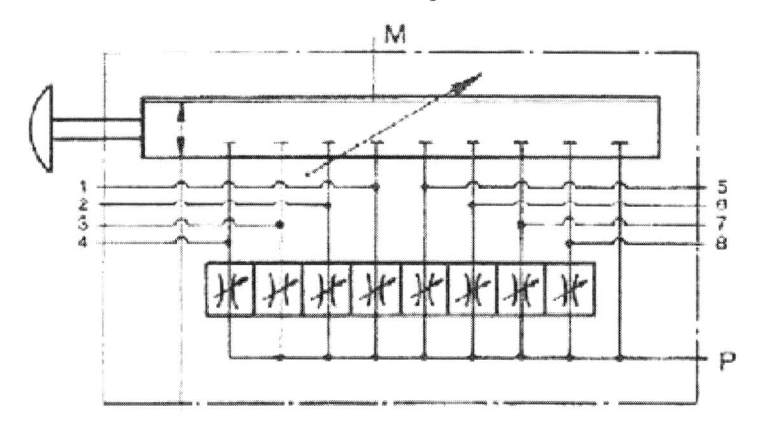

Bild 10.13: Schematische Darstellung einer Drosselkontrolleinheit

Bild 10.14: Drosselkontrolleinheit mit acht Drosseln und einem Druckmessstellenwähler

Dabei hat sich die Vereinigung mehrerer Drosseln mit einem Druckmessstellenwächter als sehr vorteilhaft erwiesen, da die Überwachung jeder Tasche durch ein eigenes Manometer sehr aufwändig wäre. Acht Taschendrücke sowie der Pumperdruck werden durch Drehen des im Bild sichtbaren Wahlknopfes einzeln vom Manometer angezeigt. In einer zusätzlichen Stellung ist das Manometer drucklos; damit bleibt die Messgenauigkeit über längere Zeit erhalten. Die Arbeitspunkte der Drosseln lassen sich durch Öffnungen in der gleichfalls oben sichtbaren Frontplatte der Drosselkontrolleinheit einstellen.

Die Drossel mit Blenden hat wesentliche Nachteile gegenüber laminaren Vorwiderständen. Blenden oder auch Düsen sind wesentlich schwieriger herzustellen und in der Stärke der Drosselung dem Lager anzupassen als Kapillare, bei denen Abweichungen verhältnismäßig leicht durch Veränderung der Drossellänge korrigiert werden können. Außerdem sind die Durchflussquerschnitte von Blenden immer kleiner als die vergleichbarer Kapillare, so dass eine Blende eher durch Ölverunreinigungen verstopft werden kann.

Ein weiterer Nachteil ist die Viskositätsabhängigkeit der Lagerung mit Blenden. Die Blende selbst weist zwar ein von der Viskosität nahezu unabhängiges Durchflussverhalten auf, da die Strömung durch den Lagerspalt aber direkt von der Viskosität beeinflusst wird, kann das bei steigender Temperatur dünner werdende Öl leichter aus der Lagertasche entweichen, als es durch die Blende zufließt. Dadurch sinkt die Ölspalthöhe über der Tasche. Wegen der Nachteile, die mit der Verwendung von Blenden verbunden sind, soll hier nicht näher auf diese Drosselung eingegangen werden.

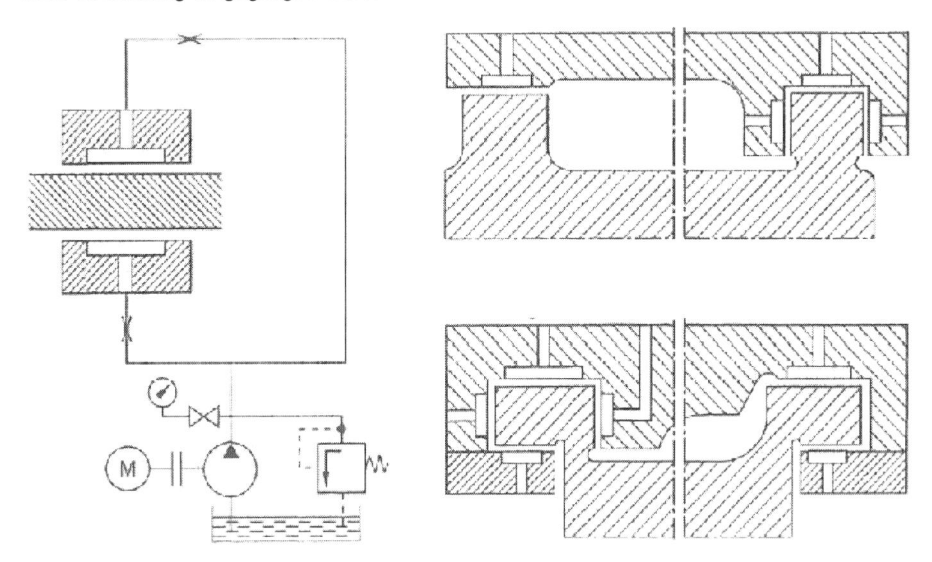

Bild 10.15: Lastabhängige Drosseln für hydrostatische Lagerungen

Dem Idealfall sehr nahe kommen in einem relativ großen Bereich die Mengenkennlinien **lastabhängiger Drosseln.** Eine Bauart der lastabhängigen Drossel ist die Membrandrossel, ihre Wirkungsweise sei anhand von Bild 10.16 erläutert; es zeigt eine Tasche eines hydrostatischen Lagers mit vorgeschalteter Membrandrossel.

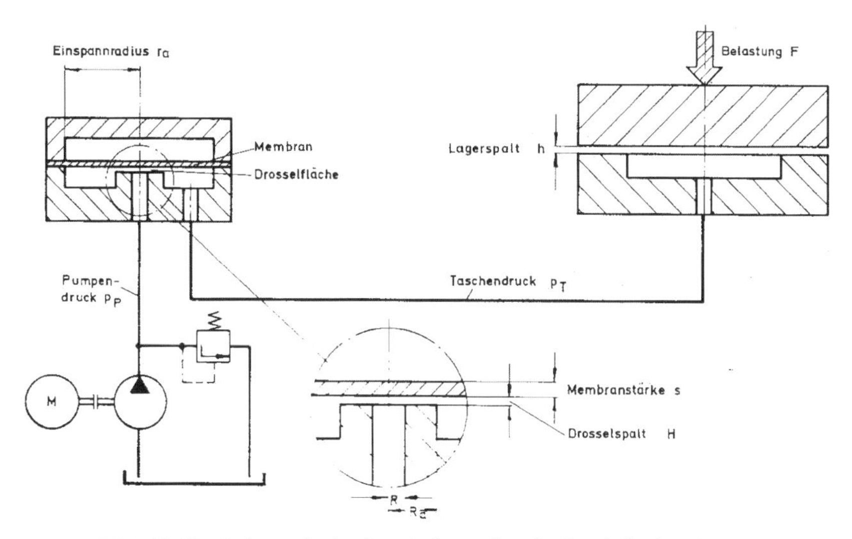

Bild 10.16: Schematische Darstellung einer hydrostatischen Lagerung mit Membran-Drossel

Das Öl wird mit konstantem Pumpendruck Pp in die zentrale Öffnung geleitet und im Spalt zwischen den Radien Ri und Ra und der Spalthöhe H gedrosselt. Das Öl wird dann der Lagertasche zugeführt. Der Taschendruck wirkt gleichzeitig auf die Ringfläche der Membran. Bei einer Lastvergrößerung wächst der Taschendruck an, der Spalt vergrößert sich entsprechend der Membransteifigkeit, und der Druckabfall über den Spalt vermindert sich, so dass durch den noch vergrößerten Taschendruck die Lagerspaltverminderung weitestgehend kompensiert wird. Bei entsprechender Auslegung wird die im Bild gezeigte Mengenkennlinie erreicht. Dieser Regler arbeitet praktisch reibungsfrei.

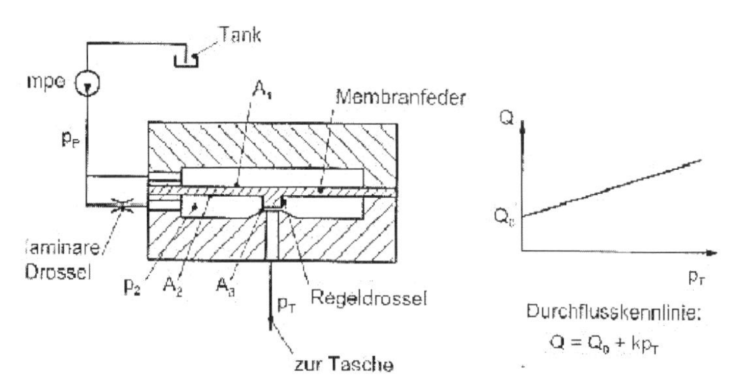

Bild 10.17: Progessiv-Mengenregler (Quelle: Hyprostatik)

Eine andere lastabhängige Drossel wirkt auf zwei gegenüberliegende Taschen (Kolbendrossel und Laufspaltdrossel). Das Prinzip ist sehr einfach(siehe Bild)

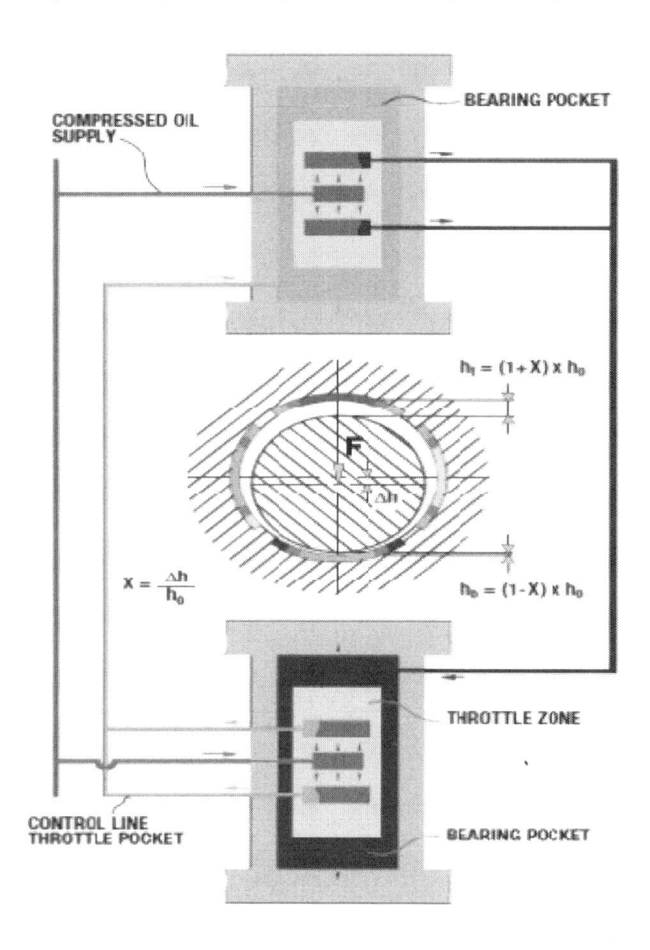

Bild 10.18: Prinzip einer Laufspaltdrossel (Quelle: Zollern)

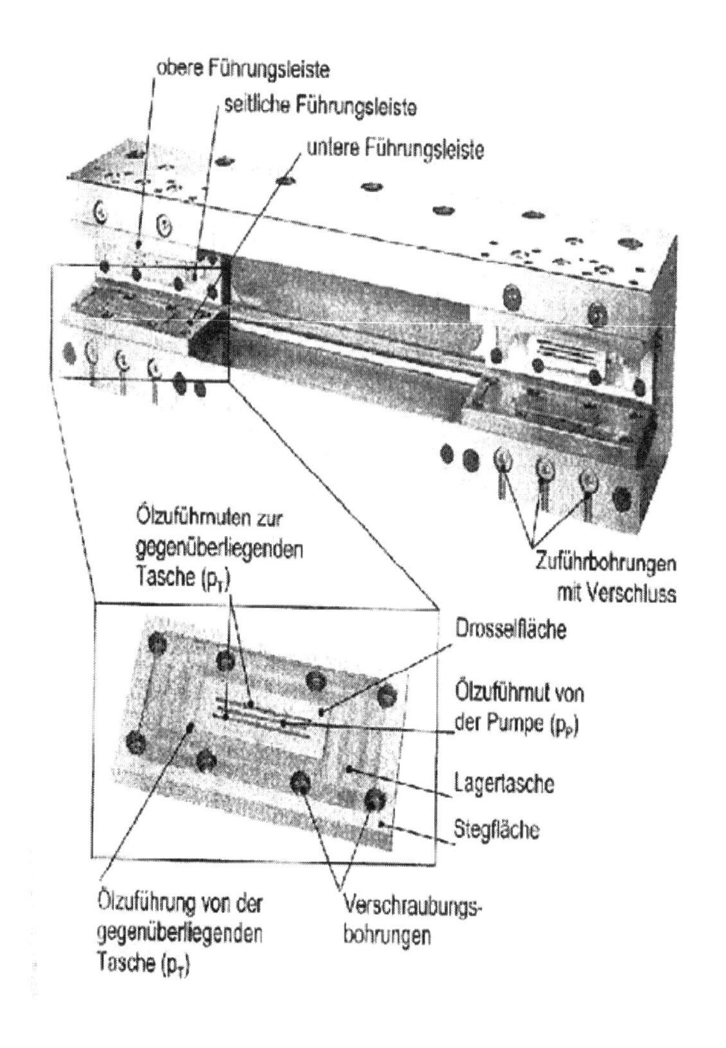

Bild 10.19: Hydrostatische Umgrifführung mit Laufspaltdrossel

Ein glatter Kolben ist in einem zylindrischen Gehäuse federnd verschiebbar angeordnet. Die Druckdifferenz der Lagertasche 1 und 2 verschiebt den Kolben und ändert dadurch die Länge der ringförmigen Drosselspalte. Diese Drossel hat in einem begrenzten Bereich eine lineare Mengenkennlinie, mit der sich unendlich große Lagersteifigkeit erreichen lässt. Die Grenze für die Belastung, bis zu der keine Verlagerung auftritt, im Verhältnis zur maximalen Belastung, bei der Berührung der Gleitflächen eintritt, ist

Fs / Fmax < ½.

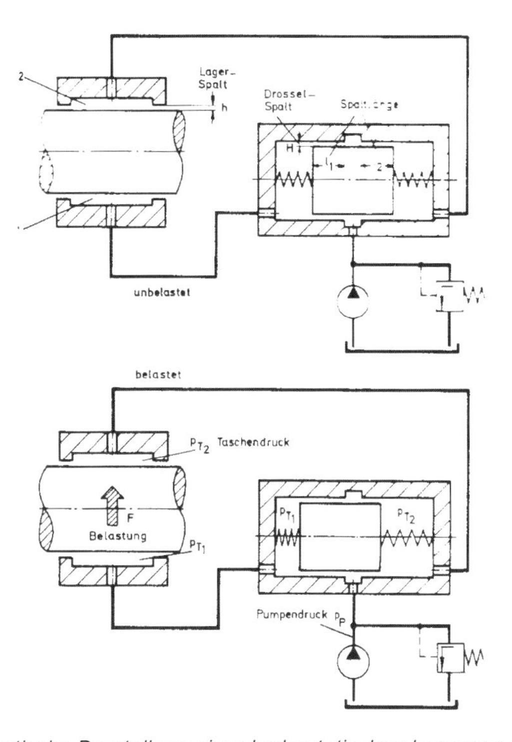

Bild 10.20: Schematische Darstellung einer hydrostatischen Lagerung mit Kolbendrossel

Bei Verwendung lastabhängiger Drosseln, die als Regler arbeiten, kann unter bestimmten Bedingungen die gesamte Lagerung bei dynamischer Belastung zum Schwingen angeregt werden. Es ist jedoch möglich, alle Einflussgrößen im Voraus zu bestimmen, wodurch eine einwandfreie Funktion der Drosseln gewährleistet wird. Nachdem die Möglichkeit der getrennten Ölzuführung für jede Tasche des hydrostatischen Lagers erläutert wurde, soll im folgenden Abschnitt der Einfluss der Lagerdaten auf die das Lager durchströmende Ölmenge betrachtet werden.

10.4 Viskosität und Fließvorgänge des Druckmittels

Das Druckmittel hat bei der hydrostatischen Schmierung mehrere Funktionen zu übernehmen. Außer der Übertragung des Druckes von der Pumpe zum Lager muss es die Schmierung der Pumpe sowie die Abführung der örtlich entstehenden Wärme und den Korrosionsschutz gewährleisten. Da im hydrostatischen Lager keinerlei Berührung der Gleitflächen auftritt, könnte hierfür beispielsweise selbst Wasser mit einem Korrosionsschutzmittel verwendet werden. Zur Förderung des Druckmittels, welches in verhältnismäßig kleinen Mengen bei relativ hohem Druck benötigt wird, werden zweckmäßig Verdrängerpumpen angewendet, da man hierbei mit nahezu konstanter Fördermenge in Abhängigkeit des Druckes rechnen kann. Diese Hydropumpen arbeiten jedoch am günstigsten mit Druckflüssigkeiten auf Mineralölbasis und erreichen damit die größte Lebensdauer. Aus diesem Grund verwendet man bei der hydrostatischen Schmierung vorwiegend Druckflüssigkeiten auf Mineralölbasis.

Ein wesentlicher Gesichtspunkt ist bei allen auftretenden Gleitbewegungen die unter den Betriebsbedingungen des Lagers, wie Druck, Geschwindigkeit und Temperatur, erforderliche Viskosität des Öls. Je höher der Druck und je geringer die Gleitgeschwindigkeit, desto größer sollte die Viskosität sein. Große Viskosität verursacht allerdings starken Druckverlust in den Leitungen und erschwert das Ansaugen bei Kaltstart.

Umgekehrt ist bei großen Gleitgeschwindigkeiten geringe Viskosität erwünscht, weil sonst durch die innere Reibung im Öl die Temperatur und der Energieverbrauch im Lager zu sehr ansteigen. Geringe Viskosität erhöht jedoch die inneren Leckölverluste der Pumpe, daher ist mit zunehmender Abhängigkeit der Fördermenge vom Druck zu rechnen. Außerdem steigt der Ölbedarf des Lagers. Ferner hat geringe Viskosität eine bedeutende Zunahme von Reibung und Verschleiß an den hoch belasteten, gleitenden Teilen der Pumpe zur Folge.

Vorteile von Reglern gegenüber Kapillaren (Quelle: Hydrostatik):

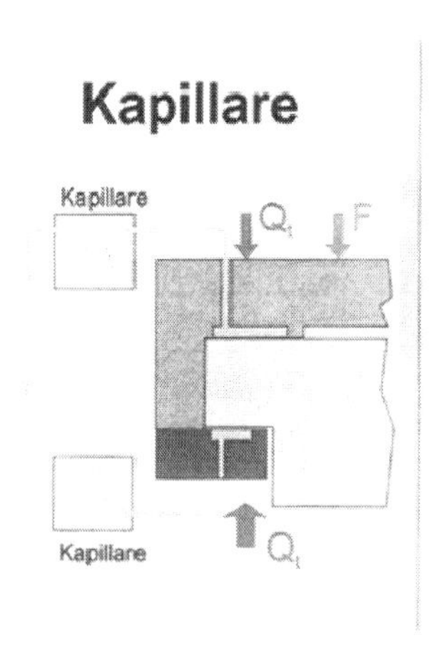

Bild 10.21: Kapillar Schema

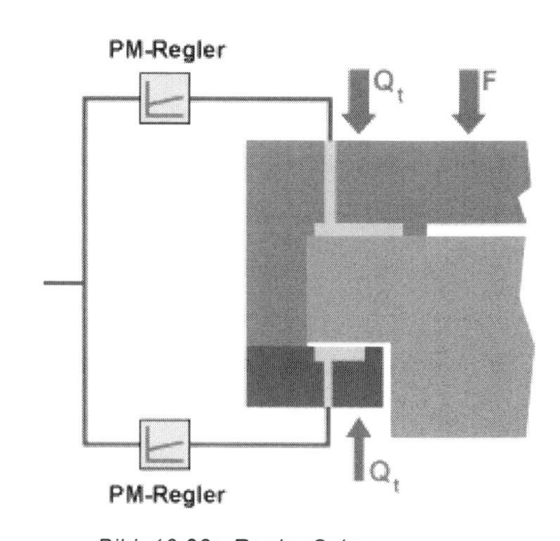

Bild 10.22: Regler Schema

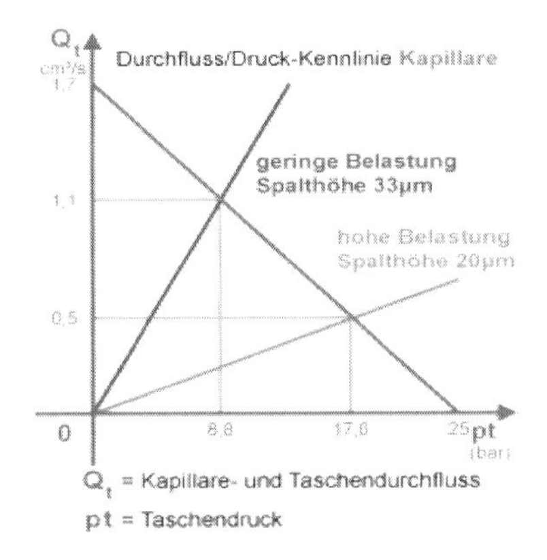

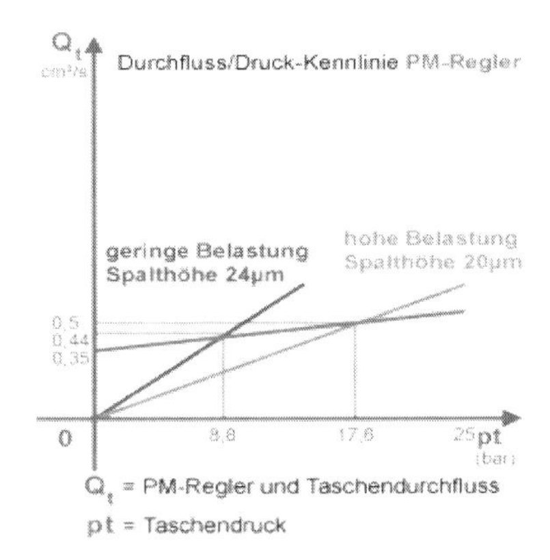

Bild 10.23: Durchflusskennlinien

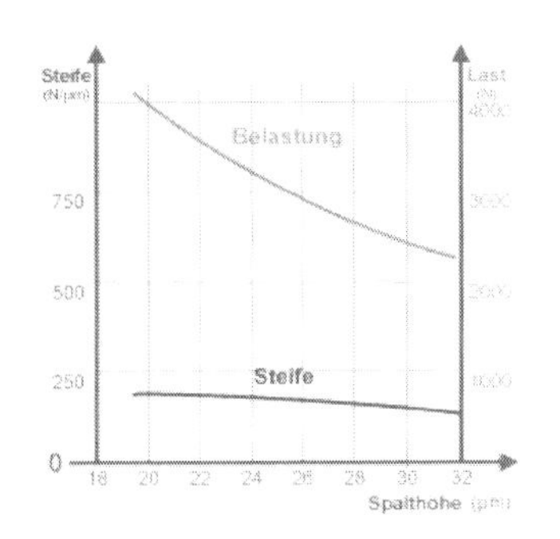

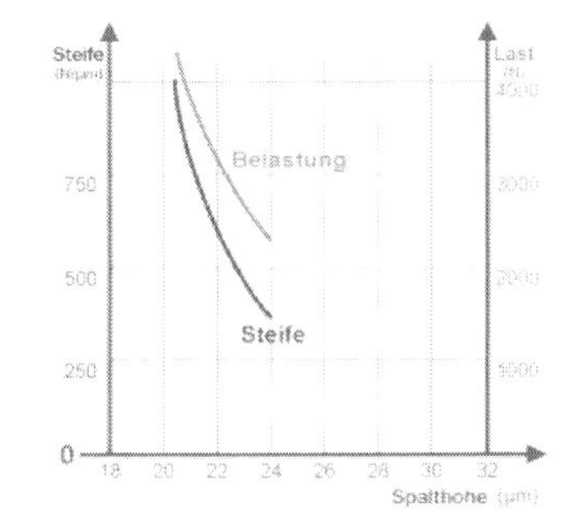

Bild 10.24: Steifigkeiten

Überdies ist das Dämpfungsmaß D des Lagers von der Viskosität abhängig. Die Wahl der Ölviskosität sollte nicht nur im Hinblick auf eine optimale Gesamtleistung getroffen werden, sondern auch unter Berücksichtigung der gewünschten Dämpfung.
Bei Verwendung von Zahnradpumpen beispielsweise kann die Viskosität des Öls in den Grenzen zwischen V min = 10 cSt und V max = 300 cSt liegen.

Als Anhaltswert für Kolbenpumpen gelten etwa V min = 16 cSt bis Vmax = 100 cSt. In jedem Fall muss jedoch die besondere Empfehlung des Pumpenherstellers beachtet werden.
Angaben über die Eigenschaften der für ölhydraulische Anlagen geeigneten Druckflüssigkeiten enthält die VDMA-Richtlinie 24318.

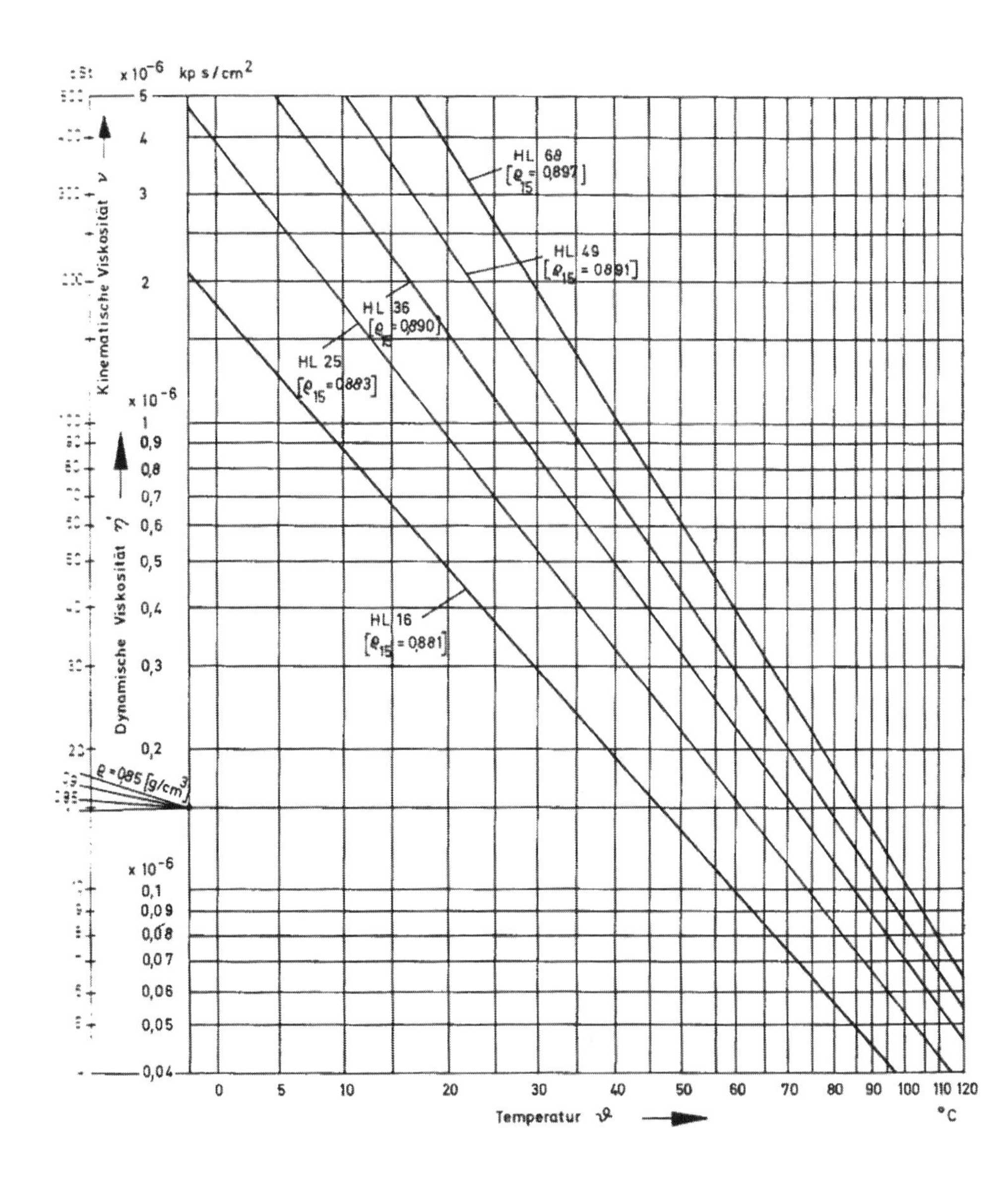

Bild 10.25: Diagramm für Druckflüssigkeiten auf Mineralölbasis nach VDMA-Richtline 24318 Viskositätstemperaturdiagramm für Hydrauliköle

10.5 Tragfähigkeit und Ölfilmsteifigkeit

Die Tragfähigkeit ist die Belastung, die ein hydrostatisches Lager mit ausreichender Sicherheit ohne metallische Berührung aufnehmen kann.
Die Ölfilmsteifigkeit ist das Verhältnis von Belastungs- zu Spalthöhenveränderung, daher die Neigung der Belastungsverlagerungskurve. Für diese Betrachtung sind F und h der Darstellung in nebenstehenden Bildern zu vertauschen.

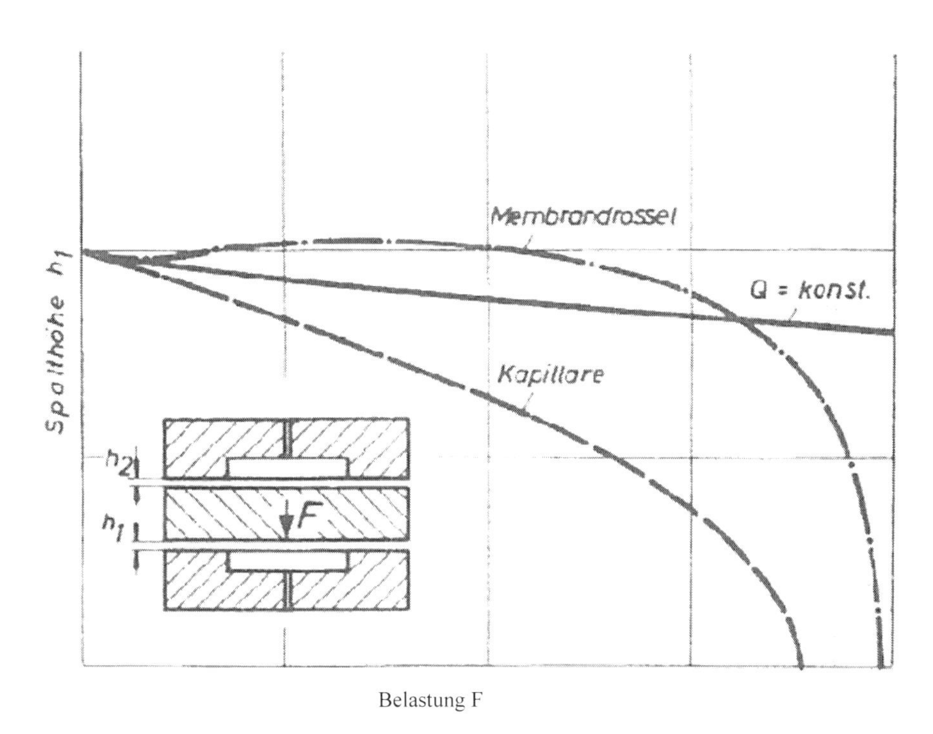

Bild 10.26: Spalthöhe in Abhängigkeit der Lagerbelastung bei verschiedenen Ölversorgungssystemen einer Lagerung mit Umgriff

Die zulässige Belastung hydrostatischer Lager ist im Wesentlichen vom Ölversorgungssystem und der Spalthöhe h sowie dem Pumpendruck Pp und der wirksamen Taschenfläche Aeff abhängig. Bei der Ermittlung der Tragfähigkeit bzw. Ölfilmsteifigkeit und Verlagerung kann das Verhalten im Stillstand betrachtet werden. Hydrodynamische Effekte bei höheren Drehzahlen sind gering und gestatten diese verhältnismäßig einfache Betrachtungsweise.
Entsprechend den Abweichungen der einzelnen Ölversorgungssysteme von der idealen Mengenkennlinie (Qid ~ Pt) verhält sich die Spalthöhe bei Belastungsänderung.
Einen qualitativen Vergleich der verschiedenen Ölversorgungssysteme hinsichtlich ihrer Ölfilmsteifigkeit zeigen die Bilder 10.26 und 10.27

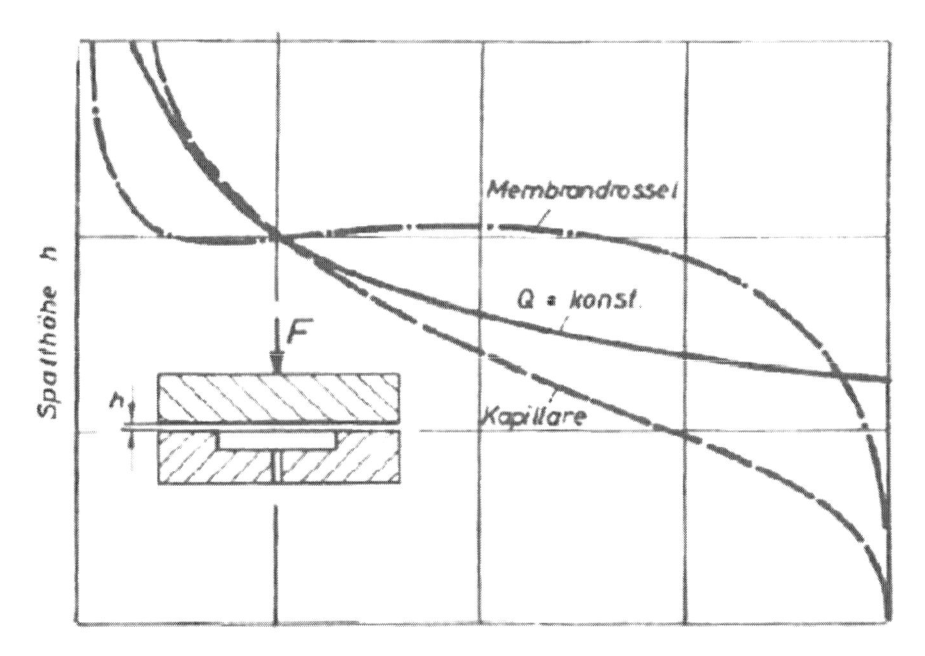

Bild 10.27: Spalthöhe in Abhängigkeit der Lagerbelastung bei verschiedenen Ölversorgungssystemen einer Lagerung ohne Umgriff

Es ist die Änderung der Spalthöhe mit zunehmender Belastung dargestellt. Das Bild gilt für frei aufliegende Lagerung (ohne Umgriff). Das weitere Bild zeigt den Zusammenhang beim Einspannen des gelagerten Körpers zwischen zwei Ölfilmen (mit Umgriff).

Bei Verwendung von einer Pumpe pro Tasche (Q = konstant) ist der Taschendruck gleich dem Pumpendruck. Die Kurve gibt den Zusammenhang der vorangegangenen Gleichung wieder. Für dieses System besteht die größte Sicherheit gegen Überlastung, ohne dass sich die Gleitflächen berühren, da der Taschendruck bis zum größten Förderdruck der Pumpe ansteigen kann, ohne die Pumpe dauernd hoch zu belasten. Allerdings ist die Spalthöhe viskositätsabhängig. Damit werden bei Ölerwärmung, d. h. bei abnehmender Viskosität, Lager ohne Umgriff steifer und solche mit Umgriff weniger steif.

Die Grenze für die Tragfähigkeit von Lagern mit gemeinsamer Pumpe und Vordrosseln wird durch die stark abnehmende Spalthöhe im Bereich höherer Belastung bestimmt. Während bei kleiner und mittlerer Belastung angenähert linearer Zusammenhang zwischen Spalthöhenänderung und Belastung besteht, vermindert sich die Steifigkeit immer mehr, so dass sich der Taschendruck unter Belastung dem konstant eingestellten Pumpendruck annähert.

Bei laminaren, konstanten Vordrosseln darf mit einer zulässigen Verlagerung des geführten Körpers aus seiner mittleren Position von etwa 60% der Spalthöhe gerechnet werden. Bei dieser Verlagerung ist die größte Tragfähigkeit des Lagers erreicht. Dennoch ist das Lager mit gemeinsamer Pumpe und laminaren Vordrosseln die häufigste Ausführungsart, weil der Aufwand hierfür am geringsten ist.

Das Lager mit lastabhängigen Drosseln, z.B. Membrandrosseln, weist in einem begrenzten Bereich nahezu konstante Ölspalthöhe auf, d. h. in diesem Bereich ist die Steifigkeit unendlich groß oder gar negativ. Erheblich nachgiebiger als bei anderen Ölversorgungssystemen wird der Ölfilm dagegen, wenn der Taschendruck dem Pumpendruck nahe kommt. Bei der

größten zulässigen Belastung darf deswegen die Spalthöhenveränderung nur gering sein. Sie richtet sich nach der Durchflusscharakteristik und Auslegung der jeweiligen Drosseln.
Für die Anordnung mit oder ohne Umgriff gelten die beschriebenen Zusammenhänge prinzipiell in gleicher Weise. Lager mit gegenüberliegenden Öltaschen ergeben zusätzlich größere Steifigkeit, vor allem entfallen die Spalthöhen Veränderungen im Bereich kleiner Lasten.
In diesem Zusammenhang sei nochmals darauf hingewiesen, dass für jedes Lager bei jedem Betriebszustand eine genau berechenbare und bestimmbare stabile Lage auf Grund der Abhängigkeit zwischen Durchfluss, Belastung und Spalthöhe besteht.
Für die Ölsteifigkeit gilt die Rangfolge:

1. Membrandrossel
2. Eine Pumpe pro Tasche
3. Kapillare

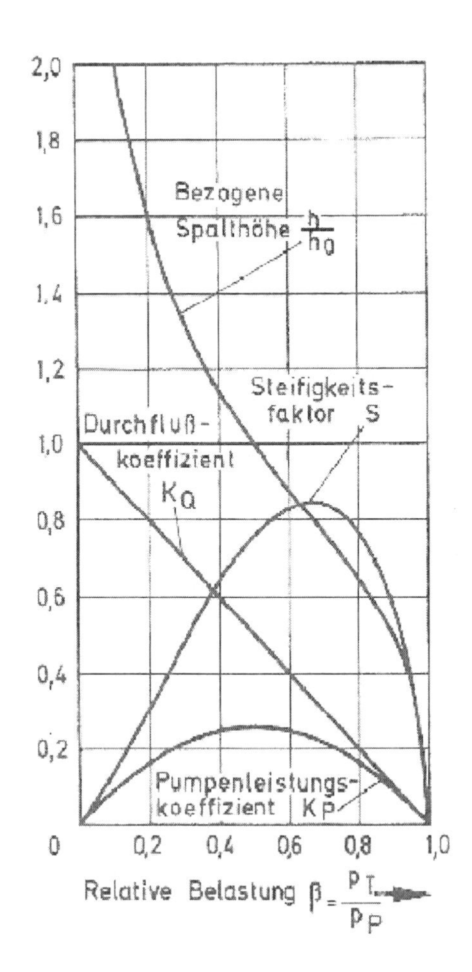

Bild 10.28: Dimensionslose Darstellung der Spalthöhe, Durchflussmenge, der wirksamen Pumpenleistung und Ölfilmsteifigkeit in Abhängigkeit der Lagerbelastung einer Lagerung ohne Umgriff mit Kapillaren

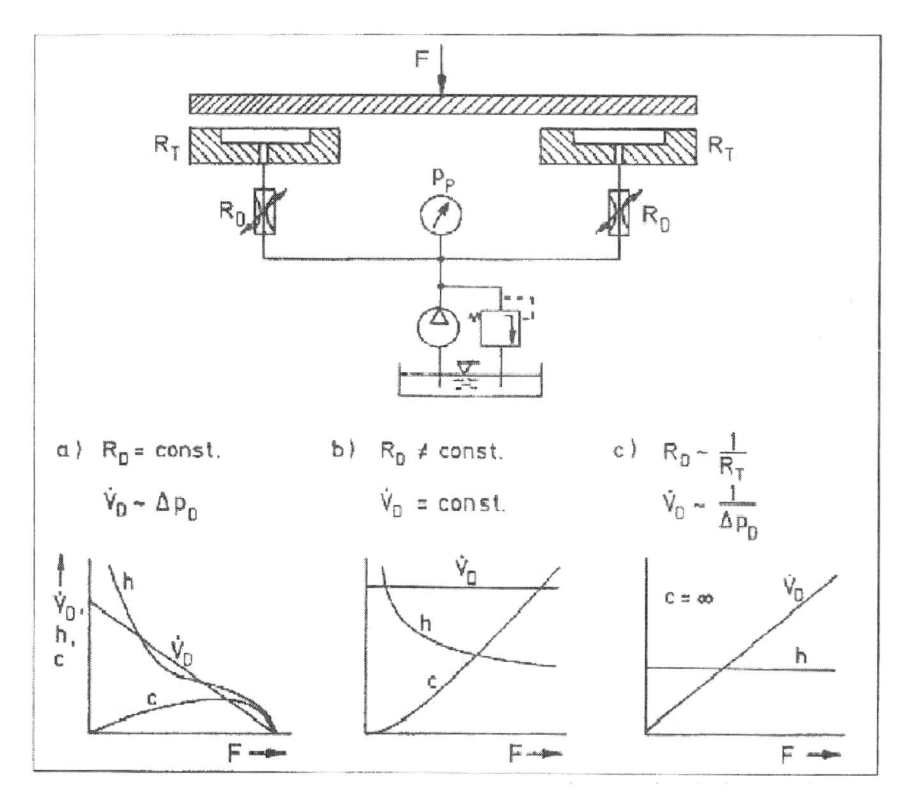

Bild 10.29: Hydraulikplan und Kennlinien des Lagersystems "eine Pumpe mit mehreren Vordrosseln "bei unterschiedlicher Wahl der Vorwiderstände
a) Kapillare b) Volumenstromkonstante Drosselung c) Ideale lastabhängige Regelung

Bei Lagerungen mit Umgriff kann die Steifigkeit durch Erhöhen des Pumpendrucks gesteigert werden. Dagegen ist sie bei frei aufliegenden Lagern nur durch Verkleinern der Ölspalthöhe und Erhöhung der Lager-Belastung zu vergrößern.
Bei Radiallagern ist weiter die Frage zu beantworten, welchen Einfluss die Taschenzahl auf die Tragfähigkeit und Ölfilmsteifigkeit hat. Dabei ist zwischen zwei extremen Belastungsrichtungen zu unterscheiden. Die Belastung kann entweder in Richtung auf die Taschenmitte oder in Richtung auf den Steg zwischen zwei Taschen weisen. Die Steifigkeit und Tragfähigkeit sind für beide Richtungen unterschiedlich.
Der Zusammenhang zwischen Spalthöhe und Lagerbelastung für Radiallager mit vier und sechs Taschen, jeweils für die beiden extremen Belastungsrichtungen, ist in Bild 10.30 in dimensionsloser Größe wiedergegeben.

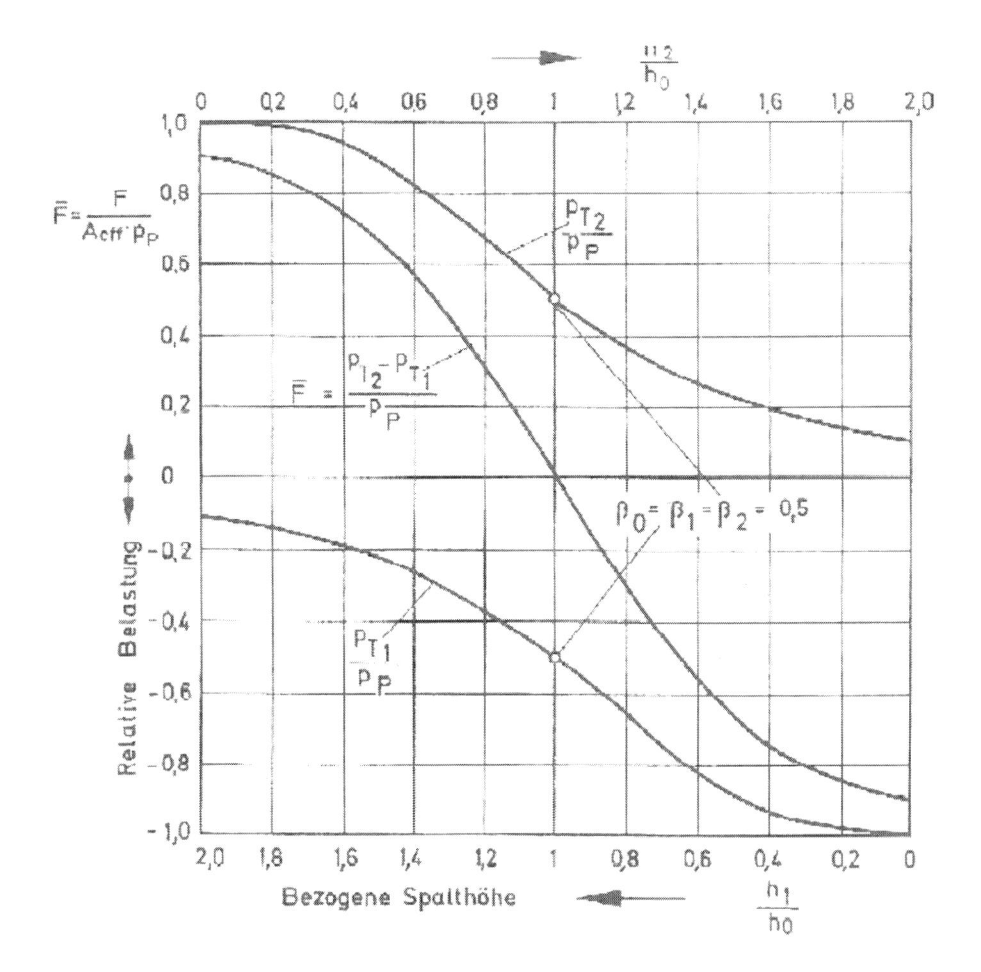

Bild 10.30: Abhängigkeit der Taschendrücke und der Lagerbelastungen von der Spalthöhe in dimensionsloser Darstellung für eine ebene Lagerung mit gleichgroßen gegenüberliegenden Taschen und Kapillaren

Bei umlaufender Belastung kommt die Richtungsabhängigkeit der Ölfilmsteifigkeit zur Auswirkung. Beispielsweise würde sich dieser Effekt bei einem Bohrwerk mit hydrostatischer Pinolen- oder Spindellagerung dadurch bemerkbar machen, dass eine ausgedrehte Bohrung keine Kreisform, sondern eher ein Polygon darstellt. Unter Voraussetzung gleich großer Schnittkräfte wäre die Abweichung von der Kreisform beim quadratischen Lager mit sechs Taschen etwa halb so groß wie beim Viertaschenlager. Für gewöhnlich ist das Viertaschenlager hinreichend genau. Nur bei besonders hohen Anforderungen hinsichtlich geringer Richtungsabhängigkeit der Ölfilmsteifigkeit werden Lager mit sechs Taschen ausgeführt. Lager mit drei Taschen sind für umlaufende Belastungen ungeeignet; mehr als sechs Taschen ergeben unbedeutende Verbesserungen.

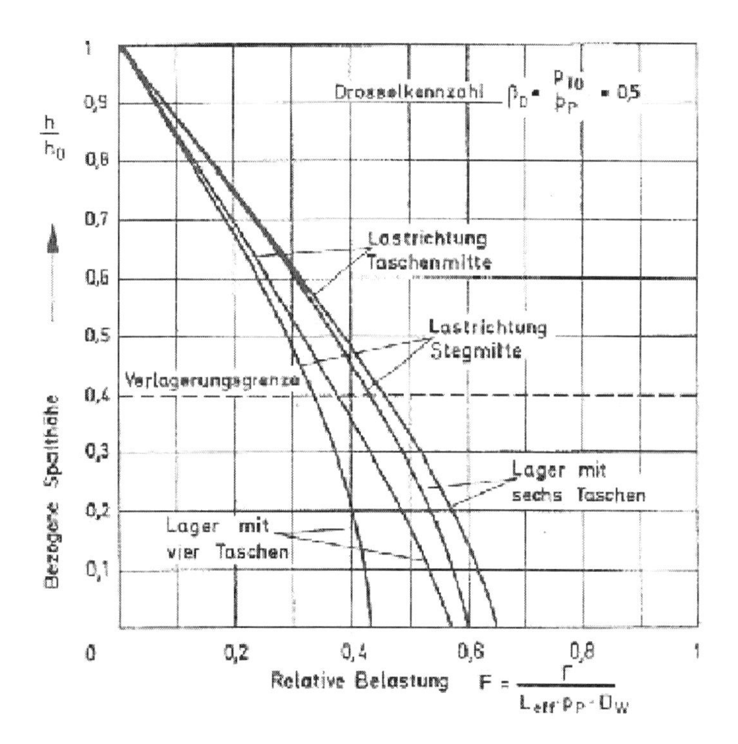

Bild 10.31: Verlagerung bei einem einseitig wirkenden Radiallager mit verschiedener Taschenzahl ohne Zwischennuten und unterschiedlicher Lastrichtung

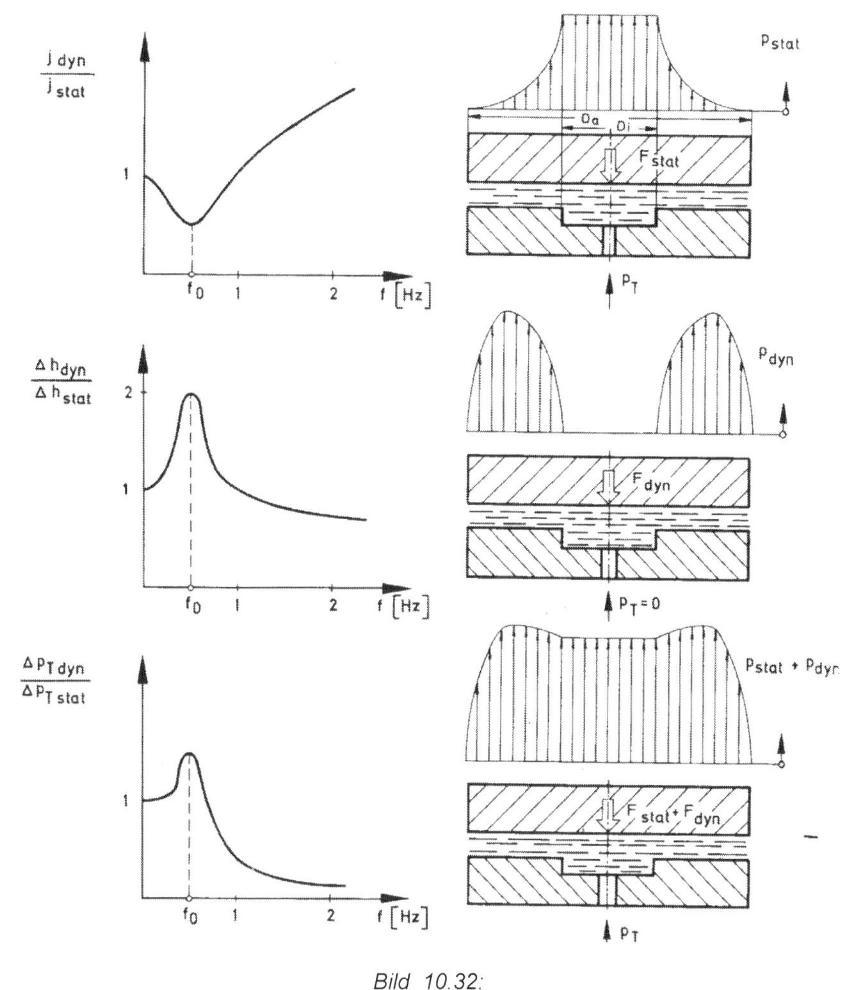

Bild 10.32:
Links :Abhängigkeit der Steifigkeit des Ölfilms sowie der Spaltenhöhen- und Taschendruckänderungen von der Frequenz einer harmonischen Erregerkraft
Rechts :Druckverlauf im ebenen Lagerspalt eines kreisförmigen Lagers bei statischer und dynamischer Belastung

Insbesondere im Werkzeugmaschinenbau wird hohe Steifigkeit gefordert, denn sie geht wesentlich in die erreichbare Fertigungsgenauigkeit ein. Die höchste Steifigkeit ergibt sich, wenn statt Kapillaren belastungsabhängige Drosseln eingesetzt werden.

10.6 Bauarten Hydrostatischer Flachführungen

Hydrostatische Führung mit Umgriff

Hydrostatische Führungen mit Umgriff werden bevorzugt bei Drehmaschinen, Fräsmaschinen oder Schleifmaschinen eingesetzt, bei welchen höchste Anforderungen an Belastbarkeit und Steife gestellt werden. Durch die besondere Anordnung der Umgriffleisten können die Komponenten der Führung kostengünstig hergestellt werden.

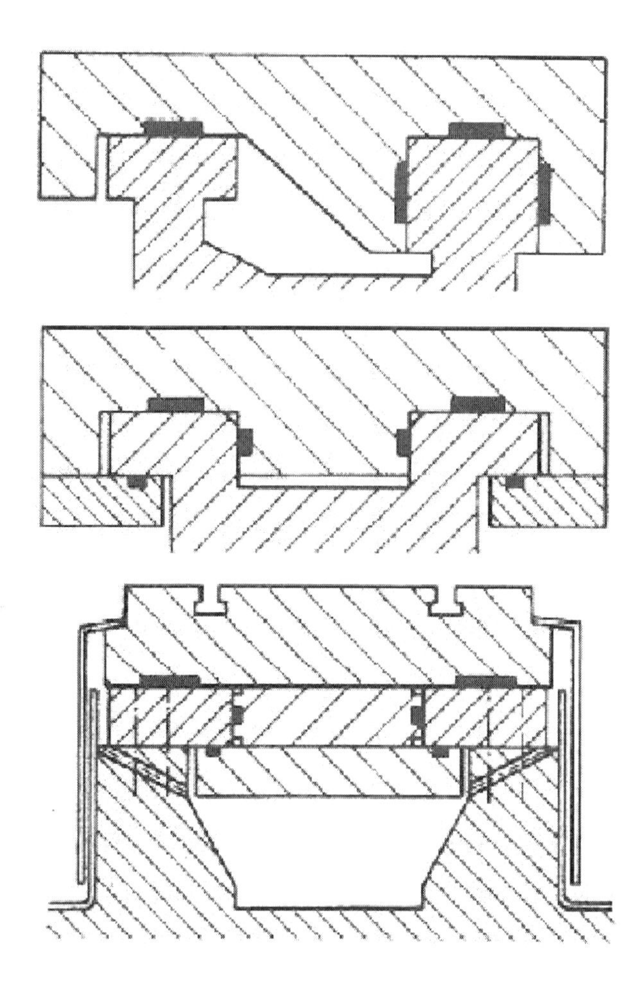

Bild 10.33: Ausführungsformen hydrostatischer Führungen

Hydrostatische V-Flach Führungen

Hydrostatische V-Flach Führungen werden bei horizontalen Führungen mit geringen Bearbeitungskräften eingesetzt, typischerweise bei Schleifmaschinen.
Durch die Vorspannung mit Saugtaschen wird eine hohe Steife erreicht. V- Flach Führungen eignen sich sehr gut zum Abformen und sind so kostengünstig herzustellen.

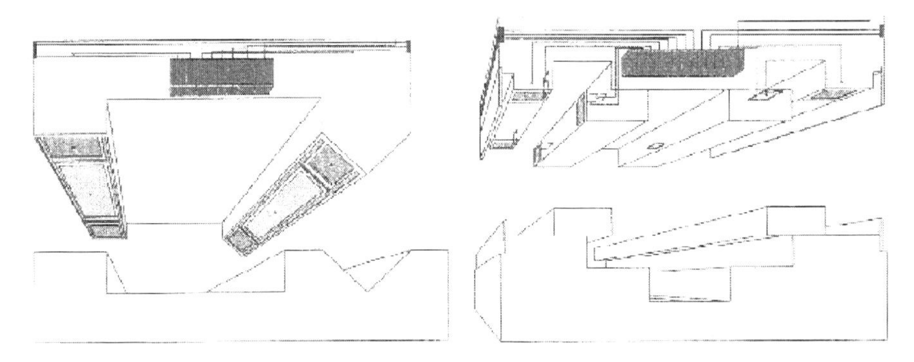

Bild 10.34: Hydrostatische V-Flach Führung

Bild 10.35: Hydrostatische Führung mit Umgriff

Hydrostatische offene Führungen

Im Gegensatz zur V-Flach Führung ist hier die seitliche Steife höher und nicht von der Belastung auf die V-Tasche abhängig. Diese Führung wird bevorzugt in Schleifmaschinen und Werkstückschlitten von großen Bohrwerken eingesetzt.

Durch die Vorspannung mit Saugtaschen wird eine hohe Steife erreicht. Offene Führungen eignen sich gut zum Abformen und sind so kostengünstig herzustellen.

Hydrostatische Führung für Linearmotor

Synchron-Linearmotoren haben durch den Permanentmagneten eine hohe Anziehungskraft auf den Schlitten. Gepaart mit hohen Geschwindigkeiten und Beschleunigungen ist die Anforderung auf die Führung sehr hoch.

Hydrostatische Führungen für Linearmotore haben keinen Verschleiß, haben keine Beschleunigungsgrenze und sind auch für vertikalen Einsatz geeignet
Die Führungen lassen sich an fast jede Geschwindigkeit anpassen.

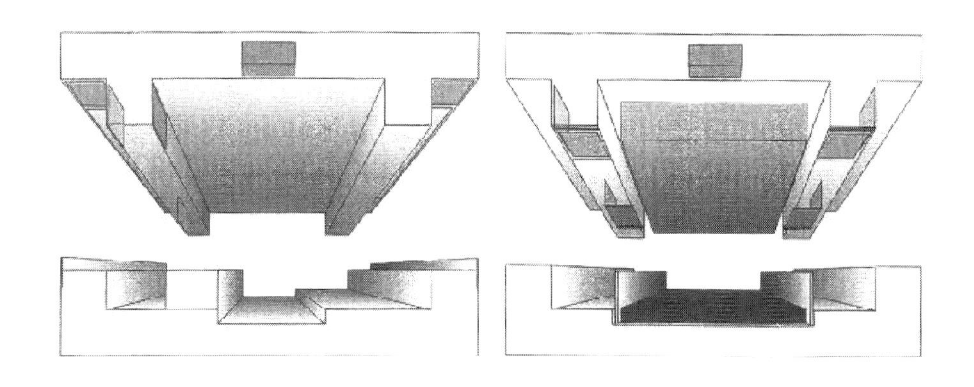

Bild 10.36: Hydrostatische Führung ohne Umgriff

Bild 10.37: Hydrostatische Linearmotorführung

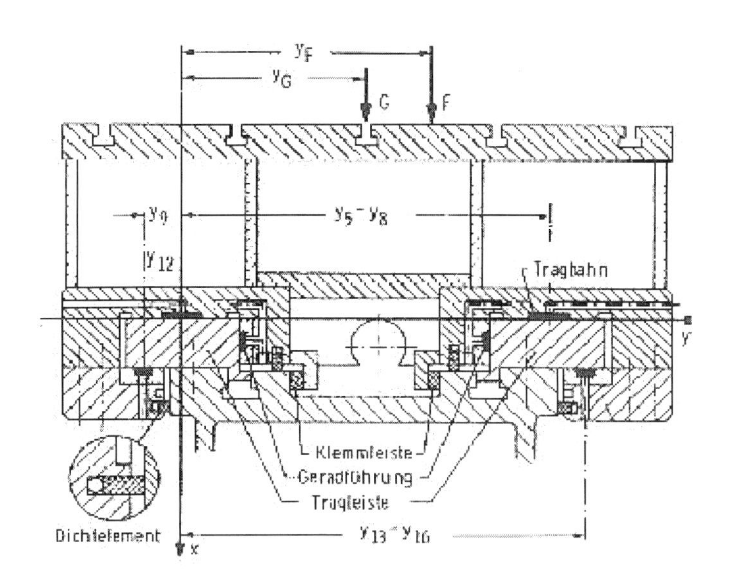

Bild 10.38: Hydrostatisch geführter Werkzeugmaschinenschlitten (Querschnitt)

10.7 Vorteile der hydrostatischen Führung

Von den bisher genannten Führungsarten hat sie das günstigste Reibungs- und Verschleißverhalten, da keine direkte Berührung auftritt. Die hydrostatische Führung ist verschleißfrei und besitzt keine Haftreibung. Sie arbeitet in jedem Betriebszustand mit reiner Flüssigkeitsreibung, d.h. selbst große Lasten können nahezu reibungsfrei bewegt werden.
Dadurch lässt sich eine extrem hohe Gleichförmigkeit der Bewegung erreichen, so dass ein Stick-Slip-Effekt nicht auftreten kann. Die geringe Reibung und damit der geringe Verschleiß garantieren eine hohe Dauergenauigkeit. Die hydrostatische Führung hat aufgrund des so genannten Squeeze-Film-Effekts eine sehr gute Dämpfung. Bei hydrostatischen Führungen werden kleine Fehler in den Auflageflächen durch den Ölfilm ausgeglichen. Die erforderliche Fertigungsgenauigkeit ist im Vergleich zu den anderen Führungen geringer.

10.8 Nachteile der hydrostatischen Führung

Sie verlangt einen hohen konstruktiven Aufwand und eine relativ komplizierte Steuerung der Ölversorgung. Damit von der Führung auch exzentrische Lasten aufgenommen werden können, müssen stets mehrere Drucköltaschen vorhanden sein. Der Druck in den einzelnen Taschen muss in Abhängigkeit von der Last variiert werden können. Es darf kein Druckausgleich zwischen den Taschen stattfinden. Vor Bewegungsbeginn muss der Druck aufgebaut sein und er darf erst nach Bewegungsende wieder abfallen (Steuerungsaufwand). Eine hohe Steifigkeit in der Führung kann nur durch Umgriffe erreicht werden. Zudem verursachen die erforderlichen hydraulischen Komponenten (Pumpe, Filter, Druckspeicher) zusätzliche Kosten.
Die Abdichtung ist ein schwieriges Problem, berührende Dichtungen sollen vermieden werden, da diese meist mit stark schwankender Reibung behaftet sind. Der Ölrücklauf erfordert große Kanalquerschnitte und natürliches Gefälle oder den Einsatz von Absaugpumpen. Das zu entsorgende Altöl ist ein Umweltproblem.

11 Aerostatische Geradführungen

Im Zusammenhang mit immer höheren Genauigkeitsanforderungen an Positionieraufgaben hat sich der Einsatz von Luftlagerführungen auf Granit- oder Stahlbasis in den letzten Jahren ständig ausgebreitet.

11.1 Präzisionsluftlager – Technologie der Zukunft

Mit einer weitaus höheren Präzision als z.B. wälzgelagerte Linearführungen bietet das Zusammenspiel von Luftlager und Linearmotortechnik die perfekte Lösung:

- Höchste Führungsgenauigkeit
- 100% Langzeit-Notlaufeigenschaft
- Absolut reibungsfrei – kein Stick-Slip
- Kein Schmiermittel – keine Verschmutzung
- Selbstreinigung der Führungsflächen
- Kein Verschleiß – absolut wartungsfrei
- Problemloser Einsatz in Reinräumen

11.2 Funktionsweise von Luftlagern (aerostatische Lager)

11.2.1 Klassifizierung

Luftlager gehören zur Klasse der Gleitlager. Die in den Lagerspalt, d.h. zwischen die zueinander bewegten Gleitflächen gepresste Druckluft bildet das Schmiermedium. Zugleich wird mit ihr ein Druckpolster aufgebaut, das die Last berührungsfrei trägt. Die Druckluft wird normalerweise von einem Kompressor zur Verfügung gestellt. Ziel ist, für den Druck, die Steifigkeit und die Dämpfung des Luftpolsters ein möglichst hohes Niveau zu erreichen. Dabei spielen der Luftverbrauch und die gleichmäßige Einspeisung der Luft über die gesamte Lagerfläche eine entscheidende Rolle

11.2.2 Konventionelle Luftlager

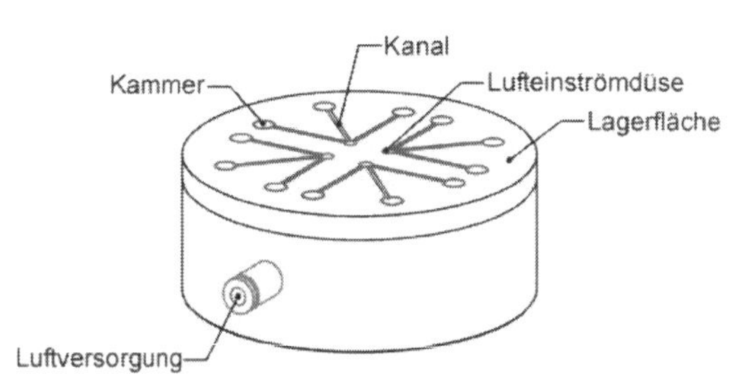

Bild 11.1: Konventionelles Luftlager

Bei konventionellen **Düsen-Luftlagern** fließt der Druckluft über wenige, jedoch relativ große Einströmdüsen (Durchmesser 0,1-0,5 mm) in den Lagerspalt. Dadurch ist ihr Luftverbrauch wenig flexibel, und die Lagereigenschaften können nur unzureichend an die Randbedingungen (Kräfte, Momente, Lagerfläche, Lagerspalthöhe, Dämpfung) angepasst werden. Um die Luft bei der geringen Anzahl Einströmdüsen dennoch möglichst gleichmäßig im Spalt verteilen zu können, werden verschiedene konstruktive Maßnahmen getroffen. Sie alle erzeugen jedoch Totvolumina (nicht verdichtbare und damit weiche Luftvolumina). Diese sind für die Dynamik des Luftlagers äußerst schädlich und regen zu selbsterregten Schwingungen an.

Eindüsen-Luftlager mit Vorkammer
haben um die zentral angeordnete Düse eine Kammer. Ihre Fläche beträgt üblicherweise 3 - 20 % der Lagerfläche. Selbst bei einer Vorkammer-Tiefe von nur wenigen 1/ 100 mm ist das Totvolumen dieser Luftlager sehr groß. Im ungünstigsten Fall besitzen diese Luftlager statt einer Vorkammer einfach nur eine konkave Lagerfläche. Alle diese Luftlager besitzen neben sehr vielen anderen Nachteilen insbesondere eine äußerst schlechte Kippsteifigkeit.

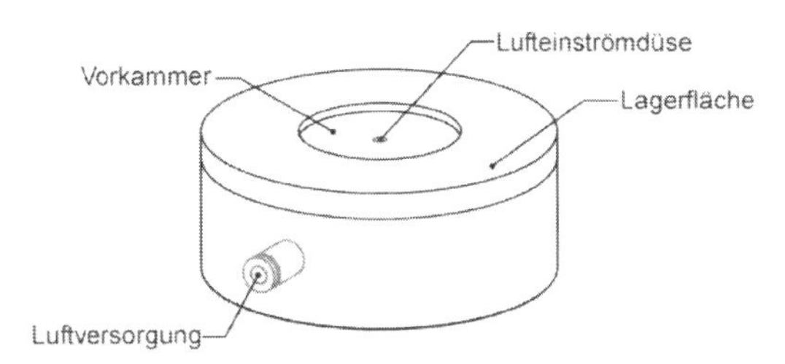

Bild 11.2: Eindüsen Luftlager

Typische konventionelle **Düsen-Luftlager** werden **mit Kammern und Kanälen** ausgeführt. Dadurch soll bei einer begrenzten Anzahl Düsen das Totvolumen gegenüber Eindüsen-Luftlagern mit Vorkammer verkleinert und dennoch die Luft gut im Spalt verteilt werden. Die meisten konstruktiven Ideen beziehen sich hier auf spezielle Kanalstrukturen.

Luftlager mit Mikrokanalstrukturen ohne Kammern werden von einigen Herstellern seit Ende der 80er Jahre hergestellt. Doch auch hier bleiben die Nachteile von Totvolumina erhalten. Im Vergleich mit der Luftlagertechnologie mit Mikrodüsen hat sich gezeigt: Mikrokanäle besitzen einen relativ starken Abfall von Tragkraft und Steifigkeit mit zunehmender Lagerspalthöhe. Daher haben sie gerade bei dynamischen Anwendungen, wie hochbeschleunigten Linearantrieben oder hochfrequenten Spindeln, gravierende Nachteile.

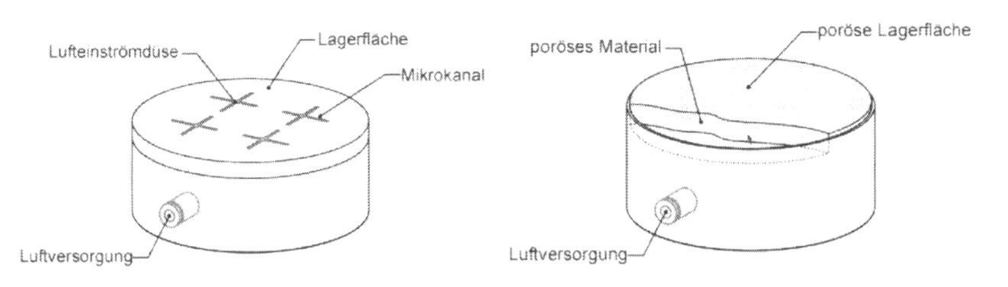

Bild 11.3: Mikrostruktur Luftlager

Bild 11.4: Sinter Luftlager

Bei so genannten **Sinterluftlagern** soll das poröse Lagermaterial für ein gleichmäßiges Verteilen der Luft sorgen. Nachteile sind das große Totvolumen (Hohlstellen im Material) und das ungleichförmige Ausströmen der Luft infolge der unregelmäßigen Porosität. Damit verbunden sind auch die hohen Schwankungen der Lagereigenschaften dieser Lager. Verschiedene Hersteller optimieren deshalb die Sinterlager: Bei ihnen werden die Lagerflächen zunächst verdichtet, bevor die Lufteinströmdüsen gezielt mit dem Laser gebohrt werden.

Mikrodüsen-Luftlager, diese weisen eine große Anzahl an Mikrodüsen auf, die gezielt mit dem Laser gebohrt werden. Ihre Totvolumina (nur noch durch Rauheiten der Lagerfläche) sind verschwindend gering gegenüber anderen Luftlagern. Anzahl, Anordnung, und Geometrie der Mikrodüsen werden genau berechnet. Auf diese Weise können die Lagereigenschaften bestmöglich an die Randbedingungen angepasst werden. Die große Anzahl an Düsen erlaubt eine unbegrenzte Variation zwischen den statischen und dynamischen Eigenschaften. Dadurch sind auch Lösungen möglich, die weit außerhalb der Möglichkeiten konventioneller Luftlager im Wettbewerb zu Wälz- und Gleitlagern liegen.

11.3 Vorteile der aerostatischen Führung

Kennzeichnend sind die äußerst geringe Reibung und das verschleißfreie Arbeiten. Analog zur hydrostatischen Führung kann kein Stick-Slip auftreten. Für Rückleitungen und Abdichtungen ist kein Aufwand erforderlich .Die Tragfähigkeit und die geringen Reibungsverluste sind unabhängig von der Gleitgeschwindigkeit und der Umgebungstemperatur. Verschmutzung des tragenden Luftpolsters kann nicht auftreten.

11.4 Nachteile der aerostatischen Führung

Zu nennen ist die geringe Viskosität der Luft für die Tragfähigkeit und den Dämpfungsgrad. Reine Luftlagerungen sind sehr schwach gedämpft, die Schlitten neigen sehr leicht zu Schwingungen. Bei Berechnung des Luftspaltes, der Luftmenge und der Tragfähigkeit sind Kompressibilität, Turbulenz und Form der Düsen Einflussgrößen, die nicht einfach zu berechnen sind. Bei der Drucklufterzeugung sind Lufttrockner und bei den Führungsbahnen gegebenenfalls korrosionsfeste Werkstoffe erforderlich.
Zur Vermeidung von Schwingungen, angeregt durch den Bearbeitungsvorgang, kann auch eine mit einer Gleitführung kombinierte aerostatische Führung angewandt werden. Bei stärkerem Druck auf die Führung wird das Luftpolster so weit zusammengedrückt, dass auf einer dafür vorgesehenen Fläche Gleitreibung auftritt.

11.5 Anwendungen

Die beschriebenen Produktbeispiele dienen als Anregung für weitere Applikationen. Das breite Feld der Anwendungen reicht von ultrapräzisen Antrieben für die Messtechnik über robuste, kostengünstige Antriebe für die Automatisierungstechnik bis hin zu komplexen Pick- und Place Systemen für die Elektronik- und Halbleiterproduktion.

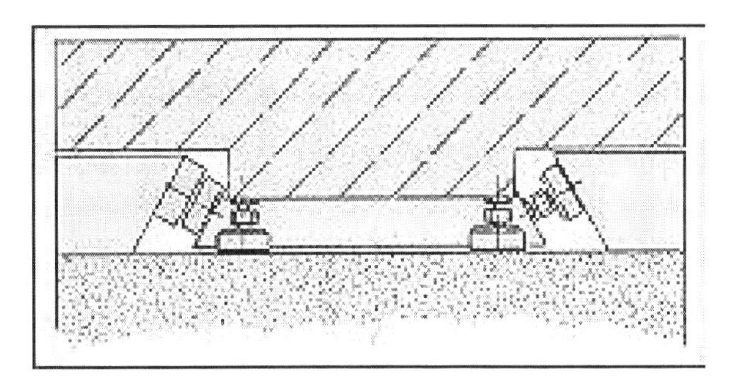

Bild 11.5: Prismen-Anordnung von Luftlagern

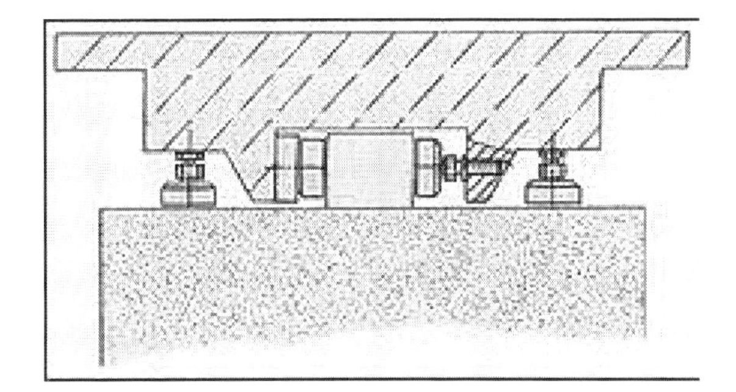

Bild 11.6: Praktische Ausführung einer Linearführung

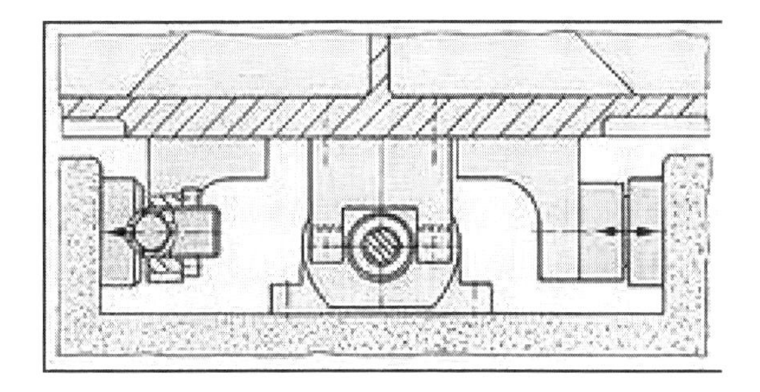

Bild 11.7: Luftlagersystem mit Temperaturkompensation

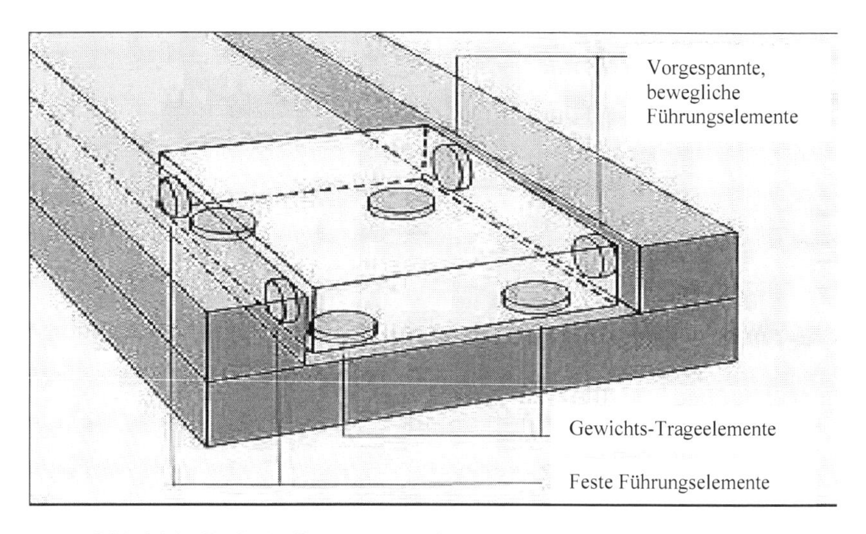

Bild 11.8: Typische Zusammenstellung einer Luftgelagerten Führung

Hochdynamischer Linearantrieb

Der Antrieb mit zwei eisenlosen Linearmotoren erreicht Beschleunigungen bis 400 m/s² bei höchstem Ruck (bis 1.000.000 m/s³)
Anwendung: Antrieb zum Testen von wälzgelagerten Linearführungen
Verfahrweg : 100 mm
Nutzlast: 2 kg
Motoren: eisenlose Linearmotoren
Maximale Beschleunigung: 400 m/s²
Maximaler Ruck: 1.000.000 m/s²

Hochbeschleunigter Dopplerantrieb

Hierbei war ein Kohlefaser-Spiegel (Fläche 500mm X 250mm) bei Beschleunigungen bis zu 300 m/s² mit flexiblen Bewegungsprofilen hochgenau zu führen. Die Lösung ist als luftgelagerter Antrieb ausgeführt: Der Führungsholm (Länge 900mm), an dem der Spiegel befestigt ist, ist ebenfalls aus CFK gefertigt und trägt die Magnete der Linearmotoren. Die Kabel / Schläuche (Motor, Luftlager, Messsystem) werden nicht mitbewegt, damit keine Brüche infolge der hohen Lastwechsel auftreten. Die Luftlagerung ist absolut unempfindlich gegenüber Geometrieschwankungen infolge Temperatureinfluss.
Anwendung: Dopplerantrieb für Rückstreusprektrometer
Verfahrweg: 150mm
Bewegte Masse: 10 kg
Motoren: eisenbehaftete Linearmotoren (Langstator-Prinzip)
Maximale Beschleunigung: > 300 m/s²
Maximale Geschwindigkeit: 4,7 m/s

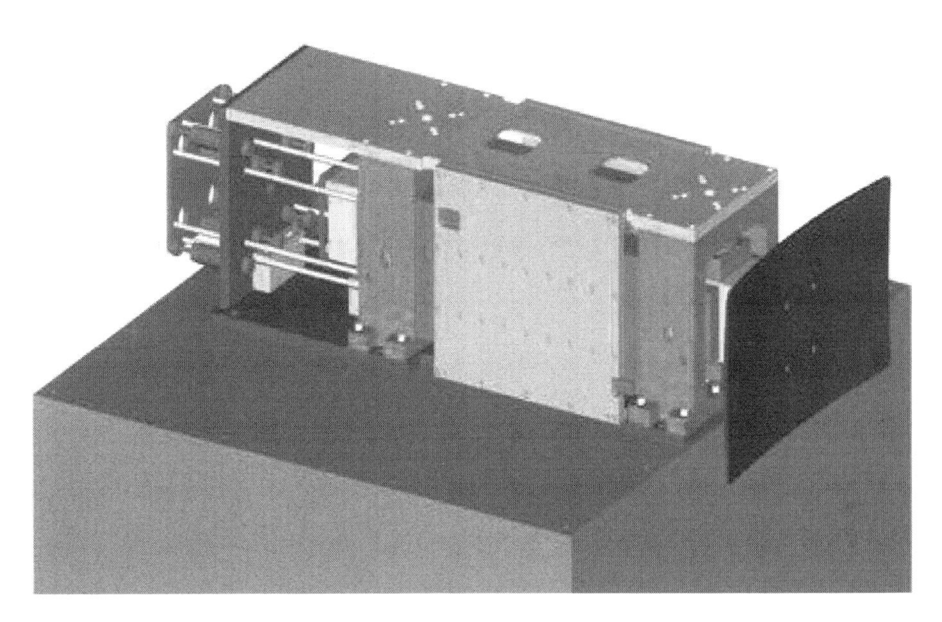

Bild 11.9: Dopplerantrieb
Quelle: Aerolas

Luftgelagerte Positioniereinheit

Die Positioniereinheit umfasst vier luftgelagerte Achsen: 3 Linear- und eine Drehachse. Durch die magnetische Vorspannung der Luftlager ist der Aufbau kompakt und zugleich unempfindlich gegen Temperatureinflüsse. Die my-Präzision an der Pipette resultiert aus der hohen Kippsteifigkeit der Luftlager.

Anwendung: Automatisierungstechnik für Mikromontage
Verfahrbereich: 270mm x 120mm x 30mm
Drehbereich: + /- 180°
Lagervorspannung: magnetisch
Motoren: Piezomotoren

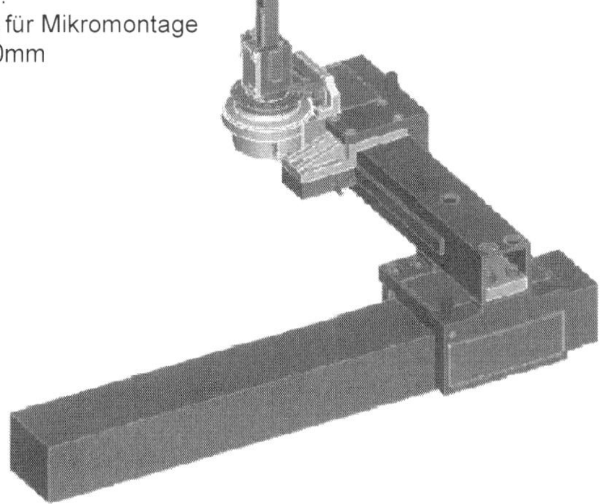

Bild 11.10: Positioniereinheit
Quelle: Aerolas

12 Elektromagnetische Geradführungen

Die Magnetschwebetechnik ermöglicht die berührungslose und damit verschleißfreie Lagerung und Führung linear bewegter und rotierender Teile. Erfolgt der Antrieb mittels Linearmotor, ist vollkommen berührungsloser und damit verschleißfreier Betrieb oder abriebfreier Transport von Gegenständen möglich
Die Magnetschwebetechnik ist aber auch für den reibungsfreien und präzisen Transport von Teilen in der Fördertechnik und in der Montagetechnik einsetzbar. Geeignete Kombinationen von Tragen, Antreiben und Führen eröffnen neue Perspektiven.

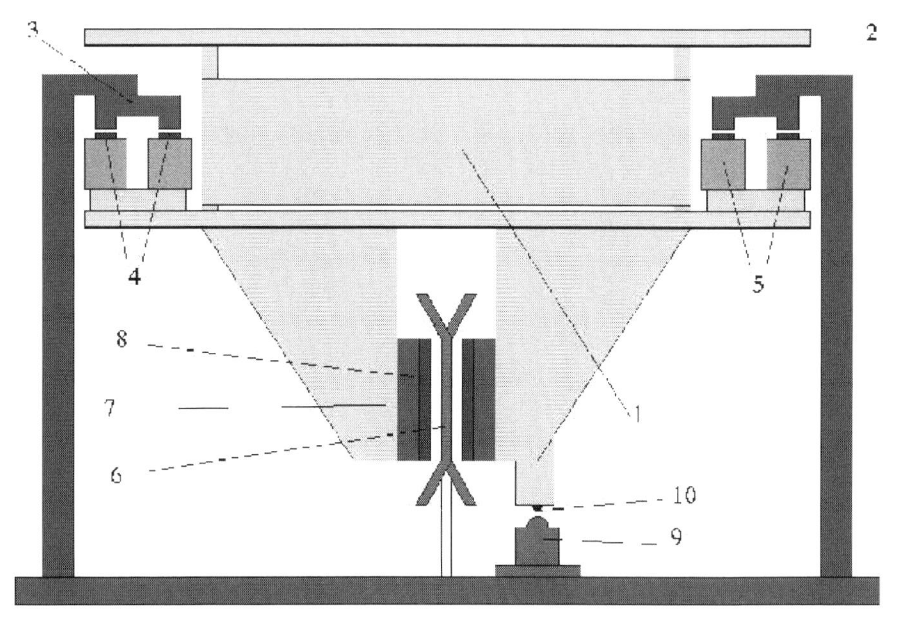

1 Aluminium-Rahmen	2 Holzplatte
3 Stahlträger	4 Tragmagnete
5 Spulen	6 Statorwicklung
7 Permanentmagnete (Läufer)	8 Eisenjoch
9 Positionssensor	10 Positionsgeber

Bild 12.1: Förderfahrzeug mit Hybridmagneten

12.1 Beschreibung der einzelnen Schwebeprinzipien

12.1.1 Permanentmagnetisches Schweben (PMS)

Das Prinzip des permanentmagnetischen Schwebens (PMS) beruht auf den abstoßenden Kräften, die zwischen zwei Permanentmagneten entstehen. Dazu müssen die Dioden so angeordnet werden, dass die jeweils gleichen Pole übereinanderstehen.
Hierbei treten vier verschiedene Kräfte zwischen den Magneten auf:
Die Hauptkraft, die beim PMS genutzt wird, ist die Kraft zwischen den jeweiligen Nordpolen, die in der Lage ist, den oberen Magneten bei entsprechender seitlicher Fixierung über den unteren Magneten in einen Schwebezustand zu bringen. Die anderen Kräfte, wie die Anziehung vom Nordpol des einen und dem Südpol des anderen Dipols beziehungsweise andersherum, sowie die abstoßende Kraft zwischen den Südpolen können hier vernachlässigt werden, da die jeweiligen Pole in Relation zu den Nordpolen weiter auseinander liegen und somit weitaus kleinere Kräfte erzeugen.

12.1.2 Verwendung des permanentmagnetischen Schwebens

Das PMS wird vor allem für Bahnen im unteren Geschwindigkeitsbereich eingesetzt. Da der physikalisch instabile Zustand des PMS nur mit aktiver Magnetregelung aufrecht erhalten werden kann, was mit Permanentmagneten nicht möglich ist, erfolgen Abstandsregelung und Führung über mechanische Elemente (zum Beispiel durch ein Fahrgestell) oder durch elektrodynamische oder elektromagnetische Elemente.
So wird das PMS häufig nur als Unterstützung benutzt, das heißt dass das Fahrzeug oder Maschinenteil zusätzlich mechanisch getragen und geführt wird.
Bei dieser Verwendung wird das PMS hauptsächlich zur Fahrgeräuschemission, Verringerung der Rollreibungskräfte und somit zur Verminderung der Abnutzung des Systems genutzt, es arbeitet nicht mehr berührungsfrei.
Ein Beispiel ist die auf einer Versuchsstrecke in Berlin eingesetzte M-Bahn. Die Bahn läuft auf einer Schiene, unter der Permanentmagnete angebracht sind, die hauptsächlich dem Antrieb dienen. Gleichzeitig wird das Rollengestell entlastet. Die Bahn ist nur für Geschwindigkeiten unter 100 km/h ausgelegt, also nur im Nahverkehr einsetzbar.

12.1.3 Elektrodynamisches Schweben (EDS)

Das elektrodynamische Schweben beruht auf dem Prinzip der elektrodynamischen Induktion.
Durch große Spulen wird ein starkes Magnetfeld erzeugt. Wird ein Leiter nun relativ zum Magnetfeld bewegt, so werden im Leiter sekundäre Ströme induziert. Wird der Leiter kurzgeschlossen, wie es bei einer breiten Metallplatte der Fall ist, so bilden sich „Kreisströme", so genannte Wirbelströme. Diese Wirbelströme erzeugen ihrerseits auch wieder ein magnetisches Feld, welches nach der „Lenzschen-Regel" seiner Ursache, das heißt der Spule entgegengesetzt ist. Dadurch entstehen zwei entgegen gesetzte, sich abstoßende Magnetfelder, die einen Schwebezustand erzeugen.
Wahlweise kann man nun die sich bewegende Spule über einer Leiterplatte oder die sich bewegende Leiterplatte über einer Spule schweben lassen.
Doch würde bei einem vorhandenen ohmschen Widerstand der Induktionsstrom kontinuierlich nachlassen und schließlich zum Zusammenbruch des Schwebezustandes führen. Eine supraleitende Induktionsspule jedoch kann nach einem anfänglichen „Erregen" (durch Energiezufuhr ausgelöster Schwebezustand) kurzgeschlossen werden und der Strom fließt in voller Höhe weiter. Dadurch stellt sich ein stabiler Schwebezustand ein. Dazu ist es nötig, die primäre Induktionsspule mit flüssigem Helium auf etwa -269°C zu kühlen, was eine magnetische Flussdichte von bis zu 5 Tesla ermöglicht, wogegen mit einem SmCo5-

Permanentmagneten nur eine Flussdichte von etwa 1,2 Tesla erreicht werden kann. Als Induktionsleiter wird bevorzugt eine Aluminiumplatte benutzt, da Aluminium zwar leitet, aber nicht magnetisierend ist.

12.1.4 Verwendung des elektrodynamischen Schwebens

Auch das EDS kann als Schwebesystem bei Magnetschwebebahnen oder Transportfahrzeugen eingesetzt werden. Wenn an der Unterseite eines Fahrzeuges supraleitende Induktionsspulen angebracht werden, ist es in der Lage, über einer Leiterplatte zu schweben. Allerdings ist dazu notwendig, das Fahrzeug durch mechanische Komponenten (zum Beispiel Räder) auf eine Geschwindigkeit von zirka 100-160 km/h zu beschleunigen, da es sich hierbei um einen elektrodynamischen Prozess handelt, das heißt erst ab einer bestimmten Geschwindigkeit stellt sich der Schwebeeffekt ein. Die primären Induktionsspulen können durch ein fahrzeugeigenes Kühlsystem mit flüssigem Helium zur Supraleitung angeregt werden, was allerdings sehr energieaufwändig ist.

12.2 Anwendungen

12.2.1 Förderfahrzeug mit Hybrid-Magnetschwebesystem

So wurde ein Förderfahrzeug mit Hybrid-Magnetschwebesystem zur berührungslosen Lagerung entworfen und gebaut. Bei Hybridmagneten ist eine Synthese von permanentmagnetischer Erregung zur Erzeugung der Grundtragekraft und von elektrischer Erregung zur Regelung des instabilen Systems möglich. Insbesondere wird die zum Schweben benötigte Energie minimiert. Für dieses Schwebefahrzeug wurde auch ein zentraler eisenloser Synchronlinearmotor realisiert, der mit einer entsprechenden Lageregelung hochpräzise positioniert werden kann.
Für ein weiteres Schwebefahrzeug werden die 4 Hybridmagnete mit 4 Linearmotoren mit passivem Stator kombiniert. Die für den Betrieb des Kurzstators benötigte Energie wird mittels induktiver Übertragung bereitgestellt .Die pulsierenden Normalkräfte des Homopolarmotors mit passivem Stator im Fahrweg müssen durch die Tragmagnete und deren Regelung kompensiert werden. Das Fahrzeug ist für Geschwindigkeiten bis 10m/sec und Tragkräfte bis 50kg ausgelegt.

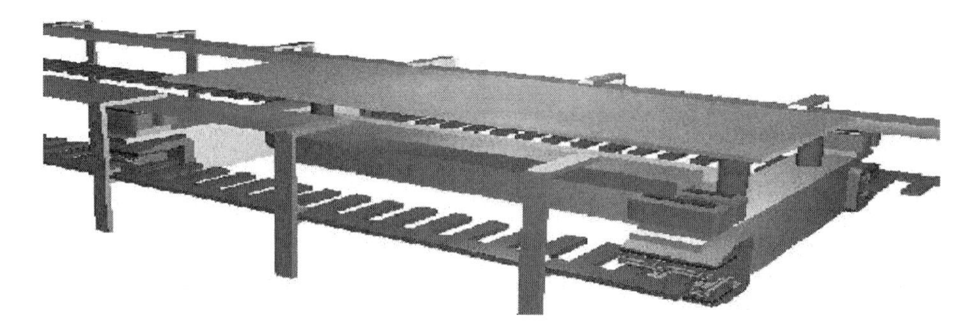

Bild 12.2: Modell eines Förderfahrzeuges

Für die Regelung des in sich instabilen elektromagnetischen Schwebesystems auf eine aus energetischen Gründen optimale Größe wird üblicherweise eine Messung des Istwertes des

Luftspaltes mittels Sensor durchgeführt. Luftspaltsensoren sind aufwendig und empfindlich. Deshalb ist es sinnvoll zu untersuchen, ob durch Identifikationsverfahren die Luftspaltweite aus Strom- und Spannungsmessung ausreichend genau ermittelt werden kann. Die Untersuchungen zeigen, dass sensorloser Betrieb eines Magnetschwebesystems grundsätzlich möglich ist und dass damit auf Luftspaltsensoren verzichtet werden kann. Auch das Problem des sensorlosen Anhebens aus der Ruheposition konnte befriedigend gelöst werden.

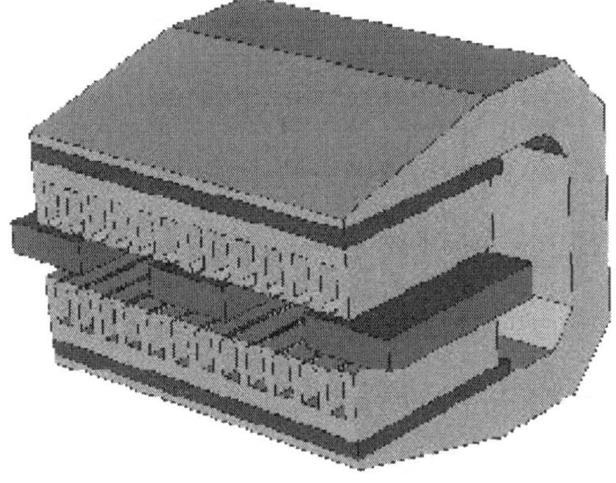

Bild 12.3:
Linearmotor mit passivem Stator

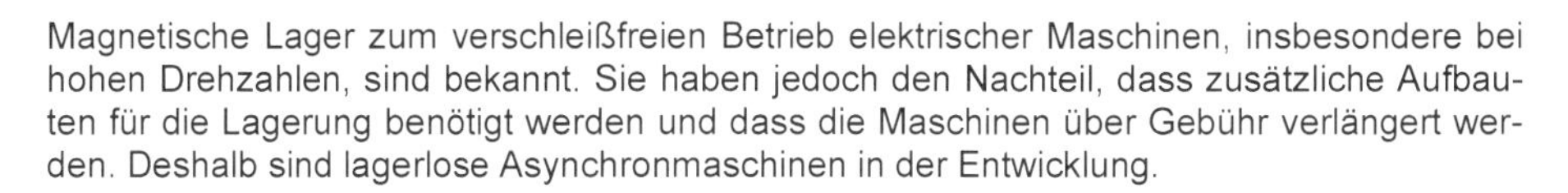

Bild 12.4:
Feldverteilung
eines Linearmotors

Für Fördersysteme mit langen Wegstrecken ist aus Kostengründen ein passiver Stator in der Strecke besonders interessant. Außerdem sollte aus Toleranzgründen ein möglichst großer Luftspalt zulässig sein. Um diese Anforderungen zu erfüllen, wurde ein spezieller mit NdFeB-Magneten im Stator erregter linearer Synchronmotor realisiert.

Magnetische Lager zum verschleißfreien Betrieb elektrischer Maschinen, insbesondere bei hohen Drehzahlen, sind bekannt. Sie haben jedoch den Nachteil, dass zusätzliche Aufbauten für die Lagerung benötigt werden und dass die Maschinen über Gebühr verlängert werden. Deshalb sind lagerlose Asynchronmaschinen in der Entwicklung.

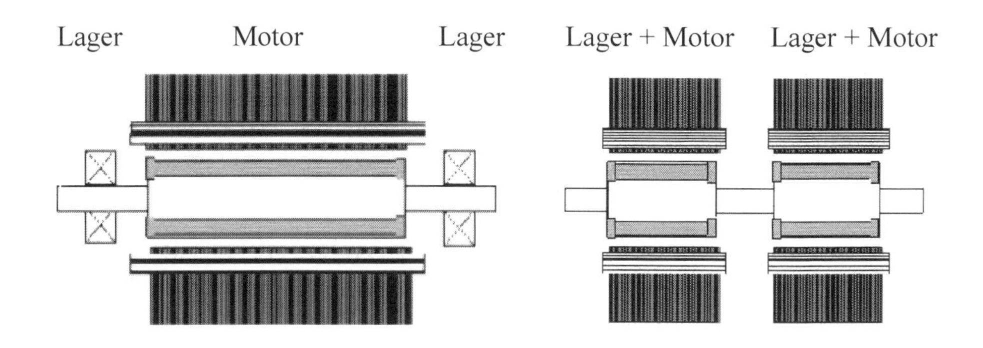

Bild 12.5: Asynchronmaschine mit mechanischem Lager

Bild 12.6: Asynchronmaschine ohne mechanischem Lager

Die notwendigen Kräfte zur Zentrierung des lagerlosen Rotors werden dabei durch das vorhandene Luftspaltfeld und durch zusätzliche Tragwicklungen, die zusammen mit den Antriebswicklungen in den Statornuten untergebracht sind, aufgebracht. Dadurch wird die Ausnutzung der Maschine im Vergleich zur lagerbehafteten Maschine nur geringfügig geschmälert, aber im Vergleich zur Magnetlagerausführung erheblich vereinfacht
Das Bild zeigt eine Entwicklung für den Einsatz in Werkzeugmaschinen. Einen magnetisch gelagerten Werkzeugmaschinentisch mit Linearmotor.

Bild 12.7: Magnetisch gelagerter Werkzeugmaschinentisch mit Linearmotor

12.2.2 Lineare Magnetführung für eine direkt angetriebene Vorschubachse

Im Werkzeugmaschinenbau werden höchste Anforderungen hinsichtlich erreichbarer Bahngeschwindigkeiten und -beschleunigungen sowie Korrektur beziehungsweise Positioniergenauigkeiten in den einzelnen Achsen gestellt. Die erzielbaren Geschwindigkeiten und Beschleunigungen der zunehmend eingesetzten Lineardirektantriebe führen herkömmliche lineare Wälzführungen an ihre Leistungsgrenzen.

Bild 12.8: Magnetführung Vorschubachse

Lösungsansatz:

Eine berührungslose, reibungs- und verschleißfreie, lineare magnetische Führung bietet hier eine nahe liegende Alternative, um das Antriebspotential besser ausschöpfen zu können. Allerdings können die Lösungen aus den bekannten Transportanwendungen nur zu einem geringen Teil übernommen werden, die verlangte Steifigkeit und Positionierbarkeit in einer Werkzeugmaschine bedingt die Entwicklung spezieller konstruktiver und regelungstechnischer Konzepte.

Projektergebnis:

Das entwickelte Vorschubsystem kombiniert zwei synchrone Direktantriebe mit einer Magnetführung. Mit der hierbei eingesetzten Antriebsleistung kann eine maximale Beschleunigung von 15 m/s² und eine Geschwindigkeit von über 2 m/s erreicht werden.
Die Führung besteht aus acht Trag- und vier Führungsmagneten, die zusätzlich von reinen Permanentmagneten zum Ausgleich der statischen Gewichtskraft des Tisches (etwa 600 kg) unterstützt werden. Zur Stabilisierung der prinzipbedingten instabilen Magnetführung sind eine kontinuierliche, hochgenaue Messung der Tischlage, eine effiziente Freiheitsgradregelung (PID-Regler) in Verbindung mit individuell konstruierter Leistungs- und Steuerelektronik notwendig.

In der Versuchsmessung konnte eine dynamische Störsteifigkeit von 50 N/µm in vertikaler Richtung und 30 N/µm in horizontaler Richtung erreicht werden.

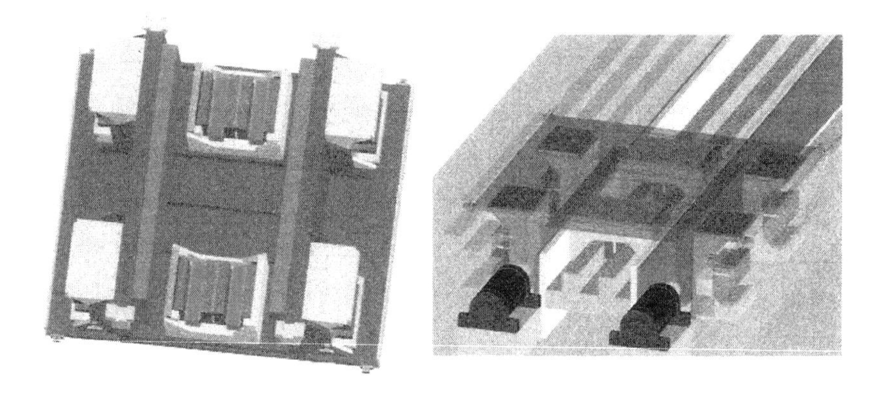

Bild 12.9 Magnetführung

12.3 Magnetschwebetechnik am Beispiel des Transrapid

Die Schwebetechnik der Transrapid-Magnetbahn beruht auf dem Prinzip des Elektromagnetischen Schwebens.

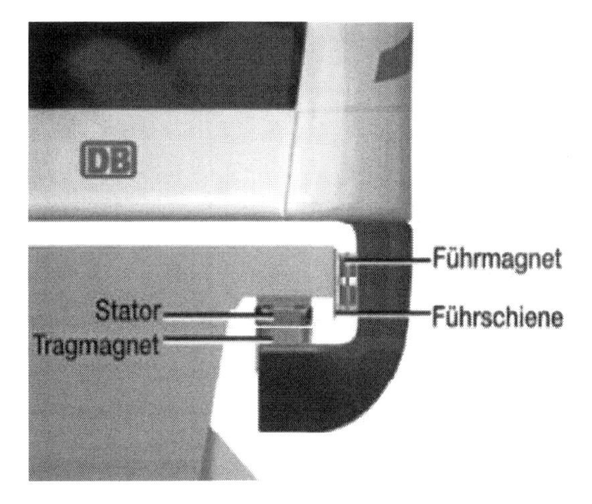

Bild 12.10: Anordnung der Trag-, Führung-, und Antriebskomponenten

Wie erreicht der Transrapid den Schwebezustand?

Der Zug zieht sich mittels seiner Tragmagnete aus eigener Kraft von unten an den Eisenstator heran, welcher an der Strecke montiert ist. Die Tragkraft, die das Fahrzeug schweben lässt, geht also ausschließlich vom Zug aus. Der Stator wird als Reaktionsschiene für die Tragmagnete des Zuges bezeichnet.
Die Tragmagnete ziehen den Transrapid also in vertikaler Richtung bis zu einem festgelegten Abstand an den Fahrweg heran. Der Zweck des Tragsystems ist, das Fahrzeug in einem stabilen Schwebezustand zu halten und in jedem Fall eine Berührung zwischen Fahrzeug und Fahrweg zu vermeiden.

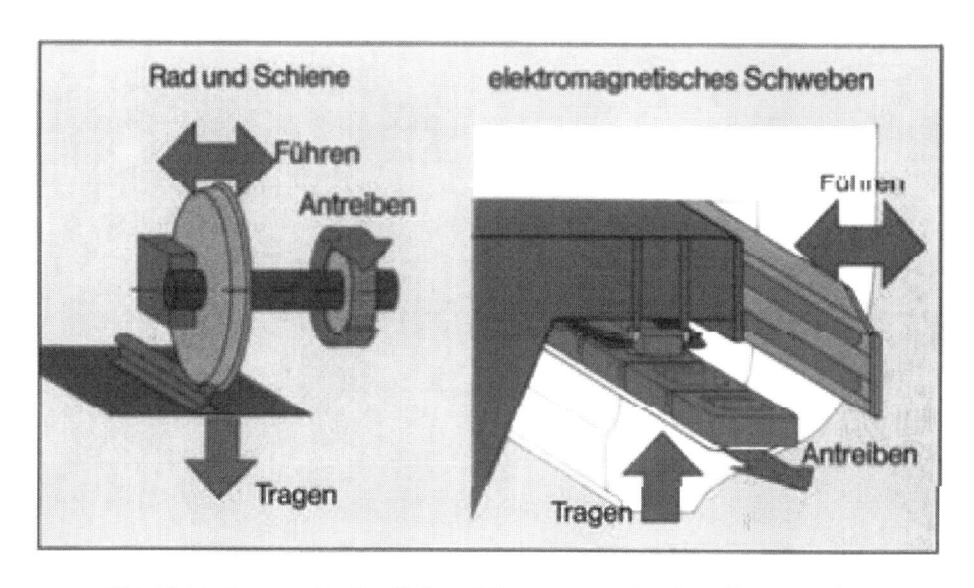

Bild 12.11: Transrapid mit seitlichem Führungsmagnet, unterm Tragmagnet und Langstator mit integrierter Wanderfeldwicklung

Per Definition besteht ein so genannter Tragmagnet aus mehreren „Magnetpolen“, welche als separate Elektromagnete zu betrachten sind. Jeder Tragmagnet verfügt über Sensoren, die permanent den Abstand zwischen Tragmagnet und Stator überprüfen. Jeder der Tragmagnete lässt sich autark steuern, d.h. ein Abstandsregler gewährleistet für jeden Magneten einen möglichst konstanten Tragschwebeabstand zum Fahrweg. Sind die Tragmagnete eingeschaltet, wird 100.000mal pro Sekunde der Abstand zum Stator kontrolliert.
Sind die Tragmagnete abgeschaltet, ist der Schwebezustand außer Kraft gesetzt und der Zug liegt mit seinen „Gleitkufen“, die unten am Fahrzeug angebracht sind, auf einer schmalen Metallschiene auf dem Fahrwegtisch. Dies ist normalerweise nur für den Stillstand eingeplant.

Bild 12.12: Schwebegestelle, bestehend aus Trag- und Führungsmagnet

Sollten während der Fahrt einzelne Tragmagnete ausfallen, lässt sich die fehlende Tragkraft durch eine Verstärkung der noch funktionierenden Magnete ausgleichen. Auch dies geschieht automatisch über das o.g. komplexe Regelsystem, das die Magnetfeldstärke der einzelnen Tragmagnete durch eine Veränderung der Magnetstromstärke regulieren kann.
Der optimale Tragschwebeabstand beträgt 10mm mit einer vorgesehenen Abweichung von 2mm nach oben und nach unten. Die Tragmagnete werden mit Gleichstrom betrieben, wobei dieser Strom nicht dauerhaft fließt, sondern mit einer sehr hohen Frequenz ein- und ausgeschaltet wird. Diese Frequenz wird von dem Abstandsregelungssystem gesteuert. Kommt der Tragmagnet dem Stator zu nahe, wird der Strom abgeschaltet, sodass der Zug fällt, und wird der Abstand zu groß, wird der Strom wieder eingeschaltet. So wird das Fahrzeug in einem ständigen minimalen Vibrationszustand gehalten, welcher für die Fahrgäste kaum wahrnehmbar ist .Diese Vibration spielt auch eine Rolle bei der Federung des Zuges, weil so durch Streckenunebenheiten bedingte Stöße leichter abgefangen werden können. So variiert der Tragschwebezustand des Zuges während der Fahrt um bis zu 4mm.

12.3.1 Antriebssystem

Zum Antrieb des Transrapid wird ein Linearmotor verwendet. Die Wanderwicklung wird bei eingeschaltetem Motor mit einem Drehstrom versorgt, d.h. durch die drei Wicklungsleiter fließt ein um jeweils 120 Grad versetzter Wechselstrom. Um aber nicht immer die gesamte Streckenlänge mit Energie versorgen zu müssen, ist die Strecke in einzeln steuerbare Motorabschnitte eingeteilt, deren Länge zwischen 300 und 2080 m Länge variiert. Gleichzeitig kann die Leistung des Motors so für jeden Abschnitt den jeweiligen Streckenverhältnissen angepasst werden (z.B. stärkere Leistung in Beschleunigungs- und Steigungsabschnitten).

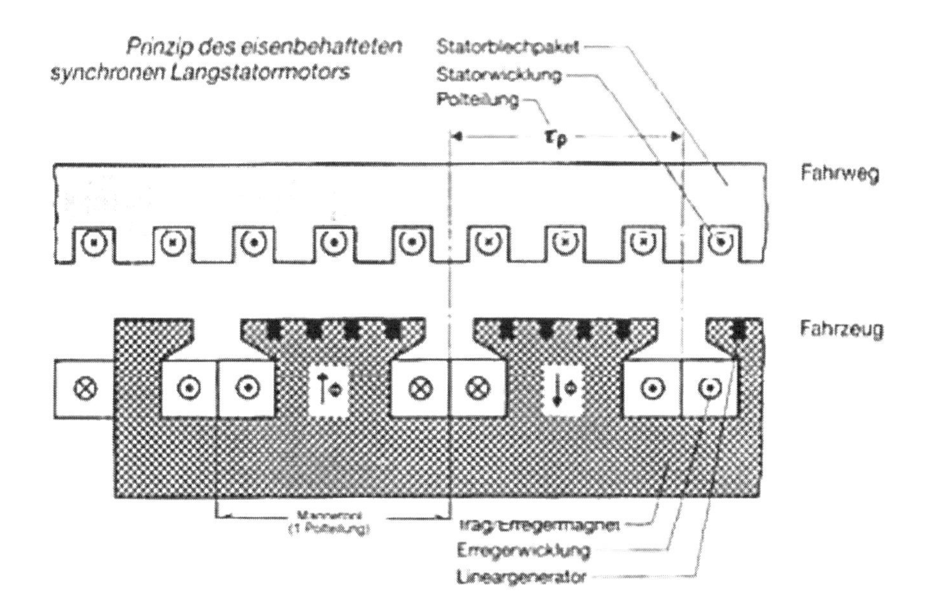

Bild 12.13: Prinzip des eisenbehafteten synchronen Langstatormotors

Der Zug bleibt im Antriebssystem passiv: Beim Linearmotor übernehmen die Tragmagnete die Funktion als „Erregermagnete", die von dem Magnetfeld der Wanderfeldwicklung mitgezogen werden. Durch sie fließt Gleichstrom.
Die Stärke des Wanderfeldes ist erheblich geringer als die des Tragmagnetfeldes, da jegliche Reibung entfällt und der Zug somit wie auf einer Luftkissenbahn horizontal in Bewegung gebracht wird.

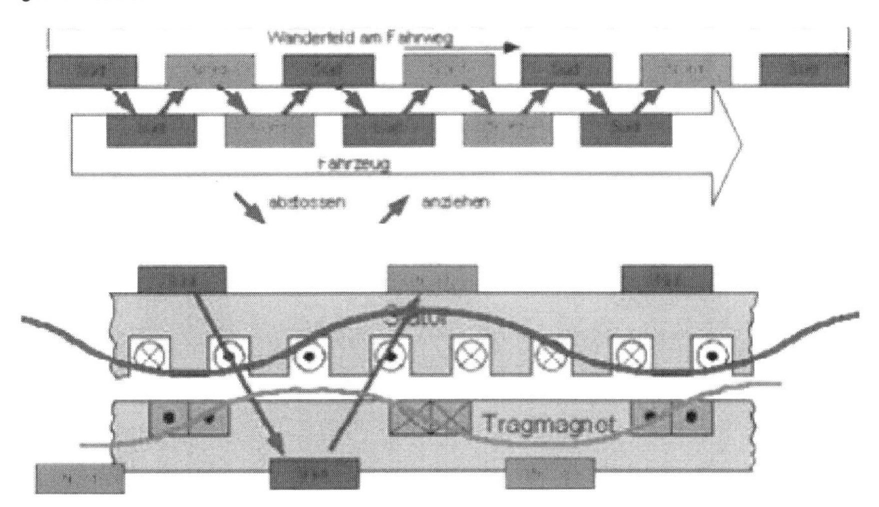

Bild 12.14: Vereinfachte Skizze zur Funktionsweise des Linearantriebes

13 Beanspruchung, Steifigkeit und Kontaktsteifigkeit der Geradführungen

Die Führungen liegen im Kraftfluss der Werkzeugmaschine. Ihre Deformation führt unmittelbar zu fehlerhaften Werkstücken. Die Beanspruchung der Führungen ist nicht einfach einzuschätzen. Es müssen Kräfte und Momente übertragen werden, die üblicherweise erst dann zu erkennen sind, wenn sie in mehrere Ebenen projiziert werden.
Aus den Belastungen von Führung und Schlitten sind – selbst bei vereinfachenden Annahmen – Konstruktionshinweise zu entnehmen.

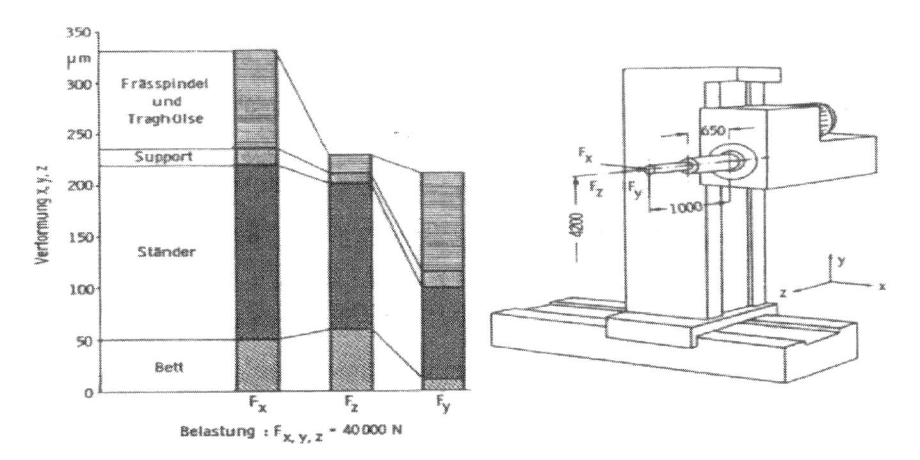

Bild 13.1: Verformungsanalyse eines Bohrwerks Quelle: WZL, Aachen

Die Führungen sind nicht starr. Sie besitzen wie alle anderen Maschinenteile eine endliche Steifigkeit. Verformungen an Führungen bedingen jedoch, dass nicht immer mit gleichmäßiger, konstanter Flächenpressung, sondern mit Spitzendrücken gerechnet werden muss. Spitzendrücke wiederum erzeugen größere Deformationen. Die ungleichmäßige Verteilung der Flächenpressung längs der Führungen und die daraus resultierenden Deformationen führen zu dem Begriff der **Kontaktsteifigkeit**. Sie hängt vom Werkstoff, vom Traganteil und von der Rauhtiefe in der Kontaktzone ab. Ebenso ist die Dämpfung in der Kontaktzone für das statische und dynamische Verhalten der Gleitführung verantwortlich.
Die Dämpfung in der Kontaktzone kann auf drei verschiedene Ursachen zurückgeführt werden:

- Materialdämpfung infolge von Hystereseverlusten im Material bei der elastischen und plastischen Verformung der Rauheitserhebungen (Normalbewegungen)
- Reibungsdämpfung infolge der Mikrobewegung in der Grenzzone der Oberflächen während der Vibration (Normal- und Tangentialbewegung)
- Flüssigkeitsdämpfung (Sequeeze-Film-Effekt) durch Verdrängung beziehungsweise Ansaugen des Schmiermittels zwischen den Oberflächen (Normalbewegung).

Bei ebenen, geschmierten Gleitflächen kann angenommen werden, dass die Flüssigkeitsdämpfung und die Reibungsdämpfung die Materialdämpfung bei weitem übertrifft.

Die Kontaktsteifigkeit einer hydrodynamischen Gleitführung ist im Mischreibungsgebiet auf verschiedene Tragkraftkomponenten zurückzuführen. Im Mischreibungsgebiet stützen sich die Führungsflächen sowohl über den Festkörperkontakt als auch über den hydrodynamischen Schmierfilm ab.
Im **instationären** Zustand, das heißt bei einer Veränderung der Betriebsbedingungen (zum Beispiel Last, Geschwindigkeit) findet ein Übergangsvorgang statt, bei dem sich die Zustände in der Kontaktzone, zum Beispiel die Schmierfilmdicke, den neuen Bedingungen anpassen. Die durch Last- beziehungsweise Geschwindigkeitsveränderung bedingte Variation der Schmierfilmhöhe erfordert eine Veränderung des Schmiermittelvolumens zwischen den Gleitflächen. Das Schmiermittel wird hierbei gegen den Fließwiderstand aus dem Spalt verdrängt beziehungsweise beim Aufschwimmen zwischen die Gleitflächen gesaugt.
Aus der Schmierfilmverdrängung (Squeeze-Film-Effekt) resultiert also eine weitere Kraftkomponente senkrecht zur Gleitebene, die **Verdrängungskraft**. Für die Tragkraft im Mischreibungsgebiet folgt somit:

FT = F Festkörper + F Hydrodyn + F Verdräng.

Entsprechend den bei unterschiedlichen Gleitgeschwindigkeiten sich ergebenden Spalthöhen und Tragbedingungen ändert sich auch die Dämpfung in der Kontaktzone.
Die normal zu den Führungsflächen wirksame Dämpfung hängt von den geometrischen Verhältnissen der Führung, der Gleitgeschwindigkeit und dem Schmiermittel ab. Die tangential zu den Führungsflächen auftretenden Schwingungen werden mit steigender Gleitgeschwindigkeit entsprechend der Abnahme des Reibungskoeffizienten schwächer gedämpft.
Verteilung und Höhe der Flächenpressung zwischen den Führungsteilen sind von der Form, dem Spiel und der äußeren Last abhängig.
Führungen sind häufig fest mit dem Gestell verschraubt, oder sie bestehen aus einem Stück mit dem Gestell. Deformationen der Führung sind dann Deformationen des Gestells.
Es geht also darum, Kräfte und Momente von der Führung auf das Gestell ohne Deformation zu übertragen. Von der Führung muss man daher verlangen, dass sie steif an das Gestell eingebunden ist.
Bei jedem Konstruktionsentwurf kommt es darauf an, den Antrieb eines Schlittens möglichst nahe in den Reibungsschwerpunkt zu verlegen. Greift die Vorschubkraft weit vom Reibungsschwerpunkt entfernt an, so vollführt der Schlitten leicht ungleichförmige Vorschubbewegungen. Er kann „verklemmen" oder auch „stottern".
Der Einfachheit halber werden Schlitten und Führung in einer Ebene betrachtet. Als Kraft sei das Gewicht G zu berücksichtigen. Dieses trifft umso eher zu, je größer die Werkzeugmaschine ist
Bei gleichmäßig verteilter Flächenpressung auf die Führungsbahnen ist die Reibkraft gegen Verschiebung direkt proportional den Auflagereaktionen.

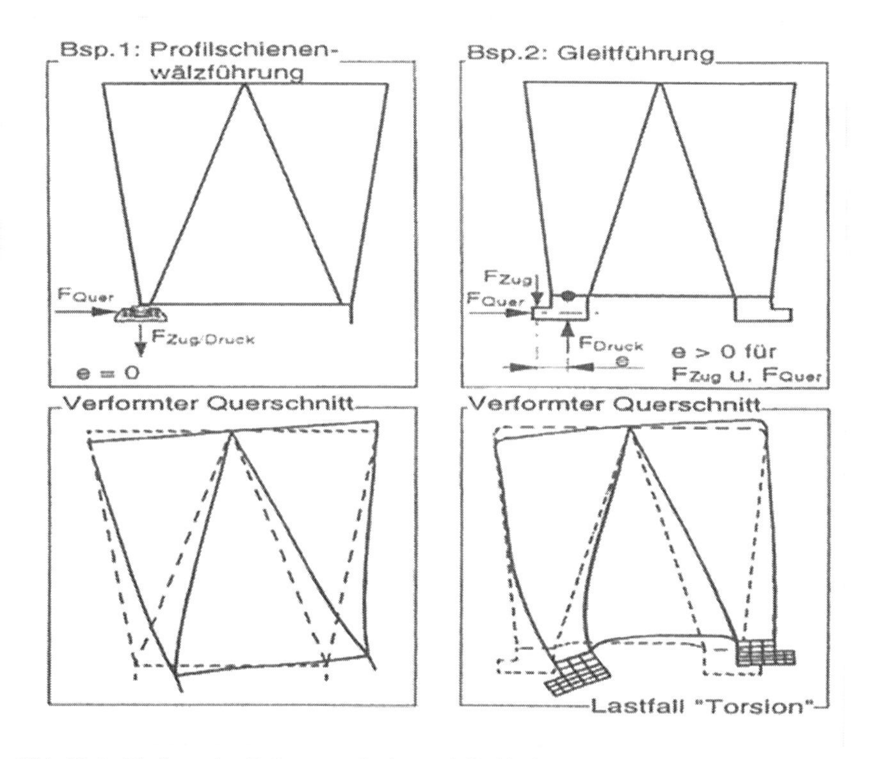

Bild 13.2: Einfluss des Führungsprinzips auf die Verformung von Gestellquerschnitten
Quelle: Weck

13.1 Berechnungsbeispiel:

Die Reibkräfte sind im Beispiel in der Draufsicht dargestellt, sie müssen mit der Vorschubkraft V im Gleichgewicht stehen. Die Auflagerkräfte ergeben sich aus den Bedingungen, dass Kräfte und Momente ausgeglichen sind.
Es ist:

$$\mathbf{A + B = G}$$

Und bei einem Prisma von 90° in symmetrischer Anordnung:

$$(A1) = (A2) = A / \sqrt{2}$$

Mit $G \times XG - l \times B = 0$ erhält man:

$$B = G \times XG/l$$

Und $A = G\,(l - XG / l)$

Die Reibkräfte stehen mit der Vorschubkraft V im Gleichgewicht:

$$\sqrt{2} \times A \times \mu + B \times \mu - V = 0$$

Der Reibungsschwerpunkt ergibt sich aus:

$$\text{Reibmoment} = V \times Xs = B \times \mu \times l$$

$$Xs = XG / 1{,}4 - 0{,}4 \times XG/l$$

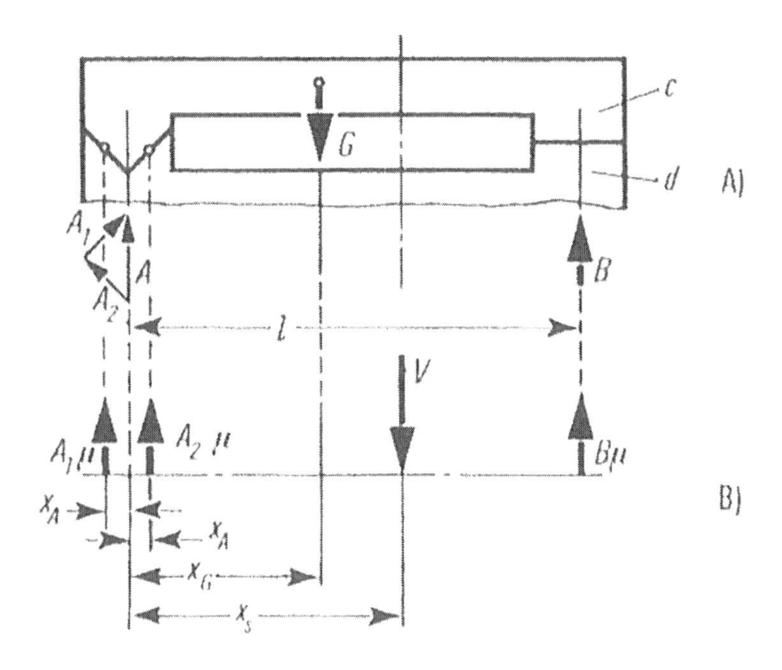

Bild 13.3: Belastungsschema

Greift die Vorschubkraft unter den hier getroffenen Vereinbarungen und Vereinfachungen im Abstand Xs von der Mitte des linken Prismas an, so ist ein Verkanten unmöglich. In der Praxis treten so einfache Verhältnisse nicht ein. Zum Schlittengewicht addieren sich veränderliche Zerspanungskräfte und Werkstückgewichte. Die Reibwerte von rechter und linker Führung können verschieden sein.
Der Reibungsschwerpunkt muss um so genauer eingehalten werden je kürzer der Schlitten ist. Die Länge eines Schlittens wird vielfach mit dem Begriff der Schmalführung gekennzeichnet.
Falsch ist es den Begriff der Schmalführung mit der Breite der Führungsbahn zu verbinden.

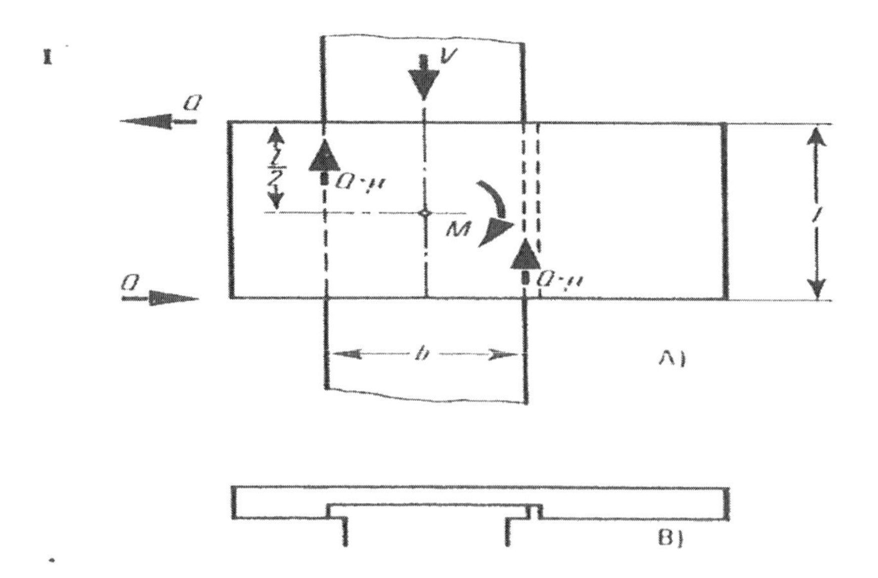

Bild 13.4: Vorschubkraft V eines Schlittens durch ein äußeres Moment M

Der im Bild gezeigte Schlitten werde mit einem Moment M belastet. Dann müssen dem Moment M die beiden Momente Q x l/2 entgegenwirken.
Die Querkraft Q erzeugt eine Reibkraft, die zu überwinden ist, wenn der Schlitten verschoben werden soll. So sind die Gleichgewichtsbedingungen:

$$M = Q \times l$$

$$V = 2 \times Q \times \mu$$

Daraus folgt die Bewegung des Schlittens:

$$V >- 2 \times \mu \times M / l$$

Wichtig an der Aussage ist, dass sich die Vorschubkraft V mit der Länge des Schlittens l verkleinert und mit dem Reibwert μ und mit dem äußeren Moment vergrößert.
Die Verhältnisse sind wieder sehr vereinfacht, zeigen aber qualitativ die richtigen Zusammenhänge. Um durch die Vorschubkraft kein zusätzliches Moment einzuleiten, griff die Vorschubkraft im Schwerpunkt der beiden Reibungskräfte, das heißt in ihrer Mitte an.
Bei einer guten Führung geht es somit nicht nur um eine schmale, sondern um eine möglichst lange Führung im Verhältnis zu Moment und Reibwert.

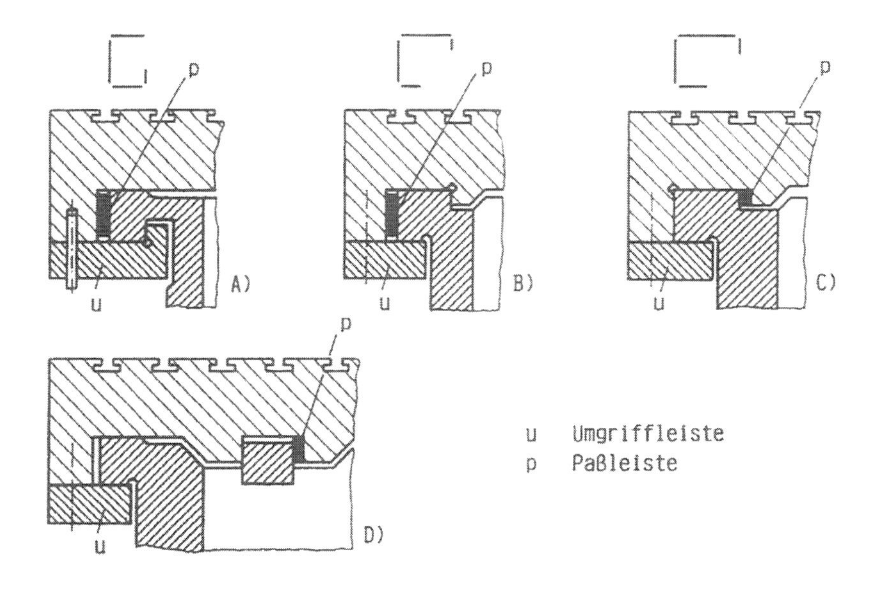

Bild 13.5: Lösungsmöglichkeiten für Schmalführungen

14 Schmierung von Gleitführungen

Die Schmierung von hydrodynamischen Gleitführungen hat im Hinblick auf deren Reibungs- und Verschleißverhalten eine wichtige Funktion zu erfüllen. Die meisten Werkzeugmaschinen sind mit Impulsschmieranlagen ausgestattet (bis zu 80%). Kontinuierliche Fallölschmierung und Handschmierungen finden nur in geringem Maße Anwendung.

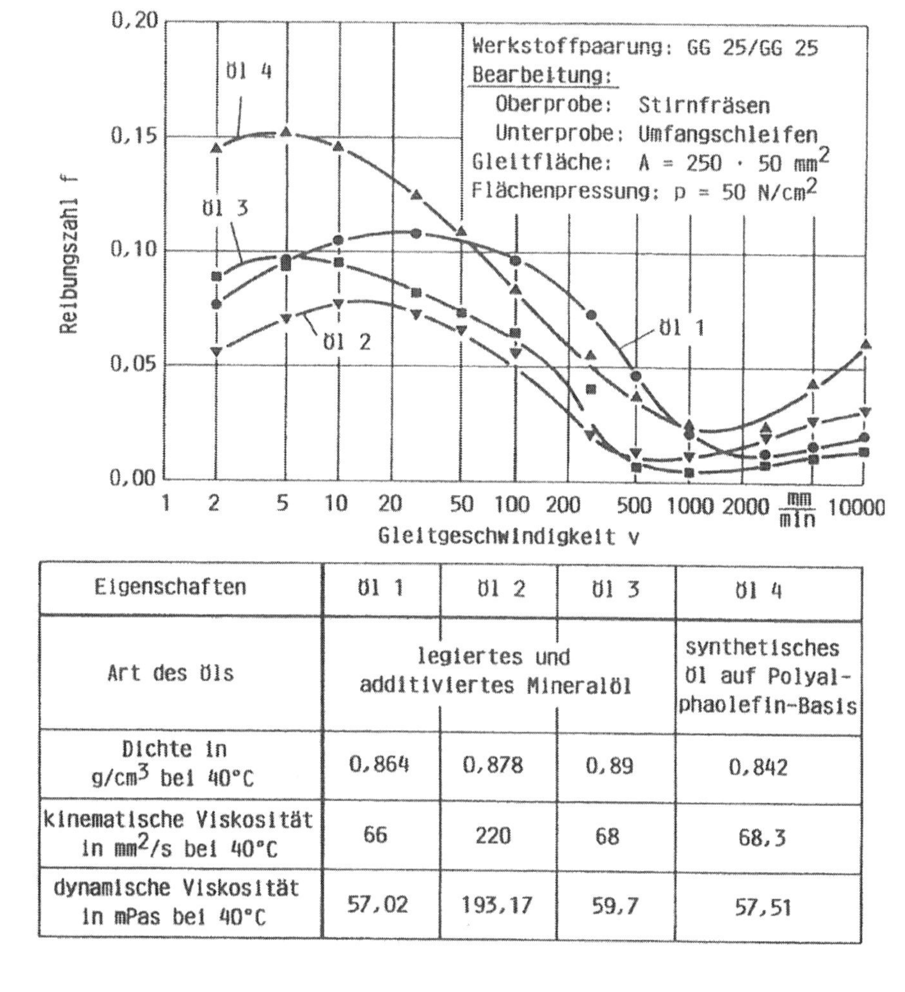

Eigenschaften	Öl 1	Öl 2	Öl 3	Öl 4
Art des Öls	legiertes und additiviertes Mineralöl			synthetisches Öl auf Polyalphaolefin-Basis
Dichte in g/cm³ bei 40°C	0,864	0,878	0,89	0,842
kinematische Viskosität in mm²/s bei 40°C	66	220	68	68,3
dynamische Viskosität in mPas bei 40°C	57,02	193,17	59,7	57,51

Bild 14.1: Einfluss des Schmieröls auf das Reibungsverhalten und die physikalischen Eigenschaften einiger gebräuchlicher Gleitbahnöle

Bei der Schmierung werden Gleitbahnöle mit Viskositäten 30×10^{3} bis 80×10^{3} Ns/mm^2 eingesetzt. Neben der Zähigkeit des Öles spielen zum Beispiel auch chemische Zusätze, die Ölmenge und die Art der Zuführung eine Rolle.
Im Bild werden die physikalischen Eigenschaften einiger gebräuchlicher Gleitbahnöle und der Einfluss des Schmieröles auf den Verlauf der Reibungskoeffizienten dargestellt.
Die legierten Mineralöle OEL 1, 2, 3 enthalten verschleißmindernde Zusätze, Additive gegen Stick-Slip und Haftfähigkeitsverbesserer. Bei dem vierten Öl OEL 4 handelt es sich um ein vollsynthetisches Hydrauliköl. Die Verläufe der Reibungskoeffizienten verdeutlichen, dass der verwendete Schmierstoff einen beträchtlichen Einfluss auf das Reibungsverhalten haben kann. Insbesondere wirkt sich eine relativ hohe Viskosität auf eine Reibungsverminderung (Verminderung des Festkörperreibungsanteiles) im Mischreibungsgebiet aus.

14.1 Ölzufuhr

Die Ölzufuhr wird durch die Form der Schmiernuten mitbestimmt. Schmiernuten sind so auszuführen, dass die gesamte Gleitfläche unter allen Betriebsbedingungen geschmiert wird. Zum Beispiel kann es erforderlich werden, die Abstände der Schmiernuten klein zu halten, wenn der Schlitten oszillierende Bewegungen mit kleinen Amplituden ausführt.
Die Nuten sollen ein einfaches Profil bekommen. In vielen Fällen wird ein Profil mit genügend kleinem Keilwinkel ausreichen. Rundungen mit verschiedenen Radien für die gleiche Nut bedingen einen großen Fertigungsaufwand ohne sichtbaren Nutzen.
Bei Flachführungen sollen die Nuten in die Auflagefläche des Schlittens eingearbeitet werden. Sie müssen innerhalb der Führungsbahn des Schlittens enden. Sonst läuft das Öl nach außen ab, und der für die Bildung eines Schmierfilmes notwendige hydrodynamische Druck kann sich nicht aufbauen. Die Gleitbahnen werden in der Regel durch Schmutzabstreifer vor dem Eindringen von Schmutz geschützt. Da diese Abstreifer aber auch den Schmierfilm abstreifen, soll sich die erste Schmiernut dicht an der vorderen Schlittenkante befinden, in Bewegungsrichtung gesehen, um eine Mangelschmierung zu vermeiden
Der Nutquerschnitt soll abgerundet sein, um ein Abschaben des Öls zu vermeiden. Durch das Abrunden kann sich allerdings auch die hydrodynamische Tragkraft erhöhen, was zu einem unerwünschten Abheben oder Aufschwimmen des Schlittens führen kann. Das ist bei der Festlegung der Nutgröße zu beachten.
Die Form der Schmierlöcher, Schmiernuten und Schmiertaschen ist in DIN 1591 genormt.

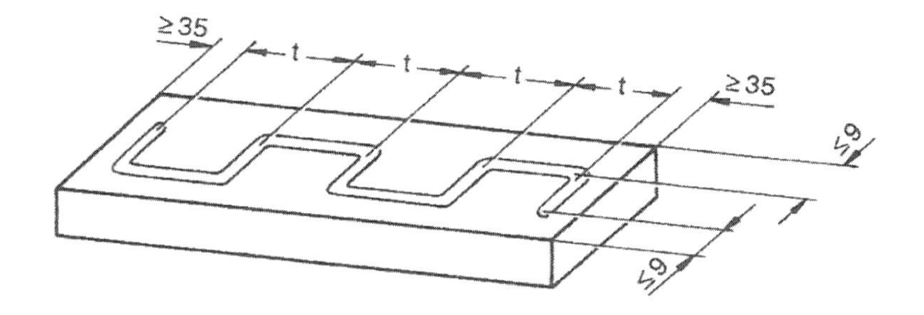

Bild 14.2: Schmiernut Form A für waagerechte Führungsbahnen und waagerechte Bewegungsrichtungen

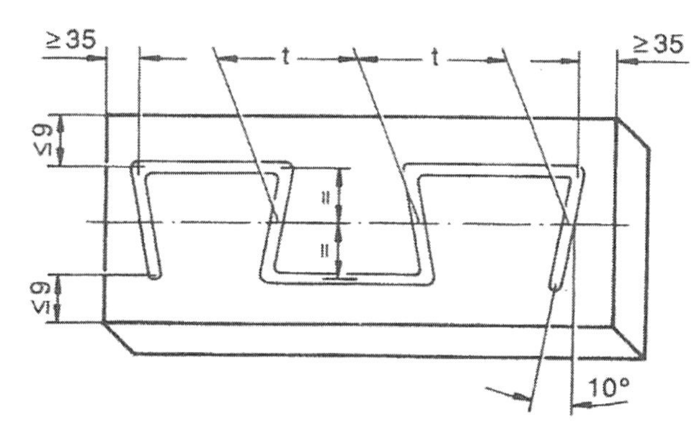

Bild 14.3: Schmiernut Form B für senkrechte Führungsbahnen und senkrechte Bewegungsrichtungen

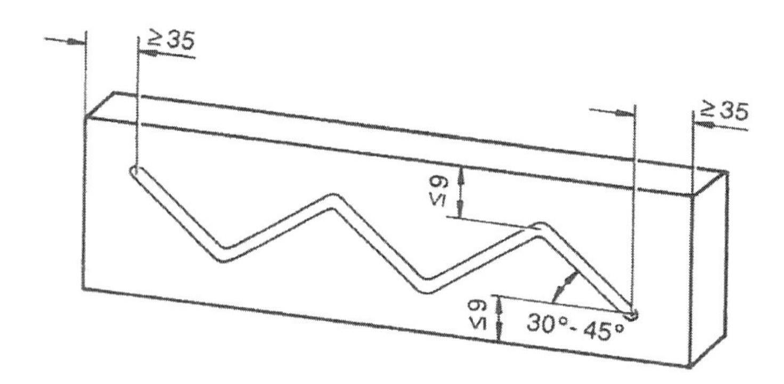

Bild 14.4: Schmiernut Form C für senkrechte Führungsbahnen und waagerechte Bewegungsrichtungen

14.2 Gleitführungen mit polymeren Lagerwerkstoffen

Grundsätzlich soll auch bei einer Verwendung von polymeren Gleitwerkstoffen auf eine Schmierung nicht verzichtet werden. Untersuchungen haben ergeben, dass sich durch die Schmierung der Verschleiß auch bei diesen Werkstoffen erheblich reduziert wird.

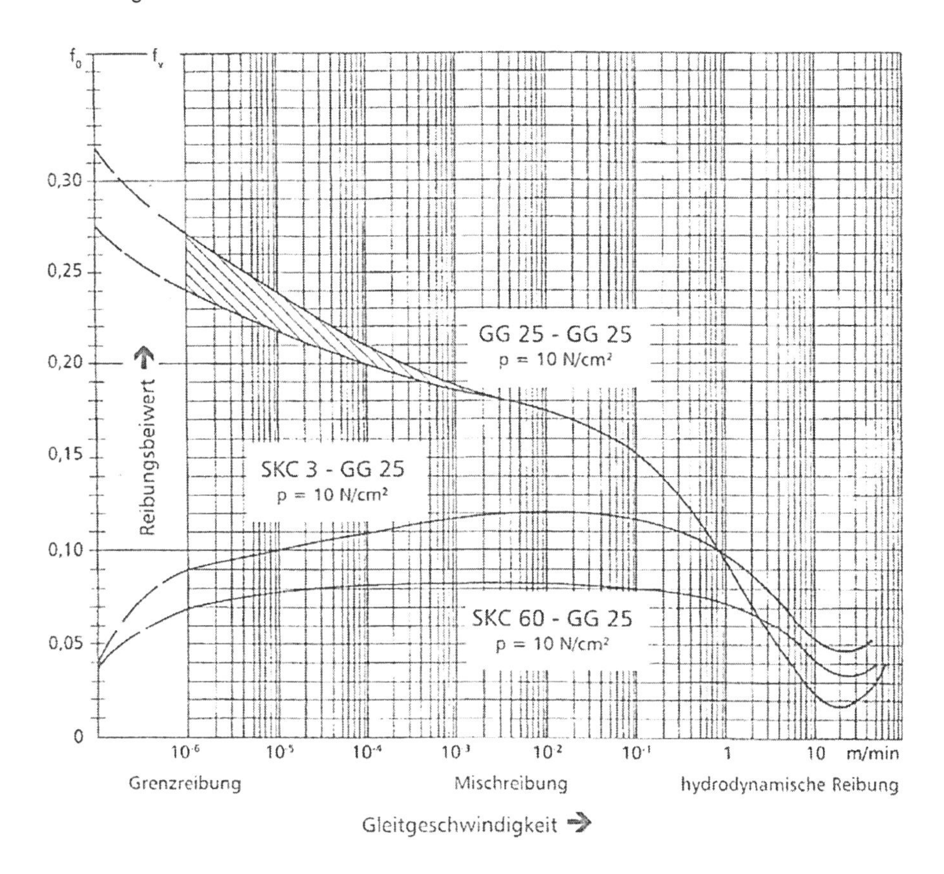

Bild 14.5: Reibfunktionsdiagramm

Im Prinzip gelten die für die Anordnung der Schmiernuten für herkömmliche Lagerwerkstoffe gemachten Ausführungen auch für Gleitführungen mit polymeren Lagerwerkstoffen. Auch hier können die Schmiernuten durch eine spanabhebende Formgebung erzeugt werden. Die modernen Fertigungsverfahren für die Herstellung der Gleitbahnbeläge, Injektionsverfahren oder Einpresstechnik machen es jedoch möglich, dass die Schmiernuten zusammen mit den Belägen durch Verwendung von abformbaren Schmiernuten erzeugt werden. Eine spanende Bearbeitung ist dann nicht mehr erforderlich. Hier bieten die Hersteller verschiedene Schmiernutenformen an.
Die Schmierung von vertikalen Führungen ist besonders problematisch. Es besteht hierbei die Gefahr, dass infolge der Schwerkraft die Schmiernuten bei Stillsetzung der Maschine

schnell leer laufen und es deshalb bei der erneuten Inbetriebnahme mehrerer Schmierimpulse bedarf, bis wieder ein ausreichender Schmierfilm gebildet wird.
Gleittechnik-Hersteller schlagen hierfür die Verwendung eines Schmiernutengitters mit kleinem Nutenquerschnitt vor.
Die Hauptvorteile dieser Gitternuten liegen in dem aufgrund ihres kleinen Querschnittes geringeren Schmierstoffbedarf, nur etwa 40%, und der wesentlich längeren Leerlaufzeit gegenüber der üblichen Nutform. Durch den kleineren Querschnitt entsteht auch ein höherer Strömungswiderstand in der Nut, der zur Folge hat, dass sich das Öl sofort auf der Gleitfläche ausbreitet. Dadurch wird schon bei dem ersten Schmierimpuls eine ausreichende Schmierung der Gleitflächen erreicht. Diese Gitternuten sollen nur im tragenden Bereich und nicht ganz bis unten angeordnet werden. Ihr Anfang und Ende soll jeweils waagerecht verlaufen.

14.3 Wirkung von Abstreifern

Es ist bekannt, dass verschmutzte Führungsbahnen einen erhöhten Verschleiß zeigen. Lässt sich eine Führungsbahn nicht ausreichend vor Verschmutzung schützen, dann muss ein Abstreifer vor die Führung gebaut werden.
Gebräuchliche profilierte Führungsbahnabstreifer bestehen aus einer hochabriebfesten Polyurethanlippe, die in einem Edelstahlmantel zum Schutz gegen Späne befestigt ist.
Die Abstreifer sind: Hochabriebfest, nach Kundenwunsch gefertigt, anschraubfertig lieferbar.

- Einsatz auch bei großem Anfall von scharfkantigen Spänen.
- Beliebige Formen und Abmessungen nach Kundenzeichnung
- Die Abstreiferlippen bestehen aus Polyurethan und sind auswechselbar.
- Die Vorspannung wird je nach Profil vom Hersteller festgelegt.
-

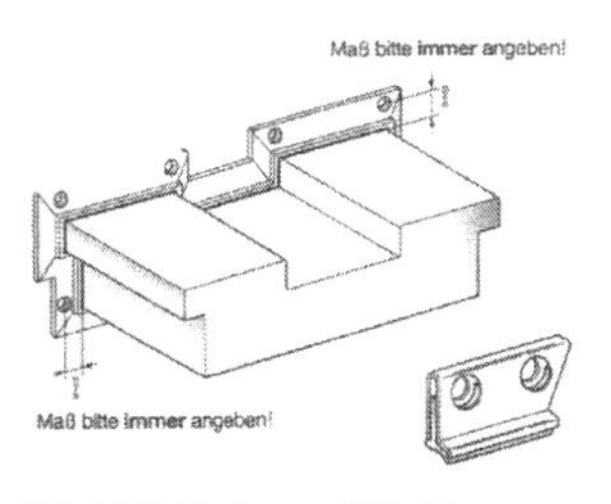

Beispiel für Montage auf Führung

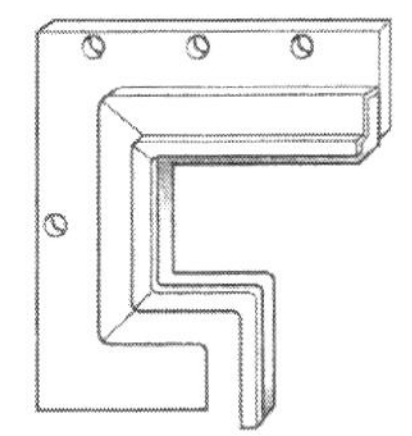
Beispiel für Montage auf Flansch

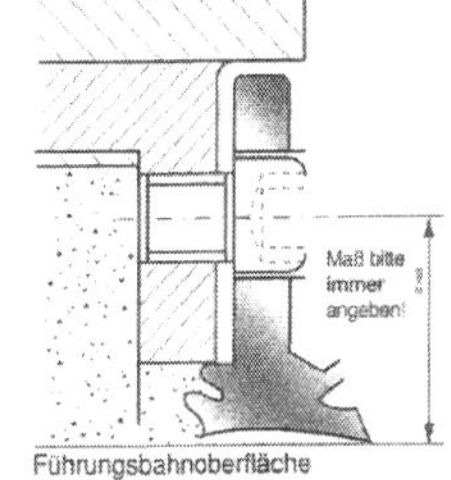

Montagevorschlag für Befestigung auf der Führung

Bild 14.6: Profilierte Führungsbahnabstreifer

14.4 Einfluss des Werkstoffes

Die meisten Schlitten der Werkzeugmaschinen bewegen sich im Zustand der Grenzreibung. Der Anteil hydrodynamischer Schmierung ist daher gering. Im Grenzreibungsgebiet wird das Verschleiß- und Reibungsverhalten von den Werkstoffeigenschaften beeinflusst.
Das Bild zeigt die Untersuchungsergebnisse hinsichtlich des Verschleißverhaltens bei unterschiedlichen Materialpaarungen und bei verschiedenen Fertigungsverfahren. Der Verschleiß geschmierter, ungehärteter Grauguss-Gleitführungen liegt bei einer Belastung von 50 N/mm² in der Größenordnung 1 bis 3 mm je Gleitpartner nach 60 km Gleitweg. Dies entspricht einem Einschichtbetrieb einer Betriebsdauer von rund 5 Jahren.

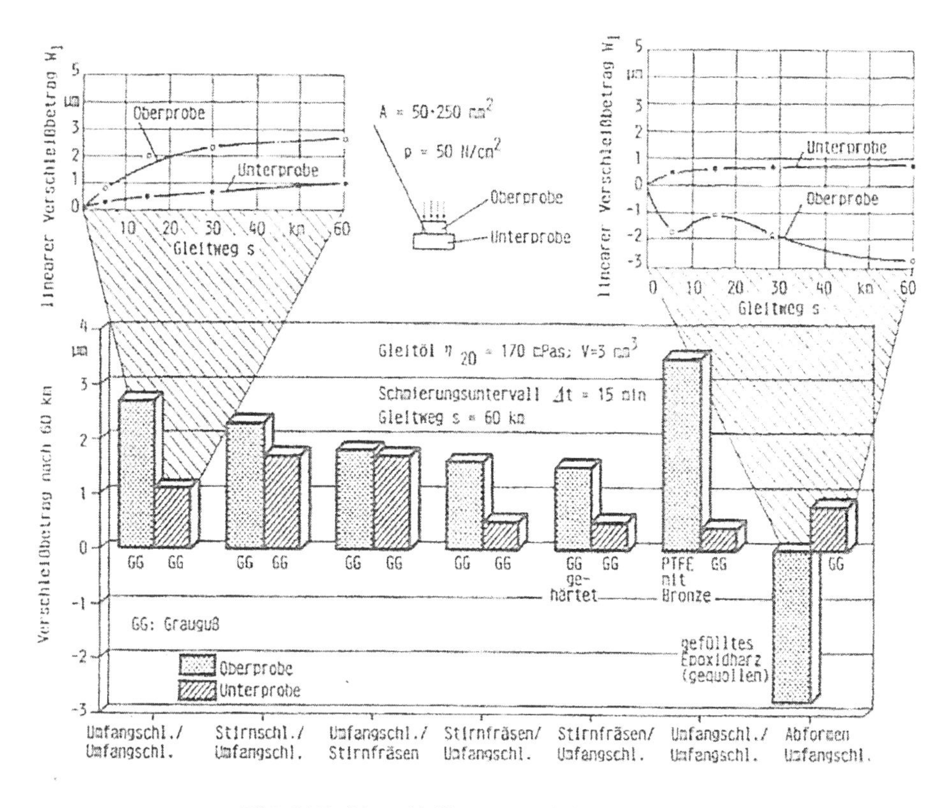

Bild 14.7: Verschleißwerte nach 60km Gleitweg

Ein Härten der metallischen Führungen bewirkt bei einer geschmierten Gleitbeanspruchung keine gravierende Reduzierung des Verschleißes. Die heutigen abformbaren Kunststoffmaterialien führen durch Quellerscheinungen zu einer negativen Spalthöhenveränderung (das heißt, der Spalt wird trotz Reibverschleiß kleiner). Da während eines Fertigungsprozesses neben notwendigem Gleitbahnöl auch Kühlemulsion auf die Führungsbahn gelangen kann, ist im Allgemeinen mit höheren Quellwerten der Kunststoffe zu rechnen.

Sehr weiche Führungsmaterialien wie reines PTFE zeigen unter einer üblichen spezifischen Belastung von 50 N/ cm² einen sehr hohen Verschleiß. Durch Beigabe von geeigneten Zusatzstoffen (zum Beispiel Bronzepulver) verringern sich die Verschleißwerte bei weiterhin günstigen Reibungseigenschaften.

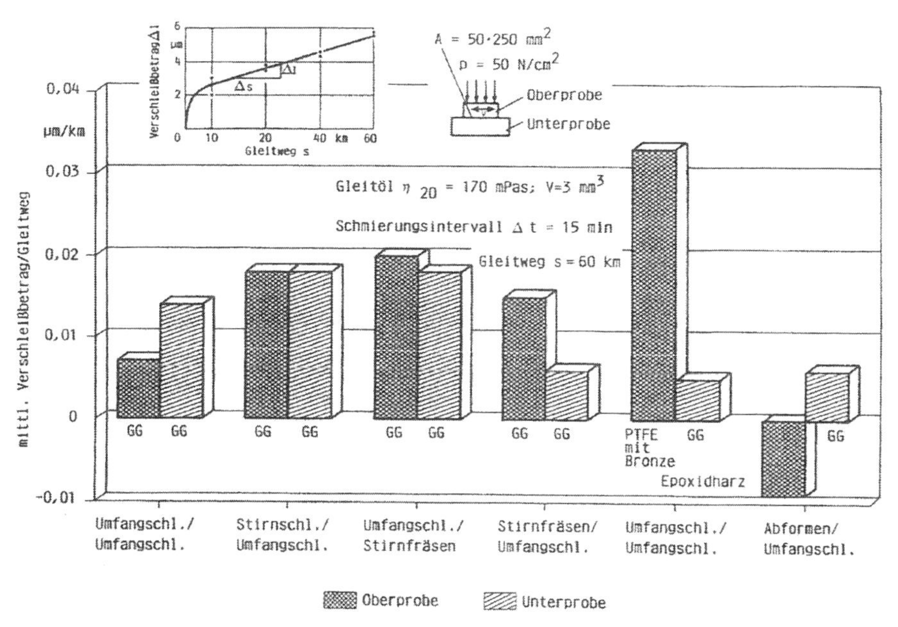

Bild 14.8: Auf den Gleitweg bezogener Verschleißbetrag bei Gleitführungen

Das Bild zeigt den Verschleißanstieg nach der Einlaufphase für verschiedene Gleitpaarungen. Hierbei ist zu beobachten, dass bei metallischen Paarungen die Verschleißanstiege relativ gering und bei der Paarung PTFE mit Bronze/Grauguss der Anstieg relativ hoch ist. Bei der Paarung Epoxidharz/Grauguss ist wegen des Quellens beim Kunststoffgleitbelag noch mit einer Spaltverengung zu rechnen.
Man muss nicht nur die Verschleißgeschwindigkeit, sondern auch die Neigung zum sogenannten Fressen beim Schmierungsausfall oder mangelhafter Schmierung als Kriterium für die Wahl einer Werkstoffpaarung beachten.

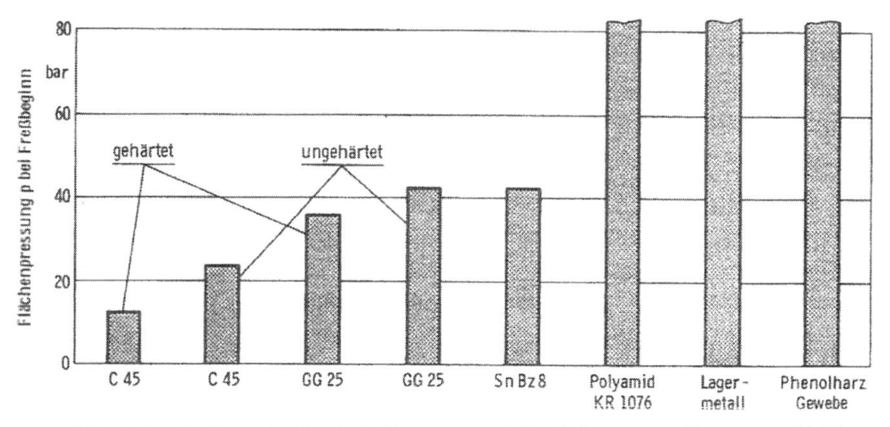

Bild 14.9: Einfluss der Werkstoffpaarung auf die Neigung zum Fressverschleiß

In den im Bild 14.9 zugrunde liegenden Versuchen wurden Proben ohne Schmierung auf einer ebenen Platte aus GG25 mit einer Gleitgeschwindigkeit von v = 0,4 m/min bei steigender Flächenpressung bewegt. Alle Ausgangsbedingungen wie Rauhtiefe, Hublänge, Probenfläche und so weiter, waren gleich. Während bei Stahl, Grauguss und der Bronzelegierung schon bei relativ geringen Flächenpressungen Fressen eintritt, ist bei Kunststoff und Lagermetall selbst bei Flächenpressungen von über 800 N/cm² kein Fressen zu beobachten. Mit diesen Werkstoffen sind gute Notlaufeigenschaften zu erzielen.

14.5 Einfluss der Flächenpressung

Die Flächenpressung beeinflusst Reibwert und Verschleißverhalten von Führungen.
Das Bild zeigt den Verlauf des Verschleißes bei verschiedenen Flächenpressungen nach 50 beziehungsweise 200 km Gleitweg.
In erster Näherung steigt der Verschleiß linear mit der Flächenpressung, genauer mit der Wurzel (degressiv). Die im Bild dargestellten Ergebnisse können bei anderen Werkstoffpaarungen andere Beziehungen ergeben. Der diesem Versuch zu Grunde liegende Bereich der Flächenpressung bis maximal 7 kp/cm² ist praxisnah. Vielfach verkanten jedoch die Führungen, dann sind die Flächenpressungen nicht gleichmäßig über die Führungslänge verteilt, und Spitzendrücke treten auf. Unter den Belastungsspitzen wird auch der Verschleiß besonders hoch.

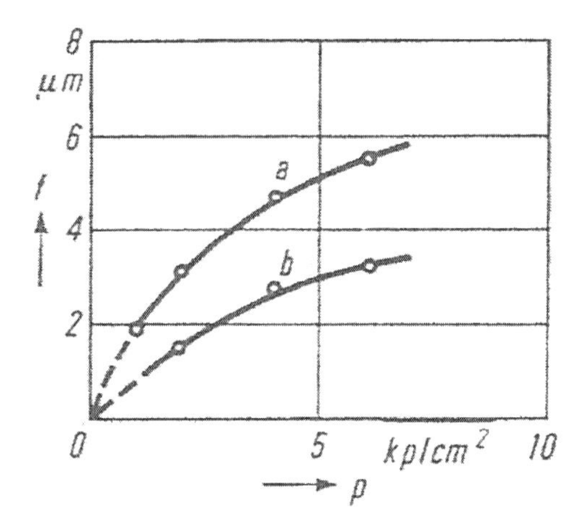

Bild 14.10: Zusammenhang zwischen Verschleiß f und Flächenbelastung p bei verschiedenen Gleitwegen an Gusseisenführungen

14.6 Strukturierung der Gleitflächen

Die Vorteile der Strukturierung von Gleitflächen liegen auf der Hand: Der Gleitkontakt ist besser geschmiert, die Gleitflächen werden besser gekühlt und der Schmierfilm ist dicker. Dadurch ergeben sich „Null"-Verschleiß, geringe Reibverluste und eine erhebliche Leistungssteigerung. Fertigungstechnisch ist der Mehraufwand vertretbar. Prinzipiell mögliche Gleitflächenstrukturierungen sind im Bild dargestellt.

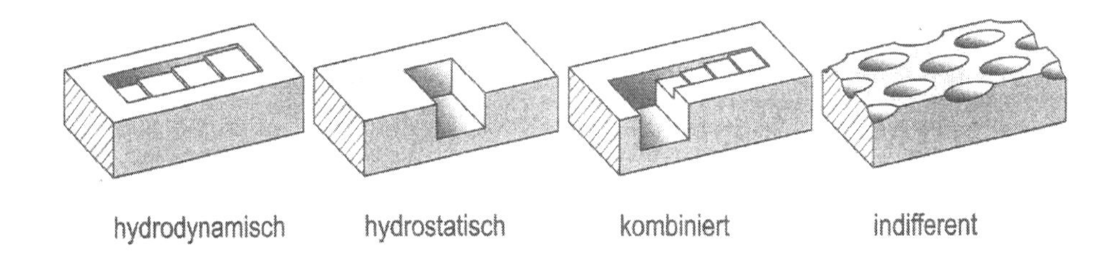

Bild 14.11: Gleitflächen Strukturen

Zu unterscheiden sind dabei hydrostatische, hydrodynamische, kombinierte (hydrostatisch + hydrodynamisch) und indifferente Gleitflächenstrukturierungen. Indifferente Strukturen können werkstoffseitig angelegt sein (im Werkstoff dispergierte Kugeln) oder durch Abtragen definiert eingebracht werden.

Tribologische Mechanismen

Die gängigste **hydrodynamisch** wirkende Gleitflächenstruktur ist ein flacher Keilspalt, der sich in Richtung der Relativbewegung verjüngt. Im Betrieb bildet sich an der Spitze dieses Keilspalts ein hydrodynamisches Druckpolster aus. Das Druckpolster bewirkt einen wenige Mikrometer hohen stabilen Schmierfilm. Je höher die Relativbewegung, desto höher wird der Schmierfilm an dieser Stelle. Am gegenüberliegenden Ende des Keilspalts wird Fluid angesaugt. In diesem Bereich liegt der Druck meist unter 1 bar absolut, da nicht genug Fluid nachströmen kann. In den meisten Fällen sind die Gleitflächen nicht steif genug und sie verformen sich. Dadurch wird der Schmierfilm an dieser Stelle sehr niedrig und die Gleitflächen berühren sich. Verschleiß ist die Folge.

Hydrostatisch wirkende Gleitflächenstrukturen entlasten den Gleitkontakt unabhängig von der Gleitgeschwindigkeit. Die Entlastung des Gleitkontakts ist daher stets auf gleichem Druckniveau.

Werden **hydrostatische mit hydrodynamischen** Strukturen kombiniert, so erhält man über weite Betriebsbedingungen ein optimales System. Bei niedrigen Gleitgeschwindigkeiten wird hauptsächlich hydrostatisch entlastet, bei hohen Gleitgeschwindigkeiten überwiegend hydrodynamisch. Durch geschickte Anordnung und Form der hydrostatischen Struktur kann in den Staubereich der hydrodynamischen Struktur immer genug Fluid nachströmen. Die Gleitflächen werden nicht mehr angesaugt, sondern stets durch einen stabilen Schmierfilm getrennt und laufen dann berührungsfrei.

Indifferente Strukturen

Wird die Gleitfläche mit indifferenten Strukturen geeigneter Form versehen, so entspricht dies einer hydrodynamischen Strukturierung mit vielen kleinen Keilspalten. Die Besonderheit hierbei besteht im in aller Regel symmetrischen Aufbau der Keilspalte. Die Strukturierung funktioniert unabhängig von der Richtung der Gleitgeschwindigkeit. Wie bei der hydrodynamischen Struktur baut sich ein Druck an der Keilspaltspitze auf und gegenüberliegend wird angesaugt. Der hydrodynamische Druck ist besonders bei kleinen Gleitgeschwindigkeiten sehr gering. Verschleiß ist die Folge.

Bilden sich diese Strukturen nicht kontinuierlich selbständig wieder, kommt es sehr schnell zum Ausfall.

Für Fluide wie zum Beispiel Öl wirken hydrodynamische Strukturen mit etwa 8 µm Tiefe am besten. Ein Keilspalt, der sich ausgehend von 8 µm verjüngt, steigert den hydrodynamischen Druck erheblich. Je tiefer die Strukturen werden, umso geringer wird der hydrodyna-

mische Einfluss. Ab 20 µm ist dieser nur noch gering. Noch tiefere Strukturen, gleich welcher Form, haben hydrodynamisch keinen Einfluss mehr.
Vergleicht man die spaltöffnende Kraft, also die Tragfähigkeit der einzelnen Strukturierungen, so sind die unterschiedlichen Struktureinflüsse deutlich zu erkennen.
Die indifferente und die hydrodynamische Strukturierung wirken erst bei höheren Gleitgeschwindigkeiten. Außerdem liegt bei der ausschließlich hydrodynamischen Struktur der Druck über dem gesamten Geschwindigkeitsbereich örtlich (am Strukturbeginn) unter 1 bar absolut. Verformbare Gleitflächen stehen dort auf jeden Fall in abrasivem Kontakt.
Die hydrostatische Struktur ist geschwindigkeitsunabhängig. Die kombinierte Struktur erzeugt über den gesamten Geschwindigkeitsbereich ein entlastendes Druckpolster. Selbst bei geringen Gleitgeschwindigkeiten wird der Keilspalt schon wirksam.
Je niedriger der Keilspalt, umso höher ist hydrodynamische Druck.

14.7 Zusammenfassung

Eine günstig wirkende Struktur hat einen Keilspalt, der stets ausreichend mit Fluid versorgt werden muss. Realisiert wird dies am besten über eine „tiefe", zur Druckseite geöffnete Nut, die an die tiefste Stelle des Keilspalts anschließt. Die auch hydrostatisch wirksame Nut sorgt, zusammen mit dem Keilspalt, auch bei geringsten Gleitgeschwindigkeiten für eine gute Entlastung des Gleitkontakts. Damit wird Verschleiß über einen sehr weiten Bereich möglicher Betriebsbedingungen vermieden. Für eine gute Entlastung der Gleitflächen ist eine geringe Tiefe der Strukturen zwingend erforderlich. Keilspalte sind immer nötig, auch bei der indifferenten Struktur. Ein einfaches „Loch" entlastet nicht. Strukturen über 20 µm Tiefe bringen in mikrometerhohen Spalten hydrodynamisch nichts mehr.
Durch Strukturform und -anordnung ist die Wirkung in weiten Bereichen steuerbar:

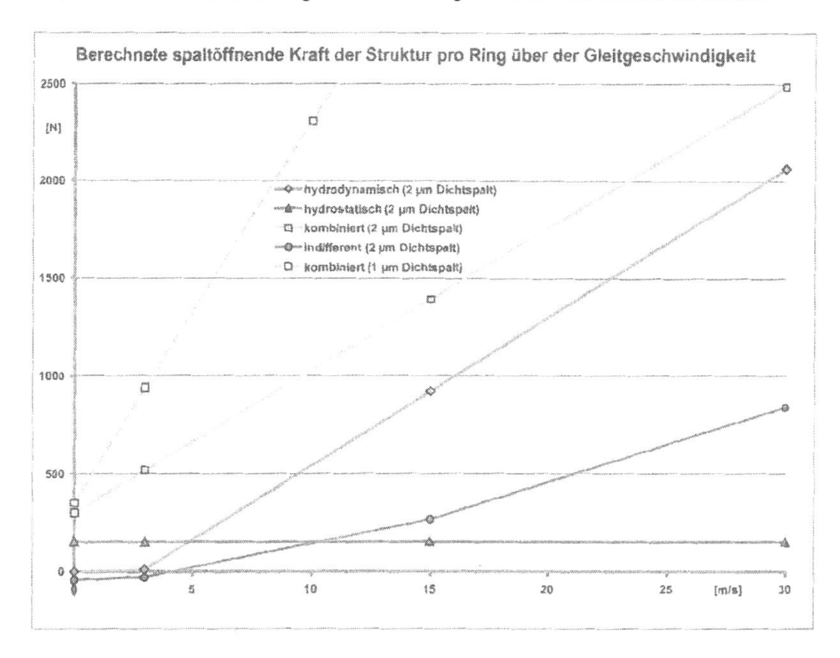

Bild 14.12: Berechnete spaltöffnende Kraft unterschiedlicher Strukturen

15 Schmierung von Wälzführungen

Die Schmierung hat einen großen Einfluss auf die Lebensdauer der Profilschienenführungen. Tritt eine Mangelschmierung auf, so kommt es zum frühzeitigen Ausfall des Systems. Die Entscheidung, ob Fett- oder Öl-Schmierung ist abhängig von unterschiedlichen Kriterien.

So gilt für die **Fettschmierung**:

- Kostengünstig, da keine Zentralschmieranlage notwendig ist
- Umweltfreundlich, da geringe Schmiermengen notwendig sind.
- Geringerer Technologieaufwand, da eine Vernetzung von Hydraulikschläuchen nicht notwendig ist.
- Allerdings ist in Werkzeugmaschinen eine regelmäßige Schmierung notwendig
- In Verbindung mit abrasiven Medien kann es zum Schleifeffekt kommen. Die Systeme können frühzeitig ausfallen.

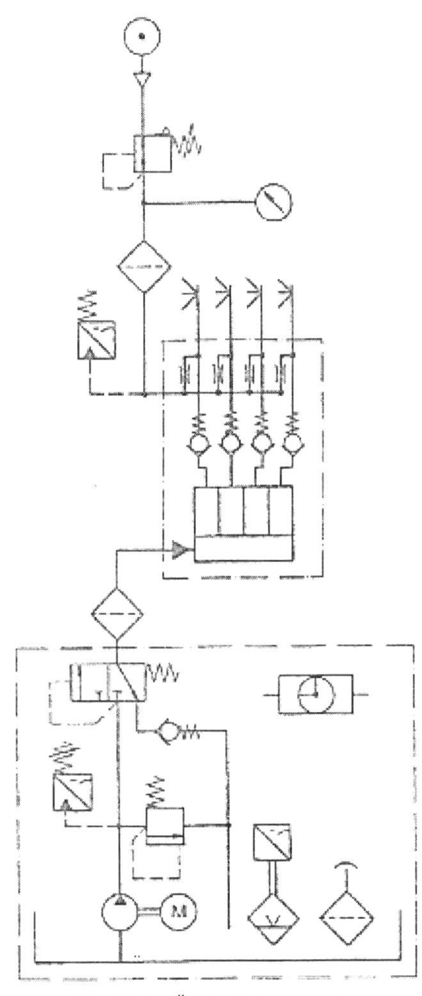

Bild 15.1: Öl+Luft-Aggregat auf Dosierverteiler-Basis

Für die **Ölschmierung** gilt:

- Wartungsfreiheit
- Bei starker Verschmutzung hat das Öl einen Reinigungseffekt. Leckagen tragen Feinstpartikel aus dem Wagen und spülen diesen.
- Durch den Ölfluss wird auch Wärme abtransportiert, die durch Reibung entsteht.
- Nachteile sind die hohen Kosten für die Zentralschmieranlage, das Öl und die Ölentsorgung.
- Auch lässt der Umweltaspekt eine Tendenz zur Fettschmierung erkennen.

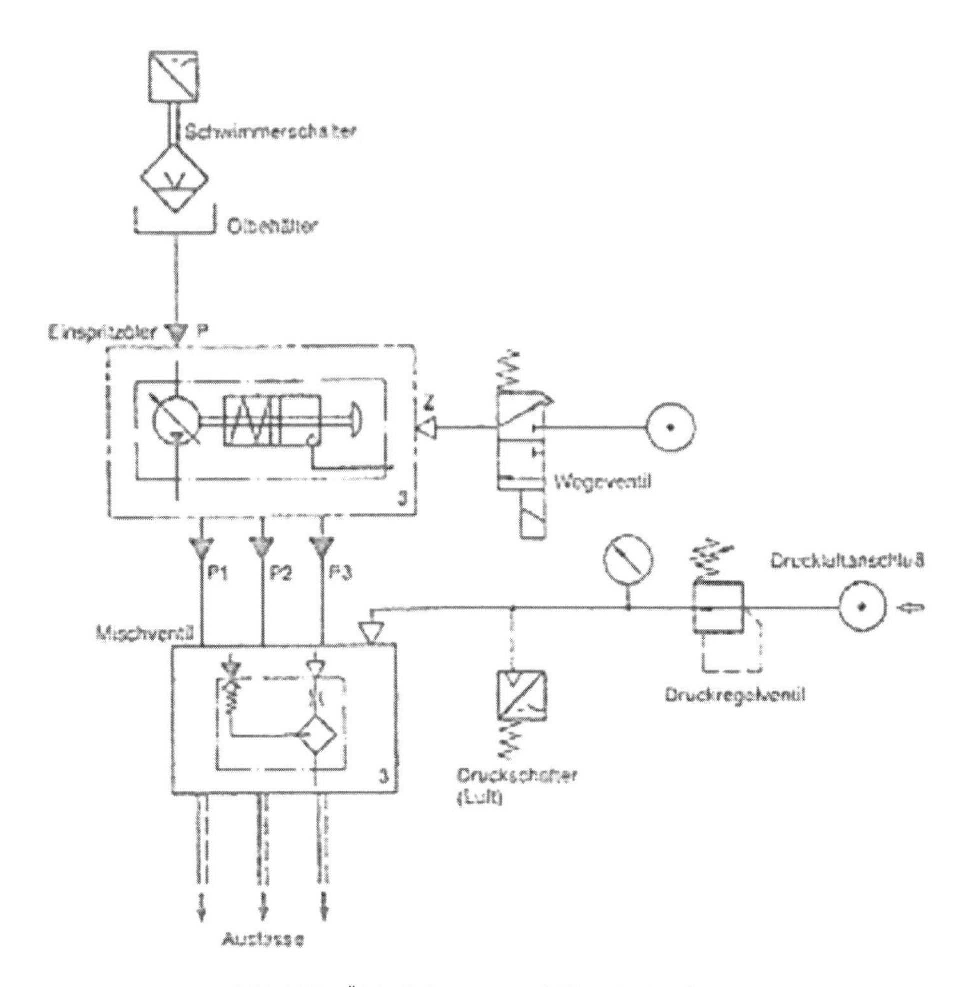

Bild 15.2: Öl+Luft-Aggregat auf Einspritzöler-Basis

Generell ist zu sagen, dass eine Ölschmierung sich positiv auf die Lebensdauer der Profilschienenführung auswirkt. Die Fettschmierung ist eine umweltfreundliche und kostengünstige Lösung. Eine Alternative bietet Fließfett, da hier die Schmierstoff-Qualität um circa 10 % gegenüber Öl reduziert werden kann. Eine permanente Schmierung durch eine Zentralschmierung ist aber auch hier notwendig. Eine Öl-Luftschmierung ist zu empfehlen, bei extremer Verschmutzung auch bei abrasiven Medien. Durch den Ölnebel wird eine Sperrluft erzeugt, die verhindert, dass Schmutz in den Wagen eindringen kann.

Die Auswahl der Öle und Fette ist häufig abhängig von den Anwendungsbedingungen. So können im Hochtemperaturbereich Öle in der Viskositätsklasse ISO VG 220 eingesetzt werden, wohingegen bei Raumtemperatur die ISO VG 68 empfohlen wird. Hersteller bieten Vorbefettung der Systeme mit hochwertigen Wälzlagerfetten an, die ein breites Anwendungsspektrum abdecken. Bei Kurzhub-, Reinraum- oder Leichtlauf-Anforderungen werden nach Absprachen mit der Hersteller-Tribologie alternative Fette angeboten.

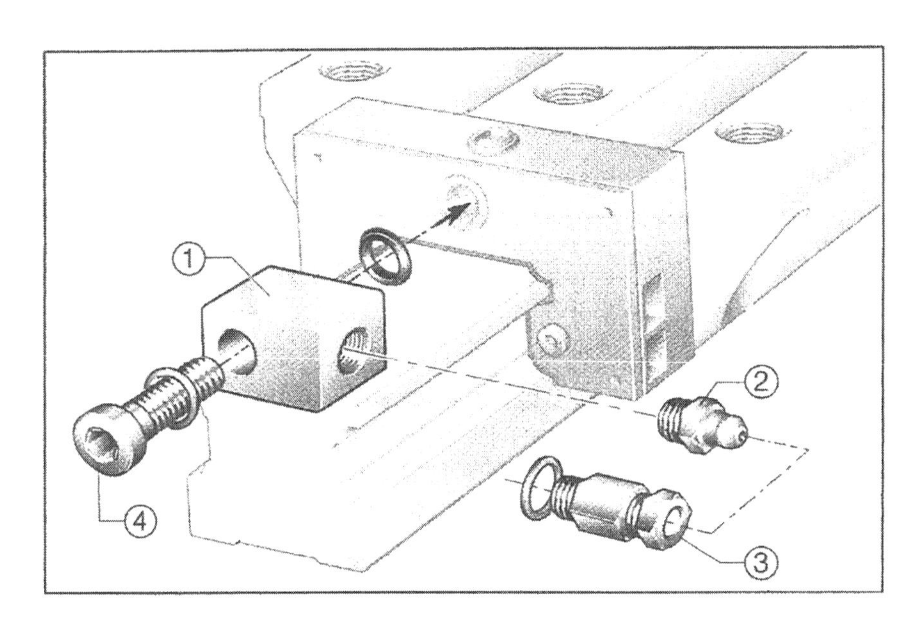

Bild 15.3: Schmieradapter

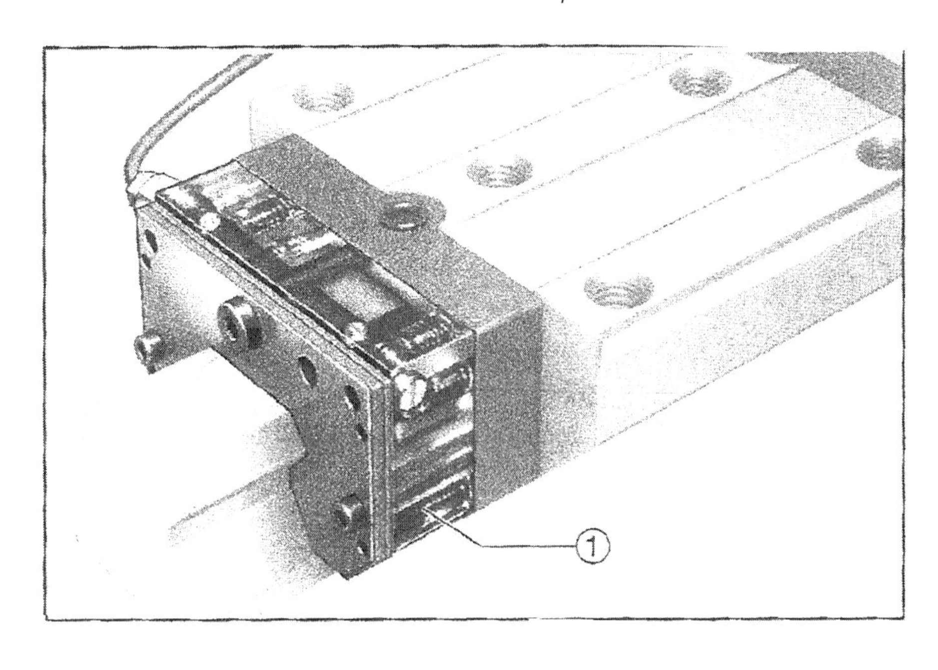

Bild 15.4: Minimal-Schmiermengen-Dosiereinheit

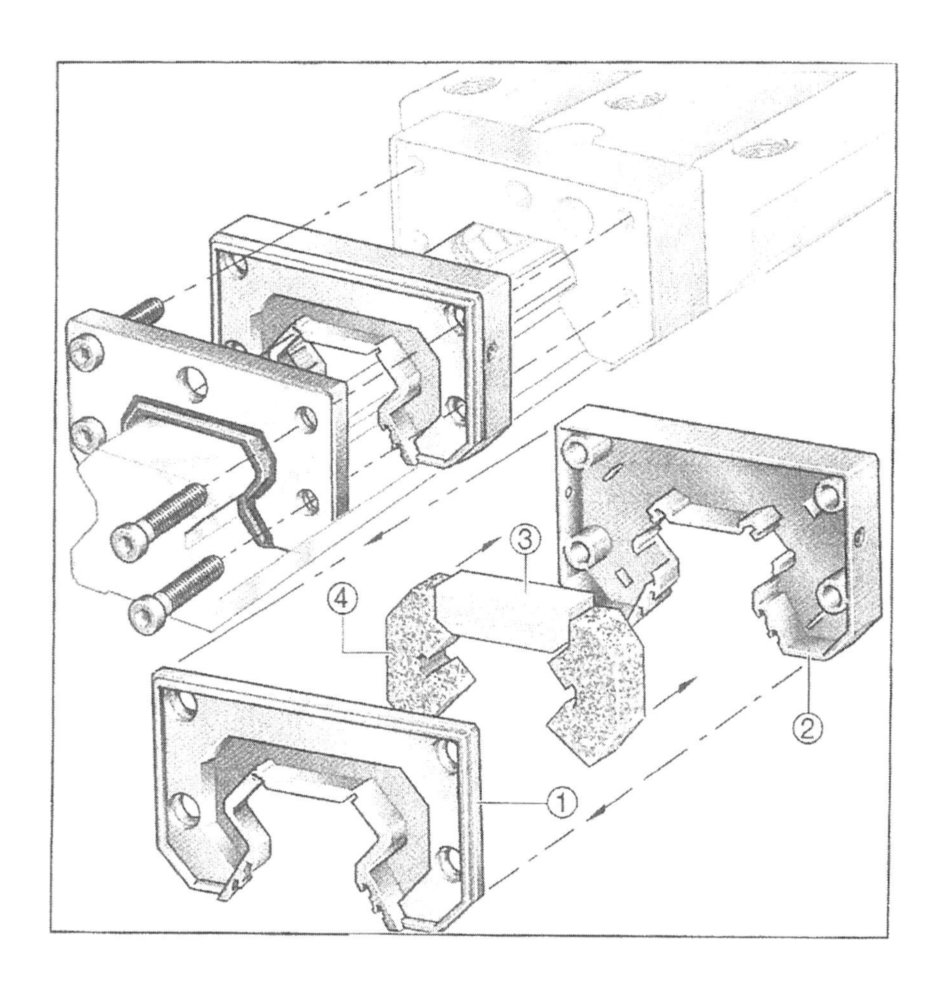

Bild 15.5: Langzeit-Schmiereinheit

Unabhängig davon für welche Schmierung die Entscheidung fällt, wird für die Führungen ein integriertes Schmierstoffreservoir angeboten. Dieses Reservoir bewirkt eine Schmierung direkt an der Kontaktzone von Wälzkörper und Laufbahn. Dies minimiert die Reibung und somit den Verschleiß der Führung. Der Schmierstoffverbrauch wird reduziert und ein verbesserter Wärmetransport ist gegeben.

15.1 Führungs-Beschichtung

Die Lebensdauer der Führung wird beträchtlich durch die Umgebungsbedingungen beeinflusst. Durch grobe Verschmutzung, aggressive Kühlschmieremulsionen, abrasive Materialien oder einfach nur Wasser können die Linearsysteme frühzeitig ausfallen.
Damit Standard-Bauteile auch bei extremen Betriebsbedingungen lange, wartungsfrei und betriebssicher funktionieren, wurden von Herstellern mehrere Beschichtungen für solche Beanspruchungen entwickelt.

Diese Beschichtungen erhöhen die Korrosionsbeständigkeit und/oder die Verschleißbeständigkeit der Oberfläche.
Die Wahl der Beschichtung hängt immer vom Einsatzgebiet und der Anwendung ab.

Beschichtungsarten:

Korrosionsgefährdete Bauteile werden geschützt durch die:

- Corrotect-Spezialbeschichtung
- Protect A-Dünnschichtverchromung
- Protect B-Dünnschichtverchromung
-

Durch die hohe Härte der Dünnschichtverchromung und die besondere Oberflächenstruktur wird eine Verschleißschutzwirkung erzielt. Die kolumnare Struktur verfügt über eine gewisse Speicherwirkung für den Schmierstoff. Dadurch ist auch bei extremen Umgebungs- und Betriebsbedingungen für genügend Schmierstoff in der Kontaktzone des Wälzkörpers gesorgt.

Eine besonders hohe Verschleißbeständigkeit bei gleichzeitig höchster Korrosionsschutzwirkung wird durch die Beschichtung Protect B erzielt, die zusätzlich über einen Chrommischoxyd-Layer (LC) verfügt. Dieser sorgt durch seine Beschaffenheit für eine Trennung des Kontaktes von Wälzkörper und harter Chromschicht und bewirkt somit Notlaufeigenschaften und die Reduktion des Verschleißes bei extremen Betriebsbedingungen. Hier wirkt die Beschichtung selbst bei sehr ungünstigen Umgebungsbedingungen noch unterstützend für den Schmierstoff. Da die Beschichtung die Verschleißbeständigkeit des Grundwerkstoffes erhöht, bleibt auch die Vorspannung über einen längeren Zeitraum erhalten.

Corrotect Spezialbeschichtung (Korrosionsschutz)

Corrotect ist eine galvanisch aufgetragene Beschichtung der Oberfläche. Die schwarzchromatierte, kathodisch rostschützende Schicht ist extrem dünn. Sie wird bei Belastung im Oberflächen-Rauheitsprofil verdichtet und teilweise abgetragen.
Bei mit Corrotect beschichteten Teilen kommt es im Bereich der Dichtung zum Einlaufen; dadurch entsteht eine optisch blanke Fläche. Durch die Fernwirkung des kathodischen Schutzes kann die Bildung von Rost an dieser Fläche vermieden werden.
Vorteile: Die Spezialbeschichtung Corrotect:

- ist beständig gegen Feuchtigkeit, Salzsprühnebel, Schmutzwasser, schwach alkalische und schwach saure Medien
- Führt nicht zu Einbußen bei der Tragfähigkeit, wie sie beim Einsatz korrosionsbeständiger Stähle entstehen
- ist extrem korrosionsbeständig
- bietet allseitigen Rostschutz
- kleinere blanke Stellen bleiben durch die kathodische Schutzwirkung rostgeschützt
- schützt gegen EP-Additive
- hat eine gute thermische Leitfähigkeit

Protect A (Verschleiß- und Korrosionsschutz)

Protect A ist eine reine Chromschicht mit kolumnarer Oberflächenstruktur.
Die Beschichtung wird galvanisch aufgetragen. Dabei werden die zu beschichtenden Teile auf etwa 50°C erwärmt. Da hierbei keine Gefügeveränderungen auftreten, bleiben die Teile völlig maßstabil.

Die mattgraue Chromschicht hält eine gewisse Schmierstoffmenge zwischen den Perlen zurück. Dadurch wird auch bei Mischreibung und Schlupf ein effektiver Verschleißschutz erreicht.
Der Temperaturbereich der Führung liegt zwischen -10°C und +100 °C.

Vorteile: Die Beschichtung:

- ist beständig gegen diverse Chloride, unterschiedliche Öle, Schwefelverbindungen, Chlorverbindungen, schwach saure Medien
- beeinflusst die Tragfähigkeit und Gebrauchsdauer der beschichteten Produkte nicht
- hat eine höhere Verschleißfestigkeit durch ihre hohe Härte
- sichert einen effektiven Verschleißschutz auch bei Mischreibung
- bietet einen guten Schutz bei EP-Additiven
- hat eine gute thermische Leitfähigkeit
- ist mäßig korrosionsbeständig
- verhindert Riffelbildung bei Stillstandsschwingung

Protect B (Hoher Korrosionsschutz und Verschleißschutz)

Protect B besteht aus zwei Schichten:
Eine Dünnschichtverchromung (Protect A) wird dabei mit Chrommischoxyd überzogen.
Die Korrosionsbeständigkeit wird durch die Chrommischoxyd-Schicht erreicht. Diese Schicht wirkt schmierstoffunterstützend beim Einsatz in aggressiver Atmosphäre und bei hohen Temperaturen.
Der Temperaturbereich der Führung liegt zwischen -10°C und +100°C.

Vorteile: Die Beschichtung:

- ist beständig gegen diverse Chloride, unterschiedliche Öle, Schwefelverbindungen, Chlorverbindungen, schwach saure Medien
- beeinflusst die Tragfähigkeit und Gebrauchsdauer der beschichteten Produkte nicht
- verbessert das Einlaufverhalten
- bietet einen effektiven Verschleißschutz bei Mangelschmierung
- bietet einen guten Schutz bei EP-Additiven
- in aggressiver Atmosphäre und bei hohen Temperaturen wirkt die zweite Schicht schmierstoffunterstützend
- hat eine gute thermische Leitfähigkeit
- bietet einen hohen Korrosionsschutz bei gleichzeitig hohem Verschleißschutz
- verhindert Riffelbildung bei Stillstandschwingung

15.2 Spezialwerkstoffe

Für die vierreihigen Kugelumlaufeinheiten gibt es neben den Spezialbeschichtungen die Spezialwerkstoffe:

- rostbeständiger Stahl
- amagnetischer Stahl
- Kopfstücke aus Metall
- keramische Wälzkörper

Rostbeständiger Stahl:

Alle Metallteile sind aus rostbeständigem martensitischem Stahl. Aufgrund der speziellen Vergütung und Oberflächenbehandlung hat dieser Werkstoff einen hohen Korrosionsschutz. Er eignet sich damit auch bei wässrigen Medien, stark verdünnten Säuren, Laugen oder Salzlösungen.

Vorteile: Diese Führungen haben die Vorteile:

- es werden 70% der Standard-Tragzahlen erreicht
- es gibt sie in allen Genauigkeits- und Vorspannungsklassen
- rostbeständige Führungswagen sind mit den Standard-Führungsschienen beliebig kombinierbar, dadurch ist ein uneingeschränkter Austausch möglich
- das bestehende Zubehörprogramm ist voll einsetzbar
- die Komplettabdichtung ist schon integriert

Diese Führungen eignen sich für Reinräume und Produktronik-Anwendungen sowie in der Pharma- und Nahrungsmittelindustrie.

Amagnetischer Stahl:

Die Kugelumlaufführung (AM) besteht aus rostbeständigem amagnetischen Stahl. Durch das spezielle Härteverfahren erreicht der Werkstoff eine wälzlagertaugliche Härte ohne eine Materialstruktur zu erzeugen, die magnetische Eigenschaften hervorruft.

Vorteile: Amagnetische Führungen haben die Vorteile:

- alle Metallteile sind aus korrosionsbeständigem Stahl
- es werden 60% der Tragzahlen der Standard-Führungen erreicht
- die magnetische Permeabilität ist sehr niedrig ($\mu r < 1{,}02$)
- es gibt sie in allen Genauigkeits- und Vorspannungsklassen
- sie sind mit der Standard-Führungsschiene beliebig kombinierbar, dadurch ist ein uneingeschränkter Austausch möglich (Standardschiene rostbeständig oder amagnetische Führungsschiene)
- das bestehende Zubehörprogramm ist voll einsetzbar
- die Komplettabdichtung ist schon integriert

Metallkopfstück: Die Kugelumlaufführung (MKS) hat ein Kopfstück aus korrosionsbeständigem Stahl.

Vorteile: Die Metallkopfstücke:

- sind mit amagnetischen Führungen kombinierbar
- ihre größere Festigkeit gegenüber Kunststoff-Ausführungen ermöglicht Anwendungen, bei denen eine besonders hohe Robustheit gefordert ist.
- Sind beständig gegen Gamma-Strahlen sind temperaturbeständig bis +150 °C
- Sind vakuum- und reinraumtauglich
- Sind für alle Genauigkeits- und Vorspannungsklassen lieferbar
- Die Standardausführung ist ohne Abdichtung
- Das Führungssystem wird nur konserviert ausgeliefert
- Eine integrierte Komplettabdichtung und das Zubehörprogramm sind je nach Betriebsbedingung (zum Beispiel Temperatur) einsetzbar

Aufgrund der erhöhten Festigkeit des Kopfstückes ist die Führung für extreme Anwendungen besonders geeignet, beispielsweise bei hohen Temperaturen oder Strahlung.

Keramische Wälzkörper:

In Kombination mit Beschichtungen oder Sonderwerkstoffen können Keramikwälzkörper in Hybridlagern verwendet werden.
Keramik ist leicht, langlebig und hat in vielen Anwendungen deutliche Vorteile. Keramische Kugeln zeichnen sich durch ihre hohe Härte, Rostbeständigkeit und elektrischer Isolation aus.
Vorteile: Die Führungen mit Keramikwälzkörpern:

- haben eine längere Lebensdauer, abhängig von der Anwendung
- erreichen 70% der Standard-Tragzahlen
- haben niedrigere Lagertemperaturen
- benötigen weniger Schmierstoff
- die Führungen sind korrosionsbeständig in Kombination mit rostbeständigen oder beschichteten Tragkörpern und Schienen
- es besteht kein Magnetismus zwischen den Wälzkörpern
- leiten keinen elektrischen Strom
- ermöglichen höhere Geschwindigkeiten in Kombination mit entsprechenden Führungskomponenten
- können mit dem bestehendem Zubehör ausgestattet werden und sind austauschbar zum Standardprogramm

Durch ihre amagnetischen Eigenschaften gibt es Kugelumlaufeinheiten mit keramischen Wälzkörpern in Medizintechnik, Labor- und Reinraum-Anwendungen sowie in der Productronic.

15.3 Abdichtung und Abstreifer

Die Profilschienenführungen können mit ihrem umfangreichen Standard-Zubehör in vielen Bereichen problemlos eingesetzt werden. Da die Führungen jedoch in den unterschiedlichsten Anwendungen laufen, werden oft zusätzliche Anforderungen an die Schmier- und Dichtungskomponenten gestellt.

Die Wälzführungs-Hersteller bieten ein umfangreiches Dichtungspaket. So kann je nach Verschmutzungsgrad und -art die Dichtung variiert werden. Im aufgezeigten Beispiel sieht man zwei Verschmutzungszustände (Bild). Bei sauberen Umgebungsbedingungen oder leichter Verschmutzung reicht die Standard-Abdichtung vollkommen aus. Bei den Rollenumlaufeinheiten in X-Anordnung können zwei untere Längsabstreifer eingesetzt werden. Das Eindringen von Schmutz, der sich auf dem Maschinenbett ansammelt, wird so effektiv verhindert.

Dieses Sonderzubehör schützt das Laufsystem der Führungen vor Verschmutzung und sorgt für eine bedarfsgerechte Schmierung mit langen Nachschmier-Intervallen auch bei schwierigsten Betriebsbedingungen.

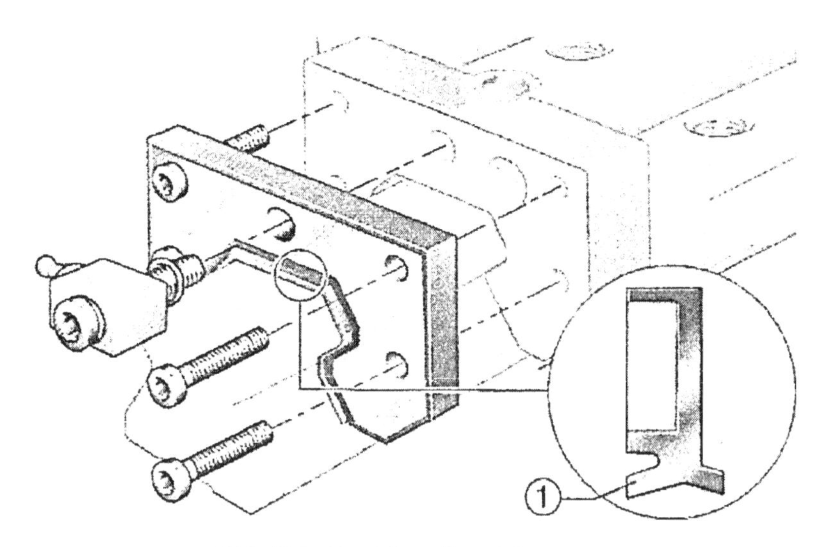

Bild 15.6: Frontabstreifer mit Doppellippen-Dichtung

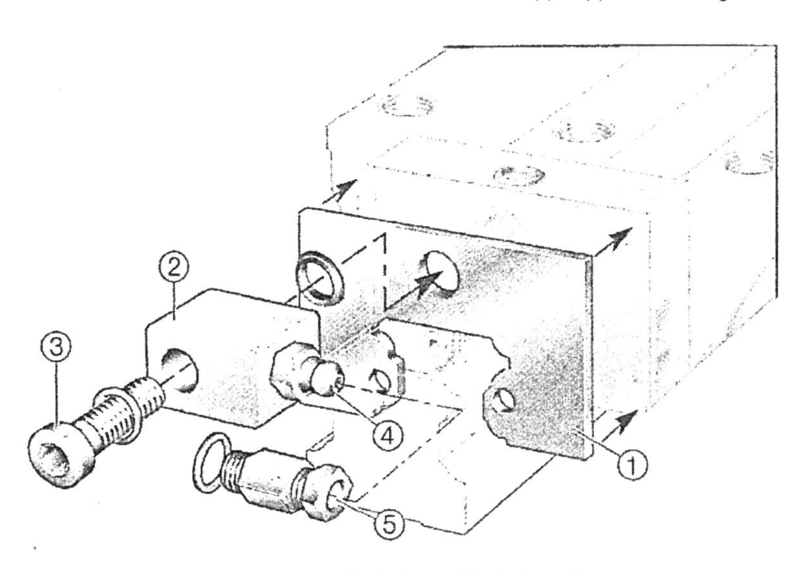

Bild 15.7: Blechabstreifer

Definition für den Verschmutzungsgrad:

sehr gering	leicht	mittel	schwer
Saubere Umgebung	Grobe Späne aus Metall Saubere Umgebung Kein Kühlschmiermittel	Grobe Späne aus Metall Leichte Beaufschlagung durch Kühlschmiermittel	Heiße Späne Unterschiedlichste Größe und Form Auch kleinste Späne durch HSC- Bearbeitung Aggressive Medien und Stäube

Je nach Branche, Anwendung und Umgebungsbedingungen ist der Verschmutzungsgrad unterschiedlich hoch. Die Definition nach der Tabelle ist nur ein grober Anhalt.

Dichtelemente: Als zusätzliche Dichtungs-Komponenten gibt es:

- Frontbleche
- Frontabstreifer
- Frontabstreifer mit Trägerplatte
- Zusatzabstreifer
- Längsdichtleisten

Frontbleche: Frontbleche sind korrosionsarme, nichtschleifende Bauteile. Sie schützen den dahinterliegenden Frontabstreifer zum Beispiel vor grober Verschmutzung und heißen Spänen.

Frontabstreifer: Frontabstreifer sind schleifende Dichtungen, die an den Stirnseiten der Führungswagen befestigt sind.

Frontabstreifer mit Trägerplatte: Zusätzlich zur Standardabdichtung können weitere Frontabstreifen hintereinander (kaskadierend) eingesetzt werden. Diese werden mit einer Trägerplatte vor dem ersten Abstreifer im Führungswagen geschraubt.

Zusatzabstreifer: Zum Schutz vor aggressiven Medien (zum Beispiel Säuren, Laugen) sind spezielle Zusatzabstreifer aus FPM verfügbar.

Längsdichtleisten: Längsdichtungen sind schleifende Bauteile, die an den oberen und unteren Längsseiten des Führungswagens montiert werden. Sie schützen das Wälzsystem vor Verschmutzung und Schmierstoffverlust.

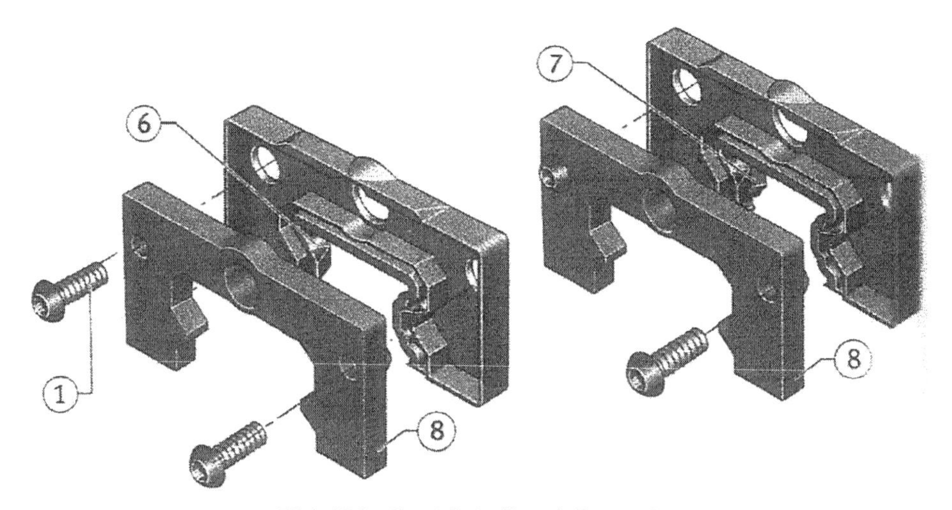

Bild 15.8: Frontabstreifer mit Trägerplatte

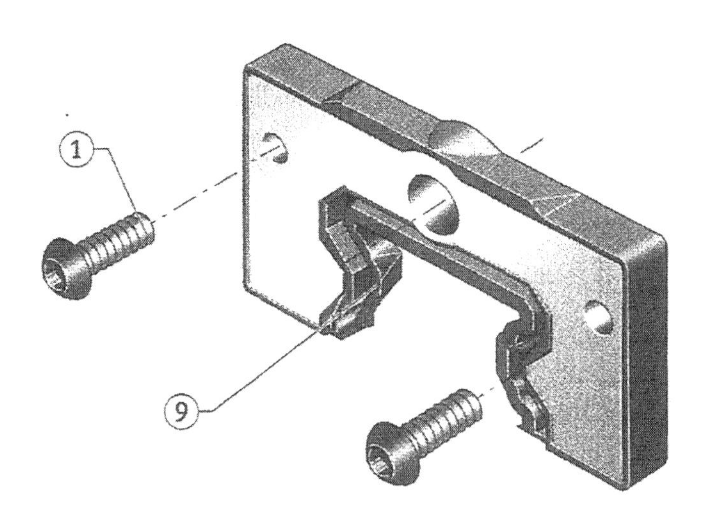

Bild 15.9: Zusatzabstreifer

16 Führungselemente geradliniger Führungen

16.1 Geometrische Grundformen

Ein Führungselement ist ein technisches Element oder ein Bauteil einer Linearführung, das zum Beispiel in eine Maschine integriert wird, um die Aufgabe der Führung zu übernehmen. Die geometrischen Grundformen der Führungselemente sind aus Rechteck-, Dreieck- oder Kreisformen hergeleitet. Um das Spiel von Geradführungen auszugleichen, werden in der Regel Passleisten eingesetzt. Die beschriebenen Grundformen bilden die Ausgangsformen für praktisch eingesetzte Führungskonstruktionen.
Neben Gleitführungen finden wälzgelagerte Geradführungen in der Praxis eine breite Anwendung.

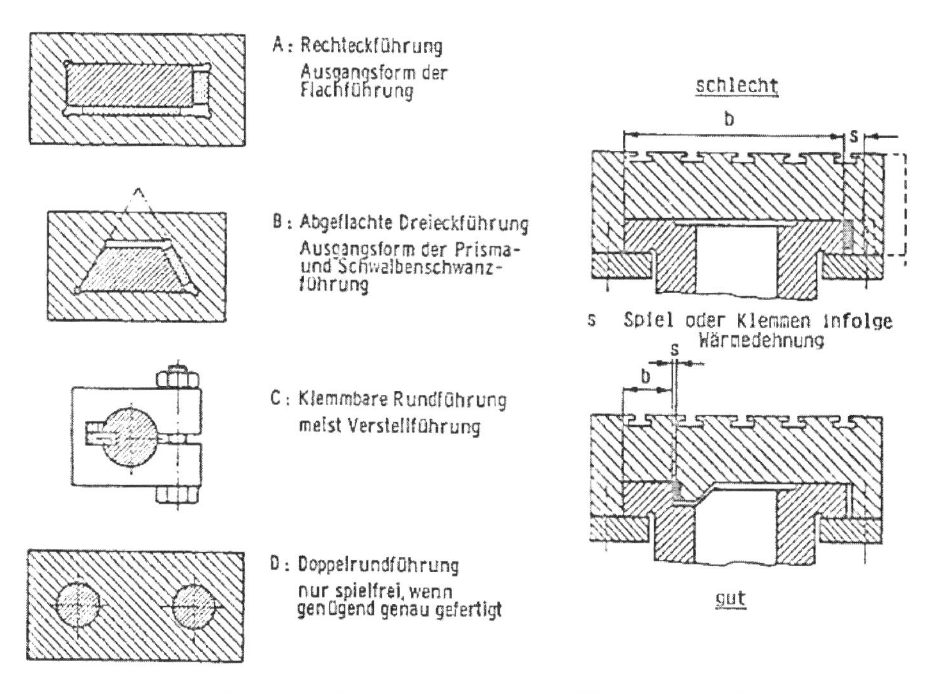

Bild 16.1: Grundformen für Führungspaare

Bild 16.2: Flachführung mit und ohne Schmalführung

16.1.1 Gleitführung

Die Gleitführung ist die im klassischen Maschinenbau noch häufig eingesetzte Führung. Mögliche Ausführungsformen zeigt das Bild. Vorteilhaft sind im Bild unten links der geringe Abstand der beiden Führungsbahnen für die seitliche Führung und der Abstand zur Vorschub-Gewindespindel, die üblicherweise auch in die Mitte des Tisches gelegt wird. Damit wird ein Verkanten erschwert und der Einfluss der Veränderung der Verspannung durch thermische Einflüsse wird kleiner. Die Passleisten erlauben eine spielfreie Einstellung und ein Nachstellen von Einlaufverschleiß über die ganze Länge der Führungsbahn. Untergriffleisten verhindern ein Kippen oder Abheben des Tisches vom Bett.

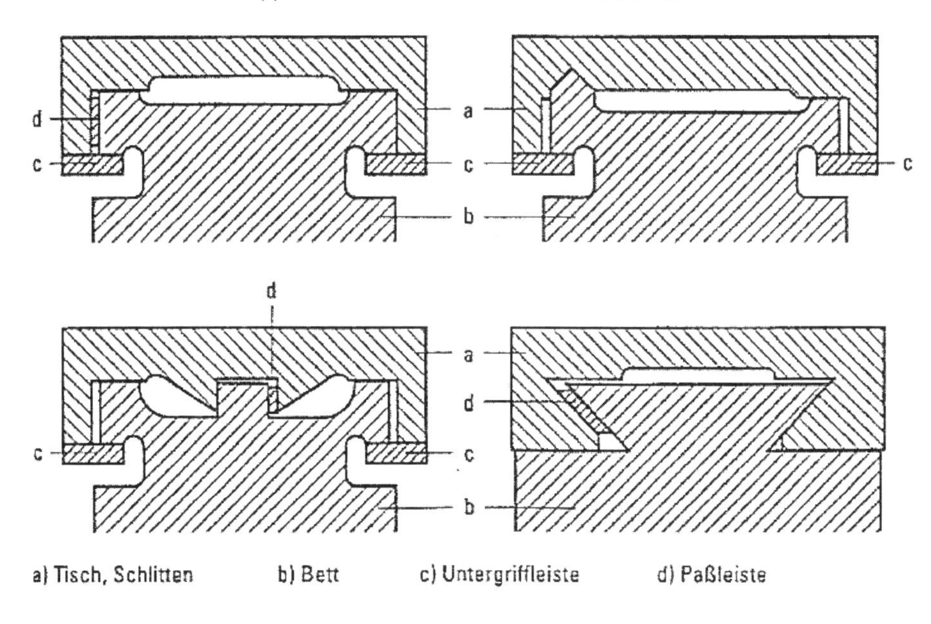

Bild 16.3: Ausführungsformen von Gleitführungen

Vorteile: Die Gleitführung zeichnet sich gegenüber der hydrostatischen und der Wälzführung besonders durch einfachen Aufbau, hohen Dämpfungsgrad und große Steifigkeit aus.

Die guten Dämpfungseigenschaften verhindern Schwingungen und Rattererscheinungen bei hoher unstetiger Last, wie sie beim unterbrochenen Schnitt an Drehmaschinen und beim Stirnfräsen durch wechselnde Zahneingriffzahl auftreten. Ein hoher mechanischer Dämpfungsgrad lässt einen höheren Kv-Faktor zu.

Nachteile: Bei geringen Vorschubgeschwindigkeiten herrscht in Gleitführungen im Allgemeinen Grenz- oder Mischreibung vor (Gefahr des Stick-Slip-Effekts). Der bei kleinen Tischgeschwindigkeiten fehlende hydrodynamische Schmierfilm kann durch den Materialkontakt beider Gleitflächen zu Verschleißerscheinungen und Oberflächenschäden führen. Neben dem Reibverschleiß kann es bei ungünstiger Werkstoffpaarung oder bei extremer Beanspruchung zum Fressverschleiß und damit zum Ausfall der gesamten Führung kommen.

Die bei der Verschiebung der Gleitflächen entstehende Reibungsarbeit wird in Wärme umgesetzt. Die Gleitflächen verformen sich und führen damit zu Ungenauigkeiten des Werkstücks. Die Führungsbahnen müssen abgedeckt sein, da das Eindringen von Fremdpartikeln in die Führungen unter allen Umständen vermieden werden muss. Eine ausreichende Ölzufuhr muss außerdem dafür sorgen, dass auf der gesamten Führungsbahn ein geschlossener Schmierfilm vorhanden ist.

16.1.2 Wälzführungen:

Um bei einer numerisch gesteuerten Maschine durch gleich bleibende und geringe Reibwerte zu einer hohen Dauergenauigkeit zu gelangen, werden in vielen Fällen Wälzführungen eingesetzt. Für begrenzte Bewegungswege werden Rollen-, Kugel- oder Nadelkäfige und für unbegrenzte Längen Rollenumlaufschuhe mit rückgeführten Wälzkörpern und Profilschienenführungen mit Kugel- oder Rollenumlaufsystemen verwendet. Für die Genauigkeit sind außer der Güte der Führungsflächen die Maß- und Formgenauigkeit und die Führung der Wälzkörper maßgebend.
Profilschienenführungen erfordern sorgfältige Montage.
Zur Erhöhung der Steifigkeit werden diese Wälzführungen wie ein Wälzlager vorgespannt. Durch Keilleisten oder exzentrische Verstelleinrichtungen können die Rollenumlaufelemente eingestellt und definiert vorgespannt werden. Die Abrollbahn besteht aus gehärteten und geschliffenen Stahlschienen. Diese Stahlschienen werden auf das Maschinenbett geklemmt, geklebt oder geschraubt.

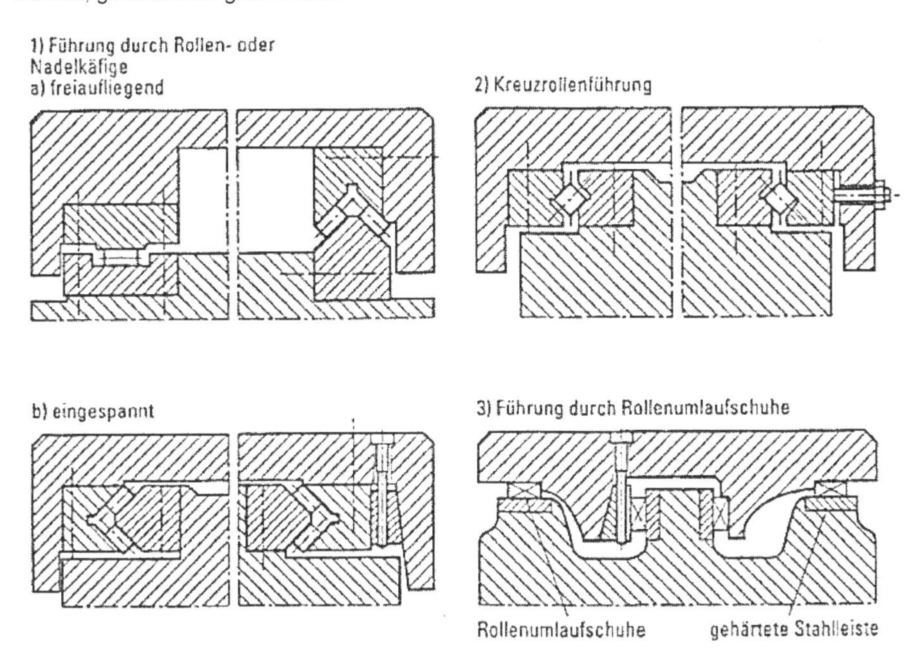

Bild 16.4: Ausführungsformen von Wälzführungen

Vorteile: Im Gegensatz zu den Gleitführungen weisen sie nur geringe Unterschiede zwischen Haft- und Gleitreibung auf. Es kann daher kein Stick-Slip-Effekt auftreten. Die im Vergleich zur Gleitführung geringere Haftreibung bedeutet eine Verringerung der Reibungsumkehrspanne und dadurch eine Reduzierung der Bahnabweichungen. Bei gleichen Massen und gleichen Bearbeitungskräften lassen sich kleinere Vorschubmotoren einsetzen.
Nachteile: Der niedrige Reibwert der Wälzführung kann wegen der damit verbundenen sehr geringen Dämpfung zu störenden Erscheinungen (Rattern) führen, wenn bei bahngesteuerten Maschinen während der Bewegung periodisch wechselnde Bearbeitungskräfte aufgenommen werden müssen und die Führung oder der Vorschubantrieb Spiel oder zu geringe Steifigkeit besitzt.

Möglichkeiten zur Erhöhung der Dämpfung sind:

- gemischte Gleit-Wälzführung
- stärkere Vorspannung der Wälzführung (nur begrenzt möglich)

Günstig ist auch eine steifere Auslegung der mechanischen Übertragungselemente (zum Beispiel Kugelgewindetrieb, Gewindespindellager beziehungsweise Zahnstangenritzel und seine Lagerung). Dadurch wird die Gefahr von Ratterschwingungen vermindert und außerdem die mechanische Eigenfrequenz erhöht. Ein höherer Kv-Faktor ist im Lageregelkreis einstellbar.

16.2 Ausführungen linearer Profilschienenführungen

Serienmäßige Profilschienenführungen werden häufig in der Handhabungstechnik und im Werkzeugmaschinenbau eingesetzt. Dabei wird zum einen zwischen Rollenumlauf für hohe Belastungen und zum anderen mit Kugelumlauf für leichtgängige Führungen unterschieden. Die Zahl der Rollen- beziehungsweise Kugelumläufe je Führungswagen ist maßgebend für die zulässige Belastung, die erreichbare Steifigkeit und die Drehmomentaufnahmefähigkeit. Diese einbaufertigen Einheiten ersparen dem Konstrukteur Lösungs-Überlegungen zu Vorspannung, Schmierung und Verschmutzung, da diese bereits vom Hersteller gelöst sind. Angeboten werden Systeme mit Fett- und Ölschmierung. Auch sind zusätzliche Dämpfungsschlitten zur Erhöhung der Dämpfung bei kritischen Anwendungen lieferbar. Diese werden zwischen den Führungswagen montiert und gleiten auf der Führungsschiene
Beim Vergleich verschiedener Fabrikate muss auf eine einheitliche Definition der Tragzahlen geachtet werden. Unterschiede bestehen auch in der Form der Kugelumlaufbahnen, wodurch zum Beispiel durch eine Vergrößerung der Kontaktfläche bei großer Belastung ein Dämpfungseffekt erzielt wird.

Beim Einsatz der Profilschienenführung stehen die einfache Montage und der weitgehend wartungsfreie Betrieb im Vordergrund. Lösungen mit Kugelketten, bei denen wie im Kugellager die Kugeln durch einen Kunststoffträger auf Abstand gehalten werden, haben bezüglich Geräusch und Gleichförmigkeit der Bewegung Vorteile. Die Lebensdauer dieses Kunststoffträgers ist vergleichbar zur Gebrauchsdauer der Führung ausreichend hoch.
Es gibt diese Profilschienenführungen auch mit eingebautem Längenmesssystem. Hier ist allerdings die Kompatibilität mit den Messkreisen in der numerischen Steuerung oder dem Stromrichtergerät zu beachten. Außerdem werden unterschiedliche Klemmelemente angeboten.

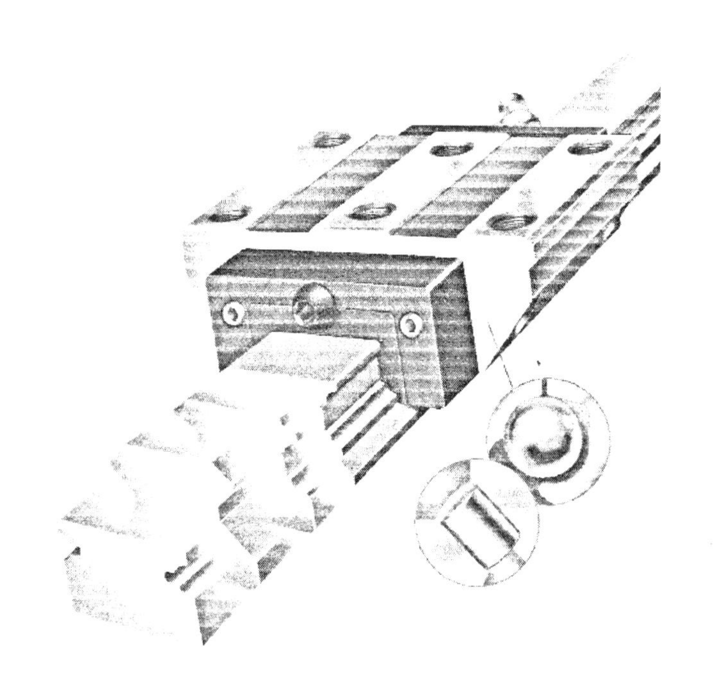

Bild 16.5: Profilschienenführung mit Rollen- und Kugelumlaufführung (Quelle: INA)

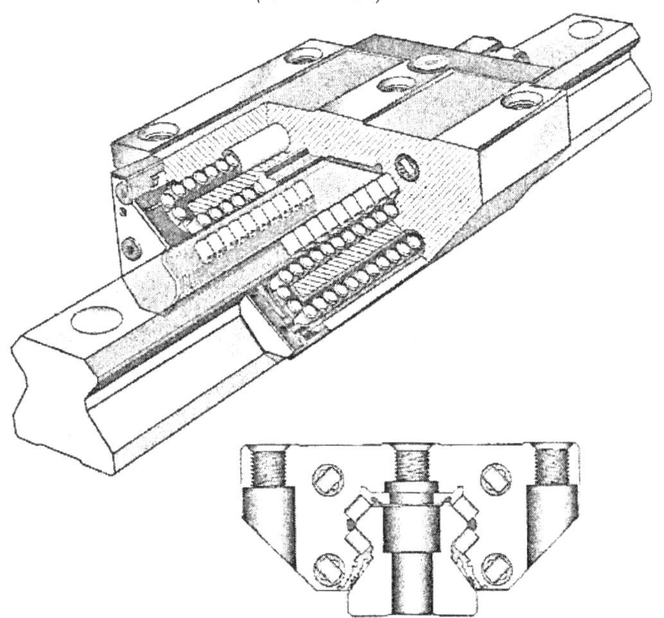

Bild 16.6: Profilschienenführung mit 4-reihiger Rollenführung (Quelle: INA)

Anordnung der Wälzkörper	Wälz-körper	Berüh-rungs-art	Anzahl der Wälz-körper-reihen	Anordnung der Wälzkörper	Wälz-körper	Berüh-rungs-art	Anzahl der Wälz-körper-reihen
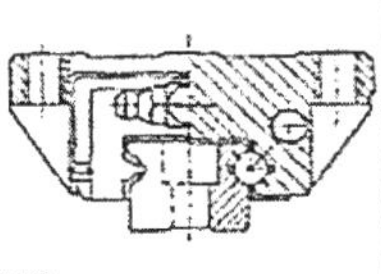 THK	Kugeln	4-Punkt-Berührung	zwei	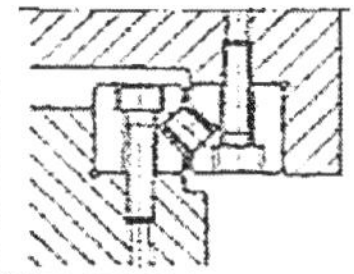 Schneeberger	Zylinder-rollen	2-Linien-Berührung	eins
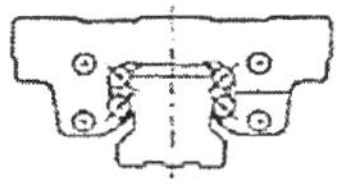 THK	Kugeln	2-Punkt-Berührung	vier	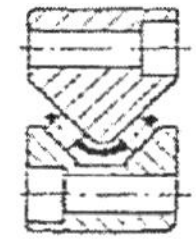 INA	Zylinder-rollen	2-Linien-Berührung	zwei
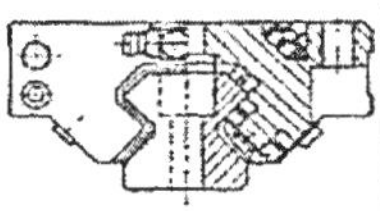 INA	Zylinder-rollen	2-Linien-Berührung	vier	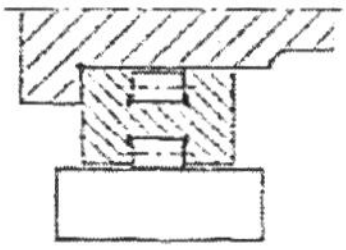 INA	Zylinder-rollen	2-Linien-Berührung	eins

Bild 16.7: Unterschiedliche Ausführungsformen von Wälzführungselementen (Quelle: THK, INA, Schneeberger)

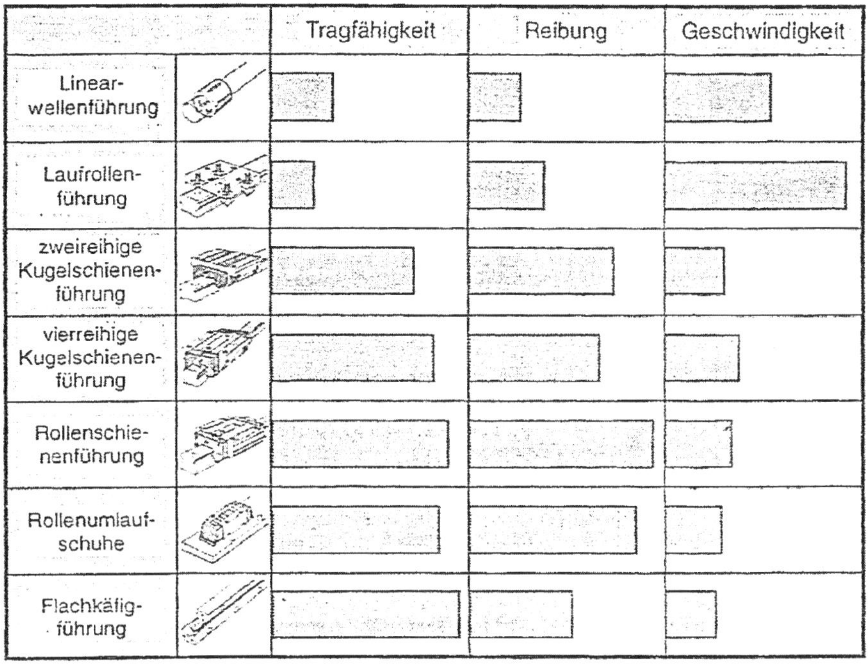

		Tragfähigkeit	Reibung	Geschwindigkeit
Linear-wellenführung				
Laufrollen-führung				
zweireihige Kugelschienen-führung				
vierreihige Kugelschienen-führung				
Rollenschie-nenführung				
Rollenumlauf-schuhe				
Flachkäfig-führung				

Bild 16.8: Eigenschaften unterschiedlicher Wälzführungssysteme (Quelle: INA)

Linearführungen	Anwendungen	Lastrichtungen
Linear-Kugellager **KH**	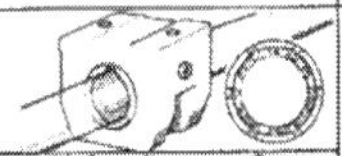 Maschinenbau Maschinenumhausungen Verpackungsmaschinen Handlingeinrichtungen Vorrichtungen zum Ausgleich von Fluchtungsfehlern.	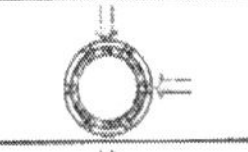
Linear-Kugellager **KS, KB**		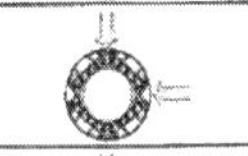
Linear-Gleitlager **PAB**	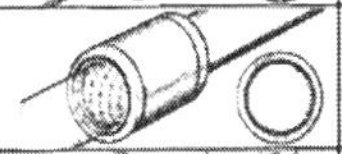 hydrodynamisch geschmierte Linearführung mit niedriger Geräuschbildung.	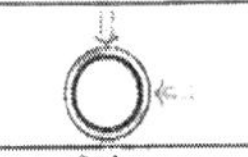
Laufrollenführungen **LF**	 Maschinenbau, Verpackungsmaschinen Handlingeinrichtungen.	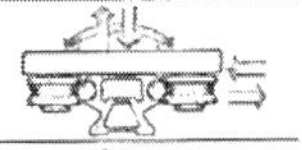
Zweireihige Kugelumlaufeinheiten **KUE**	 Maschinenbau Blechbearbeitungsmaschinen Kunststoffspritzmaschinen Verpackungsmaschinen Handlingeinrichtungen Werkzeugmaschinen für hohe Tragfähigkeit, Steifigkeit, Genauigkeit.	
Vierreihige Kugelumlaufeinheiten **KUVE**		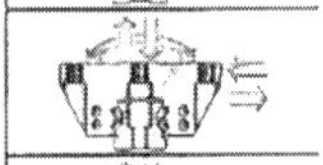
Sechsreihige Kugelumlaufeinheiten **KUSE**	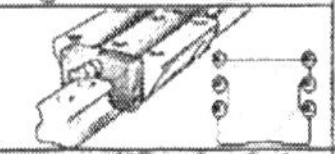	
Rollenumlaufeinheiten **RUE**	 Werkzeugmaschinen für sehr hohe Tragfähigkeit, Steifigkeit, Genauigkeit.	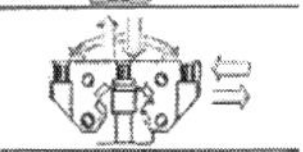
Kugelumlaufschuhe **TKVD**	 Maschinenbau, Handlingeinrichtungen Linearführungen individuell anpassbar.	
Rollenumlaufschuhe **UG, UV, UFA, UFB, UFK**	 Werkzeugmaschinen anpassbare Fest-Loslager-Systeme mit sehr hoher Tragfähigkeit, Steifigkeit, Genauigkeit.	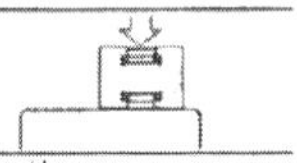
Flachkäfigführungen **M, V, ML, J, S**	 Werkzeugmaschinen für sehr hohe Tragfähigkeit, Steifigkeit, Genauigkeit sehr geringe Reibung aber begrenzte Hublänge.	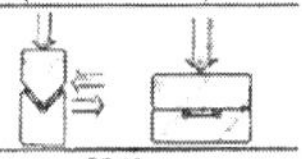
Miniatur-Kugelumlaufeinheiten **KUME..C VA**	 Feinmechanik, Produktronik für reibungsarme Anwendungen.	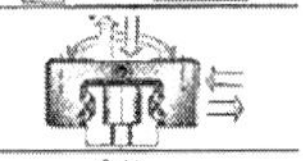
Käfigführungen **RMWE**	 Feinmechanik, Produktronik, Mikroskopfokusierung für hohe Anforderungen an Leichtigkeit und geringem Verschleiß.	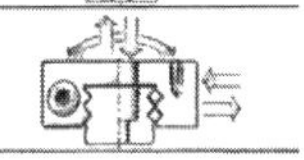
Linearführungs-Sets **RWS**		
Gleitführungen **GFS**	 Betriebsmittel- und Handlingeinrichtungen für wartungsfreie Anwendungen.	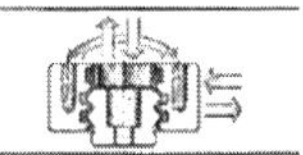
Module	 Betriebsmittel- und Handlingeinrichtungen angetriebene Komplett-Linearsysteme bestehend aus Mechanik, E-Motor, Steuerung.	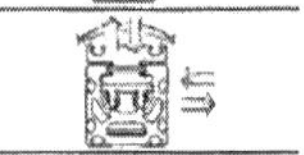
Tische		

Bild 16.9: Linearführungen – Gesamtübersicht (Quelle: INA)

16.2.1 Rollenführungen

Mit Kombirollen können Vertikal- und Horizontal-Bewegungen an Maschinen und Hubvorrichtungen wirtschaftlich gelöst werden.

Bild 16.10 Kombirolle

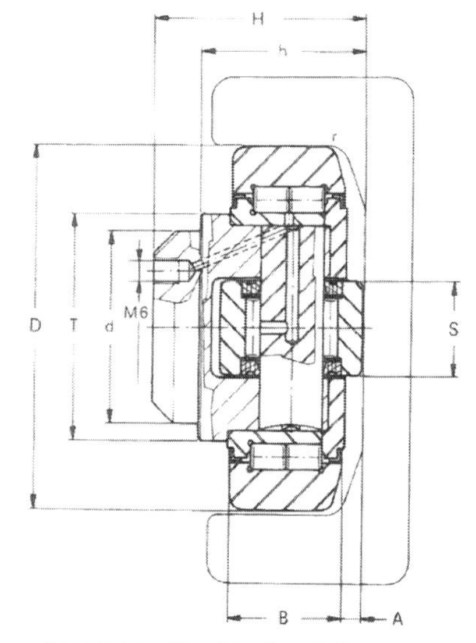

Bild 16.11: Kombirollen Schema

Vorteile von Kombirollen:

- Das Kombirollensystem kann hohe Radial- und Axialbelastungen aufnehmen.
- Starkwandige Führungsprofile für hohe statische und dynamische Belastungen
- Optimale Krafteinleitung in die Führungsprofile
- Lagerkomponenten sind austauschbar.
- Geräuscharmer Lauf durch VULKOLLAN- oder POLYAMID-Kombirollen bis 5 m/s Verfahrgeschwindigkeit.

Technische Daten:

- Die Außenringe sind aus Einsatzstahl UNI 16 CrNi 4 gehärtet 62+2 HRC oder für geräuscharmen Lauf und geringere Belastungen beschichtet mit VULKOLAN oder POLYAMID.
- Die Innenringe sind aus Stahl DIN 100 Cr gehärtet 62-2 HRC.
- Kombirollen werden bei der Montage mit Schmierfett Grad 3 befettet (zum Beispiel Shell Alvania 3, Esso Beacon 3).

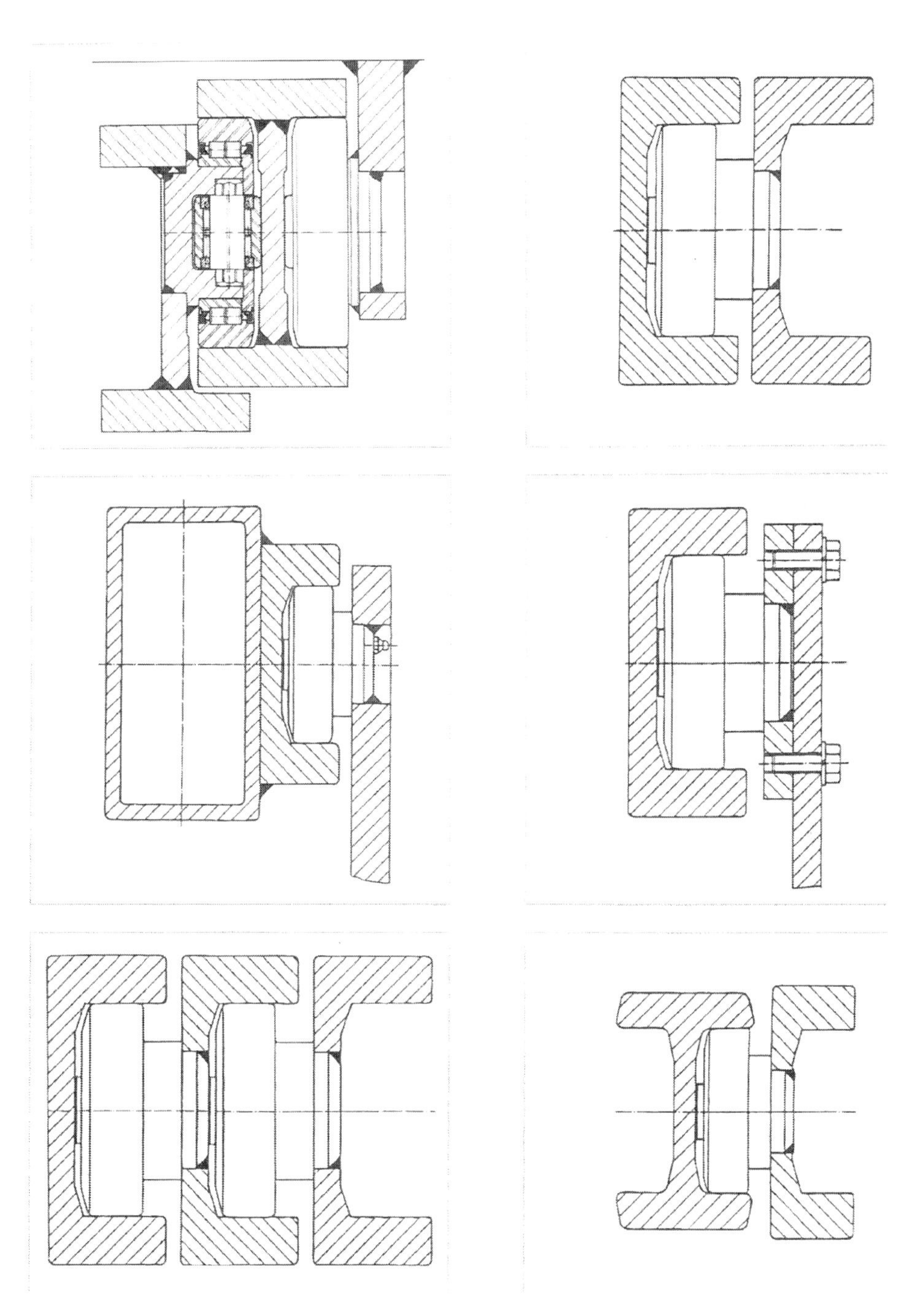

Bild 16.12: Anwendungsbeispiele (Quelle: Winkel)

Bild 16.13: Mehrachs-Linearsystem (Quelle: Winkel)

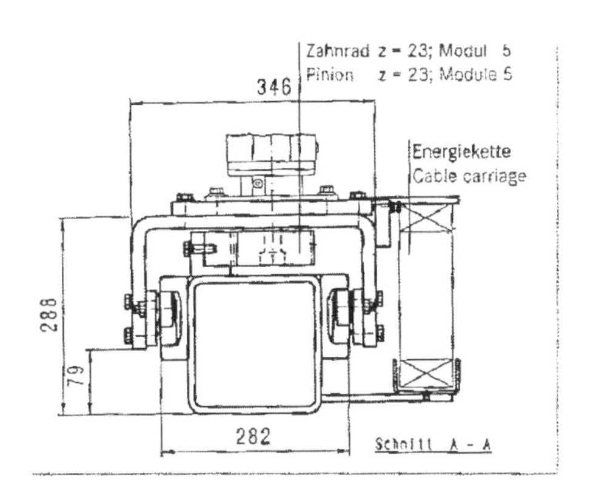

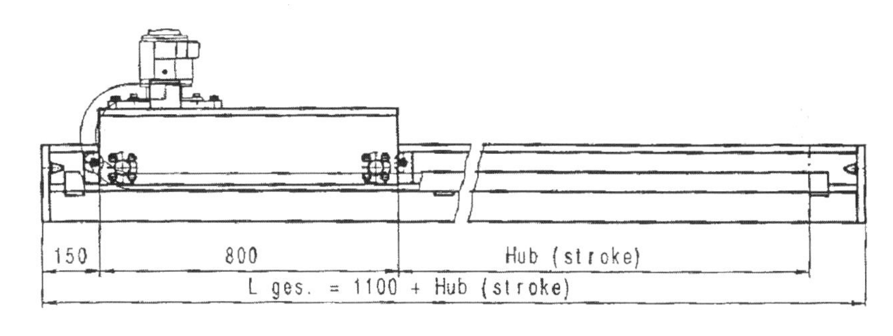

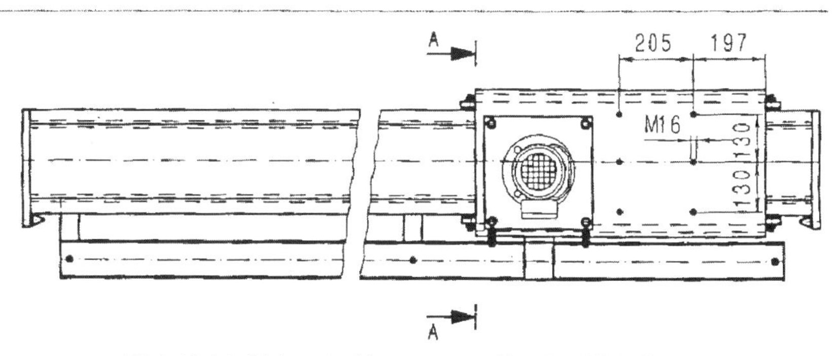

Bild 16.14: Mehrachs-Linearsystem (Quelle: Winkel)

16.2.2 Profilschienenführung mit eingebautem elektrischen Direktantrieb

Linearmotorachsen sind direkt angetriebene Achsen mit Linearmotoren, die als Plug- and Play Lösung konzipiert sind. Standardisierte Energieketten und kundenspezifische Kabelführungen sind optimal möglich. Es sind frei tragende Komplettachsen mit Wegmess-

System, Führungen, Endschaltern und wahlweise mit Abdeckungen als Schutz vor Umgebungseinflüssen. Optional ist auch eine Ausführung mit Feststellbremse möglich.
Bedingt durch den Direktantrieb sind die Linearachsen spielfrei, sehr dynamisch, wartungsarm und können auch mit mehreren Verfahrschlitten ausgestattet werden. Die Linearachsen werden auch als Komplettlösung inklusive Antriebsverstärker angeboten.

Merkmale der Linearmotorachsen:

- es sind mehrere Verfahrschlitten pro Achse möglich
- mit weiteren Achsen kombinierbar
- keine Nachjustierung
- wartungsarm
- hohe Standzeit und Zuverlässigkeit
- extrem präzises und schnelles Positionieren
- ruhiger Lauf
- hohe Verfahrgeschwindigkeit
- kompakte Bauform, daher geringer Platzbedarf
- höchste Genauigkeit

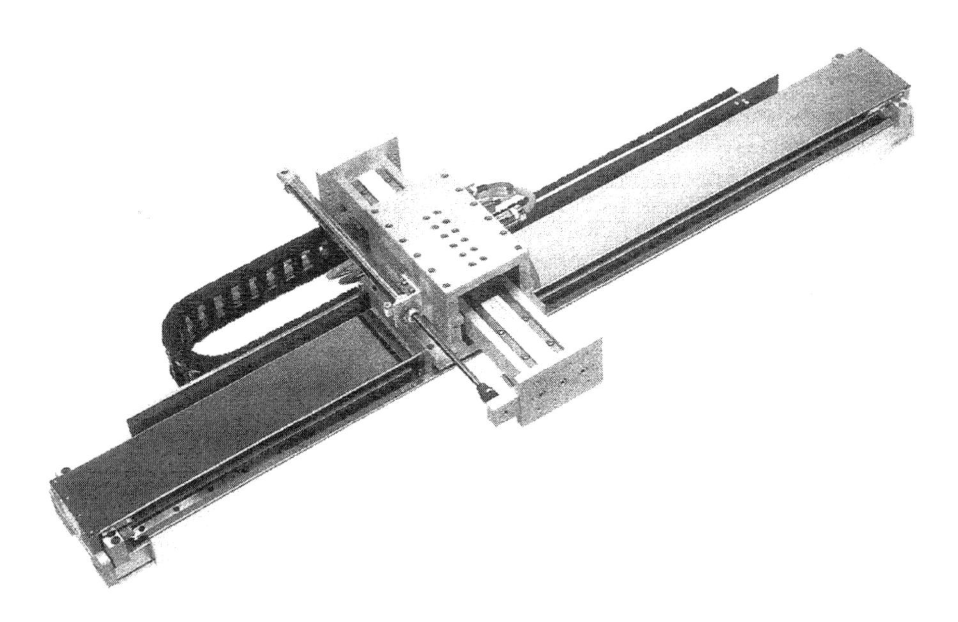

Bild 16.15: Linearmotor Achse

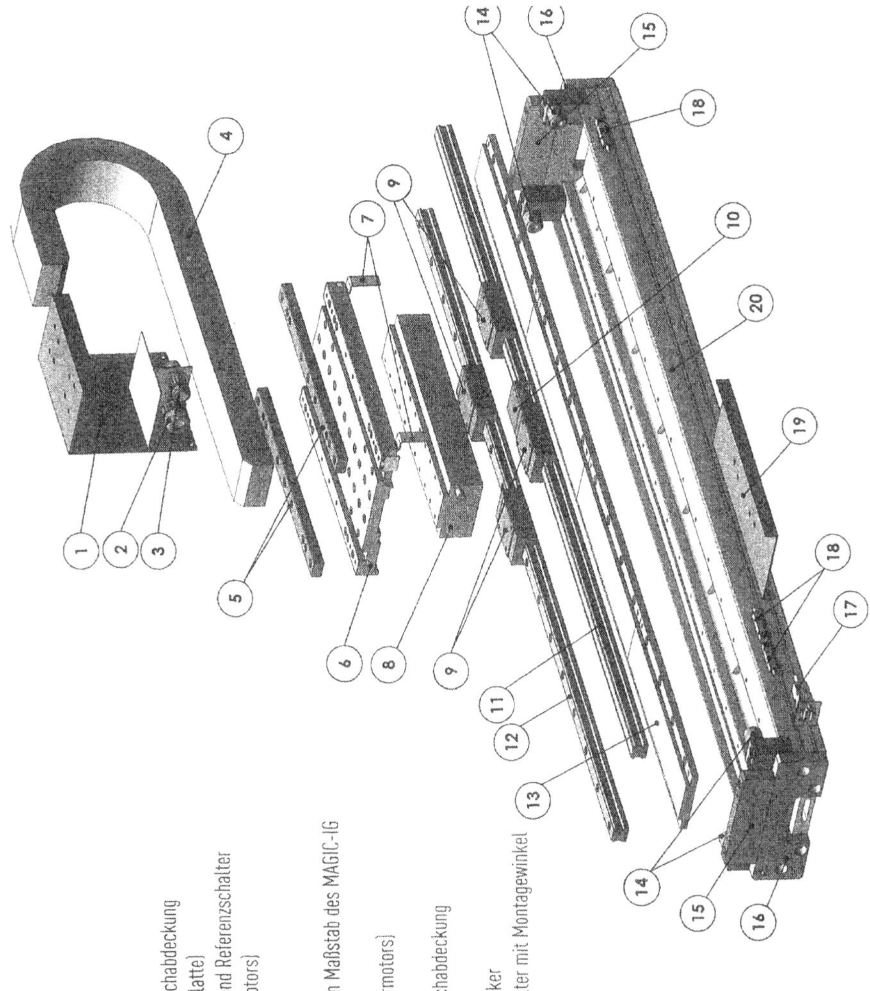

2.5 Systemkonfiguration

1 Halterung für Schleppkette
2 Motorstecker-Kupplung
3 Encoderstecker-Kupplung
4 Schleppkette Kabelhalter
5 optional: Aufbauplatten für Blechabdeckung
6 Verfahrschlitten (Forcerträgerplatte)
7 Schaltfahnen für Endschalter und Referenzschalter
8 Forcer (Primärteil des Linearmotors)
9 Profilschienenlaufwagen
10 MAGIC-IG Wegmess-System
11 Profilschiene mit magnetischen Maßstab des MAGIC-IG
12 Standard-Profilschiene
13 Stator (Sekundärteil des Linearmotors)
14 Anschlagpuffer
15 optional: Distanzstück bei Blechabdeckung
16 Profilendplatten
17 End- und Referenzschalterstecker
18 Referenzschalter und Endschalter mit Montagewinkel
19 Halteblech für Schleppkette
20 Grundprofil

Bild 16.16: Linearmotorachse

17 Klemmeinrichtungen geradliniger Führungen

Viele Führungen an Maschinen werden je nach Bearbeitungsaufgabe als Bewegungsführung sowie auch als Verstellführung benutzt. Diese Führungen müssen also auch im Stillstand durch eine spezielle Einrichtung festgeklemmt werden.
Zum Positionieren von Werkzeugmaschinentischen oder Werkstücken auf Linearführungen oder zum Klemmen von Linearführungen werden Klemmvorrichtungen benötigt. Auch in Hebeeinrichtungen und Sicherheitsfunktionen kommen entsprechende Brems- und Klemmsysteme zum Einsatz. Die Anforderungen an solche Klemmsysteme sind enorm. Sie müssen sich einfach anbringen lassen, dürfen das gewollte Verschieben des Tisches nicht behindern und trotzdem maximale Klemmkraft ausüben können.
In herkömmlichen Klemmvorrichtungen wird das Klemmmoment pneumatisch oder hydraulisch erzeugt. Die Klemmvorrichtung wird an die gewünschte Position gefahren und durch Beaufschlagung mit Druck arretiert. Dies bedeutet jedoch, dass bei einem Ausfall des Druckerzeugers die Klemmwirkung ebenfalls ausfällt. Die Folgen können unter anderem Schäden an der Werkzeugmaschine oder Personalschäden sein.
Es werden Klemmvorrichtungen für runde und lineare Führungen in unterschiedlichen Ausführungen angeboten.
Neben den herkömmlichen Klemmsystemen, die bei Druckbeaufschlagung von außen aktiviert werden, bieten Hersteller auch Klemmvorrichtungen an, welche mit pneumatischem oder hydraulischem Druck gelöst werden. Im nicht beaufschlagten Zustand klemmen die Vorrichtungen selbsttätig. Fällt der Druckerzeuger aus, klemmen die Systeme automatisch und mit hoher Haltekraft.

FUNKTIONSPRINZIPIEN IM VERGLEICH

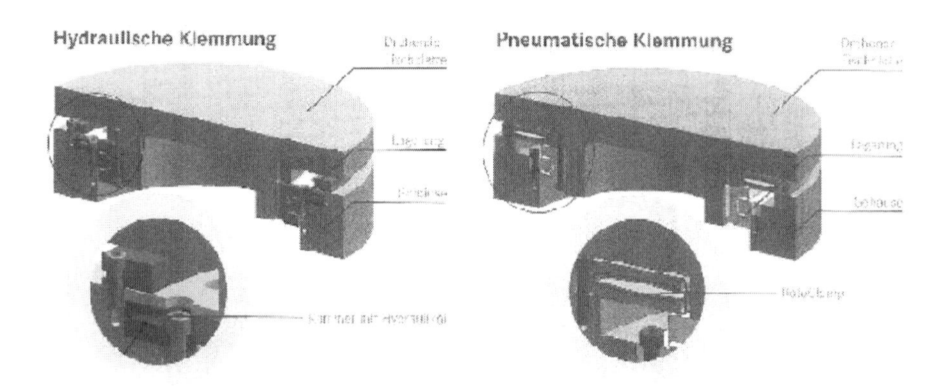

Bild 17.1: Funktionsbeschreibung einer herkömmlichen Klemmvorrichtung (Hydraulisch)

Die durch einen Dehnring und O-Ring gebildete Kammer wird mit Hydrauliköl beaufschlagt. Die obere Lippe des Dehnrings wird elastisch nach oben weggedrückt und klemmt die sich drehende Bremsscheibe zwischen den stehenden Dehn- und Gegenringen fest. Gängige

Tischgrößen mit 500 X 500 mm-Paletten erreichen ca. 3000 bis 4000 Nm Haltemoment bei 80 bis 120 Bar Hydraulikdruck.
Sicherheit: Keine Sicherheitsklemmung. Bei Energieausfall wird diese Achse nicht mehr gehalten.

17.1 Funktionsbeschreibung einer Sicherheitsklemmung für Schienenführungen

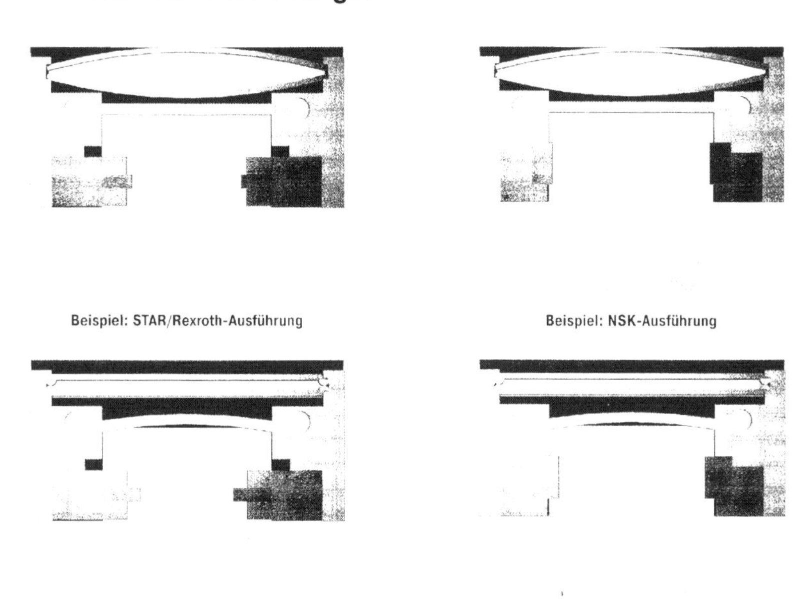

Bild 17.2: ACE LOCKED-Serie L geklemmt

17.1.1 Pneumatisch mit Membrankammer

Die Klemmung erfolgt durch einen Federspeicher. Durch Entlüften der Inneren Federmembrankammer und Belüften der äußeren Federmembrankammer wird die Membran entspannt und drückt auf die radialen Anlageflächen am Innen- und Außendurchmesser der Feder. Das Klemmelement wird im Bereich der Klemmfläche elastisch verformt und drückt auf die Welle. Durch Beaufschlagung der inneren Federmembrankammer mit Druckluft (4 oder 6 Bar) und Entlüften der äußeren Federmembrankammer wird die Membran gebogen und es kommt zu einer Verkürzung des Abstandes zwischen den beiden radialen Anlageflächen am Innen- und Außendurchmesser der Feder. Die Klemmfläche hebt von der Welle ab. Durch zusätzliche Beaufschlagung der äußeren Federmembrankammer in geklemmtem Zustand mit Druckluft (4 oder 6 Bar) besteht optional die Möglichkeit, die Klemmkraft zu erhöhen.
Sicherheit: Durch den Federspeicher besteht eine Sicherheitsklemmung. Bei Energieausfall wird die stillstehende Achse sofort geklemmt.

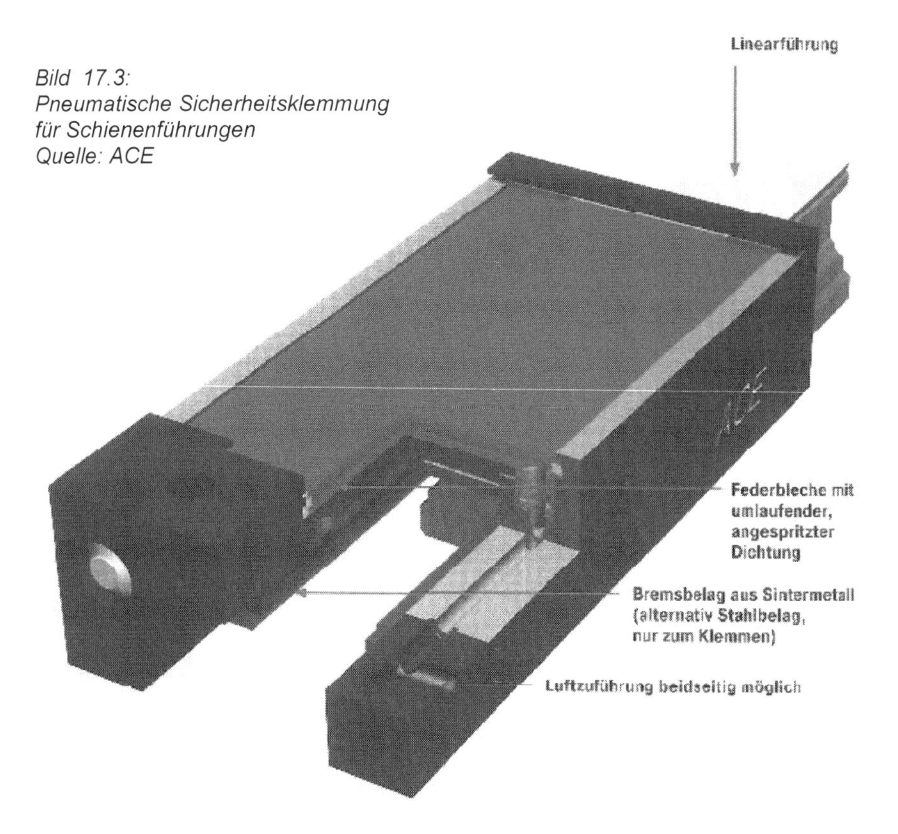

Bild 17.3:
Pneumatische Sicherheitsklemmung für Schienenführungen
Quelle: ACE

17.1.2 Pneumatisch mit Keilgetriebe

Dieses Element beruht auf einem dual wirkenden Keilgetriebe mit jeweils einem Federenergiespeicher zum drucklosen Klemmen und Bremsen. Die Besonderheit liegt in den drei in Reihe geschalteten Kolben. Durch diese Anordnung ist es möglich bei 4,5 Bar eine stärkere Feder einzusetzen.
Der stärkere Federenergiespeicher ermöglicht Haltekräfte bis zu 3.800 N. Aufgrund der Materialpaarung Linearführung/ Kontaktprofil ist eine Verletzung der Linearführung durch das Kontaktprofil ausgeschlossen.
Um Verletzungen durch Spanbefall (Späne zwischen Kontaktprofil und Linearführung) zu vermeiden, kann die Mehrzahl der Elemente mit den Originalabstreifern des jeweiligen Linearführungsherstellers als Zubehör ausgestattet werden. Um die Lebensdauer der Abstreifer zu gewährleisten, sind die entsprechenden Hinweise des jeweiligen Linearführungsherstellers zu beachten.

Besondere Merkmale:

- Spezieller Reibbelag zum Bremsen
- Geringer Luftverbrauch
- Öffnungsdruck > 4,5 Bar, pneumatisch

Einsatzmöglichkeiten:

- Klemmen bei Druckabfall
- Notaus-Funktion
- Bremsen für Linearmotoren
- Z-Achsen Positionierung in der Ruhestellung
- Maschinentischklemmung von Bearbeitungszentren

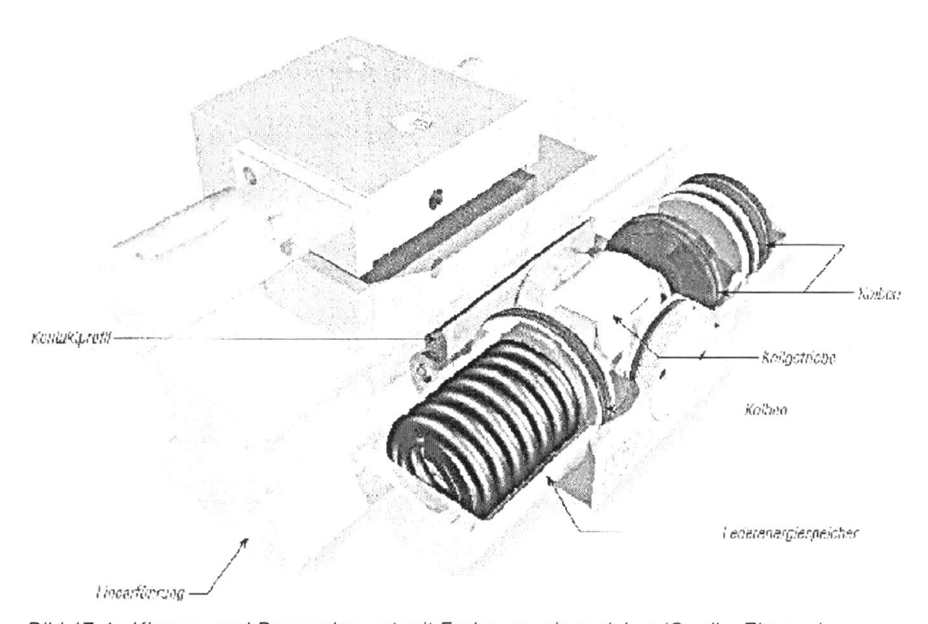

Bild 17.4: Klemm- und Bremselement mit Federenergiespeicher (Quelle: Zimmer)

17.1.3 Hydraulische Schwerlastklemmung

Das Klemmelement mit Membran-Technologie
Dieses Element ist eine hydraulisch betätigte Schwerlastklemmung. Die großflächigen Kontaktprofile werden direkt durch das Hydrauliköl über ein Kolbenprinzip an die Freiflächen der Profilschienenführung gepresst.
Bei Verwendung des Elementes in stark verschmutzter Umgebung oder in Flüssigkeit können die Elemente mit den Originalabstreifern des jeweiligen Linearführungsherstellers und Längsabstreifern als Zubehör ausgestattet werden.
Eine vorgespannte Rückstellfeder ermöglicht kurze Entspannungszyklen. Die spezielle Druckmembran-Technologie garantiert höchste Funktionssicherheit.
Der Druckbereich liegt bei den verschiedenen Baugrößen zwischen 20 Bar und max. 150 Bar. Die Elemente überzeugen durch Spielfreiheit sowie durch ihr extrem niedriges Schluckvolumen, das bei max. 7,6 cm^3 pro Klemmvorgang liegt.
Besondere Merkmale:

- Massive und steife Gehäuseform
- Kompakte Bauweise , DIN 645 kompartibel
- Formschlüssig integrierte Kontaktprofile für höchste axiale Steifigkeit
- Funktionssicherheit durch Membran-Technologie
- Präzise Positionierung

– Haltekräfte bis 46.000 N

Einsatzmöglichkeiten:

– Maschinenklemmung von schwer zerspanenden Bearbeitungszentren
– Klemmung von schweren Handhabungssystemen

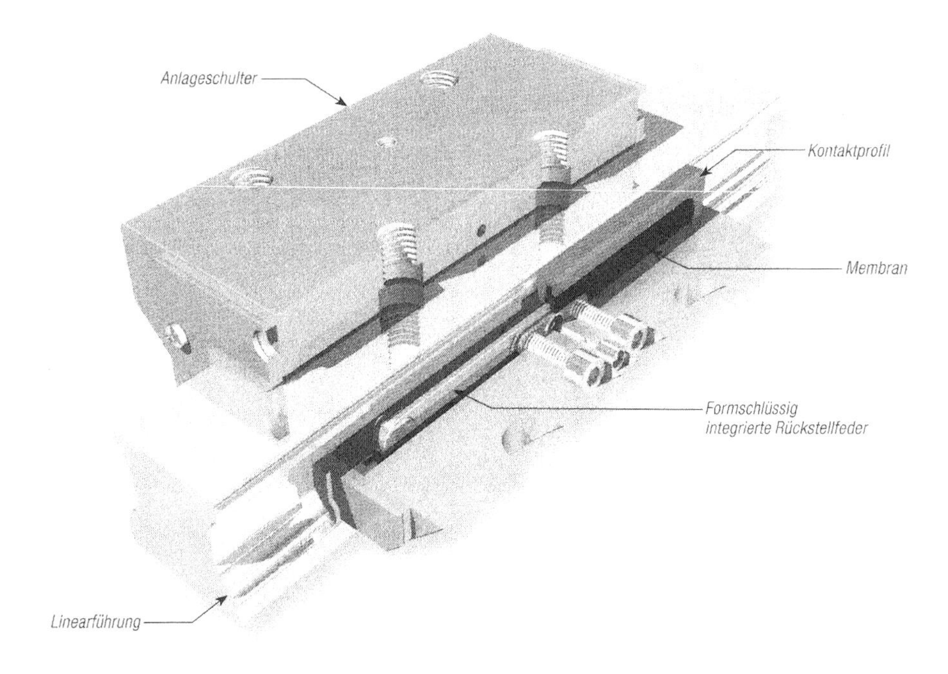

Bild 17.5: Hydraulische Schwerlastklemmung (Quelle: Zimmer)

17.1.4 Hydraulisches Brems- und Klemmelement mit Keilgetriebe

– diese Elemente werden eingesetzt, wenn Brems- oder Klemmfunktionen notwendig sind. Da das System nur bremst, wenn kein Druck vorhanden ist, ist die sicherheitsgerechte Ansteuerung für den Notfall möglich.
– arbeiten rein mechanisch – funktionieren damit auch bei Stromausfall
– haben eine hohe statische Haltekraft – klemmen und bremsen mit hohen Kräften bei kleinstem notwendigem Bauraum
– arbeiten betriebssicher in jeder Einbaulage
– haben eine kurze, immer gleich bleibende Reaktionszeit (z. B. bei einer Baugröße 35, Reaktionszeit < 30ms) durch die spielfreie Anstellung der Bremsbacken.
– Können einfach in schon bestehende Anwendungen mit Linearführungen integriert werden.
– Sparen Bauteile und Bauraum – durch die kompakte Bauweise der Elemente – da die Bewegung direkt an der Führungsschiene gebremst wird.
– Sind wartungsfrei, da das System Spiel automatisch bis Verschleißgrenze der Bremsbacken ausgleicht

- Sind besonders montagefreundlich – die Elemente werden nur auf die Führungsschiene geschoben und mit der Anschlusskonstruktion verschraubt
- Benötigen zur hydraulischen Bremsöffnung nur eine Druck von ca. 55 Bar

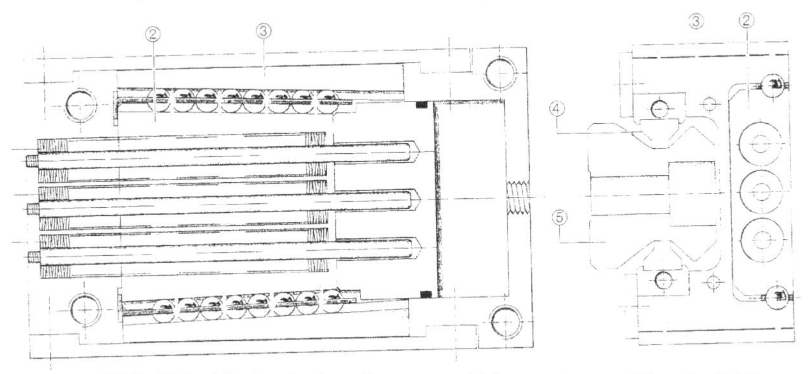

Bild 17.6: Mechanisches Brems- und Klemmelement (Quelle: INA)

Funktion:

Drei Tellerfedersäulen (1) erzeugen die Brems- und Klemmkraft. Durch diesen mechanischen Federspeicher arbeitet das System ohne Fremdenergie äußerst zuverlässig.
Die Kraftübertragung zu den Bremsbacken (4) erfolgt mechanisch. Wird die Brems- oder Klemmfunktion aktiviert, so bewegen die Federsäulen einen keilförmigen Schieber (2) zwischen den oberen Schenkeln des H-förmigen Grundkörpers (3). Dieser drückt die oberen Schenkel nach außen und die unteren nach innen. Die Bremsbacken (4) klemmen an der Führungsschiene (5) aber nicht auf den Laufbahnen.

Verschleiß

Da das System nicht nur unbewegte Führungen klemmt, sondern auch bewegte bremst, entsteht an den Bremsbacken Verschleiß durch Abrieb. Spiel zwischen den Bremsbacken und -flächen verlängert jedoch die Reaktionszeit des Systems.
Damit die Bremsbacken immer spielfrei an den Kontaktflächen anliegen, wird der Verschleiß der Beläge bis zur Verschleißgrenze automatisch mechanisch ausgeglichen.

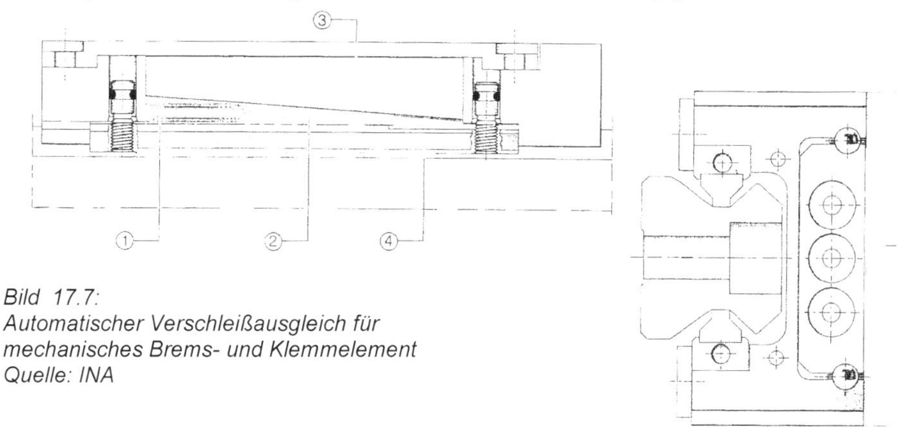

Bild 17.7:
Automatischer Verschleißausgleich für mechanisches Brems- und Klemmelement
Quelle: INA

17.2 Maschinenspezifische Klemmlösungen

Im Bild ist eine Klemmeinrichtung für eine Flachführung dargestellt, welches für die Aufnahme großer Klemmkräfte an Schwerwerkzeugmaschinen geeignet ist.
Unterhalb der Führungsbahn des Bettes werden mehrere dieser topfförmigen Klemmeinrichtungen angeschraubt. Im Schlitten ist ein Längsschlitz vorgesehen, durch den die Klemmstangen geführt sind. Die Klemmung geschieht über Tellerfederpakete. Gelöst wird die Klemmung hydraulisch.
Eine solche Klemmeinrichtung besitzt den Vorteil, dass auch bei Ausfall der Hydraulik die Klemmung voll wirksam bleibt.
Dies ist auch bei Spannvorrichtungen der Fall, die nach dem Kniehebelprinzip arbeiten.
Im Bild ist das Funktionsprinzip eines solchen Kniehebelspannsystems dargestellt. Der Hydraulikdruck ist dabei nur zum Spannen oder Lösen erforderlich, da das Spannmittel in der Spannstellung selbsthemmend ist. Dazu wird der Kniehebel über den Totpunkt zur Anlage gebracht und ist somit mechanisch verriegelt. Während des Spannvorgangs wird der gesamte Arbeitsraum im Inneren der Spannvorrichtung mit Hydraulikdruck beaufschlagt, so dass der Kolben nach links gedrückt wird. Gleichzeitig wirkt der Druck aber auch unterstützend in Richtung der Spannkraft.

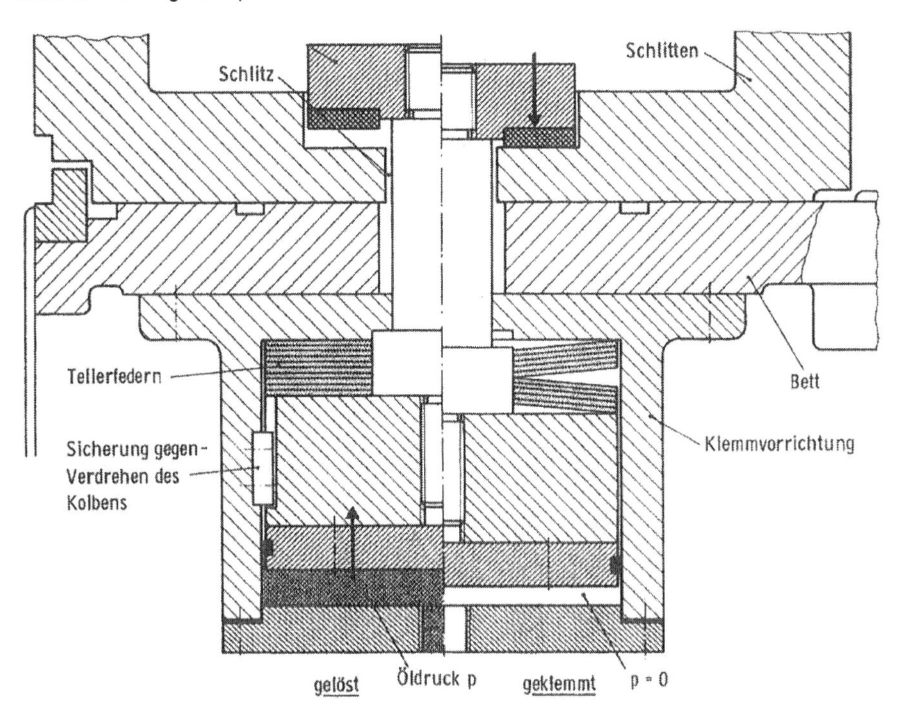

Bild 17.8: Tellerfeder Klemmung

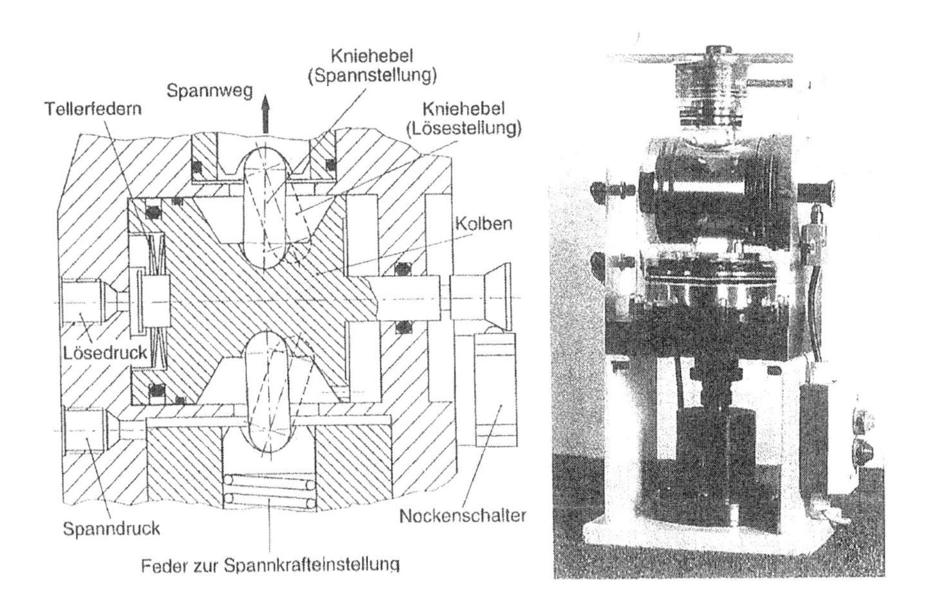

Bild 17.9: Kniehebel Klemmung

Ein weiteres Bild zeigt eine Klemmeinrichtung für große Klemmkräfte in Zangenbauweise. Dabei wird die für die Klemmung notwendige Kraft mit einem Hydraulikzylinder erzeugt und über eine Zange kraftübersetzt auf die Klemm- oder Führungsleiste übertragen.

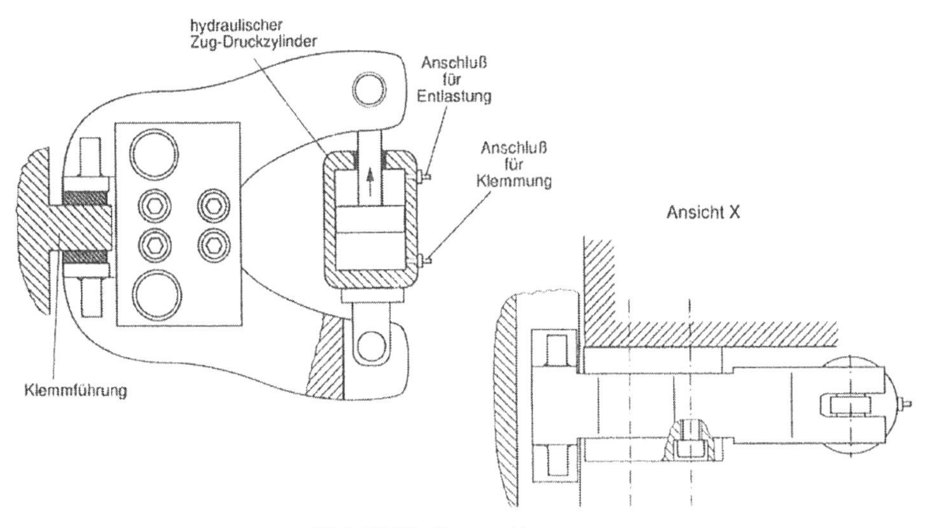

Bild 17.10: Zangenklemmung

18 Dämpfungselemente geradliniger Führungen

Mechanische Systeme lassen sich auf Feder-Massesysteme zurückführen und als 1- oder Mehrmassenschwinger betrachten. Regelkreise und rückgekoppelte Systeme können ebenfalls Schwingungen ausführen. Ein Maß für das Abklingen der Schwingungsamplitude ist der Dämpfungsgrad.
Der Dämpfungsgrad Dmech ist von verschiedenen Einflussfaktoren abhängig. Dadurch ist er meist nicht vorausbestimmbar und oft auch nicht reproduzierbar. Selbst Messwerte können nur bedingt von einer Maschine auf eine andere Maschine übertragen werden. Einflüsse sind Werkstückform, Oberflächenrauhigkeit an Fügestellen, Werkstoffeigenschaften, Viskosität und Temperatur von Schmierstoffen, Höhe der Eigenfrequenz des Schwingers und bei Führungsbahnen die Geschwindigkeit.
Physikalische Grundlage jeder Dämpfung ist der Energieentzug aus dem schwingenden System. Höhere Eigenfrequenz entzieht mehr Energie, bringt somit eine höhere Dämpfung. Die Forderung nach hohen Eigenfrequenzen ist somit auch für eine gute Dämpfung wichtig.
Die vom Dämpfungsgrad abhängige Überhöhung im Frequenzgang der Mechanik beeinträchtigt bei niedrigen Eigenfrequenzen im Lageregelkreis die Höhe des Kv-Faktors. Bei hohen Eigenfrequenzen wird bei geringer Dämpfung die Stabilität des Drehzahl beziehungsweise Geschwindigkeitsregelkreises gefährdet.
Besonders an linearen oder rotatorischen Direktantrieben ohne die Dämpfung mechanischer Übertragungsglieder werden so die dynamischen Eigenschaften des Antriebs beeinträchtigt.
Ausschlaggebend für die Dämpfung eines Schwingers ist die Berücksichtigung der Wirkrichtung der Störkraft. So ist im bewegten Vorschubtischsystem für die Stabilität im Lage- und/oder Drehzahlregelkreis die Dämpfung in Vorschubrichtung wichtig. Dagegen ist für die durch die Bearbeitungskräfte ausgelösten Ratterschwingungen die Dämpfung in der dazu senkrechten Richtung zu beachten.

Äußere Dämpfung: Darunter fallen die Dämpfungseinflüsse durch Bewegungswiderstände. Ihre geschwindigkeitsabhängige Größe wird durch die Verläufe des Reibungsdrehmoments ausgedrückt. Hinzu kommt eine konstante richtungsabhängige Haftreibung, so dass mit einem einfachen Ansatz die Dämpfungskräfte und der Dämpfungsgrad in Grenzen bestimmbar sind. An ausgeführten Maschinen sind in engen Grenzen Beeinflussungen durch Wahl der Schmierstoffe und Veränderung der Flächenpressung der Führungen möglich.

Die dämpfende Kraft FD am Maschinentisch in Vorschubrichtung ist

Haftreibungskraft =
Dämpfungsbeiwert x Vorschubgeschwindigkeit x Haftreibung

Die Haftreibungskraft F Haft soll möglichst gering sein. Sie verursacht das Stick-Slip-Verhalten des Vorschubtisches.
Für das Vorschubsystem wird ein anzustrebender Dämpfungsgrad von $0{,}1 \leq \text{Dmech} \leq 0{,}2$ genannt. Das lässt sich mit Gleit- und hydrostatischen Führungen erreichen. Wälzführungen sind hier im Nachteil, weil der dämpfende Einfluss eines Ölfilms nur ganz gering ist. Empfehlenswert sind deshalb gemischte Gleit- und Wälzführungen, die zusätzlich auch bei Schwingungen senkrecht zur Vorschubbewegung eine ausreichende Dämpfung ergeben.

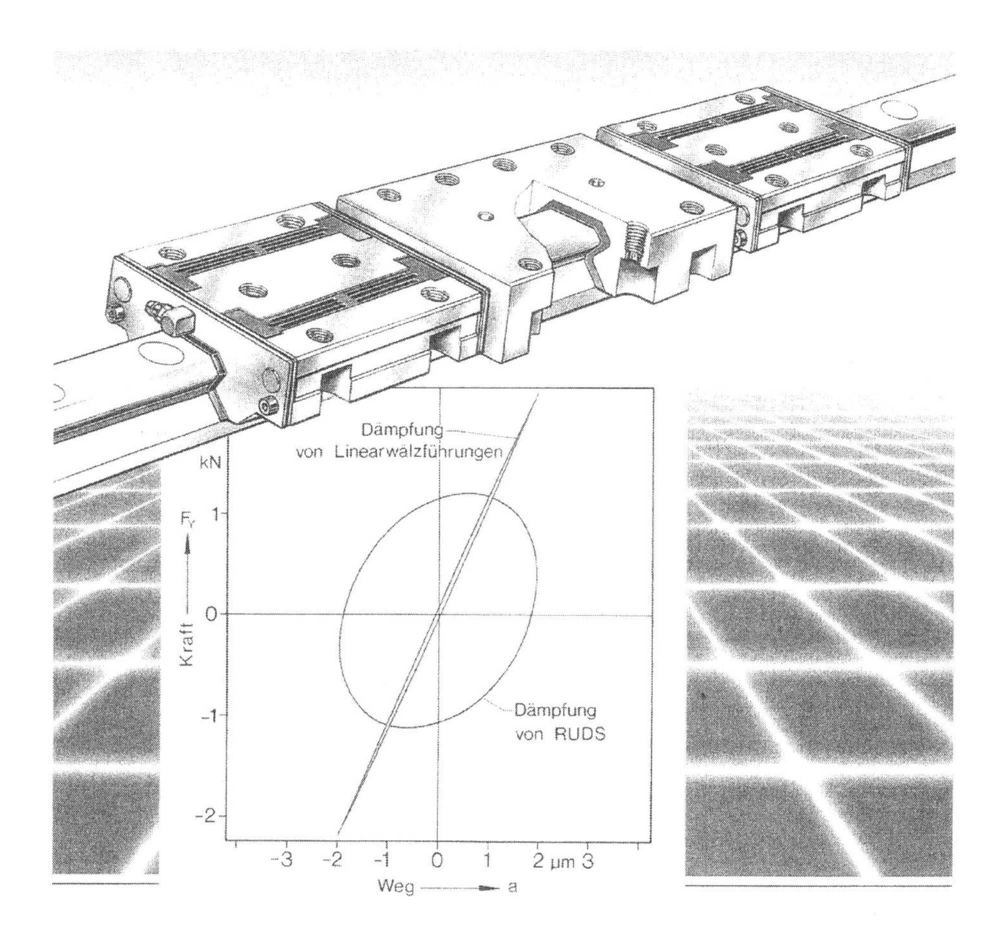

Bild 18.1: Dämpfungsschlitten

Innere Dämpfung: Hier werden die Verformungswiderstände in den federnden Bauteilen zur Dämpfung wirksam. Durch die Verformungsarbeit im elastischen Bereich der Befestigungsteile von Wälzführungen und Lagerungen, der Kupplungen und an den Rauhigkeiten von Fügestellen wird eine Schwingung gedämpft. Zu bemerken ist, dass Dämpfung und Federung gemeinsam auftreten. Ein häufig angewandtes Modell ist die Parallelschaltung von Dämpferelement und Federelement.
Als Richtwert für die innere Dämpfung an Maschinenteilen aus Stahl können etwa

0,02 <- Dmech <- 0,05 angesetzt werden.

Der Energieentzug durch innere Dämpfung entsteht durch ein Hystereseverhalten im Weg-/ Dämpfungskraft-Diagramm. Die Form dieser Hystereseschleife hängt von der Form des Werkstücks und vom Material ab. Die Größe der umschriebenen Fläche ist ein Maß für die Verlustarbeit.

Bei der Dämpfung in Vorschubrichtung wirken äußere und innere Dämpfung zusammen. Während bei Gleitführungen die äußere Dämpfung überwiegt, wird bei Wälzführungen weit-

gehend nur die innere Dämpfung in der Gewindespindellagerung und der Gewindemutter zur Dämpfung beitragen. Beim Linearmotorantrieb fehlen diese, so dass hier neben der Steifigkeit auch die Dämpfung weitgehend von den Regelkreisen erzeugt werden muss. Bei Zahnstangen-/ Ritzel Antrieben mit Wälzführungen wirkt im Wesentlichen nur die Dämpfung im Getriebe und der Ritzellagerung.
Die Schwingungen senkrecht zur Vorschubbewegung werden bei Wälzführungen nur durch die innere Dämpfung an den Wälzkörpern abgeschwächt.
Einige Hersteller liefern zur besseren Dämpfung so genannte Dämpfungsschlitten, die, zwischen den Führungswagen montiert, eine Verbesserung der Dämpfung der durch die Bearbeitungskräfte angeregten Schwingungen bringen. In Vorschubrichtung bewirken sie keinen zusätzlichen Widerstand.

18.1 Profilschienenführung mit Dämpfelementen

Um die Bearbeitungskosten an einer Werkzeugmaschine so niedrig wie möglich zu halten, ist es notwendig, das Werkstück von der Vorbearbeitung bis zur Endbearbeitung mit einer ausreichenden Oberflächenstruktur in der gleichen Aufspannung zu belassen.
Die Verwendung von Wälzführungen in Werkzeugmaschinen ist weit verbreitet. Es werden heute größere Anforderungen wie höhere Vorschub- und Eilganggeschwindigkeiten sowie präzise Positioniergenauigkeiten an eine Werkzeugmaschine gestellt.
Um den einzigen Nachteil der geringeren Schwingungsdämpfung einer Wälzführung gegenüber der Gleitführung zu vermeiden, werden bei Wälzführungen zusätzliche Bauteile zur Schwingungsdämpfung in Längsführungssysteme eingebaut.

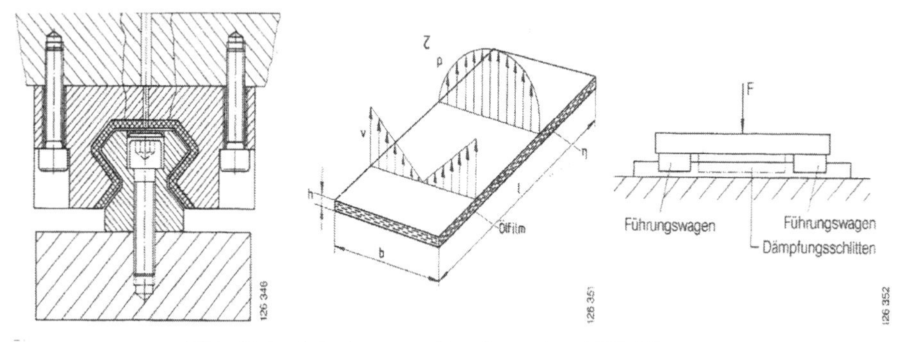

Bild 18.2: Schwingungsdämpfung einer Wälzführung

Eine Linear-Wälzführung, ob auf Kugel- oder Rollenbasis aufgebaut, ist nicht in der Lage, Schwingungen ausreichend zu dämpfen.
Der einzig sinnvolle Weg zur Erhöhung der Dämpfung des Gesamtsystems ist also ein zusätzliches Dämpfelement. Ein solches Dämpfelement kann entweder in der Linearführung integriert oder separat angeordnet sein. Allgemein ist am günstigsten das Dämpfungselement dort anzubringen, wo die größten Schwingungsamplituden auftreten.
Dies ist auch bei Werkzeugmaschinen, wo Maschinenbett und Aufbau nicht vollkommen starr sind, nicht unbedingt an der Stelle der Wälzführung, wie im Bild skizziert. Erstrebenswert ist es jedoch, dass der Dämpfer in einem Arbeitsgang mit der Wälzführung und Dämpfungselement eine komplette, einbaufertige Einheit bilden.

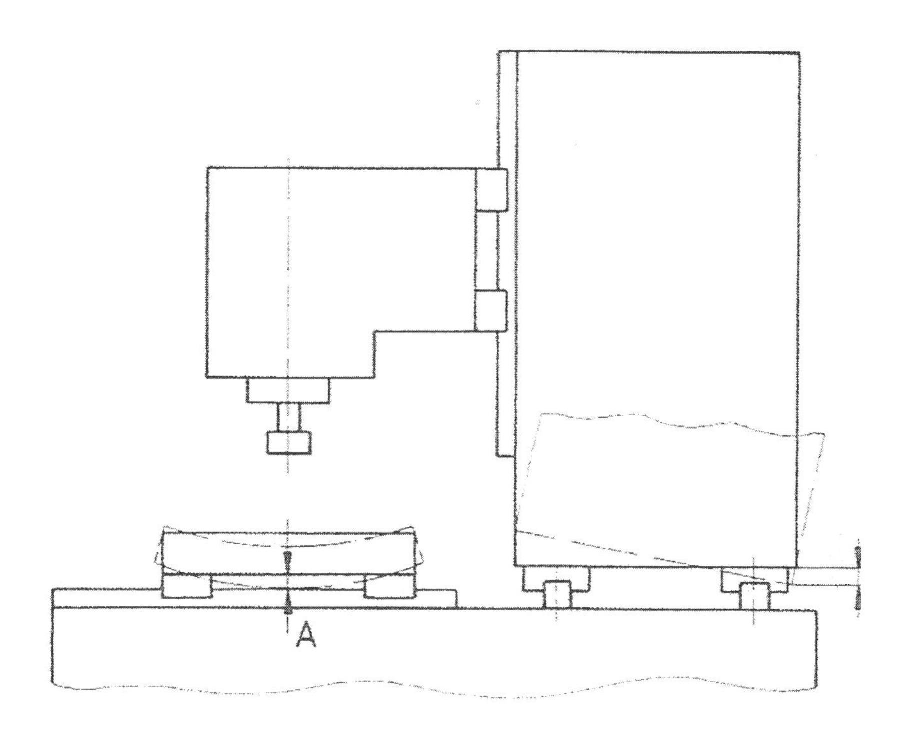

Bild 18.2: Schwingungsformen von Werkzeugmaschinenkomponenten

Eine kompakte Linearführung mit Dämpfer wird angeboten. Es handelt sich um eine Rollenführung, deren Wälzkörperreihen diametral angeordnet sind. Die Rollenumlaufführung kann Kräfte in zwei Richtungen und Momente um alle Achsen aufnehmen. Passend zu diesem System wurden Dämpfungsschlitten entwickelt, die in der Querschnittsfläche abmessungsgleich sind.
Der Dämpfungsschlitten besteht aus einem Stahlgrundkörper. Der mittels eines patentierten Ausspritzverfahrens aufgebrachte innere Gleitbelag besitzt einen Spalt von zirka 30µm zu allen Flächen der Führungsschiene.

Der Dämpfungsfaktor d für einen Squeeze-Film-Dämpfer ist :

$$\mathbf{d = \eta \times b^3 / h^3 \times l}$$

η = Ölviskosität
b = Breite
h = Squeeze-Filmhöhe
l = Länge des Dämpfungselements

Es ist ersichtlich, dass die Breite ein wesentlicher Faktor der Dämpfung ist.
Wie aus der Formel zu ersehen ist, lässt sich aus diesem Zusammenhängen mit der Variablen l eine unendlich große Fläche bilden. Dies hat zur Folge, dass der Dämpfungsfaktor einen hohen Wert annimmt, was auf eine besonders gute Dämpfung schließen lässt. In der Praxis wird aber mit zunehmender Länge ein „Sättigungsgrad“ an Dämpfung erreicht. Eine

weitere Vergrößerung der Dämpfungsfläche verbessert die Dämpfungseigenschaften praktisch nicht mehr.

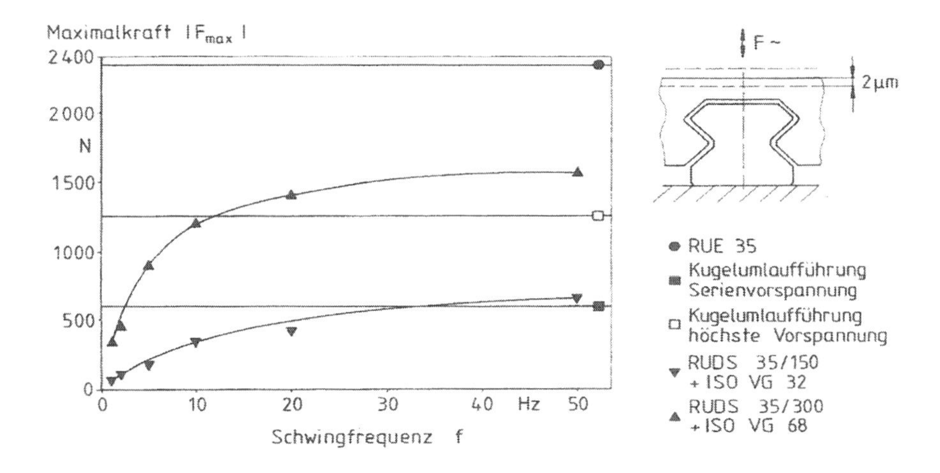

Bild 18.3: Maximalkraft bei schwingender Belastung von Linearwälzführungen und Squeeze-Film-Dämpfelementen

18.2 Zusammenfassung:

- Das Dämpfungsverhalten eines Kugelsystems mit 10% Vorspannung oder 30 % Vorspannung unterscheidet sich nicht.
- Im Allgemeinen zeigt sich, dass Wälzführungen nur vernachlässigbar geringe Dämpfungseigenschaften besitzen.
- Eine wirkungsvolle Systemdämpfung, bei Erhalt der Wälzführungscharakteristik, kann nur mit Squeeze-Film-Dämpfungselementen (Dämpfungsschlitten) erzielt werden.
- Eine Diskussion über das Schwingungs- und Dämpfungsverhalten einer einzelnen Linear-Umlaufeinheit hat wenig Sinn. Das Verhalten muss immer bei eingebautem Zustand der Umlaufeinheit und im Zusammenhang mit der Umgebung betrachtet werden.
- Bei Einbau von Dämpfungselementen in eine Maschine ist der wichtigste Faktor eine steife Führung. Nur mit Rollenelementen ist eine ausreichende Steifigkeit erreichbar.

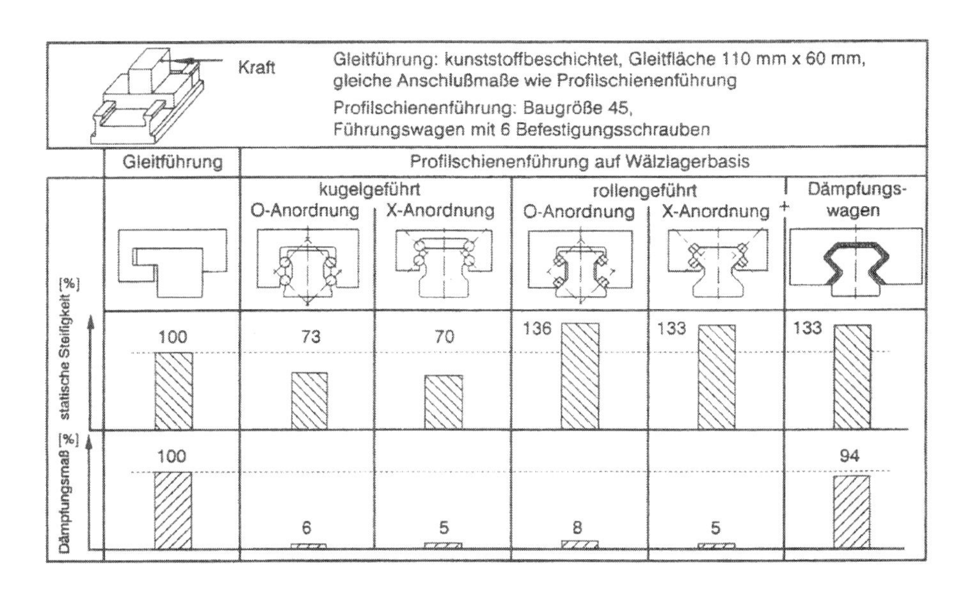

Bild 18.4: Steifigkeit und Dämpfung von Linearführungen

19 Messsysteme an geradlinigen Führungen

Werkzeugmaschinen müssen heute Teile mit sehr hoher Genauigkeit auch in kleinen Losgrößen wirtschaftlich produzieren. Dabei ermöglicht der Einsatz von Weg- beziehungsweise Winkelmesseinrichtungen für jede Achse, bei der die eingegebenen Sollwerte permanent mit den Istwerten verglichen werden, die Bearbeitungsgenauigkeit vom ersten bis zum letzten Teil. So hat die Vorschubmechanik oder die Ausdehnung der Kugelumlaufspindel keinen Einfluss mehr auf das Bearbeitungsergebnis.

Man unterscheidet nach folgenden Parametern:

Messwertabnahme:	Linear	od.	rotatorisch
Messort:	Direkte	od.	indirekte
Messwerterfassung:	Analog	od.	digital
Messverfahren:	Absolut	od.	inkremental

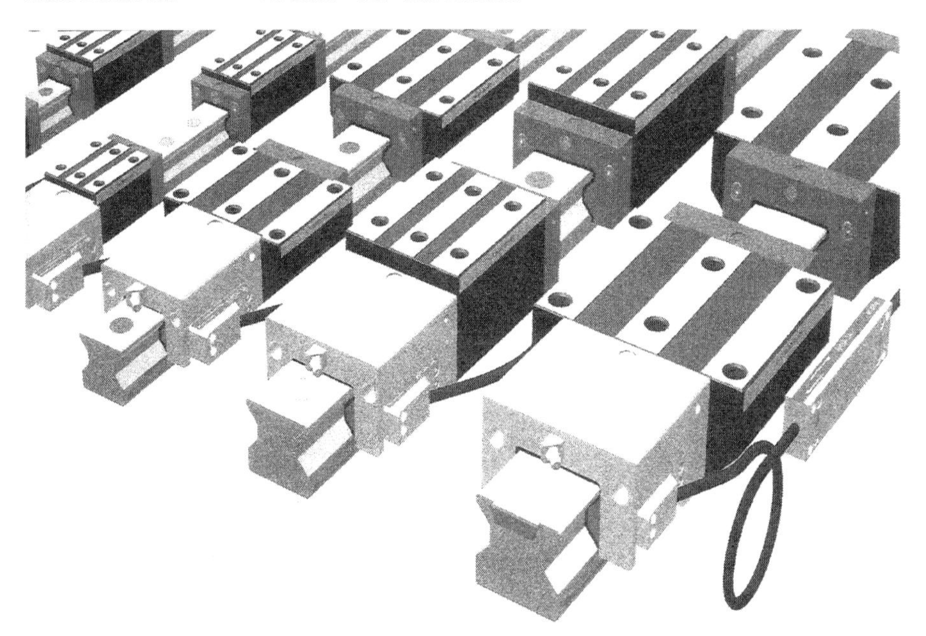

Bild 19.1: Linearführung mit Messsystem

Direkter und indirekter Messort
Wegmesssysteme und Winkelmesssysteme können durch Umwandlung der Bewegungsart Translation/Rotation jeweils für den Weg als auch für die Winkelmessung eingesetzt werden. In diesem Fall spricht man von indirekter Messwerterfassung.

Analoge und digitale Messwerterfassung
Bei der analogen Messwerterfassung werden die zurückzulegenden Wege oder Winkel stufenlos durch andere physikalische Größen dargestellt. Das sind in der Regel ohmsche Aufnehmer oder elektromagnetische Aufnehmer. Ohmsche Aufnehmer (Potentiometer) werden bei Werkzeugmaschinen wegen der fehlenden Genauigkeit nicht eingesetzt.
Die digitale Messwerterfassung erfolgt in Schritten. Es wird in der Regel fotoelektrisch gearbeitet.

19.1 Beispiele von geradlinigen Messsystemen

Typische Anwendungen in der NC-Technik sind folgende:

19.1.1 Fotoelektrisches Linearmesssystem mit Strichmaßstab

Arbeitsweise: linear – direkt – digital – inkremental

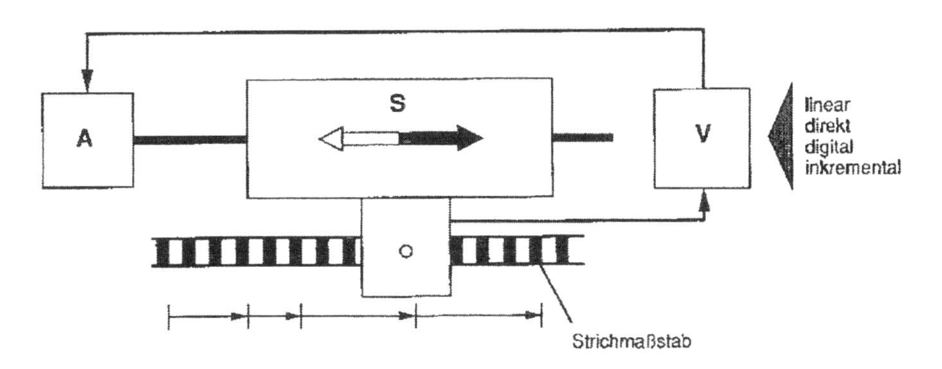

Bild 19.2: Photoelektrisches Linearmesssystem mir Strickmaßstab

Das Kennzeichen der Inkremental-Verfahren (Inkremente = Wegschritte) ist das Aufsummieren von Wegelementen in einem Zähler, der außerhalb der eigentlichen Wegmesseinrichtung untergebracht ist. Die Zählimpulse werden mittels eines linearen Strichmaßstabes an den Vergleicher gegeben. Alle Strecken werden also als ganzes Vielfaches eines Einzelschrittes erfasst.

Neben den optisch arbeitenden Systemen mit Hell-Dunkel-Scheiben, die fotoelektrisch abgetastet werden, gibt es auch Systeme mit magnetischen Gebern. Sie besitzen an Stelle des Hell-Dunkel-Rasters eine entsprechende Kennung der Magnetisierung.
Das digital-inkrementale System ist vom Aufbau her am einfachsten und somit kostengünstig. Aufgrund der ständig verbesserten Messsysteme setzt sich das digital-inkrementale Verfahren zunehmend durch, insbesondere bei einfacheren Maschinenausführungen.

19.1.2 Inkrementales Längenmesssystem mit fotoelektrischer Abtastung

Bei optischen Systemen wird das Auflicht- und das Durchlichtverfahren unterschieden.
Beschreibung eines inkrementalen Längenmesssystems mit fotoelektrischer Abtastung (Heidenhain-Diadur-Durchlichtverfahren).
Als Maßverkörperung dient ein Glasmaßstab mit einer Strichgitter-Teilung mit Teilungsperioden von zum Beispiel 8 µm, 10 µm, 20 µm, 40 µm, oder 100 µm. Die Teilung eines inkrementalen Maßstabes besteht bei 3,2 Meter Teilungslänge mit einer Teilungsperiode von 20 µm aus 160 000 Einzelstrichen – ohne Berücksichtigung der Referenzmarken. Die Ungenauigkeit beträgt plus/minus 0,001 mm pro 1m Messlänge.

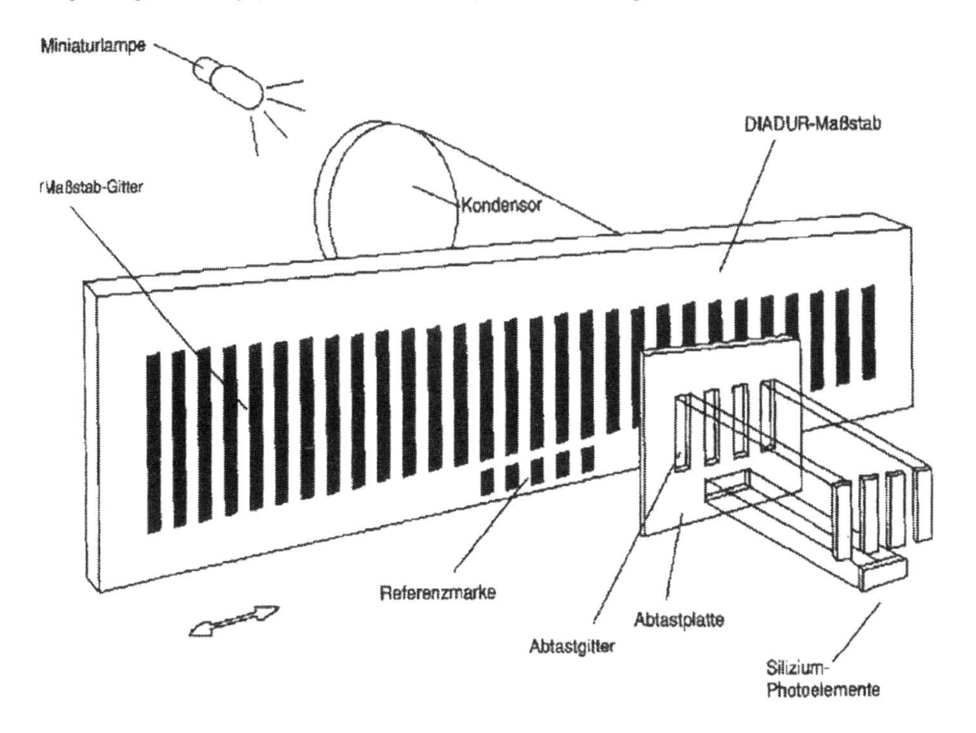

Bild 19.3: Inkrementales Längenmesssystem mit photoelektrischer Abtastung

Der Maßstab wird fotoelektrisch abgetastet. Bei Bewegung des Maßstabes relativ zur Abtasteinheit erzeugen die Abtast-Fotoelemente periodische Signale beziehungsweise beim Überfahren der Referenzmarken zusätzlich eine Signalspitze.
Die Inkremental-Signale müssen für die Auswertung von einer Impulsformer-Elektronik in Rechteck-Signale umgewandelt werden (Digitalisierung).
Im so genannten Zähler werden aus den periodischen Abtastsignalen Zählimpulse gebildet. Durch Zählen dieser Impulse wird die jeweilige Ist-Position bestimmt.

19.1.3 Fotoelektrisches Linearmesssystem mit Code-Lineal.

Arbeitsweise: linear – direkt – digital – absolut

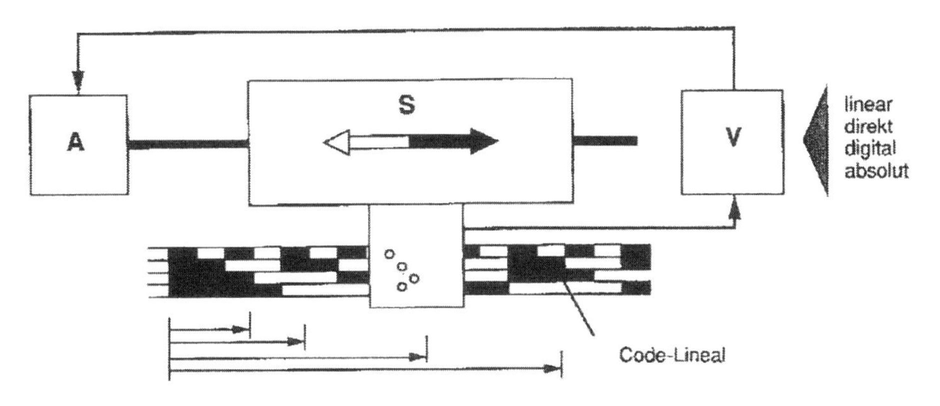

A = Antrieb S = Schlitten V = Vergleicher

Bild 19.4: Fotoelektrisches Messsystem

Die absolute Positionsmessung wird dadurch möglich, dass die Wege an einem auf den Nullpunkt (Ausgangspunkt) bezogenen Maßstab gemessen werden. Je Einheitsschritt wird vom Geber eine Signalkombination (Bitmuster) bereitgestellt, so dass eine eindeutige Aussage über den Schlittenstandort möglich ist. Es ergibt sich in Verbindung mit einer Istwertanzeige der Vorteil, dass bei einer Programmunterbrechung das Maß erhalten bleibt und von diesem Punkt die Bearbeitung fortgesetzt werden kann.
Absolute Messsysteme sind technisch aufwändig und sehr teuer. Sie sind deshalb an Werkzeugmaschinen nur in seltenen Fällen zu finden.

19.1.4 Resolver

Arbeitsweise: rotatorisch – direkt/indirekt – analog (zyklisch) – absolut

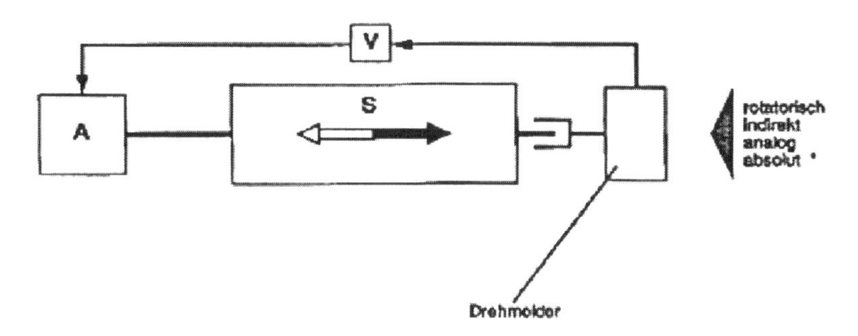

A=Antrieb S=Schlitten V=Vergleicher

Bild 19.5: Resolver Schema

Resolver als Drehmelder werden direkt zur Winkelmessung und indirekt zur Wegmessung eingesetzt. Sie arbeiten induktiv.
Der Aufbau des Resolvers ähnelt dem eines Wechselstromgenerators. Er zeichnet sich aus durch geringe Größe und Trägheit sowie geringes Reibmoment.
Das Rund-Induktosyn arbeitet prinzipiell wie das Linear-Induktosyn. Es kann direkt zur Winkelmessung und indirekt zur Wegmessung eingesetzt werden.

19.2 Elektrische Messsignal Verarbeitung

Lage- und Geschwindigkeitswerte werden üblicherweise aus einem Linearmaßstab mit Sinus-/Cosinus-Signalen gewonnen. Geeignet sind sowohl absolute als auch inkrementelle Messwerte. Die Anforderungen an die Auflösefeinheit sind wegen der Geschwindigkeitsberechnung aus dem Lageistwert höher als bei Linearmaßstäben, die nur den Lageistwert für den Lageregelkreis ermitteln. Es ist eine Periodenlänge kleiner/gleich 40µm erforderlich, um Geräusche durch Stromoberschwingungen zu vermeiden. Angaben zu passenden Maßstäben sind den Projektierungsunterlagen zu entnehmen.
Für die Modulation der sinusförmigen Motorspannungen muss im Stromrichtergerät die relative Lage der Wicklung zu den Magneten bekannt sein. Das erfordert bei inkrementellen Maßstäben eine zusätzliche Messeinrichtung. Diese wird mit Hallsensoren realisiert. Der Anbau an das Primärteil muss gemäß der Datenblatt-Angaben erfolgen.
Werden absolute Linearmaßstäbe verwendet, entfällt diese zusätzliche Pollage-Messung. Möglich sind auch Pollageidentifizierungsalgorithmen, die nach dem Einschalten die Lage des Stromvektors zum Sekundärteilfluss einstellen. Dabei ist unter Umständen eine Bewegung der Achse notwendig.

19.3 Eigenfrequenz des Messsystems

Wichtig ist eine hohe innere Steifigkeit des Abtastkopfes. Seine Masse bildet mit dieser Steifigkeit ein schwingendes System, das im Frequenzgang des Geschwindigkeitsregelkreises eine negative Phasenwinkeldrehung und dadurch die Stabilität im geschlossenen Regelkreis beeinträchtigt. Auch die Glasskala oder das Metallband, die die Maßverkörperung tragen, müssen bezüglich der Steifigkeit und Masse höheren Anforderungen genügen, als sie beim reinen Lagemesssystem erforderlich wären.
Eigenfrequenzen im Messsystem müssen größer als drei- bis viermal der Eckfrequenz des Geschwindigkeitsregelkreises sein, um ihren Einfluss nicht zur Wirkung kommen zu lassen. Diese Anforderung wird nicht von allen Messsystemen eingehalten. Die Folge ist eine verminderte Regeldynamik. Dieser mechanische Schwinger des Messsystems wirkt mit seinem Frequenzgang im Rückführungspfad des Messsignals. Bei dem üblicherweise geringen mechanischen Dämpfungsgrad liegt eine Nullstellenfrequenz höher als seine Polfrequenz. So wirkt im Geschwindigkeitsregelkreis die negative Phasenwinkeldrehung des Pols direkt, ohne Kompensation durch die positive Phasenwinkeldrehung der Nullstelle, stabilitätsmindernd auf die Phasenreserve des offenen Geschwindigkeitsregelkreises.
Ein weiterer Störeinfluss ist der so genannte Zeigereffekt. Er tritt auf, wenn das Messsystem ungünstig angeordnet ist und sich durch die Nachgiebigkeit der Führung beim Beschleunigen des Tisches ein Kippen oder Verkanten einstellt.

19.4 Längenmesssystem „Closed Loop“ und „Semiclosed Loop“

Wird ein Längenmessgerät zur Erfassung der Schlittenposition verwendet, umfasst die Positionsregelschleife die komplette Vorschubmechanik. Man spricht deshalb von einem Betrieb im **Closed Loop**. Bei dieser Vorgehensweise hat die Vorschubmechanik wie ein unterschiedliches Werkstückgewicht oder die Ausdehnung der Kugelumlaufspindel keinen Einfluss mehr auf Bearbeitungsergebnis und somit auf die Genauigkeit der Maschine.
Arbeitet die Maschine im Gegensatz dazu im so genannten **„Semiclosed Loop“** bestimmten die Steigung der Kugelumlaufspindel und die Winkelposition des Motor-Drehgebers die Tischposition. Veränderungen in der Vorschubmechanik wie zum Beispiel die thermische Ausdehnung sind für den Regelkreis nicht sichtbar. Gerade bei höheren Verfahrgeschwindigkeiten erwärmt sich die Kugelumlaufspindel jedoch deutlich. Die dabei entstehende inhomogene Temperaturverteilung erreicht Temperaturspitzen bis zu 50 °C. Positionsfehler bis zu 200 µm innerhalb kurzer Zeit sind unvermeidbar und lassen sich auf Grund der unbekannten Verteilungskurve nicht kompensieren. Die Auswirkung auf die Genauigkeit einer Produktion von 300 Teilen zeigt der im Bild dargestellte Versuchsaufbau. Dabei wird ein Werkstück mit drei Bohrungen (je 2 mm tief) und der entsprechenden Außenkontur gefertigt. Nachdem 30 weitere Werkstücke ohne Werkzeugeingriff „bearbeitet“ wurden, erfolgt eine weitere Zustellung um 2 mm in Z-Richtung. Neun Wiederholungen dieser Bearbeitungsfolge simulieren die Produktion der 300 Teile.

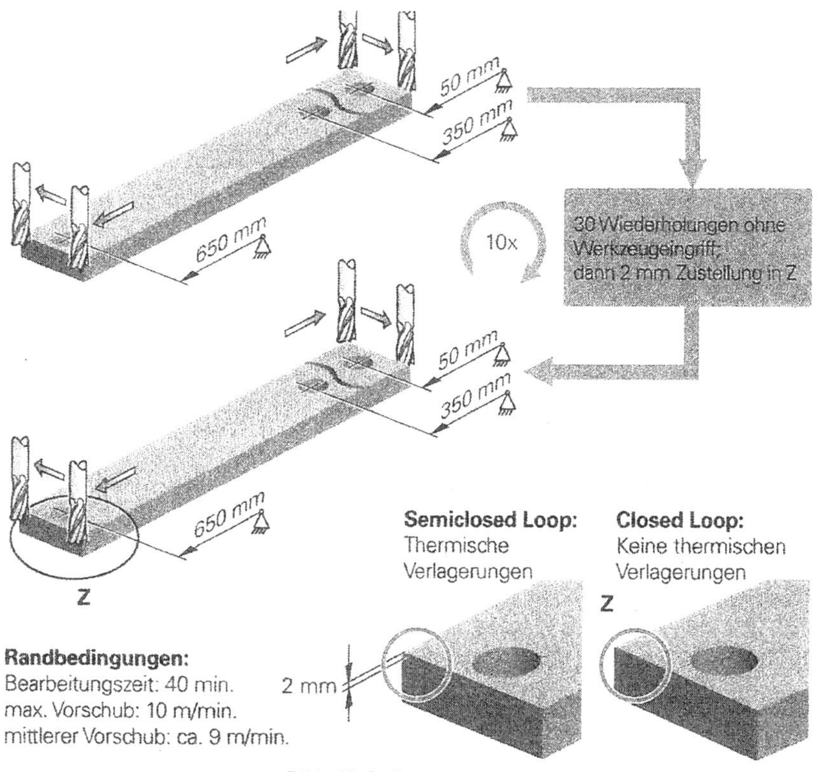

Bild 19.6: Längenmesssystem

19.4.1 Vergleich zwischen „Semiclosed Loop" und „Closed Loop" Messsystem

Im Vergleich zeigen Werkstücke, gefertigt auf einer Maschine im Semiclosed-Loop zu denen, die auf einer Maschine im Closed-Loop produziert wurden, deutliche Unterschiede im Bearbeitungsergebnis. Die Abweichungen zur Sollposition betragen bis zu 200 µm. Im Gegensatz dazu entsprechen die Werkstücke, die mit Längenmessgerät gefertigt wurden, der gewünschten Kontur bis auf wenige µm.
Der Einsatz von Längenmessgeräten gewährleistet somit die Genauigkeit des ersten Teils auch für das letzte Teil ohne langwierige Einfahrzyclen.
Dieser Sachverhalt gilt natürlich auch für den Formenbau. Werden zum Beispiel zwei Formhälften bearbeitet, erfordern Formabweichungen auf Grund von Maschinenfehlern in der Regel sehr aufwändige Nacharbeiten.
Diese grundlegende Betrachtung für Linearachsen gilt gleichermaßen für Rundachsen. Auch hier lässt sich die Position über die Getriebeuntersetzung in Verbindung mit einem Drehgeber am Motor oder über ein hochgenaues Winkelmessgerät an der Maschinenachse erfassen, wobei bei der Verwendung von Winkelmessgeräten deutlich höhere Genauigkeiten und Reproduzierbarkeiten erzielt werden.
Für Werkzeugmaschinen werden in der Regel gekapselte Längenmessgeräte eingesetzt, die in zwei Bauformen dem Markt zur Verfügung stehen.

19.5 Prinzip und Baumaße der Längenmessgeräte

Absolute Längenmessgeräte mit großem Profilquerschnitt sind bis zu einer Messlänge von 4240 mm verfügbar. Aufgrund der Befestigung alle 200 mm mit dem Maschinenbett wird eine hohe Zuverlässigkeit gegenüber Vibrationen erreicht, die von außen eingeleitet werden. Bei beengtem Einbauraum werden Längenmessgeräte mit kleinem Profilquerschnitt eingesetzt. So sind Messlängen bis 2040 mm möglich. Der grundsätzliche Aufbau der Geräte ist für beide Bauformen identisch.

Eine Lichtquelle durchleuchtet den Glasmaßstab. Die hochgenaue DIADUR-Teilung auf dem Glas erzeugt ein exaktes Muster auf dem Detektor (Photoelement), das die integrierte Elektronik in elektrische Signale umwandelt. Bei Längenmessgeräten für die Werkzeugmaschinen werden nur Detektoren nach dem so genannten Einfeld-Prinzip eingesetzt.
Diese Opto-ASICs (Heidenhain) sind auf den Einsatz in Werkzeugmaschinen hin optimiert. Sie zeichnen sich durch eine hohe Unempfindlichkeit gegenüber Verschmutzung und EMV-Störungen aus. Die moderne Sensortechnologie ist die Grundvoraussetzung für höchste Zuverlässigkeit bei gleich bleibender Signalstabilität.

Ein Gehäuse schützt die Optik vor grober Verschmutzung und dient zur Befestigung am Maschinenbett. Die elastischen Dichtlippen verschließen den für die Bewegung nötigen Spalt fast vollständig. In vielen Fällen reichen diese Maßnahmen aus, um einen sicheren Betrieb zu gewährleisten. Bei extremer Flüssigkeits- oder Kondensationsbelastung hat sich der Einsatz von sauberer Druckluft bewährt, um die Zuverlässigkeit über viele Betriebsjahre zu gewährleisten. Eine Kupplung zwischen Abtastwagen und Montagefuß ermöglicht die Montagetoleranz +/- 0,3 mm zur Maschinenkomponente, ohne dass die Genauigkeit des ermittelten Positionswertes beeinflusst wird.

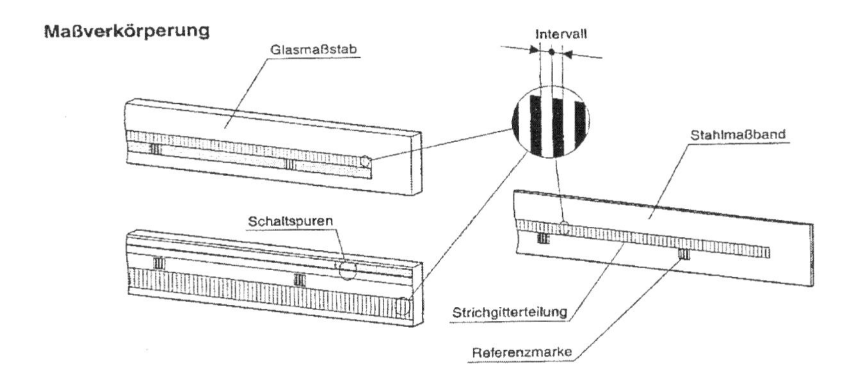

Bild 19.7: Messsystem Aufbau

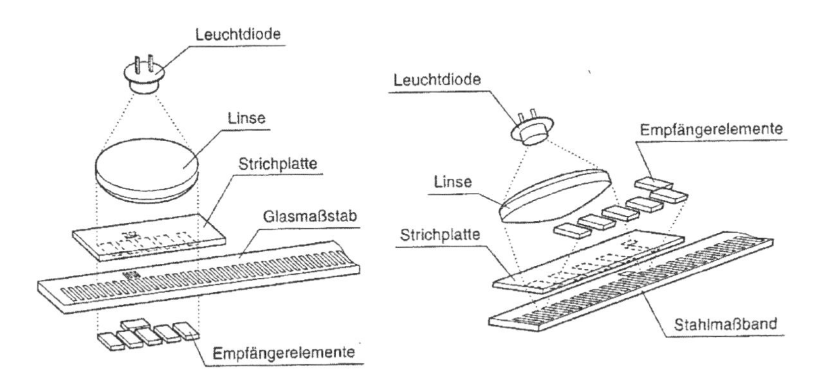

Bild 19.8: Messsystem Vergleich

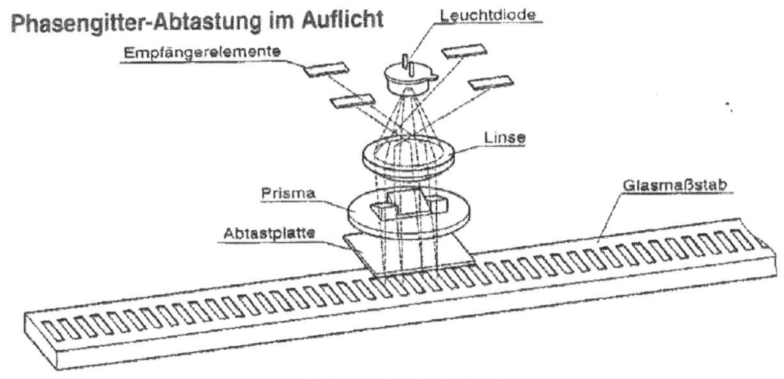

Bild 19.9: Auflicht Messsystem

Für die Produktivität einer Werkzeugmaschine ist neben der Genauigkeit (kann ich mit diesem Betriebsmittel dieses Teil überhaupt prozesssicher herstellen) auch die Zuverlässigkeit (wie verfügbar ist das Betriebsmittel) ein entscheidender Faktor. Hohe Produktivität bei gleich bleibender Werkstückqualität lässt sich am einfachsten mit Längen- beziehungsweise Winkelmessgeräten erreichen. Deren Verwendung gehört mittlerweile nicht nur bei Universalmaschinen, sondern auch bei Produktionsmaschinen zum Standard.

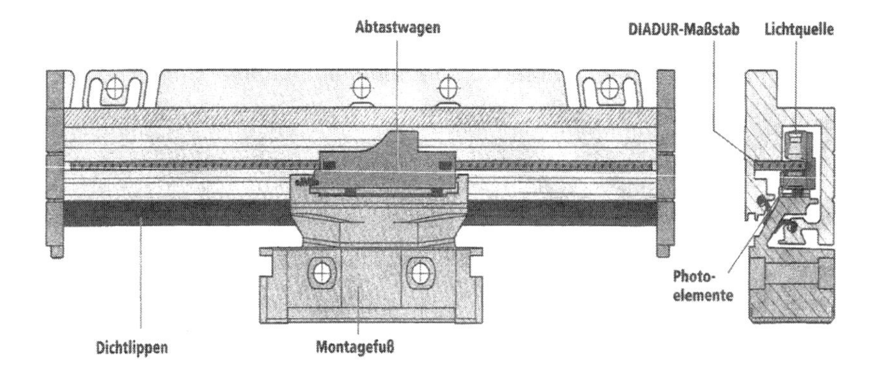

Bild 19.10: Schematischer Aufbau eines gekapselten Längenmessgerätes

19.6 Profilschienenführung mit integriertem Wegmesssystem

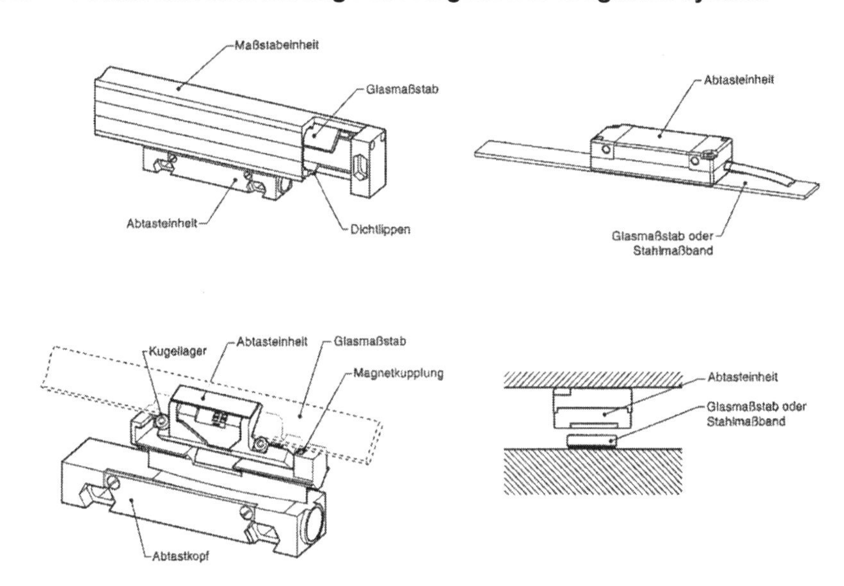

Bild 19.11:

Geschlossene Systeme mit geführter Abtastung

Offene Systeme mit berührungsloser Abtastung

Durch das Zusammenführen von hochpräzisem Maßstab mit der Führungsschiene ergibt sich ein integriertes Messsystem, das direkt ohne Montage oder Justierarbeit einbaubar ist. Es werden dadurch Kosteneinsparungen in der Konstruktion, Herstellung und Wartung der Produkte erzielt.

Magnetoresistives Messprinzip:

Der Sensor basiert auf einem speziell angepassten magnetoresistiven Messverfahren. Bei einer Relativbewegung zwischen Sensor und Maßverkörperung führt die Änderung der Feldstärke zu einer gut messbaren elektrischen Widerstandsänderung. Durch die elektrische Schaltung der Sensorelemente als Wheatstone`sche Brücke sind die Störeinflüsse durch Temperaturschwankungen, Alterung und magnetische Störfelder minimal. Der Abtastkopf arbeitet dabei berührend, wodurch sichergestellt ist, dass keine Partikel die Funktion des Sensors stören können.

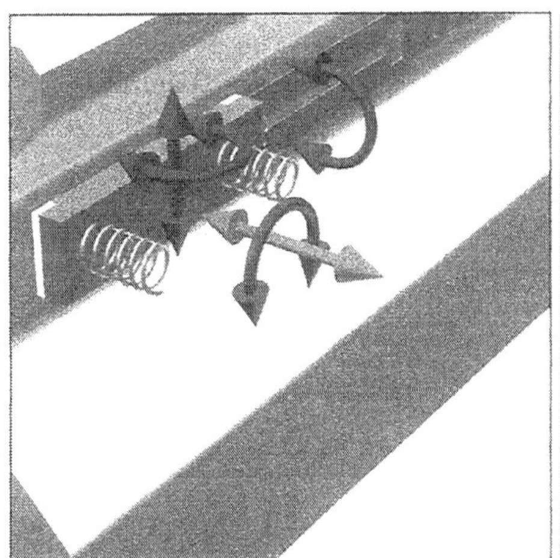

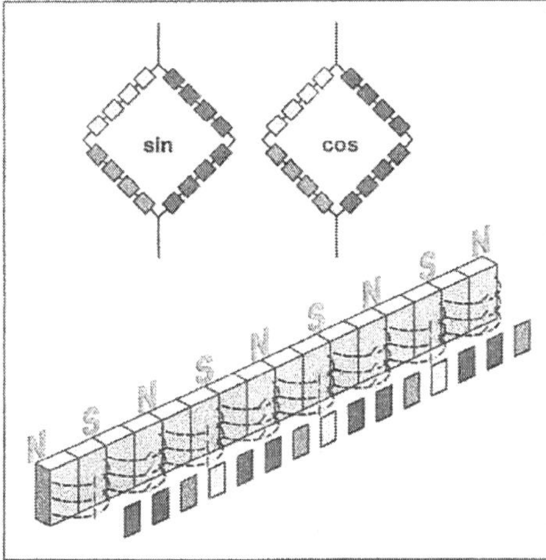

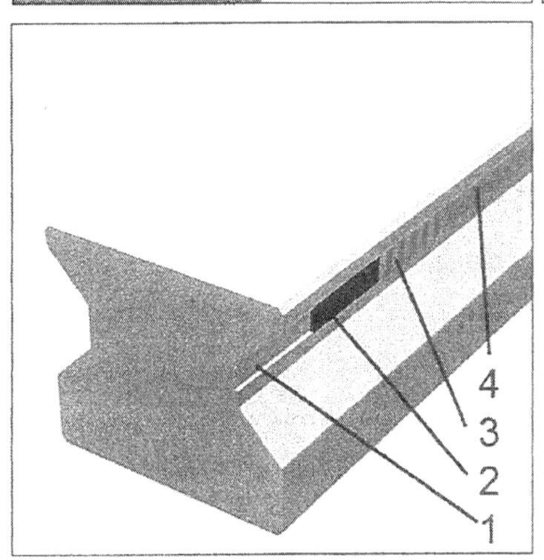

Bild 19.12: Messmethode magnetoresistiver Messverfahren

1 = Führungsschiene
2,3,4 = Sensoren

Durch die im Bild dargestellte Anordnung der sichelförmigen Sensorelemente werden aus der inkrementalen Magnetisierung zwei sinusförmige Signale mit 90° Phasenverschiebung gewonnen. Zur Erhöhung der Genauigkeit werden die Signale von 104 Einzelelementen, die in Messrichtung aufgereiht sind, gemittelt. Da die Struktur des Sensors auf die magnetische Teilungsperiode angepasst ist, wird der Einfluss von Störmagnetisierungen stark unterdrückt.

Prozessnahe Messung der Position:

Eine gute thermische Kopplung des Maßstabes an das Maschinenbett ist durch die großflächige Verbindung der Führungsschiene mit dem integrierten Maßband einerseits und die starre Verschraubung der Führungsschiene mit dem Maschinenbett andererseits gegeben. Dies hat den Vorteil, dass Temperaturänderungen im Maschinenbett unmittelbar in den Maßstab weitergeleitet werden. Durch die gute thermische Kopplung der Maßverkörperung an die Führungsschiene und somit an das Maschinenbett werden keine Nullpunkte und keine Temperaturfühler bei diesen Anlagen benötigt, um eine sehr gute Prozessstabilität zu erreichen.
Das Bild zeigt die Verbindung des Maßbandes mit dem Schienenprofil. Das Maßband ist vollständig in das Schienenprofil integriert. Für die Herstellung wird zunächst eine Nut (1) ins fertige Schienenprofil geschliffen, in die ein magnetisches Material (2) eingebracht wird. Dieses Magnetmaterial wird überschliffen und magnetisiert (3). Zum Schutz der Maßverkörperung wird ein sehr hartes, für die Abtastung magnetisch durchlässiges Material verwendet und mit der Schiene verschweißt (4).

Lageunabhängigkeit des Sensors:

Alle genauigkeitsbestimmenden Eigenschaften der Messsignale (Phase, Amplitudendifferenz, Oberwelleneigenschaft) sind im Sensor verankert. So führen selbst größere Lageabweichungen und Verdrehungen des Sensors zu keiner Verschlechterung der Signalqualität: „Der Kreis bleibt stabil“.
Die direkten Folgen sind einfacher Lesekopfwechsel ohne Justage, erhöhte Vibrations- und Stoßbeständigkeit sowie ein breites Toleranzfeld für den Betrieb der Leseköpfe.

Automatische Amplitudenanpassung und Referenzpunkterkennung:

Die aktuelle Amplitude (repräsentiert durch die periodischen Signale) wird fortwährend in der Messelektronik bestimmt. Bei Abweichungen wird die Amplitude nachgeregelt. So wird auch im Ausnahmefall (Einbaufehler, Fremdfelder, Abheben des Gleiters) ein normiertes Ausgangssignal zur Verfügung gestellt.

Die zweite Spur trägt die Referenzpunkte des AMS zur Bestimmung der absoluten Position. Die Genauigkeit der Referenzpunkte ist entscheidend für den Maschinennullpunkt. Ein Referenzpunkt wird auf der Referenzpunktmagnetisierung mit drei magnetischen Referenzmarken repräsentiert. Eine Referenzinformation repräsentiert die steigende, eine weitere die fallende Flanke des Referenzimpulses. Die dritte Referenzinformation ist redundant und dient der Steigerung der Funktionssicherheit der Referenzpunkterkennung. Dieses Wirkprinzip unterdrückt somit einzelne zusätzliche Störmagnetisierungen und liefert bei Störungen im Zweifelsfall kein Referenzsignal.

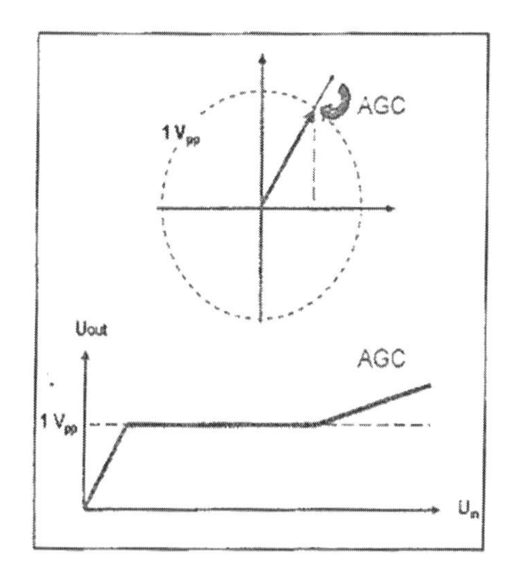

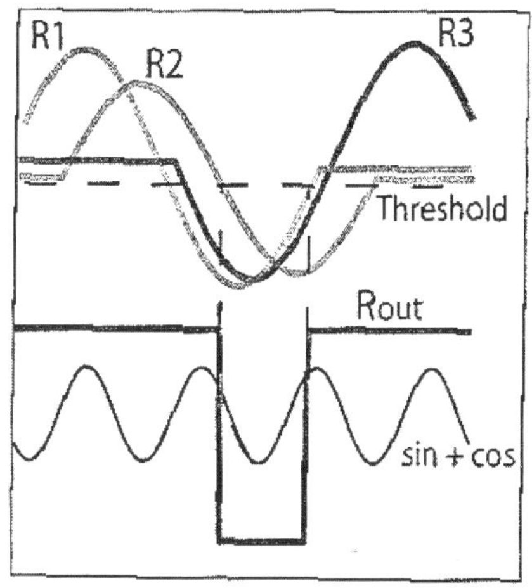

Bild 19.13: Amplituten Regelung

Bild 19.14: Referenzpunkte

19.7 Fehleinflüsse der direkten und indirekten Wegmessung

Fehleinflüsse bei der direkten Messung:

- Temperatur
- Teilungsfehler
- Abstands- und Winkelfehler
-

Fehleinflüsse bei der indirekten Messung:

- Elastische Verformung der Spindel
- Steigungsfehler
- Spiel
- Verschleiß der Spindel
- Fehler des Gebers
- Temperatur
- Teilungsfehler der Zahnstange und des Ritzels
- Exzentrizität
- Fehler im eventuell eingesetzten Getriebe

19.8 Übersicht über digitale Messverfahren

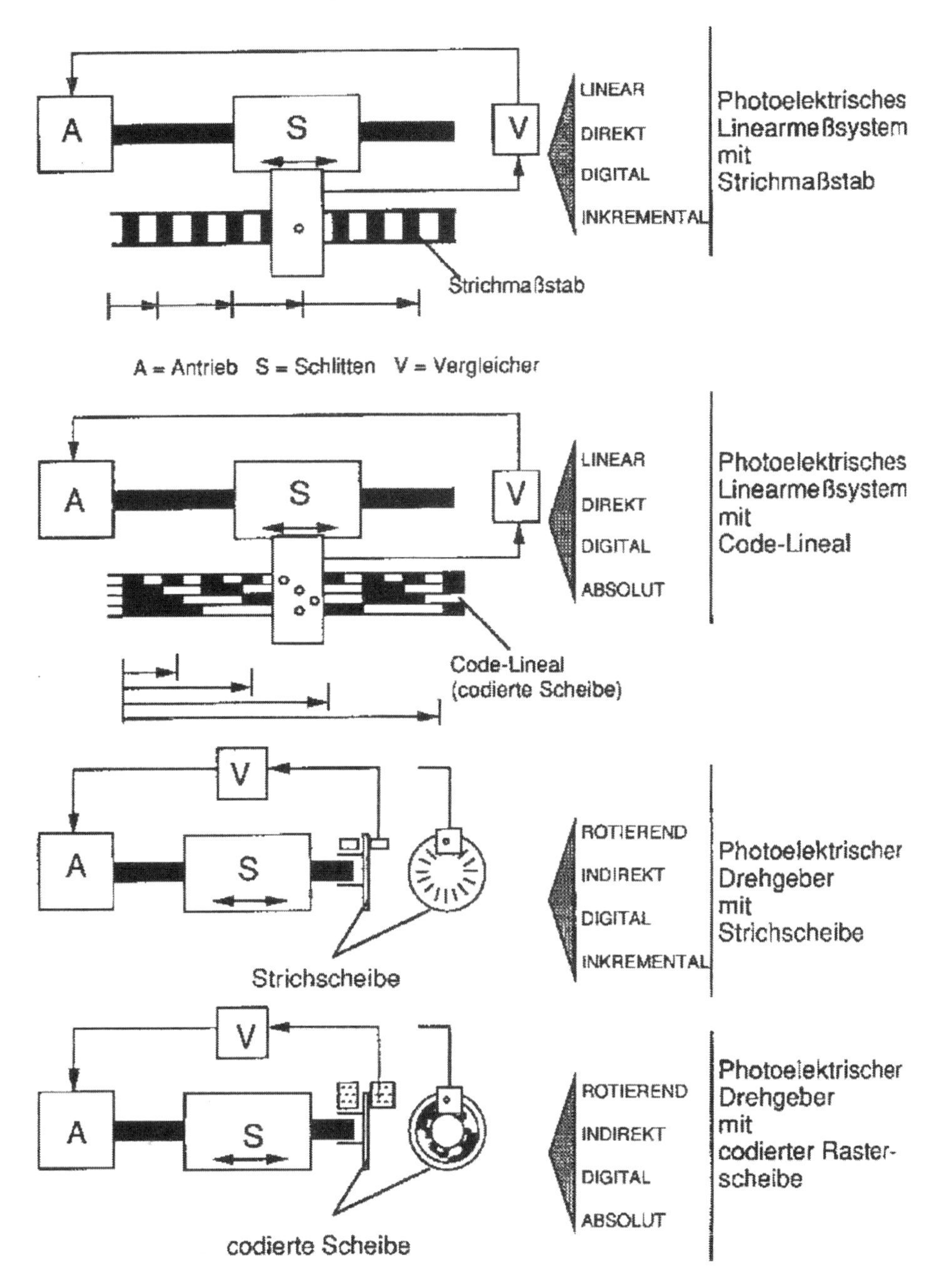

Bild 19.15: Digitales Messverfahren

19.9 Übersicht über analoge Messverfahren

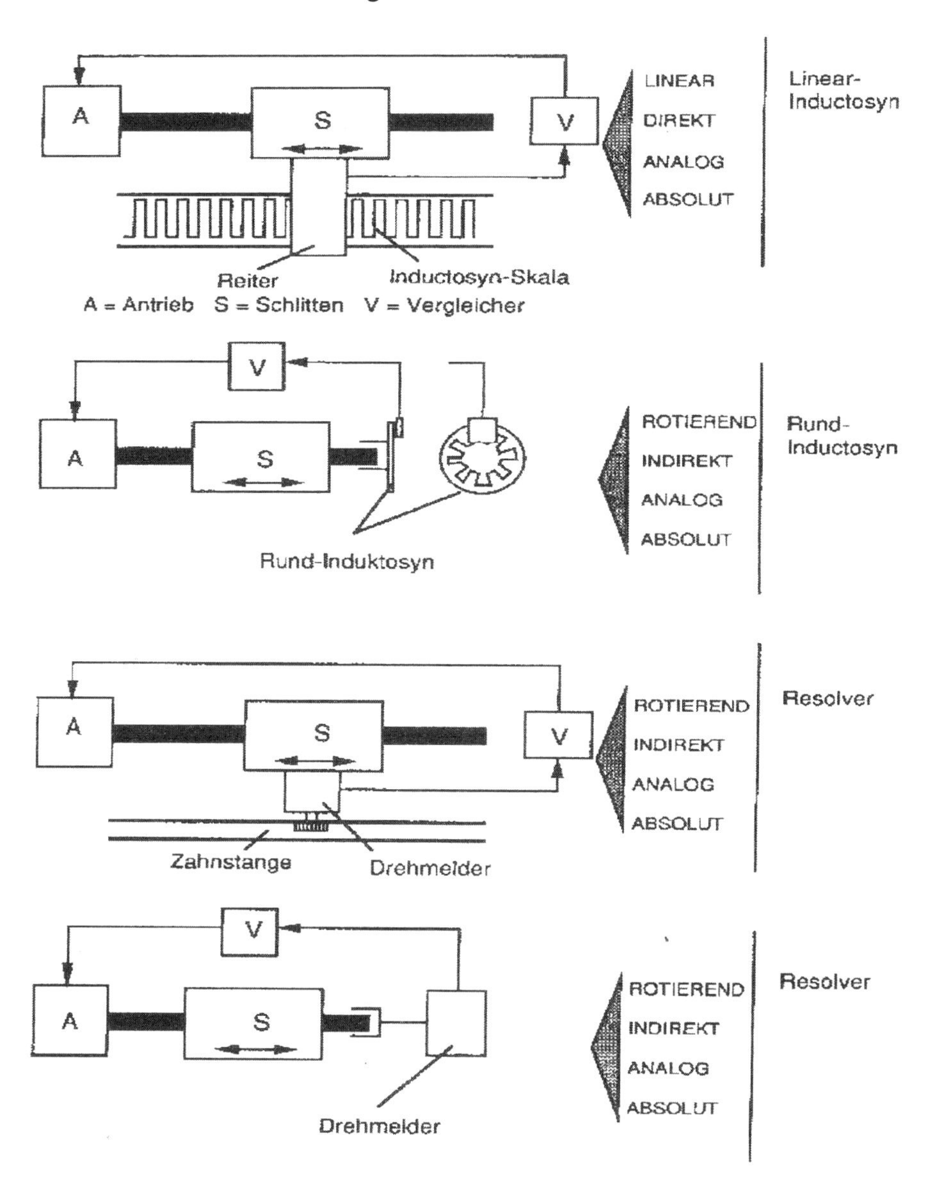

Bild 19.16: Analoges Messverfahren

20 Drehführungen

Alle drehenden Wellen benötigen eine Drehführung (Lagerung). Konstruktion und Fabrikation bieten für die meisten Wellenlagerungen keine Schwierigkeiten. Arbeitsspindeln und ihre Lagerung ebenso wie die Lagerung von Drehtischen oder Schwenkeinrichtungen beeinflussen die Werkstückgenauigkeit unmittelbar.

Für die Lagerung der Antriebsspindel ergeben sich folgende Forderungen:

- Schwingungsfreier Lauf, so dass keine Oberflächenfehler am Werkstück entstehen.
- Genauer Rundlauf als Voraussetzung für zylindrische Werkstücke ohne Formfehler
- Genaue axiale Führung zur Vermeidung von Maßfehlern

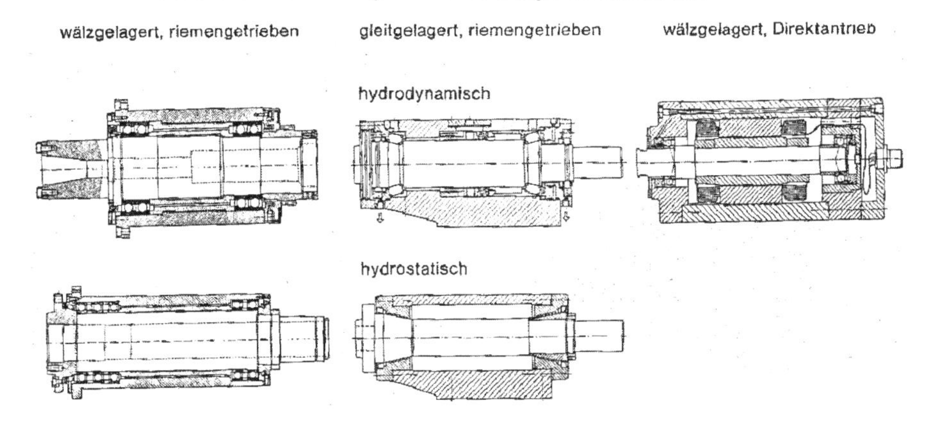

Bild 20.1: Bauarten von Spindeleinheiten

Arbeitsspindeln sind entweder Träger des Werkstückes oder des Werkzeuges. Der Kraftfluss schließt sich über die Spindel. Die Tatsache, dass ständig an der Verbesserung der Spindellagerung gearbeitet wird, unterstreicht die Bedeutung der Arbeitsspindel für die Werkzeugmaschine.
Trotz hoher Anforderungen an die Genauigkeit und an die statische wie die dynamische Steifigkeit erwartet man eine fertigungsgerechte und damit kostengünstige Konstruktion. Die Spindel soll reibungsarm drehen, um einen hohen Wirkungsgrad zu besitzen und zu vermeiden, dass ein übermäßig großer Anteil der Motorantriebsleistung in Wärme umgewandelt wird, statt dem Abspanprozess zugeführt zu werden. Reibungsarmut ist besonders für schnell laufende Spindeln wichtig.
Keramische und hochwarmfeste Werkzeugstoffe erfordern immer höhere Drehzahlen. Die Entwicklung der Spindellagerungen ist hiervon gekennzeichnet. Sie wird es auch in Zukunft sein, denn es ist nicht damit zu rechnen, dass die Entwicklung der Schneidstoffe abgeschlossen ist. Vielmehr besteht zwischen Schneidstoff und Maschine – insbesondere Arbeitsspindel – eine Wechselwirkung. Erst wenn die Maschine den Einsatz eines neuen Schneidstoffes zulässt, kann der Schneidstoff vorteilhaft eingesetzt werden.

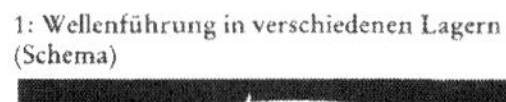

1: Wellenführung in verschiedenen Lagern (Schema)

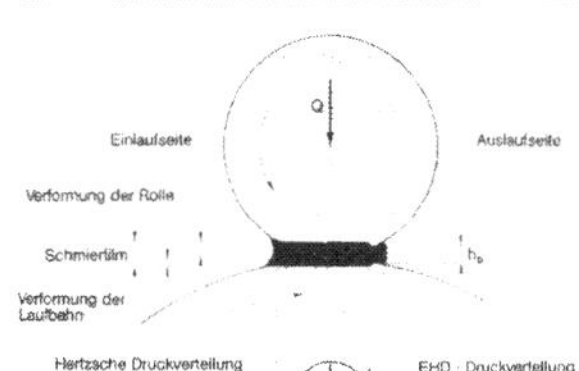

a = Wälzlager

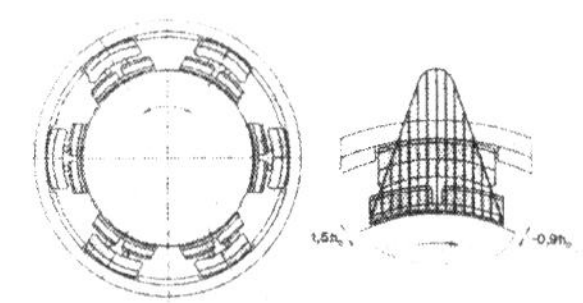

b = Hydrodynamische Mehrflächengleitlager

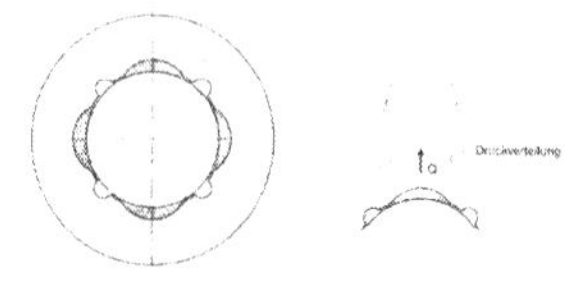

c = Hydrostatische Gleitlager

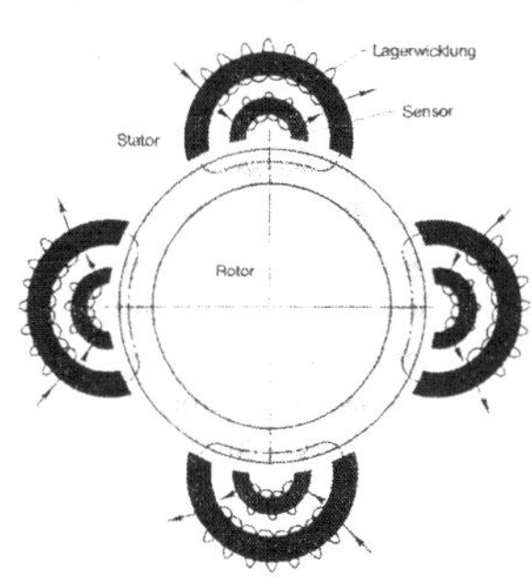

d = Magnetlager

	Wälzlager	Hydrodynamisches Lager	Hydrostatisches Lager	Magnetlager
Lastübertragung zwischen »Rotor« und »Stator«	Rollkörper und Schmierfilm **Druck** im Schmierfilm durch Relativbewegung **selbst erzeugt**	Schmierfilm **Druck** im Schmierfilm durch Relativbewegung **selbst erzeugt**	Flüssigkeitsfilm **Druck** im Flüssigkeitsfilm **fremderzeugt** (durch Pumpen, außerhalb der Lagerung)	Magnetfeld **Kraftfeld fremderzeugt** (durch Stromquelle, außerhalb der Lagerung)
Wellenführung, Verlagerung des Wellenmittelpunktes unter Last	**»selbstregelnd«**	**»selbstregelnd«**	**»selbstregelnd«**	**fremdgeregelt** durch Meßglieder (Sensoren innerhalb sowie Regeleinrichtung und Stromquelle außerhalb der Lagerung)
Reibung: beim »Anlauf«	klein	sehr groß	0	0
im Betrieb	klein	groß	groß	sehr klein
Lebensdauer Gebrauchsdauer	Praktisch dauerfest begrenzt durch Verschleiß	begrenzt durch Verschleiß beim An- und Auslauf	unbegrenzt bei störungsfreiem Betrieb	unbegrenzt bei störungsfreiem Betrieb
Drehzahl	begrenzt durch Temperatur Schmierung	begrenzt durch Temperatur Schmierung	begrenzt durch Temperatur	begrenzt durch Materialfestigkeit
Laufgenauigkeit	gut bis sehr gut, abhängig von der Geometrie der Lagerteile, Schmierfilm gleicht Formfehler nicht aus	sehr gut, abhängig von der Geometrie der Lagerteile, Schmierfilm gleicht Formfehler aus	extrem gut, geringer Einfluß von Formfehlern, Flüssigkeitsfilm gleicht Formfehler aus	– stabile Lage des Wellenmittelpunktes, abhängig von der Empfindlichkeit der Sensoren und »Regler«
Dämpfung	vorhanden	gut	gut	–
Steifigkeit	gut **»selbstregelnd«**	gut **»selbstregelnd«**	gut **»selbstregelnd«** selten fremdgeregelt	gut **fremdgeregelt**
Aufwand für die Schmierung	gering	groß	sehr groß	——
Betriebssicherheit	sehr groß	groß	weniger groß	——
Aufwand für Beschaffung und Wartung	gering	sehr groß	sehr groß	ungewöhnlich groß

2: Charakteristika verschiedener Lagersysteme

Als Anhaltswerte für die „Laufgenauigkeit in radialer Richtung" können bei Lagern mit einem Durchmesser von 100 mm genannt werden:

Hydrostatisches Lager:
kleiner als 0,5 μm (in Sonderfällen wurden Werte von 0,05 μm erreicht; gemessen wurde bei kleinen Drehzahlen.

Hydrodynamisches Lager:
kleiner als 1 μm.
Wälzlager:
kleiner als 2 μm.

Dämpfung

Beim Wälzlager ist ein wesentlich dünnerer Ölfilm vorhanden, als bei hydrodynamischen und hydrostatischen Lagern. Der Ölfilm sorgt für den Ausgleich geometrischer Fehler, er wirkt sich auch bei der Dämpfung aus. Bei Gleitlagern kann die Dämpfung durch die Schmierstoffviskosität, durch die Form des Schmierspaltes und der Lagerflächen beeinflußt werden.
Gesicherte Angaben für die Dämpfung verschiedener Lagerungen liegen

Bild 20.2: Charakteristika verschiedener Lagersysteme

Die Lagerung einer Werkzeugmaschinenspindel muss sich optimal in das Gesamtsystem der Werkzeugmaschine einfügen. Darum gilt es, objektive Maßstäbe für die Auswahl des Lagersystems zu finden und zu berücksichtigen. Dies trifft sowohl zu bei der Auswahl der Wälzlagerbauart als auch bei der Beantwortung der Frage, in welchen Anwendungsbereichen und unter welchen besonderen Betriebsbedingungen eventuell andere Lagersysteme zu wählen sind. Dazu müssen die Eigenschaften der Lagerungen miteinander verglichen und die Anforderungen an die Lagerung definiert werden.

Aus der Palette verschiedener Lagersysteme sind für den Werkzeugmaschinen-Konstrukteur vor allem die mannigfaltigen Wälzlagerbauarten von großer Bedeutung. In wenigen Prozenten aller Anwendungsfälle werden hydrodynamische und hydrostatische Gleitlager eingesetzt. Aktive Magnetlager haben die Experimentalphase noch nicht verlassen. Es ist noch keine Prognose möglich, ob sie in Grenzfällen zum Einsatz kommen werden. Wartungsfreie oder wartungsarme Gleitlager sowie aerostatische und aerodynamische Gleitlager werden nur äußerst selten angewendet.

21 Hydrodynamische Drehführungen

Hydrodynamisch gelagerte Spindeln können hohe axiale und radiale Kräfte aufnehmen. Ihre große Steifigkeit und die spielfreie Lagerung haben sich besonders bei hohen Zerspanungs-Leistungen bewährt. Die Arbeitsgenauigkeit liegt innerhalb von 1 µm. Besonders hervorzuheben ist der große Drehzahlbereich, denn die Spindeln können von Kriechgeschwindigkeiten bis zu 100 m/s Umfangsgeschwindigkeit gefahren werden. Dabei spielt die Drehrichtung keine Rolle.
Reibung und Verschleiß sind bei der hydrodynamischen Spindel bemerkenswert gering.

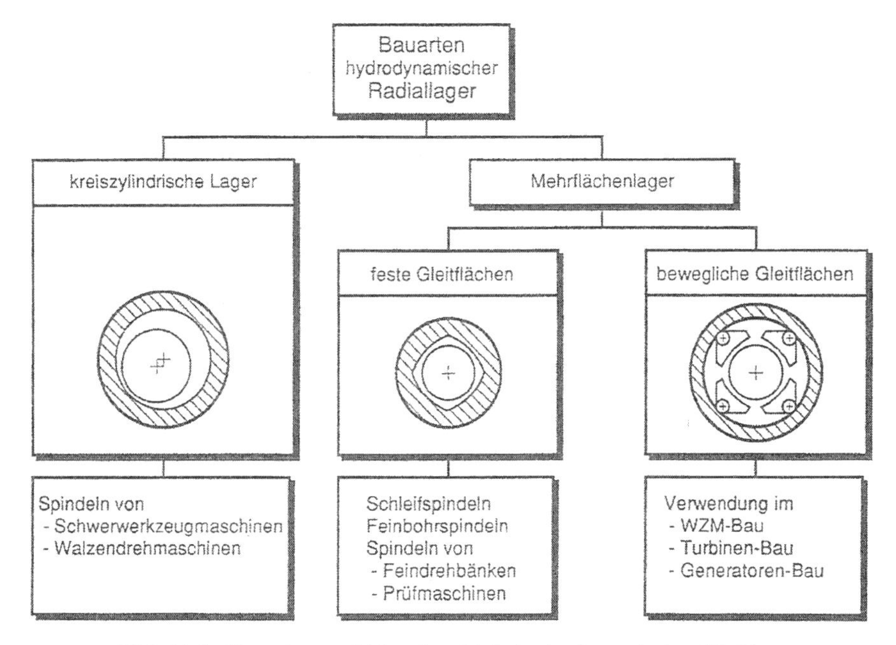

Bild 21.1: Bauarten und Einsatzgebiete hydrodynamischer Gleitlager

21.1 Aufbau der hydrodynamischen Spindel

Das Bild zeigt den Aufbau der Spindel und ihrer Lager. Der Spindelkern wird von zwei axial gegeneinander angestellten hydrodynamischen Lagern, die auf kegelig geschliffenen Gleitflächen laufen, in O-Anordnung geführt. Jede Lagerstelle wird durch eigene, direkte Zufuhr- und Abfuhrleitungen mit Öl versorgt; die Rücklaufleitungen sind so angeordnet, dass bei Ausfall der Ölversorgung ein Ölsumpf erhalten bleibt.

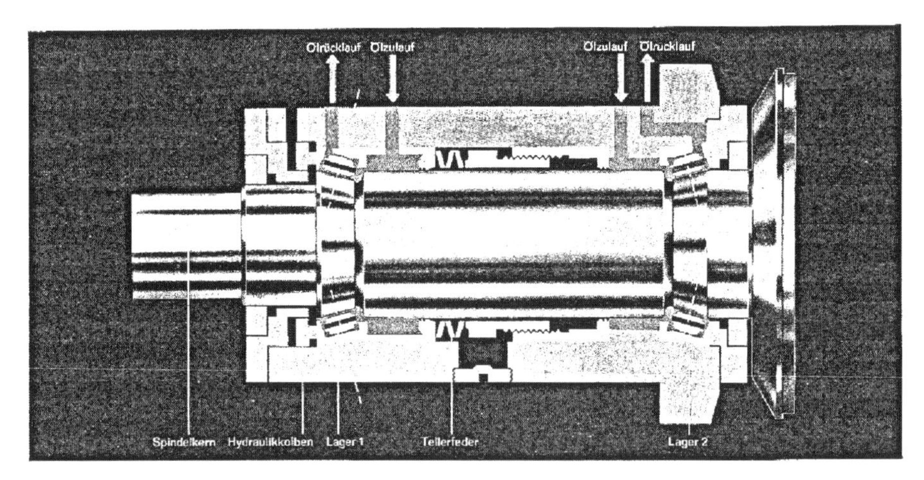

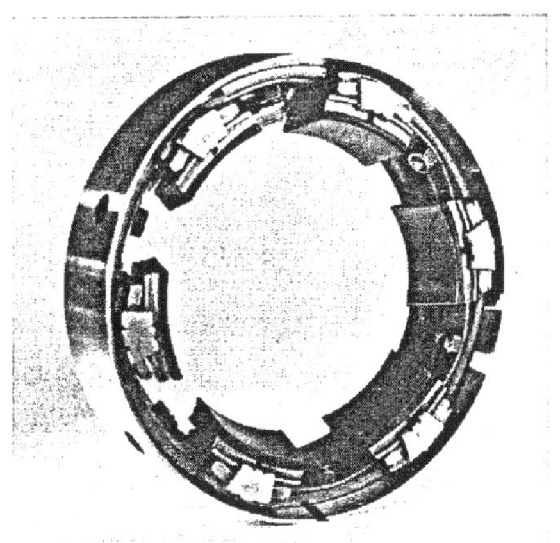

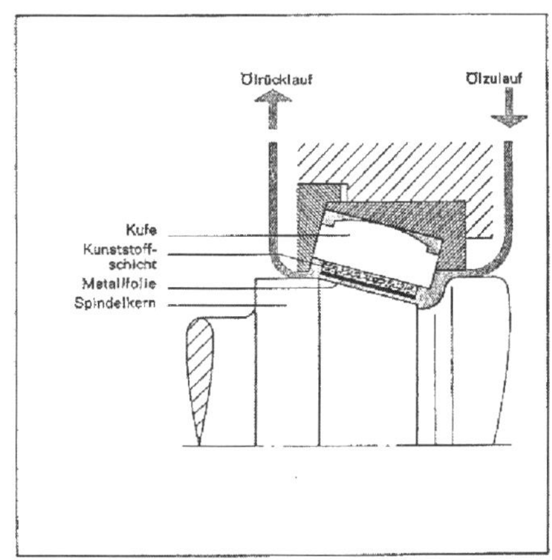

Bild 21.2: Hydrodynamische Spindel

Das Lager auf der Antriebsseite ist axial verschiebbar, das auf der Antriebsseite fest eingebaut. Das hat den Vorteil, dass sich Temperatur bedingte Längen-Änderungen des Spindelkerns praktisch nicht auf der Arbeitsseite auswirken.
Das Lager ist ein hydrodynamisches Mehrflächen-Gleitlager, dessen einzelne Kufen den Spindelkern umschließen. Es wird mit Tellerfedern oder mit einem Hydraulikkolben axial stark vorgespannt.
Die Vorspannung beträgt beispielsweise bei einer Spindel von 90 mm Durchmesser etwa 1000 kp. Vor dem Anlaufen der Spindel wird die Vorspannung von einem Hydrauliksystem gelöst, so dass die Spindel mit Spiel anläuft.
Nach etwa einer Sekunde wird die Spindel wieder unter Vorspannung gesetzt. Der Schmierfilm, der sich unter dieser hohen Vorspannung aufbaut, ist entsprechend der Viskosität des Schmiermediums nur 1-2 µm stark.

21.1.1 Drehzahl

Die hydrodynamische Spindel kann innerhalb eines weiten Drehzahlbereiches eingesetzt werden; die untere Grenze liegt bei der für hydrodynamische Gleitlager ungewöhnlichen Gleitgeschwindigkeit von 1 m/min, die obere Grenze bei 6000 m/min. Dabei spielt die Drehrichtung keine Rolle.
Umfangsgeschwindigkeiten von über 60 m/s, die heute beim Hochgeschwindigkeitsschleifen auftreten, werden also mit der hydrodynamischen Spindel sicher beherrscht.

21.1.2 Steifigkeit

Die hydrodynamischen Spindeln sind mit 80 kg pro cm^2 projizierter Lagerfläche vorgespannt. Diese Vorspannung wird mit Tellerfedern oder mit einem hydraulischen Kolben aufgebracht; sie bleibt innerhalb des gesamten Drehzahlbereichs konstant. Bevor die Spindel anläuft, wird die Vorspannung von einem Hydrauliksystem gelöst; die Spindel läuft also mit Spiel an. Nach etwa einer Sekunde wird sie wieder unter Vorspannung gesetzt.
Die radiale Steifigkeit beträgt beispielsweise bei einer Hohlspindel 90 (d/D = 0,4) 55 kp/µm. Dieser Wert wurde bei einer Radiallast von 300 kp gemessen (Lastangriff am Spindelkopf, 120 mm vor dem vorderen Lager). Die axiale Steifigkeit beträgt, entsprechend der Kufenneigung, 20 kp/µm.

21.1.3 Schmierung

Die Schmierung wird den jeweiligen Betriebsbedingungen angepasst; bei geringen Drehzahlen genügt ein Ölsumpf, während Gleitgeschwindigkeiten über 30 m/min Ölumlaufschmierung erfordern. Jede Lagerstelle hat eigene, direkte Zufuhr- und Abflussleitungen; der Rücklauf ist so angeordnet, dass bei Ausfall der Ölversorgung ein Ölsumpf erhalten bleibt. An das Schmieröl werden keine hohen Anforderungen gestellt. Normalerweise können bei geringen Drehzahlen Hydrauliköle oder Spindelöle mit 6 cSt (1,3 °E /20 °C) verwendet werden. Bei hohen Drehzahlen ist auch eine Schmierung mit Wasser oder Schleifölemulsion möglich.
Das Drucköl für das Hydrauliksystem, das die Vorspannung der Spindel vor dem Anlaufen löst, kann auch von einer bereits vorhandenen Gesamthydraulik der Maschine abgeleitet werden. Dadurch vereinfachen sich die für die Ölversorgung benötigten hydraulischen Geräte.

Tabelle 21.1: Schaltplan

Elektrischer und hydraulischer Schaltplan des Schmier- und Entspannaggregates für FAG HDK-Spindeln.

	Arbeitsfolge	Kommando	Magnetventil	Spindel
1	Ölpumpe ein	Drucktaster I	0	entspannt Stillstand
2	Kontrollampe ein	Schwimmerschalter	0	entspannt Stillstand
3	Spindelmotor ein	Drucktaster II	0	entspannt Anlauf
4	Magnetventil ein	Zeitrelais d₁ nach 0,5 sec	L	vorgespannt Lauf
5	alles aus	Drucktaster 0	0	entspannt Stillstand

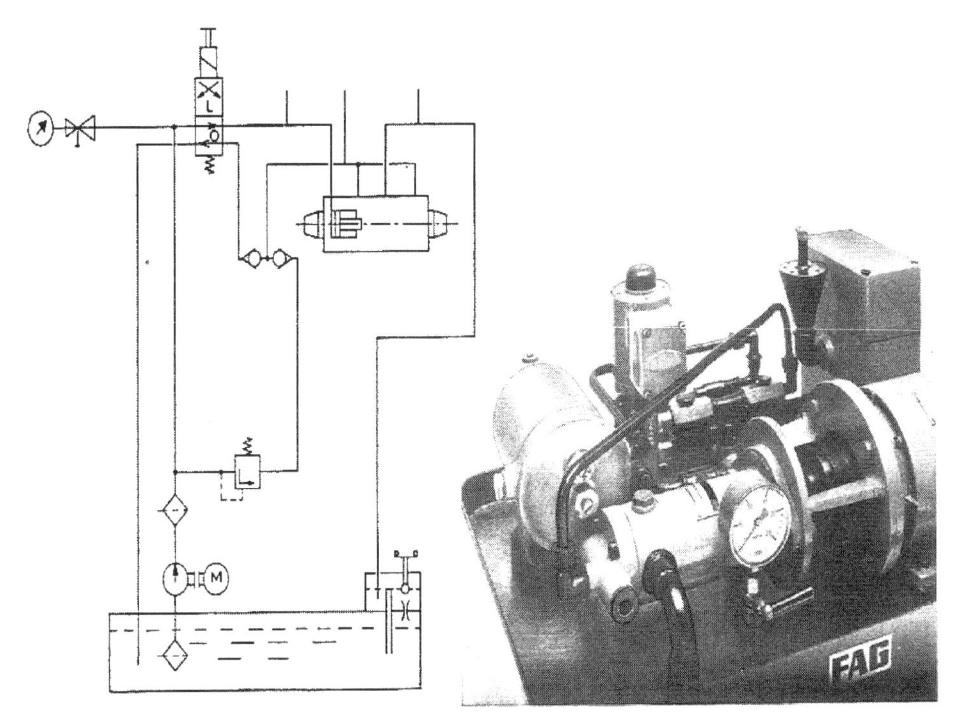

Bild 21.3: Schmieraggregat

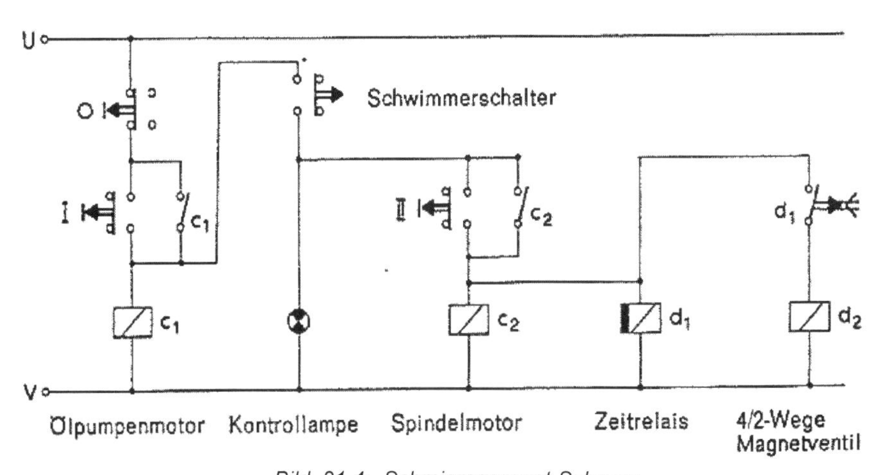

Bild 21.4: Schmieraggregat Schema

21.2 Anwendungsbeispiele mit hydrodynamischen Spindeln

Außenrundschleifmaschine:

Technische Daten: Antriebsleistung 20 kW, Spindeldrehzahl 3000 U/min, 1500 kp Radialbelastung

Spindel: Die Außenrundschleifmaschine ist für Hochgeschwindigkeitsschleifen mit 60 m/s Umfangsgeschwindigkeit ausgelegt.

Der Lagerdurchmesser der Spindel beträgt 90 mm; jedes Lager hat sechs Gleitkufen. Das Lager auf der Antriebsseite ist axial verschiebbar, das auf der Arbeitsseite fest eingebaut. Die Lager sind mit 1000 kp vorgespannt. Vor dem Anlaufen der Spindel wird die Federvorspannung von einem Hydrauliksystem (Drucköl 12 bar) für etwa eine Sekunde gelöst.

Schmierung und Abdichtung: Umlaufschmierung: Öldurchsatz 3-4 l/min. Verwendet wird ein Spindelöl mit einer Viskosität von 1,8 °E / 20° C.

Die Spindel ist mit Bronzeringen abgedichtet.

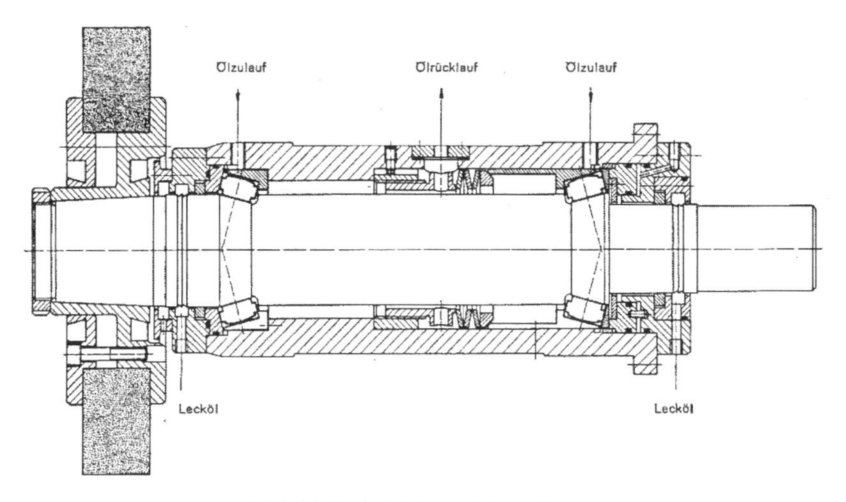

Bild 21.5: Schleifmaschinen Spindel

Vertikal Flächenschleifmaschine:

Technische Daten: Antriebsleistung 15 kW, Spindeldrehzahl 1300 U/min, 1500 kp Axialbelastung.

Spindel: Die Flächenschleifmaschine ist für das automatische Tiefschleifen von Hartmetall-Schneidplatten bestimmt und mit einer Spindel mit 90 mm Lagerdurchmesser ausgerüstet. Die axiale Steifigkeit der Spindel führt zu erheblichen Zeitgewinnen beim Abtragen des Hartmetalls. Beim Schleifen mit der Spindel werden exakte Planflächen erreicht. Diese Ebenheit ist Voraussetzung für konstante Schneidwinkel.

Das Spindellager hat sechs Gleitkufen. Das Lager auf der Antriebsseite ist axial verschiebbar, das auf der Arbeitsseite fest eingebaut. Die Lager sind mit 1000 kp vorgespannt. Vor dem Anlaufen der Spindel wird die Federvorspannung von einem Hydrauliksystem (Drucköl 15 bar) für etwa eine Sekunde gelöst.

Schmierung und Abdichtung: Umlaufschmierung: Öldurchsatz 2-3 l/ min. Verwendet wird ein Spindelöl mit einer Viskosität von 1,8 °E / 20°C.

Die Spindel ist mit Manschettendichtungen abgedichtet.

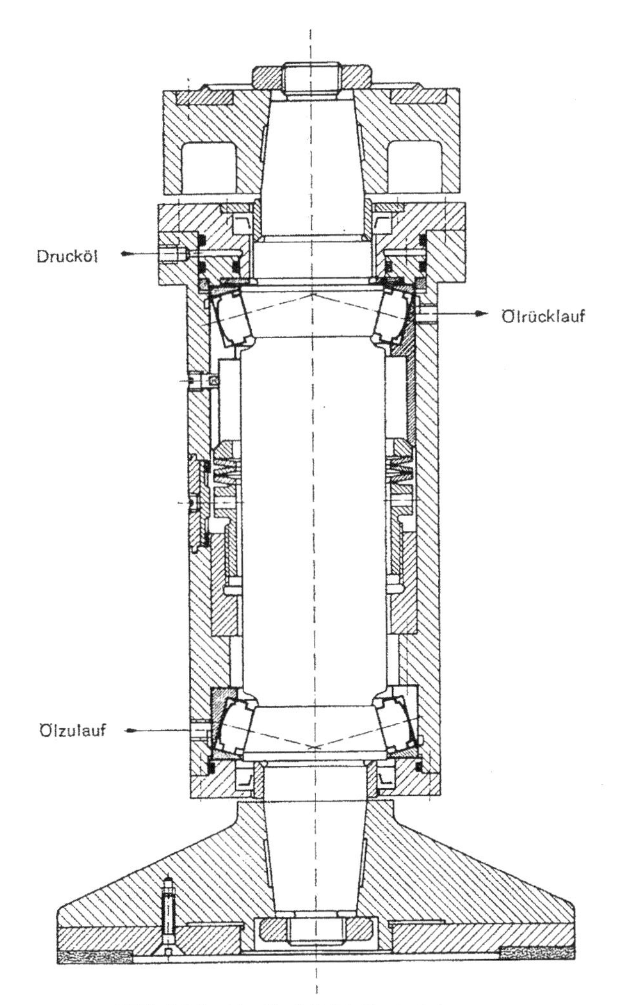

Bild 21.6: Vertikal Schleifspindel

Schleifspindel für die Schwerzerspanung:

Technische Daten: Antriebsleistung 50 kW, Spindeldrehzahl 1500 U/min, 2000kp Radialbelastung.

Spindel: Für Maschinen, bei denen außer einer hohen Zerspanungsleistung auch hohe Ansprüche an die Formgenauigkeit gestellt werden, wie zum Beispiel bei Einstechschleifmaschinen, Walzenschleifmaschinen, Führungsbahnschleifmaschinen wurde eine spezielle Spindel entwickelt. Neben einer größeren Anzahl von Gleitkufen hat die Spindel auf der Arbeitsseite einen größeren Durchmesser als auf der Antriebsseite.

Der Lagerdurchmesser beträgt auf der Arbeitsseite 230 mm, auf der Antriebsseite 200 mm. Jedes Lager hat acht Gleitkufen. Das Lager auf der Antriebsseite ist axial verschiebbar, das auf der Arbeitsseite fest eingebaut. Die Lager sind mit 3000 kp vorgespannt. Vor dem Anlaufen der Spindel löst ein Hydrauliksystem (Drucköl 20 bar) für etwa eine Sekunde die Federvorspannung. Während dieses Vorgangs ent-

lastet ein Rillenkugellager das hydrodynamische Gleitlager auf der Antriebsseite. Nach dem Anlauf wird die Lagerung wieder vorgespannt und dadurch die Berührung des Spindelkerns mit dem Rillenkugellager aufgehoben.
Schmierung und Abdichtung: Umlaufschmierung, Öldurchsatz 6 bis 8 l /min. Verwendet wird Spindelöl mit einer Viskosität von 1,8 °E/20°C. Die Spindel ist mit Manschettendichtungen abgedichtet.

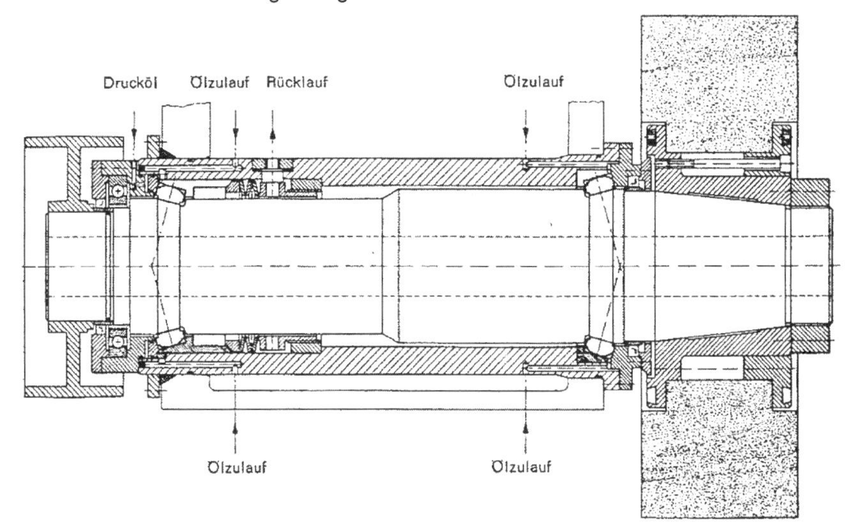

Bild 21.7: Schleifspindel für Schwerzerspanung

Spindel für Profil- und Gewindeschleifmaschinen

Technische Daten: Antriebsleistung 7 kW, Spindeldrehzahl 4000 U/min
Spindel: Der Spindelkern wird von zwei gegeneinander angestellten Lagern in O-Anordnung geführt. Das Lager auf der Arbeitsseite ist fest, das auf der Antriebsseite axial verschiebbar eingebaut. Temperaturbedingte Längenänderungen des Spindelkerns wirken sich praktisch nicht auf der Arbeitsseite aus. Auf Grund dieser Eigenschaft wird die Spindel auch als Schleifspindel bei Profil- und Gewindeschleifmaschinen eingebaut. Das Verhältnis der temperaturbedingten Längenänderung des Spindelkerns von Antriebsseite zu Arbeitsseite wird umso günstiger, je kürzer der Abstand vom Festlager zur Werkzeugaufnahme gehalten werden kann.
Der Lagerdurchmesser der Spindel beträgt 80 mm; jedes Lager hat sechs Gleitkufen. Das Lager auf der Arbeitsseite ist fest, das auf der Antriebsseite axial verschiebbar eingebaut. Die Lager sind mit 800 kp vorgespannt. Vor dem Anlaufen der Spindel wird die Federvorspannung von einem Hydrauliksystem (Drucköl 5 bar) für etwa eine Sekunde gelöst.
Schmierung und Abdichtung: Umlaufschmierung, Öldurchsatz 3 bis 4 l/min. Verwendet wird ein Spindelöl mit einer Viskosität von 1,8 °E / 20°C. Die Spindel ist mit Bronzeringen abgedichtet.

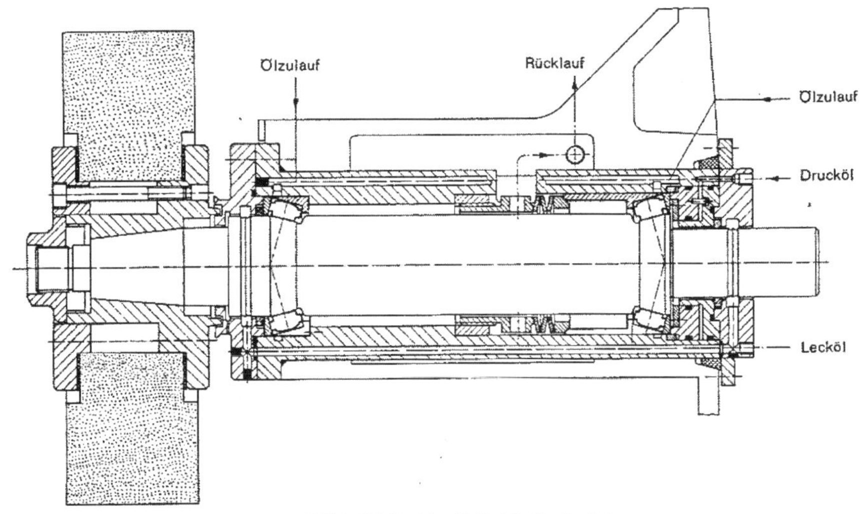

Bild 21.8: Profil Schleifspindel

Feinbohrspindel mit Abhebevorrichtung zum riefenfreien Rückzug

Technische Daten: Antriebsleistung 3,5 kW, Spindeldrehzahl 3500 U/min.
Spindeln dieser Ausführung können bei Drehzahlen bis zu 15000 U/min eingesetzt werden.

Spindel: Diese Spindel wird beim Feinbohren von Hydraulikteilen eingesetzt, bei denen an die Formgenauigkeit und Oberflächengüte der Bohrung höchste Anforderungen gestellt werden.
Dabei werden häufig Diamant- oder Keramik-Werkzeuge verwendet.
Damit beim Zurückfahren keine Riefen entstehen, wird die Spindel stillgesetzt und mit einer Abhebevorrichtung abgehoben.

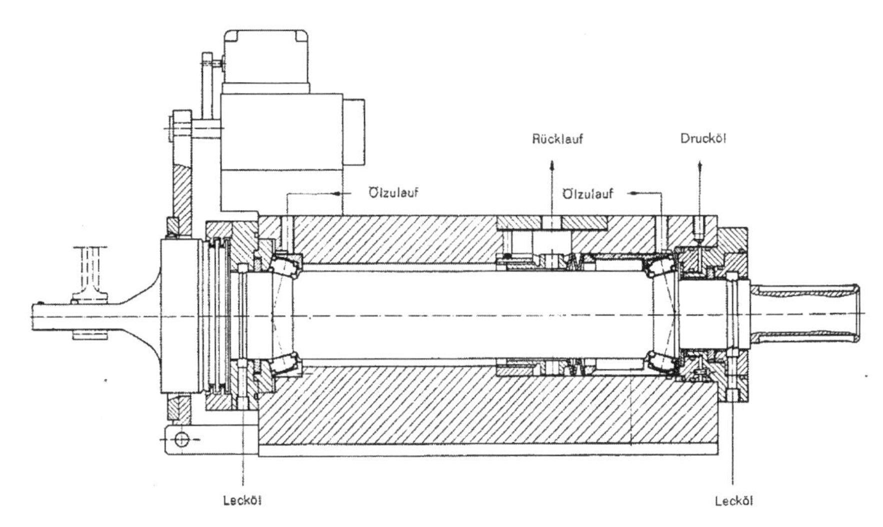

Bild 21.9: Feinbohrspindel

Damit beim Zurückfahren keine Riefen entstehen, wird die Spindel stillgesetzt und mit einer Abhebevorrichtung abgehoben.
Der Lagerdurchmesser der Spindel beträgt 70 mm; jedes Lager hat sechs Gleitkufen.
Das Lager auf der Antriebsseite ist axial verschiebbar, das auf der Arbeitsseite fest eingebaut. Die Lager sind mit 800 kp vorgespannt. Vor dem Anlaufen der Spindel wird die Federvorspannung durch ein Hydrauliksystem (Drucköl 18 bar) für etwa eine Sekunde gelöst.
Schmierung und Abdichtung: Umlaufschmierung mit 2 bis 3 l/min Öldurchsatz. Verwendet wird ein Spindelöl mit einer Viskosität von 1,5°E / 20°C.
Die Spindel ist mit Bronzeringen abgedichtet.

Feinbohrspindel für vertikalen Einsatz:

Technische Daten: Antriebsleistung 3 kW, Spindeldrehzahl 1500 U/min, Spindeln dieser Ausführung können bei Drehzahlen bis zu 15000 U/min eingesetzt werden.
Spindel: Hydrodynamische Spindeln dieser Konstruktion haben sich vor allem in Transferstraßen beim Ausdrehen beziehungsweise Feinbohren von Kraftfahrzeug-Motorblöcken bewährt; meist wird hierbei mit Keramik-Werkzeugen gearbeitet. Besonders wirkt sich die kompakte Bauweise der Spindel aus. Kleinste Spindelabstände werden erreicht, so dass mehrere Spindeln in einem Gehäuse untergebracht werden können.
Der Lagerdurchmesser jeder einzelnen Spindel beträgt 90 mm; jedes Lager hat sechs Gleitkufen. Das Lager auf der Antriebsseite ist axial verschiebbar, das auf der Arbeitsseite fest eingebaut Die Lager sind mit 1000 kp vorgespannt. Vor dem Anlaufen der Spindel wird die Federvorspannung von einem Hydrauliksystem (Drucköl 12 bar) für etwa eine Sekunde gelöst.
Schmierung und Abdichtung: Umlaufschmierung mit 3 bis 4 l/min Öldurchsatz.
Verwendet wird ein Spindelöl mit einer Viskosität von 1,5 bis 2°E / 20°C.
Abgedichtet wird mit Bronzeringen

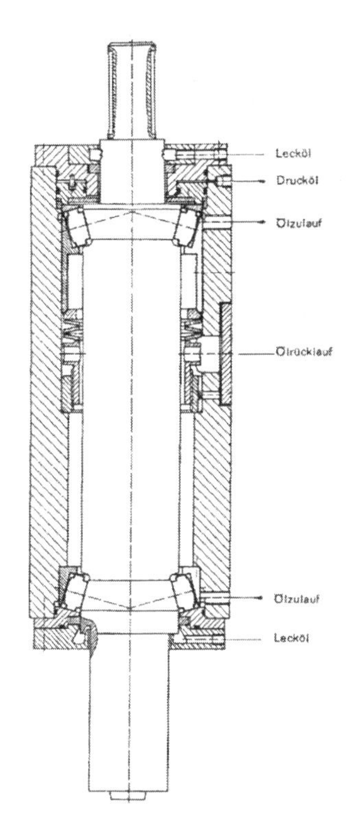

Bild 21.10: Vertikale Feinbohrspindel

Feindrehspindel für Frontdrehmaschine

Technische Daten: Antriebsleistung 7 kW, Spindeldrehzahl 3200 U/min. Spindeln gleicher Ausführung können bei Drehzahlen bis zu 15000 U/min eingesetzt werden. Die radiale und axiale Belastbarkeit beträgt dabei 5000 kp.

Spindel: Diese hydrodynamische Spindel hat sich gleichermaßen bei der Grobzerspanung wie bei der Feinstbearbeitung wegen ihrer hohen gleich bleibenden Steifigkeit und der hohen Rundlaufgenauigkeit bewährt.

Der Lagerdurchmesser der Spindel beträgt 110 mm; jedes Lager hat sechs Gleitkufen. Das Lager auf der Antriebsseite ist axial verschiebbar, das auf der Arbeitsseite fest eingebaut. Die Lager sind mit 1000 kp vorgespannt. Bevor die Spindel anläuft, wird die Federvorspannung von einem Hydrauliksystem (Drucköl 10 bar) für etwa eine Sekunde gelöst.

Schmierung und Abdichtung: Umlaufschmierung mit 2 bis 3 l/min Öldurchsatz. Verwendet wird ein Spindelöl mit einer Viskosität von 1,5°E / 20 °C.

Die Spindel ist mit Bronzeringen abgedichtet.

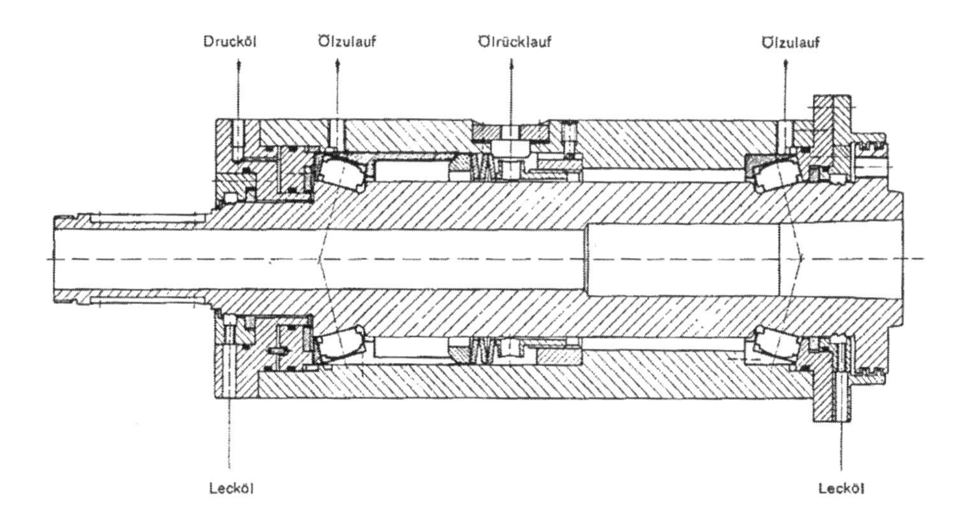

Bild 21.11: Feindrehspindel

Spindel einer Auswuchtmaschine

Technische Daten: Antriebsleistung 30 kW, Spindeldrehzahl 1500 U/min, radiale und axiale Belastbarkeit 10 000 kp.

Spindel: Beim Auswuchten von Satellitenteilen auf Vertikal-Auswuchtmaschinen werden hohe Ansprüche an die Tragfähigkeit, Steifigkeit und Rundlaufgenauigkeit der Lagerung gestellt. Mit hydrodynamischen Spindeln wurden sehr gute Wuchtgenauigkeiten erzielt.

Gegenüber einer konventionell gelagerten Auswuchtmaschine verhält sich die Maßgenauigkeit der hydrodynamisch gelagerten Maschine etwa wie 1 : 3; man kann also eine dreifach kleinere Unwucht messen.

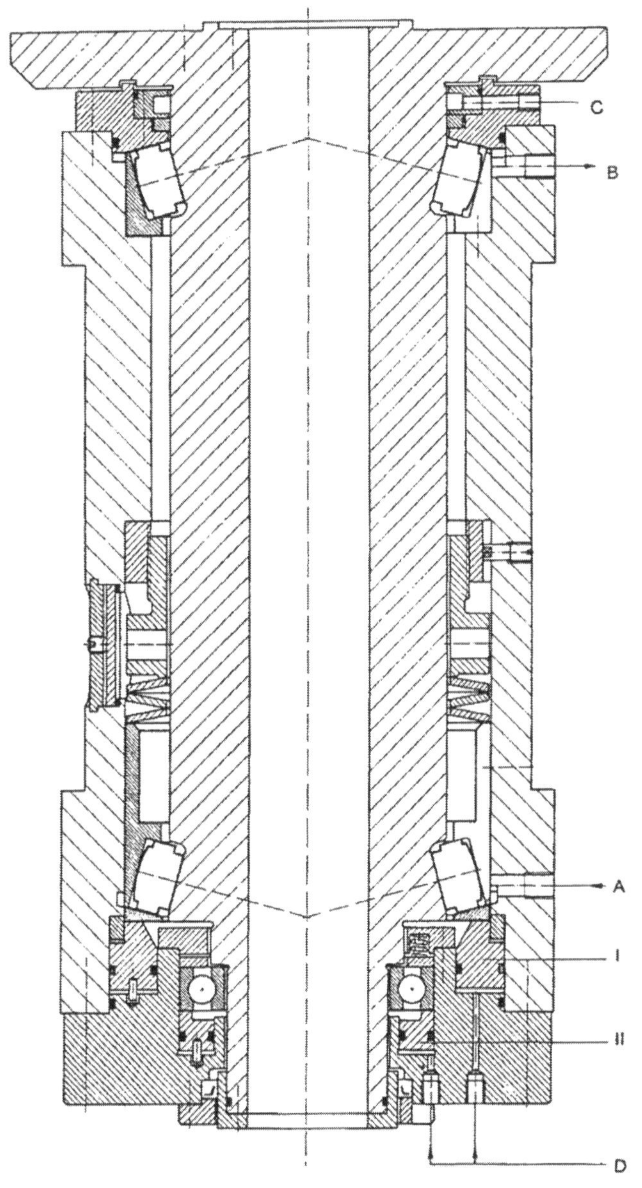

A = Ölzulauf
B = Ölrücklauf
C = Lecköl
D = Drucköl
I, II = Kolben

Bild 21.12: Auswuchtmaschinen Spindel

Ist die Messung durchgeführt, muss die Unwucht ausgeglichen werden, indem man zum Beispiel Löcher von bestimmtem Durchmesser und bestimmter Tiefe in den Wuchtkörper bohrt. Damit man die Seite des Körpers, die bearbeitet werden muss, zum Arbeitsplatz wenden kann, muss sich die Spindel leicht drehen können. Die hydrodynamische Spindel wird deshalb durch Kolben I entspannt. Kolben II überträgt das Gewicht von Spindel und aufliegendem Wuchtkörper auf das Rillenkugellager.
Der Lagerdurchmesser der Spindel beträgt 175 mm; jedes Lager hat sechs Gleitkufen. Das Lager auf der Antriebsseite ist axial verschiebbar, das auf der Arbeitsseite ist fest eingebaut. Die Lager sind mit 2000 kp vorgespannt. Bevor die Spindel anläuft, wird die Federvorspannung von einem Hydrauliksystem (Drucköl 15 bar) für etwa eine Sekunde gelöst.
Schmierung und Abdichtung: Umlaufschmierung mit 3 bis 4 l/min Öldurchsatz. Verwendet wird ein Spindelöl mit einer Viskosität von 35°E / 20°C.
Die Spindel ist auf der Antriebsseite mit einem Bronzering, auf der Arbeitsseite mit einer Manschettendichtung abgedichtet.

22 Wälzende Drehführungen

In Werkzeugmaschinen sind an einer Vielzahl von Lagerstellen wälzende Drehführungen (Wälzlager) eingebaut, an die die unterschiedlichsten Forderungen gestellt werden.
Jede Lagerart hat ihre kennzeichnenden Eigenschaften, die sie für eine bestimmte Lagerstelle ganz besonders geeignet machen.

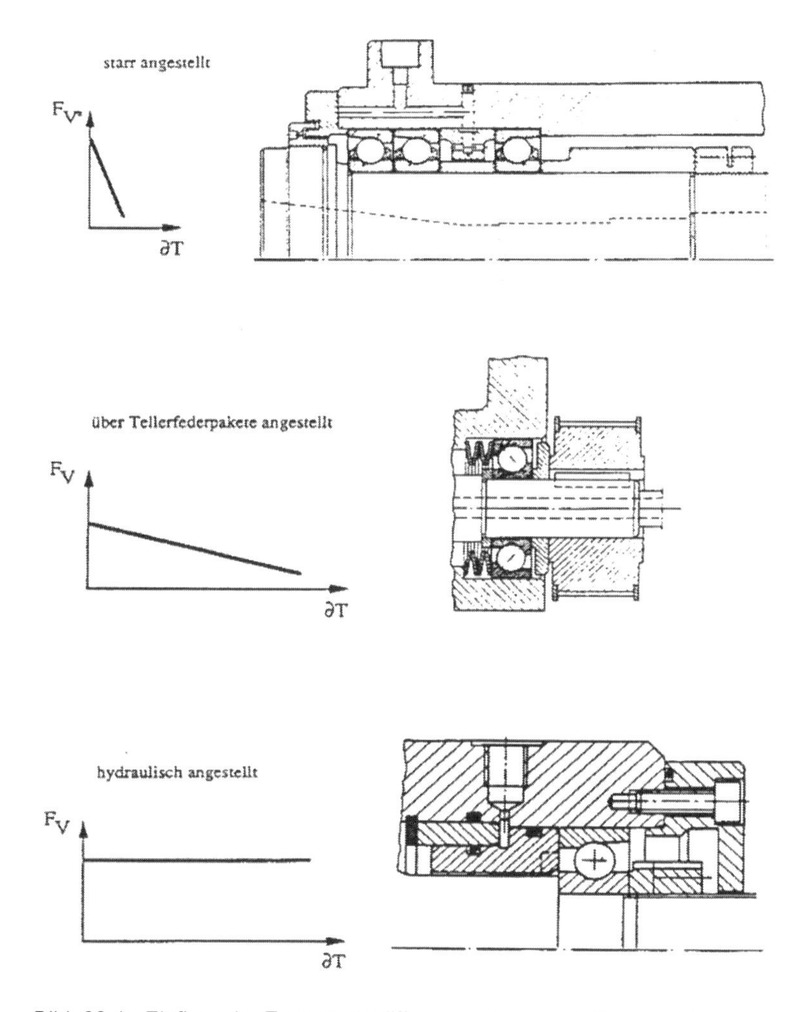

Bild 22.1: Einfluss der Temperaturdifferenz zwischen Außen- und Innenring auf die Vorspannkraft

Entscheidend für die Güte einer Werkzeugmaschine ist die Lagerung der Arbeitsspindel, welche die zu bearbeitenden Werkstücke oder die Werkzeuge aufnimmt. Der Rundlauf und die Steifigkeit des Systems Spindel und Lager beeinflussen die Arbeitsgenauigkeit und die Schnittleistung einer Werkzeugmaschine. Die Forderungen, die an die Maß- und Formgenauigkeit sowie an die Oberflächengüte der zu bearbeitenden Werkstücke gestellt werden, lassen sich unmittelbar auf die an die Werkzeugmaschinenlager gestellten Forderungen zurückführen. Die Lager müssen beispielsweise eine große Laufgenauigkeit und Starrheit, das heißt eine möglichst geringe Federung bei wechselnder Belastung haben und ein niedriges Reibungsmoment, das möglichst niedrige Betriebstemperaturen bei hohen Drehzahlen und nur geringfügige Temperaturschwankungen innerhalb des gesamten Drehzahlbereichs ergibt.
Da dieses System aber nur ein – wenn auch sehr wichtiges – Glied im Kraftfluss der Werkzeugmaschinen ist, müssen Maschinenkonzept und Spindel-Lager-System sorgfältig aufeinander abgestimmt werden.

22.1 Lagerauswahl für wälzgelagerte Werkzeugmaschinen-Spindeln

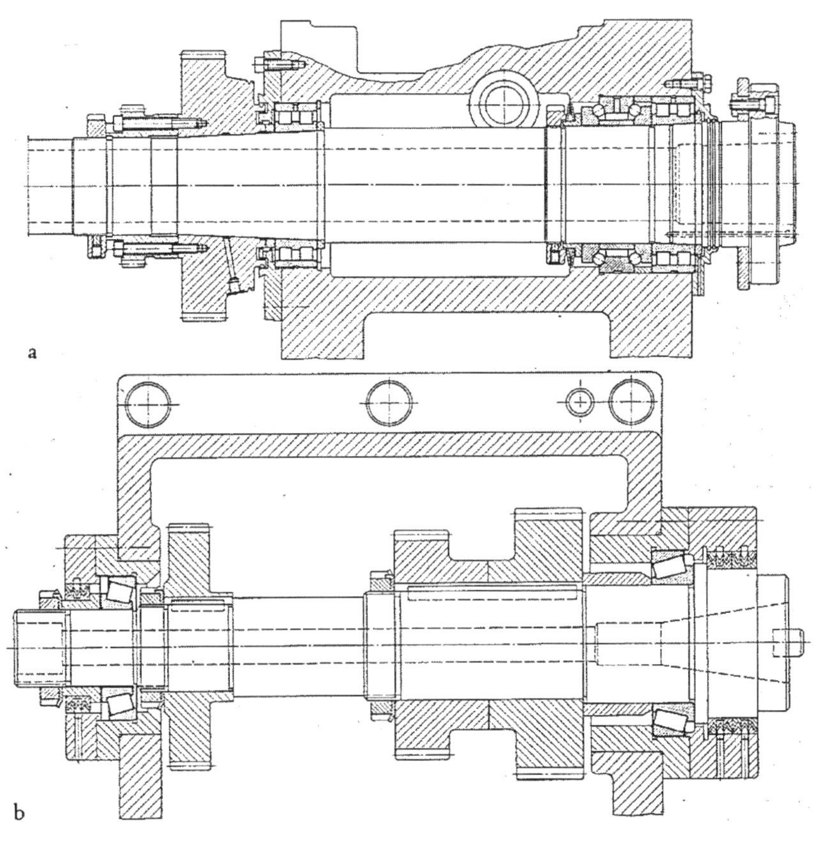

Bild 22.2: Die Lagersysteme a) und b) können als Standardlagerung für Dreh-und Fräsmaschinen angesehen werden

Für Werkzeugmaschinen-Lagerungen werden von den Rollenlagerbauarten hauptsächlich Radial- und Axial-Zylinderrollenlager sowie Kegelrollenlager und von den Kugellagerbauarten Radial-Schrägkugellager – vorrangig in der Ausführung als Spindellager-Axial-Schrägkugellager – sowie in geringem Umfang Radial- und Axial-Rillenkugellager eingesetzt.
Je nach den geforderten Leistungsdaten der Werkzeugmaschine werden diese Wälzlager vor allem nach Steifigkeit, Reibungsverhalten, Genauigkeit und Drehzahleignung bewertet.
Aus der Vielzahl der möglichen Werkzeugmaschinen-Spindellagerungen haben sich einige charakteristische Lageranordnungen herausgebildet, die man in Werkzeugmaschinen immer wieder antrifft.

Einfach ist eine Lagerung mit zwei **Kegelrollenlagern** in O-Anordnung. Diese Lagerung muss bei der Montage spielfrei eingestellt werden. Da Kegelrollenlager gleichzeitig Radial- und Axialkräfte aufnehmen, ist diese Lösung wirtschaftlich; sie hat eine hohe radiale Steifigkeit und eignet sich vor allem für robuste Produktionsmaschinen mit mäßigen Drehzahlen.
Kegelrollenlager haben jedoch eine beachtliche Reibung an der Berührstelle Rollerstirn – großer Innenringbord, was zu stärkerer Erwärmung gerade in diesem Bereich führt. Deshalb steigt bei Kegelrollenlagern auch der Aufwand für die Schmierung bei höheren Drehzahlen stark an.

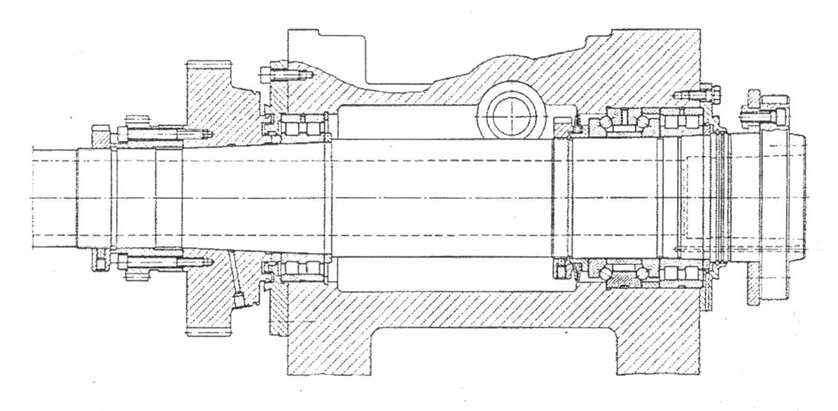

Bild 22.3: Hauptspindel für Dreh- und Fräsmaschinen

Für mittlere und große Hauptspindeln von Drehmaschinen sowie Fräs- und Bohrmaschinen wird als Standard-Konstruktion eine Lagerung verwendet, bei der Radialkräfte und Axialkräfte getrennt aufgenommen werden.
Diese Lageranordnung hat sich vor allem bei hohen Anforderungen an Genauigkeit und Steifigkeit bewährt. Als Radiallager werden zwei zweireihige **Zylinderrollenlager** der Reihe NN30..ASK.M mit eingeengten Toleranzen eingebaut. Zwei Rollenreihen geben diesen Lagern hohe Steifigkeit und eine hohe Tragfähigkeit. Das kinematisch günstige Zylinderrollenlager ermöglicht hohe Drehzahlen. Die Axialkräfte werden von einem zweireihigen **Axial-Schrägkugellager** der Reihe 2344..M aufgenommen, das in Bohrungs- und Manteldurchmesser auf das zweireihige Zylinderrollenlager NN30..ASK.M abgestimmt ist.
Die optimale Vorspannung des zweireihigen Axial-Schrägkugellagers ist durch die innere Zwischenhülse fest eingestellt. Dadurch entfällt gegenüber den früher verwendeten zwei einzelnen Axial-Schrägkugellagern oder Axial-Rillenkugellagern die diffizile Anstellung bei der Montage. Zweiseitig wirkende Axial-Schrägkugellager sind auch für höhere Drehzahlen geeignet, da der hohe Bord der Gehäusescheibe dieser Lager die Fliehkräfte der Kugeln günstiger aufnimmt als die „flache" Rille der Axial-Rillenkugellager.

Wenn die Spindeldrehzahl so hoch ist, dass zweireihige Axial-Schrägkugellager nicht mehr verwendet werden können, nimmt man die Radial- und Axialbelastung in einer Kombination aus mehreren so genannten **Spindellagern** auf. Dies sind Schrägkugellager mit eingeengten Toleranzen und einem Druckwinkel von 15 oder 25 Grad.

Die im Bild dargestellte Spindel ist auf der Arbeitsseite in drei solchen Spindellagern geführt. Die axiale Steifigkeit eines Spindellagers ist wegen des kleineren Druckwinkels geringer als die eines gleich großen Axial-Schrägkugellagers.

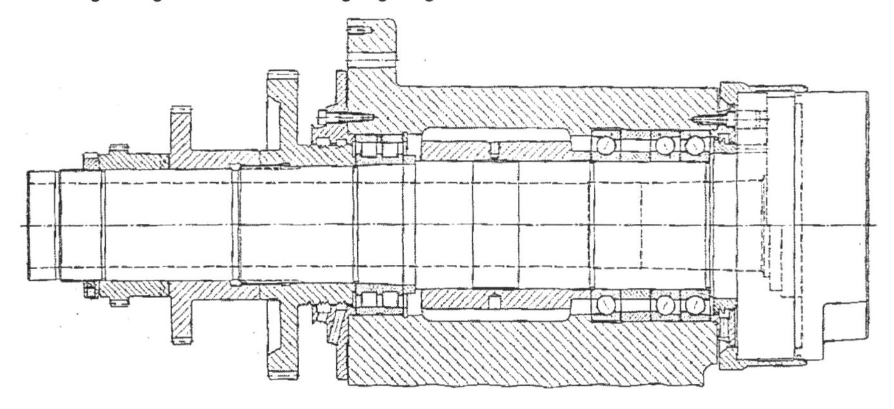

Bild 22.4: Spindel mit Axial Schrägkugellagern

Deshalb baut man auf der Festlagerseite die Spindellager in „Tandem-O-Anordnung“ ein, das heißt in der Haupt-Axialkraftrichtung nehmen zwei Lager die Kräfte gemeinsam auf; das dritte Lager ist dagegen angestellt. Zur Erhöhung der axialen und radialen Steifigkeit laufen die Spindellager unter einer definierten Vorspannung. Auf der Antriebsseite ist als Loslager ein zweireihiges Zylinderrollenlager eingebaut. Die axiale Verschiebung – zum Ausgleich von Bautoleranzen und Wärmedehnungen – erfolgt zwangsweise zwischen Rollen und Laufbahn.
Für höchste Spindeldrehzahlen werden bei Lagerungen ausschließlich Spindellager eingesetzt. Diese arbeitsseitigen und antriebsseitigen Lager werden starr oder über Federn gegeneinander angestellt.

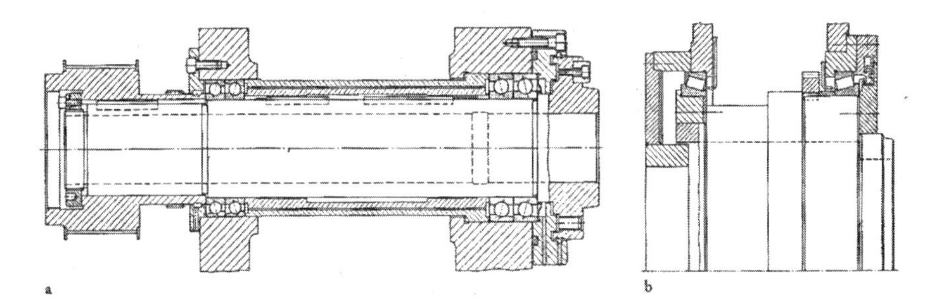

Bild 22.5a: Drehmaschinenspindellagerung mit Spindellagern in Tandem-O-Anordnung

Bild 22.5b: Rohrabstechmaschinenspindel mit großen Kegelrollenlagern

22.2 Thermisch neutrale Hauptspindellagerung

Zwei Kegelrollenlager in O-Anordnung im thermisch neutralen Abstand erlauben hohe Temperaturunterschiede zwischen Welle und Gehäuse. Spindellager in der gleichen Anordnung zeigen ein analoges Verhalten. Die Spindellager ermöglichen natürlich wesentlich höhere Drehzahlen, da sie Kugeln als ideale Wälzkörper haben.
Eine hohe radiale Spindelsteifigkeit wird bei dem thermisch neutralen Lagerabstand mit **3mal** dem vorderen Lagersitzdurchmesser erreicht.
Gekühlte Hauptspindeln und Motorspindeln mit großen Temperaturunterschieden zwischen Spindel und Gehäuse beziehungsweise Rotor und Stator werden erfolgreich als thermisch neutrale Hauptspindellagerungen ausgeführt.
Konstruktion, Herstellung und Montage sind im Vergleich zu axialelastisch angestellten Systemen und auch zu Fest-Loslagerungen einfach und kostengünstig. Alle Lagersitze auf der Spindel und im Gehäuse können fest ausgeführt werden. Die Gefahr des Mitdrehens der Ringe und der Passungsrostbildung bleibt somit gering.
Die Einzelteile der Hauptspindel sind einfach und hochgenau herstellbar. Die Montage ist mit geringem Aufwand durchführbar.
Die thermisch neutrale Hauptspindellagerung ist somit schnell, steif, genau, robust und kostengünstig.

22.2.1 Ermittlung des thermisch neutralen Abstandes

Die radialen und axialen Wärmeausdehnungen einschließlich der Innenringe und Wälzkörper gleichen sich bei kühl bleibenden Außenringen und Gehäuse aus.
Bei dieser speziellen geometrischen Anordnung schneiden sich die verlängerten Außenringlaufbahnen auf der Drehachse. Den Schnittpunkt bilden die Rollkegelspitzen der beiden Kegelrollenlager. Die radialen und axialen Wärmeausdehnungen der Welle sind theoretisch gleich groß. Das eingestellte Spiel oder die Vorspannung ändern sich auch in der Praxis nur geringfügig.

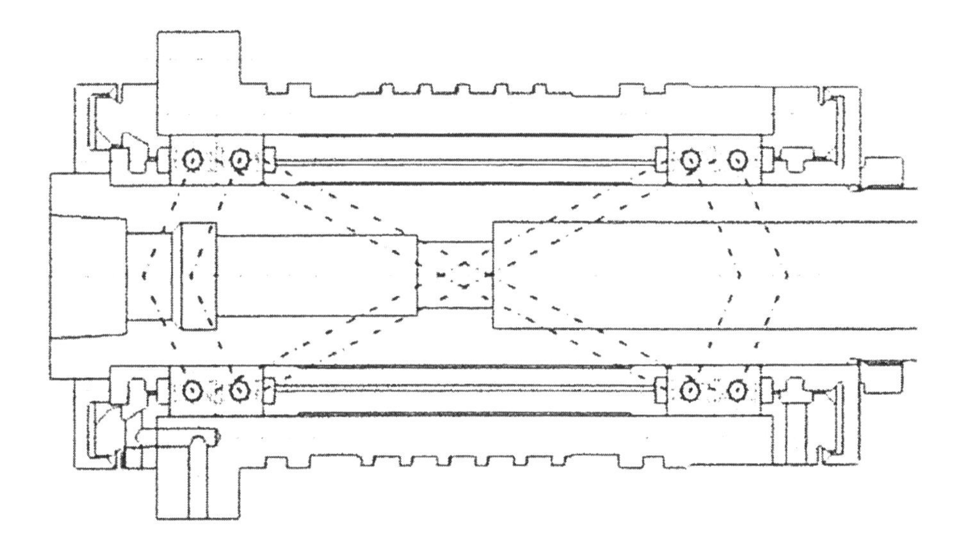

Bild 22.6: Spindellager im thermisch neutralen Abstand

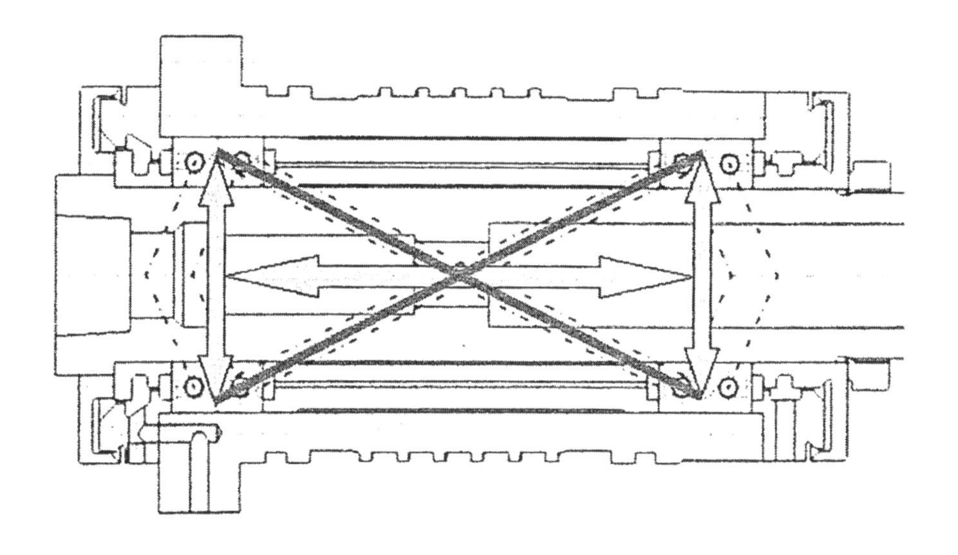

Bild 22.7: Kompensation der radialen und axialen Wärmedehnungen

Im Bild ist eine Hauptspindellagerung mit vier gleich großen Spindellagern in der Tandem-O-Anordnung dargestellt.

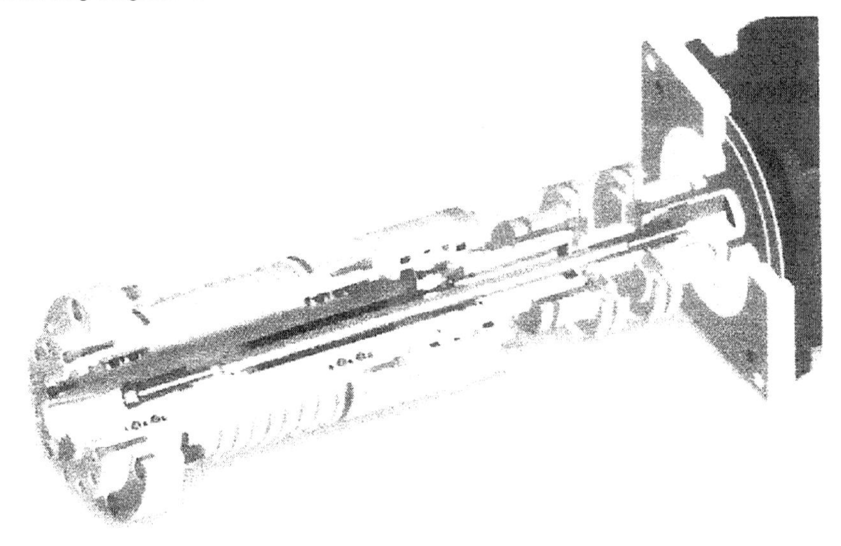

Bild 22.8: Gekühlte Hauptspindel mit thermisch neutralem Lagerabstand

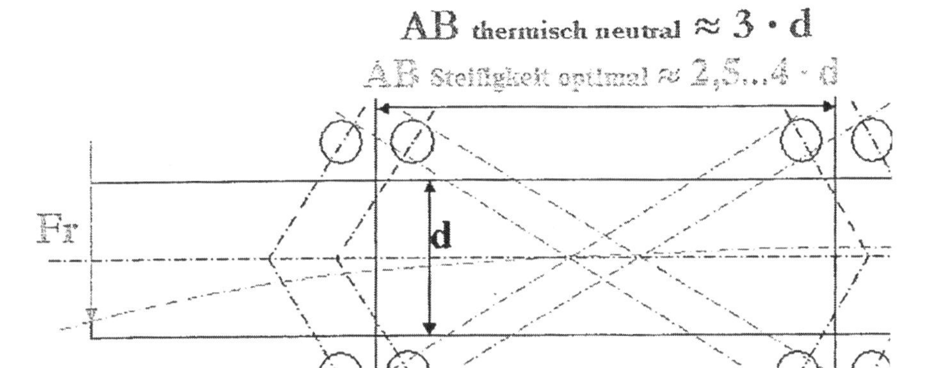

Bild 22.9: Der thermisch neutrale Abstand liegt im Bereich des optimalen Abstandes.

Der Wärmedehnungsausgleich erfolgt wie bei der Kegelrollenlagerung.
Der thermisch neutrale Abstand **AB** kann auf einfache Weise graphisch bestimmt werden. An der Kugelanlage in der Außenringlaufbahn wird die Tangente angelegt und zur Drehachse hin verlängert.
Eine rechnerische Bestimmung ist ebenfalls leicht möglich. Zunächst wird der Kugelanlage-Durchmesser im Außenring mit:

F = cos 25° x dw + Tk

bestimmt.
F = hierbei der Kugelanlage-Durchmesser im Außenring,
dw = ist der Kugeldurchmesser
Tk = ist der Kugelteilkreisdurchmesser

Es ergibt sich dann der thermisch neutrale Abstand mit:

AB = F x cot 25°

Berechnungen und Praxis-Erfahrungen zeigen, dass der Abstand nicht unbedingt exakt stimmen muss. Unter- oder Überschneidungen von +/- 20 oder +/- 30 mm sind durchaus möglich. Auch der Einfluss der niedrigeren Wärmedehnung von Keramikkugeln ist vergleichsweise gering.

Wichtig ist, dass der Druckwinkel mindestens 25° beträgt.
Der Druckwinkel 15° würde einen sehr viel längeren Abstand ergeben. Während sich die Spindel im Bereich der Lager radial rasch erwärmt, folgt das axiale Durchwärmen der langen Spindel deutlich langsamer. Das radiale Dehnen der Spindel führt also zu einer Vorspannungserhöhung, während das axiale Dehnen die Vorspannung zu spät verringert.
Eine mit 15° Spindellagern mit dementsprechend langem Lagerabstand gebaute Spindel zeigt genau dieses Verhalten. Die Lager fallen durch Radialverspannung aus.

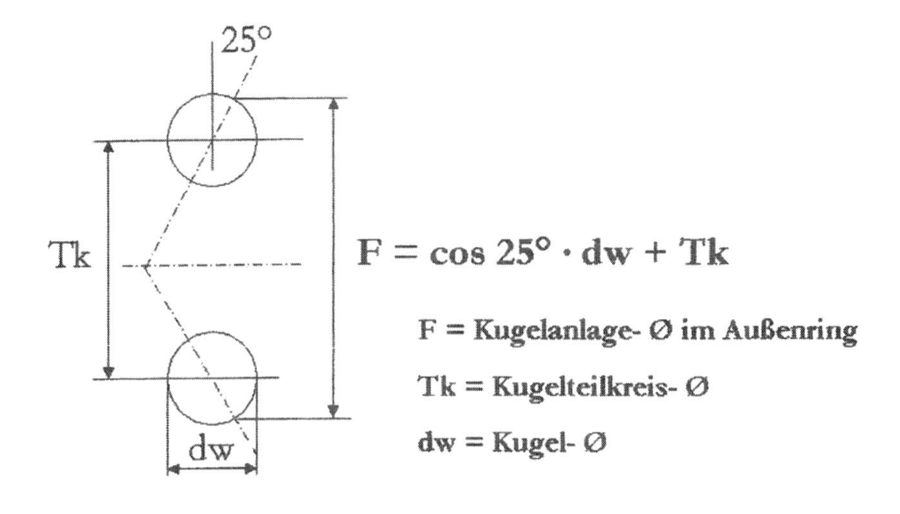

Bild 22.10: Ermittlung des Kugelanlagedurchmessers F im Außenring

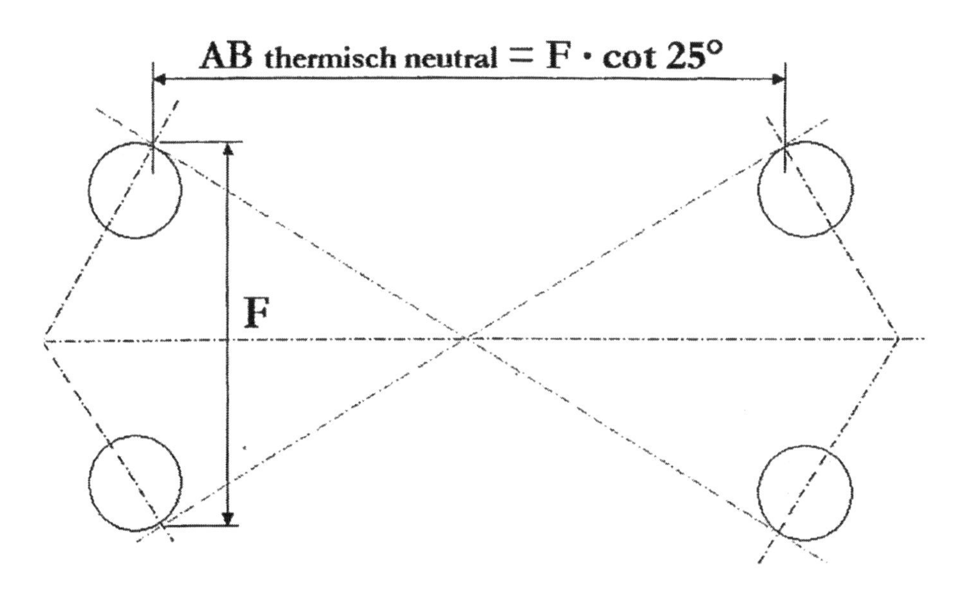

Bild 22.11: Ermittlung des thermisch neutralen Abstandes AB

22.3 Anwendungsbeispiel

Das Beispiel zeigt die gekühlte Hauptspindel eines Bearbeitungszentrums mit 70mm Bohrungs-Durchmesser der Lager in Tandem-O-Anordnung im thermisch neutralen Abstand von etwa 210mm.
Das im Rundflanschgehäuse eingearbeitete Gewinde für den Kühlmitteldurchfluss befindet sich über den Spindellagern.

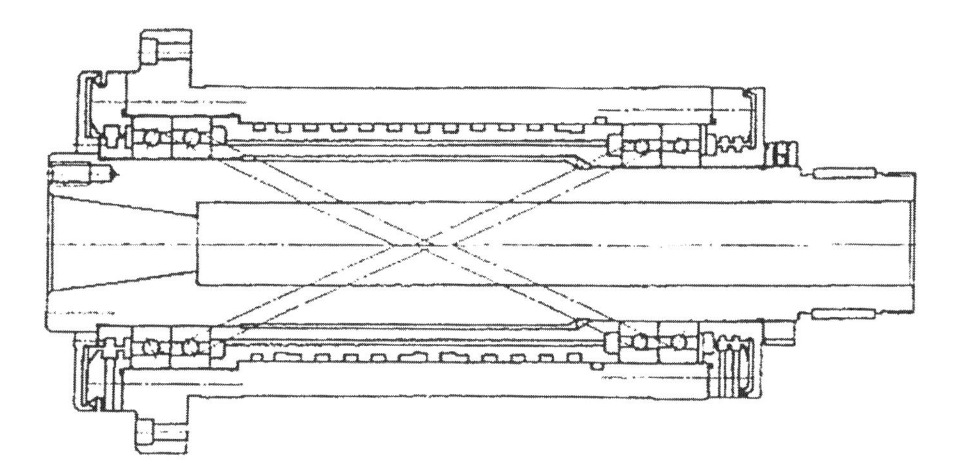

Bild 22.12: Hauptspindel eines hochgenauen Bearbeitungszentrums

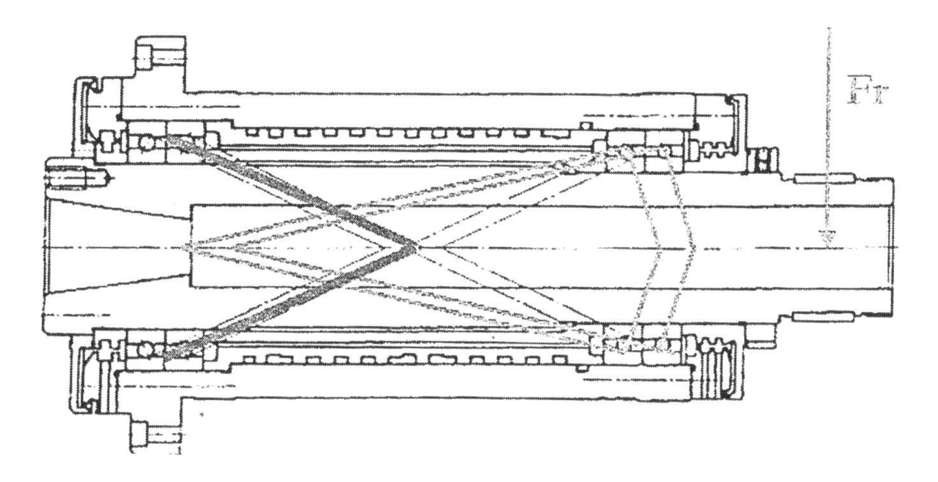

Bild 22.13: Hauptspindel eines hochgenauen Bearbeitungszentrums mit 15° Druckwinkelspindellagern an der Antriebsseite

Eigenschaften:

Drehzahl:
Mit den Fett geschmierten Spindellagern werden in der Praxis folgende Drehzahlen erreicht:
mit Lager: FAG HSS 7014 E.T.P4S.QUL, 13 000 U/min x 0,8 = 10 000 U/min
mit Lager: FAG **XCS** 7014 E.T.P4S.QUL, 20 000 U/min x 0,8 = 15 000 U/min

Die Lagertypen **X-life ultra** Spindellager mit Keramikkugeln, Ringen aus Cronidur 30, gefettet mit dem FAG-Fett Arcanol L75 und beidseitig abgedichtet, ermöglichen beachtlich höhere Drehzahlen gegenüber Lagern aus Wälzlagerstahl 100Cr6.

Steifigkeit:
Für eine hohe radiale Steifigkeit von Werkzeugmaschinenspindeln wird allgemein ein optimaler Lagerabstand im Bereich von 2,5 bis 4 mal dem vorderen Lagersitzdurchmesser zugrunde gelegt. Im genannten Beispiel mit einem Lagerabstand von 210 mm und einem Lagersitzdurchmesser von 70 mm beträgt das Verhältnis wie 210 / 70 = 3 und liegt damit im optimalen Bereich. Generell gilt, dass der thermisch neutrale Lagerabstand im Bereich des optimalen Abstandes bezüglich der Biegesteifigkeit liegt. Kompromisse sind nicht erforderlich.

Genauigkeit:
Alle Lagersitze sind fest eingespannt auf der Spindel und im Gehäuse. Selbst bei Drehzahl Null und kalter Maschine ist keine Lagerluft vorhanden. Die thermisch axiale Spindeldehnung, auch als Wachsen der Z-Achse bezeichnet, stabilisiert sich nach einer kurzen Warmlaufzeit.

Robustheit:
Die thermisch neutrale Hauptspindellagerung ist unempfindlich bei Wärmegefällen von der Spindel zum Gehäuse. Selbst eine intensive Gehäusekühlung führt nicht zum Verspannen oder gar zum Heißlaufen der Spindellager.
Durch den festen Sitz und die feste Einspannung aller Lager werden Unwuchten sicher beherrscht. Unwuchten, verursacht zum Beispiel durch das Tellerfederpaket des Werkzeugspanners oder vom Werkzeug kommend, führen hier im Allgemeinen nicht zum Wandern oder gar Mitdrehen der Lagerringe.

Kosten:
Das Zwischenhülsenpaar und zum Beispiel auch die Bohrung und die Planflächen im und am Rundflanschgehäuse sowie auch der hintere Gehäusestirndeckel können einfach und zugleich hochgenau bearbeitet werden. Einfach ist auch die Montage der bereits gefetteten und durch die beidseitige Abdichtung Schmutz geschützten Lager.
Durch die bereits auf den Spindellagern aufsignierte Abweichung von der Lager-Nennbreite in µm kann das Anpassen des vorderen Gehäusestirndeckels zügig durchgeführt werden.
Die vier Spindellager selbst werden als Quadroplex QUL geliefert, das heißt alle vier Lager haben in der Bohrung und am Außendurchmesser jeweils die gleiche Istmaß-Gruppe. Die Werte in µm sind jeweils auf den Lager-Stirnflächen aufsigniert. Alle vier Spindellager erhalten somit perfekt gleiche Sitze.
Die Drehzahlen von 10 000 und 15 000 U/min werden mit der wartungsfreien Fettschmierung erreicht. Der bei einer Ölschmierung erforderliche Konstruktions-, Geräte-, Wartungs- und Energieaufwand entfällt.

22.4 Ausgeführte wälzende Drehführungen von Werkzeugmaschinen

Werkzeugmaschinen werden entsprechend ihrer Bearbeitungsaufgabe konzipiert. Wesentliche Kriterien sind dabei das Zerspanungsvolumen und die Bearbeitungspräzision. Für das Zerspanungsvolumen sind die Steifigkeit des Gesamtsystems und die Schnittgeschwindigkeit von Bedeutung. Die Laufpräzision wird von der Spindellagerung und deren Umbauteilen bestimmt

Anhand von Beispielen aus der Praxis wird aufgezeigt, unter welchen Bedingungen die Drehzahl oder die Bearbeitungsgenauigkeit gesteigert werden können.

22.4.1 Lagerungssysteme für die Arbeitsspindeln von Dreh- und Fräsmaschinen

Für Dreh- und Fräsmaschinenspindeln werden nahezu gleiche Lagerungssysteme verwendet. Unterschiedlich ist noch die Gewichtung hinsichtlich der Anwendung von Spindellagern, nicht aber der Entwicklungstrend, er heißt: Drehzahlsteigerung.

Über Jahrzehnte hinweg haben sich zweireihige Zylinderrollenlager, kombiniert mit zweiseitig wirkenden Axial-Schrägkugellagern, bewährt.

Das gleiche gilt für die allerdings in geringem Umfang eingesetzte Lagerung mit Kegelrollenlagern. Beide Lagerungssysteme sind als Standardlagerungen zu bezeichnen; diese sind im Bild dargestellt.

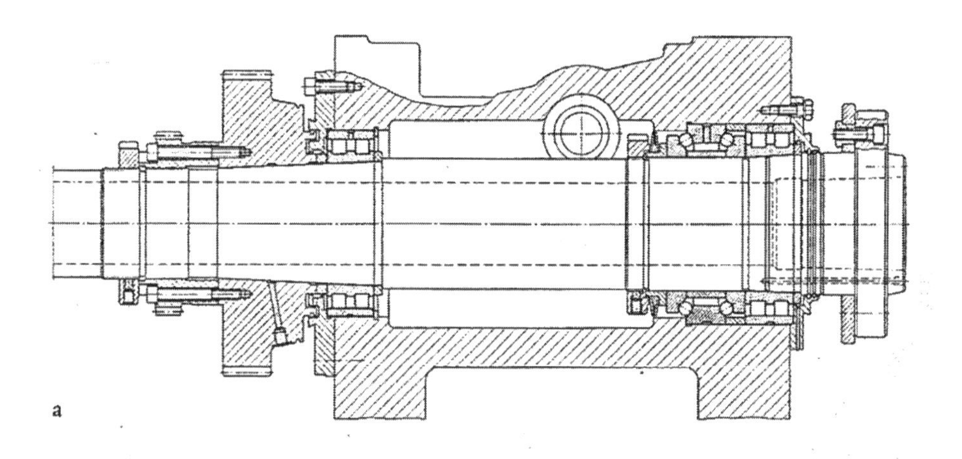

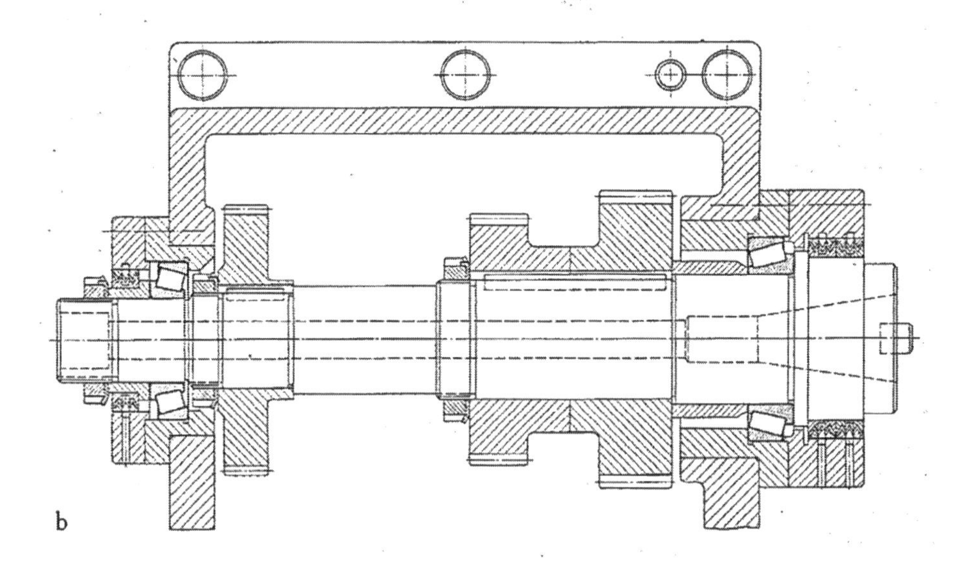

Bild 22.14: Hauptspindeln für Dreh- und Fräsmaschinen

Aufgrund verbesserter Schneidstoffe; insbesondere im Drehmaschinenbereich, setzte eine Entwicklung zu immer höheren Drehzahlen ein. Dadurch wurde es erforderlich, Spindellager zu verwenden.
Im Bild unter 22.4.2 ist eine Lagerung mit 3 Spindellagern in der Tandem-O-Anordnung als Festlagerung auf der Arbeitsseite und einem zweireihigen Zylinderrollenlager NN30..K als Loslagerung auf der Antriebsseite dargestellt.
Anstelle des Zylinderrollenlagers als Loslager wird von manchen Herstellern ein Spindellagerpaar eingebaut. Oder die Lagerung wird als thermisch neutrale Lagerung, wie unter Pos. 22.2 beschrieben, ausgebildet.

Bis etwa 150 mm Spindeldurchmesser werden bei der Festlagergruppe Spindellager der Reihe B70..E, darüber hinaus in der Reihe B719..E, bevorzugt. Die Erfahrung hat gezeigt, dass die Lager mit dem Druckwinkel 25 Grad (Kurzzeichen E), leicht vorgespannt (Kurzzeichen UL), den Anforderungen voll gerecht werden. Die Lagervorspannung kann in starkem Maß durch die Passung, insbesondere des Innenrings, beeinflusst werden. So genügt zum Beispiel für ein Lager B7020E ein zusätzliches Übermaß bei der Innenringpassung von 6 bis 7 µm um die eingearbeitete UL-Vorspannung (leicht) auf UM (mittel) zu erhöhen.

22.4.2 Erfahrungen mit dem Fest-/ Loslager-System

Als **Festlager** werden jene Lager in einer Lagerung bezeichnet, welche die betreffende Achse oder Welle axial führen und somit auch die wirkenden Axialbelastungen aufzunehmen haben.
Unter **Loslager** versteht man jene Lagerstellen, die nur rein radiale Belastungen aufnehmen und den Ausgleich von Längendehnungen der gelagerten Bauteile durch thermische Einflüsse (Betriebstemperaturen) ermöglichen.
Der Ausgleich von Längendehnungen über das Loslager kann je nach Lagerbauform sowohl innerhalb als auch außerhalb des Lagers stattfinden. Daher ist die Ausbildung einer Lagerstelle als Loslager auch bei der Passungswahl zu berücksichtigen.
Während grundsätzlich nur ein Festlager die axiale Führung der Welle übernimmt und alle anderen Lager Loslager sein müssen, gibt es Sonderformen in Form der „schwimmenden" Lagerung, sowie von vorgespannten oder angestellten Lagerungen und thermisch neutralen Lagerungen.
Bei diesen ist kein eindeutiges Festlager definiert, die axiale Führung sowie die Aufnahme von Axiallasten werden je nach Lastrichtung von einem der Lager übernommen.
Als Festlager eignen sich alle Lagerbauformen, die sowohl axiale als auch radiale Belastungen aufnehmen können, wie etwa Rillenkugellager, Schrägkugellager (paar- oder satzweise), Kegelrollenlager (paarweise), Pendelrollenlager und so weiter. Auch Axiallager sind geeignete Festlager, nehmen aber meistens keine Radialkräfte auf.
Ideale Loslager sind jene Bauformen, die eine axiale Verschiebung innerhalb des Lagers zulassen, wie beispielsweise Zylinderrollenlager mit glattem Ring (Bauformen N, NU, NN..; RNU, RN..) sowie Nadellager und Nadelkränze.
Alle anderen Lagerbauarten sind grundsätzlich als Loslager verwendbar, allerdings ist ein Längenausgleich zwischen Lagern und Gehäuse durch konstruktive Maßnahmen (Passungswahl) zu ermöglichen.
Für schwimmend angeordnete Lagerungen eignen sich alle Lager, die sowohl radiale als auch – zumindest in eine Richtung – Axiallasten aufnehmen können.
Beispiele sind Zylinderrollenlager, die in einer Richtung auch axial belastbar sind (Bauformen NJ, NF) sowie Rillenkugellager, Schrägkugellager, Kegelrollenlager und so weiter.

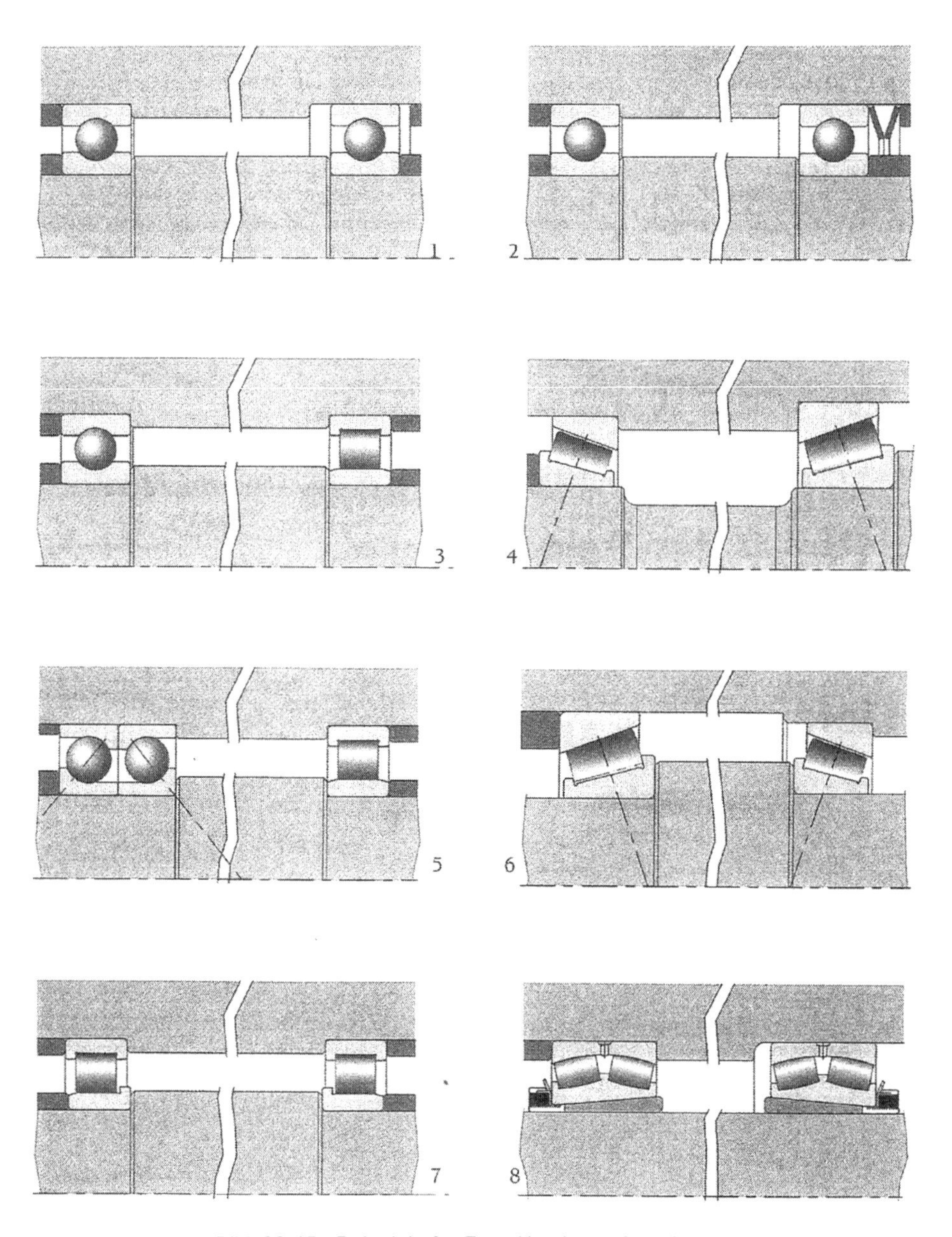

Bild 22.15: Beispiele für Fest-/ Loslager-Anordnungen

Der theoretische Steifigkeitsunterschied der Lagerung mit Zylinderrollenlagern / Axial-Schrägkugellagern gegenüber der Lagerung mit 3 Spindellagern auf der Arbeitsseite macht sich nicht nachteilig bemerkbar. So ergibt sich zum Beispiel rechnerisch bei einem Spindeldurchmesser von 90 mm auf der Arbeitsseite und einer Radiallast von 5 kN, die in Höhe der Spindelstirnfläche angreift, eine radiale Auslenkung der Wellenachse an dieser Stelle von

15 µm für die erstgenannte und 34 µm für die zweit genannte Lagerung. Theoretisch ist also die Lagerung mit Spindellagern nur halb so steif. In der Praxis leistet eine mit 3 Spindellagern B7018E.TPA.P4.UL und einem NN3016ASK.M.SP ausgerüstete CNC-Drehmaschine eine Spantiefe von 19 mm bei 1mm Vorschub, ohne dass eine Neigung zum Rattern besteht. Das gleiche gilt für den besonders harten Test mit 16mm Spantiefe und nur 0,05 mm Vorschub. Beim Abstechen, zum Beispiel mit einem 16mm breiten Stahl, ist sogar ein günstigeres Verhalten mit Spindellagern erkennbar.

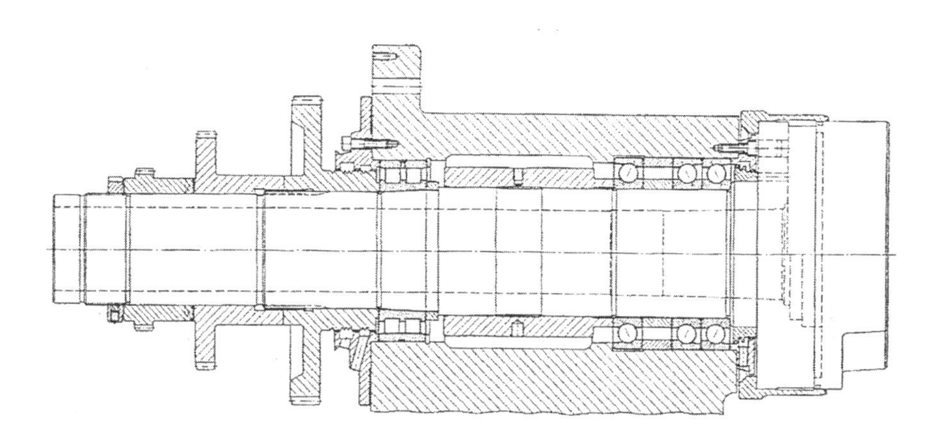

Bild 22.16: Feindrehspindel

Beim Feindrehversuch mit 0,1 mm Spantiefe und 0,062 mm Vorschub wurden bei einer Drehzahl von 5000 U/min Rauhtiefen von Ra < 1µm und Welligkeiten < 2 µm erreicht. Ergänzend ist anzumerken, dass bei dieser Maschine ein so genanntes integriertes Spannfutter verwendet wurde, das den Kragarm um etwa 30 Prozent gegenüber einem herkömmlichen Spannfutter verkürzt.
Bei der Lagerung mit 3 Spindellagern wurde festgestellt, dass die Betriebstemperatur vermindert oder die Drehzahl weiter gesteigert werden kann, wenn man das dritte Spindellager radial „freistellt“. Dazu muss die Gehäusebohrung im Bereich des dritten Lagers um einige Zehntelmillimeter ausgedreht werden.
Begründung: Auf Grund des Kräftegleichgewichtes zwischen den beiden Tandem-Lagern und dem Gegenlager ergibt sich für dieses Lager eine um 36 Prozent höhere Vorspannung. Diese höhere Vorspannung führt zu einer stärkeren Erwärmung und damit zu einer größeren radialen Ausdehnung des Lagers.
Bei einem engen Gehäusesitz neigt deshalb dieses Lager bei hohen Drehzahlen am ehesten zu Radialverspannung.
Dieser Gefahr wird durch das größere Passungsspiel begegnet. Im Fall der erwähnten CNC-Hauptspindel mit 90 mm Spindeldurchmesser ergaben sich bei einer Drehzahl von 5000 U/min Übertemperaturen von 24 bis 28 Kelvin, wenn das Lager eng im Gehäuse geführt war, jedoch nur 12 bis 16 Kelvin bei losem Sitz des 3. Lagers.
Das radial „freigestellte“ dritte Lager bringt aber noch einen weiteren Vorteil: Dadurch, dass das Lager radial „ausweichen“ kann, entfallen Zwangskräfte bei einem Versatz der Gehäusebohrungen, wie sie bei der praktisch dreifach abgestützten Spindel entstehen können.
Das leicht vorgespannte Zylinderrollenlager erreicht bei der genannten CNC-Drehmaschine seine Beharrung bei einer Übertemperatur von 13 bis 16 Kelvin. Alle Lager sind mit Fett auf Lebensdauer geschmiert.

Schmierhinweis: Richtwerte für die Radialspieleinstellung des antriebsseitigen Zylinderrollenlagers bei hohen Drehzahlen:
0,02 bis 0,04 Promille des vom Lagerteilkreis bei Fettschmierung
etwa 0,1 Promille vom Lagerteilkreis bei Ölschmierung.

22.4.3 Erfahrungen mit dem starren Lagerungssystem

Bei der im Bild gezeigten Tandem-O-Anordnung der Spindellager an der Arbeitsseite überwiegt die radiale Wärmedehnung der Spindel. Daher steigt mit zunehmender Erwärmung die Lagervorspannung und damit die Reibung. Die erreichbaren Drehzahlen liegen bei ungefähr 75 Prozent der Katalog-Drehzahlwerte. Rückt man das Gegenlager an die antriebsseitige Lagerstelle, dann gleichen sich im Idealfall die radialen und axialen Wärmedehnungen in den Lagern aus, das heißt die Ausgangsvorspannung bleibt in jedem Betriebszustand theoretisch unverändert. In diesem Fall können die Katalog-Drehzahlgrenzen voll genutzt werden.
(siehe dazu Pos. 22.2: Thermisch neutrale Lagerung).

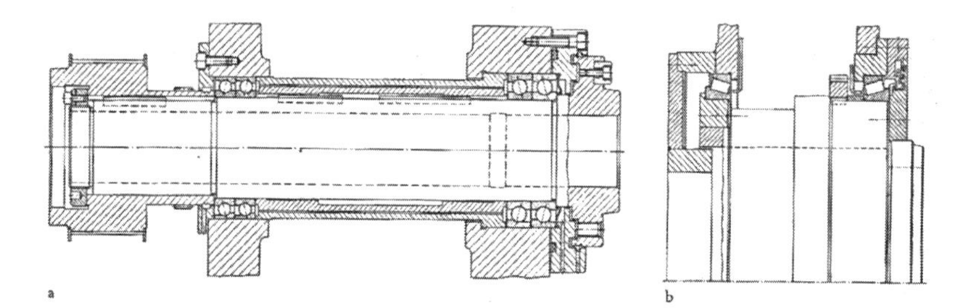

Bild 22.17a,b: Spindel mit starrer Lagerung

22.4.4 Bearbeitungszentrum Arbeitsspindellagerung

Das Bearbeitungszentrum gehört zu den Universalmaschinen. Mit ihm wird gefräst, gebohrt und gedreht. Sowohl Grobzerspanung als auch Feinstbearbeitung mit hohen Form- und Oberflächenqualitäten werden gefordert und realisiert. Die Lagersysteme sind unterschiedlich sowohl hinsichtlich der verwendeten Lagerbauart als auch der Lageranordnung.
Das Bild zeigt zwei Beispiele:

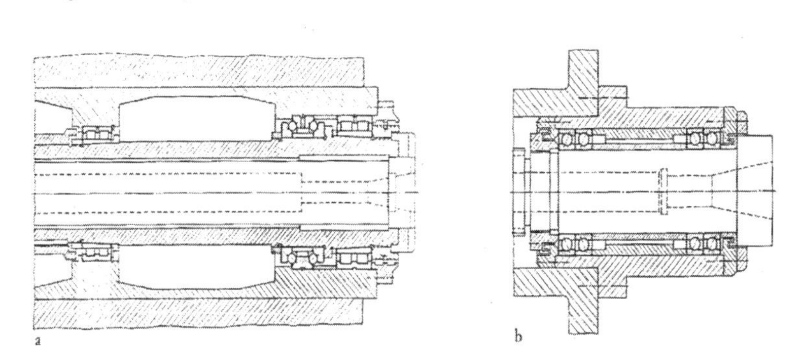

Bild 22.18a,b: Spindel eines Bearbeitungszentrums

Im Beispiel **a)** wird die Arbeitsspindel durch zweireihige Zylinderrollenlager NNU4960SK.M.Sp.F12 und NNU4956SK.M.SP.F12 radial abgestützt. Die axiale Führung übernimmt ein zweiseitig wirkendes Axial-Schrägkugellager, dessen Durchmessermaße auf das NNU4960 abgestimmt sind. Das Axiallager entspricht der Bauart der bekannten Reihe 2344..M.SP, die zu den zweireihigen Zylinderrollenlagern der Reihe NN30.. passen. Bei einer Fettdauerschmierung wird die Spindel mit maximal 800 U/min betrieben. Die Übertemperatur liegt bei 25 bis 30 Kelvin. Der Rundlauffehler der Spindel beträgt bei 300 mm Ausladung 5µm.
Das Beispiel **b)** zeigt eine Lagerung mit vier Spindellagern B71920E.TPA.P4780236.UL. Je zwei Tandem-Spindellager auf beiden Seiten sind durch gleich lange Zwischenhülsen starr auf Distanz gehalten. Die Zusatzbezeichnung 780236 besagt, dass die Lager zu einer Vierergruppe in Doppel-O-Anordnung zusammengestellt sind, außerdem haben sie eingeengte Bohrungs- und Manteltoleranzen innerhalb der Gruppe und ihre Einbauanordnung ist durch ein Pfeilsymbol markiert.
Die Lagerung wird mit Fett geschmiert und erreicht bei einer Drehzahl von 3500 U/min lediglich eine Übertemperatur von etwa 10 Kelvin. Bei einer auf dieser Maschine ausgespindelten Bohrung von 100 mm Durchmesser betrug die Formtoleranz Pt = 1,3 µm und die Rauhigkeit Rt = 1,52 beziehungsweise Ra = 0,20 µm.

22.4.5 Schleifmaschinen Spindellager

Bohrungsschleifmaschinen: Bohrungsschleifmaschinen sollen bei hochtourigem Lauf möglichst steif und sehr genau sein. Zur Abstützung eignen sich Spindellager der Reihen B72.., B70und B719... in der Ausführung C.TPA.HG.UL. Im Beispiel Bild a) sitzt beidseitig je ein Tandempaar mit Zwischenringen; die Lager sind durch Federn axial vorgespannt. Üblicherweise werden die Lager mit Fett geschmiert, jedoch auch Ölnebelschmierung wird angewandt. Die Ringe zwischen den Lagerpaaren schaffen Hohlraum, damit überschüssiges Fett aus den Lagern beidseitig ungehindert entweichen kann. Der verstärkte Spindelkern zwischen den beiden Lagerstellen dient der Erhöhung der Steifigkeit. Spindellager der dünnwandigen Reihe B719.., lassen dickere Spindelenden zu und tragen so ebenfalls zur Steifigkeitserhöhung bei. Es muss allerdings erwähnt werden, dass mit abnehmendem Lagerquerschnitt die Lager empfindlicher gegen Einflüsse der Umbauteile werden. Dünne Ringe verformen sich verständlicherweise leichter bei fehlerhaften Gegenstücken.
Außenrundschleifmaschinen: Die Außenrundschleifmaschine muss sowohl hohe Zerspanungsleistungen beim Schruppschleifen als auch hohe Form- und Oberflächenqualität beim Feinschleifen erbringen. Hohe Steifigkeit wird erreicht durch große Spindeldurchmesser, einen verstärkten Spindelkern zwischen den Lagerstellen und durch die Anordnung von vier vorgespannten Spindellagern auf der Schleifscheibenseite.
Die Drehzahlen liegen zum Beispiel bei einer Spindel mit 100 mm Lagerdurchmesser bei 3500 bis 4000 U/min.

22.5 Rundachsenlagerung

Höchste Präzision und Steifigkeit sind Grundanforderungen an Kompaktlager für den Werkzeugmaschinenbau. Der Trend zur Entwicklung immer größerer, schnellerer und leistungsfähigerer kombinierter Universal-Dreh-Bohr- und Fräszentren bedingt auch eine entsprechende Weiterentwicklung in der Rundachsenlagerung. Eine hohe Drehzahlfestigkeit der Lagerung ist die Voraussetzung für den effizienten Einsatz von Direktantrieben auch im großen Drehzahlbereich.
Im Bild wird der Einsatzbereich von drei Lager-Baureihen für die unterschiedlichen Anwendungsgebiete anhand der beiden Wälzlagerkennwerte „Kippsteifigkeit“ und „Grenzdrehzahl“ erläutert.

Einleitung - Kompakte Lagereinheiten
Übersicht Bauformen

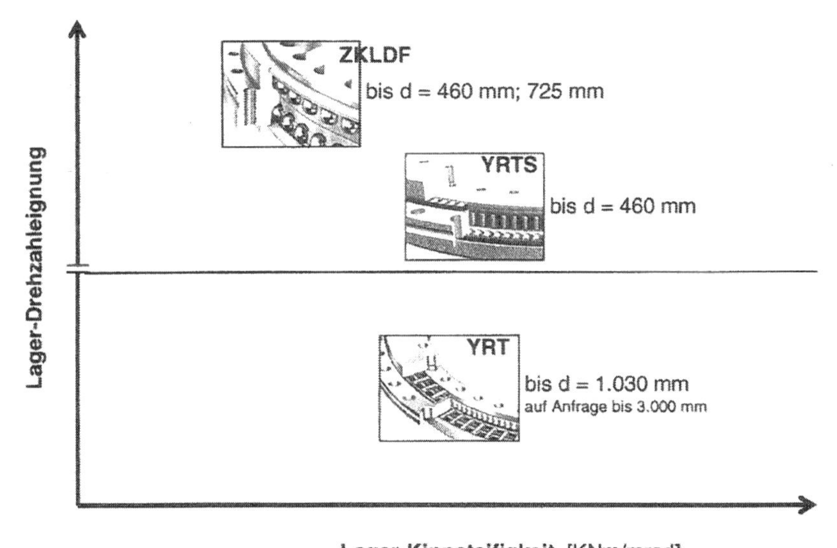

Bild 22.19: Kompakt Lagereinheiten

Für die hochpräzise simultane Mehrachsbearbeitung und den Positionierbetrieb sind die Baureihen YRT und RTC aufgrund ihrer Eigenschaften die erste Wahl. Beide Lagerbauformen sind in zwei Rund- und Planlaufgenauigkeitsklassen erhältlich.
Soll darüber hinaus geringste Lagerreibung bei gleichzeitig höchster Kippsteifigkeit realisiert werden, ist dazu die Baureihe YRTS vorrangig geeignet. Durch die gegenüber konventionellen Lagerbauformen um über 70% reduzierte Reibung kann beispielsweise die Erwärmung der Maschinenbaugruppe reduziert und damit die am Werkstück erreichbare Bearbeitungsgenauigkeit erhöht werden. Zudem steht mehr Motordrehmoment für Beschleunigung und Bearbeitung zur Verfügung. Das über den gesamten Drehzahlbereich nahezu konstante Reibmoment wirkt sich zusätzlich positiv auf die Regelungseigenschaften der Rundachse aus. Durch die hohen Grenzdrehzahlen (n x d kleiner, gleich 240000) können leistungsfähige Maschinenkonzepte für kombinierte Bearbeitungsaufgaben ohne Kompromisse bei Kippsteifigkeit und Laufgenauigkeit realisiert werden.
Das zweireihige Schrägkugellager ZKLDF ist optimiert für höchste Drehzahlen (n x d kleiner, gleich 300 000), wie sie zum Beispiel für die Hochgeschwindigkeitsbearbeitung erforderlich ist. Zudem wartet diese Lagerbauform mit den niedrigsten Drehwiderständen und höchster Schmierfettgebrauchsdauer auf.

22.6 Rundachslager mit Zusatzfunktionen

Als Kraft übertragendes Maschinenelement ist das Rundachsenlager ein zentraler Baustein im System Werkzeugmaschine. Durch Integration von Zusatzfunktionen lassen sich zum einen Bauraum sparende Lösungen realisieren, zum anderen können sich auch technische

Vorteile ergeben. In diesem Beitrag werden zwei Rundtischlager-Zusatzfunktionen vorgestellt, bei denen neben der eigentlichen Aufgabe der Lagerung zusätzliche Funktionen integriert sind.
Zunächst ermöglicht das in das Rundtischlager YRTS integrierte Messsystem SRM ohne Bauraumvergrößerung eine kompakte und robuste Lösung für Torque-Motorachsen. Zudem wird ein Ansatz verfolgt, bei dem die Vorteile eines Wälzlagers mit den Dämpfungseigenschaften eines hydrostatischen Lagers kombiniert und damit Optionen für Qualitätssteigerung am Werkstück eröffnet werden.

22.6.1 Rundachslager mit integriertem Winkel-Messsystem

Die Vorteile des sehr steifen Rundachslagers der Serie YRT werden mit einem integriertem Messsystem MEKO kombiniert. Die Winkellage wird berührungslos und magnetoresistiv mittels zwei gegenüberliegend angeordneten Messköpfen erfasst. Das Messsignal hierfür stammt von einer am Umfang der Lagerwellenscheibe aufgebrachten magnetischen Maßverkörperung.
Die wesentlichen Vorteile für den Anwender ergeben sich durch die Verwirklichung von kompakten Konstruktionen mit einem Freiraum in der Rundachse, der für die Medien-Kabelführung verwendet werden kann. Die seitlich, direkt am Lager angeordneten Messköpfe ermöglichen eine einfache Montage. Die hohe Messgenauigkeit erfüllt die für die meisten Fertigungsaufgaben notwendigen Anforderungen. Die für den Positionierbetrieb erforderlichen Drehzahlen können vom Messsystem verarbeitet werden.

Rundtischlager mit integriertem Messsystem
Baureihe YRTM / YRTSM

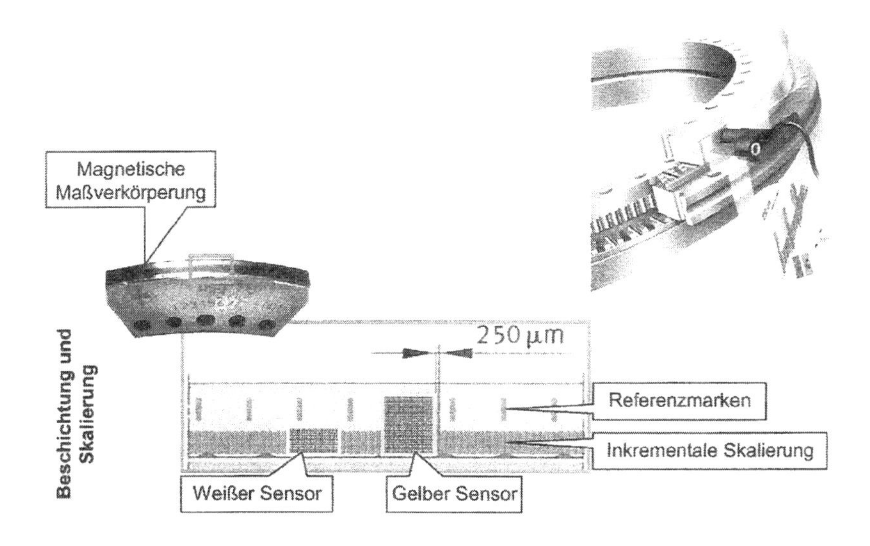

Bild 22.20: Rundtischlager mit Messsystem

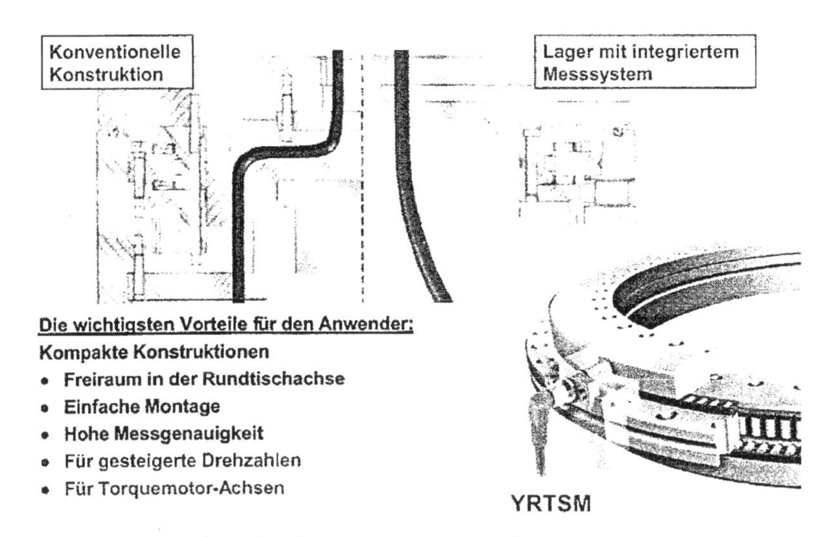

Bild 22.21: Vorteile kompakter Messsysteme

Mit dem Trend zur Komplettbearbeitung von Werkstücken durch eine Fräs- und Drehbearbeitung in einer Aufspannung wurde zunächst das Rundtischlager weiterentwickelt. Die Lager der Baureihe YRTS vereinigen die Eigenschaften des klassischen Rundtischlagers YRT, wie Steifigkeit und Genauigkeit, mit hohem Drehzahlvermögen. Deshalb wurde das Messsystem weiterentwickelt. Wesentliche Anforderungen an das Messsystem sind zum einen die Eignung für Drehzahlen wie sie für die Drehbearbeitung benötigt werden. Zum anderen muss die Verwendung zusammen mit Torquemotoren möglich sein, da diese Art des Antriebes in vielen Tischen für die Komplettbearbeitung eingesetzt wird. Das Messsystem muss hierfür beispielsweise ein gutes Gleichlaufverhalten für das Bahnfräsen gewährleisten.
Für das schnell drehende Rundtischlager YRTSM wird die gleiche magnetische Maßverkörperung auf der Lagerwellenscheibe wie beim YRTM verwendet.
In den Lagerbaugrößen für einen Wellendurchmesser von 200 bis 460 mm arbeitet das System bis zu den Grenzdrehzahlen des schnell drehenden Lagers YRTS

22.6.2 Schwingungsgedämpftes Rundtischlagersystem

Schwingungen in Werkzeugmaschinen können unter anderem eine verringerte Produktivität, schlechtere Oberflächen oder Werkzeugbruch zur Folge haben. Mit dem Konzept eines zusätzlichen Dämpfungselementes wird ein weiterer Ansatz für die Integration einer Zusatzfunktion in ein Rundachsenlager vorgestellt.
In modernen Bearbeitungsmaschinen werden die Rundtische zu einem großen Teil mit einbaufertigen Wälzlagerbaueinheiten ausgeführt. In den meisten Fällen sind dies Rollenlager mit einer sehr hohen statischen Steifigkeit und Genauigkeit, um die Werkstücke auch bei größeren Zerspanungskräften präzise und maßhaltig bearbeiten zu können. Durch die sehr steife Bauweise verfügen diese Lager jedoch über praktisch keine schwingungsdämpfenden Eigenschaften. Im Gegensatz dazu stehen dämpfende Eigenschaften von hydrostatischen Rundachsenlagern, die aber im gleichen Bauraum eine geringere statische Steifigkeit aufweisen. Weiterhin erfordert die hydrostatische Lagerung in der Regel einen hohen

Fertigungs- und Montageaufwand, birgt das Risiko von Leckagen in sich und benötigt den Einsatz von Energie zur Ölversorgung.
Als Vorteil dieser Lagerungsarten stehen die guten Dämpfungseigenschaften gegenüber.
Der Entwicklungsansatz besteht darin, die Rundtischlagerung und die damit verbundenen Vorteile beizubehalten, diese aber um ein zusätzliches Dämpfungselement zu ergänzen, welches neben der Wälzlagerung angeordnet ist. Die dämpfenden Eigenschaften resultieren hierbei aus einem drucklos, ölgefüllten, definierten Spalt zwischen der Tischunterseite und einem Dämpfungsring. Der Effekt beruht auf einem Squeezefilm. Dieser beruht darauf, dass aufgrund von Schwingungen Öl aus dem Spalt verdrängt und angesaugt wird. Die dafür erforderliche Energie dient zum Abbau von Axial- und Kippschwingungen. Um den Ölverlust zu minimieren, ist der Dämpfungsring beidseitig abgedichtet.

In Bearbeitungstests zur Bestimmung der Stabilitätsgrenze eines gedämpften und ungedämpften Rundtisches wurden an einem Probewerkstück aus C45 durchgeführt. Dazu erfolgte ein vertikaler Vollschnitt mit einem 40 mm Durchmesser Fräswerkzeug bei unterschiedlichen Werkzeuggeschwindigkeiten und Schnitttiefen. Die Erkennung eines instabilen Zustands bestand einerseits in einer optischen Beurteilung der Oberflächenbeschaffenheit. Auf der anderen Seite zeigte sich ein instabiler Prozess an einem sprunghaften Anstieg der bei der Bearbeitung aufgezeichneten Beschleunigungsamplituden, dabei konnte die Wirksamkeit der Öldämpfung nachgewiesen werden. Beispielsweise war für eine Schnitttiefe von 8mm und einer Werkzeugdrehzahl von 2400 U/min mit dem gedämpften und ungedämpften Rundtisch eine stabile Bearbeitung möglich. Bei einer Erhöhung der Schnitttiefe auf 9mm wurde die Bearbeitung ohne Dämpfung instabil, während bei gefülltem Dämpfungsspalt weiterhin ein stabiler Schnitt möglich war. Der Frequenzbereich der bei der instabilen Bearbeitung aufgenommenen Beschleunigungspeaks zeigt, dass es sich um Schwingungen des Werkzeugs handelt.
An Probewerkstücken durchgeführte Bearbeitungstests zeigen deutlich das Potential für Produktivitätssteigerungen bei Rundtischlager-Systemen mit Dämpfungselement auf.

Schwingungsgedämpfte Rundachsenlagerung

Vergleich Rollenlager – Hydrostatisches Lager

Rollenlager
- Hohe statische Steifigkeit
- Konfektioniertes, einbaufertiges Lager
- Kompakte Lagereinheit
- Drehzahlreserven
- Geringe Dämpfungseigenschaften

Hydrostatisches Rundachsenlager
- Niedrigere statische Steifigkeit bei gleichem Bauraum
- Hoher Fertigungs- und Montageaufwand
- Funktion nur mit Energieeinsatz
- Leckage
- Gute Dämpfungseigenschaften

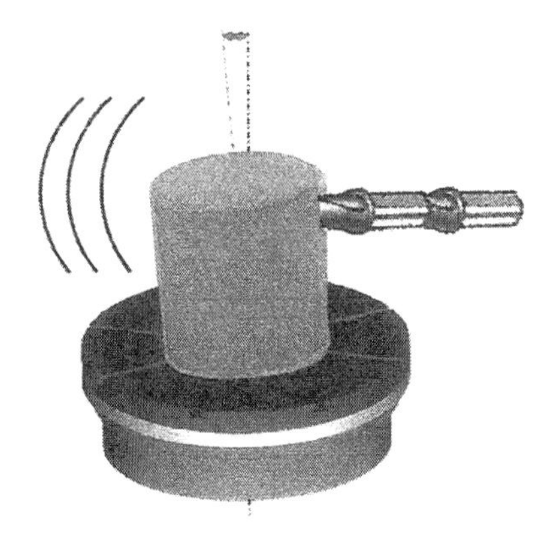

Bild 22.22: Vergleich Rollenlager – Hydrostatisches Lager

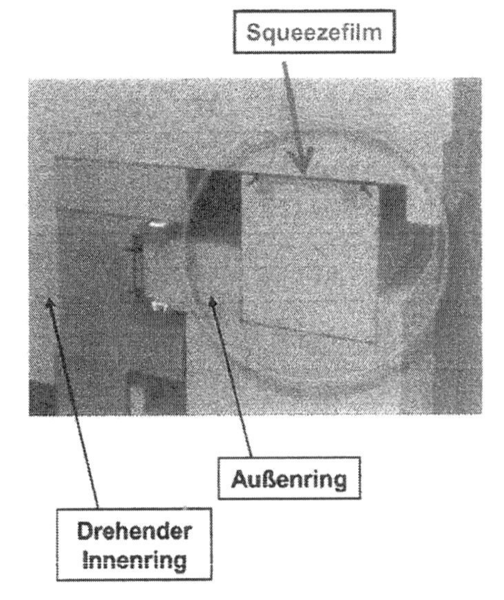

Anforderungen:
- Gutes Dämpfungsvermögen
- Geringe Leckage
- Hohes Drehzahlvermögen

Konstruktive Voraussetzungen:
- Gewährleistung eines Mindestspaltes (last- und temperaturabhängig)
- Gleichmäßige Ölverteilung im Spalt

Auslegungskriterien:
- Ölviskosität
- Spalthöhe und -breite
- Auslegung der Dichtung und Dichtungsvorspannung

Bild 22.23: Schwingungsgedämpftes Rundtischsystem-Prinzip

22.7 Drahtwälzlager für Leichtbau-Konstruktionen

Die Funktionsweise dieser Drahtwälzlager basiert auf einer Vierpunktegeometrie. Dabei rollen Wälzkörper auf speziellen Laufdrähten ab, die in umschließende Konstruktionen eingelegt werden. Durch die Vierpunktanordnung dieser Laufdrähte können Belastungen aus allen Richtungen aufgenommen werden. Dieses Prinzip ermöglicht eine individuelle Gestaltung der umschließenden Konstruktion sowie eine freie Werkstoffwahl.
Die Laufringe sorgen weitestgehend für die erforderliche Steifigkeit und Präzision des Lagers. Sie tragen die Hauptlast. Bei der Gestaltung der Anschlusskonstruktion bestehen grenzenlose Möglichkeiten. Die umschließende Konstruktion ist der Beanspruchung der Wälzkörper nicht unmittelbar ausgesetzt. So kann für die Konstruktion Stahl, Guss, Aluminium, Niro, Bronze, Verbundwerkstoff oder Kunststoff eingesetzt werden. Je nach Materialauswahl beträgt die Gewichtsersparnis bis zu 65 %.
Das integrierte Lagerelement besteht aus vier profilierten Laufringen und einem Kunststoffkäfig mit gehaltenen Kugeln. Je nach Einsatzfall kann das Lagerelement als Vier-Punkt-Lager, Radial- oder Axiallager konzipiert werden.
Die Standard-Stahlwälzkörper entsprechen DIN 5401, G28. Sie sind in Toleranz und Güteklasse aufeinander abgestimmt. Für Hochgenauigkeitsanwendungen sind Güteklassen bis G3 verfügbar.

Vorteile: Freie Werkstoffwahl, Aluminiumversion 65% leichter als Stahlausführung
Drehwiderstand frei einstellbar
Direkte Integration des Lagers in die Konstruktion
Aufnahme von Kräften aus allen Richtungen durch Vier-Punkt-Geometrie
Hohe Dynamik, maximale Umfangsgeschwindigkeit bis zu 20 m/s

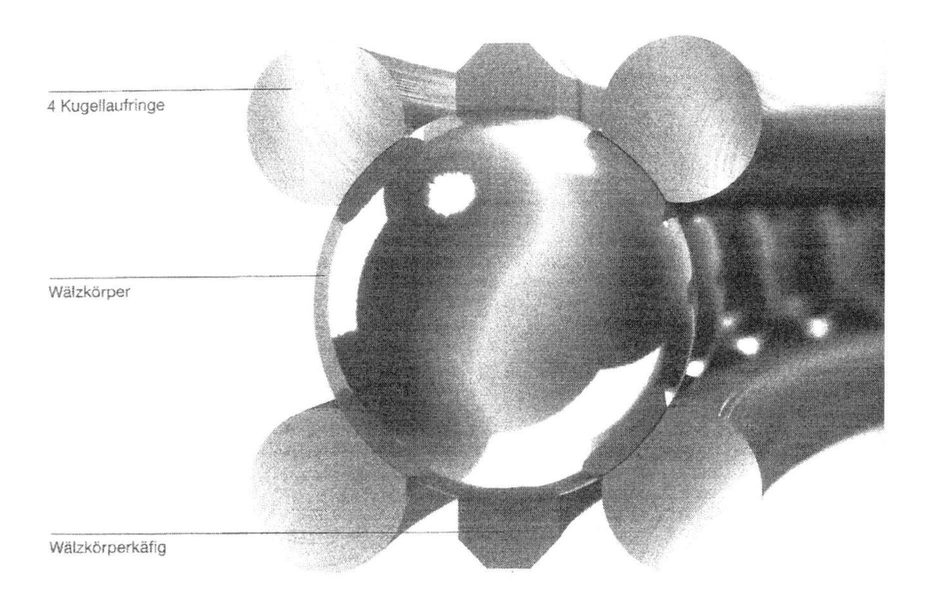

Bild 22.24: Drahtlager

23 Hydrostatische Drehführungen

Unabhängig von der Wellengeschwindigkeit wird beim hydrostatischen Lager der Belastung durch hydrostatischen Druck, der von einer oder mehreren Pumpen erzeugt wird, das Gleichgewicht gehalten. Diese Art der Lagerung hat sich unter ganz verschiedenen Bedingungen bewährt und die Entwicklung ist heute so weit fortgeschritten, dass auch die für Werkzeugmaschinen erforderlichen hohen Genauigkeiten erreicht werden können. Bei dieser Lagerung kann allgemein eine Wellenverschiebung unter Last nicht völlig vermieden werden.
Es ist folglich wichtig, diesen Nachteil in seiner Wirkung einzuschränken und die Lagerung möglichst starr zu gestalten. Ebenso wie bei anderen Lagerarten muss beim hydrostatischen Lager auf mäßige Wärmeentwicklung geachtet werden.
Das Prinzip des hydrostatischen Lagers geht aus dem Bild hervor.
Das Öl wird von einer Pumpe in eine Tragtasche gefördert, aus der es durch den Spalt abfließt. Wenn man für die Strömung im Spalt laminares Fließen annimmt, gilt für die durchfließende Menge Q:

$$Q = p\, h^3 e / 12\, ß\, b$$

wobei:
p= Öldruck
ß = dynamische Zähigkeit des Öles
h = radiale Spaltweite
e = Abflussspaltlänge (quer zur Strömungsrichtung)
b = Spaltbreite

Eine Berechnung mit vereinfachenden Annahmen ergibt für die Tragkraft:

$$P = p\,(a \times e)$$

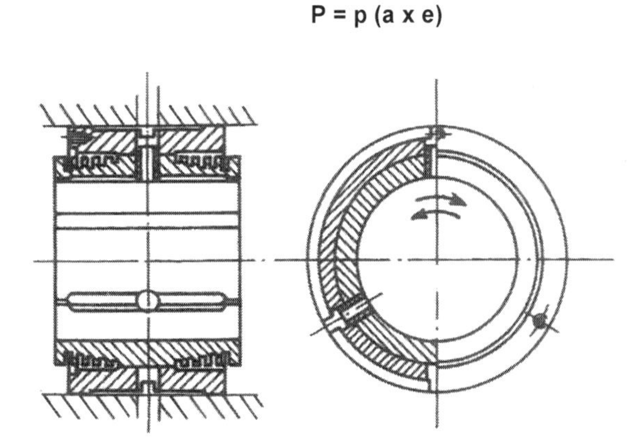

Einbaufertiges Mehrflächen-Expansionslager (Caro-Werk, Wien).

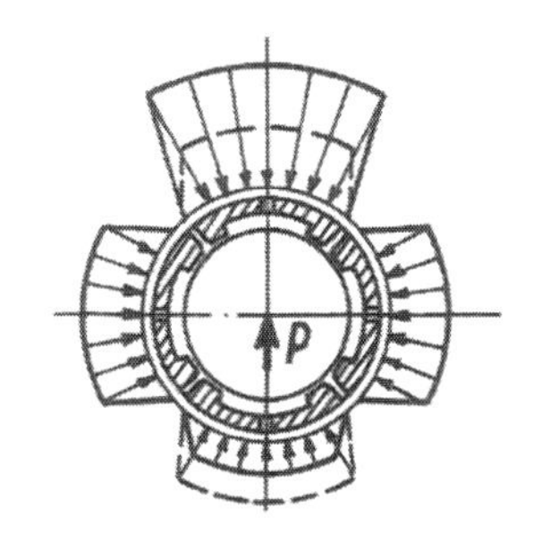

Hydrostatisches Lager mit tangentialer und axialer Abströmung.

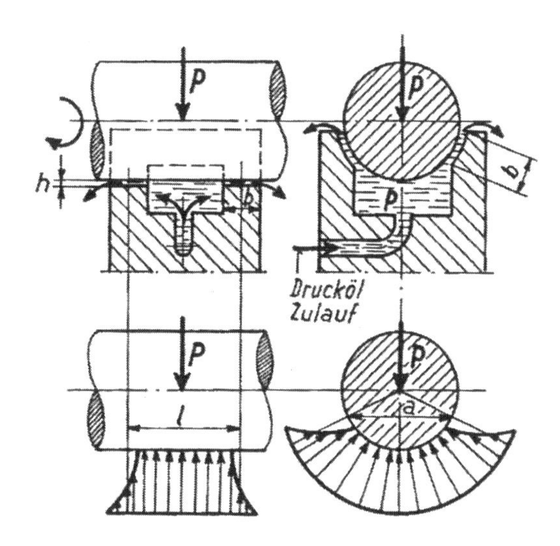

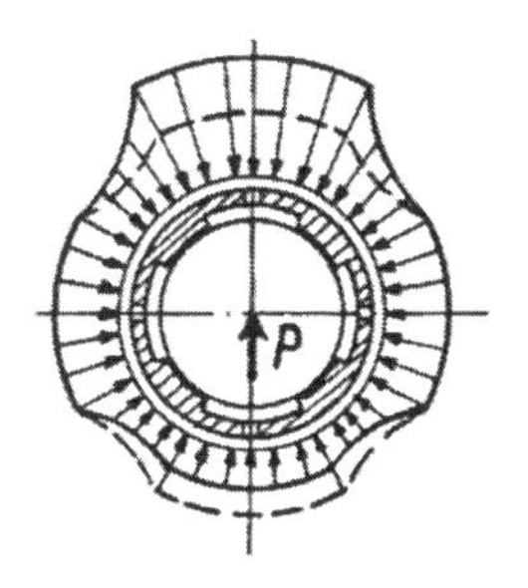

Hydrostatisches Lager mit axialer Abströmung.

Bild 23.1: Schema zur Berechnung des hydrostatischen Lagers: Prinzip und Druckverteilung für vereinfachende Annahmen

Dabei ist vorausgesetzt, dass der Druck p über der Lagerlänge konstant ist, obwohl er in Wirklichkeit gegen die Lagerenden hin stark abfällt.
In der praktischen Ausführung besitzen die Lager mehrere Taschen.
Aus den Bildern kann entnommen werden, dass es zwei Arten zum Abfließen des Öles gibt:

a) mit radialer und axialer Abströmung;
b) nur mit axialer Abströmung

Die wesentlichen Unterschiede ergeben sich aus der Druckverteilung.
Bei **radialer** und **axialer** Abströmung erhält man bei gleichem Taschendruck eine kleinere Tragfähigkeit als bei **axialer** Abströmung.
Bei gleichem Taschendruck, gleicher Spalthöhe und gleicher Viskosität wird die durchfließende Ölmenge größer und damit die Kühlung besser.
In beiden Fällen stellt sich bei Belastung ein ganz bestimmter Gleichgewichtszustand ein, gekennzeichnet durch eine andere, entsprechende Wellenexzentrizität. Dabei entsteht in der Tasche, die in der Belastungsrichtung liegt, durch den reduzierten Ölabströmspalt ein größerer Druck, während in den Gegentaschen durch den vergrößerten Spalt der Druck sinkt. Beide Druckveränderungen tragen zum Gleichgewicht bei. Die Abhängigkeit der Ölmenge von der Spalthöhe zeigt das Bild.

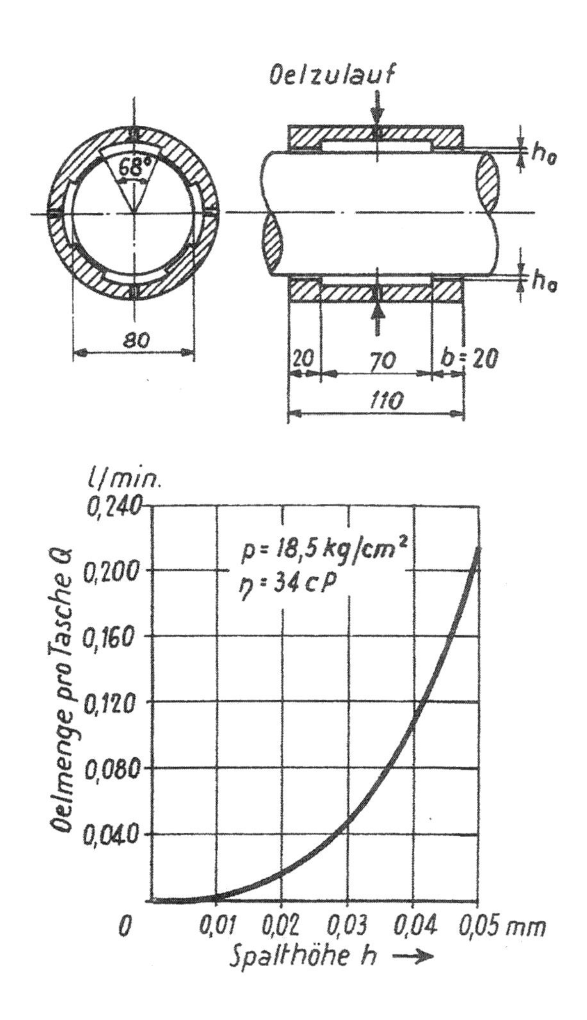

Bild 23.2: Abströmung

Als Beispiel gilt: Für ein Lager von 80 mm Durchmesser bei einem Taschendruck von 18,5 kg / cm², ergibt sich für eine Spalthöhe von 0,03 mm eine Ölmenge von 0,045 l/min pro Tasche. Diese Ölmenge ist stark abhängig von der Viskosität. Die Wärmeentwicklung wird von Spalthöhe, Ölviskosität und Wellendrehzahl beeinflusst. Die Wärmemenge, die entsteht, kann berechnet werden, wenn die Spaltweite über den Umfang konstant ist.

$W = ß U^2 F / 427 Q h$

W = Wärmemenge
U = Umfangsgeschwindigkeit der Welle
h = Spaltweite
Q = durchfließende Ölmenge
F = vom Lager überdeckte Fläche abzüglich Taschenfläche
ß = dynamische Zähigkeit des Öles.

Es empfiehlt sich also, Öle geringer Viskosität zu verwenden, womit man auch bei hohen Drehzahlen die Lagertemperaturen in zulässigen Grenzen halten kann. Da die Steifigkeit der Lagerung stark von der Ölzufuhr und dem Öldruck abhängt, sollen im Folgenden die Möglichkeiten, das Drucköl ins Lager zu bringen, betrachtet werden.

23.1 Taschen-Drucköl-Systeme

Es lassen sich drei Systeme unterscheiden.

23.1.1 Hydrostatische Lager ohne zusätzliche Regelung

Das Bild 23.4 zeigt den Fall, in dem jeder Tasche eine eigene Ölpumpe zugeordnet ist. Bei der Charakteristik der verwendeten Pumpen (Zahnrad- oder Schraubenpumpen) bleibt die Fördermenge im normalen Druckbereich vom Gegendruck unabhängig.
Bei Verlagerung der Welle in Richtung einer Tasche wird in deren Bereich die Spalthöhe kleiner und der Druck steigt an. Durch die Vergrößerung des Spalts im Bereich der gegenüberliegenden Tasche fällt der Druck dort ab, und es ergibt sich eine Rückstellkraft auf die Spindel.
Aus dem Bild ist ersichtlich, wie rasch mit zunehmender Spalthöhe h ein im Bild dargestelltes Lager an Steifigkeit verliert. Die Anordnung mit je einer Pumpe für jede Tasche ist in ihrem Verhalten günstig, doch ist der Aufwand für eine solche Konstruktion bei vielen Maschinen beträchtlich (zum Beispiel werden bei Portalfräsmaschinen, Karusselldrehmaschinen Hydrostatikführungen mit 32 Taschen ausgeführt, von denen jede Tasche eine Pumpe hat).
Auf der Suche nach einfacheren Lösungen entstand das im Bild dargestellte Prinzip.
Eine Pumpe versorgt hier alle Taschen über Vordrosseln (D1) mit Öldruck. Dabei lässt sich aber die Mengenverteilung auf die einzelnen Taschen nicht mehr als konstant betrachten. Bei einer bestimmten Drosselung des Zuflusses wird sich die Fördermenge, welche die Pumpe liefert, in Abhängigkeit von der Exzentrizität und den Abmessungen der Vordrosseln aufteilen.
Das Bild zeigt, dass die Vordrosseln auf die Hauptspindelverlagerung (Lagersteifigkeit) einen großen Einfluss haben.
Mit dem Verhältnis D1 / D2 steigt die Steifigkeit in diesem Fall an. Dem Vorteil des geringen Bauaufwandes (nur eine Pumpe) dieser Lagerungsart steht als Nachteil die relativ geringe Steifigkeit gegenüber.

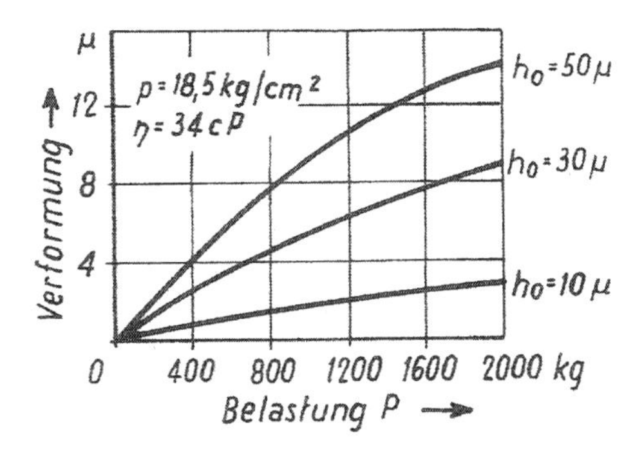

Bild 23.3: Ölfilmverformung in Abhängigkeit von der Belastung (konstante Ölmenge)

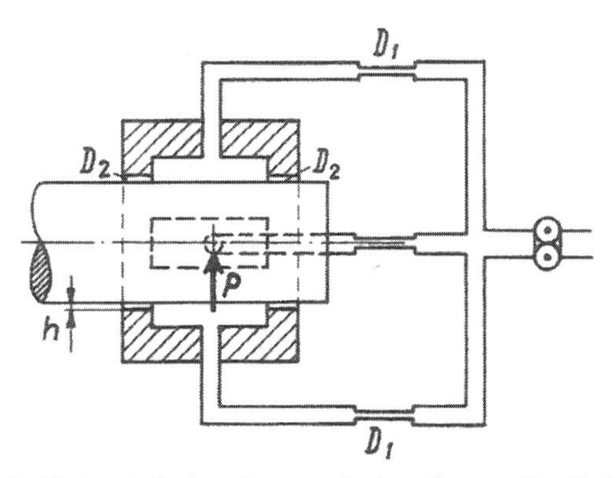

Bild 23.4: Hydrostatisches Lager mit einer Pumpe für alle Taschen und konstanten Vordrosseln

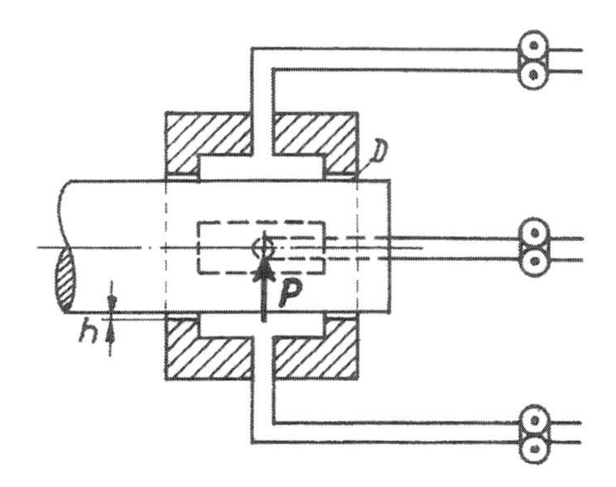

Bild 23.5: Hydrostatisches Gleitlager mit je einer Pumpe pro Tasche. Konstante Ölmenge pro Tasche

23.1.2 Hydrostatische Lager mit Regelung

Es gibt zwei Prinzipien.

a) Auftretende Wellenverlagerungen werden durch mindestens zwei Fühler festgestellt und über Verstärker und Regelorgane wird die Ölzufuhr entsprechend gesteuert. Abgesehen von der Trägheit einer solchen Anordnung wäre der Aufwand und die Störanfälligkeit groß, so dass die folgende zweite Lösung in der Praxis einfacher zu verwirklichen ist

b) Man kann die bei der Wellenverlagerung entstehende Druckänderung direkt auf einen Regler wirken lassen, der die Ölzufuhr steuert (D1). Für diese Lösung ist der Einsatz einer Pumpe für je zwei Taschen und die Verwendung von lastabhängigen gesteuerten Vordrosseln erforderlich

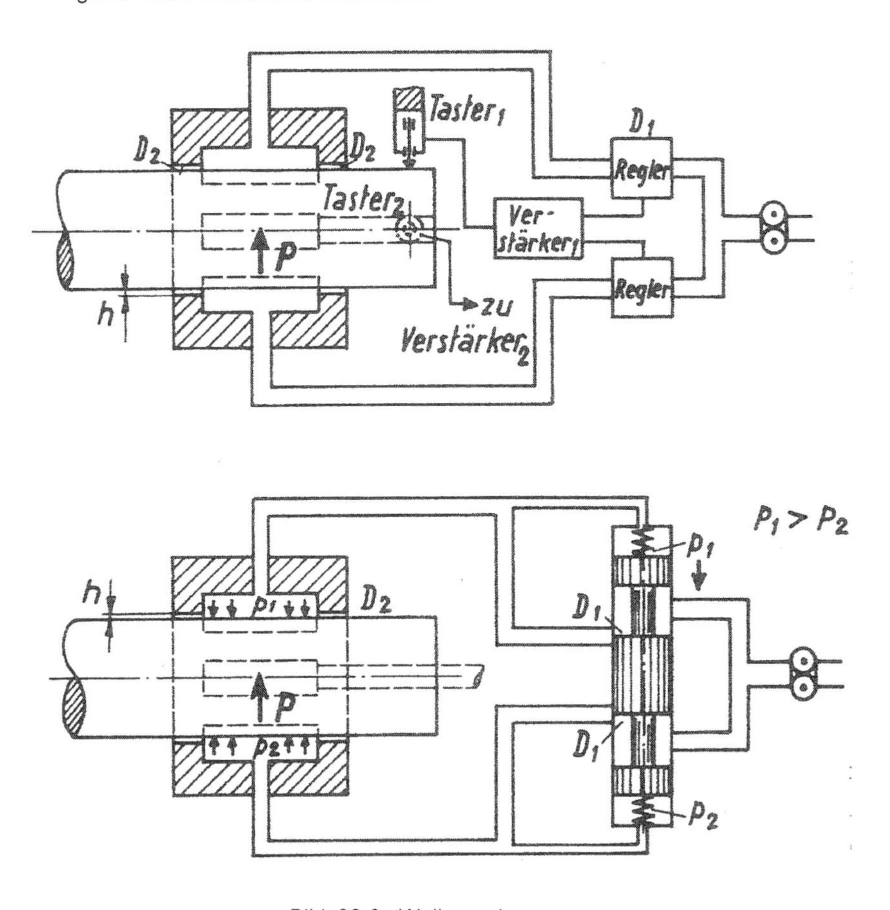

Bild 23.6: Wellenverlagerung

Auf dem Bild lässt sich die Wirkungsweise eines solchen Systems erkennen. Wird die Welle in Richtung des Kraftpfeils belastet, so verlagert sie sich in dieser Richtung und die Spalt-

höhe h wird oben kleiner. Die D2 Drosselwirkung wird erhöht. Der Druck in der zugehörigen Tasche wird größer. Die verstellbaren Drosseln (Kolbenschieber) verschieben sich nach unten. Damit wird aber die Drosselwirkung der oberen Vordrossel D1 geringer und bei der unteren stärker, weswegen der belasteten Tasche mehr Drucköl zugeführt wird. Für solche geregelten hydrostatischen Lager haben sich theoretisch und experimentell sehr günstige Kennlinien hinsichtlich der Steifigkeit ergeben.
Die Auslegung dieser Drosselsysteme ist nicht einfach. Wird sie jedoch richtig vorgenommen, so bleibt die Welle sehr gut in der zentralen Stellung

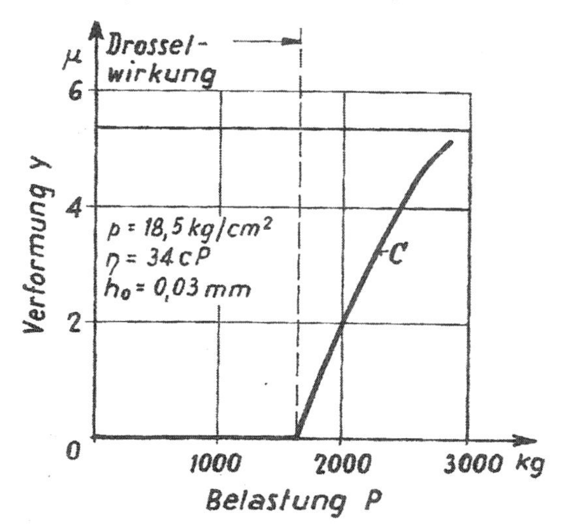

Bild 23.7: Drosselwirkung

Das Bild unter 23.2 zeigt einen Vergleich des oben beschriebenen Lagertyps mit drei verschiedenen Möglichkeiten der Ölzuführung. Über der Exzentrizität sind die Taschendrücke aufgetragen. Die Lagerbelastungen sind den eingezeichneten Abstandspfeilen, die direkt die Differenzdrücke kennzeichnen, proportional. Man entnimmt die wesentlichen Unterschiede im Verhalten der drei Lagerbauarten. Offensichtlich sind Lager mit lastabhängigen Vordrosseln den beiden anderen Möglichkeiten überlegen.

23.2 Hydrostatische Spindeln

In Werkzeugmaschinen-Fräsmaschinen, Bohrungsschleifmaschinen, Feinbohrwerken, Spezialmaschinen für die optische Industrie- und Messmaschinen werden immer häufiger hydrostatische Lager verwendet
Bei kompletten hydrostatischen Spindel-Einheiten werden unterschiedliche Lagerbauformen unterschieden:
HSZ: Hydrostatisch gelagerte Spindel mit zylindrischen und ebenen Arbeitsflächen, geeignet für hohe Axial- und hohe Radialkräfte.
HSK: Hydrostatisch gelagerte Spindel mit kegeligen Arbeitsflächen, geeignet für hohe Radial- und kleinere Axialkräfte.
HSS: Hydrostatisch gelagerte Spindel mit sphärischen Arbeitsflächen, geeignet für Fälle, bei denen relativ große elastische Wellenverformungen und Fluchtfehler nicht zu vermeiden

sind. In die zylindrischen, ebenen, kegeligen und sphärischen Arbeitsflächen der Lagerringe sind die hydrostatischen Taschen eingearbeitet. Anzahl der Taschen, Abmessungen der Stegflächen, Ölspalte, Ölviskosität richten sich nach den betrieblichen Gegebenheiten, wie Drehzahl, Belastung, elastische Wellenbiegungen, und den Forderungen nach Steifigkeit und Dämpfung.
Die Abmessungen der in den Spindeln verwendeten Lagerringe mit kegeligen, zylindrischen und kugeligen Arbeitsflächen sind – ähnlich wie bei den Wälzlagern – in Durchmesser- und Breitengruppen gestuft.

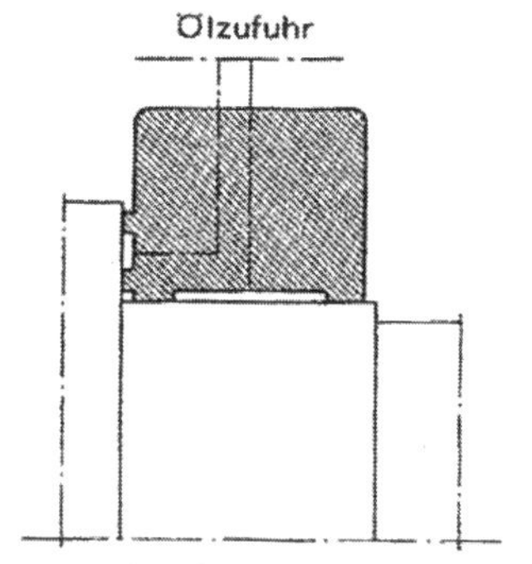

7: Lager mit zylindrischen und ebenen Arbeitsflächen

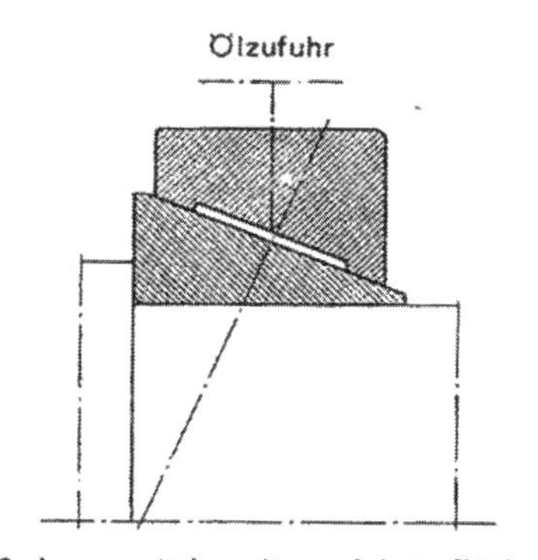

8: Lager mit kegeligen Arbeitsflächen

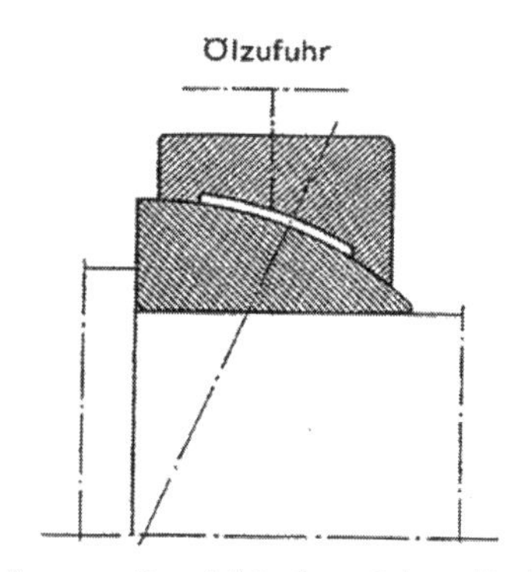

9: Lager mit sphärischen Arbeitsflächen

Bild 23.8: Lagerbauformen der hydrostatischen Spindeln

Die hydrostatischen Spindeln zeichnen sich durch sehr hohe Laufgenauigkeit, sehr hohe Steifigkeit und gute Dämpfung aus. Sie sind für Drehzahlen von n x d = 0 bis n x d = 2 x 10^6

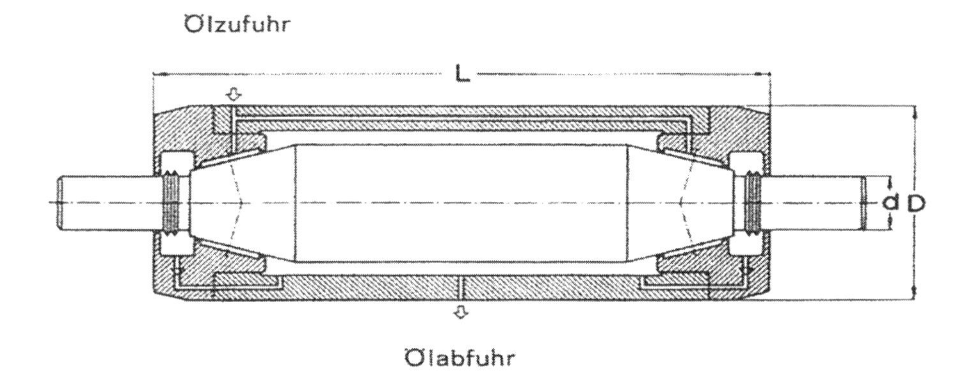

Bild 23.9: Hydrostatische Spindel

Geeignet (n = Drehzahl in U/min, d = Lagerzapfendurchmesser in mm); das entspricht Zapfen-Umfangsgeschwindigkeiten von 0 bis 100 m/s.
In der Regel haben die Spindeln je einen Anschluss für die Ölzuführung und für den Ölrücklauf. Ölverteilung und Drosselung liegen innerhalb des Spindelgehäuses.

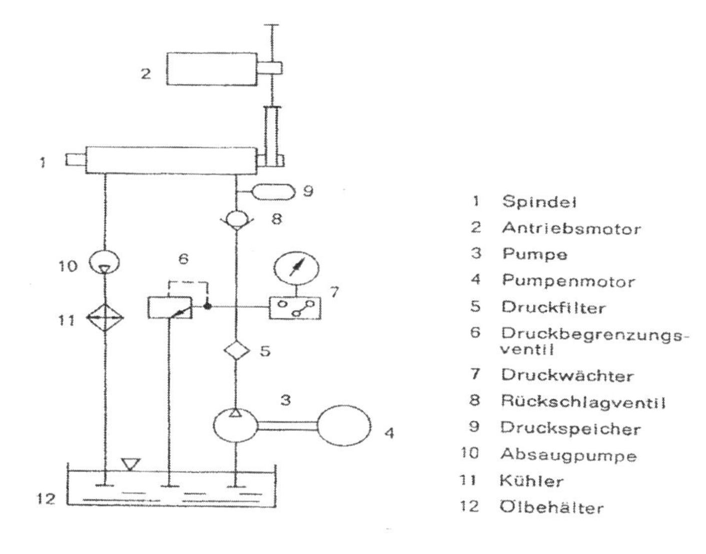

Bild 23.10: Schema einer Ölversorgung für hydrostatische Spindeln

Anwendungsbeispiel:
Hydrostatische HSK-Spindel zum Bohrungsschleifen (mittlerer Lagerdurchmesser 30 mm; n = 40 000 U/min; Rundlaufgenauigkeit besser als 0,2 µm; Lagersteifigkeit 25 kp/µm bei Pumpendruck 100 kp/cm²).

23.3 Hydrostatische Axiallager

Bei manchen hoch belasteten Arbeitsmaschinen, Getrieben und Prüfgeräten steht für die Axiallager ein in radialer Richtung begrenzter Einbauraum zur Verfügung. Um bei der Verwendung von Wälzlagern eine ausreichende Lebensdauer zu erhalten, muss man oft mehrere Lagerreihen hintereinander schalten. Das führt zu aufwändigen und unübersichtlichen Konstruktionen.
Für solche Anwendungsfälle wurden hydrostatische Axiallager entwickelt, welche die Axialschübe auch bei hohen Drehzahlen betriebssicher übertragen.
Außen- und Innendurchmesser entsprechen den Abmessungen der Wälzlager.

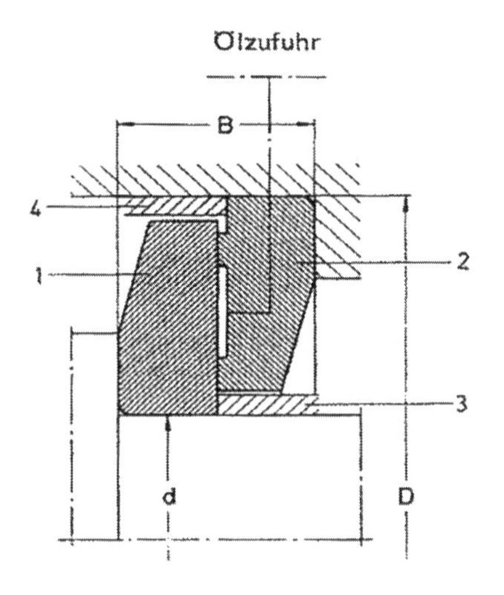

1 Wellenscheibe
2 Gehäusescheibe
3, 4 Distanzbüchsen

Anwendung:
Das Bild zeigt den Aufbau des hydrostatischen Axiallagers. Wellenscheibe 1 und Gehäusescheibe 2 stützen sich auf den entsprechenden Bunden von Welle und Gehäuse ab. Die zu den Lagerscheiben gehörenden Distanzbüchsen garantieren bei mehrreihiger Anordnung eine exakte Lastaufteilung.

Die im Bild dargestellte Ausführung eines hydrostatischen Axiallagers wird angewendet, wenn mit größeren elastischen Verformungen und Fluchtfehlern gerechnet werden muss. Die sphärischen und ebenen Arbeitsflächen der Wellen- und Gehäusescheibe 1 und 2 und der Zwischenscheibe 3 bewirken einen vollkommenen und zwanglosen Ausgleich sämtlicher Ungenauigkeiten.

Bild 23.11: Hydrostatisches Axiallager

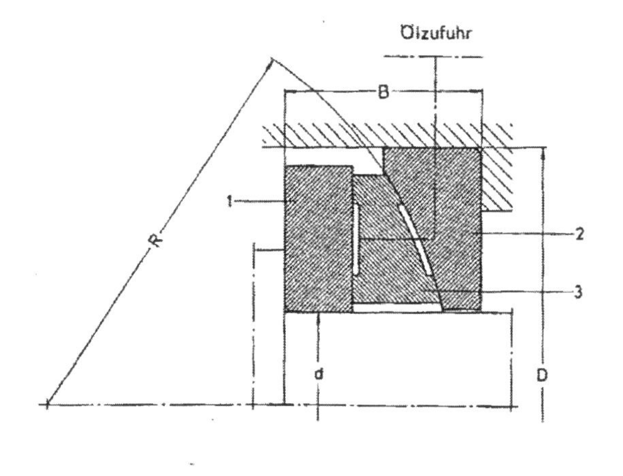

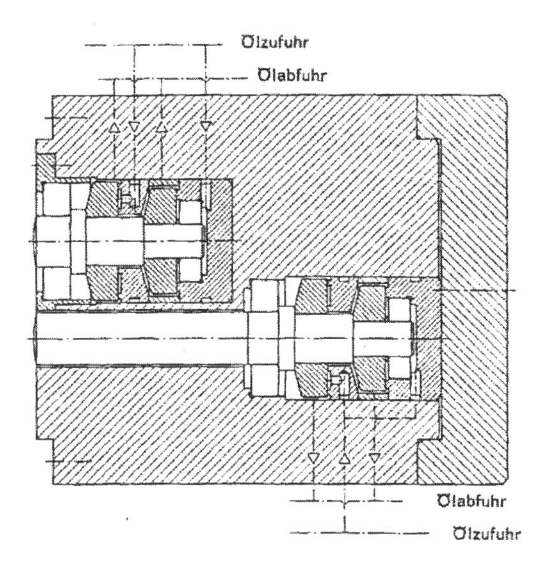

Bild 23.12: Hydrostatische Axiallager

23.4 Hydrostatischer Gewindetrieb im Vergleich zum Linearmotor

Wie ein Kugelgewindetrieb setzt der hydrostatische Gewindetrieb die Drehbewegung eines Servomotors in eine Linearbewegung um. Die Mutter des Gewindetriebes schwebt auf einem hydrostatischen Ölfilm und ist somit absolut verschleißfrei. Durch die vom Regler gesteuerten Ölströme wird die Ölfilmdicke unabhängig von der Geschwindigkeit und Belastung nahezu konstant gehalten.

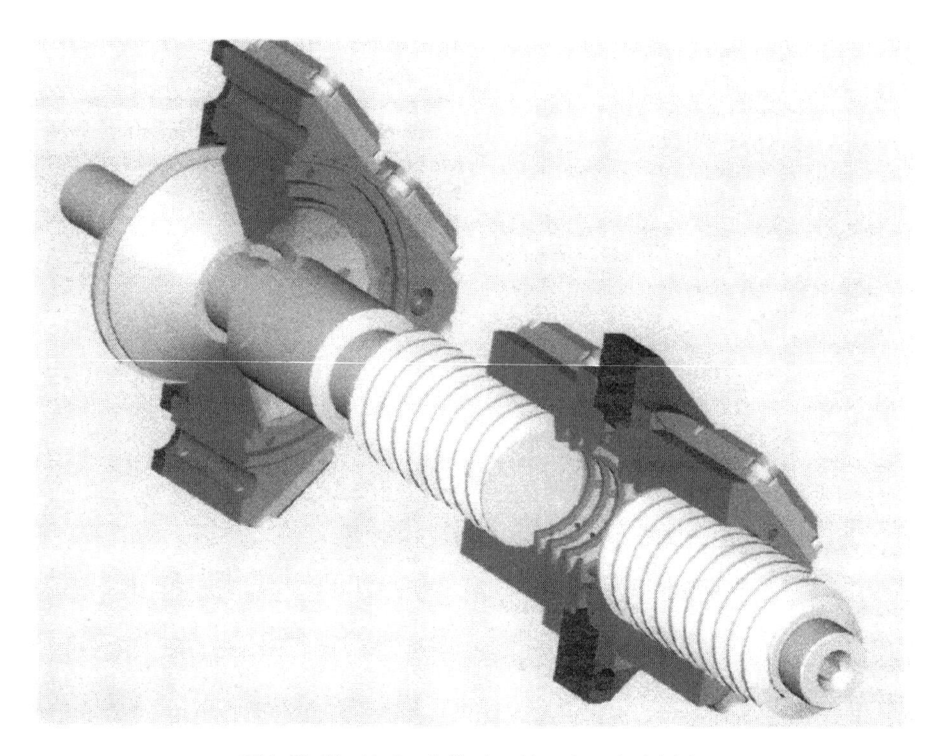

Bild 23.13: Hydrostatischer Kugelgewindetrieb
Quelle: Hyprostatik

Die spielfreie hydrostatische Mutter ist extrem steif und hat trotzdem eine sehr geringe Reibung. Bei geringen Geschwindigkeiten, zum Beispiel beim Positionieren, ist die Reibung nahe Null. Die Positioniergenauigkeit, der kleinste Verfahrweg und die langsamste Geschwindigkeit sind somit nur noch vom Messsystem und der Steuerung abhängig. Gegenüber der dynamischen Belastung wirkt der hydrostatische Gewindetrieb wie ein Stoßdämpfer mit exzellenter Dämpfung. Er läuft absolut geräuschlos und die von Kugelgewindetrieben bekannten Vibrationen treten nicht auf.
Üblicherweise werden für elektrische Vorschubantriebe schnell laufende Motoren mit Gewindetrieben zur Erzeugung langsamer Schlittengeschwindigkeiten und hoher Vorschubkräfte verwendet. Somit wird die Kraft des Motors über einen sehr großen Hebel auf den Schlitten übertragen. Bei entsprechender Qualität der Übertragungsglieder kann der Schlitten mit geringen Kräften feinfühlig verstellt werden.
Durch den Linearmotor wird dieses Prinzip verlassen. Zur Erzeugung großer Kräfte müssen extrem starke Magnetfelder erzeugt werden, was nur durch elektrische Ströme und/oder Spulen mit hoher Induktivität erreicht werden kann. Da stromumflossene Spulen eine elektrische Masse darstellen, muss bei dynamischen Lastwechseln auch dann, wenn der Schlitten nur in Position gehalten werden muss, eine große elektrische Masse wechselweise beschleunigt werden. Auch wenn zur Änderung des magnetischen Flusses hohe Spannungen eingesetzt werden, ist damit die Änderung der Motorkraft zeitabhängig.
Dieses Problem besteht mit Gewindetrieb und Servomotor nur in geringem Maße, da die zu steuernden elektrischen Ströme sehr viel kleiner sind als die beim Linearmotor.

23.4.1 Die Steife bei statischer sowie dynamischer Belastung

Die Steife des Linearmotors resultiert ausschließlich aus der Lageregelung des Antriebes im Zusammenwirken mit dem notwendigen Linearmaßstab .Ohne Lageregelkreis ist die Steife des Linearmotors gleich null.
Gegenüber statischer Belastung ist die Steife des Linearmotors unendlich hoch. Dies gilt jedoch auch für mittels Linearmaßstab gesteuerten Antrieb mit hydrostatischem Gewindetrieb.

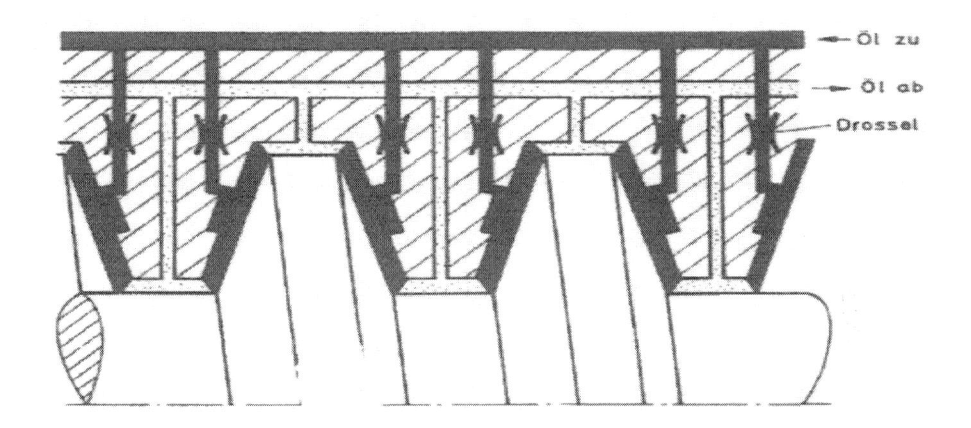

Bild 23.14: Hydrostatische Spindelmutter mit fester Spalthöhe

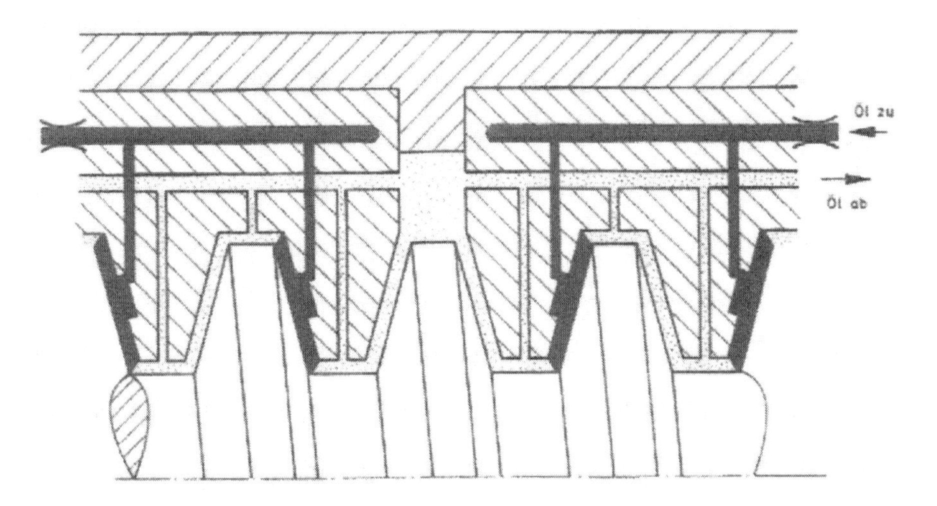

Bild 23.15: Hydrostatische Spindelmutter mit einstellbarer Spalthöhe

Die „dynamische" Steife des Linearmotors ist aufgrund von Zeitverzögerungen durch Verlagerungsmessung, Reaktionszeit der Steuerung und Aufbau des Magnetfeldes gering. Nach Angabe eines Linearmotor-Herstellers liegt die dynamische Steife zwischen 30 N/µm (bei Schlittengewicht 100 kg) bis zu 120 N/µm (bei Schlittengewicht 600kg) ohne Angabe der

Frequenz .Durch die fehlende Dämpfung in Bewegungsrichtung bei schwingender Schlittenbelastung ist die Gefahr von Resonanzschwingungen gegeben.
Die Steife eines Antriebs mit dem hydrostatischen Gewindetrieb mit Nenndurchmesser nur 50mm dagegen liegt mit 400mm Spindellänge bei 350 bis 400 N/µm, bei beidseitiger Einspannung der Spindel noch deutlich höher.
Zusammen mit der hohen Dämpfung und der höherem, aus dem Schwungmoment der Spindel resultierenden Gesamtmasse der Vorschubachse des hydrostatischen Gewindetriebs werden mit diesem Antrieb mehrfach kleinere Schwingwege bzw. dynamische Positionsabweichungen erreicht als beim Linearmotor. Auch klingen Wegschwingungen des hydrostatischen Gewindetriebs aufgrund der ausgezeichneten Dämpfung sehr schnell ab.

23.4.2 Die maximale Beschleunigung

Bei hydrostatischem Gewindetrieb und Linearmotor gibt es keine bauteilbedingte Beschleunigungsgrenze. Die maximale Beschleunigung wird durch Massen- und Vorschubkräfte begrenzt. Die Lebensdauer des hydrostatischen Gewindetriebs wird durch die Beschleunigung nicht vermindert. Der Servomotor muss zusätzlich sein Eigenträgheitsmoment und das des Gewindetriebs mit beschleunigen. Trotzdem können moderne Servomotoren 500 bzw. 1000 kg schwere Schlitten mit Verfahrlänge 500 bzw. 1000 mm mit 16 bis 34 m/s² beschleunigen. Bei optimierten Kurzhubschlitten sind auch noch deutlich höhere Beschleunigungswerte möglich.

Die Alternative zu Kugelgewindetrieb und Linearmotor ist der hydrostatische Gewindetrieb. Er erreicht Geschwindigkeiten bis 120 m/min, beschleunigt wie ein Linearmotor, hat aber einen 10-fach geringeren Energieverbrauch bei Werkzeugmaschinen typischen Vorschub.
Bei gleicher Beschleunigung bietet der hydrostatische Gewindetrieb im Vergleich mehrfache Vorschubkräfte. Er hat eine exzellente Dämpfung, ein Linearmaßstab ist nicht zwingend erforderlich.

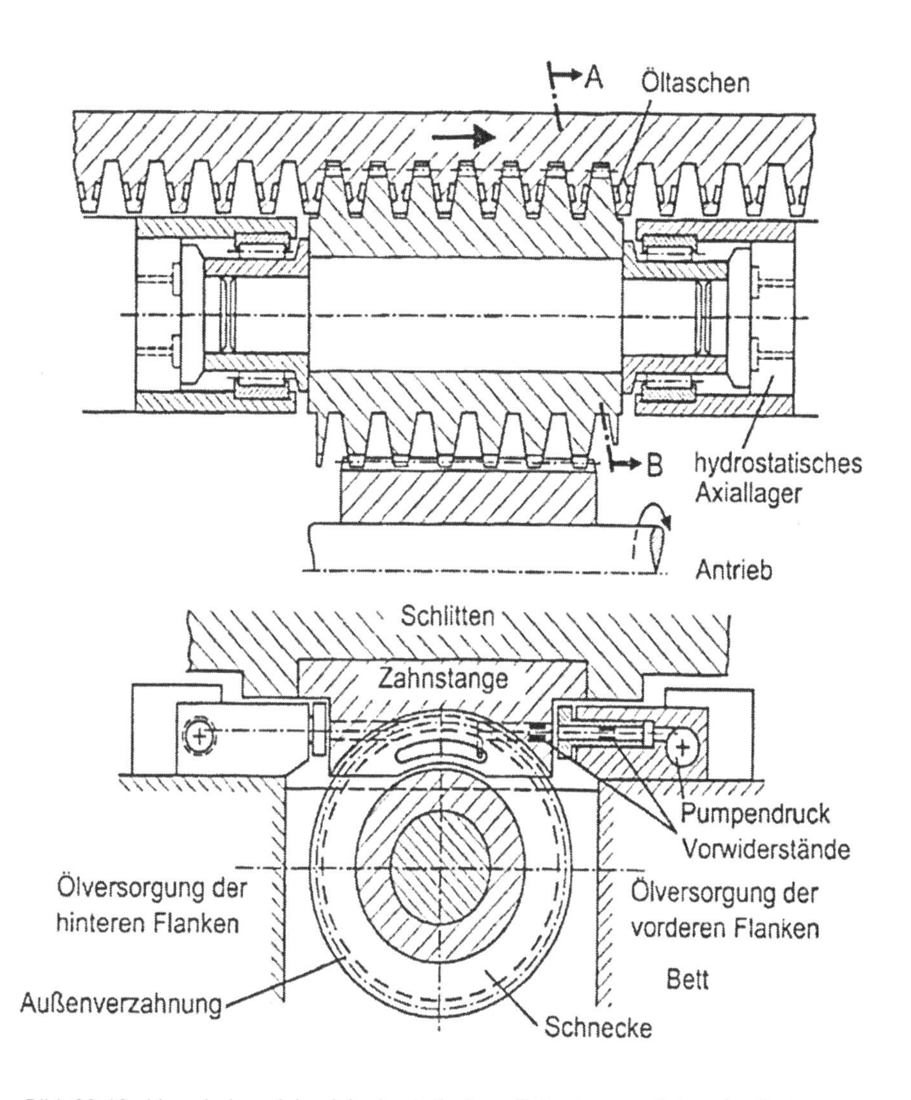

Bild 23.16: Vorschubantrieb mit hydrostatischem Zahnstangen-Schnecke-System
Quelle: Ingersoll

Die dynamische Steife des Linearmotors ist mit 30 bis 120 N/µm sehr niedrig. Die Steife der Mutter eines hydrostatischen Gewindetriebes Nenngröße 50mm und des Festlagers liegt bei je 1200–2000 N/mm, die dynamische Steife ist noch höher. Die für die hydrostatische Mutter erforderlichen Ölströme von 1 -2 l/min können mit geringen Aufwand zurückgeführt werden.

Mit hydrostatischen Führungen können beide Systeme sehr genau positionieren, der Linearmotor aber hat Probleme beim Halten der Position bei Stößen und dynamischen Belastungen.
Die enormen Verlustleistungen von Linearmotoren führen zu sehr hohen Temperaturen unter dem Schlitten, er muss mit großen und teueren Kühlaggregaten gekühlt werden.
Metallspäne werden durch die Permanentmagneten festgehalten und können Primär- und Sekundärteile beschädigen. Dieselben Späne auf der gehärteten unmagnetischen Gewindespindel werden dagegen weggeschoben.
Die hydrostatische Mutter säubert und temperiert den Trieb kontinuierlich.
Die Kräfte des Permanentmagneten vom Linearmotor auf die Wälzführungen führen zu vorzeitigem Verschleiß, wenn keine hydrostatischen Führungen eingesetzt werden.
Ein Servomotor eines hydrostatischen Gewindetriebs ist einfach und mit deutlich weniger Aufwand auszutauschen als ein defekter Linearmotor. Mit Gewindetrieben können Motoren und Steuerungen verschiedener Hersteller an der gleichen Maschine eingesetzt werden.
Abgesehen von einigen HSC-Maschinen, bei denen hohe Geschwindigkeiten benötigt werden, ermöglichen Werte der Beschleunigung über 10 m/s² nur minimale Zeitersparnisse, Extremwerte der Geschwindigkeit größer ca. 20 bis40 m/min nur kleine Zeitersparnisse.

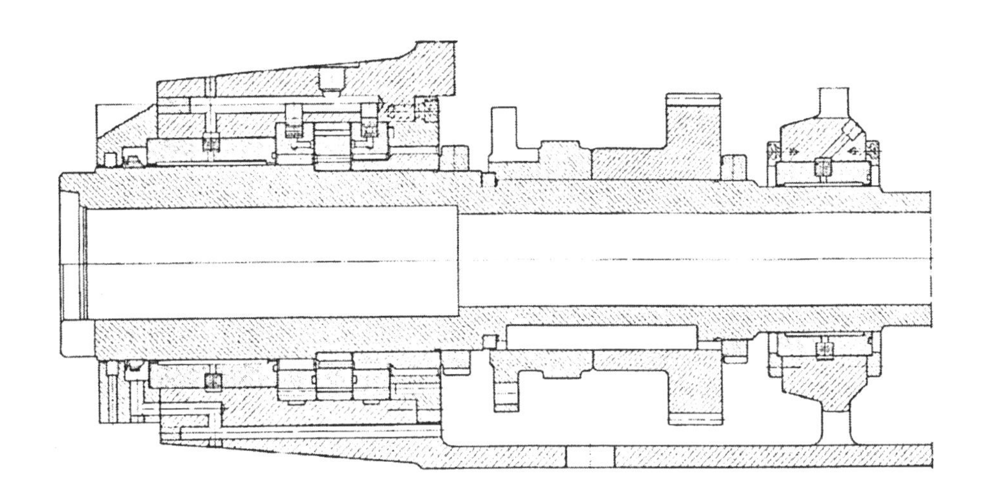

Bild 23.17: Lagerung einer hydrostatischem Hauptspindel

23.5 Anwendungs-Beispiele

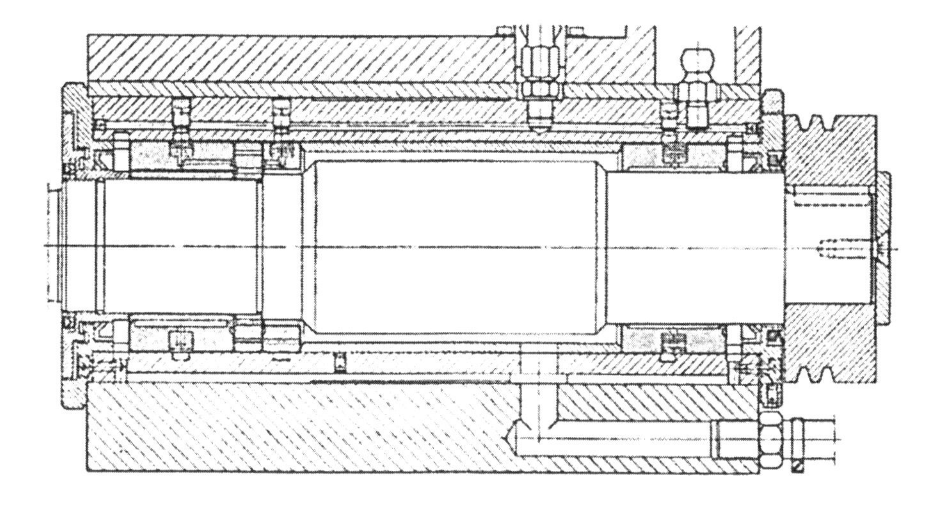

Bild 23.18: Hydrostatische Lagerung einer Schleifspindel

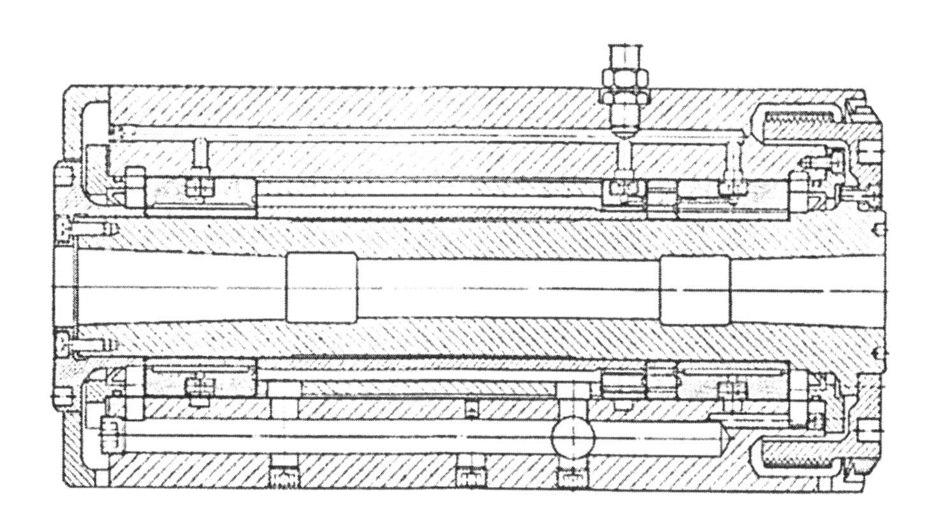

Bild 23.19: Hydrostatische Lagerung einer Werkstückspindel

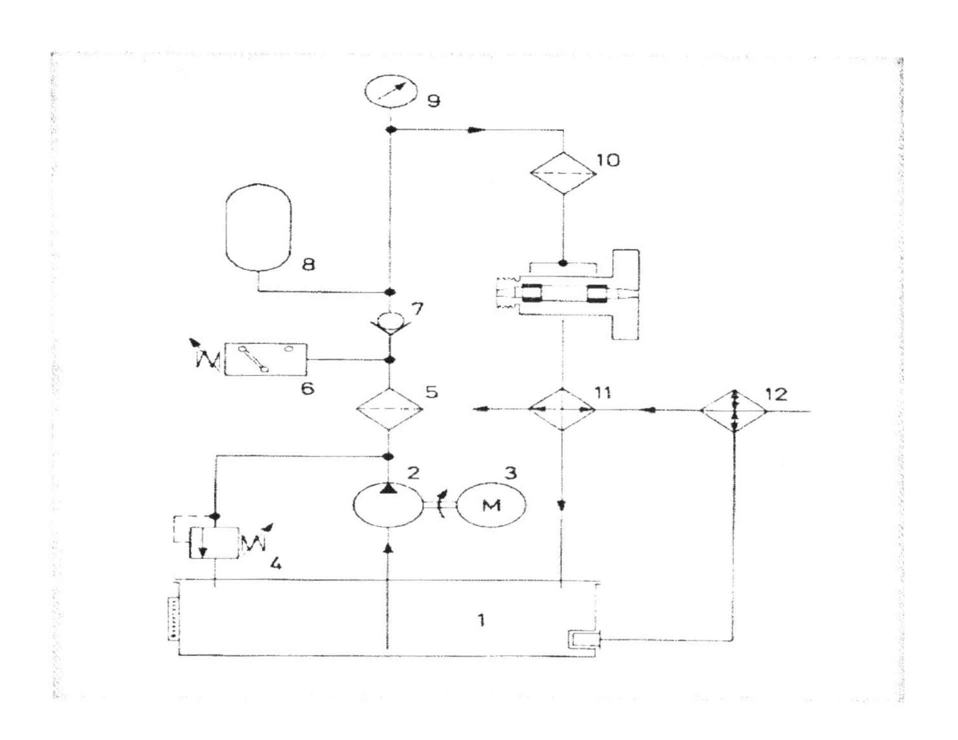

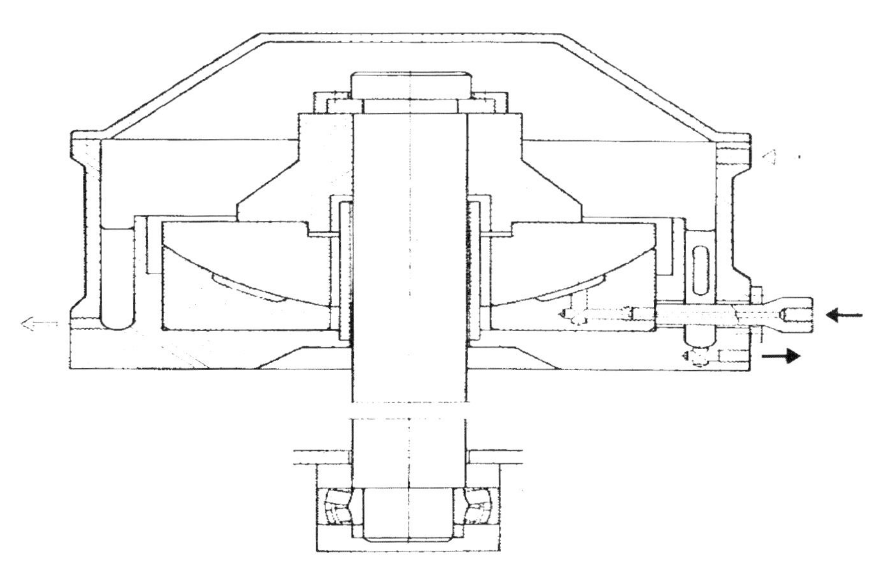

Bild 23.20: Ölversorgungssystem / Lagerung einer hydrostatischen Schleifspindel

Im Hochgeschwindigkeitsbereich hat die Luftschmierung und Lagerung Bedeutung erlangt. Konstruktionen haben gezeigt, dass bei konstanter, relativ geringer Belastung eine Laufgenauigkeit von weniger als 1µ erreicht werden kann. Bei genügender Herstellungsgenauigkeit der Tragflächen kann der Luftspalt sehr klein gehalten werden, wodurch das Luftlager dem Flüssigkeitslager in diesem Punkt überlegen ist. Der Aufwand für ein Luftlager ist gewöhnlich größer. Sehr wichtig für den erfolgreichen Einsatz dieses Lagertyps ist, dass das Lagerspiel auch bei Belastungsänderungen nicht wesentlich variiert.
Das Bild zeigt den gemessenen Zusammenhang zwischen Belastung und Lagerspiel für ein kleineres Luftlager.

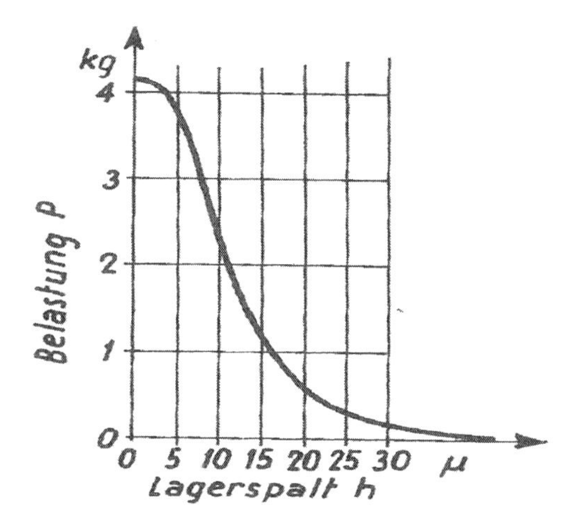

Bild 24.1: Lagerspalt h in Abhängigkeit von der Belastung P

Bei zunehmender Last wird das Spiel erst schnell, dann langsamer, dann wieder schneller kleiner. Berühren sich die metallischen Laufflächen (Spiel = 0), wird der Luftstrom unterbrochen, der Druck steigt an und hebt die Welle wieder ab, wobei der Druck gleichzeitig wieder sinkt. Durch diese Erscheinungen kann es leicht zu instationären Strömungszuständen kommen, die ein Schwingen der Lagerung zur Folge haben .Die Stabilität lässt sich durch Verwendung einer Vordüse verbessern. Für inkompressible Medien wurde die Wirkung der Vordüse vorher schon erläutert (hydrostatisches Lager mit Vordrosseln). Beim Luftlager wendet man das gleiche Prinzip an.
Mit den für Düsenströmungen geltenden Bezeichnungen kann die Abhängigkeit Belastung – Lagerspiel angegeben werden. Es ergibt sich, dass die Steifigkeit der Luftlager, auch mit Vordüsen, bei geringen Belastungen klein ist. Immerhin lässt sich durch den Einsatz einer Vordüse über einen großen Belastungsbereich Stabilität erzielen und gleichzeitig eine ausreichende Steifigkeit. Man kann auch das Lager selbst als Drossel oder Düse betrachten,

weil es immer einen engsten Querschnitt gibt, in dem durch Vergrößerung der kinetischen Energie ein Druckabfall auftritt.
Im Diagramm ist die Belastung als Funktion vom Lagerspalt aufgezeichnet und zwar für Lager mit und ohne Vordüse bei sonst gleichen Abmessungen. Es zeigt sich, dass beide Lager brauchbar sind, dass jedoch das Lager ohne Vordüse viel größere Lagerspiele braucht und eine geringere Steifigkeit besitzt. Deshalb kommen bei Werkzeugmaschinen nur Luftlager mit Vordüse zur Anwendung. Beim normalen Luftlager steigt die nötige Luftmenge pro Tasche bei kleiner werdender Belastung enorm an, während sich beim Lager mit Vordüse fast eine Konstanz der Menge ergibt. In der Praxis ist es vorteilhaft, Konstruktionen mit mehreren Düsen zu verwenden.

Zusammenfassung
Mit Luftlagern können Steifigkeitswerte erreicht werden, welche unter denen von Flüssigkeitslagern liegen. Auf Belastungsänderungen reagiert das Luftlager schneller als das flüssigkeitsgeschmierte, wodurch das dynamische Verhalten des Luftlagers ungünstiger ist.
Es bestehen Ausführungen von Luftlagern, die besonders im Hinblick auf Schwingungsfreiheit bei sehr hohen Drehzahlen eingesetzt werden.
Im Beispiel der Innenschleifspindel ist die Lagerschale aus porigem Graphit hergestellt. Die Druckluft ist imstande, durch die Poren zu strömen und so eine einwandfreie Schmierung zu gewährleisten.
Das Bild zeigt eine praktisch ausgeführte Lagerung einer Innenschleifspindel, die mit 48 000,
72 000 und 96 000 U/min umläuft
Mit dieser Lagerung wurden gute Erfahrungen gemacht, indem bei verschiedenen Belastungen keine Schwingungsneigung auftrat.

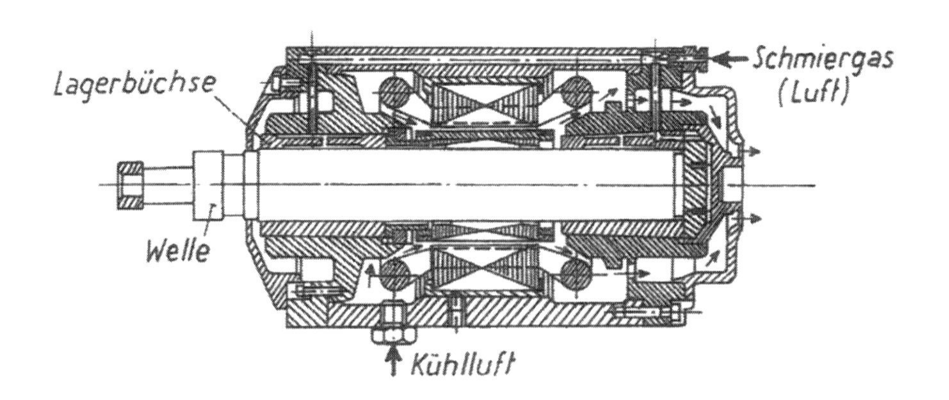

Bild 24.2: Innenschleifspindel mit Luftschmierung

24.1 Aufbau der hydrodynamischen Spindel

Berechnungs- Beispiel

Berechnung für eine luftgelagerte Spindel:

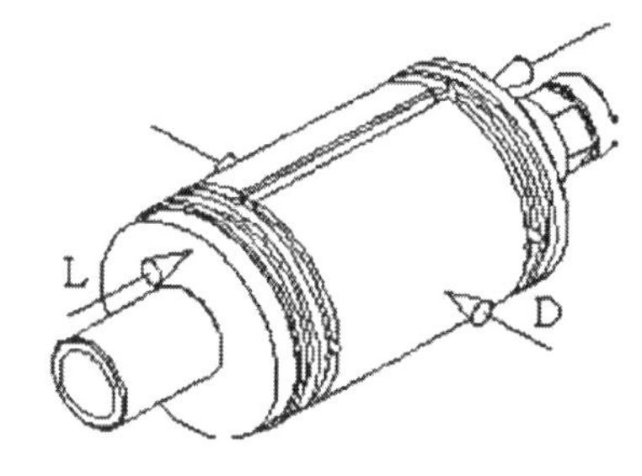

Eingabe:

Bauraumdurchmesser:	80	[mm]
Bauraumlänge:	100	[mm]
Versorgungsdruck (2-10 bar):	5	[bar]

Ausgabe:

radiale Nenntragkraft:	303	[N]
axiale Nenntragkraft:	604	[N]
Lastreserve:	66	[%]
radiale Steifigkeit:	51	[N/µm]
axiale Steifigkeit:	101	[N/µm]
Luftverbrauch:	8	[Nl/min]

Berechnung für ein Elementarluftlager

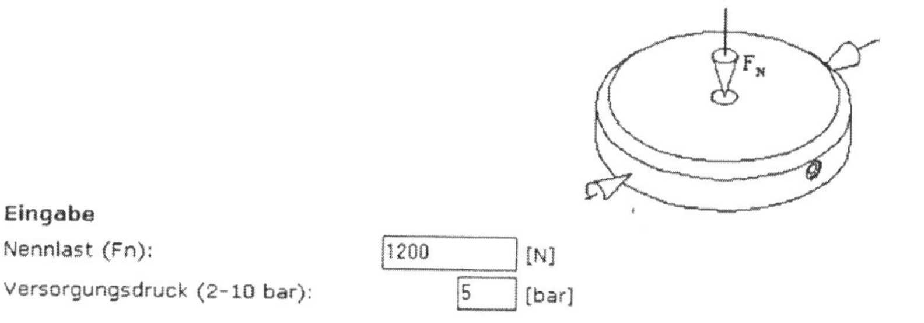

Eingabe

Nennlast (Fn):	1200	[N]
Versorgungsdruck (2-10 bar):	5	[bar]

Ausgabe

Luftlagerdurchmesser (D):	83	[mm]
Steifigkeit:	120	[N/µm]
Luftverbrauch:	2	[Nl/min]

Bild 24.3: Berechnungsbeispiel

24.2 Anwendungen

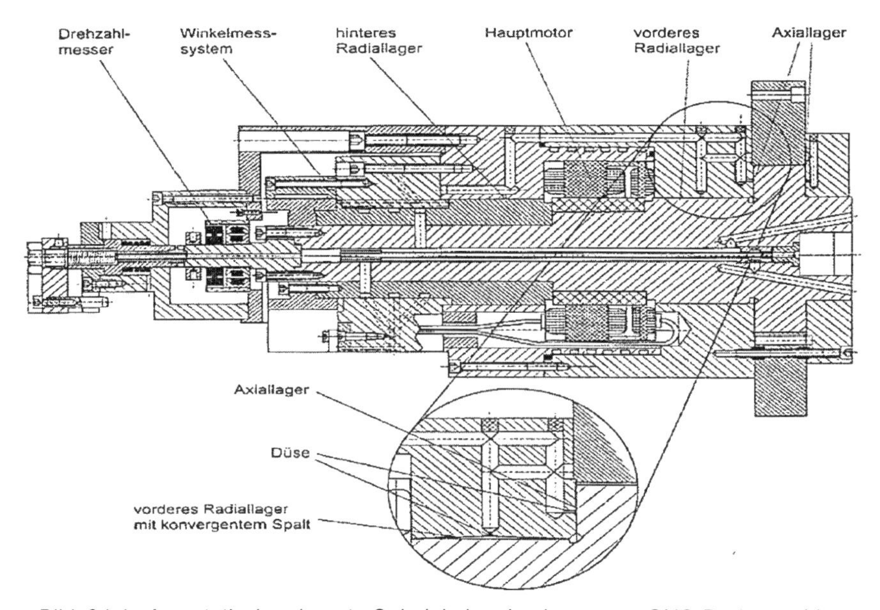

Bild 24.4: Aerostatisch gelagerte Spindel einer hochgenauen CNC-Drehmaschine

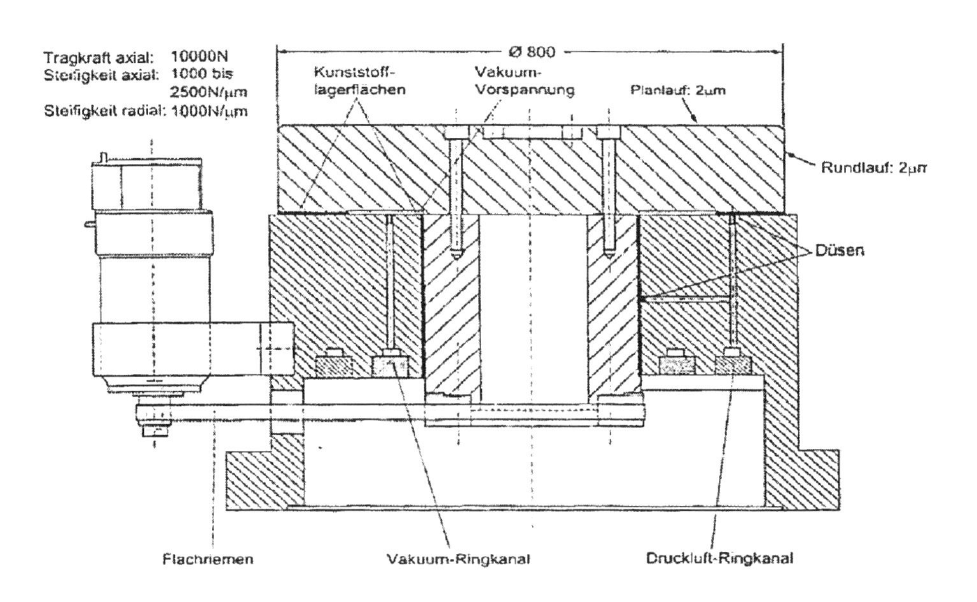

Bild 24.5: Aerostatisch gelagerter Rundtisch

25 Elektromagnetische Drehlagerungen

Durch die Fortschritte in der Elektronik und Sensortechnik sind Magnetlager anwendungsreif.
Um die für die Hochgeschwindigkeitsbearbeitung (HSC) erforderlichen Schnittgeschwindigkeiten zu erreichen, bedarf es Spindeln entsprechender Leistungsklasse mit ausreichend hoher Drehzahl. Dabei spielt die Lagerung der Spindel eine wesentliche Rolle. Hohe Drehzahl, guter Rundlauf, geringe Erwärmung, vibrationsfreier Lauf und lange Lebensdauer sind die wichtigsten Kriterien einer solchen Spindel.
Bisher wurden schnell laufende Spindeln hauptsächlich mit Wälzlagern unterschiedlicher Kontaktwinkel und Anordnung ausgerüstet. Dabei ist die Grenze der Drehzahl bei ausreichender Lebensdauer die maximale Bahngeschwindigkeit der Wälzkörper – die n.dm Zahl. Einige Verbesserungen durch kleinere Massen der Wälzkörper wie kleinere Durchmesser und leichtere Materialien (Keramik), sowie variable Vorspannung, haben in letzter Zeit eine Steigerung der höchstmöglichen Drehzahlen gebracht.
Von großer Wichtigkeit ist bei hochdrehenden, wälzgelagerten Spindeln die Schmierung. Sie hat einen wesentlichen Einfluss auf die Erwärmung und die Lebensdauer der Lager. Noch immer ist die häufigste Ausfallursache solcher Spindeln die Unzuverlässigkeit der Schmierung und Fehler bei der Einstellung (Ölmenge, Konstanz).
Um die maximale Drehzahl weiter zu erhöhen, die Lebensdauer zu steigern und um die Zuverlässigkeit zu verbessern, hat man daher nach alternativen Lagerungen gesucht.

Das Bild zeigt die heute verwendeten Lagerarten von Hochgeschwindigkeits-Spindeln.

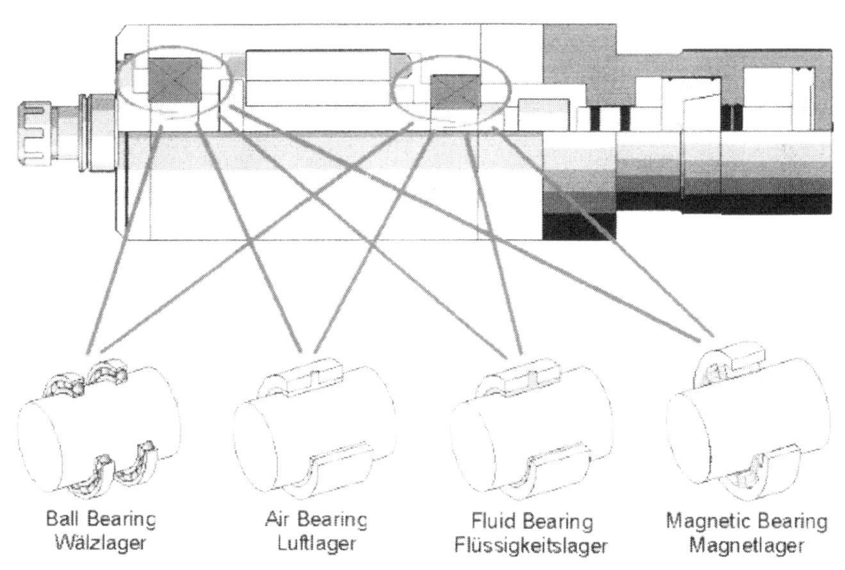

Bild 25.1: Elektomagnetische Drehlager

Prinzip:
Der Spindelzapfen oder Rotor wird durch magnetische Felder (in der Regel 4) berührungslos im Schwebezustand gehalten. Die Rotorsoll-Lage wird von Stellungssensoren überwacht. Die Sensorsignale regeln Ströme in den Elektromagneten nach der Führungsgröße „Soll-Lage des Rotors beibehalten". Insofern liegt eine Analogie zum hydrostatischen Lager vor, nur dass hier an Stelle des Öldrucks magnetische Kräfte wirken.

Das Bild zeigt die Funktion des Lagers an einer einfachen Anordnung:
Ein Sensor misst die Abweichung des Rotors von seiner Referenzlage
Ein Regler leitet aus der Messung ein Regelsignal ab.
Das Regelsignal erzeugt über einen Leistungsverstärker einen Steuerstrom.
Ein Stellmagnet erzeugt die entsprechenden Kräfte, so dass der Rotor in Schwebe bleibt.

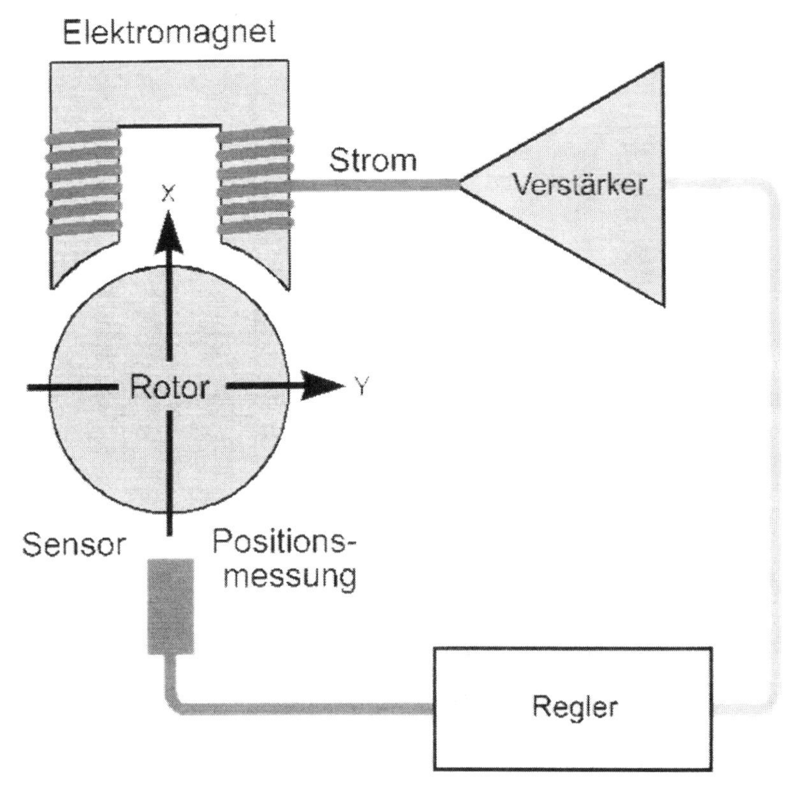

Bild 25.2: Magnetlager Regelung

Ein realer Rotor braucht natürlich mehrere Stellmagnete, die durch eine Mehrgrößenregelung miteinander verknüpft sind.
(Alternative Ausführung: homopolare Anordnung der Stellmagnete – der Nord- und Südpol sind entlang der Achse angeordnet – keine Ummagnetisierung am Rotor, bedingt eine längere Welle und ist schwer konstruktiv zu lösen).

Der im Bild dargestellte Stellmagnet kann auf den Rotor nur anziehende Kräfte ausüben. Da aber bei der Spindel einer Werkzeugmaschine Kräfte in positiver und negativer Richtung auftreten, verwendet man üblicherweise zwei gegeneinander wirkende Magnete.
Bei der so genannten Differenzsteuerung werden beide Magnete vormagnetisiert (io), und der eine Magnet mit der Summe von Vormagnetisierung und Steuerstrom (io + ix), der andere Magnet mit der Differenz (io – ix) angesteuert.

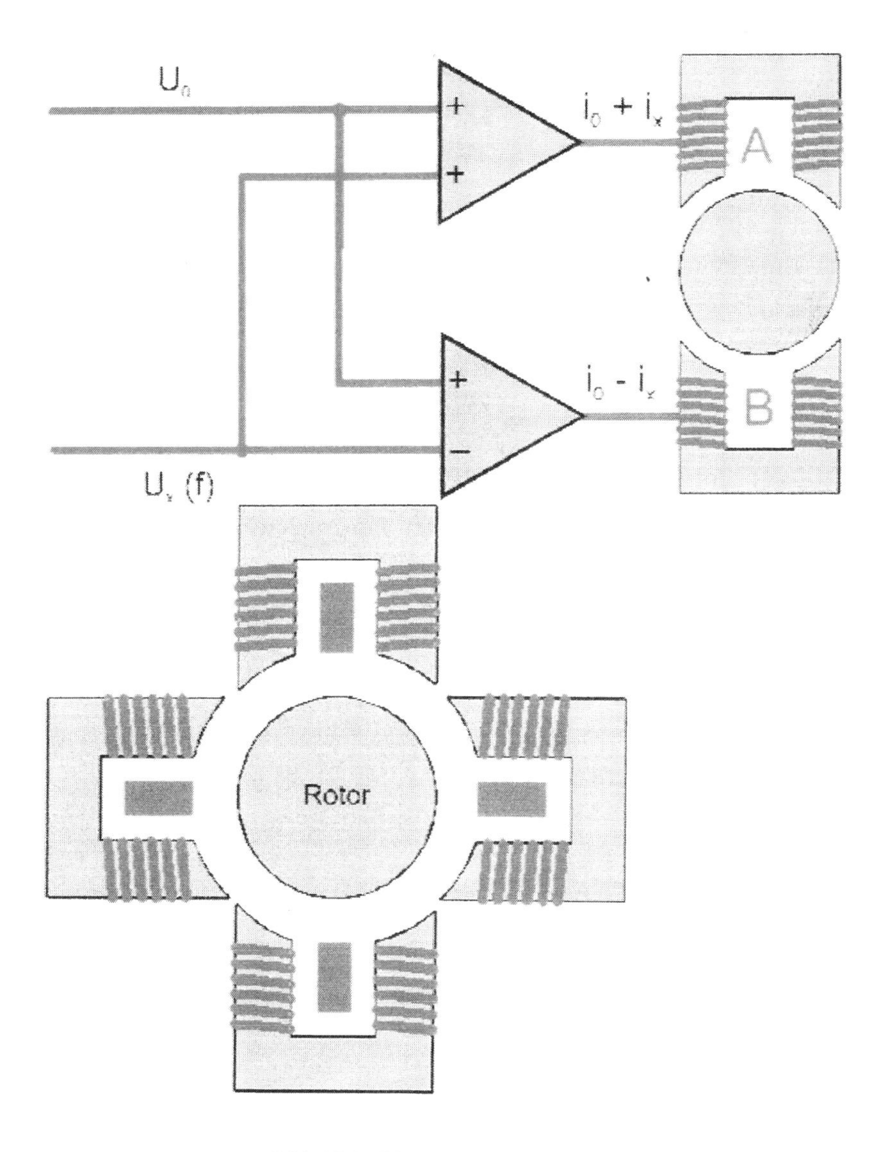

Bild 25.3: Magnetlager Steuerung

Die Kraft der Anordnung ist die Differenz der Kräfte der beiden Magnete. Dadurch ergibt sich auch eine nahezu lineare Strom-Kraft-Beziehung. Mit dieser Anordnung können sowohl positive als auch negative Kräfte erzeugt werden. Um einen stabilen Zustand herzustellen, werden zweckmäßigerweise zwei solche Magnetpaare in den zwei kartesischen Koordinaten X und Y angeordnet.
Solche radiale Magnetlager sind in der Spindel vorne und hinten eingebaut. Für die axiale Lagerung ist auf dem Rotor eine Scheibe angeordnet, auf die zwei ringförmige Stellmagnete wirken.

Die den Lagern zugeordneten radialen Sensoren sind ebenfalls in den zwei kartesischen Koordinaten X und Y und möglichst nahe bei den Stellmagneten angeordnet.
Bei der Modellierung des mechanischen Systems ist darauf zu achten, dass sich die Sensoren nicht bei den Nulldurchgängen der Eigenschwingung befinden, da sonst keine aktive Dämpfung möglich ist.
Die axialen Sensoren sind möglichst weit vorne (nahe am Werkzeug) angeordnet, damit es durch die thermische Ausdehnung der Welle nicht zur mechanischen Verlagerung der Werkzeugspitze kommt. Die thermische Längenänderung wirkt sich dann nur in einer Verschiebung der Luftspalte im Axiallager aus.
Das Regelgesetz bestimmt die Stabilität des Schwebezustandes sowie die Steifigkeit und die Dämpfung dieser Aufhängung. Diese Werte lassen sich innerhalb der physikalischen Grenzen sehr weit ändern, und den technischen Anforderungen anpassen. Sie können auch während des Betriebes geändert werden.
Ohne Regelung ist das System instabil.

25.1 Unterschied zwischen magnetisch gelagerten Spindeln und herkömmlich gelagerten Spindeln

- Wälzlager durch Elektromagnete ersetzt
- Sensor misst Abweichung von Solllage
- Regler leitet aus Messung und vorgegebener Sollposition ein Reglersignal ab
- Reglersignal erzeugt über Leistungsverstärker einen Steuerstrom
- Steuerstrom erzeugt Magnetkräfte, die den Rotor in der Schwebe beziehungsweise am vorgegebenen Ort halten
- Über digitalen-analogen Ausgang werden die Werte für die Steuerströme (Stellgröße) an die Leistungsverstärker weitergeleitet
- von den Leistungsverstärkern werden die Stellgrößen für die Magnetlager bereitgestellt.
- Stabilisierung der Spindel um die vorgegebene Solltrajektorie
- Beobachter zur Schätzung nicht gemessener Größen
  Durch „Beobachter“ im Regelkreis werden periodische, drehzahlabhängige Störungen erkannt und kompensiert.
- Entkopplung., die es gestattet, die Bewegung in jeder Koordinatenrichtung unabhängig von den übrigen zu betrachten
- Trajektoriengenerator zur Berechnung der Soll-Zeit-Verläufe für die Regelgröße

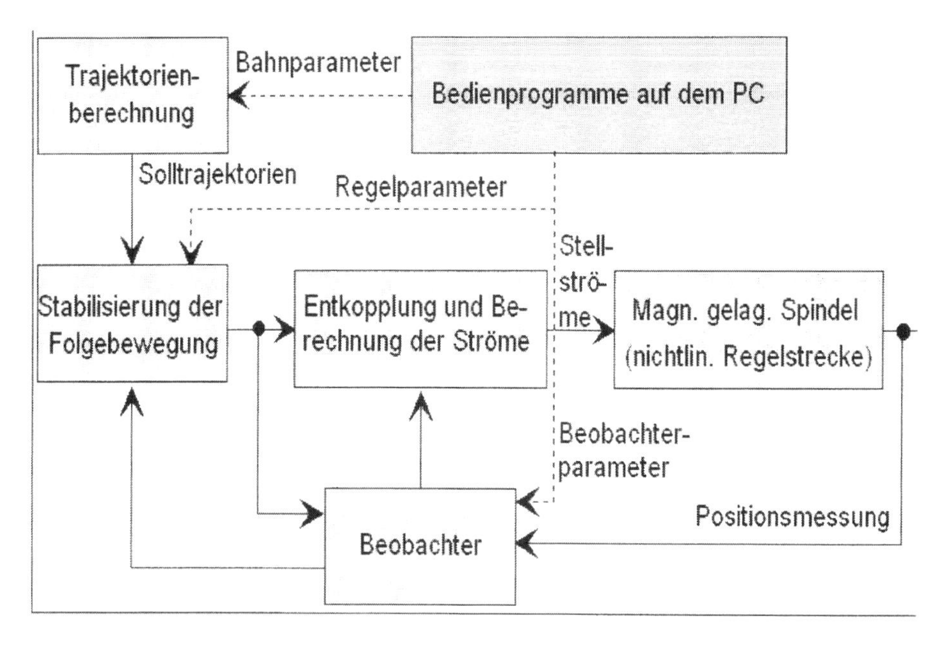

Bild 25.4: Magnetlager Regelung

25.2 Prinzip der Regelung

- Wirbelstromsensoren messen die Lage der Spindel sowohl in axialer als auch in radialer Richtung
- Sensorsignal wird in ein +/- 10 Volt-Signal umgewandelt
- Sensorsignal wird über analog-digital-Eingang an den Regler übergeben
- Regler erhält außerdem Daten zur Sollposition der Spindel, zum Beispiel aus einem NC-Programm
- Im Regler werden die Steuerströme berechnet, die notwendig sind, um das Magnetfeld zu erzeugen, das die Spindel in der Sollposition hält

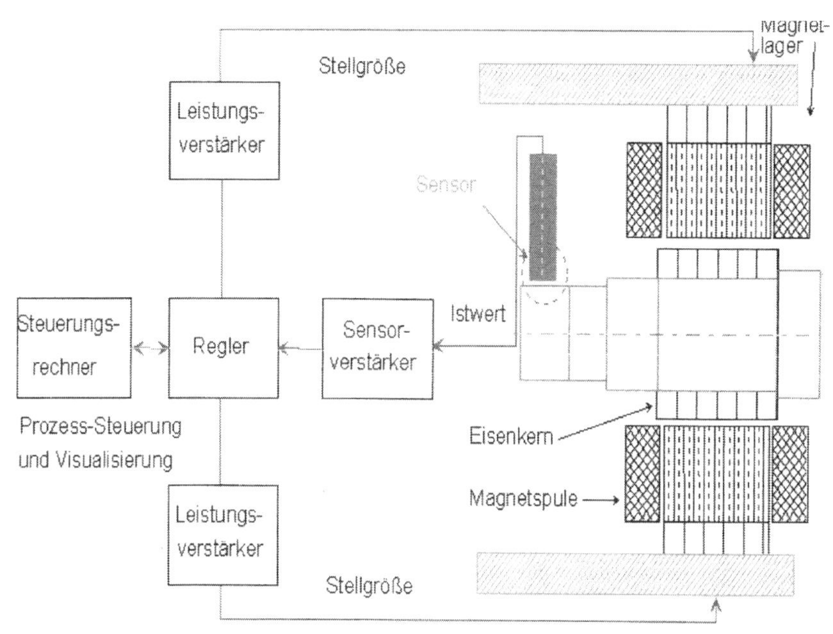

Bild 25.5: Magnetlager Steuerung

25.3 Vor- und Nachteile magnetisch gelagerter Spindeln

Vorteile:

- Verschleißminimierung durch berührungs- und reibungsfreien Lauf der Spindeln
- Erhöhung der Lebensdauer und Zuverlässigkeit der Spindel
- Wegfall der Lagerkühlung
- sehr hohe Spindeldrehzahlen sind erreichbar
- Spindelsteifigkeit und Dämpfung sind digital und während der Bearbeitung einstellbar
- Präzisionsbearbeitung ist im µm-Bereich durch gezielte Auslenkung der Spindel erreichbar

Nachteile:

- hoher Rechenaufwand
- zusätzliche Fanglager müssen eingebaut werden, um die Spindel bei plötzlichem Stromausfall aufzufangen
- problematische Zuführung von Kühlmitteln an die Zerspanungsstelle, wenn die Spindel zum Beispiel eine Frässpindel ist

25.4 Anwendungen magnetisch gelagerter Spindeln

Magnetlager werden heute eingesetzt bis zu Werkstückspindeldrehzahlen von 60 000 U/min bei Antriebsleistungen von 20 kW. Allerdings liegen die aufnehmbaren Radial- und Axialkräfte unter 350...400N. Radialsteifen, an der Spindelnase von Schleifspindeln gemessen, liegen bei 100 N/µm. Magnetlager eignen sich besonders für hochtourige Motorschleifspindeln, da außerdem mittels der vorhandenen Luftspaltregelung auch durch gewollte Schrägstellung der Arbeitsspindel die Schleifdorn-Durchbiegung beim Innenrundschleifen eliminiert werden kann. Auch gewolltes Unrundschleifen ist mit der Regeleinrichtung möglich.

Verfahren

- Bohrfeinbearbeitung, der Bohrungsquerschnitt kann von Kreisform abweichen
- Einsatz in Werkzeugmaschinen für die HSC-Bearbeitung
- Feinpolieren
- Läppschleifen
- Einsatz im Vakuum
- Einsatz in Reinräumen
- Förderung aggressiver oder steriler Materialien

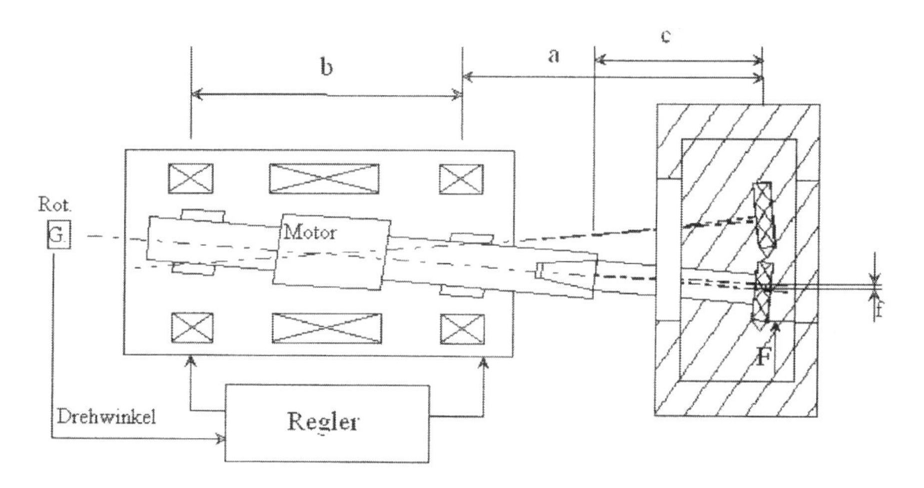

a ... Abstand Werkzeug vorderes Lager
b ... Abstand der Lager
c ... Länge Werkzeughalter
f ... Verschiebung infolge Durchbiegung bzw. Abdrängung
F ... Gewichtskraft

Bild 25.6 Magnetlager Einsatz

Möglichkeiten durch magnetisch gelagerte Spindeln

- Anpassung der Betriebsparameter während der Bearbeitung
- Präzisionsbearbeitung im Mikrometerbereich durch Änderung der Rotorposition in den Lagern
- Unwuchtfreistellung des Spindelrotors

Präzisionsbearbeitung

- Kompensation der Auswirkungen der am Werkstück wirkenden Bearbeitungskräfte
- Kompensation der thermischen Drift der Maschine
- Ausgleich von Bearbeitungsfehlern bei der Herstellung mehrerer in einer Flucht liegender Bohrungen mit langen Werkzeugen
- Bearbeitung unrunder,
- kegliger oder balliger Konturen

Unwuchtkompensation

- Spindel und Werkzeuge werden ausgewuchtet eingebaut
- Restunwucht ist nicht zu vermeiden
- Restunwucht kann mit Regelung bestimmt werden
- mechanische und regelungstechnische Unwuchtkompensation wird ermöglicht

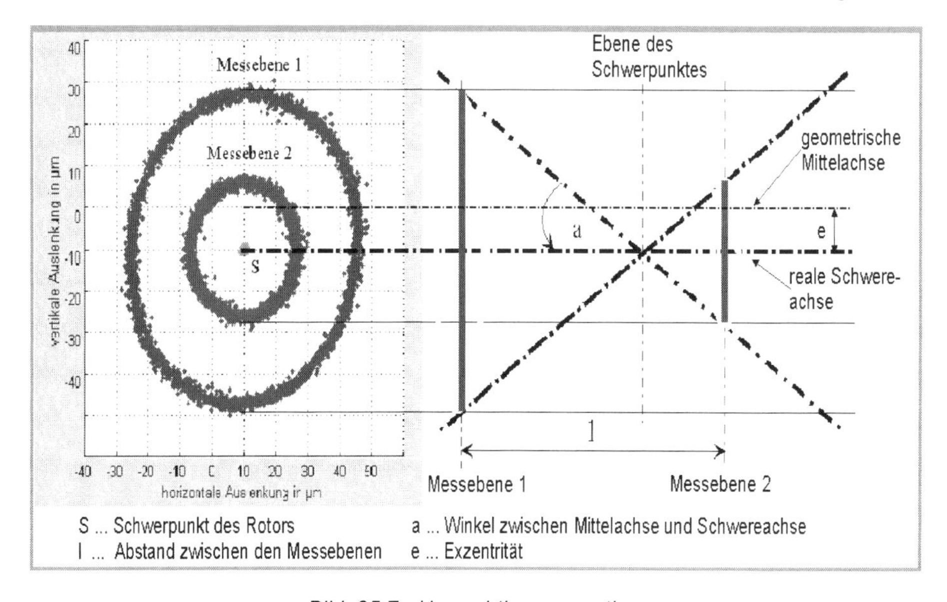

Bild 25.7: Unwuchtkompensation

Anpassung der Betriebsparameter

- Die Betriebsparameter, zum Beispiel die Steifigkeit der Spindel, können während der Bearbeitung an die konkreten Einsatzbedingungen angepasst werden.

Beispiel: Veränderung der Steifigkeit

Störkraft F
Auslenkung delta s (Änderung Luftspalt)
Regelungsparameter k

F ~ k x delta s

Wenn der Regelungsparameter k zu groß wird, reagiert die Regelung auf kleinste Lageveränderungen sehr schnell, es kann zu Überschwingen kommen.

Beispiel: Veränderung der Dämpfung

Wird die Spindel durch eine Störgröße zum Schwingen angeregt, so verhält sie sich im Magnetfeld wie eine gedämpfte Schwingung.

Ausgleich der Bearbeitungskräfte

Die Bearbeitungskräfte beziehungsweise das Eigengewicht der Spindel, führt zu Verbiegungen der Welle beziehungsweise zum Abdrängen des Fräsers von der gewollten Bearbeitungsposition.
Die Durchbiegung wird aus der Biegelinie berechnet oder durch Vermessung eines Probeteils bestimmt. Durch Schrägstellung der Spindelwelle kann die Durchbiegung der Welle infolge der Kraft F kompensiert werden.
Ebenso wird beim Ausgleich der Fräserabdrängung vorgegangen.

Praktische Anwendung bei der HSC-Bearbeitung

Auswertung des CNC-Programms erfolgt über Bit-Signale.
Positionsmessungen der Schlitten werden üblicherweise an die CNC übergeben.
Zusätzlich werden sie an die Magnetlager-Regelung gesendet.
Aus dem CNC-Programm werden an die Magnetlager-Regelung die Informationen übergeben, ob und welche Radiuskompensation im NC-Programm eingetragen ist.

Präzisionsbearbeitungs-Beispiele

Präzisionsbearbeitung im Mikrometerbereich wird möglich durch:

- Achskorrektur mittels gezielter Auslenkung der Spindel in axialer und radialer Richtung
- Längsschlittenkompensation über Bit-Signal Austausch CNC und Magnetlager Regelung
- Austausch zwischen CNC-Steuerung und Magnetlager-Regelung, zum Beispiel von Magnetlagerregelung kommt Meldung „betriebsbereit" an CNC.

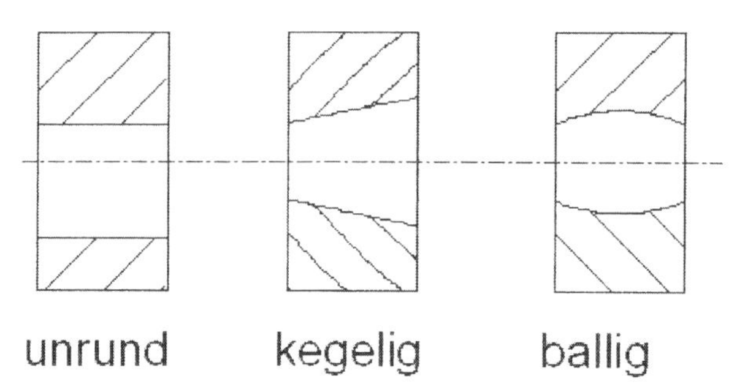

Bild 25.8: Bearbeitungsbeispiele

Damit ist die Bearbeitung unrunder, kegeliger und balliger Konturen möglich.
Der Einsatz komplizierter und teurer Werkzeuge wird unnötig.
Durch Bewegungsüberlagerung sind beliebige Bahnkurven möglich.

Beispiel Kolbenherstellung

Bei der Herstellung von Kolben für Verbrennungsmotoren ist eine Querbohrung für den Befestigungsbolzen der Pleuelstange oval auszuführen. Zusätzlich öffnet sich die Bohrung trompetenförmig in axialer Richtung.

Die Werte für Berechnung und Fertigung der Trompetenform und der Ovalität werden entweder manuell vom Bediener eingegeben oder aus einer Datei eingelesen.

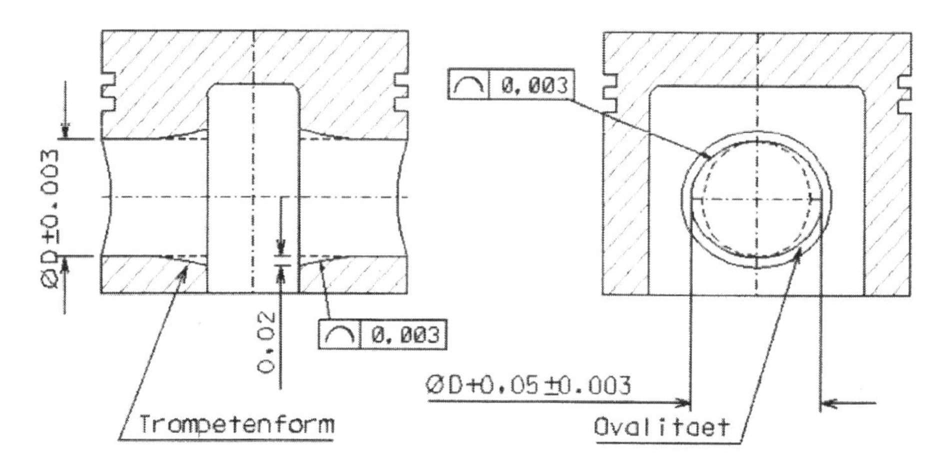

Bild 25.9: Bearbeitungsbeispiel

25.5 Aufbau einer Magnetlager-Motorspindel

Technische Daten:

Max. Drehzahl	70 000 U/min	40 000 U/min
Max. Dauerleistung	7 kW	40 kW
Max. Spitzenleistung	10 kW	50 kW
Werkzeugschnittstelle	HSK E 25	HSK E 50

Um die Welle im abgeschalteten Zustand geschützt abzulegen und um im Falle einer Magnetlagerstörung die rotierende Welle vor Beschädigung zu schützen, sind vorne und hinten Kugellager angebracht. Man nennt sie „Fanglager“. Diese Fanglager berühren im schwebenden Zustand die Welle nicht und rotieren daher auch bei rotierender Welle nicht mit. Der Luftspalt in den Fanglagern (zirka 0,2 mm) beträgt üblicherweise die Hälfte des Luftspaltes zwischen Welle und feststehenden Teilen in allen übrigen Bereichen (zirka 0,4 mm).

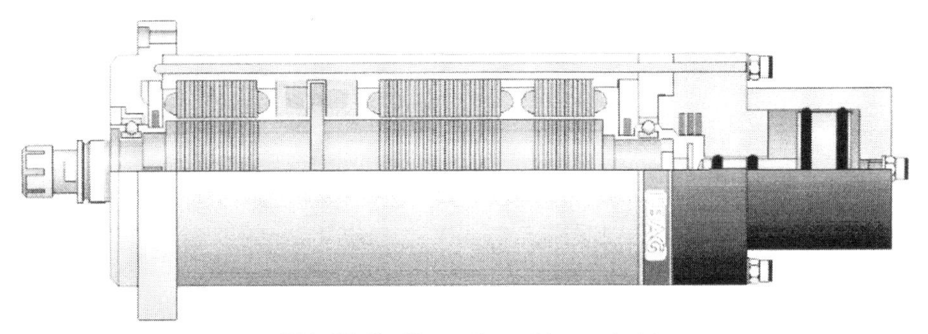

Bild 25.10: Magnetlager Motorspindel

Besondere Merkmale der Motorspindel:

Hohe Drehzahlen:
Da Wellen magnetgelagerter Motorspindeln berührungsfrei schweben, gibt es nahezu keine Reibung (nur Luftreibung) und keinen Verschleiß. Daher erlaubt sie weit höhere Drehzahlen als Wälzlager. Die Grenze ist die mechanische Festigkeit des Rotors.

Große Leistung:
Da der Wellendurchmesser, ohne Rücksicht auf den Lagerdurchmesser, größer dimensioniert werden kann, können damit auch größere Leistungen realisiert werden.

Unbegrenzte Lebensdauer
Die Lager sind keinerlei Verschleiß unterworfen. Daher ist ihre Lebensdauer nicht begrenzt.

Keine Wartung
Magnetlager benötigen keine Schmierung und erfordern daher keinerlei Wartungsarbeiten, außer der üblichen Reinigung.

Gute dynamische Steifigkeit
Die dynamische Steifigkeit bei hohen Drehzahlen ist gleich oder besser als der von Wälzlagerspindeln vergleichbarer Leistungsklassen.

Aktive Dämpfung der Eigenschwingungen
Soweit sich die Nulldurchgänge nicht genau in den Radiallagern befinden, kann die Eigenschwingung der Welle mit den Lagern aktiv gedämpft werden.

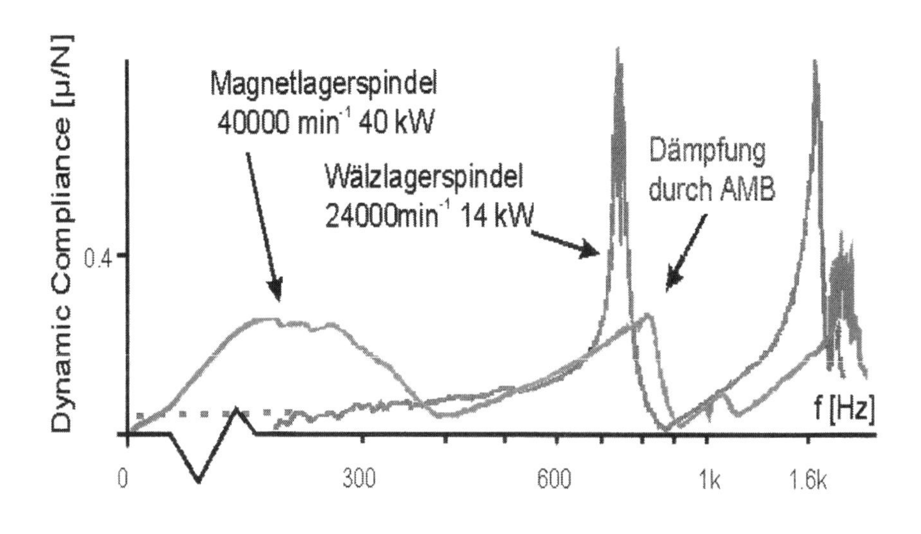

Bild 25.11: Dämpfung

Vibrationsfreier Lauf
Der Regler erlaubt Wuchten der Welle, das heißt er erlaubt ein Rotieren der Welle um ihre Trägheitsachse. Dadurch entstehen auch keine Schwingungen durch die Restunwucht der Welle und der Werkzeuge (nur geringe Unwucht der Werkzeuge zulässig).

Geringe thermische Verlagerung
Da die axialen Sensoren weit vorne angeordnet sind, wirken sich thermische Längenänderungen hauptsächlich nach hinten aus. An der Werkzeugspitze kommt es nur zu geringen Verlagerungen.

25.6 Vorteile von magnetgelagerten Motorspindeln im Formenbau

Aus den vorher erwähnten besonderen Merkmalen von Magnetlager-Motorspindeln ergeben sich folgende Vorteile für den Formen- und Werkzeugbau:

Hohe Drehzahl – hohe Leistung
Da im Formenbau vorwiegend Fräser mit kugelförmigen Enden zum Einsatz kommen, ist der im Einsatz befindliche Durchmesser des Werkzeugs meist sehr klein. Daher werden hohe Drehzahlen benötigt. Das gilt besonders beim Schlichten, wo die Eintauchtiefe und der Zeilensprung nur gering sind. Da ist dann der aktive Durchmesser umso kleiner und die benötigte Drehzahl umso höher. Magnetgelagerte Motorspindeln liefern dazu die nötigen hohen Drehzahlen mit ausreichend hoher Leistung für schwer zerspanbare Materialien.

Vibrationsfreier Lauf
Durch die automatische Wuchtung bei Magnetlagern und dem daraus resultierenden ruhigen Lauf, sind generell glattere Oberflächen zu erwarten.

Lange Lebensdauer:

– **der Lager**

Durch den kleinen Zeilensprung beim Schlichten kommt es zu sehr langen Bearbeitungszeiten bei gleich bleibender Drehzahl. Bei großen Formen können das sogar Tage sein. Das wirkt sich bei Wälzlagerspindeln sehr negativ auf die Lebensdauer der Lager aus. Das Abwälzen der Kugeln auf immer ein und derselben Laufbahn am Innen- und Außenring des Lagers und die daraus resultierende, ungünstige Verteilung des Schmiermittels, verringert die Lebensdauer der Lager sehr. Auftretende Lagerschäden während eines langen Bearbeitungs-Ablaufs verursachen zudem meist hohe Kosten. Die unbegrenzte Lebensdauer eines berührungslosen Magnetlagers bietet da einen großen Vorteil gegenüber den Wälzlagern.

– **der Werkzeuge**

Wegen geringerer Vibrationen durch die automatische Wuchtung verlängern sich auch die Standwege der teuren Werkzeuge.

Geringe thermische Verlagerung

Die axialen Positionssensoren werden in Magnetgelagerten Spindeln zweckmäßigerweise weit vorne, nahe der Werkzeugschnittstelle, angeordnet. Da die axiale Nullposition in Magnetgelagerten Spindeln ausschließlich von den Sensoren, nicht aber von den Lagern selbst abhängig ist, gibt es nahezu keine thermische Verlagerung der Welle und damit des Werkzeugs. Drehzahlabhängige Einflüsse können zudem noch vom Regler automatisch kompensiert werden. Die Genauigkeit der zu bearbeitenden Werkstücke erhöht sich dadurch erheblich.

Optimale Anpassung

Da die Lagercharakteristik durch den Regelkreis bestimmt wird, ist es möglich, die Lager für spezielle Werkzeuge und Bearbeitungsprozesse speziell anzupassen. Durch die Verwendung eines digitalen Reglers ist das durch eine Softwaremodifikation leicht und einfach zu realisieren. Mehrere spezielle Reglerauslegungen können dann beim Einwechseln der verschiedenen Werkzeuge automatisch ausgewählt werden.

Beurteilung von Werkzeugen

Der Regler der Magnetlager stellt einige elektrische Signale wie Magnetisierungsströme (proportional den Lagerkräften) und Sensorsignale (Indikator für Schwingungen) zur Verfügung.

Diese Signale richtig interpretiert, geben frühzeitig Auskunft über den Werkzeugverschleiß.

Diese Signale, verglichen mit den Erfahrungen früher verwendeter Werkzeuge, können auch zur Beurteilung neuer Werkzeuge herangezogen werden.

Intelligente Maschinensteuerung

Diese Signale können auch, in Zusammenarbeit mit der Maschinensteuerung, dazu verwendet werden, um die Bearbeitungsparameter so zu steuern, dass optimale Oberflächen, Werkzeugstandwege und Bearbeitungszeiten erreicht werden. An der Entwicklung derartiger Verknüpfungen zwischen Messsignalen und Maschinensteuerung, auch „Smart-Machining“ genannt, arbeiten schon einige Forschungsinstitute; so zum Beispiel Professor Dr. J. H.Giovanola / EFPL Lausanne und Professor Dr. G. Schweitzer ETH Zürich.

25.7 Grenzen von Magnetlager-Motorspindeln

Werkzeuggröße

Der Regler eines Magnetlagers ist auf das dynamische Verhalten des Rotors abgestimmt. Ändert sich das dynamische Verhalten des Rotors durch besonders lange oder große (Masse) Werkzeuge über ein gewisses Maß hinaus, so muss der Regler neu abgestimmt werden.

In der Praxis wird man den Regler auf ein oder mehrere typische Werkzeuge abstimmen. Die passende Reglerauslegung kann dann nach jedem Werkzeugwechsel, durch rasches Ausmessen des Frequenzverhaltens des Rotors (Anregung durch die eigenen Lager, Messung mit den Sensoren) automatisch bestimmt und gewählt werden.

Es ist möglich, dass bei allzu großen und langen Werkzeugen die erste Eigenschwingung des Rotors so weit sinkt, dass nicht mehr die maximale Drehzahl verwendet werden kann. Es müsste dann die maximale Drehzahl begrenzt werden.

Minimale Drehzahl

Magnetlager-Motorspindeln haben nur im oberen Drehzahlbereich eine mit Wälzlagern vergleichbare dynamische Steifigkeit. Unterhalb der halben maximalen Drehzahl ist die dynamische Steifigkeit geringer. Im unteren Drehzahlbereich können daher bei größerer Belastung keine glatten Oberflächen erzielt werden oder die Spindel ist hier nur für sehr leichte Zerspanung verwendbar.

Bild 25.12: Magnetlager Spindeln

25.8 Anwendungen

25.8.1 Rundtisch mit kombinierten mechanischen Lager und Magnetlagersystem

Großen Einfluss auf die Leistungsdaten einer Werkzeugmaschine haben hierbei die Rundtischlagerungen.
Hierbei werden in der Entwicklung Synergieeffekte ausgenutzt, die sich aus der Kombination von Torquemotor, Wälz- und passivem Magnetlagerungen ergeben können.

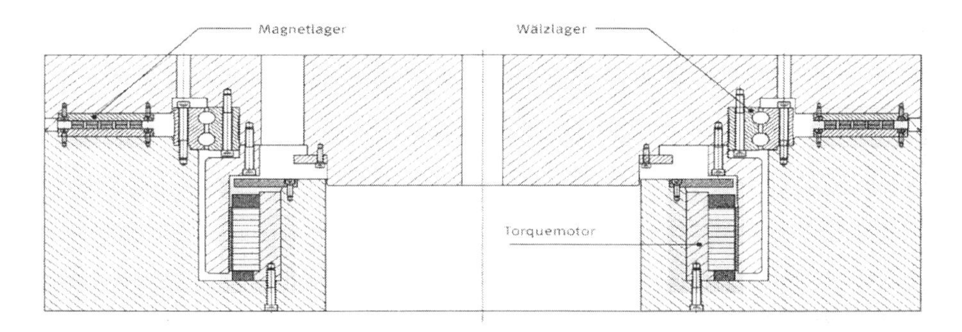

Bild 25.13: Konzept eines Rundtisches mit magnetischer Entlastung

Unerwartete und gänzlich neue Leistungsdaten können sich aus der Kombination von zwei scheinbar unterschiedlichen Maschinenkonzepten ergeben. Aus dem Bild ist der Aufbau erkennbar. Wirkt von oben auf den Rundtisch eine statische Kraft, beispielsweise eine Gewichtskraft, hat die Rundtischlagerung die gesamte Stützkraft aufzunehmen. Wird nun in den Rundtisch darüber hinaus eine Magnetlagerung integriert, und zwar so, dass sich die drehenden Magnete im Rundtisch und die feststehenden im Maschinenbett gegenseitig abstoßen, könnte die Gewichtskraft zum Teil kompensiert werden. Dies führt dazu, dass das Wälzlager eine reduzierte Stützkraft aufzubringen hat. Daraus kann sich folgender Nutzen ergeben: höhere Lagerlebensdauer bei gleicher Lagergröße und/ oder höhere Grenzdrehzahl bei Nutzung einer anderen Lagerbauform.

25.8.2 Rundtisch mit Magnetlager und Führung

Verschleißfrei, geräuschlos, schmiermittelfrei werden Werkstücke mit einer Geschwindigkeit von bis zu 2 m/sec auf dem weniger als 1mm breiten Magnetspalt in Position gehalten und zu Bohr-, Fräs- oder Lasereinrichtungen gefahren, wo sie mikrometer- und winkelsekundengenau bearbeitet werden können.
Diese patentierte Innovation ist die Kombination der Transrapid-Magnetschwebetechnik mit der berührungslos wirkenden Direktantriebstechnik für den Einsatz im Werkzeugmaschinenbau. Auch die Bereiche aktive Lagerung, Robotik, Mikroproduktion, Medizintechnik gelten als mögliche.

Bild 25.14: Magnetlager Rundtisch
Quelle: IGZ

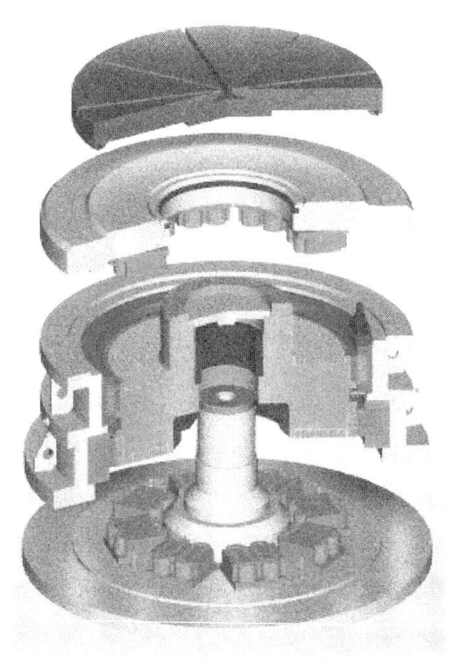

Bild 25.15: Magnetlager Schema
Quelle: IGZ

Konstruktionsdaten des magnetisch geführten und gelagerten Rundtisches:

Durchmesser der Werkstückaufnahmeplatte	1.000 mm
Werkstückgewicht	3.000 kg
Drehzahl	60 U / min
Positioniergeschwindigkeit	2 m / s
Positionierbeschleunigung	2 g
Positioniergenauigkeit, rotativ	+ / - Winkelsekunde
Positioniergenauigkeit, linear	+ / -1 Mikrometer
Axialkraft	9,5 kN
Radialkraft	7,5 kN
Bearbeitungskraftaufnahme	7,5 kN
Dyn. Lagersteife, axial	20 kN Mikrometer
Dyn. Lagersteife, radial	10 kN / Mikrometer
Reaktionszeit der Sensorik	0,3 ms
Sensorgenauigkeit	+ / - 200 Nanometer
Lagerreaktionszeit	10 ms
Regelbandbreite	450 Hz
Planlauf	+ / - 1 Mikrometer
Rundlauf	+ / - 1 Mikrometer

Trotz der hohen Präzision ist auch eine Grobbearbeitung möglich. Dafür kann die maximale Bearbeitungskraft von 7,5 kN eingesetzt werden. Die hohe Präzision bei der Feinstbearbeitung ist jedoch am Wichtigsten. Bei einer Spandicke von 0,1 mm, z.B. einem Werkstoff C45, ist aber nur eine Bearbeitungskraft von ca. 200 N erforderlich. Dadurch wird die Gesamtbelastung des Rundtisches um den Faktor 37.5 reduziert und die Bearbeitungspräzision entsprechend der Sensorsystemgenauigkeit erhöht. Nebeneffekte durch wechselnde Grob- und Feinbearbeitung treten nicht auf.
Die statische Lagersteife beträgt – in Abhängigkeit von der Gesamtnachgiebigkeit des Rundtisches – durch die ständige Nachjustierbereitschaft des Gesamtsystems ein Vielfaches der dynamischen Lagersteife.

Merkmale:
Hybridmagnetisch
Durch den Einsatz der Kombination Permanent-/E-Magnetismus werden durch die Permanentmagnete Grundkräfte bei der Anhebung/ Bewegung von gelagerten/geführten Elementen erbracht, so dass dadurch ein großer Teil der elektrischen Energie eingespart wird.

Berührungslosigkeit
Mit der schwebenden Werkstückaufnahme-/ Grundplatte im Lager-/ Führungssystemgehäuse erfolgen berührungslos die ultragenauen, 3-dimensionalen Verstellungen der zu lagernden / zu führenden Elemente im Wirkbereich des Magnetspaltes zwischen der Grundplatte und der Lagergehäuse-/ Führungssysteminnenwandung.
Durch diese Berührungslosigkeit tritt weder an der Grundplatte noch an der Innenwand ein Verschleiß ein. Es entfällt an diesen aktiven Lager-/ Führungsteilen die Nacharbeit. Reibungswärme, die Dimensionsveränderungen zur Folge hätten, wird vermieden. Schädliche Abriebe für die Messtechnik im Lager-/ Führungssysteminnenraum, für die Werkstoffe der zu lagernden / zu führenden Elemente oder für die Lagerumgebung entstehen nicht. Messtechnisch kann stets von unveränderten Basiswerten ausgegangen werden.

Energetisch
Diese magnetische Lagerungs-/ Führungsform ist die einzige, in der energetisch aktiv und definiert stufenlos Einstellungen vorgenommen werden können. Bei Gleit-, Flüssigkeits- oder Gaslagerungen /-führungen sorgen die entsprechenden flüssigen/gasförmigen Medien auch für eine Art von Schwebung, diese kann jedoch nicht für definierte Verstellungen eingesetzt werden.

Schmiermittelfrei
Da keine Berührungen erfolgen, werden auch keine Schmiermittel benötigt. Dementsprechend treten neben dem Einspareffekt für nicht benötigtes Investment in Schmiermittel, Dosieranlagen und Schmiermittelentsorgungen weitere positive Merkmale auf:

- Die Sensoren werden nicht durch Schmiermittel/ Schmiermitteldampf in deren ultragenauen Messabläufen beeinflusst.
- Die Lagerinnenräume müssen nicht von Schmiermittelrückständen gesäubert werden, um Nebeneffekte zu vermeiden.
- Die Schmiermittel / Schmiermitteldämpfe nehmen keinen Einfluss auf die Werkstoffe der zu lagernden/ zu führenden Elemente oder auf die ggfs. Vorliegenden sensiblen Umgebungsbedingungen der Lagerungen / Führungen.

Effektiv
Da das Zusammenspiel zwischen Lager-/ Führungssystemgrundkörper / magnetische Bauteile mit dem Messsystemen und der elektronischen Softwares die erforderliche Ultragenauigkeit erbringt, sind die fertigungstechnischen Anforderungen an die Lager / die Führungen relativ gering

Zusammenfassung der Einsparpotentiale durch den Entfall von:

- aufwändigen, hochgenauen Bearbeitungen der lagernden / gelagerten bzw. führenden / geführten Elemente
- Verschleiß an diesen Elementen
- Abriebs- und Toleranzverlusten
- Abrieben
- Reibungswärme
- Nacharbeitsbedarf
- Schmiermittelbedarf
- Schmiermittelaufbereitung und -entsorgung
- Schmiermitteldosieranlagen
- Schmierfilmabrissen und deren Folgen
- Stick-Slip-Effekten und deren Folgen
- Trägermedien hydraulischer oder pneumatischer Art
- Geschwindigkeitsbegrenzungen bei Hochgeschwindigkeitsbearbeitungen

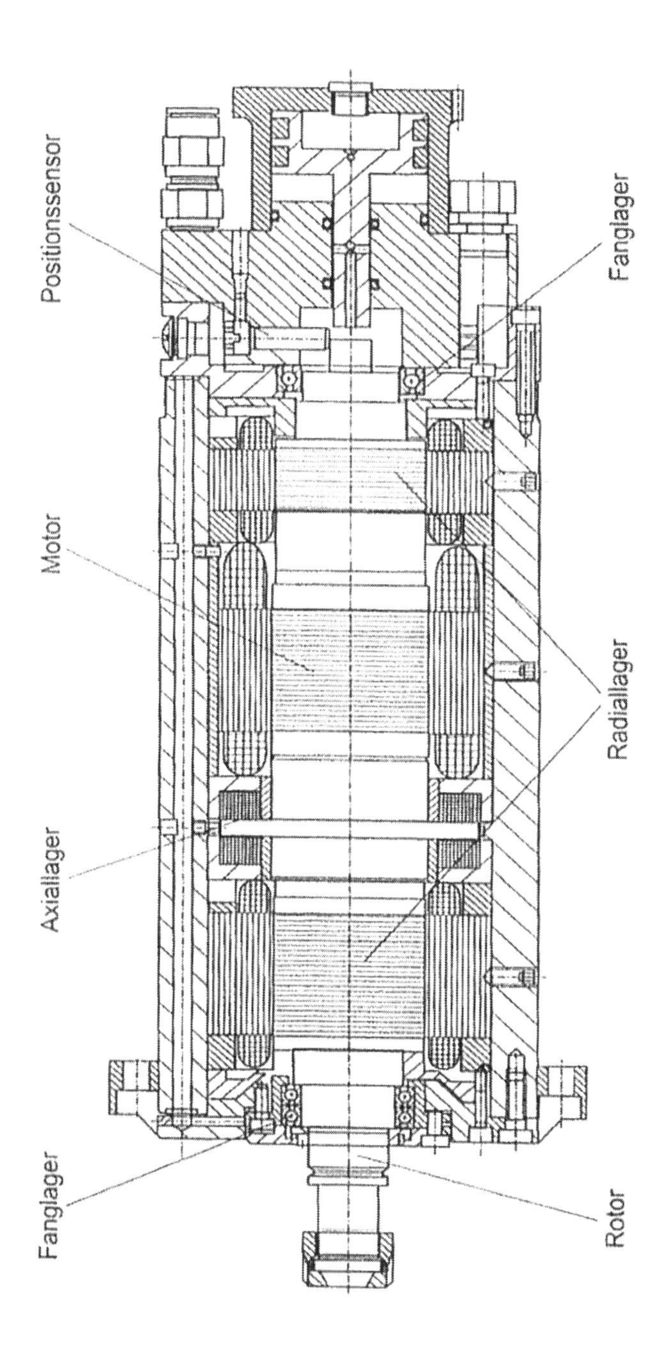

Bild 25.16: Konstruktion einer elektromagnetisch gelagerten Werkzeugmaschinenspindel
Quelle: IBAG

26 Klemmung drehender Führungen

Zum Positionieren von Rundtischen oder Werkzeugmaschinenspindeln oder zum Klemmen von Rundführungen werden Klemmvorrichtungen benötigt. Auch in Hebeeinrichtungen und Sicherheitsfunktionen kommen entsprechende Brems- und Klemmsysteme zum Einsatz. Die Anforderungen an solche Klemmsysteme sind enorm. Sie müssen sich einfach anbringen lassen, dürfen das gewollte Verdrehen des Tisches oder die Position der Spindel nicht behindern und trotzdem maximale Klemmkraft ausüben können.

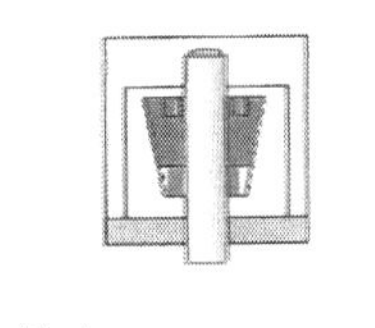

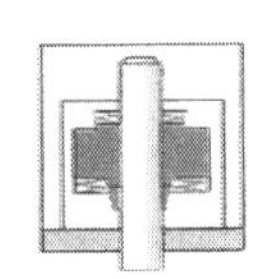

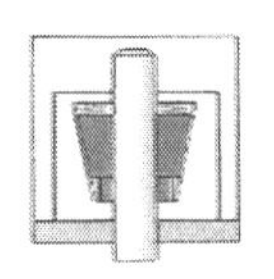

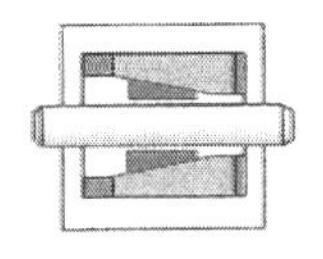

Sicherheits-
bremsen

Stangen-
blockierungen

Feststell-
einheiten

Bild 26.1 Klemm Prinzipien

In herkömmlichen Klemmvorrichtungen wird das Klemmmoment pneumatisch oder hydraulisch erzeugt. Die Klemmvorrichtung wird an die gewünschte Position gefahren und durch Beaufschlagung mit Druck arretiert. Dies bedeutet jedoch, dass bei einem Ausfall des Druckerzeugers die Klemmwirkung ebenfalls ausfällt. Die Folgen können unter anderem Schäden an der Werkzeugmaschine oder Personalschäden sein.

Es werden Klemmvorrichtungen für runde und lineare Führungen in unterschiedlichen Ausführungen angeboten.

Bild 26.2: Klemm Einheiten

Neben den herkömmlichen Klemmsystemen, die bei Druckbeaufschlagung von außen aktiviert werden, bieten Hersteller auch Klemmvorrichtungen an, welche mit pneumatischem oder hydraulischem Druck gelöst werden. Im nicht beaufschlagten Zustand klemmen die Vorrichtungen selbsttätig. Fällt der Druckerzeuger aus, klemmen die Systeme automatisch und mit hoher Haltekraft.
Zusätzlich besteht bei den meisten Federspeicher-Elementen die Möglichkeit einer zusätzlichen „Plus-Luft"-Funktion. Hierbei wird ein weiterer Luftanschluss an das Element gelegt. Der zusätzliche Luftdruck wird in den Zylinder mit den Federpaketen geleitet, wodurch die Federkraft unterstützt wird. Hier kann die Haltekraft der Feder um das 2,5 fache erhöht werden. Diese Funktion ist besonders interessant, wenn der Bauraum sehr begrenzt ist, jedoch eine hohe Haltekraft verlangt wird.

Kurze Schaltzeiten, hohe Bremskräfte
Bei weiteren Anwendungen wird zudem verlangt, dass kinetische Energie in Form von bewegten Massen bei Störungen des Antriebssystems sicher und schnell abgebremst werden kann, um Schäden am System beziehungsweise der Anlage zu vermeiden, bei gleichzeitiger Einsparung komplexer Sicherheitssysteme.
Die Baureihe TKPS vom Hersteller Zimmer stellt hier eine besonders effektive und leistungsfähige Lösung dar. Kurze Schaltzeiten und hohe Bremskräfte werden durch das bewährte Wirkprinzip des Keilgetriebes gewährleistet. Ein Federspeicher durch „Turbo-Pneumatik" – mehrfach in Reihe geschaltete Pneumatikkolben – vorgespannt, garantiert höchste Kräfte bei geringstem Bauraum. Für noch mehr Geschwindigkeit sorgt die integrierte Schnellentlüftung. Ein spezieller Bremsbelag, der nur an den funktionell und qualitativ nicht relevanten Freiflächen der Führungsprofile ansetzt, sorgt für hohe Reibwerte und sehr gute Materialverträglichkeit.

26.1 Funktion verschiedener Klemmsysteme

26.1.1 Pneumatisches Klemm- und Bremselement

Diese Baureihe beruht auf dem Keilgetriebeprinzip und dient zum drucklosen Klemmen und Bremsen.
Das Element wurde für den Einsatz an Rundführungen entwickelt, die eine Oberflächenhärte von mindestens HRC54 besitzen müssen.
Die kompakte Bauform ist einsetzbar für Wellendurchmesser von Durchmesser 10 bis 60 mm und ermöglicht Haltekräfte bis
60 000 N bei nur 4 bar pneumatischem Öffnungsdruck.
Die Besonderheit liegt darin, dass beim erneuten Anfahren keine Rückstellung erforderlich ist.
Das Bauteil zeichnet sich durch kurze Reaktionszeiten aus. Bei weniger als 30 ms erreicht man selbst im vertikalen Einsatz kurze Bremswege.

Besondere Merkmale:
Kompakte Bauform:
- Hohe Klemmkräfte
- Kurze Reaktionszeiten
- Präzise Positionierung

Öffnungsdruck < 4bar, pneumatisch   Haltekräfte bis 60 000N   Reaktionszeit < 30 ms
Keine Rückstellung beim erneuten Anfahren   Kurze Taktzeiten

Einsatzmöglichkeiten:
Positionierung von Achsen Klemmen und Bremsen bei Druckabfall
Festsetzen von Vertikalachsen Positionierung von Hubwerken

26.1.2 Klemmelement zur Drehmomentaufnahme mit Federenergiespeicher

Diese Baureihe ist ein pneumatisches Klemmelement für Rotationsachsen. Sie arbeitet mit einem Federenergiespeicher. Die Drehmomentaufnahme erfolgt innerhalb des Bauteils, wodurch ein Verschleiß an der angetriebenen Welle ausgeschlossen ist. Die Drehmomentaufnahme erreicht hohe Haltemomente bei einem pneumatischen Öffnungsdruck
Durch die hohe Steifigkeit ergibt sich in der Anwendung eine präzise Positioniergenauigkeit.

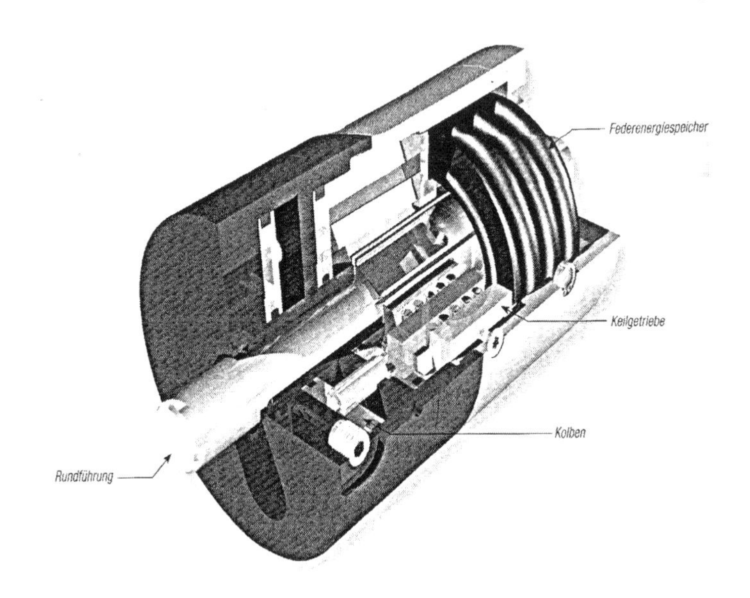

Bild 26.3: Rundachsen Klemmung

Besondere Merkmale:
Hohe Haltemomente Hohe Steifigkeit Präzise Positionierung Flache Bauform

Einsatzmöglichkeiten:
Einsatz in Torquemotoren Einsatz in Drehtischen Einsatz in Achsmodulen
Drehmomentaufnahme von Wellen Klemmen bei Druckabfall

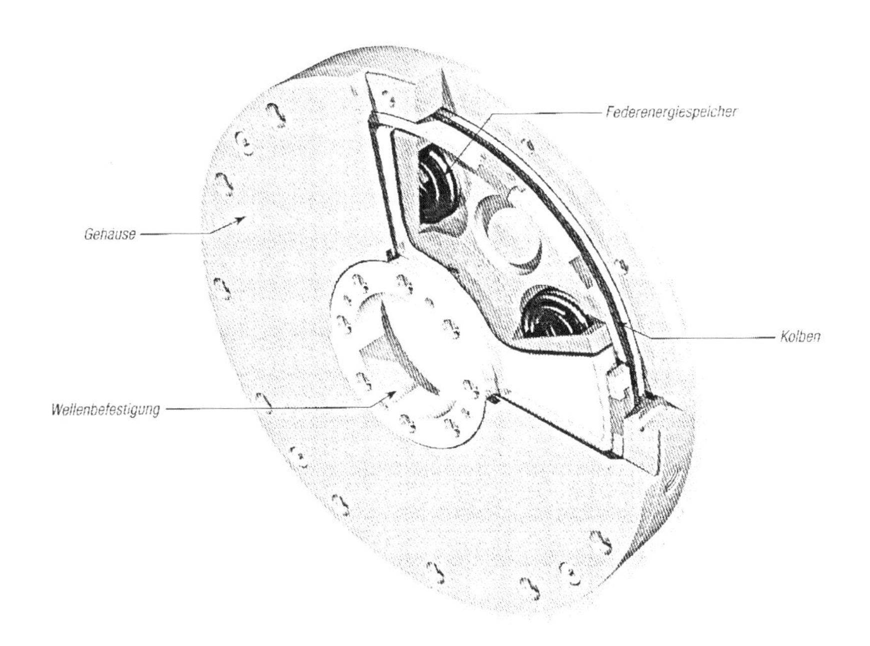

Bild 26.4: Rundachsen Klemmung

26.1.3 Klemmsystem „RotoClamp“ Fabrikat Hema

Funktion RotoClamp
Durch Beaufschlagung der inneren Federmembrankammer (Open) mit Druckluft (4 oder 6 Bar) und Entlüften der äußeren Federmembrankammer (Close) wird die Membran gebogen und es kommt zu einer Verkürzung des Abstandes zwischen den beiden radialen Anlageflächen am Innen- und Außendurchmesser der Feder. Das Klemmelement ist in diesem Zustand geöffnet.

Funktion RotoClamp Inside

RotoClamp Innenklemmung Standard
Öffnen des Federspeichers

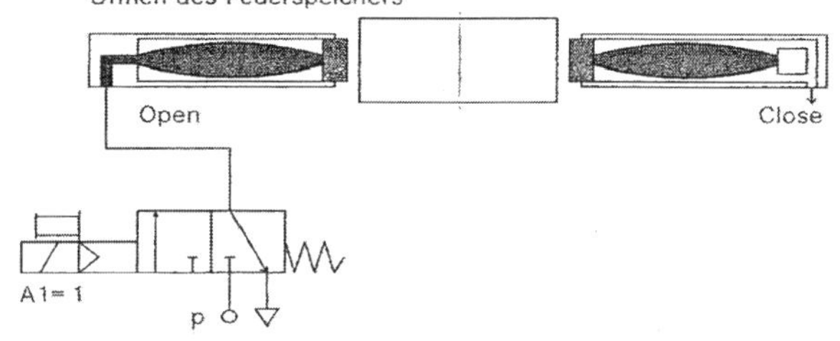

RotoClamp Innenklemmung Standard
Klemmung mit Federspeicher und Zusatzluft optional

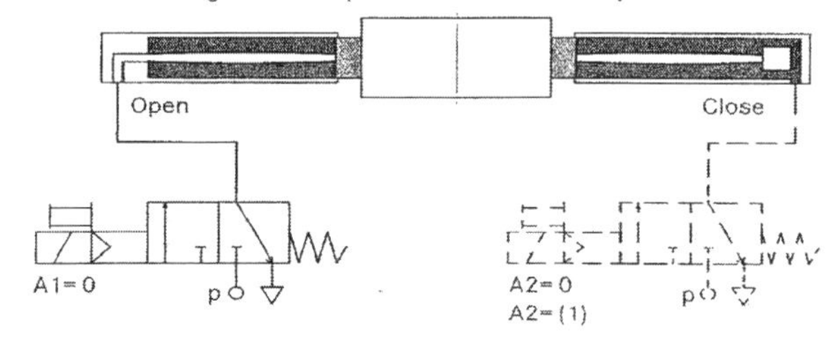

Funktion RotoClamp Inside Aktiv

RotoClamp Innenklemmung Aktiv Standard
Geöffnet

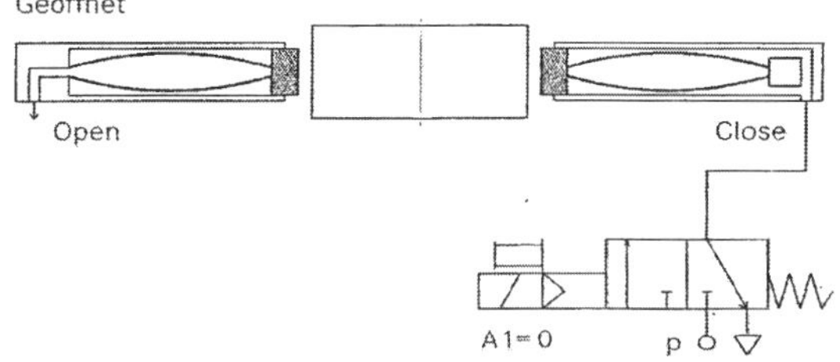

RotoClamp Innenklemmung Aktiv Standard
Klemmung mit Zusatzluft

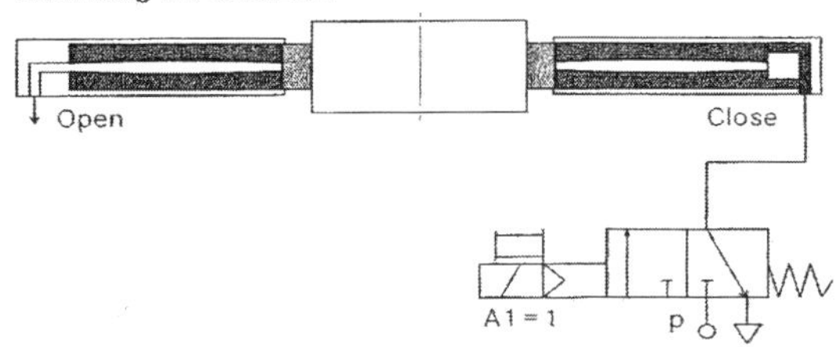

Bild 26.5: Klemm Schema

Funktion RotoClamp Inside Klemmen
Durch Entlüften der inneren Federmembrankammer (Open) und Belüften der äußeren Federmembrankammer (Close) wird die Membran entspannt und drückt auf die radialen Anlageflächen am Innen- und Außendurchmesser der Feder. Das Klemmelement wird im Bereich der Klemmfläche verformt. Das Klemmelement ist in diesem Zustand geschlossen.

Funktion RotoClamp Inside Klemmen mit Zusatzluft
Durch zusätzliche Beaufschlagung der äußeren Federmembrankammer (Close) mit Druckluft
(4 oder 6 Bar) besteht optional die Möglichkeit, die Klemmkraft zu erhöhen. Das Klemmelement ist in diesem Zustand geschlossen.

Funktion RotoClamp Outside Lösen
Durch Beaufschlagung der inneren Federmembrankammer (Open) mit Druckluft (4 oder 6 Bar) und Entlüften der äußeren Federmembrankammer (Close) wird die Membran gebogen und es kommt zu einer Verkürzung des Abstandes zwischen den beiden radialen Anlageflächen am Innen- und Außendurchmesser der Feder. Das Klemmelement ist in diesem Zustand geöffnet.

Funktion RotoClamp Outside Klemmen
Durch Entlüften der inneren Federmembrankammer (Open) und Belüften der äußeren Federmembrankammer (Close) wird die Membran entspannt und drückt auf die radialen Anlageflächen am Innen- und Außendurchmesser der Feder. Das Klemmelement wird im Bereich der Klemmfläche verformt. Das Klemmelement ist in diesem Zustand geschlossen.

Funktion RotoClamp Outside Klemmen mit Zusatzluft
Durch zusätzliche Beaufschlagung der äußeren Federmembrankammer (Close) mit Druckluft
(4 oder 6 Bar) besteht die Möglichkeit, die Klemmkraft zu erhöhen. Das Klemmelement ist in diesem Zustand geschlossen.

Funktion RotoClamp Outside

RotoClamp Außenklemmung Standard
Öffnen des Federspeichers

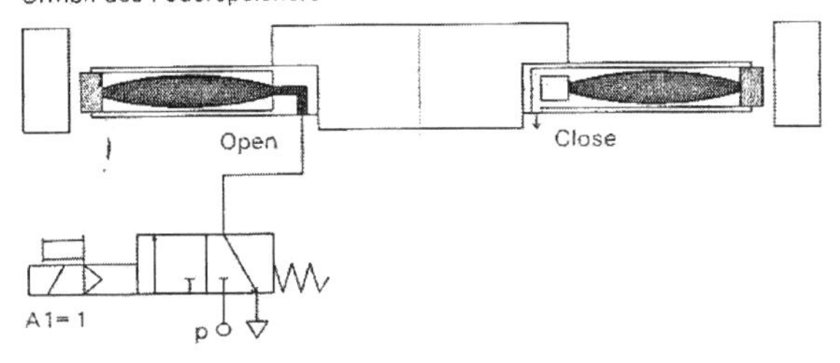

RotoClamp Außenklemmung Standard
Klemmung mit Federspeicher und Zusatzluft optional

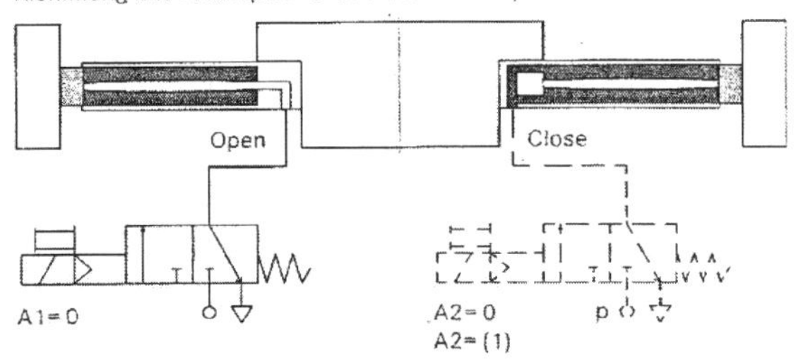

Funktion RotoClamp Outside Aktiv

RotoClamp Außenklemmung Aktiv Standard
Geöffnet

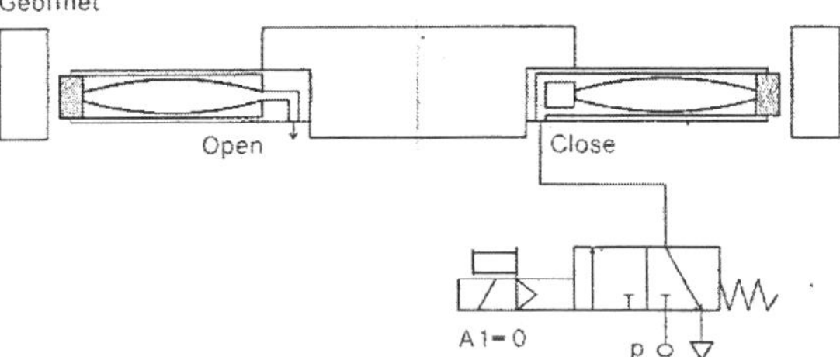

RotoClamp Außenklemmung Aktiv Standard
Klemmung mit Zusatzluft

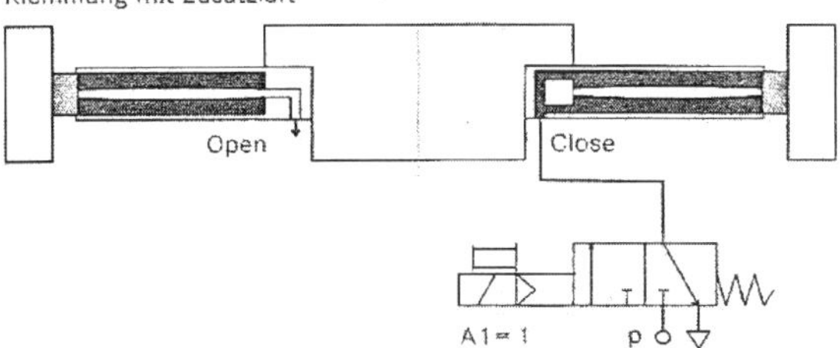

Bild 26.6: Klemm Schema

Konstruktionsdetails

- Die Genauigkeit der Klemmfläche wird mittels Rundschleifen in Bezug auf die definierte Plananlageseite der Klemmung im aufgeschraubten Zustand hergestellt. Die Gesamtlauftoleranz der Klemmfläche zur definierten Plananlagefläche ist kleiner als 0,02 mm.
- Die Eingriffsbreite der Klemmfläche beträgt je nach Spaltmaß zwischen 2,5 und 4 mm.. In diesem Bereich entstehen am Klemmdurchmesser Druckspannungen bis maximal 180 N/mm² beim Einsatz der Funktion Zusatzluft.
- Übertragbares Drehmoment (als Beispiel): Bei Verwendung von 12.9 Schrauben M8 mit einer Vorspannung von 30 700 N je Schraube, einen Reibwert von μ = 0,1 und Radius 100 mm ein übertragbares Drehmoment von 307 Nm je Schraube erreicht.
- Die Rundheit und Rundlaufgenauigkeit der Welle im montierten Zustand sollte <0,02 mm sein.
- Die Gesamtlauftoleranz der Planfläche zur Welle für die Auflage der Klemmung sollte<0,02mm sein.
- Die Plananlage sollte nicht breiter als D3- 60 mm sein.
- Der RotoClamp muss am Außendurchmesser (RotoClamp Outside) frei sein, um sich selbst zentrieren zu können

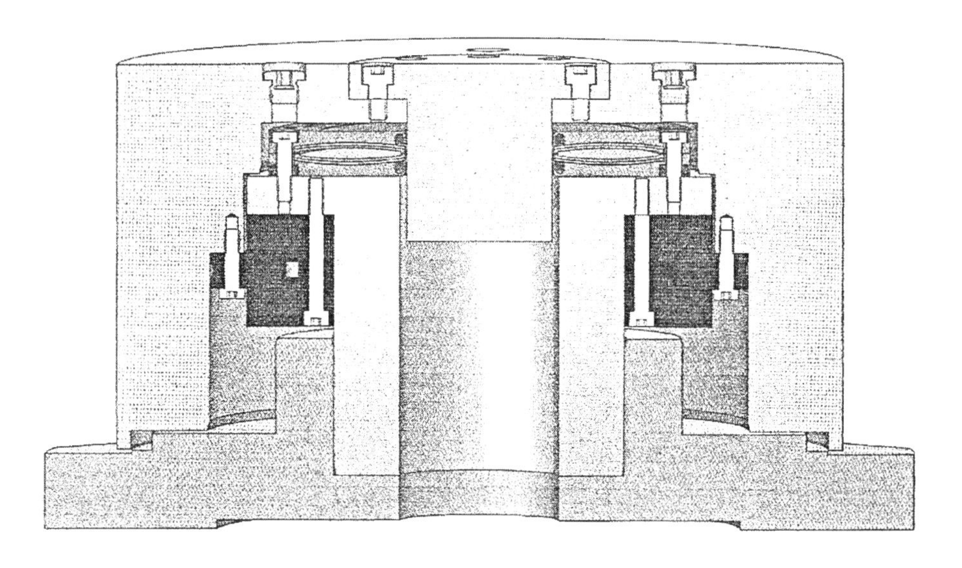

Bild 26.7: RotoClamp Inside in Einbausituation

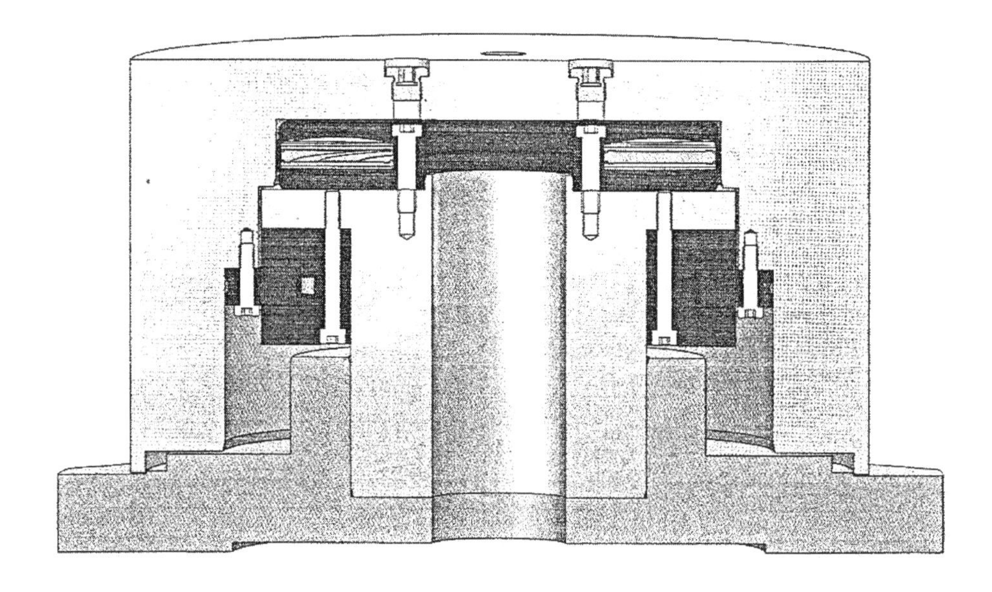

Bild 26.8: RotoClamp Outside in Einbausituation

26.1.4 Axiale Klemmung einer Fräskopfachse

Eine am beweglichen Bauteil befestigte, dünnwandige Stahllamellenscheibe wird beim Klemmvorgang um etwa 0,1 mm axial in ihrer Materialfederung verformt und gegen ein feststehendes, steifes Bauteil gedrückt (zum Beispiel das Gehäuse).
Als Druckelement wird ein Kolben oder mehrere Druckkolben eingesetzt.
Das Spiel der Kolben in ihrer Führung hat dabei keinen Einfluss auf die spielfreie Klemmfunktion.
Die Klemmkraft entspricht der Reibkraft zwischen Bremslamelle und Gegenstück.

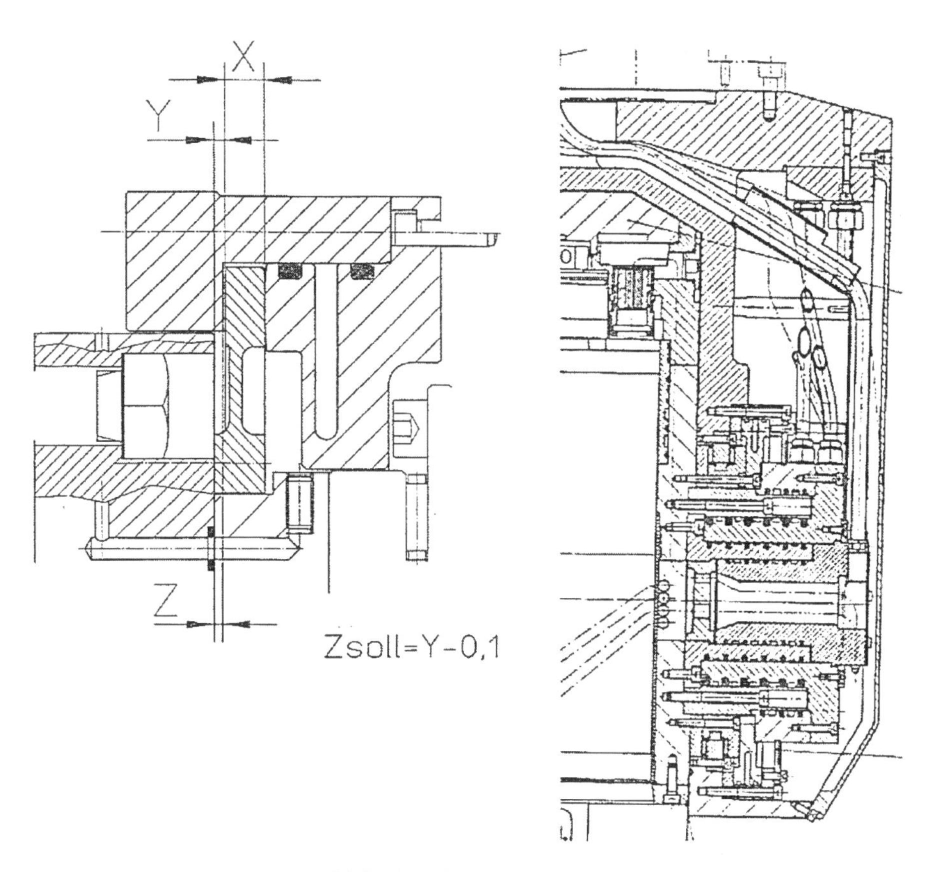

Bild 26.9: Spielfreie Achsklemmung

26.1.5 Radiale Klemmung einer Schwenkfräskopfachse

Bedingt durch die großen Durchmesser der Dreh- und Schwenkachsen bei leistungsstarken Schwenkfräsköpfen kommen bei der radialen Klemmung, hydraulisch betätigte Klemmhülsen zum Einsatz.

Wirkungsweise der Klemmhülsen
Zwischen Dichtungen am Hülsenmantel wird ein Öldruck aufgebaut, der verlustfrei in radial wirkende Klemmkraft umgesetzt wird.

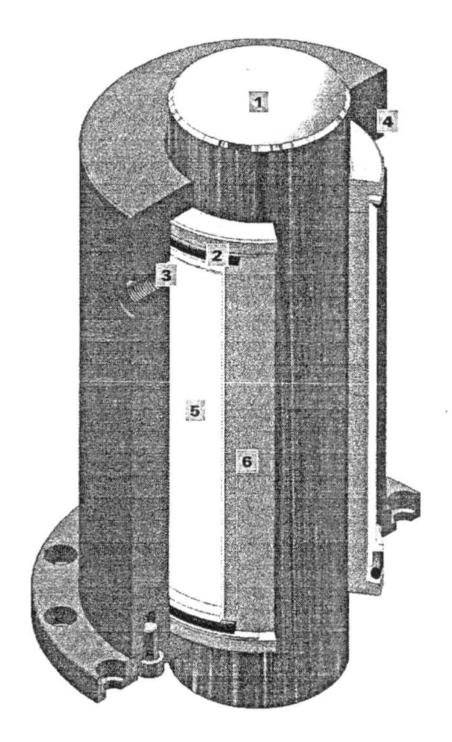

Bild 26.10: Klemmbuchse

Die Klemmhülsen arbeiten reaktionsfrei: Während des Klemmvorgangs wird das zu klemmende Teil weder axial verschoben noch verdreht.
Nach vollständigem Abbau des Öldrucks federn die Hülsen elastisch in ihre Ausgangslage zurück und geben das Teil wieder frei. Restdrücke sind zu vermeiden.
Es handelt sich um eine rein kraftschlüssige Form der Kraftübertragung: Die Oberflächen des zu klemmenden Teiles werden nicht beschädigt.
Trotz verhältnismäßig großer Wandstärken sind die Klemmhülsen sehr nachgiebig. Dies rührt daher, dass einzelne Lamellen gebogen und nicht ein geschlossener Zylindermantel gestaucht werden muss.
Klemmhülsen ohne Flanschring können nur Kräfte in Längsrichtung übertragen. Umfangskräfte wie sie beispielsweise an Rundtischen auftreten, erfordern Klemmhülsen mit integriertem Flanschring.
Der **Grundkörper** der Klemmhülsen besteht aus einer Kupfer-Zinn-, Kupfer-Zinn-Zink- oder Kupfer-Aluminium Legierung. Bei hoch beanspruchten Hülsen findet auch einsatzgehärteter Stahl sowie Federstahl Anwendung.
Der **Kunststoffmantel** mit beidseitiger O-Ring / PTFE-Stützring-Kombination wird aus PA oder POM gefertigt.

Betriebsbedingungen

Alle Bauformen der Klemmhülsen sind ausnahmslos für den Betrieb mit Drucköl vorgesehen. Obwohl die Hülsen schon bei geringem Hydraulikdrücken ansprechen, ist ein Ansteuern mit Druckluft zu vermeiden.
Die Klemmhülsen sind beständig bis zu einer Betriebstemperatur von 100 °C.

Die Dichtungen der Hülsen sind ausgelegt von -35°C bis +135 °C Betriebstemperatur.
Der Arbeitsdruck für Klemmhülsen beträgt im Regelfall 50-450 bar.

Berechnung der übertragbaren Drehmomente

Das übertragbare Drehmoment von Flanschklemmhülsen (da Nm) ergibt sich durch die Multiplikation der Haltekraft F (da Nm) mit dem Hülsen-Innenradius d/2 (m)
L ist die Einbaulänge der Flanschklemmhülse, also die Gesamtlänge abzüglich der Flanschstärke
p ist der Betriebsdruck (bar)

$$\mathbf{Md = d \times (L - 2a) \times \pi \times \mu \times d/2}$$

Als Beispiel: **Flanschklemmhülse**

Klemmdurchmesser	280 mm
Einbaulänge	75 mm
Klemmdruck	210 bar
Übertragbares Drehmoment:	6 000 N

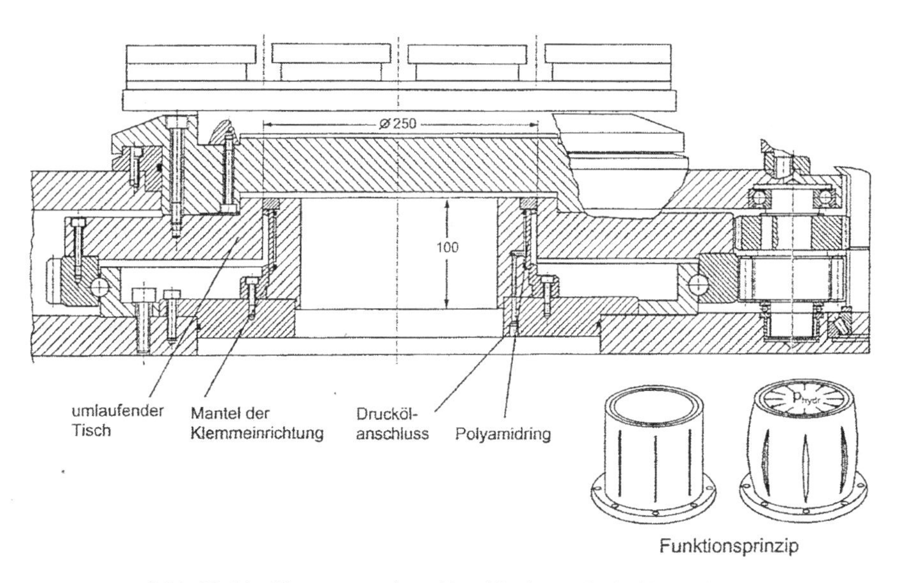

Bild 26.11: Klemmung eines Rundtisches mittels Klemmhülsen
Quelle: Kostyrka

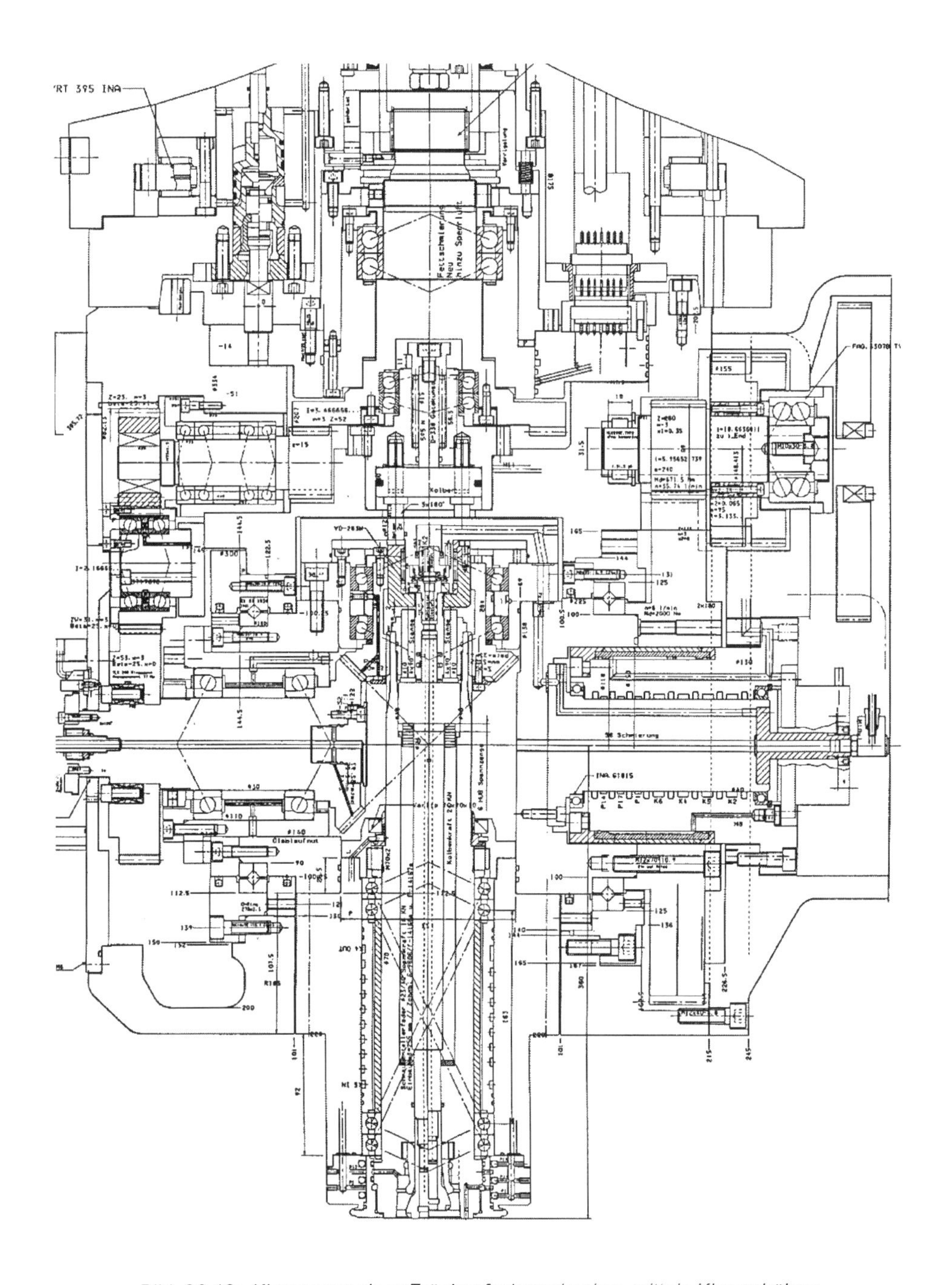

Bild 26.12: Klemmung einer Fräskopfschwenkachse mittels Klemmhülsen

27 Schmierung drehender Führungen

Die Betriebssicherheit von Werkzeugmaschinen und eine gleich bleibende Qualität der gefertigten Produkte sind entscheidende Leistungskriterien. Sie hängen nicht zuletzt von den Lagerungen, insbesondere der Hauptspindel- und ihrem Verhalten über lange Betriebszeiten, ab.
Dabei hat sich gezeigt, dass gerade die Schmierung und ihrer Abstimmung auf die jeweiligen Anforderungen der Praxis große Bedeutung zukommt .Die im Beitrag aufgezeigten Möglichkeiten der gewonnenen Erfahrungen können somit bereits beim Entwurf von drehenden Lagerungen berücksichtigt werden.
Selbstverständlich hängen die Anforderungen an die Schmierung nicht nur von den unterschiedlichen zur Auswahl stehenden Lagerbauarten ab, sondern auch von den Betriebsbedingungen, wie schnellen Drehzahlwechseln, intensiver örtlicher Wärmezu- oder -abfuhr, insbesondere auch von der Abdichtung.

27.1 Aufgaben der Schmierung

Die Schmierung muss bei drehenden Maschinenlagerungen so ausgelegt werden, dass die Flächen im Rollkontakt ständig durch einen Schmierfilm zuverlässig getrennt werden. Diese so genannte Vollschmierung ist Voraussetzung dafür, dass die Funktionsflächen ihre Qualität nicht durch Verschleiß ändern.
Die Auswahl der Zähigkeit des Schmierstoffes kann nach den Angaben in dem Arbeitsblatt „Wälzlagerschmierung" der Gesellschaft für Tribologie vorgenommen werden. Die Betriebsviskosität des Schmieröls muss größer sein als der geforderte λ**1**– Wert. Diese Empfehlung stützt sich auf die Theorie der elasto-hydrodynamischen Schmierung.
Der Schmierstoff kann Fett oder Öl sein. Er muss sauber und an allen Kontaktstellen dauernd vorhanden sein. Bei günstigen Lagerbauarten und nicht allzu hohen Drehzahlen können sehr kleine Schmierstoffmengen diese Bedingungen erfüllen.

Tabelle 27.1: Schmierverfahren

Schmierverfahren

Schmierstoff	Schmierverfahren	Geräte für das Schmierverfahren	Konstruktive Maßnahmen	Erreichbarer Drehzahlkennwert $n \cdot d_m$ in $min^{-1} \cdot mm$ [1])	Geeignete Lagerbauarten, Betriebsverhalten
Festschmierstoff	for-life-Schmierung	-	-	≈ 1500	Vorwiegend Rillenkugellager
	Nachschmierung	-	-		
Fett	for-life-Schmierung	-	-	≈ $0,5 \cdot 10^6$ ≈ $1,8 \cdot 10^6$ für geeignete Sonderfette und Lager, Schmierfristen nach Diagramm, Bild 33 (Seite 36)	Alle Lagerbauarten, außer Axial-Pendelrollenlager, jedoch abhängig von Drehgeschwindigkeit und Fettart. Niedrige Reibung und günstiges Geräuschverhalten mit Sonderfetten
	Nachschmierung	Handpresse, Fettpumpe	Zuführbohrungen, eventuell Fettmengenregler, Auffangraum für Altfett		
	Sprühschmierung	Verbrauchsschmieranlage[2])	Zuführung durch Rohre oder Bohrungen, Auffangraum für Altfett		
Öl (größere Ölmenge)	Ölsumpfschmierung	Peilstab, Standrohr, Niveaukontrolle	Gehäuse mit ausreichendem Ölvolumen, Überlaufbohrungen, Anschluß für Kontrollgeräte	≈ $0,5 \cdot 10^6$	Alle Lagerbauarten. Geräuschdämpfung abhängig von der Ölviskosität, höhere Lagerreibung durch Ölplanschverluste, gute Kühlwirkung, Abführung von Verschleißteilchen bei Umlauf- und Spritzschmierung
	Ölumlaufschmierung durch Eigenförderung der Lager oder dem Lager zugeordnete Förderelemente		Ölzulaufbohrungen, Lagergehäuse mit ausreichendem Volumen. Förderelemente, die auf Ölviskosität und Drehgeschwindigkeit abgestimmt sind. Förderwirkung der Lager beachten.	Muß jeweils ermittelt werden	
	Ölumlaufschmierung	Umlaufschmieranlage[2])	ausreichend große Bohrungen für Ölzulauf und Ölablauf	≈ $1 \cdot 10^6$	
	Öleinspritzschmierung	Umlaufschmieranlage mit Spritzdüsen[5])	Ölzulauf durch gerichtete Düsen, Ölablauf durch ausreichend große Bohrungen	bis $4 \cdot 10^6$ erprobt	
Öl (Minimalmenge)	Ölimpulsschmierung Öltropfschmierung	Verbrauchsschmieranlage[2]), Tropföler, Ölsprühschmieranlage	Ablaufbohrungen	≈ $2 \cdot 10^6$ abhängig von Lagerbauart, Ölviskosität, Ölmenge, konstruktiver Ausbildung	Alle Lagerbauarten. Geräuschdämpfung abhängig von der Ölviskosität, Reibung von der Ölmenge und der Ölviskosität abhängig
	Ölnebelschmierung	Ölnebelanlage[3]), evtl. Ölabscheider	eventuell Absaugvorrichtung		
	Öl-Luft-Schmierung	Öl-Luft-Schmieranlage[4])	eventuell Absaugvorrichtung		

Immer wenn Gefahr besteht, dass zeitweise Mischreibung auftritt, zum Beispiel bei Betriebszuständen mit langsamen Drehzahlen und hohen Belastungen, oder wenn die Ölmenge zugunsten geringer Reibungsentwicklung sehr knapp bemessen wird, sollte die Möglichkeit genutzt werden, durch Wirkstoffe im Öl, die so genannten Additive, seine Schmiereigenschaften zu verbessern.

Die benötigte Ölmenge hängt hauptsächlich von der Lagergröße, der Lagerbauart und der Drehgeschwindigkeit ab. Die in der Literatur genannten Ölmengen können nur als Richtwerte betrachtet werden. In der Praxis muss die für jede Lagerung günstigste Ölmenge im Versuch ermittelt werden, wenn ein günstiges Reibungsverhalten angestrebt wird.
Wichtig ist, dass die dem Lager zugeführte Ölmenge und nur diese auch tatsächlich durchs Lager geleitet werden. Ausreichend große Ablaufbohrungen müssen dafür sorgen, dass sich das Öl nicht staut und das Lager überschmiert.

Geringe Verlustleistung
Die Schmierung ist für eine möglichst geringe Lagererwärmung auszulegen, weil die Erwärmung die Arbeitsgenauigkeit der Maschine beeinträchtigen kann.
Das Bild 27.2 zeigt, dass die kleinste Verlustleistung und die sichere Schmierung eines Lagers bereits mit sehr kleinen Schmierstoffmengen erreicht werden. Dies ist selbst dann der Fall, wenn das Lager eine starke Förderwirkung auf den Schmierstoff ausübt, wie zum Beispiel das Axial-Rillenkugellager.
Die Erfahrung vermittelt, dass auch eine Fettschmierung eine sehr geringe Reibung erwarten lässt; solange man im zulässigen Drehzahlbereich bleibt und das überschüssige Fett in Freiräumen neben dem Lager verdrängt werden kann. Die Reibung bei einer solchen Fettschmierung ist eher noch niedriger als die einer betriebssicheren Schmierung mit kleinsten Ölmengen.

Zusammenwirken von Schmierung und Abdichtung
Die Schmierung kann in gewissem Umfang die Abdichtung unterstützen. Dies ist bei Verwendung von Luft als Trägermedium gegeben, wenn der Luftstrom zeitlich nicht unterbrochen wird und er im Dichtspalt eine gezielte Strömung nach außen bewirkt.
Auch bei der Kühlschmierung können geringfügige Undichtheiten unwirksam gemacht werden, wenn der Ölstrom eindringende Medien ausspült, bevor sie zum Lager vordringen können. Wichtig ist dann das Ausscheiden der Verunreinigungen aus dem Öl durch Filter (10 µm), bevor diese wieder dem Lager zugeführt wird. Im Normalfall müssen aber günstig gestaltete Dichtungen den Schmierstoff am Austreten aus der Lagerung und andere Medien am Eindringen in die Lagerung hindern.

27.2 Fettschmierung

Bei der Fettschmierung bestimmen die Eigenschaften des Grundöls und die Eigenschaften des Dickungsmittels, der Fettseife, die Leistungsfähigkeit.
Beim Einlaufvorgang wird ein Teil des Schmierstoffs aus dem Spalt verdrängt. Dadurch sinkt auch die Reibung auf Werte ab, die unter denen einer Ölschmierung mit kleinster Menge liegen können. Über komplexe Nachschmiermechanismen kann, das zeigt die Erfahrung, so viel Öl aus dem Fett in der Lagerumgebung an die Kontaktstelle nachgeliefert werden, dass unter Beibehaltung der niedrigen Reibung über sehr lange Zeiten Verschleiß vermieden oder zumindest unkritisch klein gehalten werden kann.

Deshalb erweist sich die Fettschmierung als das wirtschaftlichste und als ein außerordentlich betriebssicheres Schmierverfahren, wenn man die Anwendungsgrenzen beachtet.

Tabelle 27.2: Schmiermenge

Bezeichnung	**Dickungsmittel**	**Konsistenzkennzahl**	**Grundöl**		**bevorzugter Einsatzbereich**		**Bemerkungen**
			Art	**Viskosität bei 40 °C**	**Lagerbauart**	$n \cdot d_m$ $mm \cdot min^{-1}$	
Arcanol L64	Natronseife	3 – 4	Mineralöl	95	Zylinderrollenlager Spindellager	< 600 000	rasche Fettberuhigung, begrenzte Ölnachlieferrate
Arcanol L73	Calziumseife	2	Mineralöl	67	Axialschrägkugellager, Kegelrollenlager, große Lager d > 200 mm	< 600 000	
Arcanol L74	Bariumkomplexseife	2	synth. Diester	23		höchste Drehzahlen	niedrige Reibung

Im Bild 27.2 sind 3 Fette aufgeführt, die in der langjährigen Bewährung in der Praxis ihre besondere Eignung für den Einsatz in Werkzeugmaschinen Lagerungen gezeigt haben
Bevor fettgeschmierte Lager mit hoher Drehzahl im Dauerbetrieb gefahren werden können, muss der Einlauf, die Fettverteilung, abgeschlossen sein. Solange der Einlauf noch nicht abgeschlossen ist, tritt durch das Walken des Schmierstoffes hohe Reibung und hohe Lagererwärmung auf. In Verbindung mit der bei Werkzeugmaschinenlagerungen aus Funktionsgründen niedrigen Lagerluft oder bei Vorspannung treten durch den hohen Wärmeanfall unterschiedliche Erwärmung der Lagerteile, Verspannung und Heißlauf auf.
Es muss deshalb ein Einlauf zur Fettverdrängung nach folgender Empfehlung durchgeführt werden:
Nach jeweils kurzzeitigem Betrieb von circa 30 Sekunden bei voller Drehzahl wird die Lagerung still gesetzt, damit sich die Temperaturen ausgleichen können und die Gesamttemperatur der Lagerung nicht zu hoch ansteigt. Die Stillstandsphase kann den Verhältnissen angepasst werden, sollte aber 5mal so lang sein wie die Betriebsphase. Der Zyklus kann automatisch geschaltet werden und ist so lange fortzusetzen, bis der Einlauf vollzogen ist.

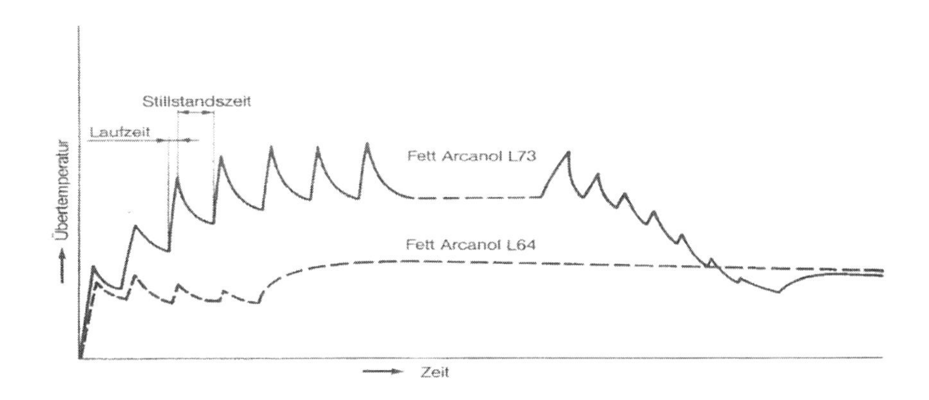

Bild 27.1: Empfehlung für das Vorgehen bei Fettverdrängungslauf

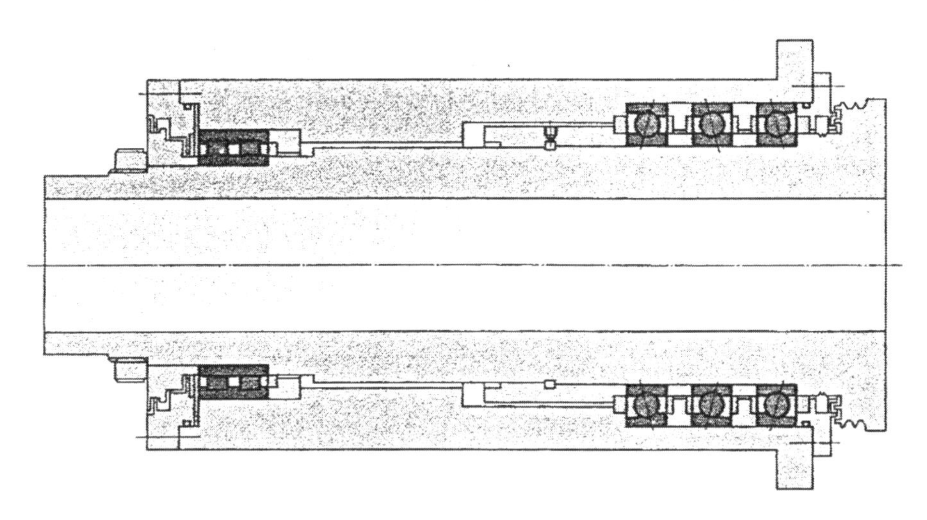

Bild 27.2: Bei Fettschmierung muss genügend Raum zur Aufnahme des aus den Lagern verdrängten Fettes sein.

Fettmenge, Fettraumgestaltung

Die Fettmenge ist so zu wählen, dass sich nach dem Einlauf der Lager genügend Fett in der Lagerumgebung befindet, welche die Schmierung der Funktionsflächen der Lager unterstützt, dass aber das Verdrängen des überschüssigen Fettes aus dem Lager nicht zu zeitaufwändig wird. Ein günstiger Kompromiss ist zum Beispiel, bei Spindellagern das freie Volumen der Lager zu 30 bis 40 Prozent mit Fett zu füllen. Gleichzeitig sollte zu beiden Seiten eines jeden Lagers Platz zum Absetzen des verdrängten Fettes geschaffen werden.

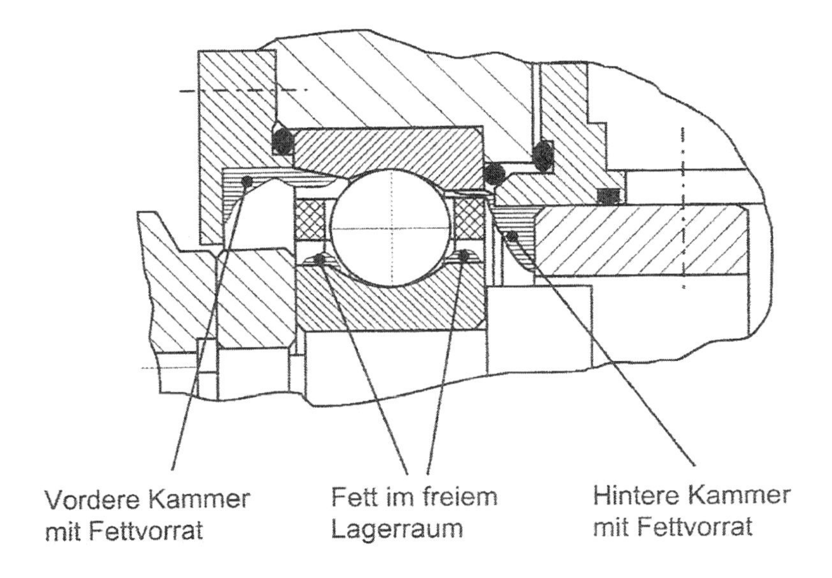

Bild 27.3: Fettvorratskammern

Aus der Forderung nach großer Steifigkeit von Werkzeugmaschinenspindeln ergibt sich zwangsläufig eine gedrängte Anordnung der Lager. Das bedeutet, dass die Fettfangräume in Lagernähe zu klein sein können und nicht geeignet sind, Fett aus einer Nachfettung aufzunehmen. Weil selbst eine kleine Nachschmiermenge, obwohl damit kein kompletter Fettaustausch im Lager erreicht werden kann, einen neuerlichen Einlauf erfordern würde ist nur die Lebensdauerschmierung zu empfehlen. Dies hat sich in der Praxis durchgesetzt, weil bei Einhaltung der empfohlenen Drehzahlgrenzen für Fettschmierung mehrjährige Einsatzzeiten erreicht werden.

Drehzahlgrenzen für Fettschmierung

Aus den im Bild angegebenen Drehzahlkennwerten in Abhängigkeit von der Lagerbauart und dem Lagerbohrungsdurchmesser kann die empfohlene Drehzahlgrenze leicht ermittelt werden. Diese Empfehlung ist keine harte Grenze, sie kann kurzzeitig durchaus um Beträge von circa 10 Prozent überschritten werden.

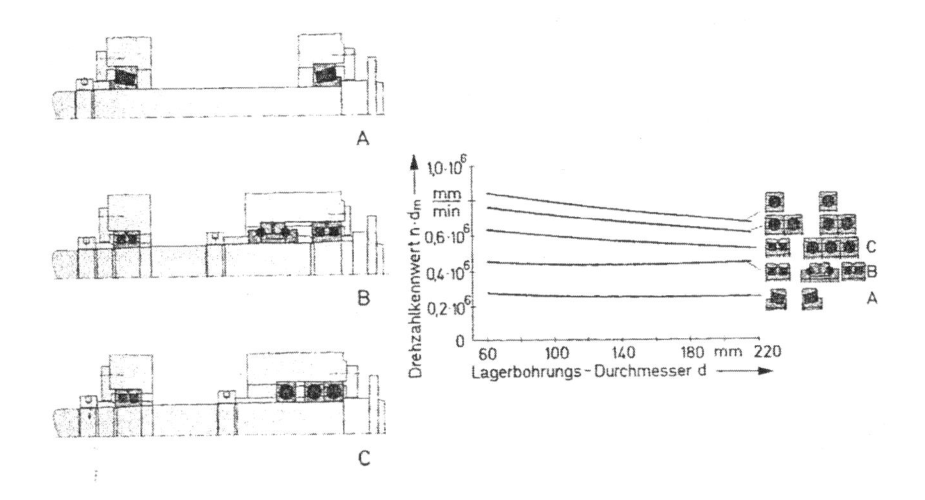

Bild 27.4: Die mit Fettschmierung erreichbaren Drehzahlen hängen hauptsächlich von Lagerbauart und -größe ab.

Die Einsatzgrenze für eine Fettschmierung liegt bei einem Drehzahlkennwert von:

$$n \times dm \geq 1{,}0 \times 10^6 \text{ mm} \times \text{U/min}$$

Für höhere Drehzahlkennwerte ist also die Öl+Luft-Schmierung ein geeignetes Schmiersystem, das selbstverständlich auch bei geringeren Drehzahlkennwerten eingesetzt werden kann.

27.3 Öl+Luft-Schmierung

Die Öl+Luft-Schmierung ist eine der Techniken der Minimalmengenschmierung. Sie kann als eine rationelle Schmiermethode bezeichnet werden, die vor allem bei hochtourigen Wälzlagern einen hohen Wirkungsgrad und niedrigen Verschleiß sichert.
Der Öl+Luft-Schmierung liegt das Prinzip zu Grunde, dass ein Flüssigkeitstropfen durch einen Luftstrom schlierenartig auseinander gezogen und in Strömungsrichtung des Luftstromes transportiert wird.
In der Praxis wird in einem engen Rohr der Tropfen an der inneren Rohrwandung entlang in Richtung Schmierstelle transportiert. Durch eine entsprechende Rohrlänge (Mindestlänge 1m) und eine ausreichende Taktfolge des Öles wird erreicht, dass aus der Austrittsdüse ein annähernd kontinuierlicher feintropfiger Ölstrom herauskommt. Das Öl verbleibt in der Reibstelle und die im Gegensatz zur Ölnebelschmierung nahezu ölfreie Luft kann ungehindert ins Freie austreten.

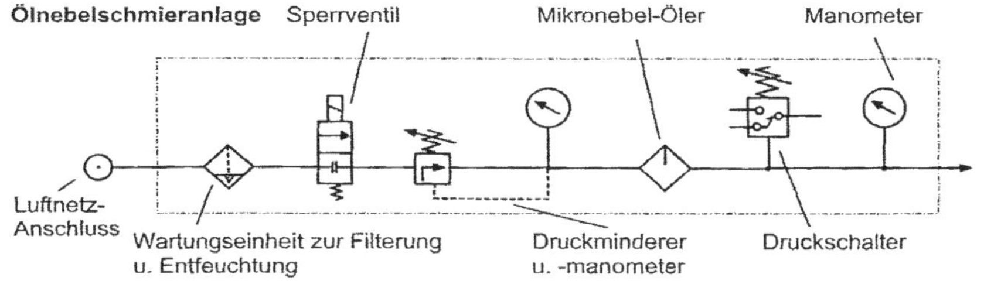

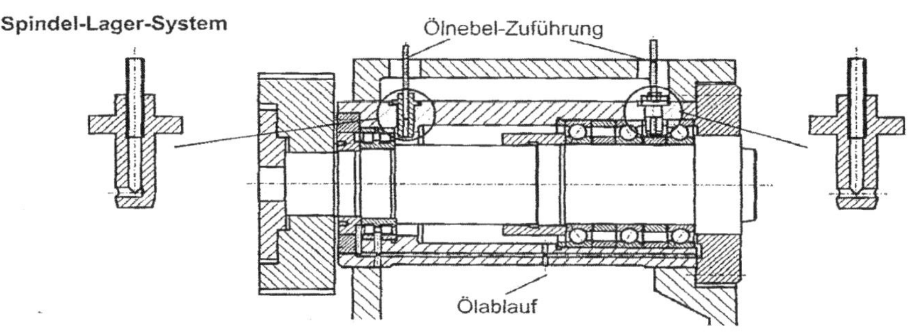

Bild 27.5: Prinzipieller Aufbau einer Ölnebelschmieranlage und Spindel-Lager-System mit Ölnebelschmierung

Anwendungsbereiche

Die Öl+Luft-Schmierung findet ihren Einsatz dort, wo ein geringer, fein dosierter Ölstrom kontinuierlich der Reibstelle zugeführt werden muss. Das ist beispielsweise der Fall bei schnell laufenden Wälzlagern, bei denen eine exakte Dosierung und Anpassung an die Lagerbauart erforderlich ist.

Ähnliches gilt für die Schmierung von Zahnradgetrieben sowie für die Schmierung von Transportketten kleiner Teilung.

27.3.1 Vorteile der Öl+Luft-Schmierung

- Erreichen hoher Drehzahlkennwerte bei Wälzlagern (bis etwa 2 200 000 mm U/min)
- Stets frischer Schmierstoff an der Reibstelle
- Geringer Schmierstoffverbrauch, circa 10% einer Ölnebel-Schmierung
- Ölauswahl in einem weiten Viskositätsbereich
- Einsatzmöglichkeiten von Ölen mir EP- und Haftzusätzen
- Wegfall der Fett-Nachschmierfrist
- Vereinfachung der Lagerabdichtung
- Schutz gegen von außen eindringende Verunreinigungen durch den von der Druckluft erzeugten Überdruck im Lager selbst
- Umweltfreundlich, kein Ölnebel
- Niedrige Lagertemperatur
- Geringere Leistungsverluste
- Versorgung eines jeden Lagers mit der jeweils erforderlichen Schmierstoffmenge

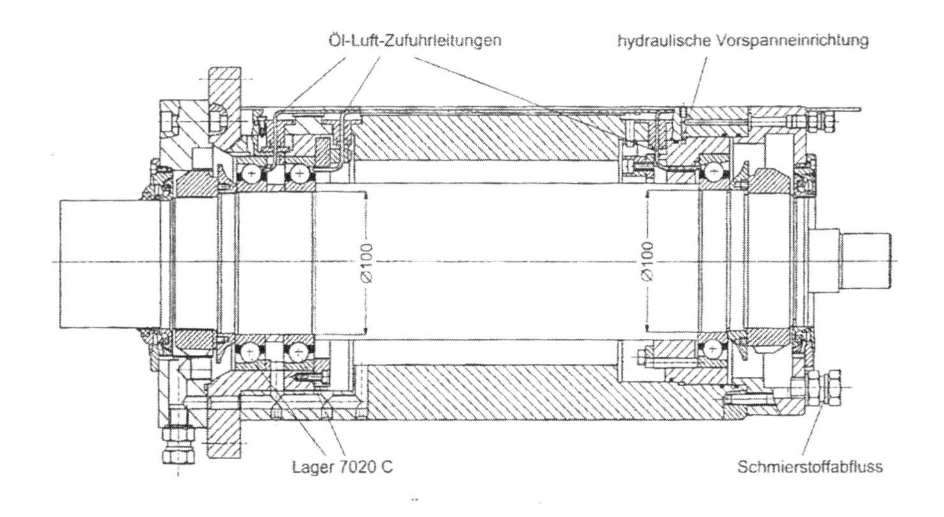

Bild 27.6: Spindel-Lager-System mit Öl-Luft-Schmierung

27.3.2 Schmierstoffmenge für Wälzlager

Die bei der Minimalmengenschmierung benötigte Ölmenge ist sehr stark von der Lagerbauart, der Gestalt der Ölzuführung und vom Öl abhängig, so dass sich eine allgemein gültige Gleichung zur Ermittlung des Ölbedarfs nicht angeben lässt. So benötigen Lager, die eine Förderwirkung haben, zum Beispiel Schrägkugellager, eine wesentlich größere Ölmenge als zweireihige Lager ohne Förderwirkung, zum Beispiel Zylinderrollenlager. Die Ölmenge ist bei höheren Drehzahlkennwerten besonders von Bedeutung. Bei Drehzahlkennwerten von 100 000 kann die Mindestölmenge noch um den Faktor 100 überschritten werden, ohne dass das Auswirkungen zum Beispiel auf die Radialverspannung hat. Bei einem Drehzahlkennwert von 600 000 darf die Ölmenge nur noch um wenige mm³ /h größer sein.

In der Literatur findet sich zur Ermittlung des ungefähren Ölbedarfs folgende Näherungsformel:

$$\mathbf{Q = w \times d \times B}$$

Hierbei ist:
Q = Ölmenge (mm³ / h)
w = Beiwert = 0,01 (mm / h)
d = Lager Innendurchmesser (mm)
B = Lager Breite

In der Praxis mussten jedoch die mit dieser Formel ermittelten Werte um das 4- bis 20fache erhöht werden. Das zeigt ganz deutlich, dass die tatsächliche Schmierstoffmenge pro Lager für jeden Bedarfsfall empirisch ermittelt werden muss.
Die Schmierstoffmenge wird am zweckmäßigsten auf 6 bis10 Schmiertakte pro Stunde aufgeteilt.

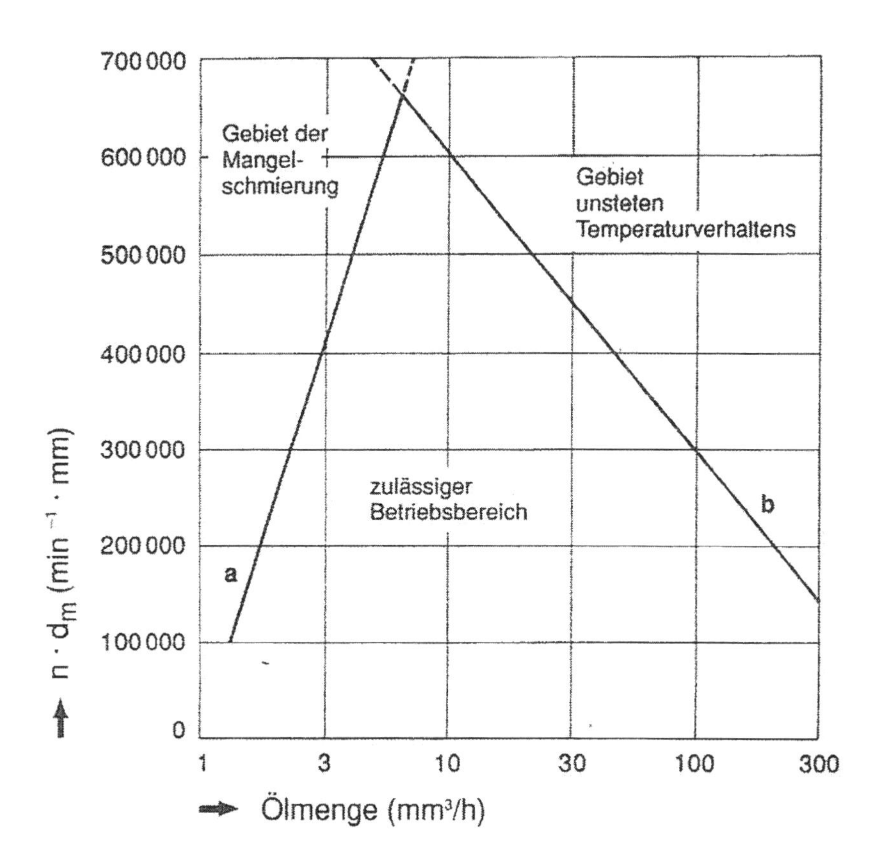

Ölmenge bei Minimalschmierung in Abhängigkeit von der Drehzahl für ein Zylinderrollenlager NNU 4926 (d = 130 mm).
Gerade **a** = Mindestölmenge
Gerade **b** = zulässige Ölmenge bei gleichmäßiger Ölzufuhr. Oberhalb des Schnittpunktes ist bei diesem Lager keine Minimalschmierung mehr möglich.

Bild 27.7: Schmiermenge

27.3.3 Anforderungen an den Schmierstoff

Für die Schmierstoffauswahl ist zu beachten, dass die Schmierfilmdicke nicht so groß ist wie bei Vollschmierung. Die Viskosität des Schmierstoffes wirkt sich wegen der geringen Schmierfilmdicke nicht unbedingt reibungserhöhend aus. Deshalb soll die Viskosität ungefähr 5- bis 10mal so hoch gewählt werden wie die Bezugsviskosität, auch um gute Hafteigenschaften und Benetzung zu gewährleisten.

Öle der ISO-Klasse VG 32 bis VG 100 haben sich als sehr gut geeignet erwiesen. Empfehlenswert sind besonders bei hohen Belastungen und niedrigen Drehzahlen auch Öle mit EP-Zusätzen.
Öle niedrigerer Viskosität als ISO VG 22 sollten vermieden werden, da bei höheren Belastungen dann eventuell die Tragfähigkeit nicht mehr ausreicht und es zu Beeinträchtigungen der Lebensdauer kommen kann.
Bei der Minimalschmierung ist auf äußerste Sauberkeit zu achten. Deshalb muss das Öl gefiltert werden. Filterfeinheit größer/gleich 5 µm.

27.3.4 Druckluft

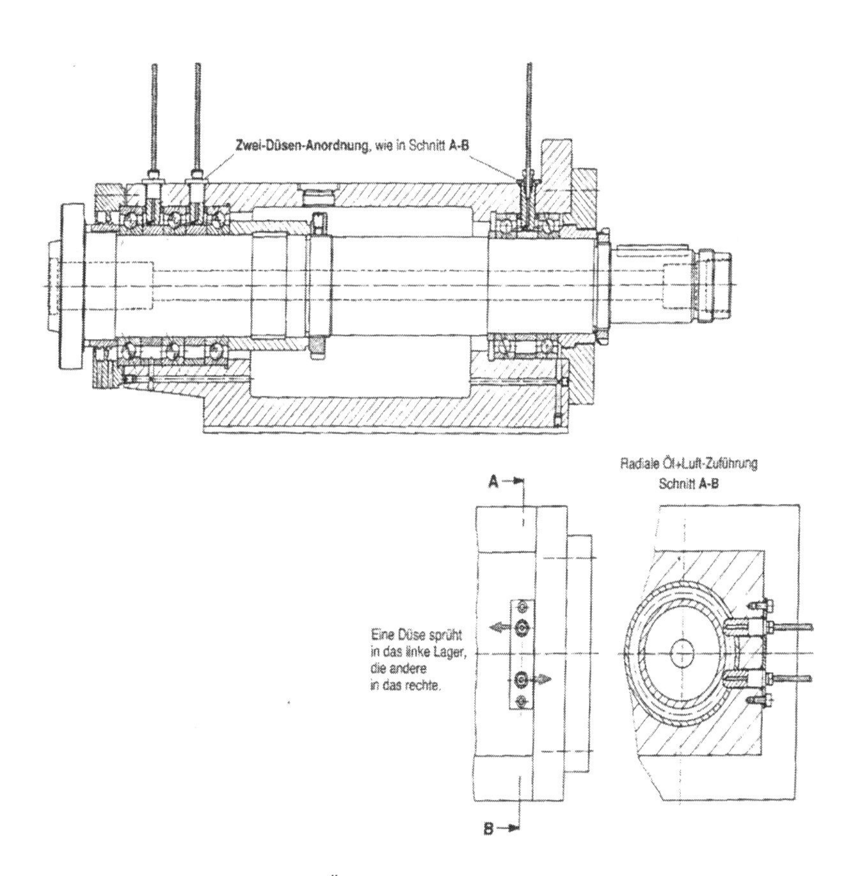

Bild 27.8: Öl- Luft Schmierung

Die Luft muss trocken und gefiltert sein. Filterfeinheit < 3 µm. Für die Wasserabscheidung genügt ein im Druckluftprogramm üblicher Wasserabscheider mit möglichst automatischer Entleerung.
Die für einen einwandfreien Transport des Öles erforderliche Luftmenge in einem Rohr von 2,3 mm Innendurchmesser beträgt etwa 1000 bis 1500 Nl /h. Dieser Wert gilt für Öle der

Viskositätsklasse ISO VG 32 bis ISO VG 100. Bei höherviskosen Ölen ist mit höheren Werten zu rechnen.
Der Luftdruck muss entsprechend dieser Durchsatzmenge eingestellt werden, unter Berücksichtigung der Druckverluste in der Leitung und in der Lagerung. Der zu Verfügung stehende Luftdruck am Geräteeingang (Netz) sollte 0,6 MPa betragen.
In einem gerätetechnisch festgelegten Öl+Luft-System kann neben der Taktzeit nur noch der Luftdruck variabel gestaltet werden. Bei schnell laufenden Wälzlagern wird ein bestimmter Luftdruck benötigt, um den entstehenden Lagergegendruck (Verwirbelung) zu durchbrechen. Für eine sichere Funktion der Anlage sollte der Luftdruck am Lagereingang nicht unter 0,15 (0,2) MPa sinken.

27.3.5 Schmierstoffzuführung

Die Leitung, in der Regel flexibles Kunststoffrohr 4 x 0,85, in welcher durch Augenschein der Öltransport gut zu erkennen ist, kann sowohl fallend als auch steigend verlegt werden. Die Mindestlänge dieser Leitung beträgt 1m. Die maximale Leitungslänge kann durchaus 10m betragen. Sollte der Abstand zwischen Aggregat und Lagerstelle geringer als 1m sein, so muss diese Leitung in Form einer Wendel verlegt werden.
Ebenso ist bei sehr langen Leitungen zu empfehlen, so dicht wie möglich an der Lagerstelle das Zuführrohr in Form einer Wendel mit circa 5 Windungen zu verlegen. Die Mittelachse der Wendel sollte entweder waagerecht oder geneigt bis zu einem Winkel von circa 30° zur Waagerechten liegen.
In dem unteren Teil der Wendel sammelt sich nach dem Abschalten der Druckluft das Öl aus der Wendelleitung, damit das Lager nach dem Wiedereinschalten der Druckluft kurzfristig wieder mit Öl versorgt wird.
Die Zuführung des Schmierstoffes in die Lager richtet sich nach der Lagerart und den konstruktiven Gegebenheiten der Lagerung.

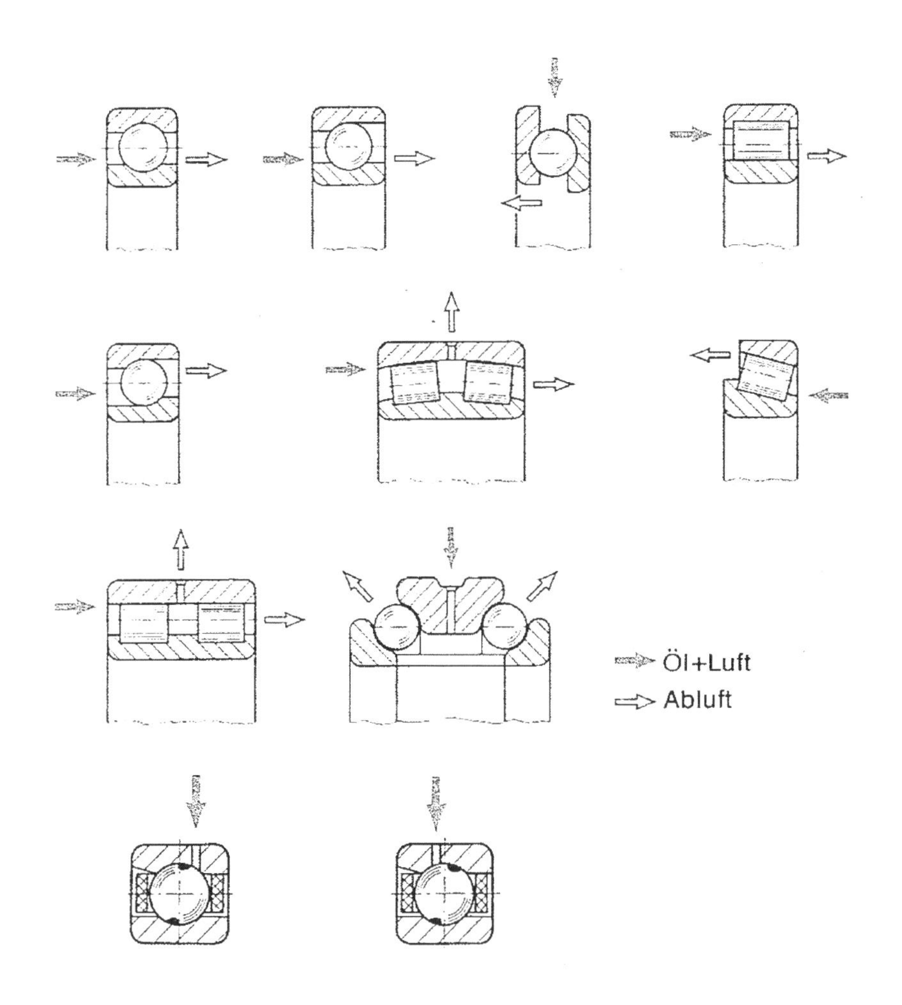

Bild 27.9: Beispiele für Schmierstoffzuführung

Bei einreihigen Lagern kann der Schmierstoff von der Seite in das Lager eingebracht werden. Die Düsenbohrung soll sich dabei in der Höhe des Innenrings befinden; auf keinen Fall soll sie direkt auf den Kugelkäfig gerichtet sein. Bei Lagern, die in einer Richtung die Pumpwirkung ausüben (zum Beispiel Schrägkugellager), muss das Öl in dieser Richtung zugeführt werden. Wenn irgend möglich, soll das Öl über ein besonderes Düsenstück, dessen Länge von der Lagerbaugröße abhängig ist, in die Lagerung eingebracht werden. Der Durchmesser der Düse liegt zwischen 0,5 und 1 mm.
Weiterhin besteht die Möglichkeit die Schmierstoffzuführung in den Außenring zu legen. Dabei ist zu beachten, dass der Schmierstoff nicht innerhalb der Druckzone zwischen Kugel und Außenring zugeführt wird.
Bei doppelreihigen Zylinder-Rollenlagern soll das Öl von einer Seite in Höhe der Außenringlaufbahn in das Lager gesprüht werden. Es verteilt sich dann nahezu gleichmäßig auf beiden Lagerreihen.

Bei Wälzlageraußendurchmessern von 150 bis 280 mm empfiehlt sich der Einbau einer zweiten Düse, bei noch größeren Lagern entsprechend mehr. Bei Schmierstoffzuführung durch den Außenring ist eine einzige Bohrung bei den meisten Anwendungen ausreichend.
Zum Durchdringen des bei schnell laufenden Lagern entstehenden Luftwirbels ist der angegebene Luftdruck im Allgemeinen ausreichend. Der im Einzelfall erforderliche höhere Luftdruck beeinträchtigt keineswegs die Funktion des Gesamtsystems.
Um zu vermeiden, dass im unteren Lagerbereich ein Ölsumpf entsteht, ist für eine Ableitung des zugeführten Öls zu sorgen. Der Durchmesser dieser Ablaufbohrung soll mindestens 5 mm betragen.

27.3.6 Öl+Luft-Schmieranlagen

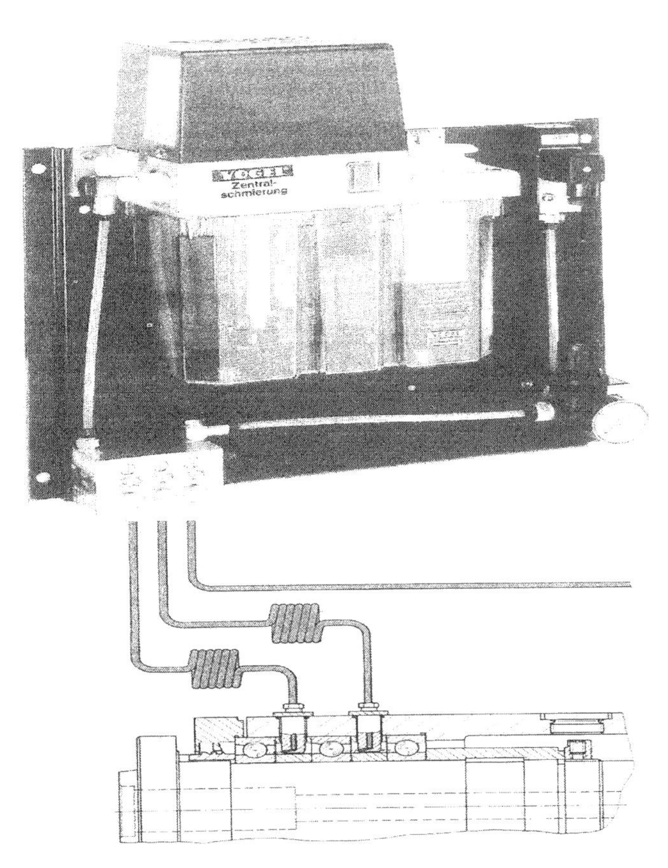

Bild 27.10: Öl- Luft Schmieraggregat

Für eine Öl+Luft-Schmieranlage sind folgende Komponenten erforderlich:

- Druckregelventil für Luft
- Manometer für den Luftdruck
- Druckschalter für minimalen Luftdruck
- Feinstfilter für Öl- und Druckluft
- Öl+Luft-Dosiereinheit mit eingebautem Kolbenverteiler
- Kompakt-Aggregat mit Zahnradpumpe und dem für die Entlastung und Druckbegrenzung erforderlichen Ventilsatz, mit Öl-Druckschalter, Schwimmerschalter mit Steuergerät oder:
- Zahnradpumpen-Aggregat mit dem für die Entlastung und Druckbegrenzung erforderlichen Ventilsatz, mit Schwimmerschalter, Steuergerät und Öl-Druckschalter sind hier gesondert zu installieren.

27.4 Schmierung mit großen Ölmengen

An dieser Stelle kann darauf verzichtet werden, auf Ölschmierverfahren einzugehen, die zwar eine sichere Schmierstoffversorgung, aber keine gezielte Wärmeabfuhr gewährleisten. Solche Schmierverfahren sind im Werkzeugmaschinenbau, wo immer möglichst niedrige und gleichmäßige Temperaturen angestrebt werden nur bei niedrigen Drehzahlen denkbar.
Hier wird nur die **Einspritzschmierung** betrachtet. Trotz erheblicher Steigerung der Verlustleistung der Lagerung ermöglicht die Einspritzschmierung, die Erwärmung in Grenzen zu halten und die Drehzahl wesentlich zu erhöhen. Der Aufwand für eine solche Ölumlaufschmieranlage übersteigt den für die Einrichtung einer Anlage für Minimalmengenschmierung. Zusätzlich schlagen laufende Kosten für die erhöhte Antriebsleistung und für die Rückkühlung des Öls zu Buche. Um die großen Ölmengen ohne Rückstau ins Lager oder in die Dichtung abführen zu können, müssen große Ablaufbohrungen vorgesehen werden. Das erfordert vergrößerte Lagerabstände, eine wirkungsvolle Abdichtung und eine insgesamt auf die Belange der Einspritzschmierung abgestimmte Konstruktion.
Als Richtwert für die Abflussbohrung da in Millimeter kann angesetzt werden:

$$da = 8 \times \sqrt{Q}$$

Dabei ist Q die abzuführende Ölmenge in l/min

Der Einlauf des Öls in die Ablaufbohrung kann durch Erweiterung der Bohrungen in Umfangsrichtung verbessert werden. Wo die großen Ablaufbohrungen und Kanäle stören, muss das Ablauföl mit einer zusätzlichen Pumpe abgesaugt werden.
Bei der Konzeption einer drehenden Führung muss deshalb mehr noch als bei der Minimalmengenschmierung nach wirtschaftlichen Gesichtspunkten abgewogen werden, ob die Leistungsanforderungen an die Führung die Einspritzschmierung erzwingen oder ob nicht besser die Anforderungen so beschränkt werden können, dass kostengünstigere Schmierverfahren eingesetzt werden können.

27.4.1 Gestaltung der Einspritzschmierung

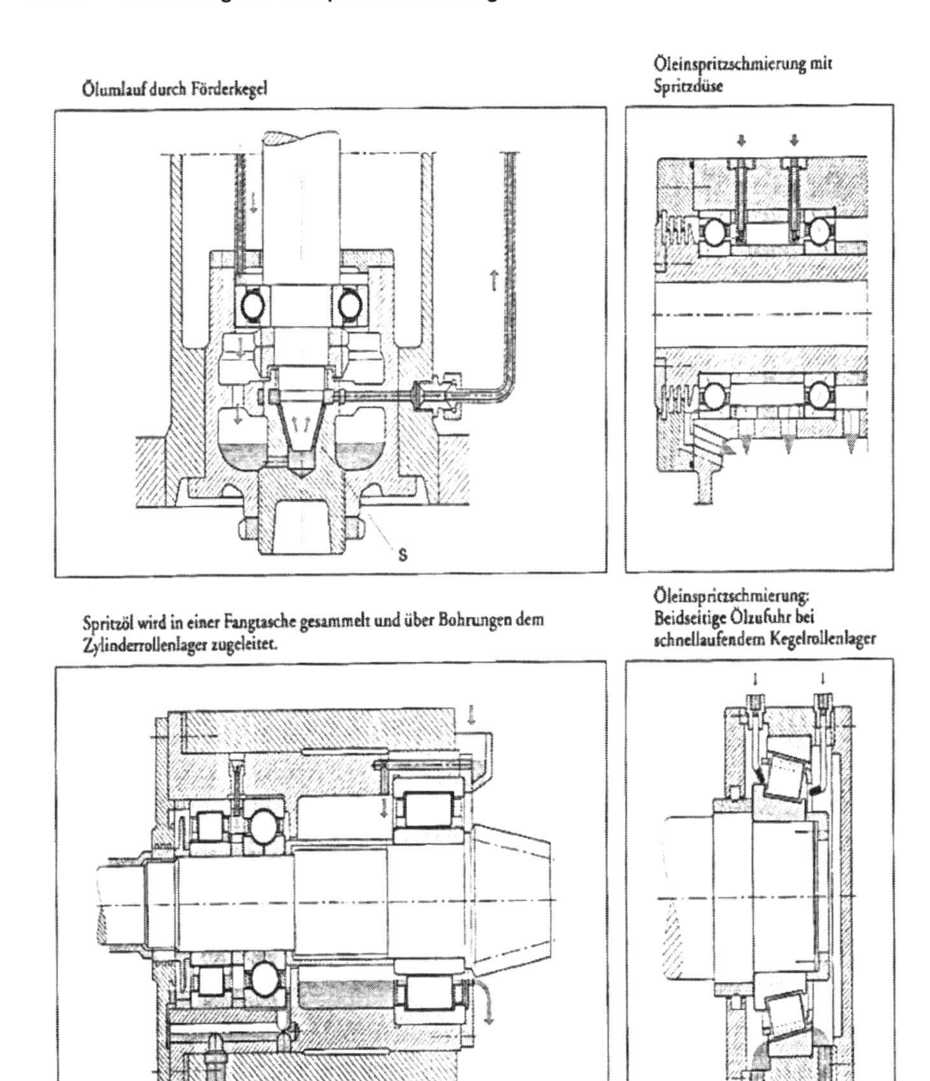

Bild 27.11: Das Bild zeigt ein Beispiel für die Gestaltung einer Lagerstelle für Einspritzschmierung.

Ölschmierung mit Ölförderring

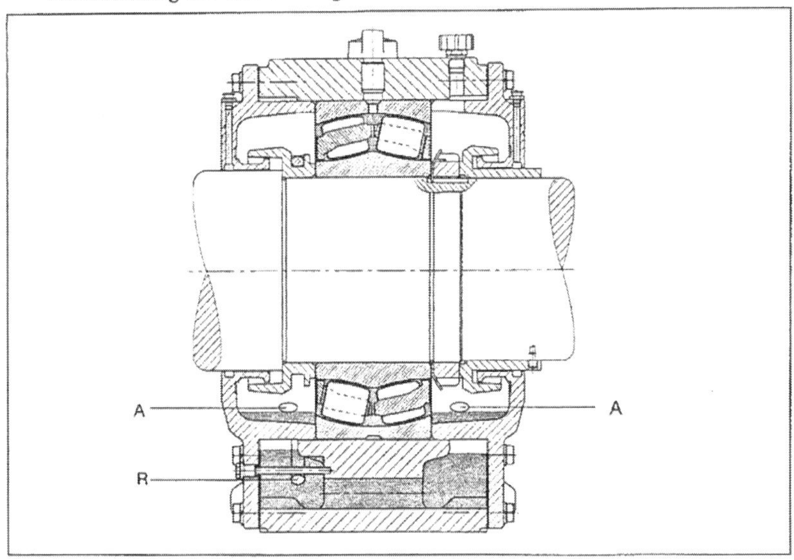

Verstärkung des Ölumlaufs bei Lagern mit Förderwirkung

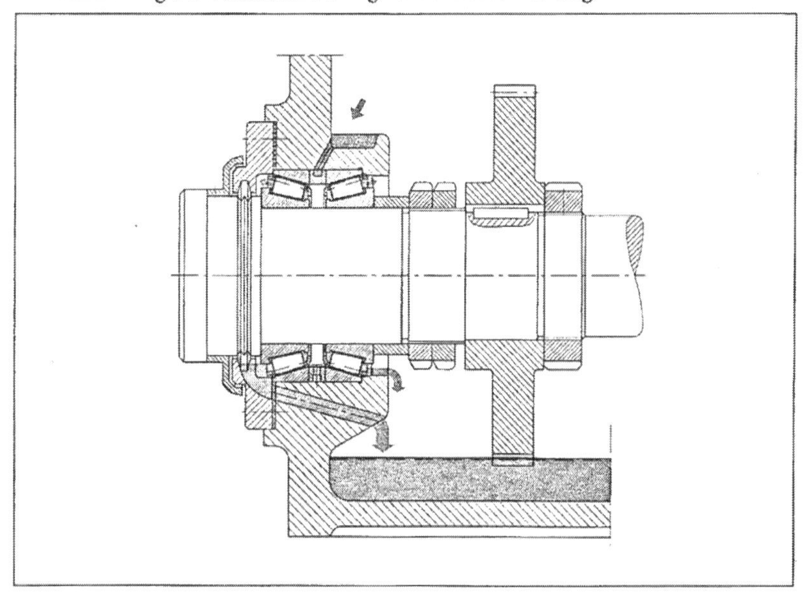

Bild 27.12a und b: Ölschmierung mit Förderung

Ölschmierung mit Ölförderring

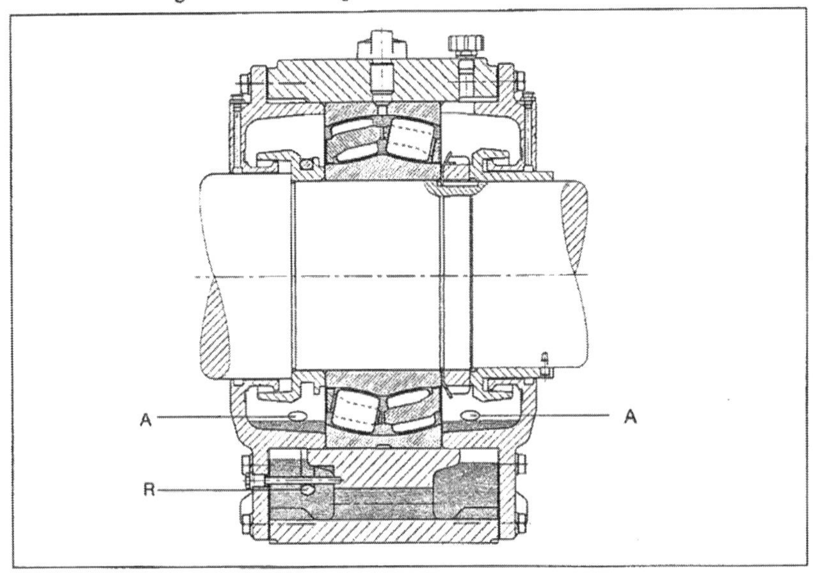

Verstärkung des Ölumlaufs bei Lagern mit Förderwirkung

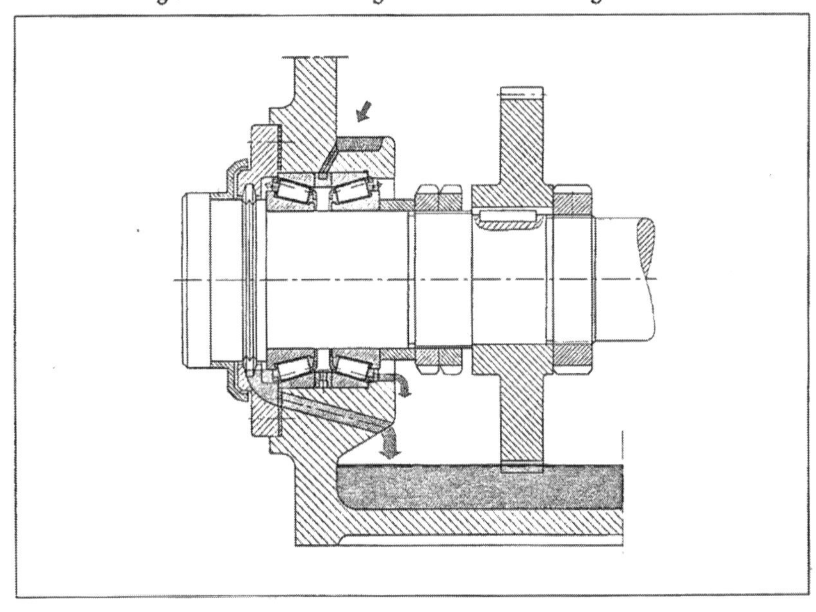

Bild 27.13a und b: Ölschmierung mit Förderung

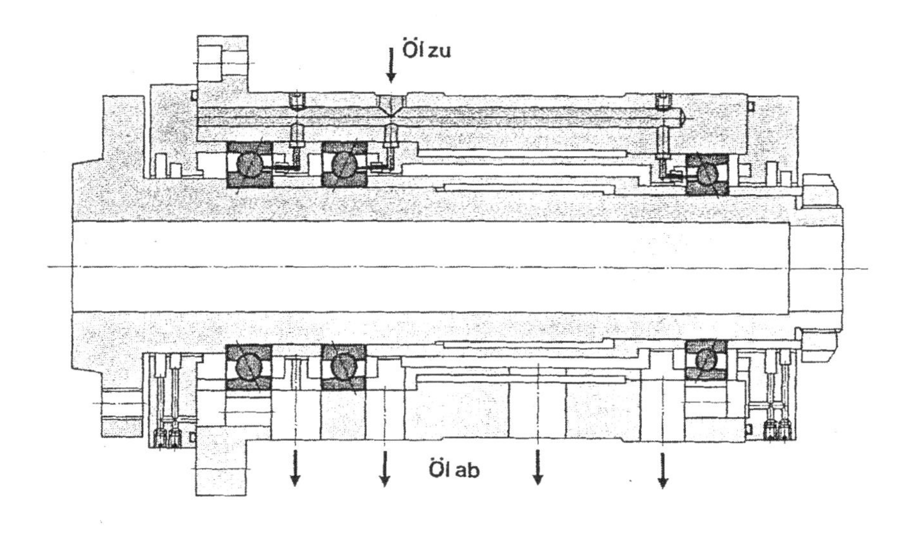

Bild 27.14: Ölzu-und -abfuhr, sowie Düsenanordnung bei Einspritzschmierung

Die zuzuführende Ölmenge hängt davon ab, wie groß das Lager ist, wie schnell das Lager läuft und welche Temperaturerhöhungen an der Lagerstelle zugelassen werden können.
Die Zahl der Düsen und der Düsendurchmesser sind auf die benötigte Ölmenge und die Lagergröße so abzustimmen, dass sich eine Strahlgeschwindigkeit ergibt, die den Luftwirbel, der sich um das Lager bildet, sicher durchdringt.
Das ist bei 15 bis 20 m/s Strahlgeschwindigkeit gegeben. Die Strahlgeschwindigkeit v in m/s errechnet sich zu:

$$\mathbf{V = 21{,}2 \times Q / d^2}$$

Q bedeutet die Ölmenge in l/min und d den Düsendurchmesser in mm.
30 m/s Strahlgeschwindigkeit sollten nicht überschritten werden, um die gute Strahlgeschwindigkeit bei einfach hergestellten Düsenbohrungen nicht zu gefährden.
Welche Auslegung der Einspritzschmierung letztlich gewählt werden kann, hängt auch davon ab, wie sich unterschiedliche Erwärmung der Lagerteile und der Lagerumgebung auf die Vorspannung der Lager oder auf die Verlagerung der Spindelnase auswirken. Elastische Anstellung der Lagerung oder der Einsatz thermisch neutraler Messsysteme zur Kompensation von thermischen Störeinflüssen auf die Arbeitsgenauigkeit der Werkzeugmaschine können hier Freiräume schaffen.
Wegen der großen Ölmengen, die im Lagerraum verwirbelt werden, besteht die Gefahr der Schaumbildung. Ihr muss durch Wahl eines Öls mit **Antischaumzusätzen (**zum Beispiel Öl nach Spezifikation MIL-L-7808G), eventuell auch durch Einbau von Beruhigungsblechen oder Sieben in die Ölbehälter entgegengewirkt werden.

Tabelle 27.3: Schmierbedarf

1	**Wälzlager**	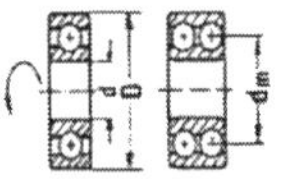	$Q = 4 \cdot 10^{-3} \cdot d_m \cdot a$	Q in cm³/h d_m = mittlerer Ø des Lagers = $\frac{D+d}{2}$ a = Anzahl der Wälzreihen
2	**Kugelführung**	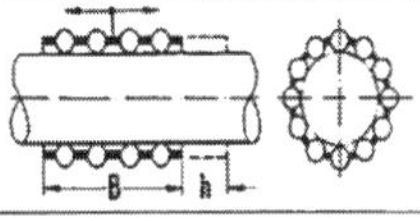	$Q = 8 \cdot 10^{-4} \cdot h \cdot a \cdot K$	a = Anzahl der Wälzreihen h = Hub K = Geschwindikkeitsfaktor „B" kommt nicht in Ansatz
3	**Gleitlager**	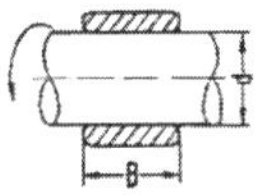	$Q = 2 \cdot 10^{-4} \cdot d \cdot B \cdot K$	d = Wellendurchmesser B = Lagerbreite
4	**Rundführung**	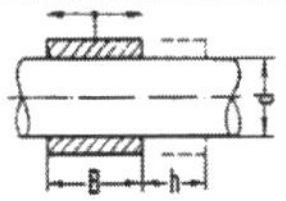	$Q = 2 \cdot 10^{-4} \cdot d \cdot (B+h) \cdot K$	h = Hub
5	**Kurven(scheibe)**	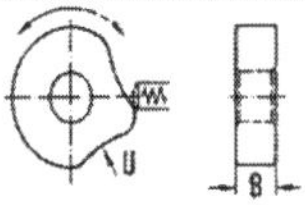	$Q = 1{,}5 \cdot 10^{-4} \cdot U \cdot B \cdot K$	U = Umfang der Gleitbahn
6	**Zahnradpaar**	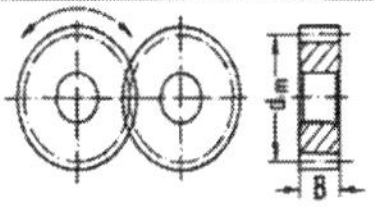	$Q = 5 \cdot 10^{-4} \cdot d_m \cdot B \cdot K$	d_m = hier Teilkreisdurchmesser
7	**(Förder-) Kette**	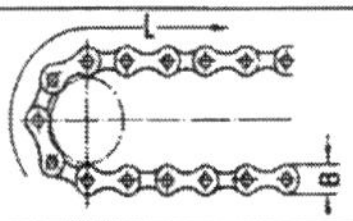	$Q = 10^{-4} \cdot B \cdot L$	B = Kettenbreite L = Kettenlänge
8	**Gleitflächen**	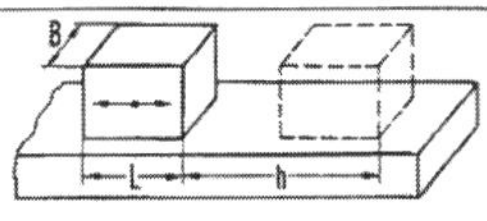	$Q = 6 \cdot 10^{-5} \cdot B \cdot (L+h) \cdot K$	B = Breite des Gleitkörpers L = Länge des Gleitkörpers h = Hub

27.5 Schäden durch mangelhafte Schmierung

Über 50% aller Wälzlagerschäden sind auf fehlerhafte Schmierung zurückzuführen. An vielen weiteren Schäden, die sich nicht direkt auf eine Schmierstörung zurückführen lassen, ist sie mitbeteiligt. Eine mangelhafte Schmierung in der Kontaktstelle führt zu Verschleiß, Anschmierungen, Verschürfungen und Fressspuren. Außerdem können Ermüdungserscheinungen (Abblätterungen) auftreten. Gelegentlich kommt es auch zu einem Heißlauf der Lager, wenn sich bei Schmierstoffmangel oder Überschmierung die Lagerringe infolge ungünstiger Wärmeabfuhr ungleichmäßig erwärmen und dadurch eine Spielverminderung oder sogar eine Verspannung auftritt.

Tabelle 27.4: Schmierschäden

Schäden durch mangelhafte Schmierung

Schadensbild, Mangelerscheinung	Ursache	Hinweise
Geräusch	Schmierstoffmangel	Stellenweise Festkörperberührung, kein zusammenhängender, tragender und dämpfender Schmierfilm.
	Ungeeigneter Schmierstoff	Zu dünner Schmierfilm, weil das Öl oder das Grundöl des Fettes eine zu geringe Viskosität hat. Bei Fett kann die Verdickerstruktur ungünstig sein. Teilchen wirken geräuschanregend.
	Verunreinigungen	Schmutzteilchen unterbrechen Schmierfilm und erzeugen Geräusche.
Käfigverschleiß	Schmierstoffmangel	Stellenweise Festkörperberührung, kein zusammenhängender, tragender Schmierfilm.
	Ungeeigneter Schmierstoff	Zu geringe Viskosität des Öles oder Grundöls ohne Verschleißschutzzusätze, kein Grenzschichtaufbau.
Verschleiß an Rollkörpern, Laufbahnen, Bordflächen	Schmierstoffmangel	Stellenweise Festkörperberührung, kein zusammenhängender, tragender Schmierfilm. Tribokorrosion bei oszillierenden Relativbewegungen, Gleitmarkierungen.
	Ungeeigneter Schmierstoff	Zu geringe Viskosität des Öles oder Grundöls. Schmierstoff ohne Verschleißschutzzusätze oder EP-Additive (bei hoher Belastung oder hoher Gleitung).
	Verunreinigungen	Feste, harte Teilchen oder flüssige, korrosiv wirkende Medien.
Ermüdung	Schmierstoffmangel	Stellenweise Festkörperberührung und hohe Tangentialspannungen an der Oberfläche. Verschleiß.
	Ungeeigneter Schmierstoff	Zu geringe Viskosität des Öles oder Grundöls. Schmierstoff enthält Stoffe, deren Viskosität sich bei Druck nur geringfügig erhöht, beispielsweise Wasser. Unwirksame Additive.
	Verunreinigungen	Harte Teilchen werden eingewalzt und führen zu Stellen hoher Pressung. Korrosive Medien verursachen Korrosionsstellen, von denen Ermüdung bevorzugt ausgeht.

Die hauptsächlichen Ursachen der Lagerschäden sind:

- ungeeigneter Schmierstoff (Öl zu geringer Viskosität, fehlende oder ungeeignete Additivierung, korrosive Wirkung von Additiven)
- Schmiermangel in den Kontaktbereichen
- Verunreinigungen im Schmierstoff (fest und flüssig)
- Änderung der Schmierstoffeigenschaften
- Überschmierung

Gegen Schmierstoffmangel und Überschmierung hilft die konstruktive und verfahrensmäßige auf den Anwendungsfall abgestimmte Schmierstoffversorgung. Schäden durch ungeeigneten Schmierstoff oder durch Veränderung der Schmierstoffeigenschaften lassen sich vermeiden durch Berücksichtigung aller Betriebsbedingungen bei der Auswahl des Schmierstoffs und durch rechtzeitige Schmierstofferneuerung.

27.6 Selbstschmierende Gleitlager

Ölgetränkte selbstschmierende Gleitlager sind wartungsfreie Konstruktionselemente mit hoher Funktionssicherheit und Leistung.

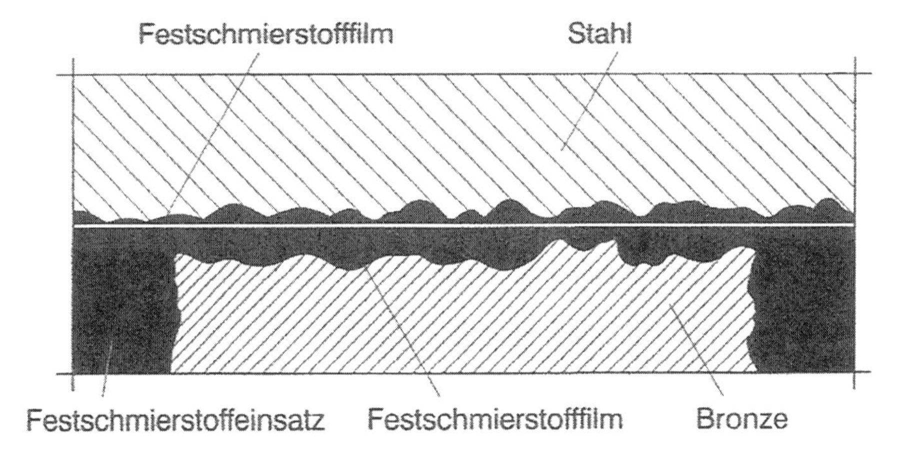

Bild 27.15: Darstellung des Gleitvorgangs mit Feststoffschmierung

Werkstoff-Varianten der selbstschmierenden Gleitlager:

Sinterlager

Sinterlager bestehen aus Eisen oder Bronze gesinterten Material

Ausführungsformen

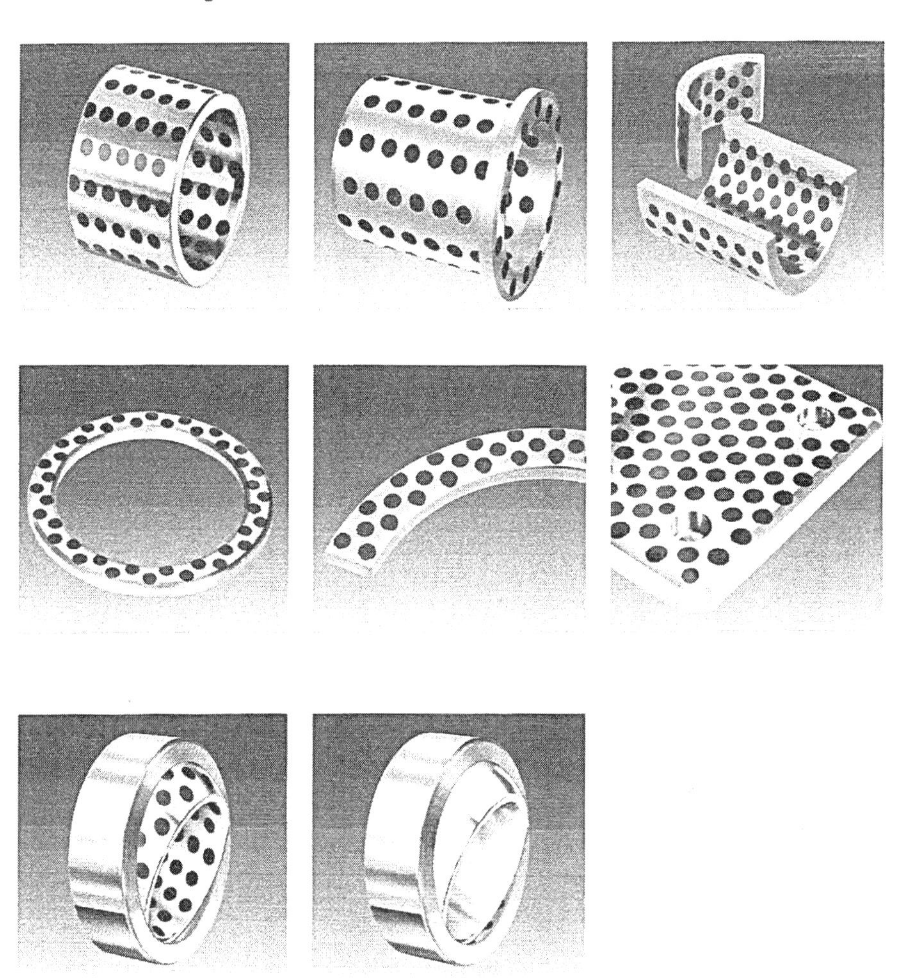

Bild 27.16: Ausführungsformen

Durch die in diesem Prozess nicht vollständige Verdichtung, ergeben sich Vorteile für die Schmierung. Da sich Schmierstoffe in den Poren einlagern und halten können, wie zum Beispiel Öl.
Das Porenvolumen von selbstschmierenden Sinterlagern beträgt circa 20 bis 30 % des Gesamtvolumens. Diese Ölmenge reicht im Allgemeinen für die Lebensdauer eines Lagers aus. Zwischen Lager und Welle baut sich bei Betrieb ein Ölfilm auf, erzeugt durch Kapillarwirkung, elastische Deformation und Wärmeausdehnung.

Während des Starts sorgt zum größten Teil die Kapillarkraft für die Schmierung. Bei stillstehender Welle befindet sich auf beiden Seiten der Berührungslinie zwischen Lager und Welle

ein Ölfilm. Nach Anlauf verändert sich die Wellenlage im Verhältnis zum Lager. Das poröse Lagermaterial wird elastisch deformiert und das Öl in den Lagerspalt gedrückt.
Mit zunehmender Betriebsdauer steigt die Temperatur im Lager. Da die Wärmeausdehnung des Öls größer ist, als die des Lagermetalls, wird weiteres Öl in den Lagerspalt gepresst. Bei erhöhter Umfangsgeschwindigkeit wird die Schmierung hydrodynamisch.

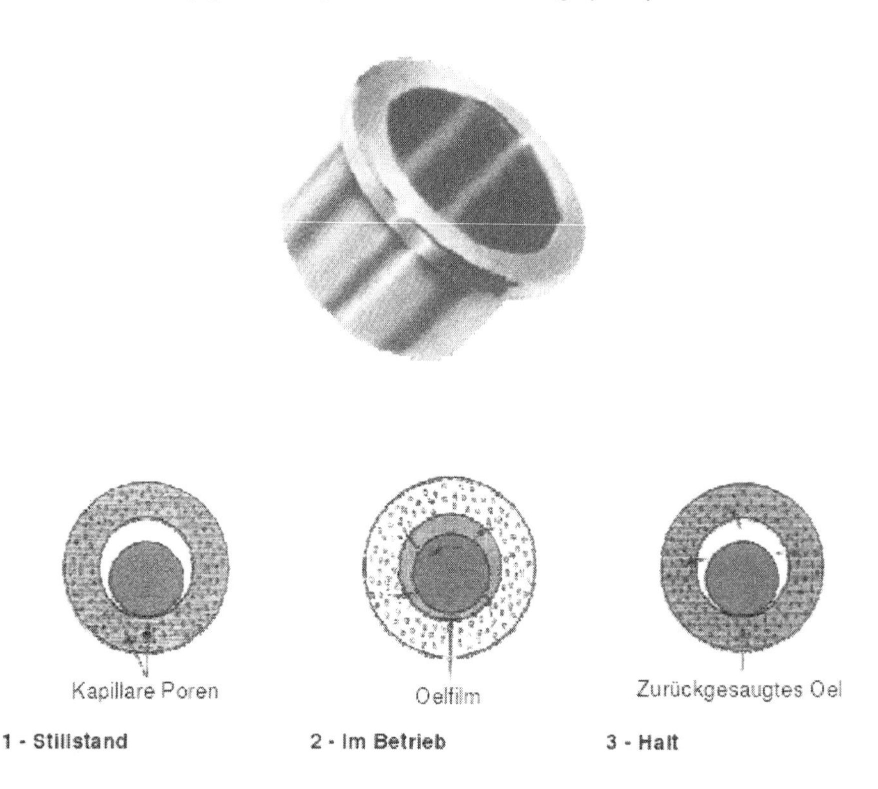

Bild 27.17: Selbstschmierende Lager

1 – Stillstand : Die Lager sind in ihren Poren, die 25% des Volumens betragen, bis zur Sättigung mit einem Öl von hoher Schmierfähigkeit getränkt.

2 – Im Betrieb : Der Saugeffekt der drehenden Welle und der Öl keil bilden einen hydrodynamischen Film, ein richtiges Ölpolster

3 – Halt : Sobald die Welle stillsteht, wird das Öl durch die Kapillarwirkung der Poren wieder in die Buchse zurückgesaugt

Belastungs-Geschwindigkeits-Diagramm

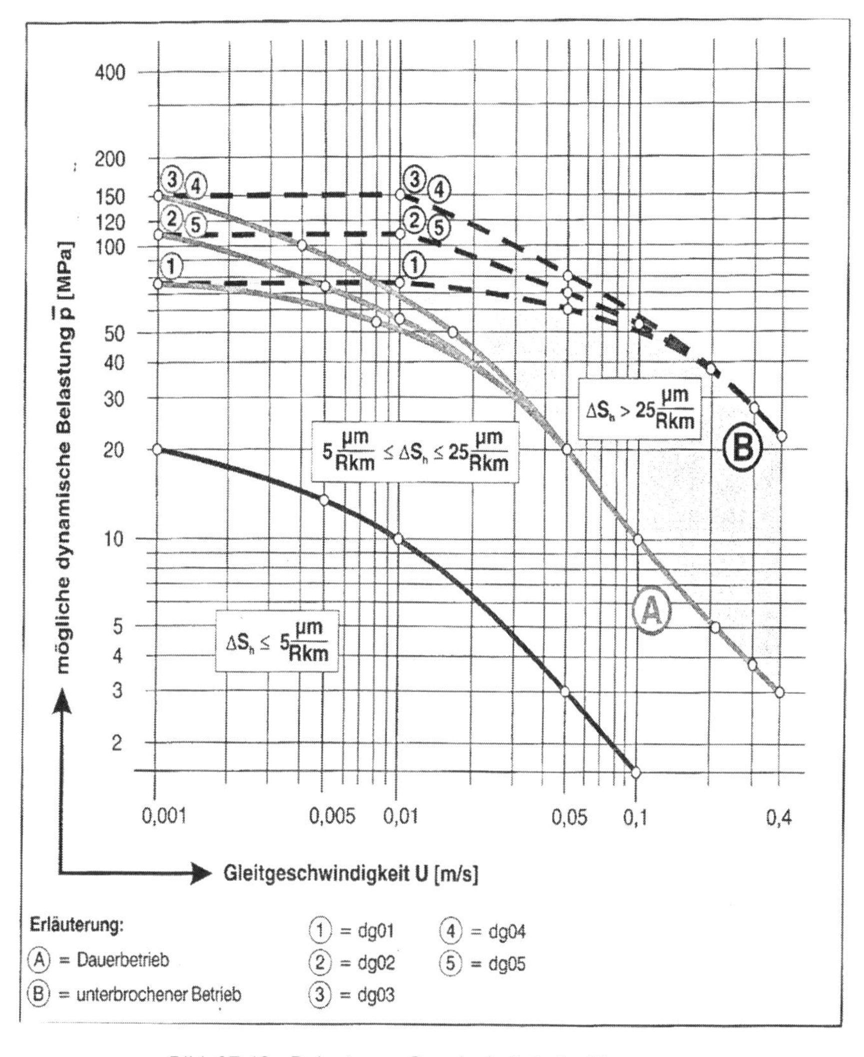

Bild 27.18: Belastungs-Geschwindigkeits-Diagramm

Tribologische Eigenschaften:

- Maximale dynamische Belastung 150 MPa, maximale statische Belastung 320 MPa
- P x v max = 2 (N/mm² x m/s), abhängig von den Betriebsbedingungen
- Typische Reibkoeffizienten: 0,08-0,15 abhängig von den Betriebsbedingungen.
- Reibkoeffizient und Verschleiß sind Systemgrößen und von vielen Einflussgrößen abhängig.

Graphitlager

Der Abrieb von Graphit (Kohlenstoff) wirkt selbstschmierend und eignet sich als Lagerwerkstoff.

Graphit-Lager sind vorteilhaft einsetzbar, wenn elektrische Ströme über Lagerstellen übertragen werden müssen, was bei anderen Lagern – sowohl Gleitlagern als auch Kugellagern – vermieden werden sollte, da Ströme durch Kontaktstellen unterschiedlicher Metalllegierungen Materialabtrag mit sich bringen.

Bei Graphitlagern ist zu beachten, dass bei höheren Belastungen und damit steigender Temperatur der Reibungskoeffizient deutlich ansteigt. Dennoch sind sie bei höheren Temperaturen geeignet, bei denen geschmierte Lager bereits versagen.

Keramiklager

Für Keramiklager wird als Werkstoff vorzugsweise Siliziumcarbid in Pumpen verwendet. Hierbei werden die im Pumpengehäuse liegenden Gleitlager mit der geförderten Flüssigkeit geschmiert. Die Korrosionsbeständigkeit und der durch die Härte bedingt extrem niedrige Verschleiß sind die großen Vorteile dieser Lager. Probleme ergeben sich jedoch beim Trockenlauf.

Kunststofflager

Gleitlagerbuchsen aus speziellen, selbstschmierenden Kunststoffen kommen ohne Schmierung aus. Sie sind für niedrige bis mittlere Lagerkräfte geeignet. Im Gegensatz zu anderen Materialien ist hier die Gefahr des Festfressens äußerst klein.

Als Werkstoff handelt es sich um sogenannte Compounds, die aus Basispolymer, Verstärkungsstoffen und aus eingebetteten Festschmierstoffen oder Ölen besteht. Während des Betriebes gelangen diese Schmierstoffe durch Mikroverschleiß ständig an die Oberfläche und senken so Reibung und Verschleiß der Lager. Der verwendete Kunststoff ist meistens PTFE (Polytetrafluorethylen) mit der hohen Festigkeit und der Stabilität und einer in Wickeltechnik hergestellten Struktur aus Epoxydharz getränkten Glasfasern besteht.

Gleitbuchsen mit Teflongewebe

Für hoch beanspruchte Lagerstellen, die keine räumliche Einstellbewegung erfordern und nur einen begrenzten Bauraum zur Verfügung haben, sind wartungsfreie Hochleistungsgleitbuchsen auf Teflon-Gewebebasis eine Alternative zu klassischen Stahl-, Bronze- oder Kunststoffgleitlagern. Begrenzender Faktor für den Einsatz dieser konventionellen Lager ist vielfach das zu niedrige Lastaufnahmevermögen besonders bei einseitiger aber auch wechselnder Belastung in Verbindung mit absolut wartungsfreiem Betrieb. Höchste einseitige Belastung und kleine Schwenkwinkel stellen für die Teflongewebe-Gleitbuchsen den Idealfall dar. Aber auch die Beaufschlagung mit wechselnden Lasten ist gut möglich. Ergänzt werden diese Vorteile beispielsweise durch Dämpfungseigenschaften und die Fähigkeit, hohe statische Stoßbelastungen aufnehmen zu können.

Wartungsfreie Hochleistungsgleitbuchsen mit Teflongewebe sind für schwere Arbeitsbedingungen konzipiert und zeichnen sich durch ihren robusten Lageraufbau aus.

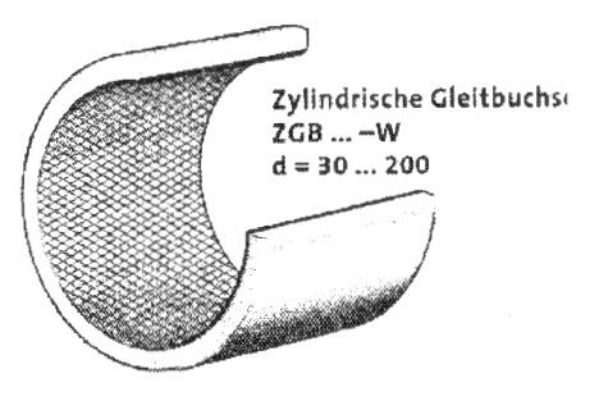

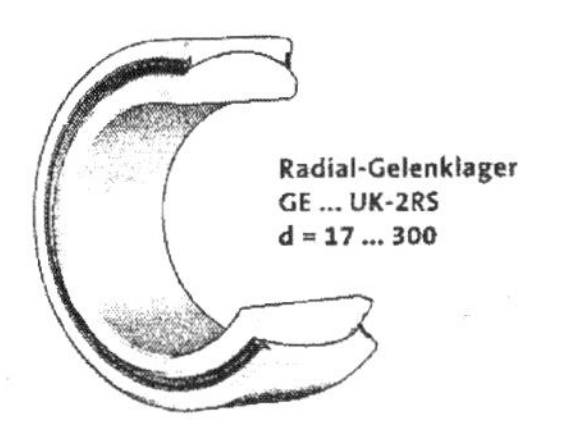

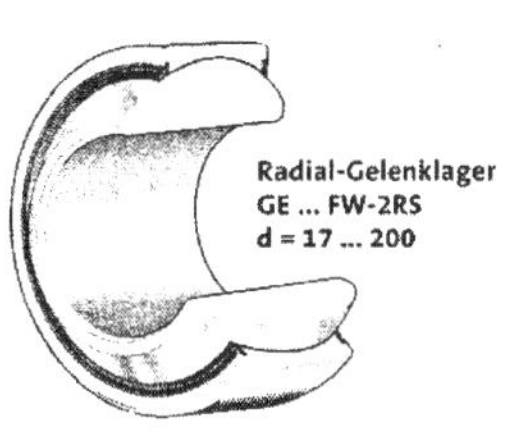

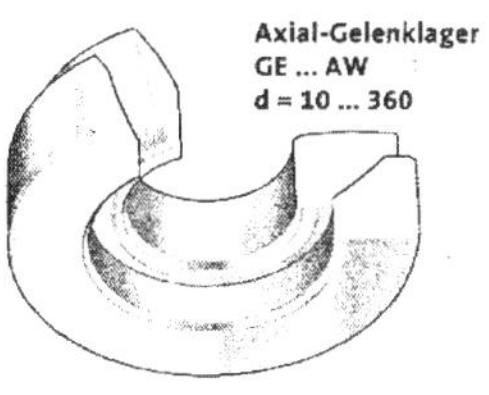

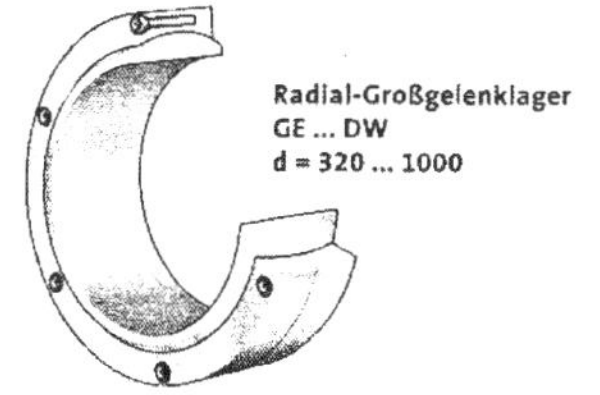

Standardmäßig bestehen diese Radial-Gleitlager aus einer als Grundkörper fungierenden ungehärteten Stahlbuchse (auch gehärtet möglich). Die Bohrung ist nach dem bekannten Prinzip mit dem Gleitbelag ausgekleidet. Der Einsatz von Stahl als Trägerwerkstoff in Kombination mit der dünnen, aber extrem festen Gleitschicht bewirkt ein vernachlässigbares Fließverhalten, gewährleistet eine gute Wärmeableitung ins Gehäuse und sorgt für einen optimalen Lagersitz in der Umgebungskonstruktion. Das Prinzip Grundkörper mit Gleitbelag gestattet darüber hinaus Lagermodifikationen. Mit der vorzugsweisen Fertigung in den Abmessungen nach DIN/ISO stehen dem Konstrukteur darüber hinaus genormte Maschinenelemente zur Verfügung.

Um die volle Leistungsfähigkeit des Lagers erreichen zu können, sollte die Oberflächenrauheit des Gleitpartners bei < Rz = 2 µm liegen. Rauhigkeitswerte über Rz = 4 µm sind zu vermeiden.

Optimalbedingungen liegen vor, wenn außerdem gehärtete Wellen mit korrosionsgeschützten Oberflächen (Hartchromung, Nirostähle) verwendet werden.

Gelenklager mit Teflongewebe

Im Bild sind die verschiedenen Lagerbauarten auf Teflongewebe-Basis dargestellt. Der Gelenklager-Innenring besteht aus gehärtetem und feinstbearbeitetem Wälzlagerstahl mit hartverchromter Lauffläche. Der Außenring wird im Regelfall ebenfalls aus gehärtetem Wälzlagerstahl gefertigt und ist auf der sphärischen Gleitfläche mit Teflongewebe beschichtet. Zur Montage des Innenringes ist der Außenring bei Radial-Gelenklagern einmal beziehungsweise bei größeren Abmessungen zweimal in axialer Richtung gesprengt.

Radial-Großgelenklager haben einen ungehärteten Stahl-Außenring, der radial geteilt ist und durch Schrauben zusammengehalten wird.

Die Vorteile der Teflongewebe-Lager wie höchste Belastbarkeit und absolute Wartungsfreiheit erlauben dem Anwender umweltschonende Konstruktionen und eine Verringerung der Bau- und Betriebskosten durch Minimierung der Baugröße und Entfall des Wartungsaufwandes. Besonders deutlich werden solche Vorteile im Bereich der Großgelenklager.

Bild 27.19: Gelenklager mit Teflongewebe

Leistungsvermögen der Teflongewebe-Lager

Flächenpressungen im dynamischen Bereich bis 300 N/mm² bei einseitiger Lastrichtung und Werte von 100 N/mm² bei Wechsel- und Stoßbelastung sind erreichbar. Statisch lässt sich die Teflongewebe-Gleitschicht bis 500 N/mm² belasten.
Die auf Prüfständen gemessenen Reibwerte von Gelenklagern mit Teflongewebe-Gleitschicht lassen erkennen, dass sich besonders im Flächenpressungsbereich $p > 30$ N/mm² ein ausgezeichnetes Laufverhalten ergibt. Dabei sind Reibwerte von $\mu < 0{,}05$ erreichbar.
Mit steigender Belastung lassen sich Werte von $\mu = 0{,}02$ realisieren. Bei $p < 10$ N/mm² steigen die Reibwerte dagegen schnell über 0,1.
Die Abhängigkeit der Gleitgeschwindigkeit ist im oberen Lastbereich und bei üblichen Geschwindigkeiten von 10 bis 100 mm/s wenig ausgeprägt.
Der Haupteinsatzbereich sollte deshalb auch bei Flächenpressungen über 20 N/mm² liegen.
Bei $p = 200$ N/mm² lassen sich pv-Werte bis 24 000 N/mm² erreichen.
Die Gleitpaarung lebt vom Übertragungseffekt des PTFE-Abriebs auf den Gleitpartner. Die Benetzung der Gleitflächen mit Schmierstoffen beim Lagereinbau oder Nachschmierung stören das tribologische System, indem die Haftung der PTFE-Partikel auf der Gegenlauffläche verhindert wird. Periodische Nachschmierung führt außerdem zu einem Auswascheffekt. Dadurch erhöht sich die Verschleißrate und die Gebrauchsdauer kann sich erheblich verkürzen.
Gleichzeitig tritt in etwa eine Verdoppelung der Reibung ein. Gleiches gilt für das Eindringen anderer flüssiger oder konsistenter Medien. Die Lagerstellen müssen deshalb entsprechend abgedichtet werden.
Schmierung ist verboten! Ihre maximale Laufleistung erreichen die Lager bei 100% Trockenlauf.

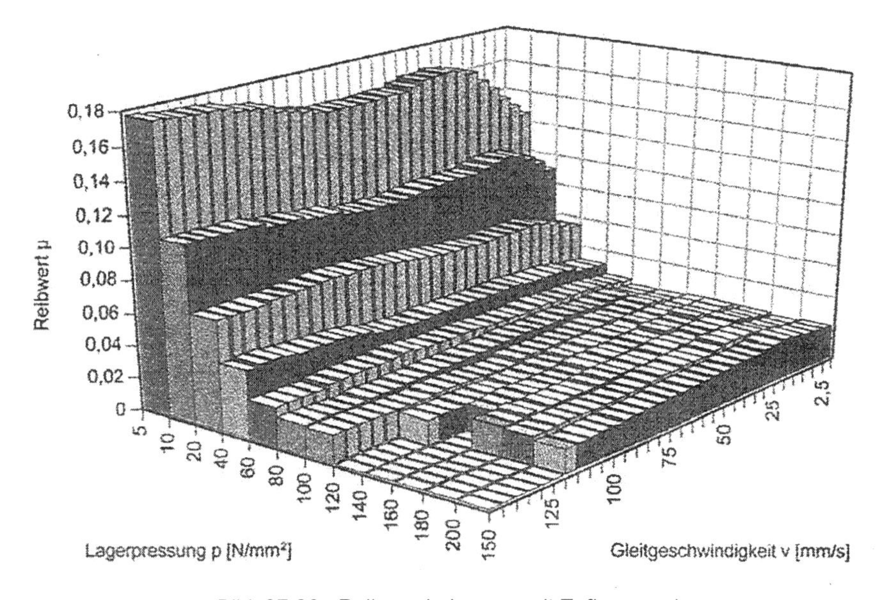

Bild 27.20: Reibung in Lagern mit Teflongewebe

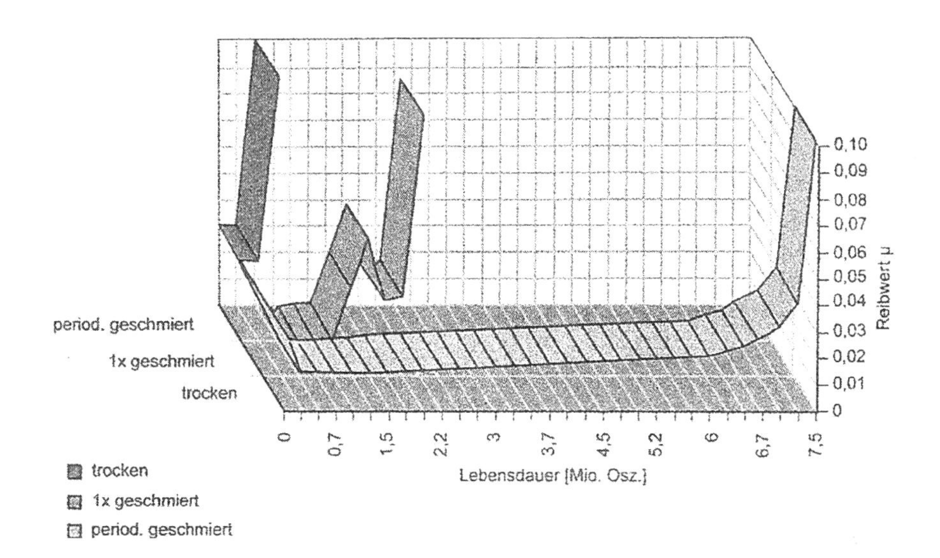

Bild 27.21: Einfluss von Schmierung auf das Laufverhalten von Teflongewebelagern

28 Messsysteme für drehende Führungen

Bei der Auswahl des Winkel-Messsystems für Rundführungen und hochdynamische Rundtischachsen, werden in der Regel optische Messsysteme mit höchster Genauigkeit und Winkelauflösung bevorzugt.
Aufgrund des optischen Messprinzips sind hier allerdings besondere Vorkehrungen hinsichtlich Verschmutzung, zum Beispiel durch Kühlschmierstoffe oder Wälzlagerfette zu treffen.
Großer Aufwand muss betrieben werden, diese Winkel-Messsysteme ausreichend abzudichten und zu schützen, um eine zufrieden stellende Betriebszuverlässigkeit zu erzielen.
Die optischen Geber sind in der Regel als Einbaudrehgeber verfügbar, die mittig im Rundtisch eingebaut werden müssen und eine eigene, mechanisch nachgiebige Ausgleichskupplung aufweisen.
Aus dem ersten Merkmal ergibt sich, dass der zentrische Einbauraum für Mediendurchführungen nicht zur Verfügung steht, was aufwändige Konstruktionen zur Folge hat. Aus dem zweiten folgt, dass bei der Ankopplung des Messsystems an den Rundtisch besonders auf die mechanische Steifigkeit geachtet werden muss, um eine hohe Regelsteifigkeit zu erzielen.

28.1 Fotoelektrischer Drehgeber mit Strichscheibe

Arbeitsweise: rotatorisch- direkt/indirekt- digital- inkremental

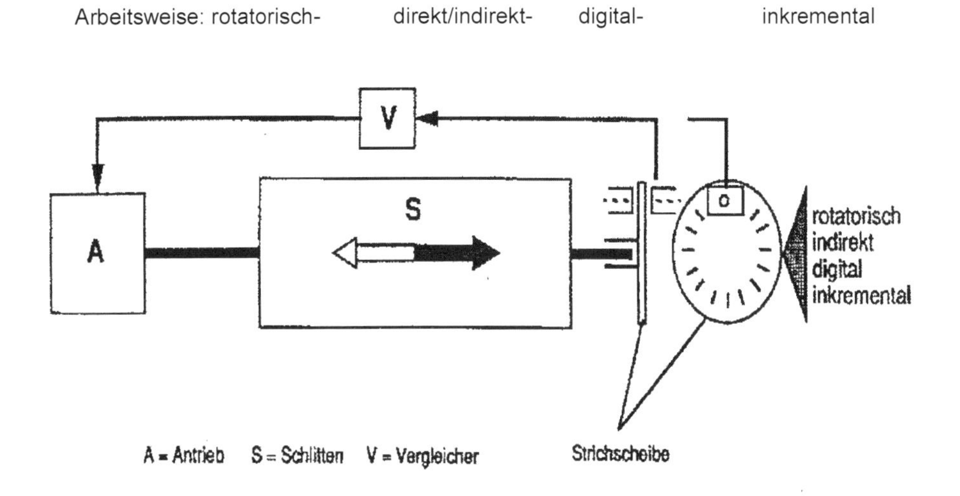

Bild 28.1: Fotoelektrische Drehgeber

Die Zählimpulse werden durch einen rotierenden Geber an den Vergleicher gegeben.
Inkrementale Drehgeber werden zur Messung von Drehwinkeln und Winkelgeschwindigkeiten eingesetzt. In Verbindung mit Zahnstange/Ritzel, Spindel/Mutter, Leitspindel oder Messrad werden sie auch für Längen- und Geschwindigkeits-Messung verwendet.

Als Maßverkörperung dienen Gitterteilungen auf Glas. Wird die Welle gedreht, so erzeugen die Abtast-Fotoelemente zwei periodische, annähernd sinusförmige Signale (Inkrementale Signale). Die Anzahl der Perioden ist ein Maß für den Drehwinkel. (Zur Funktionsbeschreibung siehe auch fotoelektrische Linearmessysteme mit Strichmaßstab, Position 19)

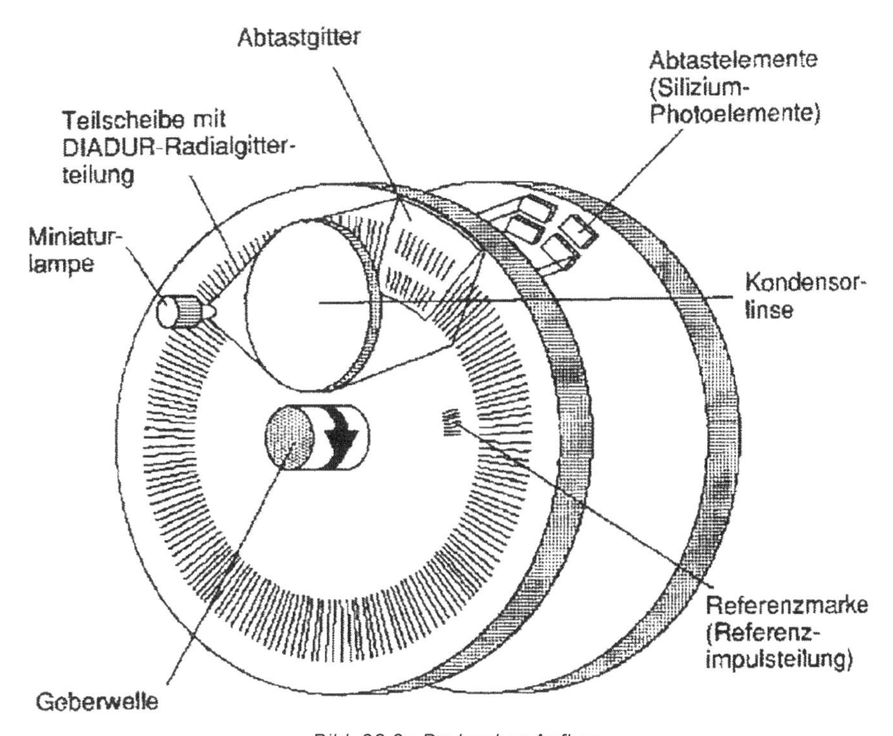

Bild 28.2: Drehgeber Aufbau

Nach dem Abschalten der Steuerung oder bei einem Stromausfall geht die Zuordnung des Messwertes zur Stellung der Drehgeber-Welle im Allgemeinen verloren. Um diese Zuordnung wieder zu finden, besitzt der Drehgeber eine **Referenzmarke.**

Für den Messschritt beziehungsweise die Auflösung sind bestimmend:

die Strichzahl

die Unterteilung der annähernd sinusförmigen Ausgangssignale

Die Auswertung der Rechtecksignale:

Beispiele:

Strichzahl 18 000	Messschritt 0,0010
Strichzahl 36 000	Messschritt 0,00050

Bei der indirekten Wegmessung können mehrere Rasterscheiben über ein Präzisionsgetriebe miteinander gekoppelt werden, so dass auch größere Wege absolut gemessen werden können.

28.2 Axial-Radiallager mit Messsystem

Winkel-Messsysteme in Rundtischen haben neben anderen Komponenten wesentlichen Einfluss auf das Bearbeitungsergebnis einer Werkzeugmaschine und damit auf die Genauigkeit und Oberflächenqualität der Werkstücke.

Vorgestellt wird ein magnetoresistives, inkrementales, lagerintegriertes Winkel-Messsystem. Das System bietet Vorteile hinsichtlich Robustheit gegen Kühlschmierstoffe und Wälzlagerfette, es kann platzsparend eingebaut werden, es hat einen freien Mittendurchgang und zudem eine ausreichende Winkelauflösung und höchste Genauigkeit.

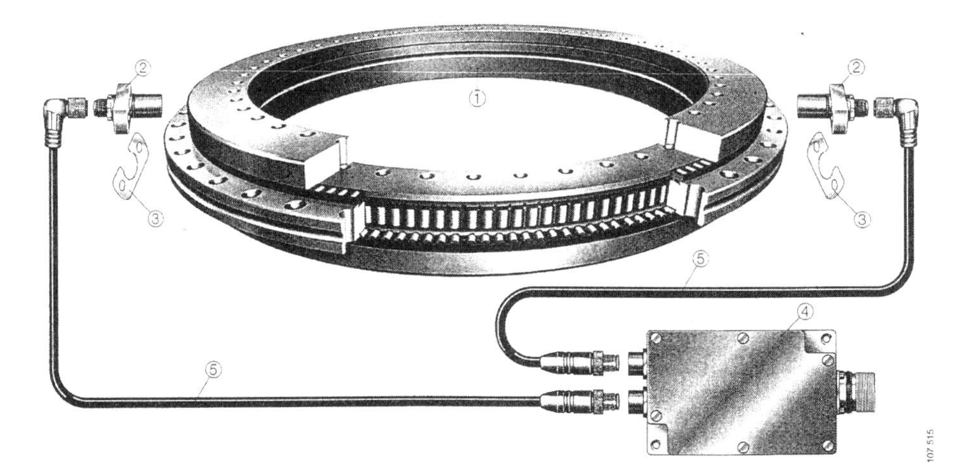

Bild 28.3: Rundtischlager Messsystem

Prinzip des Messverfahrens

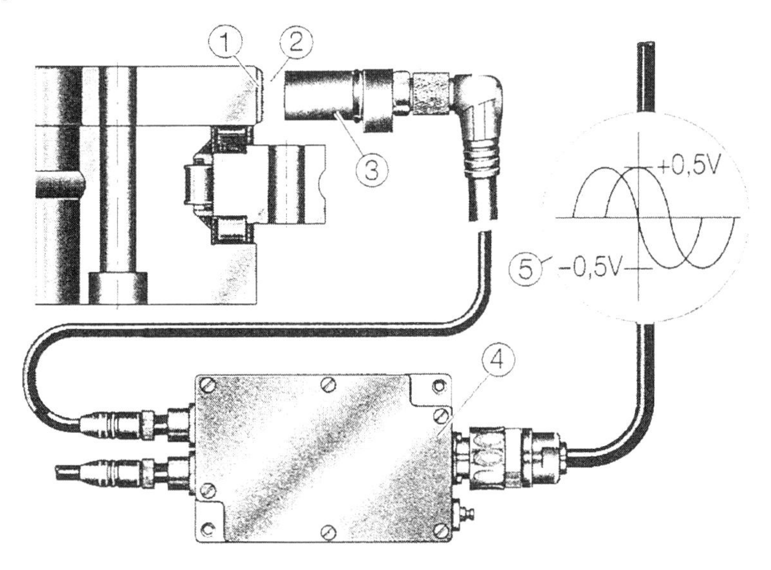

① magnetischer Maßstab

② magnetische Feldlinien

③ Messkopf mit magnetoresistivem Sensor

④ Auswert-Elektronik

Bild 28.4: Prinzip des Messverfahrens

Das im Bild dargestellte inkrementale, magnetoresistive Messsystem ist abgestimmt auf die Lagerbaureihe YRTSpeed (INA) für den Bohrungsdurchmesser-Bereich von 200mm bis 460mm.Je nach Lagergröße liegen die Grenzdrehzahlen des Lagers und des Messsystems zwischen 560 U/min bis 1160mm U/min und die Winkelauflösung des Messsystems zwischen 3 408 und 7 008 Inkrementen pro Umfang. Ein breites Spektrum an realisierten Anwendungen wird damit abgedeckt.

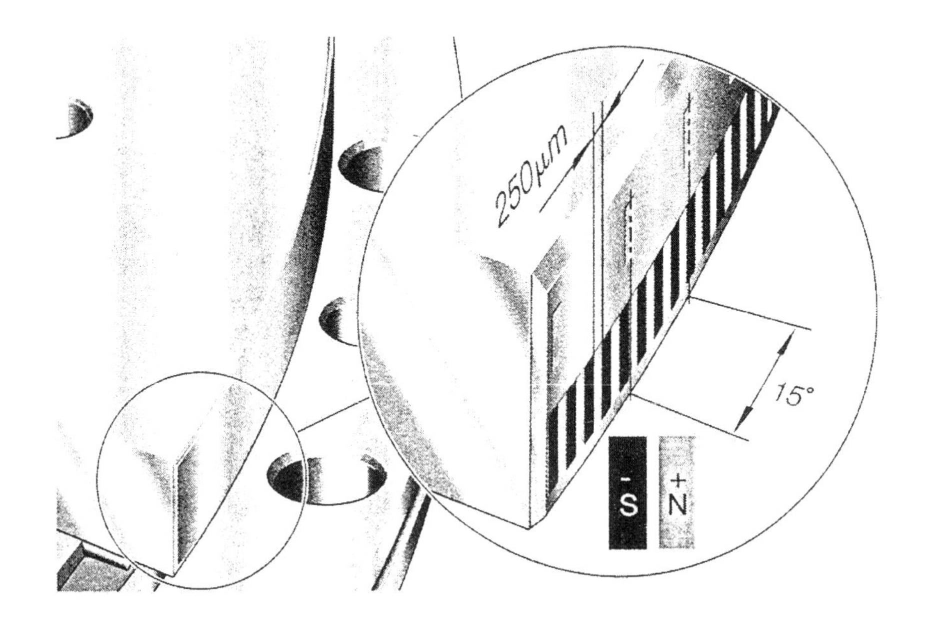

Bild 28.5: Messsystem

Die magnetische Winkelteilung ist stoffschlüssig auf der drehenden Wellenscheibe des Lagers aufgebracht, wobei diese mittels zweier Sensorköpfe, die um 180° winkelversetzt, diametral zueinander angeordnet sind, abgetastet wird. Durch die Zweikopfabtastung wird sichergestellt, dass eventuell auftretende Mittenverlagerungen systemintern kompensiert werden und damit absolute Messgenauigkeiten von kleiner als plus/minus 3" erzielt werden.
Zudem wird durch diese Art der Abtastung die Winkelauflösung verdoppelt. Ein weiterer, nicht zu unterschätzender Vorteil ist, dass die Winkelauflösung mit größer werdendem Lagerdurchmesser zunimmt.
Letztlich wird aufgrund der auf der Wellenscheibe galvanisch aufgebrachten, ferromagnetischen Winkelteilung höchste Langzeitstabilität und Betriebszuverlässigkeit gewährleistet.
Beide Messköpfe werden an das Rundtischgrundgestell oder das Gehäuse der Schwenkachse mechanisch steif angeflanscht und verschraubt. Durch die steife Ankopplung der Winkelteilung an den drehenden Rundtisch und die robuste, schwingungsstabile Anbindung der Messköpfe an das Grundgestell werden höchste erzielbare Verstärkungsfaktoren im Regelkreis und damit höchste Regelgüten und Regelsteifigkeiten ermöglicht.
Darüber hinaus ist diese konstruktive Ausführung platzsparend und die Rundtischmitte bleibt für Mediendurchführungen frei. Durch den Steckeranschluss an den Messköpfen werden Verkabelungsarbeiten vereinfacht. Kosteneinsparung bei Konstruktion, Beschaffung und Montage sind die Folge.

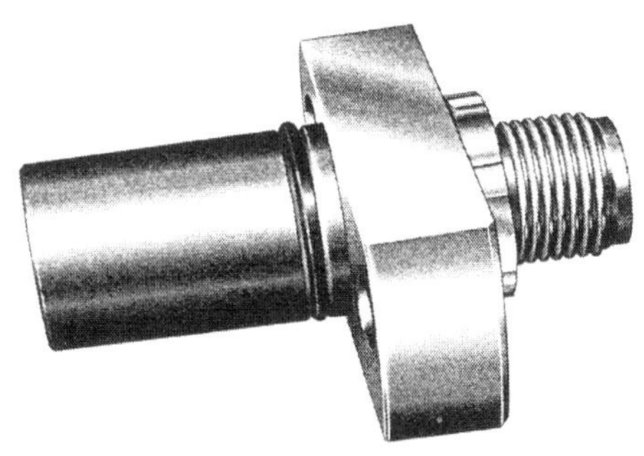

Messkopf mit magnetoresistivem Sensor

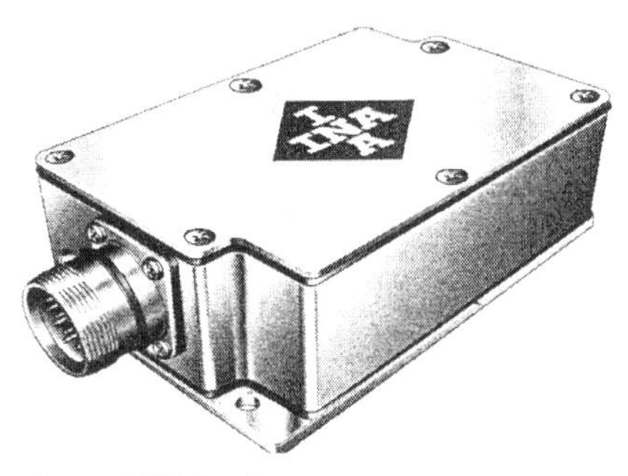

Auswert-Elektronik

Besonders die Messkopfelektronik ist durch das metallische Gehäuse und durch Abdichtungen gegen mechanische, chemische und elektrische Einwirkungen aus der Umgebung bei bestimmungsgemäßem Betrieb der Werkzeugmaschine geschützt.
Die Signale der beiden Messköpfe werden in der Auswerteelektronik zusammengefasst, die dann an die NC-Steuerung mit der Standard-Schnittstelle 1 Vss angeschlossen wird.

Bild 28.6: Mess Elektronik

28.2.1 Vorteile des Messsystems

Das lagerintegrierte Messsystem:

- arbeitet berührungslos und ist deshalb verschleißfrei
- misst verkippungs- und lageunabhängig
- hat eine Elektronik, die sich selbständig abgleicht
- zentriert sich selbst
- ist unempfindlich gegenüber Schmierstoffen
- ist einfach zu montieren, die Messköpfe sind leicht justierbar, das Ausrichten von Lager und separatem Messsystem entfällt.
- Benötigt keine zusätzlichen Anbauteile:
    - Maßverkörperung und Messköpfe sind in die Lager beziehungsweise Anschlusskonstruktion integriert.
    - Der eingesparte Bauraum kann für den Bearbeitungsraum der Maschine genutzt werden.
- bereitet keine Schwierigkeiten mit Versorgungsleitungen.
    - Die Leitungen können innerhalb der Anschlusskonstruktion direkt durch die große Lagerbohrung verlegt werden.
- spart Bauteile, Gesamtbauraum und Kosten durch die kompakte, bauteilreduzierte, integrative Bauweise.

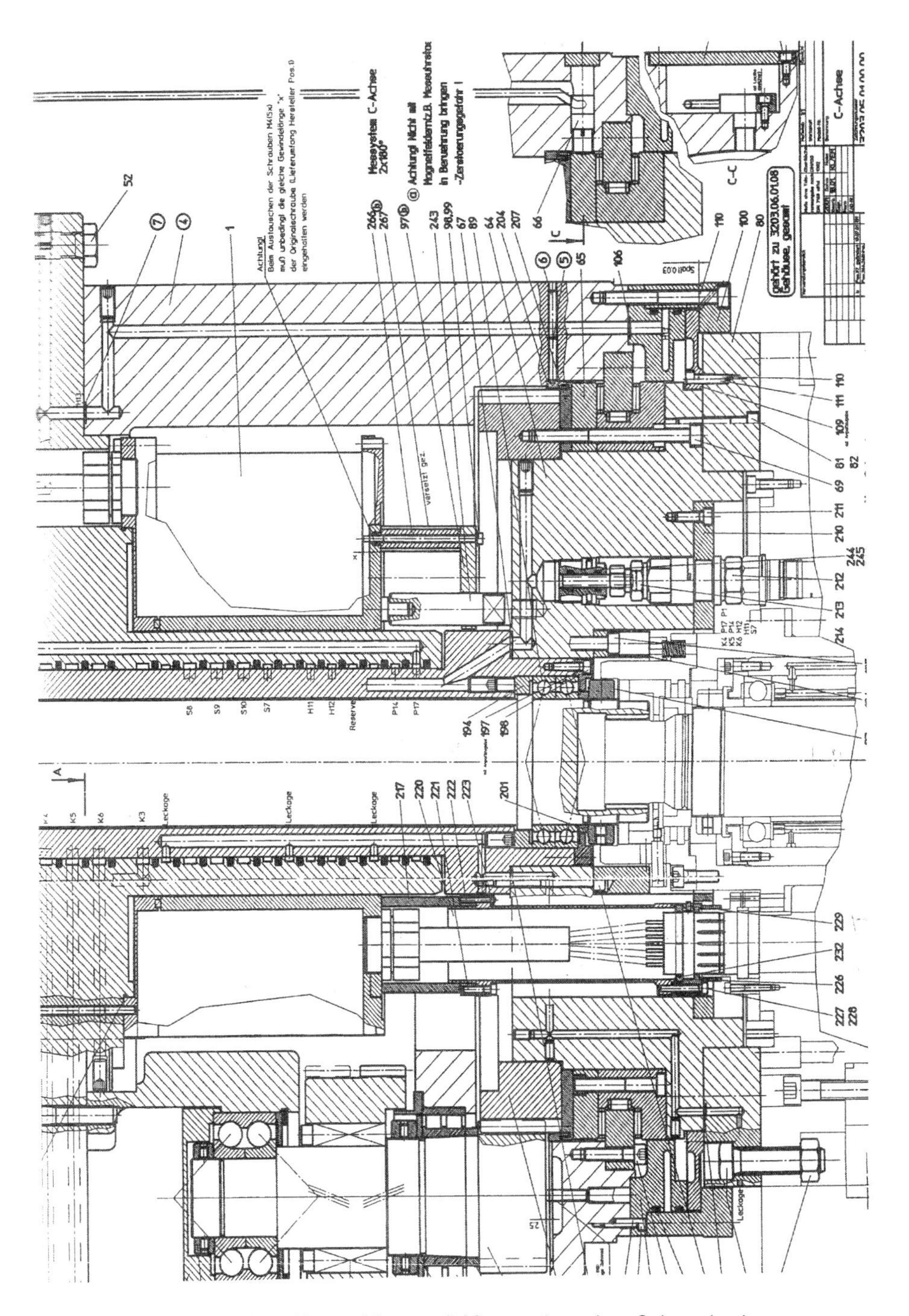

Bild 28.7: Kompaktlager mit Messsystem einer Schwenkachse

29 Dichtung

Die meisten – nicht elektronisch oder programmtechnisch verursachten – Ausfälle technischer Produkte sind auf versagende tribologische Systeme wie beispielsweise Linearführungen oder Wellenlagerungen zurückzuführen. Diese versagen meist deshalb, weil entweder Schmierstoff fehlt oder Fremdstoffe eingedrungen sind. Ursächlich für deren Versagen sind also fehlerhafte oder versagende Dichtungen und Dichtsysteme.
Dem Schutz beziehungsweise der Abdeckung von Führungen kommt bei Einsatz an Werkzeugmaschinen eine erhebliche Bedeutung zu. Dies ergibt sich besonders durch die in den letzten Jahren erhebliche Steigerung der Zerspanleistung, die breiter werdende Anwendung der Hochgeschwindigkeits-Zerspanung und den Einsatz von Kühlmitteln mit hohem Druck und großem Förderstrom besonders beim Schleifen
Die Abdichtungen dürfen keinen nennenswerten Einfluss auf den Zerspanungsprozess und sonstige Funktionen der Maschine nehmen. Aus wirtschaftlichen Gründen ist der Verlust an Schmierstoff klein zu halten. Auch dürfen die Abdichtungen in keinem Fall „Stick-Slip“ erzeugen.

29.1 Dichtung geradliniger Führungen

Führungsbahn-Abstreifer für Standardführungsbahnen Pinolen und Wellen.
Profilierte Führungsbahn-Abstreifer bestehen aus einer hochabriebfesten Polyurethanlippe, die in einem Edelstahlmantel zum Schutz gegen Späne befestigt ist.
Der Einsatz der Abstreifer ist auch bei großem Anfall von scharfkantigen Spänen möglich.
Beliebige Formen der Abstreifer werden den Führungsprofilen angepasst.

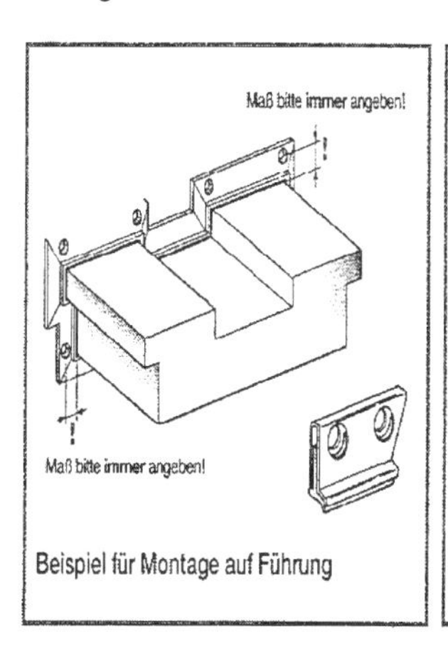

Beispiel für Montage auf Führung

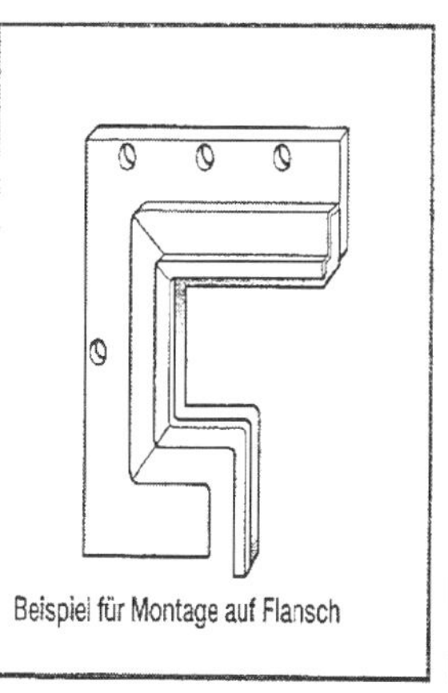
Beispiel für Montage auf Flansch

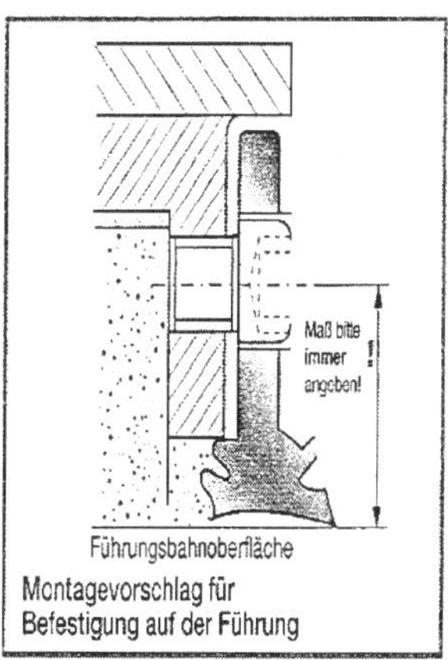

Montagevorschlag für Befestigung auf der Führung

Bild 29.1: Führungsbahn Abstreifer

Profilschienenführung-Abdichtung
Profilschienenführungen zählen zu den Maschinenkomponenten, die in besonderem Maße die Qualität linearer Bewegungsabläufe bestimmen. Lebensdauer und Laufeigenschaften sind ihre maßgeblichen Merkmale. Deshalb muss das Eindringen von Schmutz, aber auch

der Austrag von Schmierstoffen verhindert werden. Es werden hierzu von den Profilschienen-Herstellern für jede Anforderung die passenden Dichtungsvarianten angeboten.
Die Einsatzfelder von Profilschienenführungen reichen von einfachen Handhabungseinheiten über Industrieroboter bis hin zu hochpräzisen Werkzeugmaschinen. Sie arbeiten mit geringen Lasten in Reinräumen ebenso wie unter höchster Beanspruchung in extrem schmutzbehafteter Umgebung.

Ebenso vielfältig sind die Anforderungen an die Eigenschaften von Führungsschienen und Führungswagen und konkret an die für den jeweiligen Einsatzfall richtige Abdichtung zwischen diesen beiden Bauteilen. Schließlich gilt es, das Eindringen von Schmutz in Form fester oder flüssiger Medien in den Führungswagen zu verhindern, um Beschädigungen zu vermeiden, die zwangsläufig dessen Lebensdauer verringern. Auch sollen Dichtungen den Austrag, das heißt den Verlust von Schmierstoff, zugunsten einer langen Lebensdauer beziehungsweise eines reduzierten Wartungsaufwands weitgehend verhindern.
Da jede berührende Dichtung jedoch immer auch eine Reibwirkung erzeugt, wird ihr eine besondere Bedeutung beigemessen: Einerseits muss die notwendige Verschiebekraft der Führung gering gehalten und andererseits die Gefahr der Verschmutzung reduziert werden.
Dies gilt besonders vor allem für die in vielfältigster Form eingesetzten Kugelschienenführungen. Weniger differenziert stellt sich die Frage der richtigen Dichtung bei Rollenschienenführungen. Sie werden häufig in sehr rauen Umgebungsbedingungen eingesetzt, in denen mit entsprechendem Schmutzanfall zu rechnen ist. Aus diesem Grund ist naturgemäß eine hochwirksame Abdichtung erforderlich.
Generell erfolgt die Abdichtung von Führungswagen in Längsrichtung sowie Stirnseitig in Bewegungsrichtung. Dabei wirken die Längsdichtungen wie Wälzlagerdichtungen mit schmierstoffhaltiger Innenseite und Schmutz abweisender Außenseite. Die Führungswagen der Kugelschienenführungen sind standardmäßig beidseitig mit jeweils zwei dieser Längsdichtungen, also mit zusätzlichen Dichtungen zwischen Führungsschienen-Kopf und Führungswagen-Boden, ausgestattet. Auch wenn diese Längsdichtungen eine zu vernachlässigende Reibwirkung erzeugen, kann bei besonderen Anforderungen an die Leichtlaufeigenschaften auf die zwei inneren Längsdichtungen verzichtet werden. Solche Applikationen findet man vor allem in Reinräumen oder unter Laborbedingungen.
Sehr viel anspruchsvoller und deshalb differenzierter zu betrachten ist die Abdichtung der Stirnseite an Kugelwagen. Hier müssen die Dichtungen der komplexen Geometrie der Profilschiene folgen. Außerdem sind diese Flächen im Vergleich zu den Längsdichtungen, die sich verdeckt an den Unter- und Innenseiten der Führungswagen befinden, erheblich stärker und unmittelbar dem Verschleiß ausgesetzt.
Die im Bild dargestellte Standarddichtung aus Hydrel wird am häufigsten eingesetzt. Bei einem Führungswagen der Größe 25 beträgt dann die zur Überwindung der Gesamtreibung erforderliche Kraft rund 6 N unter Beibehaltung der inneren Längsdichtungen, wobei diese Werte die innere Reibkraft des Führungswagens von etwa 1 N beinhalten.

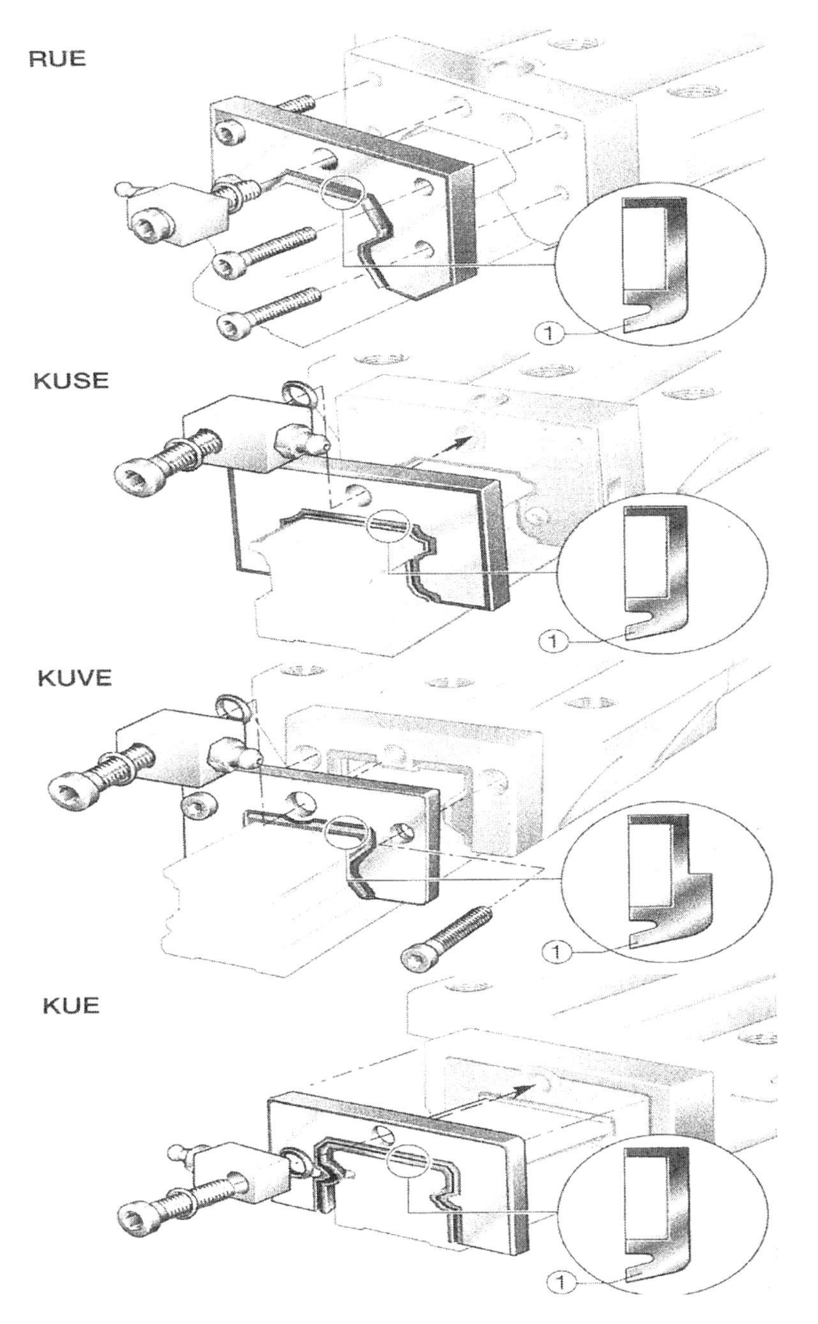

Bild 29.2: Frontabstreifer mit Einlippen-Dichtung

Besonders bei mehreren Führungswagen in einem System ist dies ein Beitrag zur Reduzierung der Antriebsleistung, was zu erheblichen Kosteneinsparungen führt.
Mit deutlich geringerer Reibung erfüllt die **Leichtlaufdichtung** Anforderungen an Leichtgängigkeit im Umfeld sauberer Anwendungen, wie etwa der Elektronikindustrie oder in Messeinrichtungen. Sie bestehen aus einem offenporigen, hochelastischen Polyurethanschaum und erzeugen faktisch keine Reibung. Durch ihre Öl bindende Eigenschaft fungiert sie als feuchte Dichtung und verhindert so auch das Eindringen feiner Partikel. Gleichzeitig sorgt sie für einen dünnen, schützenden Schmierfilm auf den Kopfflächen der Schienen. Dieser bei allen stirnseitigen Dichtungen durchaus erwünschte Effekt entsteht durch minimalen Schmierstoffaustrag aus dem Führungswagen.
Das Gegenstück zur Leichtlaufdichtung ist die **doppellippige Dichtung**. Diese Dichtung eignet sich vor allem für den Einsatz in besonders rauer Umgebung, zum Beispiel in Metall- und Holzbearbeitungsmaschinen. Sie besteht aus einem thermoplastischen Elastomer (oder Nitril-Kautschuk und Viton) und besitzt eine optimal abgebildete, doppellippige Abdichtkontur entlang der gesamten Schienenkontur. Selbst bei starker Verschmutzung unter extremen Bedingungen ist der Schutz vor dem Eindringen von Schmutz gewährleistet. Gleichzeitig hält die Dichtung den Schmierstoff dauerhaft im Laufwagen.

29.2 Dichtung drehender Führungen

29.2.1 Berührende Dichtsysteme

Berührende Dichtungen sind in ihrem zulässigen Einsatzbereich gut dicht und lassen praktisch keinen Luftstrom zu. Allerdings sind sie, ohne Sondermaßnahmen wie zum Beispiel Kühlung, selbst bei bester Ölschmierung allenfalls bis zu einer Gleitgeschwindigkeit von 30-40 m/s einsetzbar. Sind Fett oder Wasser abzudichten, sinkt die zulässige Gleitgeschwindigkeit dramatisch. Generell ist stets ein schmierendes Fluid an der Reibstelle notwendig.

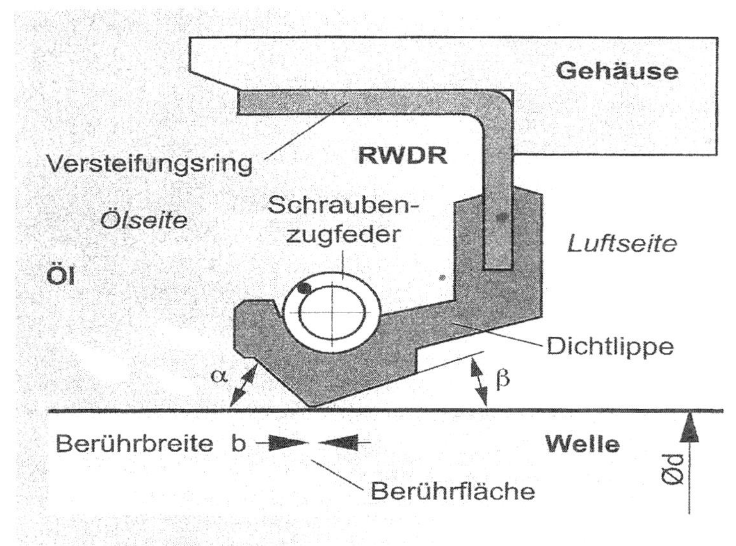

Bild 29.3: Berührende Dichtungssysteme
Quelle: Haas

Berührende Dichtungen verschleißen, altern und erwärmen durch die entstehende Reibleistung insbesondere an der Welle. Erzeugt doch ein Radial-Wellendichtring bei einer Gleitgeschwindigkeit von 10 m/s eine flächenbezogene Reibleistung von 300 bis 500 W/cm².

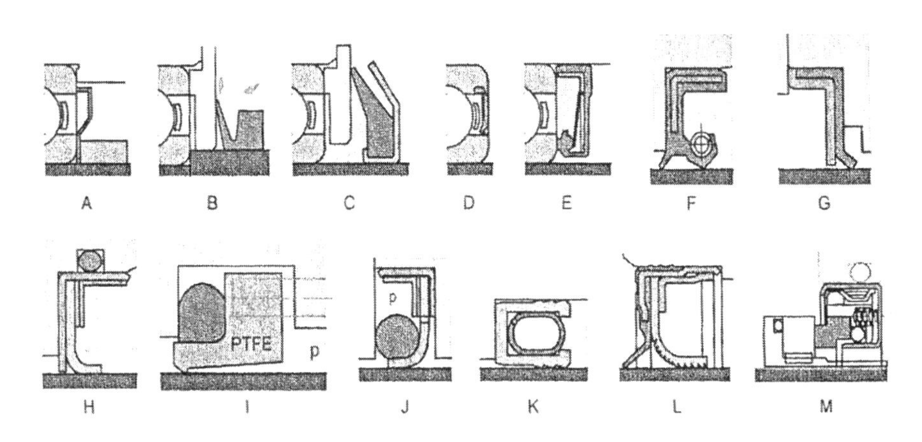

Bild 29.4: Dichtprinzipien

Zum Abdichten von Wellendurchtrittsstellen bei ölgeschmierten Aggregaten (Getrieben, Spindeln) werden häufig Radial-Wellendichtringe (RWDR) nach DIN 3760 und DIN 3761 eingesetzt. Der RWDR bildet zusammen mit der Welle, dem Schmierstoff und dem konstruktiven Umfeld der Dichtstelle das komplexe Dichtsystem. Die einzelnen Komponenten des Dichtsystems beeinflussen die zuverlässige Abdichtung maßgeblich. Die Temperatur im Dichtspalt – in der Berührungsfläche zwischen Dichtring und Welle – spielt dabei eine entscheidende Rolle. Über sie lässt sich die Beanspruchung von Dichtring und Schmierstoff bewerten. Abhängig vom eingesetzten Elastomer-Werkstoff des Dichtringes und vom Schmierstoff, werden die Einsatzgrenzen des Dichtsystems vorgegeben. Dichtringe aus Acrylnitril-Butadien-Elastomer (NBR) können im Temperaturbereich von -40 bis +100°C eingesetzt werden, Dichtringe aus Fluorkautschuk (FKM/FPM) zwischen -25 und +160 °C. Ist die Temperatur im Dichtspalt zu hoch, versprödet das Elastomer. Das Überschreiten der maximalen Einsatztemperatur des Schmierstoffes (bei Mineralöl 150 °C) führt am Dichtring unter Einwirkung von Sauerstoff zur Bildung von Ölkohle. Hochadditivierte Schmierstoffe für Zahnräder und Wälzlager bergen die Gefahr, dass sich die Additive bei hohen Temperaturen zersetzen.

Die sich im Betrieb einstellende Temperatur am Dichtsystem ist neben dem Reibungszustand im Dichtspalt in großem Maß vom Dichtungsumfeld abhängig. Dessen konstruktive Gestaltung beeinflusst den Wärmeabtransport. Dieser Zusammenhang wird bei der Konstruktion oft nicht ausreichend berücksichtigt. Ausfälle und teure Stillstandszeiten sind die Folgen. Nach einer auf der Arrhenius-Gleichung basierenden Faustformel bewirkt eine Verringerung der Betriebstemperatur um 10K eine Halbierung der Alterungsgeschwindigkeit und damit eine Verdoppelung der Lebensdauer des Elastomer-Werkstoffes. Somit reichen oft relativ geringe Temperaturabsenkungen für einen langlebigen und sicheren Betrieb.

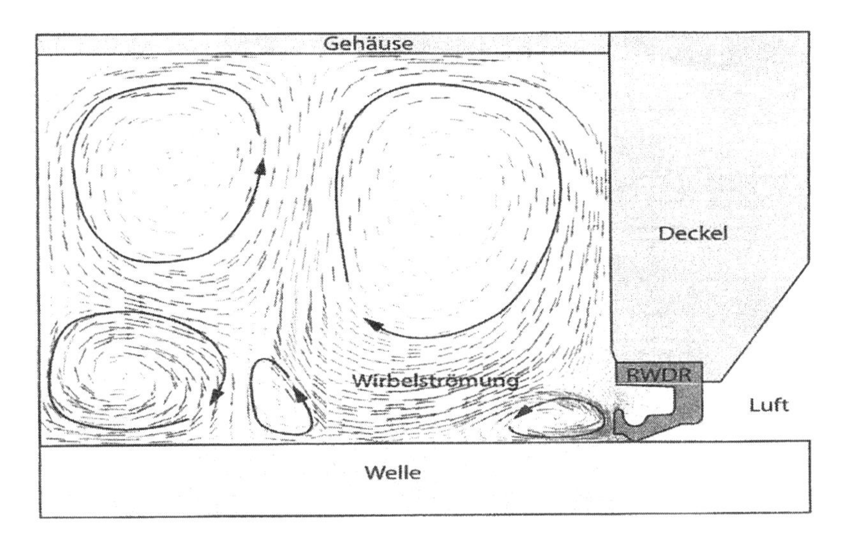

Bild 29.5: Wirbelströmung bei komplett gefülltem Gehäuse und rotierender Welle

Funktion

Die statische Wirkung des Dichtsystems beruht auf der radialen Anpressung der Dichtlippe **an** die Wellenoberfläche, wodurch eine schmale Berührfläche von 0,1mm bis 0,2 mm Breite entsteht. Ist die Pressung in der Berührfläche über dem gesamten Umfang größer als der abzudichtende Druck, ist das Dichtsystem statisch dicht. Die dynamische Dichtwirkung des Dichtsystems beruht auf elasto-hydrodynamischen Effekten. Im Betrieb des Dichtsystems entsteht in der Berührfläche ein hydrodynamischer Schmierfilm, welcher die Dichtlippe von der Wellenoberfläche abhebt. Bei reiner Flüssigkeitsreibung trennt der Schmierfilm von Dichtlippe und Welle vollständig. Die Spalthöhe des hydrodynamischen Dichtspalts liegt in der Größenordnung einiger zehntel Mikrometer. Reicht die Hydrodynamik zur vollständigen Trennung nicht aus, berühren sich noch einzelne Rauheitserhebungen von Welle und Dichtring. Dies wird als Mischreibung bezeichnet.

Thermische Belastung

Unabhängig vom Schmierungszustand zwischen Dichtring und Welle muss zum Überwinden der Reibung Energie aufgewendet werden, die fast vollständig in Wärme umgewandelt wird.

Diese ist neben der Grundtemperatur des technischen Systems von der erzeugten Reibleistung und der Wärmeabfuhr aus dem Dichtflächenbereich (Berührfläche) abhängig.

Soll die Einsatzgrenze eines berührenden Dichtelements angehoben werden, ist entweder die Reibleistung zu verringern und/oder die Wärmeabfuhr zu verbessern.

Eine geringere Anpresskraft und eine schmalere Berührfläche führen zum gewünschten Ergebnis. Die Reibleistung wird geringer und die Wärmeabfuhr wird durch die schmalere Berührfläche verbessert.

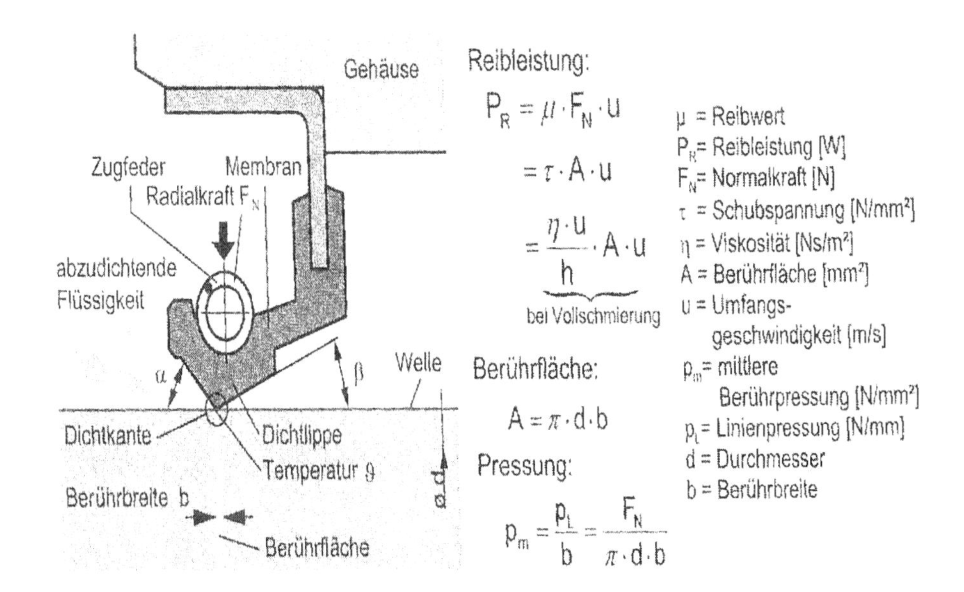

Bild 29.6: Berechnungsgrundlage eines Radial-Wellendichtrings
Quelle: Haas

Einfluss des Dichtungsumfeldes
Die konstruktive Gestaltung des Dichtungsumfeldes beeinflusst die Strömung im Bereich des Dichtrings erheblich. Die Wärmeabfuhr ist von der Strömungsform und anderen Einflussfaktoren abhängig und bestimmt die Temperatur im Dichtspalt.
Experimentelle Untersuchungen haben gezeigt, wie sich Schleuderscheiben und Prallbleche bei unterschiedlichen Wälzlagertypen sowie Ölkanäle auf die Dichtspalttemperatur auswirken.
Wellendrehzahl: Die produzierte Reibwärme ist proportional zur Drehzahl. Somit nimmt die Dichtspalttemperatur mit steigender Drehzahl zu. Eine Erhöhung der Drehzahl von 1000 auf 6000 U/min lässt die Drehspalttemperatur um bis zu 50K ansteigen.
Höhe des Ölstandes: Ein hoher Ölstand verbessert den Wärmeübergang von Welle zu Öl. Wird der Ölstand von der Wellenunterkante auf die Wellenmitte angehoben, sind bei hohen Drehzahlen (6000 U/min) Temperaturabsenkungen bis zu 18 K möglich – falls sich keine Wälzlager in der Nähe des Dichtsystems befinden.
Ölsumpftemperatur: Das Öl als Wärmeübertrager führt die Wärme von Dichtring und Welle ab.
Das Absenken der Ölsumpftemperatur mindert die Dichtspalttemperatur nahezu um den gleichen Betrag.
Alle folgenden Angaben beziehen sich auf Versuche mit einem Wellendurchmesser von 50 mm bei 3000 U/min, konstanter Umgebungstemperatur und untemperierten Ölvolumen mit Ölstand auf der Höhe der Wellenunterkante.

Wälzlager: Eine Lagerung der Welle im nahen Umfeld der Dichtung erhöht die Dichtspalttemperatur. Die Reibwärme des Lagers führt zu einem zusätzlichen Wärmeeintrag. Das erwärmte Öl kann weniger Wärme aus dem Dichtsystem abtransportieren. Die Temperatur liegt bei einem Rillenkugellager um 17 K, bei einem Kegelrollenlager je nach Anordnung um 7 bis 20K über der einer Lagerung mit größerem Abstand zum Dichtsystem. Bei Kegelrollenlagern (Wälzlager mit asymmetrischem Querschnitt) spielt auch die Einbauorientierung eine Rolle. Diese Lager fördern auf Grund ihrer Geometrie Schmierstoff in Richtung des größeren Wälzkörperdurchmessers. Fördert das Kegelrollenlager das durch die Lagerreibung erwärmte Öl zum Dichtring hin, steigt die Temperatur im Kontaktbereich um 20 K. Mangelschmierung entsteht, wenn das Lager das Öl vom Dichtring wegtransportiert. Die Folgen sind ein erhöhter Verschleiß des Dichtrings und eine Temperaturzunahme von bis zu 7 K am Dichtspalt, da die Reibwärme nicht ausreichend abgeführt werde kann.
Zusatzelemente: Werden Zusatzelemente wie Schleuderscheiben (mitrotierend) oder Prallbleche (feststehend) im Dichtungsumfeld verwendet, verändert sich die Ölströmung maßgeblich. Auf der Welle montierte Schleuderscheiben verwirbeln das Öl stärker. Die Turbulenz verbessert die konvektive Wärmeübertragung, die Dichtspalttemperatur sinkt. Vor dem Dichtring platzierte Stauscheiben schirmen den Dichtring ab und verhindern, dass erwärmter Schmierstoff aus dem Lager an den Dichtspalt gelangt. Die Wirkung der Zusatzelemente hängt stark von der Art und Orientierung der Wälzlager ab. Bei Rillenkugellagern führen Prallbleche mit 19 K zu einer deutlich größeren Absenkung der Temperatur als Schleuderscheiben. Zeigt die Förderrichtung des Kegelrollenlagers vom Dichtring weg, weisen Zusatzelemente keinen erkennbaren Einfluss auf (Differenz kleiner 1 K). Im umgekehrten Fall werden mit Prallblechen deutlich größere Temperaturreduktionen (15K) als mit Schleuderscheiben (4K) erzielt.

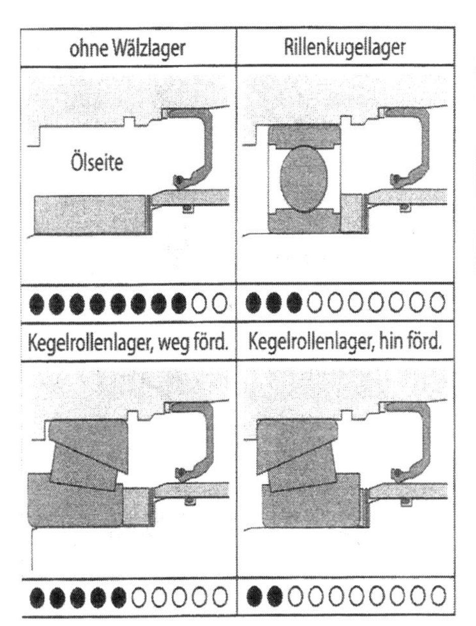

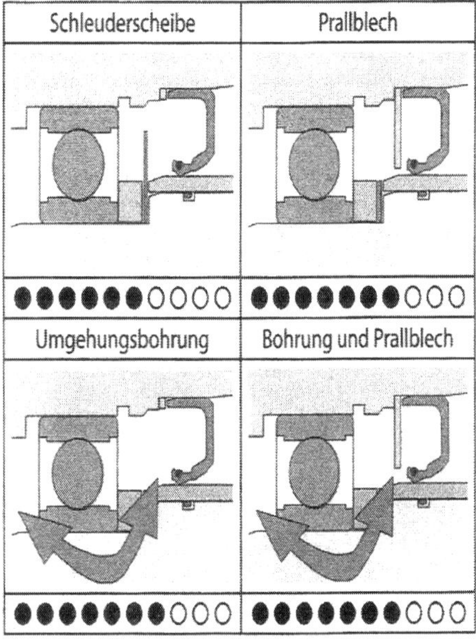

Bild 29.7: Bewertung der Varianten mit verschiedenen Zusatzelementen mit Wälzlagern

Ölkanäle: Ölkanäle sind Aussparungen im Gehäuse, die dem Öl einen alternativen Weg von der einen Seite des Wälzlagers zur anderen bieten. Sie verbessern die Ölzirkulation und vermeiden dadurch das Trockenlaufen sowie das Anstauen von heißem Öl am Dichtring. Ölkanäle am Kegelrollenlager senken unabhängig von dessen Orientierung die Dichtspalttemperatur von 8 bis 10 K. Bei der gleichzeitigen Verwendung von Prallblech und Rückführungsbohrungen an einem vom Dichtring fördernden Kegelrollenlager ist eine Temperaturverringerung von 13 K erreichbar.
Frischölzufuhr: Das Zuführen von kühlerem Öl in den Ringraum zwischen Dichtring und Lager bewirkt in allen untersuchten Fällen eine Absenkung der Temperatur im Dichtspalt. Insbesondere bei hohen Drehzahlen (6000 U/min) wird die Dichtspalttemperatur um bis zu 27 K abgesenkt.
Die Untersuchungen zeigen, dass mit Prallblechen, Schleuderscheiben und Umgehungsbohrungen dem Konstrukteur einfache Maßnahmen zur Verfügung stehen, die Dichtspalttemperatur erheblich zu senken. Durch diese konstruktiven Maßnahmen lassen sich die Betriebsbedingungen für den Radial-Wellendichtring verbessern. Dies wirkt sich deutlich auf die Lebensdauer des Dichtsystems aus.

29.2.2 Berührungsfreie Dichtsysteme

Sind Fluide – auch bei höchsten Drehzahlen – verlustarm und langzeitbetriebssicher abzudichten, versagen alle berührenden Dichtsysteme. Mit berührungsfreien Dichtsystemen ist dies möglich.
Sind Wellendurchtrittsstellen nur bespritzt oder drucklos schwallartig überflutet, eignen sich hierfür besonders Fanglabyrinth- und Sperrluft-Dichtsysteme.

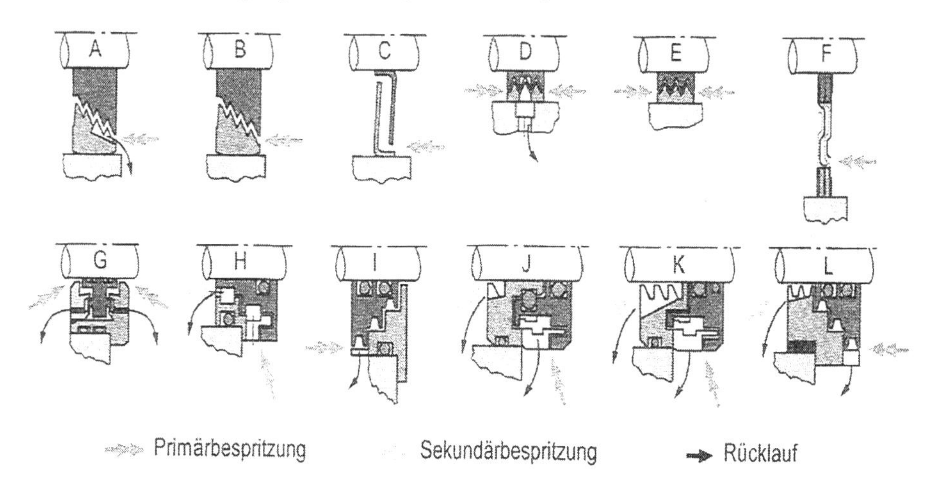

Bild 29.8: Berührungsfreie Wellen-Dichtsysteme
Quelle: Haas

Fanglabyrinth-Dichtungen: Günstig gestaltete berührungsfreie Dichtsysteme beinhalten möglichst häufig die acht Wirkprinzipien:
Abweisen, Abspritzen, Abschirmen, Umlenken, Drosseln, Rückfördern, Auffangen, Abführen.
Zweckmäßig wird das Dichtsystem Fanglabyrinth unterteilt in:
Eingangs-, Innen-, Ablauf- und Ausgangsbereich.

Am wichtigsten ist der Eingangsbereich. Was nicht in den Innenbereich eindringt, muss dort auch nicht entsorgt werden.

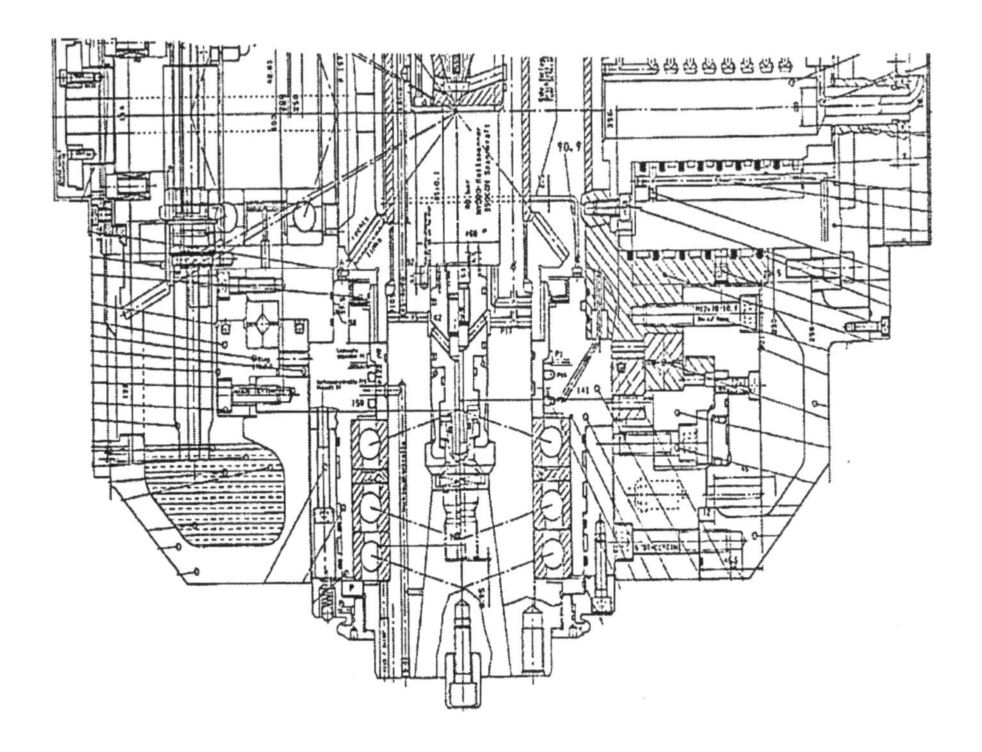

Bild 29.9: Ölraumabdichtung
Beispiel für berührende Ölraumabdichtung

Eingangsbereich: Mit der Ausführung des Eingangsbereichs werden die Größe, die Komplexität, die Kosten und auch die erzeugte Verlustleistung festgelegt. Ideal sind, wie im Bild dargestellt, eine gehäusefeste Fangrinne mit daran anschließendem überdecktem Stirnflächenspalt und nachfolgendem „engen" Ringspalt. Das Bild zeigt auch, dass kein schneller Flüssigkeitsstrahl ungebremst in Spaltlängsrichtung auf den Eingang des Dichtspalts treffen darf, rotierende Teile frei abschleudern können müssen und keine „Trichterwirkung" entstehen darf.
Einen optimal gestalteten Eingangsbereich mit Erläuterung der Gestaltungsmerkmale zeigt das folgende Bild.

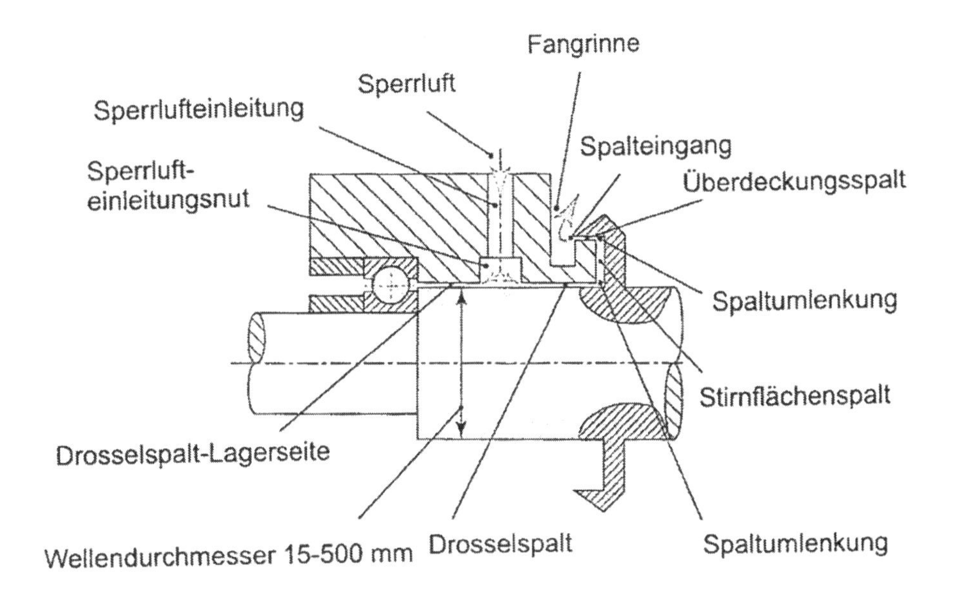

Gestaltungsmerkmale

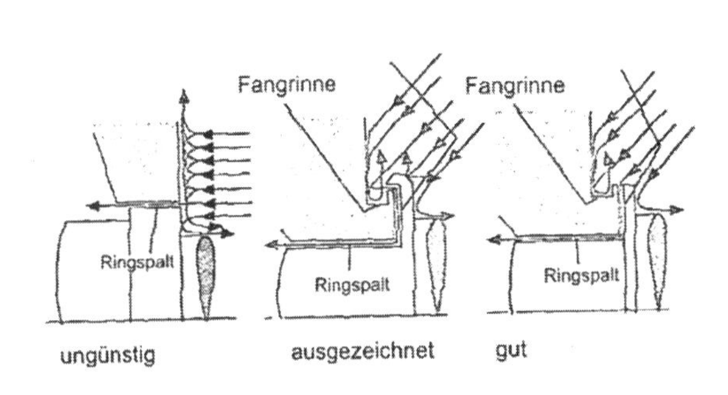

Bild 29.10: Gestaltungsvarianten des Eingangsbereichs

Innenbereich: Die Gestaltung der Dichtkammern muss das Flüssigkeitsverhalten in den Dichtkammern weitestgehend berücksichtigen. Dabei sind in axialer Richtung insbesondere zwei Flüssigkeitsströme zu beachten:

Bei Wellenstillstand und niederer Umfangsgeschwindigkeit strömt die eindringende Flüssigkeit entlang der Welle dem Ausgang der Dichtkammer zu.

Ist die Umfangsgeschwindigkeit größer als etwa 5 m/s, so wird die mitrotierende Flüssigkeit unmittelbar nach dem Eindringen in die Dichtkammer von der Welle abgedrängt. Danach strömt die Flüssigkeit entlang der Kammerwände dem Ausgang der Dichtkammer zu.

Eine zentrale Forderung bei der Dichtkammergestaltung besteht darin, die Kammer weitestgehend mit stationären und so wenig wie möglich mit bewegten (rotierenden) Wänden zu begrenzen. Erfahrungsgemäß wirken Dichtkammern umso besser, je „ruhiger" es in ihnen zugeht.

Ablaufbereich: In den Fangkammern fließt die aufgefangene Flüssigkeit infolge der Schwerkraft und der Luftströmung über die Ringflächen und die Stirnflächen des Stators. Sie muss möglichst schnell in den unteren Bereich der Kammer gelangen Ist die Ablauföffnung zu klein kann sie durch eine Luftblase vollständig verschlossen werden. Dringt viel Flüssigkeit ein, kommt es zum Stau. Schon bei mäßiger Umfangsgeschwindigkeit staut der umlaufende Luftstrom die ablaufende Flüssigkeit auf. Es bildet sich ein Flüssigkeitsberg. Berührt dieser einen Teil der rotierenden Welle, wird er mir hoher Energie zersprüht, was äußerst ungünstig ist.
Ist die Ablauföffnung in Fließrichtung zu kurz, wird sie überströmt. Der Rücklaufkanal jeder Kammer soll getrennt geführt werden. In der Regel sind Bohrungen von der Größe der Kammerbreite zu klein. Besser sind von der tiefsten Stelle der Fangkammer ausgehende, in Umfangsrichtung möglichst breite Auslaufschlitze. Der Übergang vom ringförmigen Teil der Fangkammer zum Auslaufschlitz soll – zumindest in Fangkammern, in die viel Flüssigkeit eindringt – trichterförmig angeschrägt sein. Die Fangkammer darf keinesfalls – auch nicht für kurze Zeit – so gefüllt sein, dass der Flüssigkeitsspiegel bis zum Austrittsspalt ansteigt oder der Rotor in die Flüssigkeit eintaucht.

Ausgangsbereich: Im Ausgangsbereich müssen die Spalten „weit" sein. Damit vermeidet man „Flüssigkeitsbrücken", die sich infolge Adhäsion und zwischenmolekularen Kräften der Flüssigkeit über den Spalt spannen und nach dem Stillstand des Rotors als Leckage auslaufen können.

Gestaltungsbeispiel: Das Bild zeigt ein Ausführungsbeispiel für ein Fanglabyrinth-Dichtsystem bei „beliebiger" Lage der Spindel im Raum. Die „beliebige" Lage im Raum ist so zu verstehen, dass die Spindel um eine Achse senkrecht zur Drehachse von senkrecht nach oben über waagrecht bis senkrecht nach unten hin- und hergeschwenkt werden kann und dabei das Dichtsystem stets funktionsfähig bleibt.

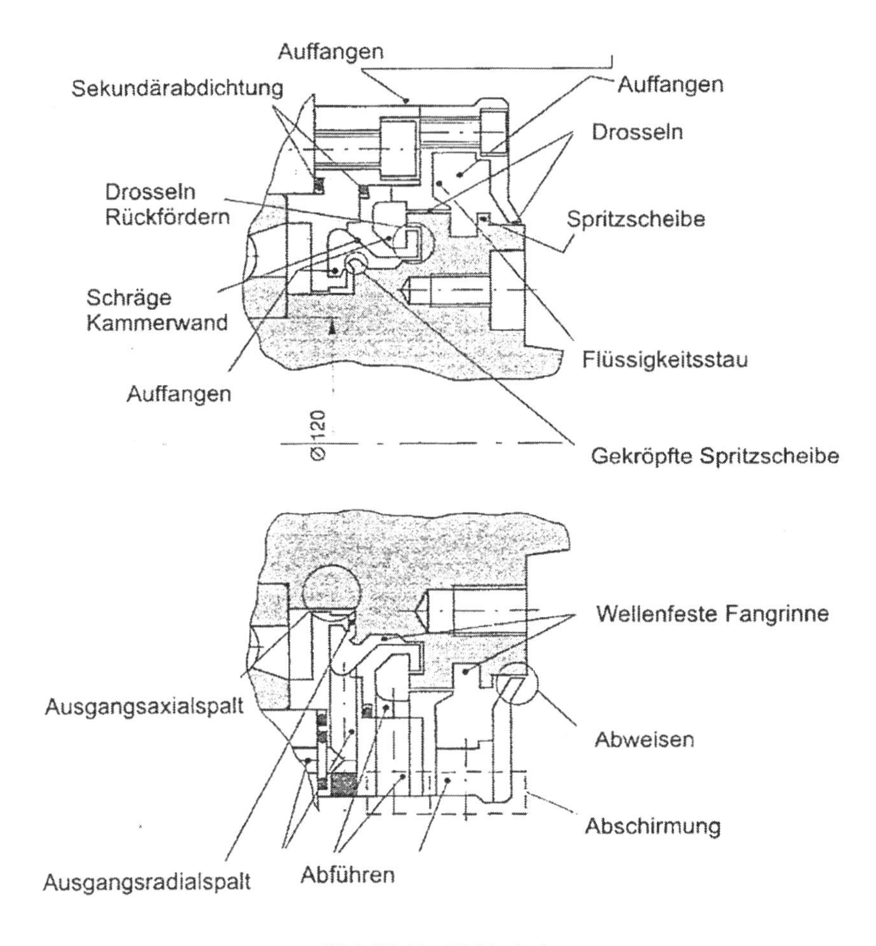

Bild 29.11: Dichtprinzip

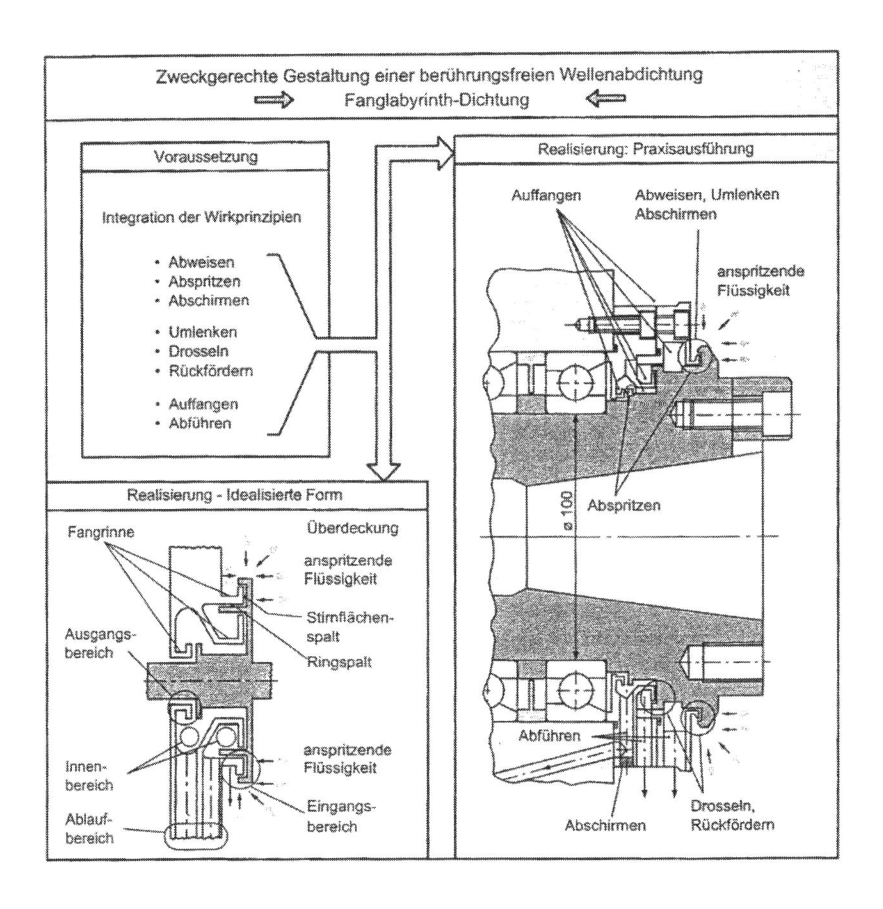

Bild 29.12: Dichtprinzipien

29.2.3 Sperrluft-Dichtsysteme

Prinzipiell wird bei einem Sperrluft-Dichtsystem in einen Spalt Luft unter Druck eingeleitet. Die Luft strömt durch den Spalt ab und der Druck im Spalt sinkt auf den Umgebungsdruck. Wird nun das Spaltende mit Flüssigkeit beaufschlagt und damit für die durchströmende Luft zumindest teilweise verschlossen, so dringt die Flüssigkeit so weit in den Spalt vor, bis der örtliche Flüssigkeitsdruck dem örtlichen Luftdruck im Spalt entspricht.

Gestaltungsmerkmale: Bei sehr starker Flüssigkeitsbespritzung ist ein Sperrluft-Dichtsystem prinzipiell wie folgt aufzubauen. Nach einem geeigneten Eingangsbereich folgt eine Fangkammer mit kleinem Spritz-/ Stauring und genügend großem abgeschirmten Ablauf. Daran anschließend wird die Sperrluftdichtung installiert. Wird nach einem günstigen Eingangsbereich statt einem Fanglabyrinth eine Sperrluftdichtung integriert, so spart man meist Bauraum und die Dichtfunktion wird lageunabhängig. Beim Fanglabyrinth müssen immer

Ablauföffnungen nach unten oder zumindest waagerecht zeigen. Die Dichtfunktion ist nur dann gewährleistet, wenn Sperrluft anliegt. Diese Sperrluft muss zudem erzeugt, aufbereitet und bereitgestellt werden.
Nur bei kleiner Spalthöhe und geringem Sperrluftdruck sind die auftretenden Sperrluftströme akzeptabel. Deshalb führt an einem günstig gestalteten Eingangsbereich – bewirkt niederen Flüssigkeits- und damit Sperrluftdruck – kein Weg vorbei.
Gängige Spalthöhen bei Sperrluftdichtungen liegen bei 0,05 bis 0,075 mm In DIN 69 002 sind diese Spalthöhen in der Norm festgeschrieben.
Wird eine Sperrluftquelle mit konstantem Druck verwendet, so sinkt der durch den Spalt durchgesetzte Volumenstrom, da eine Druckerhöhung nicht möglich ist. Bei Einsatz einer Sperrluftquelle mit konstantem Volumenstrom erhöht sich der Druck im Dichtspalt, so dass der Flüssigkeitstropfen besser ausgetrieben werden kann. Es ist also günstiger, eine Sperrluftversorgung mit konstantem Volumenstrom zu verwenden, da ein hoher Maximaldruck eine bessere Dichtwirkung gegen Flüssigkeiten unter statischem Druck bewirkt. Um gegen das Eindringen von flüssigen oder festen Fremdkörpern schützen zu können, muss die Sperrluftdichtung mit einem engen und langen Spalt ausgestattet sein, der zusammen mit einem ausreichenden Volumenstrom hohe Strömungsgeschwindigkeiten zulässt.

Sperrluftdichtungen weisen einige prinzipielle Nachteile auf:

- Druckluft ist eine teuere Energieform. Um den Druckluftverbrauch und damit die Kosten niedrig zu halten, sollten möglichst geringe Sperrluftdrücke eingesetzt werden, die ihre Wirkung nur in Verbindung mit engen Dichtspalten entfalten können.
- Enge Dichtspalten können aber bei Verlagerungen zwischen Spindel und Gehäuse zum Beispiel bei Bearbeitungsvorgängen problematisch werden. Es besteht die Gefahr des Anlaufens und der Reibverschweißung zwischen Spindel und Gehäuse.
- Die Druckluft strömt von der Sperrluftleitung in beide Richtungen, das heißt auch in Richtung der Spindel ab. Damit besteht die Gefahr, Feuchtigkeit oder Verschmutzung durch die Sperrluft in die Spindellagerung zu transportieren. Besonders bei Schmierung mit Fett, das Verunreinigungen speichert und ansammelt, sollte der Einsatz einer Sperrluftdichtung genau überlegt werden. Zusätzlich besteht hier noch die Gefahr des Ausölens des Fettes, das heißt, das Grundöl wird aus dem Fett durch den Luftstrom heraus gewaschen.
- Sinnvoll erscheint hingegen der Einsatz einer Sperrluftdichtung bei Ölschmierung, wenn zwischen Lager und Sperrluft-Dichtspalt noch ein weiterer Spalt mit entsprechendem Dichtraum angeordnet ist.

Beim unterstützenden Einsatz der Sperrluft sollte darauf geachtet werden, dass die Sperrluftspalte an einer Stelle im Dichtungssystem angeordnet sind, an die nur noch wenig Flüssigkeit gelangt. Dadurch kann trotz relativ weiter Spalte im Bereich einiger 0,1 mm und geringer Sperrluftdrücke (etwa 0,1 bar) eine gute Ergänzung der Dichtwirkung erzielt werden.

Die Problematik der engen Spalte und der möglichen Berührung des Gehäuses durch die Spindel, kann durch eine schwimmende Lagerung des Spaltrings im Gehäuse umgangen werden. Hierbei dient der Dichtspalt gleichzeitig als aerostatisches Lager für den Spaltring, so dass sich immer ein symmetrischer Spalt einstellen kann oder der Spaltring einer Berührung durch die Spindel zumindest nachgeben kann.
O-Ringe halten den Sperrluftring über ihre Reibkraft fest. Sie verhindern, dass der Ring mitdreht, anderseits ist die radiale Steifigkeit ausreichend gering, um eine zentrische Selbsteinstellung des Sperrluftringes auf der Welle zu erlauben. Auf diese Weise wird die Gefahr der Reibverschweißung gemindert und der Sperrluftspalt wird stets rundum gleichmäßig aufrecht erhalten.

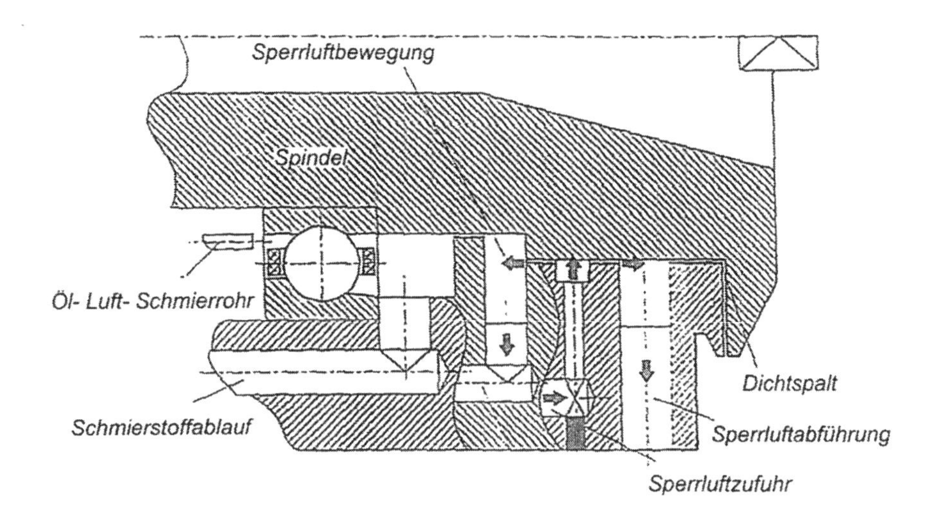

Bild 29.13: Berührungslose Dichtung mit Sperrluftunterstützung für ein Ölluftgeschmiertes Lager (Quelle: Haas)

Abdichtung von Stäuben: Die bisherigen Beschreibungen bezogen sich hauptsächlich auf die Abdichtung von Flüssigkeiten. Sind, wie beispielsweise bei der Trockenbearbeitung oder im Holzbereich, Stäube abzudichten, versagen berührungsfreie Dichtsysteme ohne Sperrluftunterstützung. Mit Sperrluftdichtungen – und wie bei Flüssigkeitsabdichtungen günstig gestaltetem Eingangsbereich – ist dies zuverlässig möglich.

Praxisbeispiel: Das Bild zeigt die vordere Lagerung mit Dichtung – einer Kurzspindel, wie sie in DIN69 002 genormt ist. Kurzspindeln werden in Mehrspindelköpfen dicht an dicht gepackt in großen Stückzahlen in den Transferstraßen der Automobilindustrie eingesetzt.

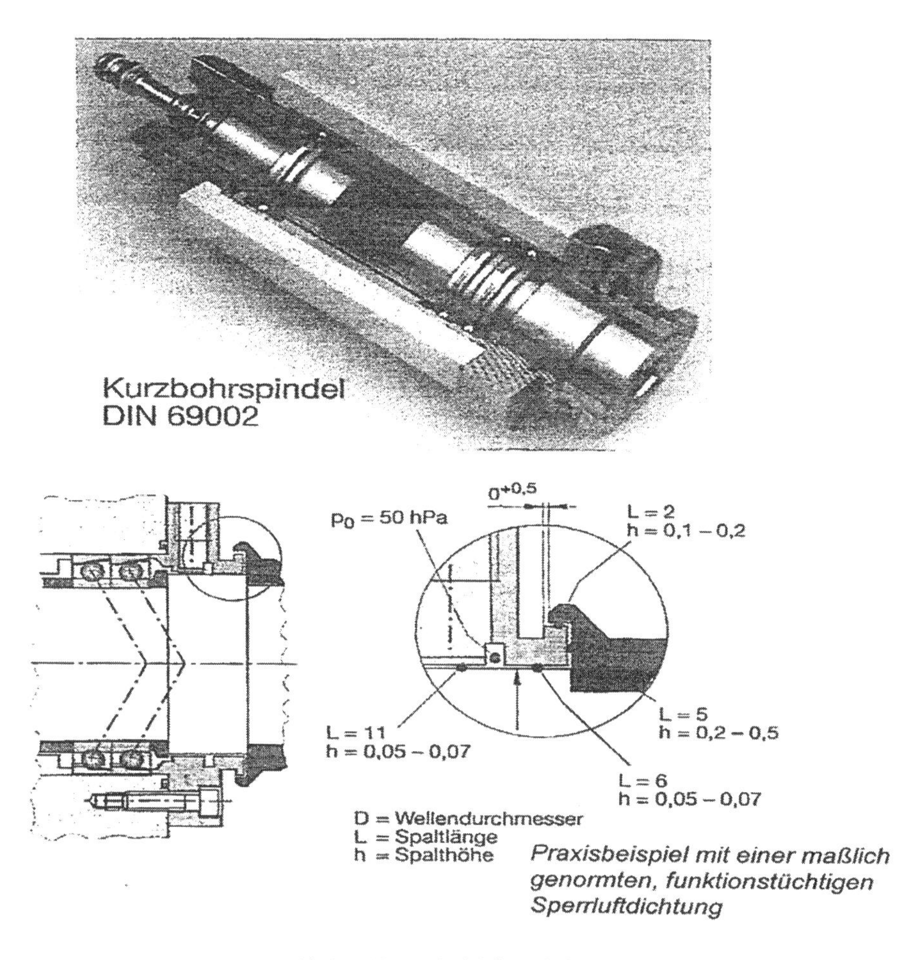

Bild 29.14: Kurzspindel Sperrluftdichtung

Bei der dargestellten Baugröße strömen bei einem maximalen Sperrluftdruck von p = 50 hPa unter geometrisch idealen Bedingungen und bei leeren Spalten rein rechnerisch zwischen 7,5 und 20,8 l/min durch das Dichtsystem. Berücksichtigt man noch zwei mögliche Wellenverlagerungen, nämlich Exzentrizität und Schräglage, kann der Durchfluss zwischen 3 und 52 l/min liegen.
Es ist also eine Illusion, eine Sperrluftdichtung sei exakt berechenbar.
In der Praxis zeigte sich, dass technische Dichtheit bei extremer Bespritzung und bei beliebiger Lage der Spindelachse im Raum bei der dargestellten Baugröße schon bei einem Gesamtsperrluftstrom von nur 2 l/min erreicht wird.
Obwohl mittels günstig gestalteter Sperrluftdichtung viel erreicht werden kann, sollte beachtet werden, dass die notwendigen engen Spalte nur mit einem sehr großen konstruktiven und fertigungstechnischen Aufwand in deren Umfeld realisierbar sind. Zudem – und das wird häufig vergessen – sind solche Dichtsysteme sowohl dynamisch als auch insbesondere

statisch nur dann dicht, wenn das Konstruktionselement „Sperrluft" auch tatsächlich strömt. Man sollte also stets versuchen, mit den relativ weitspaltigen Fanglabyrinth-Dichtungen auszukommen und Sperrluft nur dann einzusetzen, wenn es technisch nicht mehr anders geht.

29.2.4 Drehende Dichtungen mit Sensor-Verschleißerkennung

Hochbelastete Maschinenelemente, wie Wellendichtringe, unterliegen einem unvermeidlichen Verschleiß. Dank moderner Werkstoffe und innovativer Dichtungskonstruktionen werden heute höchste Standzeiten erreicht.
Aus physikalischen, tribologischen oder auch chemischen Gründen ist ein Wellendichtring immer ein Verschleißteil, das oftmals erst nach weit über 10 000 Betriebsstunden getauscht werden muss. Um einen Wellendichtring, der noch voll funktionsfähig ist, nicht prophylaktisch zu ersetzen, wurde erstmals ein Wellendichtring entwickelt, der den Betreiber über seine Funktionsfähigkeit laufend informiert. Lässt die Dichtfunktion des Wellendichtrings beim Erreichen der Lebensdauer nach, so wird die austretende Leckage von einem Leckagedepot aufgenommen. Ein im Dichtsystem untergebrachter Sensor erkennt die Leckage und erzeugt ein Signal, das von einer programmierbaren Elektronikeinheit ausgewertet wird.
Von dem Sensorsignal kann in mehrerlei Hinsicht profitiert werden. Nach Registrieren der ersten Leckage und automatischem Überwachen und Auswerten des Leckageverlaufs kann nach einer frei programmierbaren Zeit automatisch eine Information, zum Beispiel den Betreiber des Aggregats oder der Anlage, versendet werden. Dadurch wird zwar die Lebensdauer des Dichtsystems nur geringfügig verlängert, aber sein Austausch kann in Abhängigkeit von der austretenden Leckagemenge geplant und innerhalb eines regulären Wartungsintervalls ohne zusätzliche Ausfallzeit des Aggregats durchgeführt werden. Viele kleine Getriebe enthalten nur sehr wenig Öl, so dass bei einer nicht erkannten Leckage die Zerstörung des Aggregats droht.
Solche Ausfälle werden durch das Sensorsignal verhindert.
Das Sensorsignal kann auch für „Teleservice" genutzt werden, indem es beispielsweise per Telefon oder Internet an die mit der Wartung beauftragte Abteilung weitergeleitet wird, die den Austausch planen und vorbereiten kann.

Die Herausforderungen an den Wellendichtring

- Einsatz von Condition Monitoring zur Prüfung und Überwachung von wichtigen Einflüssen zur Betriebssicherheit von Maschinen.
- Einsparung von Instandhaltungskosten, Optimierung von Wartungsintervallen und Erhöhung der Langlebigkeit durch eine selbständige, frühzeitige sensorgesteuerte Dichtfunktionsüberprüfung
- Komfortable, zuverlässige Informationsübermittlung der Prüfdaten an Kommunikations- und Fernüberwachungssystem
- Bidirektionale Prüfmöglichkeit von eintretenden und austretenden Medien besonders bei Maschinen, die in stark schmutzenden Anwendungsbereichen eingesetzt werden.
- Überwachung der Dichtkanten-Temperatur, um Qualität und Funktion des Schmierstoffes und damit die Lebensdauer der Dichtung zu gewährleisten.

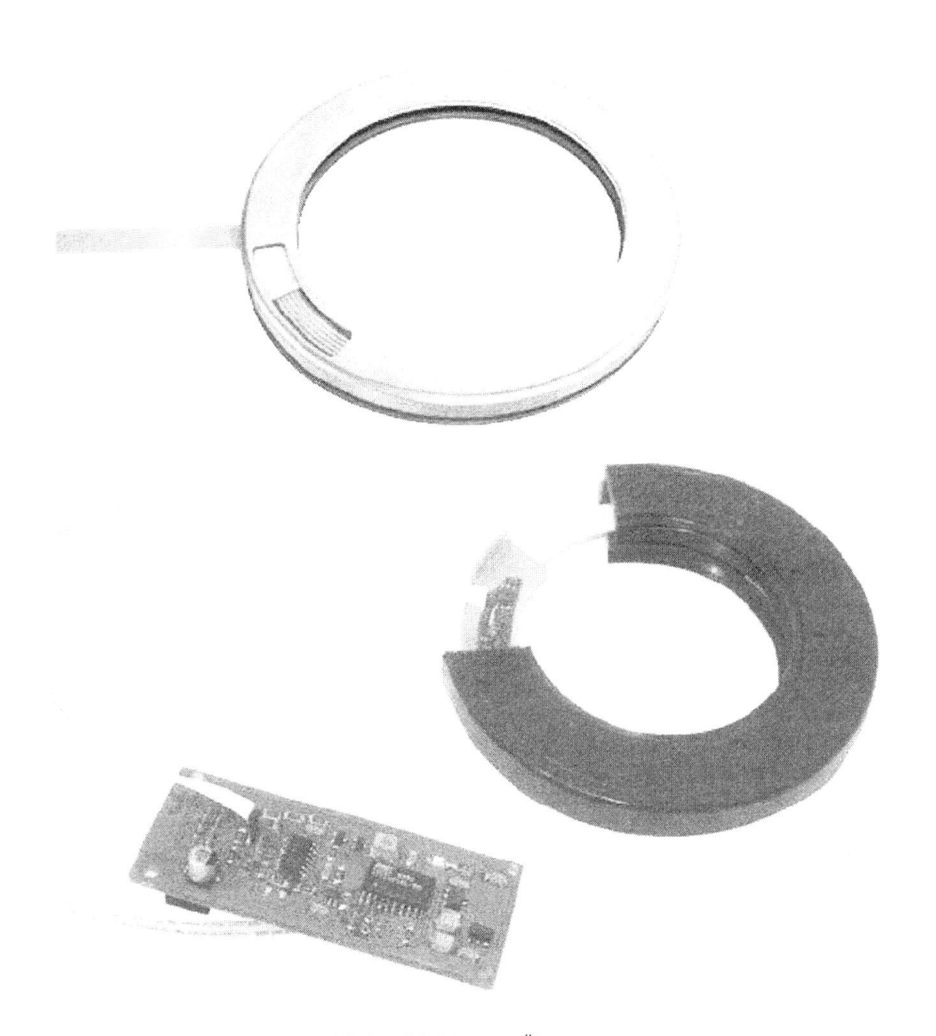

Bild 29.15: Dichtlippen Überwachung

30 Reibung

Zwischen zwei sich relativ zueinander bewegenden Maschinenelementen entstehen Reibungsverluste.
Reibung, Verschleiß und Schmierung – zusammengefasst unter dem Begriff Tribologie – besitzen eine wesentliche wirtschaftliche Bedeutung, denn sie bestimmen über die Standzeiten von Maschinen und Anlagen. Unerwünschte Folgen von Reibung und Verschleiß, wie Geometrie-Veränderungen, Verschleißteilchen, Wärme, Schwingungen oder Geräusche führen zum Verlust der Funktionsfähigkeit zum Beispiel durch plötzlichen Ausfall oder fortschreitende Verschlechterung der Systemeigenschaften. Eine Optimierung des Kosten-Nutzen-Verhältnisses tribologischer Systeme erfordert problemorientierte Lösungsansätze, die heutige Kenntnisse über Grundmechanismen, Tribowerkstoffe, Einflüsse von Oberflächenstukturen und Kontaktverhältnisse sowie über Wechselwirkungen in Tribosystemen berücksichtigen. Durch den Wunsch zur ökologischen und ökonomischen Optimierung wurde die Entwicklung spezieller Tribowerkstoffe forciert. Hierzu gehören insbesondere auch die gezielt modifizierten Oxyd- und Nichtoxydkeramiken, die in zunehmendem Maß Verwendung als verschleiß- und hochtemperaturbeständige Werkstoffe im Maschinenbau finden.
Dabei wird deutlich, dass die Kontaktgeometrie, die Umgebungsbedingungen, der Zwischenstoff, die Materialpaarungen und Werkstoffzusammensetzungen die tribologischen Ergebnisse beeinflussen. Darüber hinaus wirken sich die Bearbeitungsparameter wie zum Beispiel Geschwindigkeit, Flächenpressung, Temperatur und Umgebungsfeuchte aus. Außerdem gehen die Oberflächenbeschaffenheit und Gefügeparameter in die Ergebnisse mit ein.
Reibung und Verschleiß sind demnach nicht als reine Materialeigenschaften anzusehen sondern als Systemeigenschaften. Man unterscheidet zwischen **äußerer Reibung**, die zwischen den sich berührenden Grenzflächen von Festkörpern auftritt, und **innere Reibung** bei der Verformung von Fluiden und Festkörpern.

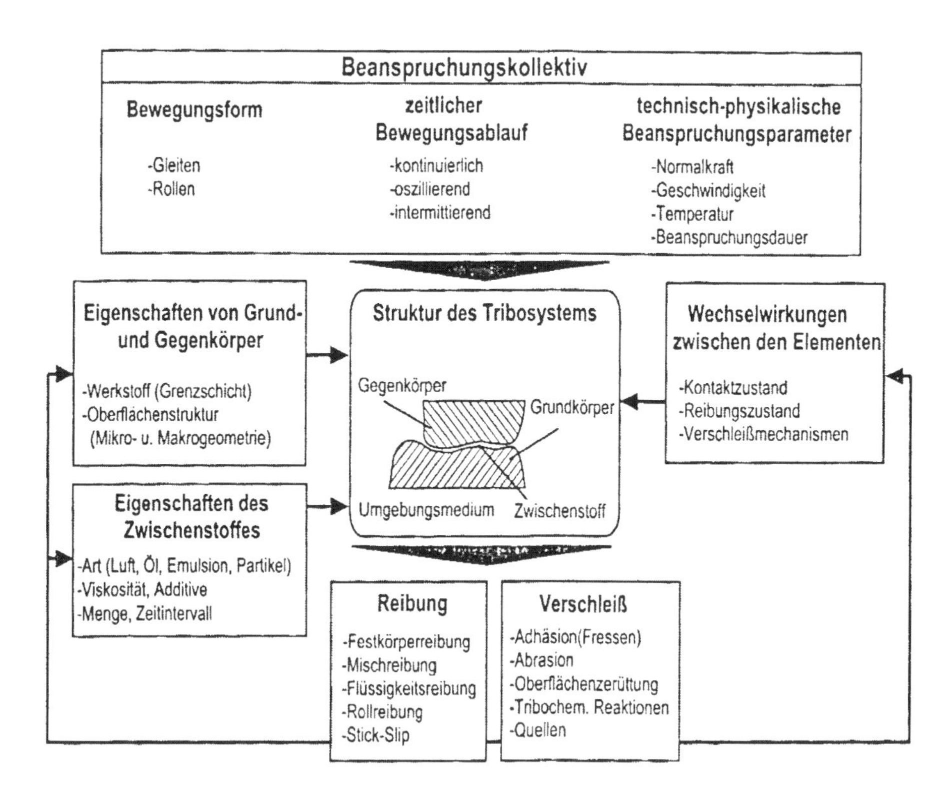

Bild 30.1: Einflüsse auf das Reibungs- und Verschleißverhalten einer Werkzeugmaschinenführung

30.1 Äußere Reibung:

Äußere Reibung wird auch als Festkörperreibung bezeichnet, weil sie zwischen den Kontaktflächen von sich berührenden Körpern auftritt.
Sie wird unterteilt in: Haftreibung, Gleitreibung, Rollreibung und Bohrreibung. Diese Reibungsformen treten nicht immer strikt voneinander getrennt auf, denn mehrere Reibungsformen können zugleich oder abwechselnd auftreten; zum Beispiel ist der Stick-Slip-Effekt ein periodischer Übergang zwischen Haft- und Gleitreibung.
Die Reibkraft Fr nimmt mit der Normalkraft Fn zu, oft annähernd linear und unabhängig von der Größe der Kontaktfläche.

$$\mathbf{Fr = \mu \times Fn}$$

Dabei sind die Reibungskoeffizienten μ abhängig von der Beschaffenheit der Oberfläche und werden für die verschiedenen Arten der Reibung experimentell bestimmt.
Haftreibung. Der Zustand der Haftreibung, ohne Relativbewegung der Körper, ist oft erwünscht, um eine Tangentialkraft ohne Energieverlust und Verschleiß zu übertragen. Die Haftung entsteht durch mechanische Verklammerung zwischen den Kontaktflächen und molekulare Anziehungskräfte. Der Haftreibungsfaktor bestimmt die maximale Haftreibung.

Gleitreibung. Gleitreibung tritt an den Kontaktflächen zwischen Körpern auf, die sich geradlinig zueinander bewegen. Bei einigen Werkstoffkombinationen tritt ein Kriechen auf, so dass die Reibungskraft entgegen dem Amontonsschen Gesetz geschwindigkeitsabhängig wird. Die Gleitreibungskraft ist immer geringer als die Haftreibungskraft bei gleicher Normalkraft.
Rollreibung. Rollreibung entsteht beim Rollen eines Körpers auf einer Unterlage. Wenn die Haftreibung am Berührungspunkt zwischen dem Körper und seiner Unterlage größer ist als die tangentiale beschleunigende Kraft, dann rollt der Körper ohne Schlupf und es wirkt ausschließlich Rollreibung; bei Gleitschlupf wirken zusätzlich Gleitreibungsanteile.
Die Rollreibung ist durch die Deformation der nicht ideal starren Körper beschreiben. Die Rollreibung ist neben der Verformung der Körper auch vom Radius R des Rollkörpers abhängig. Die Rollreibungszahl kann daher berechnet werden mit:

$$\mu r = d / R$$

Die Konstante d wird als Rollreibungslänge bezeichnet und gibt die zur Unterlage parallele Streckenkomponente zwischen dem Mittelpunkt der Verformung und der nicht deformierten Unterlage an.
Bohrreibung. Bohrreibung entsteht am Auflagepunkt eines sich um die vertikale Achse drehenden Körpers auf einer Ebene. Der Koeffizient der Bohrreibung µb ist als Radius der scheinbaren Auflagescheibe deutbar, also als der resultierende Hebelarm der Flächenmomente. Da die Bohrreibung bei einer rotierenden Bewegung wirkt, wird die Bohrreibung als Drehmoment angegeben.

$$Mb = \mu b \times Fn$$

30.2 Innere Reibung

Die innere Reibung bewirkt die Zähigkeit von Materialien und Fluiden und hat Einfluss auf Verformungen beziehungsweise Strömungen. Neben der Bewegung der Teilchen in einem Stoff beschreibt die innere Reibung auch den Reibungswiderstand von Körpern, die sich in Fluiden bewegen, sowie die Dämpfung von Schallwellen.
Typischerweise nimmt in Gasen die innere Reibung mit der Temperatur zu, in Flüssigkeiten und Festkörpern ab. In einfachen Fällen ist mit den Mitteln der statischen Physik eine quantitative Beschreibung möglich.
Bei Temperaturen nahe dem Temperaturnullpunkt verlieren einige Flüssigkeiten ihre innere Reibung vollkommen, das heißt sie werden suprafluid.
Anders als in der Mechanik, in der Reibung so lange wie möglich vernachlässigt wird, ist innere Reibung in der Standardtheorie der Hydrodynamik, den Navier-Stokes-Gleichungen, fest enthalten. Diese nichtlinearen Gleichungen sind im Allgemeinen nur numerisch lösbar. Für den Fall kleiner Reynolds-Zahl Re, wenn also die Advektion von Impuls gegenüber dem Impulstransport durch Viskosität vernachlässigt werden kann, existieren für einfache Geometrien und Newtonsche Fluide geschlossene Lösungen.
Das gilt zum Beispiel für eine dünne Schicht von Schmiermitteln zwischen gegeneinander bewegten Flächen. Die Reibung ist dann proportional zur Scherrate, also zur Geschwindigkeit.
Dieselben Verhältnisse liegen für den Fall einer kleinen Fläche in einem zähen Fluid vor, siehe das Gesetz von Stokes. Bei dominierender Impulsadvektion ist dagegen die Reibung proportional zum Quadrat der Geschwindigkeit (Strömungswiderstand).

30.3 Reibung in der Schmierungstechnik

Die Beschreibung von Reibungsvorgängen in der Schmierungstechnik ist Gegenstand der Tribologie.
Bei der **Festkörper-Reibung** berühren sich die aufeinander gleitenden Flächen. Dabei werden Oberflächenerhöhungen eingeebnet (Abrieb oder Verschleiß). Bei günstiger Werkstoffpaarung und großer Flächenpressung verschweißen die Oberflächen miteinander (Adhäsion). Festkörperreibung tritt beispielsweise auf, wenn kein Schmierstoff verwendet wird oder die Schmierung versagt. Diese Reibung kann durch Kugellager und Linearkugel- und Rollenführungen deutlich verringert werden.
Die **Mischreibung** kann bei unzureichender Schmierung oder zu Beginn der Bewegung zweier Reibpartner mit Schmierung auftreten. Dabei berühren sich die Gleitflächen punktuell. Die Reibkraft ist geringer als sowohl bei **Festkörper- als auch Flüssigkeitsreibung**. Der Verschleiß ist jedoch höher als bei reiner Flüssigkeitsreibung. Dieser Zustand ist daher im Dauerbetrieb stets unerwünscht, ist aber manchmal unvermeidlich oder seine Vermeidung ist so aufwändig, dass die Kosten für Verschleißreparaturen in Kauf genommen werden.
Die **Flüssigkeitsreibung** tritt dann auf, wenn sich zwischen Gleitflächen ein permanenter Schmierfilm bildet. Typische Schmierstoffe sind Öle, Wasser oder auch Gase (Luftlager). Die Gleitflächen sind vollständig voneinander getrennt. Die entstehende Reibung beruht darauf, dass die Schmierstoffmoleküle aufeinander gleiten. Damit diese Scherkräfte nur zu einer tragbaren Temperaturerhöhung des Schmierstoffes führen, muss die entstehende Wärme auf geeignete Weise abgeführt werden. Flüssigkeitsreibung ist der gewünschte Zustand in Lagern- und Führungen, wenn Dauerhaltbarkeit, hohe Gleitgeschwindigkeit und hohe Belastbarkeit benötigt werden. Ein wichtiges Beispiel ist die Drucköl-Schmierung der Lagerschalen zwischen Kurbelwelle und Pleuelstange im Automotor (Hydrodynamisches Gleitlager). Der Übergang von der Mischreibung zur Flüssigkeitsreibung wird durch die **„Stribeckkurve"** dargestellt.

30.3.1 Tribologische Eigenschaften

Um die Einflussgrößen des Reibungs- und Verschleißverhaltens einer Führung zu bestimmen, ist die Betrachtung des kompletten Tribosystems erforderlich. Es besteht aus Grund- und Gegenkörper, Zwischenstoff und Umgebungsmedium.
Auf dieses Tribosystem wirken unterschiedliche Einflussgrößen. Die Beanspruchung umfasst die Bewegungsart (Gleiten, Rollen), den zeitlichen Bewegungsablauf (kontinuierlich, oszillierend) sowie die Belastungen (Normalkraft, Geschwindigkeit, Temperatur und Beanspruchungsdauer). Von besonderer Bedeutung sind die Eigenschaften von Grund- und Gegenkörper mit ihren Werkstoffen und ihren Oberflächenstrukturen, sowie der Zwischenstoff nach seiner Art, Viskosität und Menge. Wechselwirkungen zwischen den Elementen resultieren aus dem Kontakt- und Reibungszustand des Tribosystems sowie aus den sich bildenden Verschleißmechanismen.
Bei Gleitführungen haben die Oberflächenstrukturen starken Einfluss auf den Verlauf der Reibungskennlinie (Stribeck-Kurve). Die Anwendung des Bearbeitungsverfahrens Umfangsschleifen für den feststehenden Grundkörper (Bett) und den bewegten Oberkörper (Schlitten) führt zu hohem Ruhereibwert mit einem steilen Abfall der Reibungskoeffizienten mit steigender Geschwindigkeit. Der starke Abfall des Reibungskoeffizienten im unteren Gleitgeschwindigkeitsbereich begünstigt die unerwünschte Stick-Slip-Neigung (Ruckgleiten) bei niedrigen Vorschubgeschwindigkeiten. Zur Vermeidung dieses steilen Abfalls sollte der obere Körper der Gleitführung, das heißt meistens der Schlitten, Bearbeitungsriefen quer zur Führungsrichtung, der untere Körper Bearbeitungsspuren in Führungsrichtung aufweisen. Dies ist im Oberkörper durch Stirnschleifen oder noch besser durch Stirnfräsen und am Unterkörper durch Umfangsschleifen erreichbar.

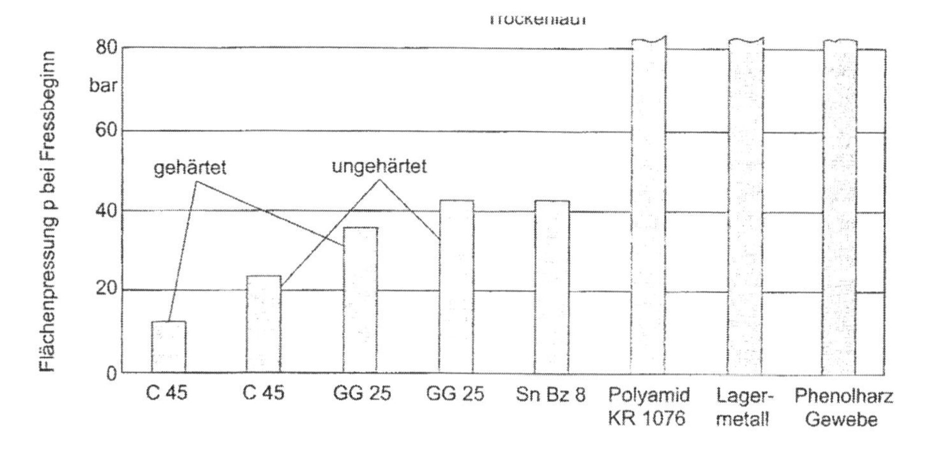

Bild 30.2: Einfluss der Werkstoffpaarungen auf die Neigung zum Fressverschleiß

Eine günstige Reibungskennlinie auch bezüglich niedriger Stick-Slip-Neigung zeigen gefüllte Epoxydharze und PTFE (Teflon) mit Bronze. Teflon erlaubt sogar Trockenlauf, weist jedoch geringe Drucksteifigkeit (Kantenfestigkeit) auf.
Die Schmierung von hydrodynamischen Gleitführungen hat im Hinblick auf deren Reibungs- und Verschleißverhalten eine wichtige Funktion zu erfüllen. Die meisten Werkzeugmaschinen (bis zu 80%) sind mit Impulsschmieranlagen für die Gleitführung ausgestattet, Kontinuierliche Fallölschmierungen und Handschmierungen finden nur im geringen Maße Anwendung. Bei der Schmierung werden Gleitbahnöle mit Viskositäten von eta = 30×10^{-3} Ns/mm² bis 80×10^{-3} Ns/mm² eingesetzt.

30.4 Reibungsverhältnisse im Zahnradgetriebe

Bei der Schmierung der Zahnflanken werden die im Folgenden beschriebenen Reibungs- und Schmierungszustände unterschieden.
Vollschmierung
(Flüssigkeitsreibung, Flüssigkeitsschmierung)
Dieser Schmierungszustand liegt vor, wenn die Zahnflanken vollständig durch einen Ölfilm getrennt werden. Bei der Verzahnung kann eine besondere Form der Vollschmierung auftreten, die **elastohydrodynamische** Schmierung.
Für diesen Schmierungszustand sind zwei Merkmale charakteristisch. Unter den hohen, zwischen den Zahnflanken auftretenden Flächenpressungen

- erhöht sich die Viskosität des Ölfilmes sprunghaft
- flachen die im Eingriff stehenden balligen Zahnflanken an den Berührungsstellen durch elastische Verformung ab.

Durch den viskositätsbedingten Anstieg der Filmstärke und durch die Vergrößerung der Berührungsfläche werden Voraussetzungen für die Bildung eines tragenden und trennenden Ölfilmes geschaffen.

Die auftretende Filmstärke hängt von der Verzahnungsgeometrie ab. Sie erhöht sich mit zunehmender Schmierölviskosität und steigender Umfangsgeschwindigkeit. Sie verringert

sich mit Zunahme der Flächenpressung und der Zahnflankentemperatur. Zunehmende Oberflächenrauheit beeinträchtigt die elastohydrodynamische Schmierung.
Wird bei Verwendung mineralischer Getriebeöle, die keine Verschleißschutzzusätze, die Mindeststärke des Schmierfilmes unterschritten, dann tritt Verschleiß auf.

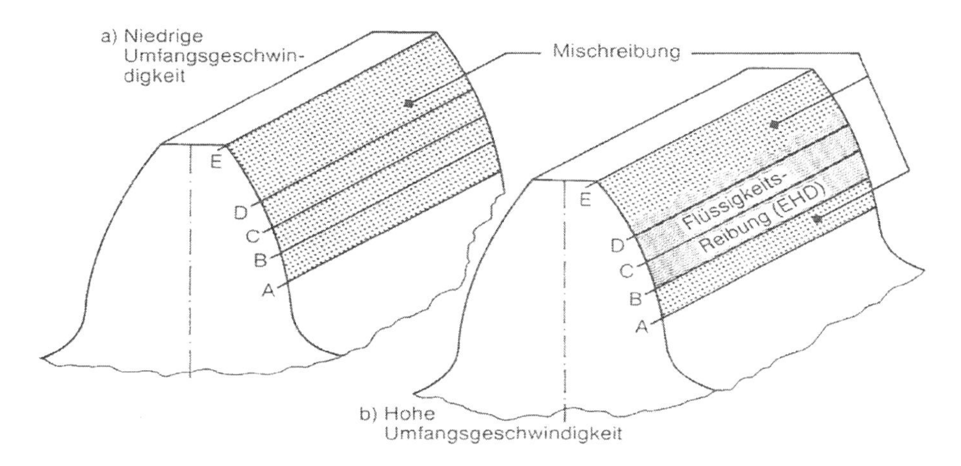

Bild 30.3: Teilschmierung (Mischreibung, Mischschmierung)

Bei der Teilschmierung findet eine teilweise Berührung der im Eingriff stehenden Zahnoberflächen statt. Es bestehen nebeneinander Flüssigkeitsreibung und Festkörperreibung (Mischreibung).
Durch den Einsatz von Getriebeölen mit verschleißmindernden Zusätzen werden Grenzschichten gebildet, die einen direkten metallischen Kontakt der Zahnflanken weitgehend unterbinden (Grenzschmierung). Dadurch lässt sich Reibung und Verschleiß vermindern. Es werden zwei Arten von Grenzschichten unterschieden. Getriebeöle mit schmierungsverbessernden (polaren) Zusätzen bilden einen absorbtiven, das heißt einen festhaftenden, halbfesten Film. Getriebeöle mit chemisch wirkenden Zusätzen (EP-Zusätze) erzeugen Reaktionsschichten (zum Beispiel Eisenphosphid-, Eisensulphidschichten). Adsorptive Grenzfilme verfügen über eine geringere Temperaturbeständigkeit und Druckaufnahmefähigkeit als Reaktionsschichten. Die Viskosität von Schmierölen ist ohne Einfluss auf die Bildung der Grenzschichten.
Schnecken und Hypoidgetriebe laufen meist unter Mischreibungsbedingungen. Bei Stirnrad- und Kegelradgetrieben tritt dieser Schmierungszustand auf, wenn sie hohe Flächenpressungen und zugleich relativ geringe Umfangsgeschwindigkeiten aufweisen.

30.5 Reibungsverhältnisse bei Vorschubantrieben

Gegen die Verfahrbewegung bewirkt die Reibung einen Widerstand, eine Erwärmung der Maschinenkomponenten, ein Ruckgleiten (Stick-Slip-Effekt), eine Energieerhöhung und beeinflusst dadurch die Bahngenauigkeit sowie das dynamische und auch thermische Verhalten von Vorschubachsen. Diese Reibkräfte sind daher bei der Auslegung von Vorschubachsen von Bedeutung. Einfluss der Reibung auf folgende Vorschubachsen-Maschinenkomponenten:

Linearführungssysteme	Baureihe	Reibungskoeffizient μ
Linearführungen	SSR, SR, SNR, SHW, SRS, NR, SHS, HSR, HRW, HR, RSR	0,002 ~ 0,003
Rollenführungen	SRG, SRN, SRW	0,001 ~ 0,002
Keil- und Nutwellen	LBS, LBF, LT, LF	0,002 ~ 0,003
Kugelbuchsen	LM, LME	0,001 ~ 0,003
Buchsen mit Kugelkäfig	MST, ST	0,0006 ~ 0,0012
Rollenumlaufschuhe	LR, LRA	0,005 ~ 0,010
Nadelflachrollen	FT, FTW	0,001 ~ 0,0025
Kreuzrollenführungen	VR, VRU	0,001 ~ 0,0025
Linear-Kugelschlitten	LS	0,0006 ~ 0,0012

Bild 30.4: Reibungskoeffizienten

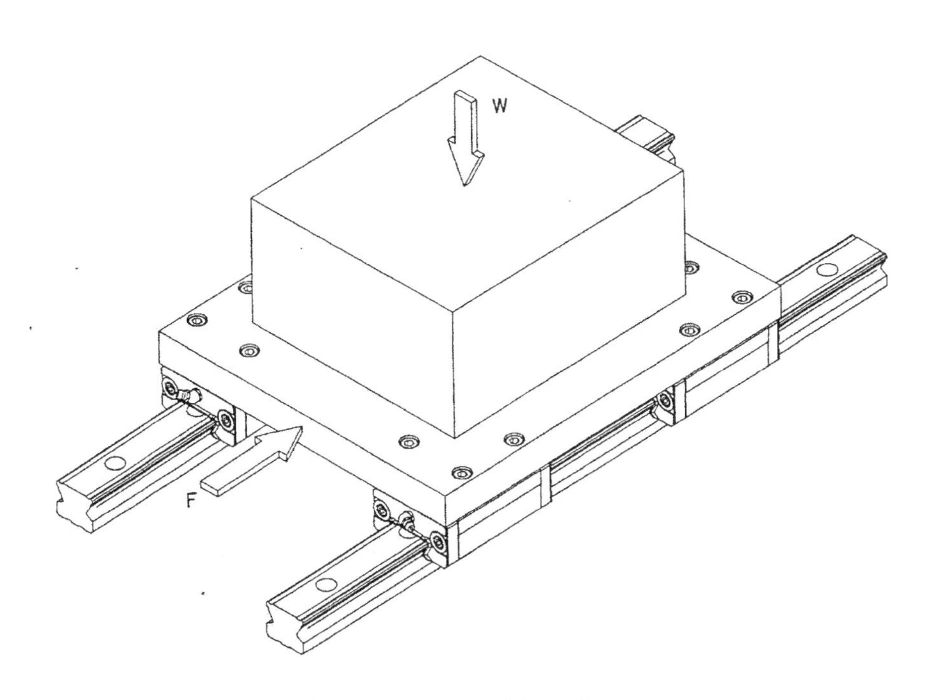

Bild 30.5: Skizze zur Antriebskraftberechnung

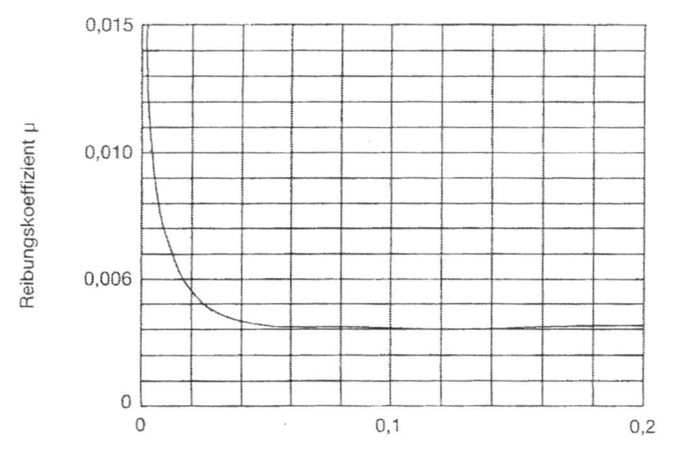

P: Belastung
C: dynamische Tragzahl

Bild 30.6: Verhältnis von Belastung und Reibungskoeffizient

Profilschienenführung: Bei der Bewertung von Reibkräften von Profilschienenführungen muss zwischen Mikro- und Makrobewegungen unterschieden werden. Bei kleinen Bewegungen von wenigen Mikrometern (Mikroauslenkung) ist die Reibkraft der Profilschienenführung deutlich wegabhängig.
Bei großen Bewegungen (Makroauslenkungen) ist die Reibkraft maßgeblich durch die Geschwindigkeitsabhängigkeit bestimmt.

Einfluss des Schmierstoffs und der Temperatur: Zum Schmieren der Führungswagen werden grundsächlich Öl und Fett benutzt. Die Viskosität dieser Schmierstoffe ist unterschiedlich, was eine deutliche Auswirkung auf die Reibkraft hat.
Durch die niedrigere Viskosität des Fettes ist ein steiler, geschwindigkeitsproportionaler Anstieg der Reibkraft gegeben.
Die Haftreibung ist hingegen nur wenig durch die Viskosität beeinflussbar. Durch die Verwendung von Schmierstoffen mit höherer Viskosität lassen sich vor allem die Reibkräfte bei höherer Geschwindigkeit deutlich reduzieren.
Temperaturschwankungen bis zu 5K bewirken nur eine geringe Veränderung der Reibkraft des Fettgeschmierten Führungswagens. Sie wirkt sich vor allem in der Steigung der Reibungskennlinien aus, da die Viskosität des Schmierstoffes durch den Temperaturanstieg verringert wird.
Beim Nachschmieren verändert sich die maximale Reibkraft eines Fettgeschmierten Führungswagens über eine kurze Laufzeit von einigen Minuten bis zu 20% gegenüber einem Ölgeschmierten Führungswagen. Dies ist vor allem auf die ungleichmäßige Verteilung des Schmierstoffs im Führungswagen zurückzuführen. Dieser Effekt kann auch nach einer Einlaufphase auftreten.

Einfluss der Belastung und der Baugröße: Mit steigender Belastung des Führungswagens steigt die Reibkraft nichtlinear an und der Verlauf vor allem bei niedrigen Geschwindigkeiten verändert sich deutlich. Die Höhe der Reibkräfte ist baugrößenabhängig. Führungswagen kleinerer Baugrößen weisen eine geringere Reibkraft auf.

Einfluss der Abstreifer: In Profilschienenführungen werden Front- und Längsdichtungen in unterschiedlicher Form eingesetzt, um das Eindringen von Schmutz zu verhindern. Die Abstreifer haben einen wesentlichen Anteil an der Gesamtreibkraft von Profilschienenführungen. Insbesondere bei zusammengesetzten Abstreifern bildet deren Reibkraft den Hauptanteil.

Einfluss der Vorspannung: Eine höhere Vorspannung der Profilschienenführungen erhöht die Reibkräfte, ohne den Verlauf der geschwindigkeitsabhängigen Reibungskennlinien beachtlich zu verändern. Lediglich die Höhe der Reibkraft steigt mit steigender Vorspannung an.
Bei der Rollenführung sind deutlich höhere Reibkräfte im Vergleich zur Kugelführung festzustellen. Dies ist vor allem auf den Linienkontakt sowie auf die Bordreibung zwischen den Wälzkörpern, der Führungsschiene und der Umlenkungen der Rollenführung zurückzuführen.

Abdeckungen: Eine der am weitesten verbreiteten Abdeckungsformen in Vorschubachsen sind die Teleskopabdeckungen. Durch die Vielzahl von Reibstellen der Teleskopsegmente, das integrierte Schersystem zur gleichmäßigen Bewegung der Einzelelemente und die Abstreifer weisen Teleskopabdeckungen relativ hohe Verschiebekräfte auf und tragen dadurch deutlich zur Gesamtreibkraft von Vorschubachsen bei.

Energieketten: Bei der Energiekette ohne Belegung wird der Verlauf der Verschiebekraft entscheidend durch die Kettenglieder und deren Abstand beeinflusst. Der wesentliche Anteil der Verschiebekraft ist allerdings auf die Belegung zurückzuführen. Die Energiekette mit einer massiveren Leitung weist eine höhere Verschiebekraft auf. Die Höhe der Verschiebekraft wird unter anderem durch das in der Leitung geführte Medium und den Betriebsdruck beeinflusst
Außer den genannten Einflussfaktoren kann eine Energiekette unterschiedliche Verschiebekräfte in Abhängigkeit der Anordnung (stehend/liegend), der Baugröße und Ausführung aufweisen.

31 Führungs-Schutzabdeckungen

Ständig steigende Anforderungen an Sicherheit, Kompaktheit und Schnelligkeit der Maschinen und Anlagen erfordern völlig neue Materialien und Designs bei Führungs- Schutzabdecksystemen.

Es gibt Lösungsansätze für die folgenden Aufgabenfelder:

Kein Platz zuviel	Reduzierung der Maschinengröße durch spezielle Materialien und platzsparende Konstruktion
Wenn es heiß hergeht	Hochtemperaturmaterialien bis 600°C für Laser-, Plasma- und Schweißanwendungen
Speziell ist gefragt	Staubdichtheit, Silikonfreiheit, antistatische Oberfläche und Lebensmittelverträglichkeit – wichtig für Elektrotechnik, Holzbearbeitung, Medizintechnik Autoindustrie und viele andere Bereiche
Rasend schnell	Wirkungsvoller Späneschutz und Kühlmitteldichtheit in HSC-Anwendungen durch Faltenbälge mit hohem Lamellenpressdruck und mehrseitiger Abdeckung

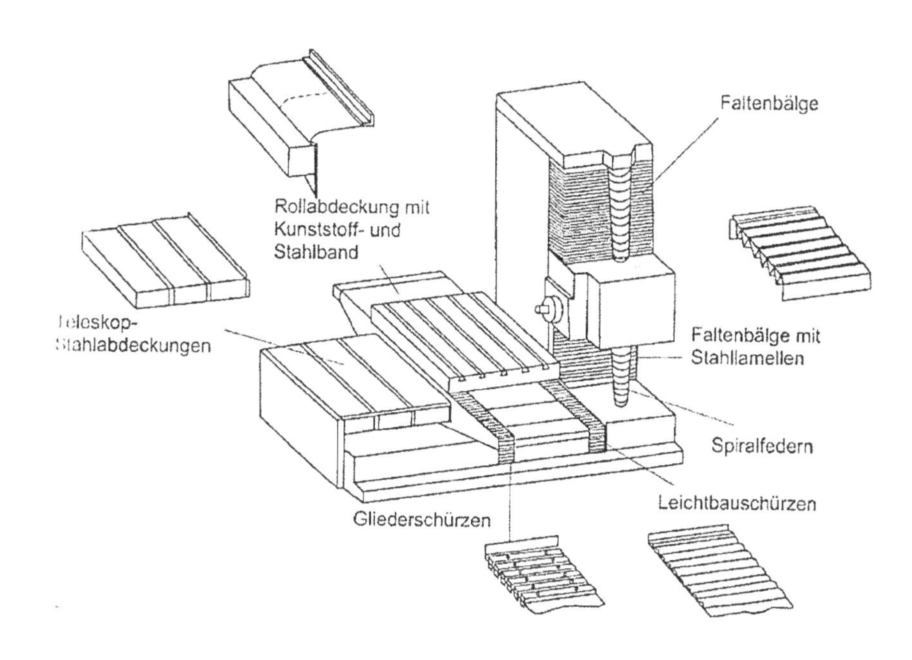

Bild 31.1: Abdeckung von Führungselementen in Werkzeugmaschinen
Quelle: Henning

31.1 Teleskop-Stahlabdeckungen

Als Material wird hochwertiges Spezialblech, antikorrosionsbehandelt, bei Bedarf aus Edelstahl verwendet; Abstreifleisten, Stütz- und Führungsgleiter bestehen aus hochabriebfestem Material.
Im Seitenbereich der Teleskop-Stahlabdeckung werden reibungsarme Messinggleiter oder Abstreifer mit Polyurethanlippe eingesetzt.
Für die Kästen werden hochwertige Stahlbleche mit maximaler Planheit, Abriebfestigkeit und Korrosionsbeständigkeit verarbeitet. Es kommen Bleche mit einer Stärke von 1,5 bis 3mm zum Einsatz.
Bei hohen Verfahrgeschwindigkeiten oder Gewichtsbelastungen werden spezielle Stützrollen eingesetzt, die ein sicheres und geräuscharmes Gleiten ermöglichen. Teleskop-Stahlabdeckungen mit Stützrollen benötigen Führungen mit gehärteter Oberfläche (größer 58 HRC) oder Hilfsführungen.
Außerdem werden Stoßdämpfer eingesetzt, die das Anschlagen der einzelnen Kästen während des Arbeitsprozesses reduzieren
Teleskopabdeckungen mit geringen Verfahrgeschwindigkeiten oder Gewichtsbelastungen werden mit speziellen Stützgleitern aus Messing oder Kunststoff hergestellt.
Abstreifer halten die Oberfläche sauber und verhindern das Eindringen von Spänen unter die Abdeckbleche. Die Abstreifer werden aus Polyurethan mit oder ohne Edelstahlmantel gefertigt.

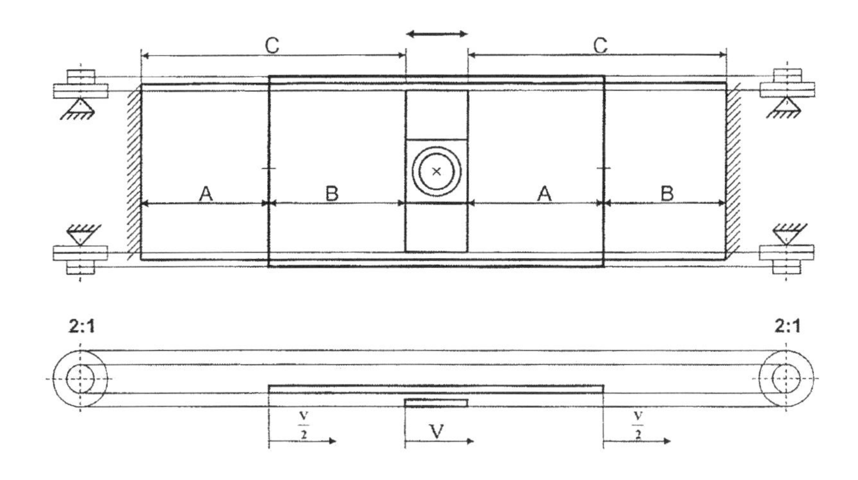

Bild 31.2: Stahlabdeckung

Konstruktionsgrundlagen:

- Die Kastentiefe sollte nicht größer als 750 mm angesetzt werden.
- Das Verhältnis Kastentiefe zu Kastenbreite sollte maximal 1 : 6 nicht überschreiten.
- Die seitliche Abdeckungshöhe sollte wegen der Kippgefahr nicht größer als die Kastentiefe sein.

- Grundsätzlich nur abgestufte Abdeckungsausführungen (stufenweise Aufbau) einsetzen, da ansonsten durch die überstehenden Abstreifer Schmutz in die Abdeckung gelangt.
- Bei Kühlmittelanfall sollte Abdeckungsoberseite mit einer Neigung von 5° vorgesehen werden.
- Kästen platzmäßig grundsätzlich mit Untergriff versehen, dieser versteift und sorgt für eine konstante Verspannung.
- Der Mindestabstand des kleinsten Kastens zur Führungsbahn sollte größer als 12mm sein.
- Bei der Berechnung des Verfahrwegs der Abdeckung sind zirka 5mm Reserve je Kasten zu dem Verfahrweg der Maschine hinzuzurechnen.
- Bei vertikal eingesetzten Abdeckungen sollten Gleiter als Untergriff ausgeführt werden und zumindest einseitig wegen der späteren(De-)Montage einschraubbar gestaltet werden.
- Als Basis gilt: maximaler Auszug und kleinster Zusammendruck sollten mindestens im Verhältnis 10 : 1 stehen.

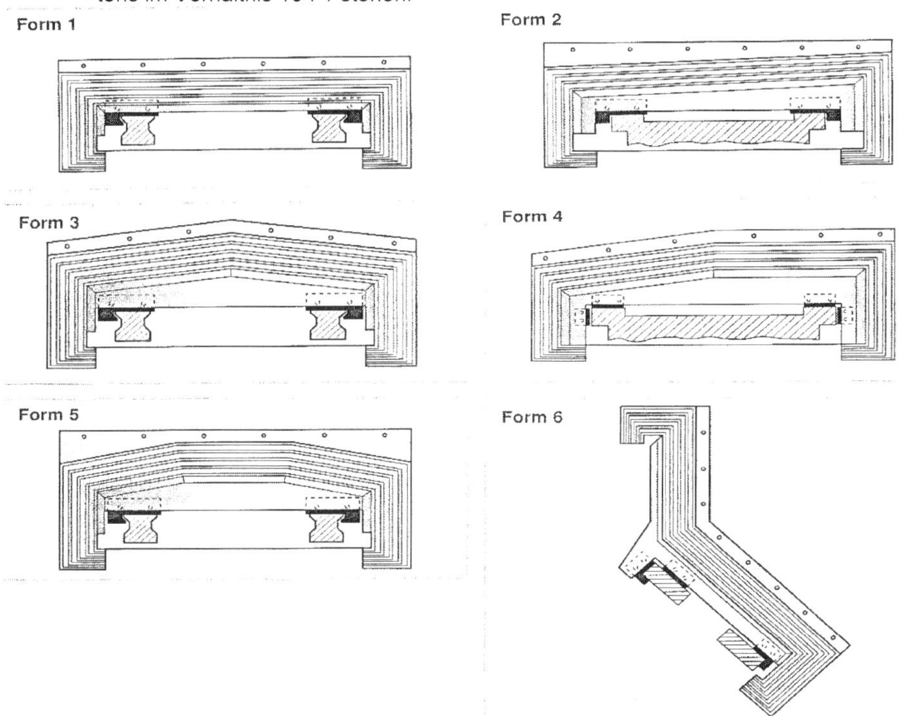

Bild 31.3: Standardformen von Teleskop-Stahlabdeckungen

31.1.1 Stahlabdecksysteme für hohe Verfahrgeschwindigkeiten

Diese Abdecksysteme für die X und Y-Achse haben sich bei schnellen Bearbeitungszentren bewährt. Sie werden mit Verfahrgeschwindigkeiten von 150 m/min und Beschleunigungen bis 2g eingesetzt. Die Systeme bestehen aus Spezial-Blechen, die ohne Abstand beweglich aufeinander gleiten und das Eindringen von Spänen in das Innere der Abdeckung verhindern.

Der Führungsrahmen der Systeme ist so ausgelegt, dass eine schnelle, einfache Montage durchgeführt werden kann, ebenso wie die Demontage bei Wartungsarbeiten. Die Öffnung der Spindel kann mit einem PU-Abstreifer abgedichtet werden.

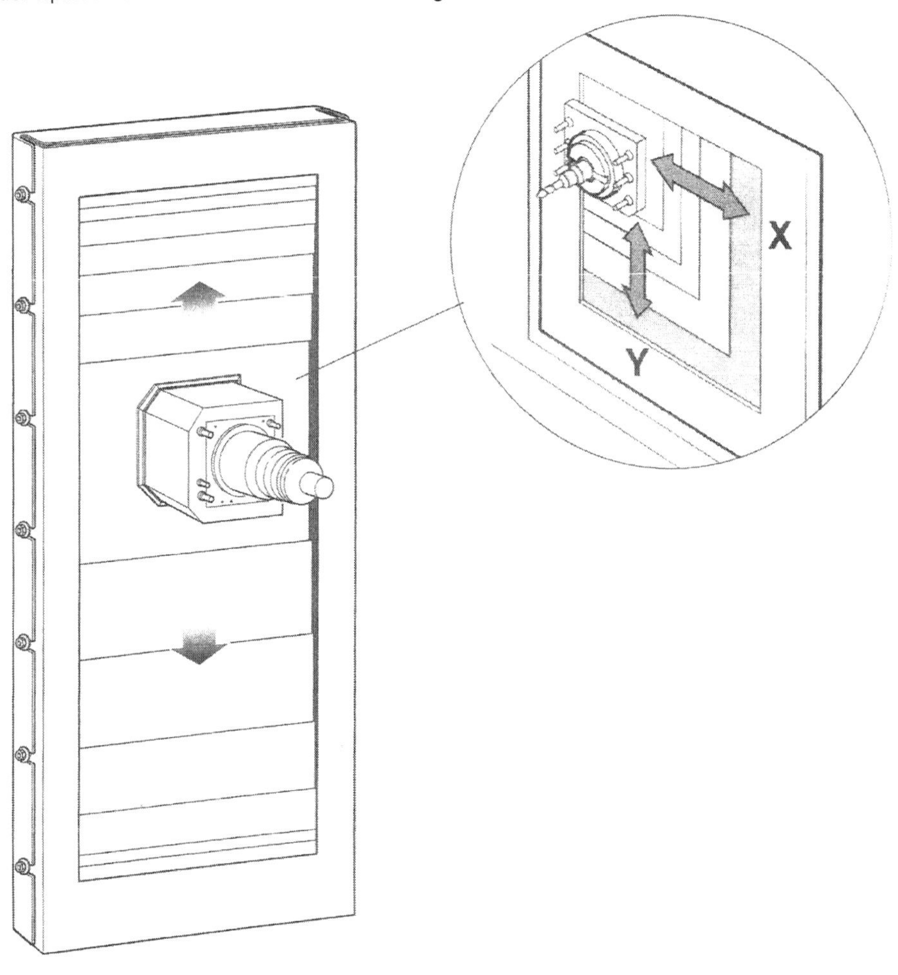

Bild 31.4: Kompakte Stahlabdeckungssysteme für hohe Verfahrgeschwindigkeiten

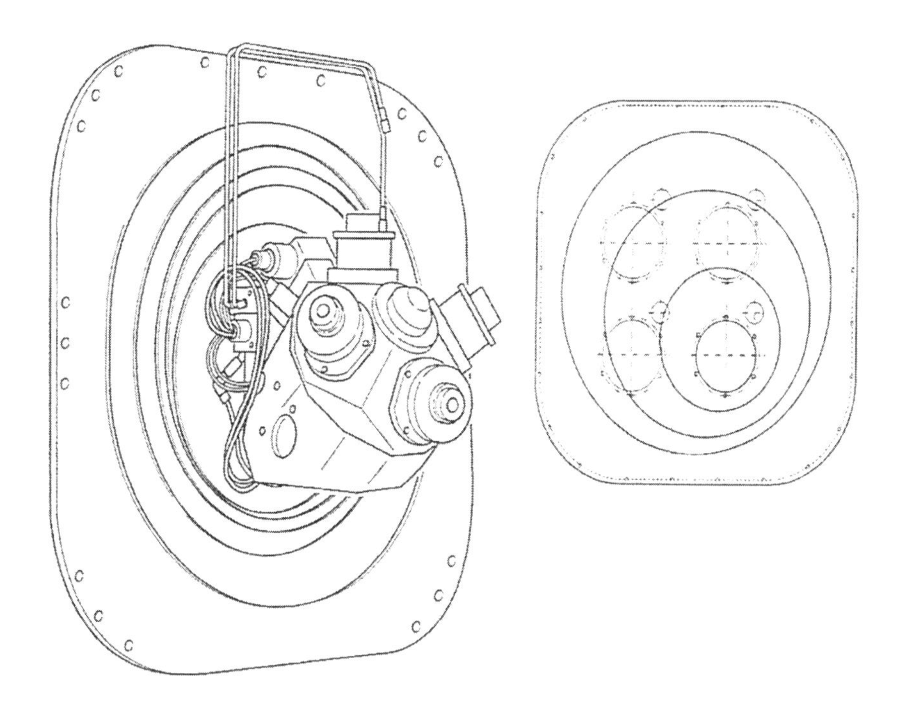

Bild 31.5: Pinolen Abdeckung

31.2 Rolloabdeckungen

Die Rolloabdecksysteme bieten in Bearbeitungszentren eine effiziente Lösung bei der Abgrenzung des Arbeitsraumes zum Motorbereich. Die Schutzwand der Abdeckung umschließt und isoliert die Maschine, lässt jedoch die Spindelbewegung in alle Richtungen zu. Durch den Einsatz von vier Rollos wird das Abdecksystem robust und zuverlässig und entspricht den Anforderungen für die schnellsten Werkzeugmaschinen.
Die X-Y-Abdecksysteme sind für Verfahrgeschwindigkeiten bis zu 90 m/min und Beschleunigungen bis zu 1,5g ausgelegt.

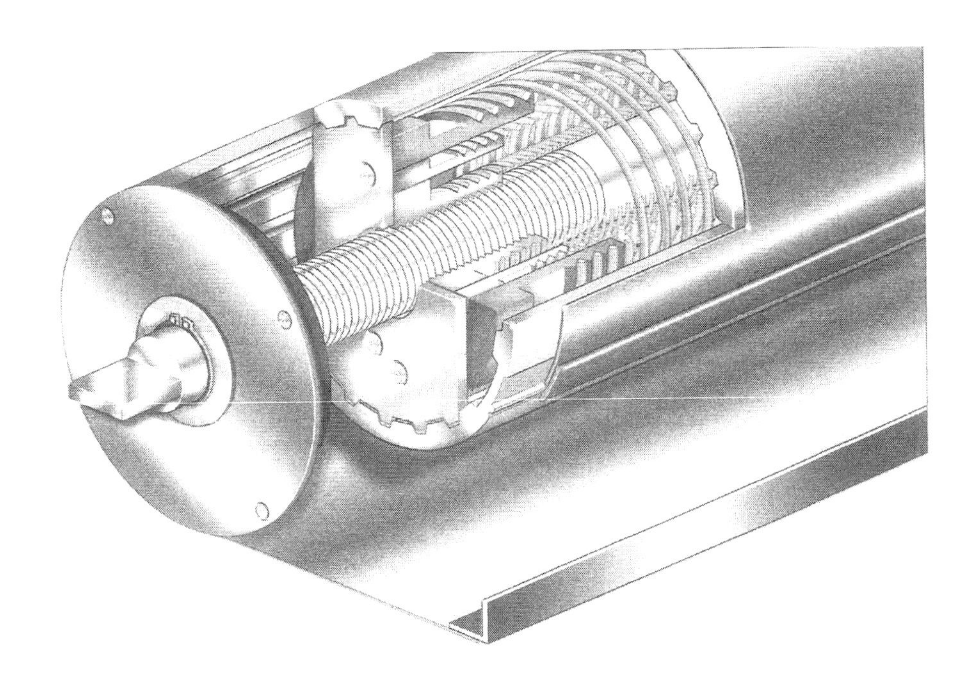

Bild 31.6: Rolloabdeckung

31.3 Faltenbälge

Das X-Y-Abdecksystem (mit beweglichen gelagerten Lamellen) ist die kostengünstigste Lösung zum Schutz von Arbeitsbereichen in horizontalen Arbeitszentren, die keine großen Mengen an heißen Spänen produzieren.
Dieses System besteht aus zwei horizontalen und zwei vertikalen Faltenbälgen, die durch beweglich gelagerte Edelstahl-Lamellen abgedeckt werden und ein optimales Preis-Leistungsverhältnis garantieren.
Das System ist für Beschleunigungen bis 1,5g und Verfahrgeschwindigkeiten von bis zu 120 m/min ausgelegt.
Thermogeschweißte Faltenbälge werden für alle Werkzeugmaschinen verwendet; sehr häufig kommen sie in Arbeitszentren und allgemein für jegliche spanende Bearbeitung zum Einsatz. Zum Schutz des Faltenbalgs vor heißen Spänen ist eine Abschirmung aus Metallelementen, den so genannten „ Lamellen" notwendig

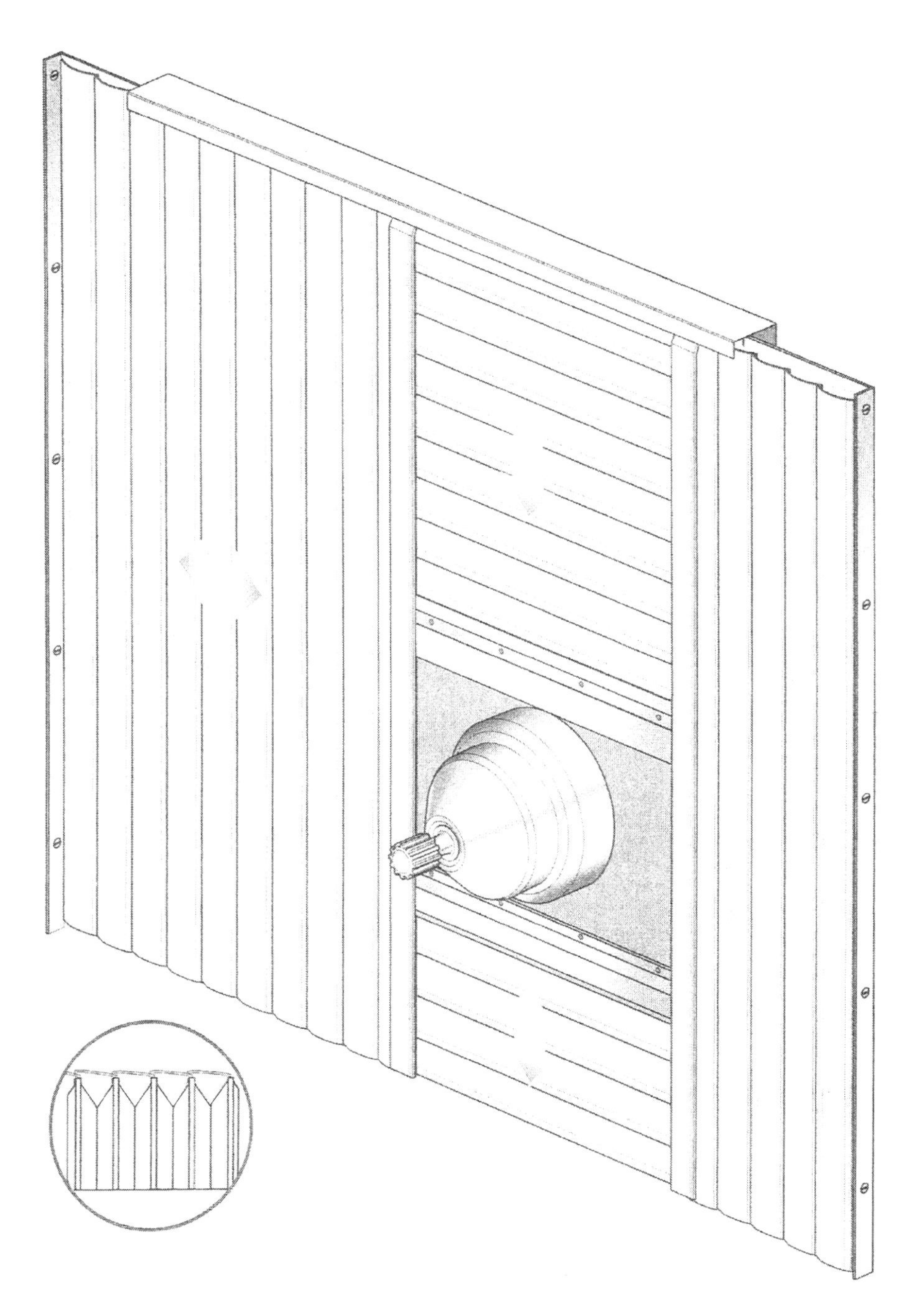

Bild 31.7: Faltenbalg Abdeckung

Das Befestigungssystem Spring Fixing sorgt für eng an- und aufeinanderliegende Lamellen und verhindert so das Eindringen von Schmutzpartikeln und Spänen.

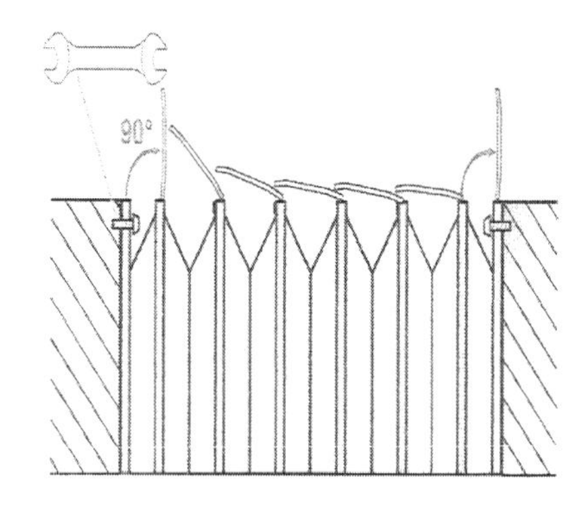

Der Schwenkwinkel von bis zu 90° erleichtert die Befestigung der Flansche an der Maschine.

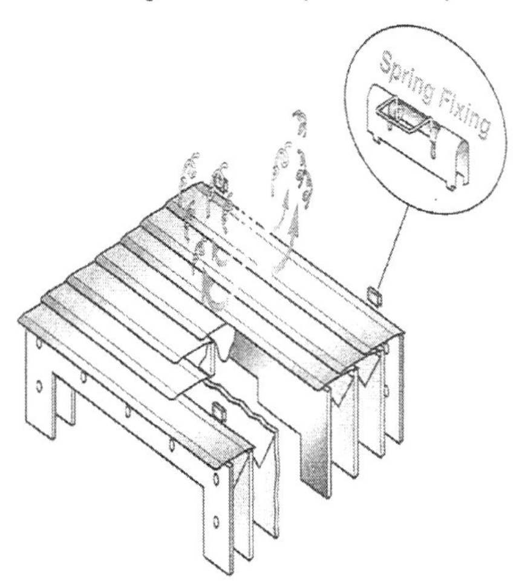

Die Schutzlamellen sind aus rostfreiem Edelstahl und daher gegen hohen Spänebeschuss resistent.

Der Balg ist flüssigkeitsabweisend.

Bild 31.8: Lamellen Abdeckung

31.3.1 Schutzabdeckungen im Bereich Großbearbeitungszentren

Schutzabdeckungen mit langen Verfahrwegen und großen Arbeitsbereichen arbeiten nach dem Fahrständerprinzip. Je nach Bauweise werden unterschiedliche Lösungskonzepte angewendet.
Fehlen die tragenden, steifen Rahmenverkleidungen an der Maschine zur oberen Führung der Abdeckungen, so wird das Fahrständersystem mit selbststabilisierenden Abdeckungen angewendet. Auch durch mehrteilige Scherensysteme versteifte Lösungen eignen sich hier.

Jalousienprinzip: Ist eine ausreichend stabile obere Führung vorhanden, wird der Faltenbalg mit Hilfe von Profilen, Rollen- oder Schienensystemen geführt. Hierbei wird das Jalousienprinzip eingesetzt.
Schnelllaufende Schutzabdeckung zum Späne- und Kühlmittelschutz für Werkzeugmaschinen bewegen enorme Massen, die je nach Größe und Bauart der jeweiligen Schutzart variieren. Bei schnellem Verfahren kommt es zu schwingenden Bewegungen (kinetische Energie) ähnlich eines Vorhangs, der ruckartig bewegt wird und ein Nachschwingen verursacht. Durch große Hübe wird dieser Effekt noch verstärkt. Diese Massenbewegungen wirken sich negativ auf die Bearbeitungsgenauigkeit der Maschine, die Geräuschentwicklung bei schneller Positionierfahrt, die Haltbarkeit der Schutzabdeckung und das optische Erscheinungsbild aus.
In den herkömmlichen Lösungen wurden gleichmäßige Abstände durch eine Metallschere auf der Rückseite der Schutzwand erzeugt. Die Gesamtmasse wird durch die Metallscheren noch zusätzlich erhöht und durch die Addition von Toleranzen werden in den Scherenachsen erhebliche Nachschwingeffekte verursacht, welche die genannten Probleme hervorrufen und verstärken.
Hinzu kommt eine hohe Anzahl an empfindlichen Drehachsen sowie hohe zusätzliche Kosten durch den Montageaufwand.
Um den Nachschwingeffekt effizient zu verringern wurde als Lösungsansatz die Verlagerung der kinetischen Energie in ein autarkes System aufgegriffen, das nicht in die Peripherie der Werkzeugmaschine eingreift und das aus Kostengründen über keinen eigenen Antrieb verfügt.

Das Ergebnis ist die schnelllaufende Schutzabdeckung für Werkzeugmaschinen mit langen Verfahrwegen.

Durch die „Teilung“ der Massen-Schwingungsbereiche durch relativ zur Maschinenbewegung synchronisierte, starre Bereiche über einen Riementrieb mit einem Untersetzungsverhältnis kann die entstehende kinetische Energie erfolgreich umgeleitet und somit reduziert werden. Als Reduzierung wird das Verhältnis 2:1 als Standard gewählt, aber auch andere Reduzierungen wie beispielsweise 3:2:1 oder 4:3:2:1 können ebenfalls umgesetzt werden.

Diese Schutzabdeckungs-Variante besitzt an den hinzugefügten Krafteinleitungen keinerlei Möglichkeiten für das Entstehen von Schwingungen durch Massenträgheit. Der Aufbau verlagert nach der Energieerhaltung die implementierte Stoßenergie aus der Schutzabdeckung heraus in die äußerst stabilen Zahnriemen. Die vorher zeitlich verzögerten Stöße werden deutlich reduziert und verlaufen wieder größtenteils während der Beschleunigungsphase ab.
In dem Bereich, in dem vorher die größten kinetischen Energien durch die Addition von Toleranzen zu verzeichnen waren, herrschen nun "Absorptionsbedingungen", welche die Energien und Trägheiten aufnehmen und in die Riementriebe leiten.

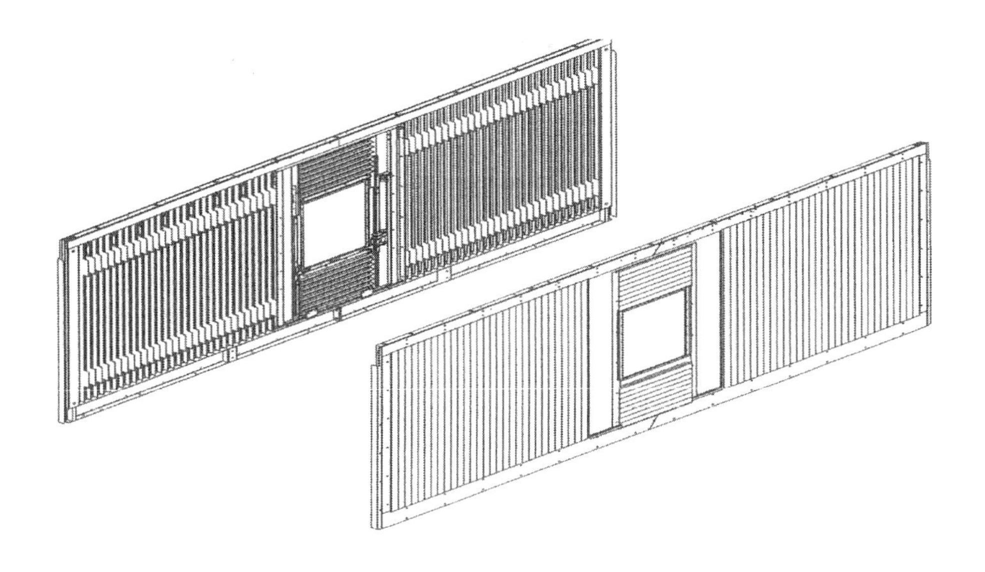

Bild 31.9: Abdeckung für große Fahrwege

31.4 Profilierte Führungsbahnabstreifer

Profilierte Führungsbahnabstreifer bestehen aus einer hochabriebfesten Polyurethanlippe, die in einem Edelstahlmantel zum Schutz gegen Späne befestigt ist. Die Abstreifer sind temperaturbeständig bis maximal 130°C, dauerhaft bis 90°C.

Beispiele:

- Einsatz auch bei großem Anfall von scharfkantigen Spänen.
- Beliebige Formen und Abmessungen sind lieferbar
- Die Abstreiferlippen bestehen aus Polyurethan und sind auswechselbar.
- Die Maße des Abstreifers beziehen sich auf die Ruheposition ohne Vorspannung

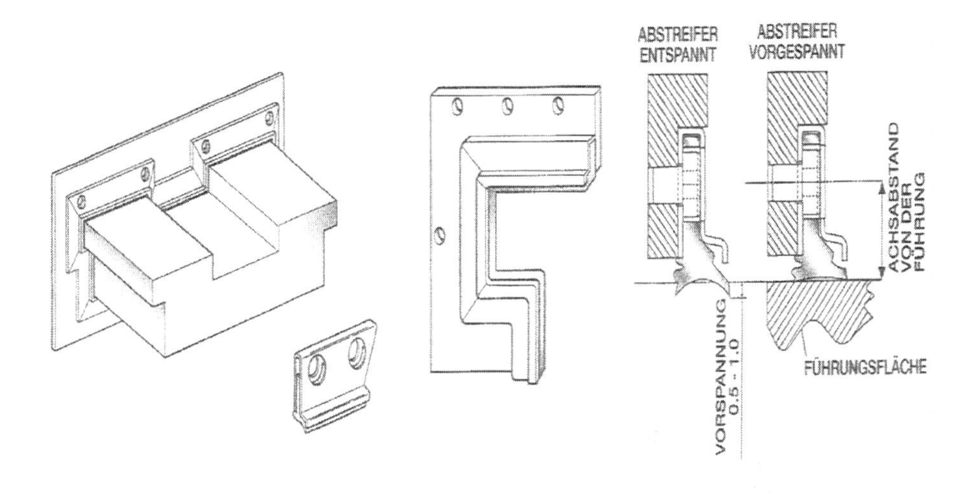

Bild 31.10: Beispiele für profilierte Führungsbahnabstreifer

32 Werkstoffe für drehende Führungen

Die gute Wirkungsweise der Gleitflächen hängt neben den Betriebsbedingungen (Belastung, Geschwindigkeit, Schmierung) von der Formpaarung (Lagerspiel, Oberflächengüte, Einlaufzustand) und von der Stoffpaarung der Gleitflächen ab.
Erwünscht ist eine Paarung, die:

- äußerst glättbar ist
- gut benetzungsfähig ist
- gut aufeinander „einläuft"
- im Trockenlauf nicht „frisst" (Notlaufeigenschaft)
- sich wenig ausdehnt und quillt
- genügend statische und dynamische Festigkeit, Wärme und Korrosionsfestigkeit besitzt
- gut wärmeleitend ist und
- als Plattierungswerkstoff gut bindungsfähig mit der Unterlage ist

32.1 Gleitlager

Als Wellen-Werkstoff kommt praktisch nur Stahl in Frage: Baustähle, Vergütungsstähle und Einsatzstähle je nach Anforderung und Beanspruchung.
Der Wellenwerkstoff soll immer härter sein als der Lagerwerkstoff, damit die Welle nicht angegriffen wird und sich in den Lagerwerkstoff einbettet.
Die **Lager-Werkstoffe** sind wegen der vielseitigen Anforderungen sehr verschiedenartig hinsichtlich ihrer stofflichen Zusammensetzung, Eigenschaften und Verwendung.
Das Bild gibt einen Überblick über die wichtigsten Eigenschaften gebräuchlicher Lager-Werkstoffe. Mit diesen Angaben kann eine Werkstoffauswahl getroffen werden.
Gusseisen EN-GJL-150 und EN-GJL-200 ist nur für geringe, EN-GJL-250 und EN-GJL-300 für höhere Belastungen und Gleitgeschwindigkeiten geeignet.
Verwendung für gering belastete Haushaltsmaschinen-Lagerung und einfache Lagerungen.
Sintermetalle haben gute Notlaufeigenschaften. Feinporiges Gefüge nimmt bis 25% seines Volumens Öl auf und führt es infolge Erwärmung und Saugwirkung den Gleitflächen zu. Bei Stillstand nehmen die Poren das Öl wieder auf.
Sintermetall Lager finden Verwendung bei Haushaltsmaschinen, Büromaschinen, Pumpen.
Guss-Zinnbronzen. Blei-Zinn-Lagermetalle sind hochwertige Lagerwerkstoffe mit besten Gleiteigenschaften. Geeignet für höchste Anforderungen bei Hebezeugen, Motoren, Turbinen, Pumpen, Werkzeugmaschinen.
Kunststoffe haben gute Notlaufeigenschaften, Ausführung meist als Kunststoff-Verbundlager mit Stützschale aus Stahl, Gusseisen oder CuSn-Legierung, Zwischenschicht aus CuSn-Legierung und Überzug aus Kunststoff als Laufschicht, zum Beispiel Polytetrafluoräthylen (Teflon) mit eingelagertem pulverförmigen Füllstoff (zum Beispiel Zinnbronze). Sie laufen als „Trockenlager" unter Umständen längere Zeit ohne Schmierung. Verwendung bei Haushalts- und Büromaschinen, Textilmaschinen und sonstigen schwer zugänglichen, nicht zu schmierenden Lagerungen.
Gummi hat sich bei wassergeschmierten Lagern zum Beispiel in Pumpen bewährt.
Kohle, Graphit sind für selbstschmierende Lager bei hohen Temperaturen und aggressiven Flüssigkeiten (Säuren, Laugen) geeignet.

Tabelle 32.1: Eigenschaften gebräuchlicher Gleitlagerwerkstoffe

Forderung nach	Gleitlagerwerkstoffe und ihre Eignung								
	Guss-eisen	Sinter-metall	Cu Sn-Leg./Cu Zn-Leg.	Cu Sn-Pb-Leg.	Pb Sn	Kunst-stoffe	Holz	Gummi	Kohle Graphit
Gleiteigenschaften	◑	◑	◕	●	●	●	●	●	●
Notlaufeigenschaften	○	●	◕/◑	◕	◕	●	◔	○	●
Verschleißfestigkeit	●	◑	●	◑	◔	◑	◔	○	◔
stat. Tragfähigkeit	●	◑	◕	◔	◔	◔	○	○	◔
dyn. Belastbarkeit	◕	◔	◕	◔	◔	◔	○	○	○
hoher Gleitgeschwindigkeit	◔	○	◕/◔	●	●	○	○	○	◕
Unempfindlichkeit gegen Kantenpressung	○	○	◕	◕	●	●	◕	●	◑
Bettungsfähigkeit	○	○	◕	◕	●	◕	◕	●	◕
Wärmeleitfähigkeit	◑	◑	◕	◑	◔	○	○	○	◕
kleiner Wärmedehnung	●	●	◕	◑	◑	○	◔	○	●
Beständigkeit gegen hohe Temperaturen	◑	◑	◑	○	○	○	○	○	●
Öl-(Fett-) Schmierung	●	●	●	●	●	●	●	◑	●
Wasserschmierung	○	○	○	○	○	●	●	●	●
Trockenlauf	○	○	○	○	○	●	○	○	●

● sehr gut ◕ gut ◑ ausreichend ◔ mäßig ○ mangelhaft

32.2 Normen

DIN ISO 4378

-1	Gleitlager-Lagerwerkstoffe und Eigenschaften
-2	Reibung und Verschleiß
-3	Schmierung
-4	Berechnungskennwerte und Kurzzeichen

DIN ISO 4381: Blei- und Blei-Zinn-Verbundlager

DIN ISO 4382-1: Cu-Gusslegierungen für dickwandige Verbund- und Massivgleitlager

DIN ISO 4382-2: Cu-Knetlegierungen für Massivgleitlager

DIN ISO 8483: Verbundwerkstoffe für dünnwandige Gleitlager

DIN 1495-3: Gleitlager aus Sinterwerkstoff, -1 und -2 sind Maßnormen

DIN ISO 6691: Thermoplastische Polymere für Gleitlager

32.3 Hochbelastete Spindeln aus faserverstärkten Kunststoffen

Im Maschinenbau werden CFK-Werkstoffe (Carbon-Faserverstärkte-Kunststoffe) bisher nur für spezielle massekritische Bauteile eingesetzt. Eine umfangreiche Verwendung scheitert bisher vor allem an den hohen Preisen der Ausgangsmaterialien und der Fertigung. Oft fehlen auch Kenntnisse über die mechanischen Eigenschaften des Werkstoffes.
Der Einsatz leistungsfähiger Schneidstoffe, erfordert Werkzeugmaschinen mit höheren Antriebsleistungen und Fertigungsgenauigkeiten bei größeren Arbeitsgeschwindigkeiten und insbesondere bei hohen Beschleunigungen. Den metallischen Strukturelementen der Produktionsmaschinen sind dabei oft werkstoffspezifische Grenzen gesetzt. Der heute notwendige Leichtbau erfordert geringere Werkstoffdichte, hohe E-Moduli und hohe Materialdämpfungen, die metallische Werkstoffe nicht bieten. Die geringe thermische Ausdehnung von Kohlenstofffasern kann darüber hinaus für eine minimale Wärmeausdehnung der Bauteile genutzt werden.
Im Wesentlichen sind drei Fasergruppen für den Einsatz als Hochleistungs-Verbundwerkstoff interessant:

- die Karbonfaserverstärkten Kunststoffe (CFK)
- die Glasfaserverstärkten Kunststoffe (GFK)
- die Aramidfaserverstärkten Kunststoffe (AFK)

Im Maschinenbau gewinnen CFK-Werkstoffe zunehmend an Bedeutung. Neben außergewöhnlichen mechanischen Eigenschaften (hohe Zugfestigkeit, Elastizität und Steifigkeit) sind es vor allem das hervorragende Dauerschwingverhalten, die Korrosionsbeständigkeit, die äußerst niedrige Wärmedehnung und das gute Dämpfungsvermögen verbunden mit einer Dichte von 1,55 kg/dm³ (2/3 vom Aluminium, 1/5 vom Stahl), die diesen Werkstoff für viele Anwendungen insbesondere unter dem Gesichtspunkt des Leichtbaus (Gewichtseinsparung) für den Konstrukteur interessant machen.
Die mechanischen Eigenschaften von CFK, dessen Zug-, Biegefestigkeit und Schlagzähigkeit sowie die Fähigkeit zur Arbeitsaufnahme werden vor allem bestimmt durch die Eigenschaften der verwendeten C-Fasern, deren Anteil und Orientierung, aber auch durch die Eigenschaften der Matrix (den Kunststoff, in den die Fasern eingebettet sind).
Die beschriebenen C-Fasern werden aus Polyacrylnitril-Fasern durch Verstrecken und Karbonisieren hergestellt und haben einen Durchmesser von nur 5-7 µm. Daher werden sie verdreht als Garn oder in Strängen (so genannten Rovings) mit 3000, 6000, 12000 Einzelfasern auf Spulen gerollt, vertrieben und entweder direkt eingesetzt oder zu Geweben mit unterschiedlichen Bindungen beziehungsweise Gelegen mit Lagen in verschiedenen Faser-Richtungen weiter verarbeitet.
Zur Herstellung des Verbundwerkstoffs müssen die C-Fasern zwecks Kraftübertragung zwischen ihnen mit einem Kunststoff als Matrix umgeben werden.
Dazu dienen vorzugsweise Epoxydharze, da sie die beste Haftung an der Faser und damit eine gute Belastungsverteilung gewährleisten. Für hochwertige Bauteile werden Epoxydharze verwendet, die entweder bei 130°C (bessere Zähigkeit und Bearbeitbarkeit) oder bei 180°C (höhere Warmfestigkeit, aber spröderes Verhalten) unter einem Pressdruck bis 10 bar – auch normaler Luftdruck reicht schon aus – aushärten.
Aus C-Faser Rovings werden nach Benetzen mit Matrixmaterial durch Pultrusion oder Wickeln auf einen Kern prismatische Halbzeuge, zum Beispiel Rohre, Spindeln oder Winkel, sehr preisgünstig hergestellt. Sie werden unter Luftdruck im Vakuumsack oder im Autoklav ausgehärtet.
Für hochwertige Bauteile werden meistens C-Faser-Prepregs (pre-impregnated fibres) eingesetzt. Diese werden üblicherweise als Rollenmaterial, vorgetränkt mit in der Regel 35% oder 40% Epoxydharz, entweder als Gewebe-Prepregs oder als DU-Prepregs (mit Uni Direktionaler Ausrichtung der Fasern) in unterschiedlichen Dicken angeliefert. Sie werden in der für das Bauteil benötigten Form in den vom Konstrukteur festgelegten Faserrichtungen

zugeschnitten, bis zur gewünschten Bauteil-Dicke übereinander gelegt und dann unter Pressdruck und Temperatur ausgehärtet.
Die Herstellbeispiele zeigen, dass sie vorzugsweise für geringe Stückzahlen geeignet sind.

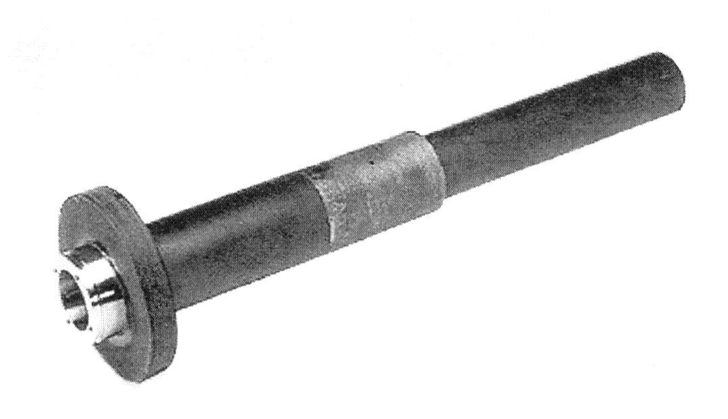

Bild 32.1: CFK Spindel für Hochgeschwindigkeitseinsatz

Nachfolgend werden einige Vor- und Nachteile von Faserverbund-Werkstoffen aufgeführt:

Vorteile:

- hohe spezifische Festigkeit
- große spezifische Steifigkeit
- geringe thermische Dehnung in Faserrichtung
- hohe Materialdämpfung
- je nach Faserwerkstoff: hohe Schlagzähigkeit

Nachteile:

- niedrige Einsatztemperaturen
- hohe Materialkosten
- hohe Konstruktions- und Herstellkosten
- aufwändiges Produktionsverfahren
- je nach Faserwerkstoff: niedrige Schlagzähigkeit
- Entsorgungsproblem, nicht regenerierbar

33 Berechnungsprogramme Linearführungselemente

33.1 Berechnungsprogramm INA „Bearinx"

Die Eingabedaten für das Berechnungsprogramm sollten anhand bemaßter Zeichnungen oder Skizzen in mindestens zwei Ansichten zusammengestellt werden.

33.1.1 Programm-Eingabeschritte

1. Bauteile festlegen

Relevant für die Berechnung sind neben den Linear-Führungselementen und dem Antrieb des Schlittens die Bauteile, aus denen Belastungen auf die Linear-Führungselemente entstehen (Eigengewicht der Bauteile oder deren Trägheitskräfte).

2. Tisch-Koordinatensystem festlegen

Das Tisch-Koordinatensystem ist kartesisch, rechtshändig. Für die Richtung des Koordinatensystems gilt: X-Achse: Fahrrichtung des Tisches; Y-Achse: Hauptlastrichtung auf das System (Richtung der Gewichtskräfte); Z-Achse: ergibt sich aus der Rechten-Hand-Regel (seitliche Richtung)

Die translatorische Lage des Tisch-Koordinatensystems kann beliebig gewählt werden. Empfohlen wird, diese mittig zwischen die Führungswagen der Richtung X und Y zu legen.

3. Position der Linear-Führungselemente festlegen

Die translatorische Lage der Linearführungselemente wird bezogen auf das Tisch-Koordinatensystem angegeben. Zur Ermittlung der Verdrehwinkel der Linear-Führungselemente wird deren Koordinatensystem um die X-Achse in das Tisch-Koordinatensystem gedreht.

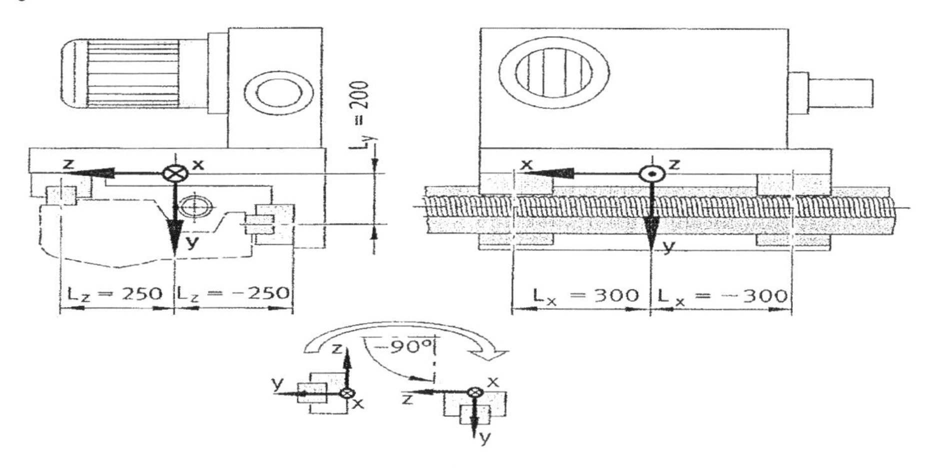

Bild 33.1: Kräfteplan

4. Position der Antriebe festlegen

Die translatorische Lage der Antriebe (Stützfunktion in Verfahrrichtung) wird bezogen auf das Tisch-Koordinatensystem als Y- und Z-Koordinate angegeben.

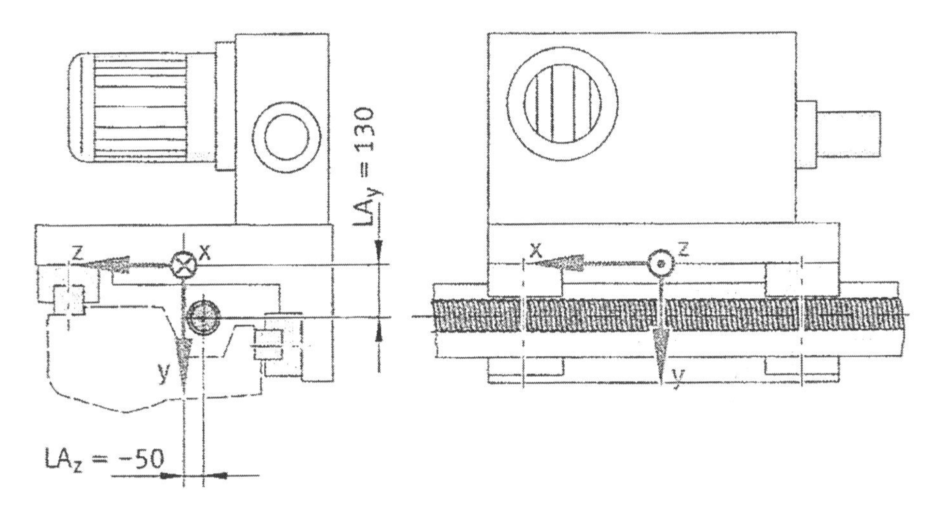

Bild 33.2: Belastung

5. Massenschwerpunkte der Bauteile festlegen

Die Masse der Bauteile wird auf einen Massenschwerpunkt in deren Schwerpunkt konzentriert.
Die translatorische Lage der Schwerpunkte wird wiederum bezogen auf das Tisch-Koordinatensystem angegeben.

1 = Masse Motor
2 = Masse Spindelkasten
3 = Masse Grundplatte

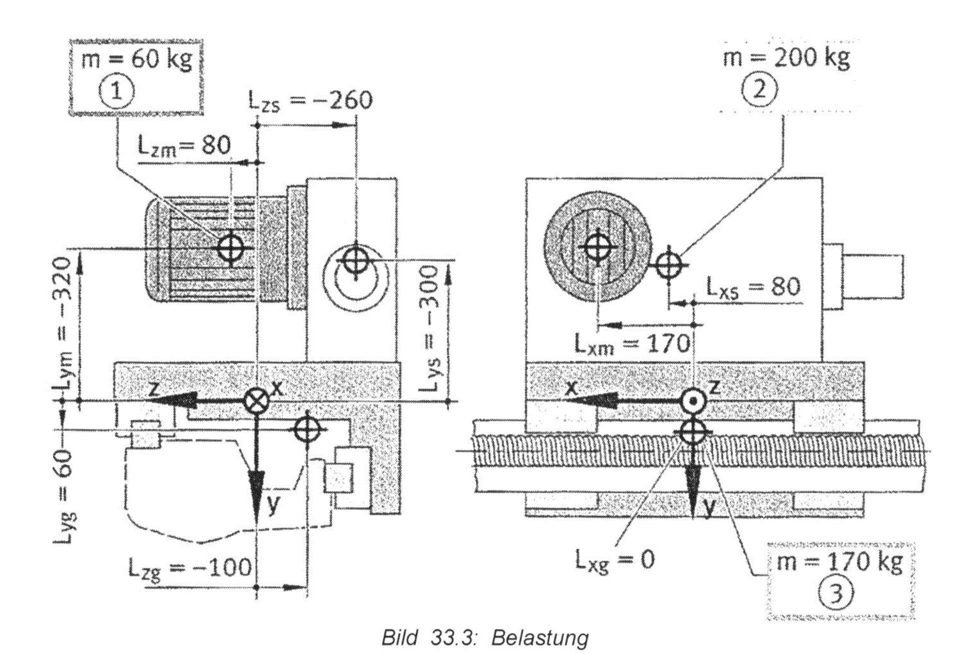

Bild 33.3: Belastung

6. Äußere Belastungen festlegen

Äußere Belastungen, zum Beispiel Bearbeitungskräfte auf den Lineartisch, werden bezogen auf das Tisch-Koordinatensystem angegeben. Angegeben werden muss: In welchem der definierten Lastfälle die Belastung auf das Tisch-Koordinatensystem wirkt die Lage ihres Angriffspunktes die Kraft- und Momentenkomponenten?

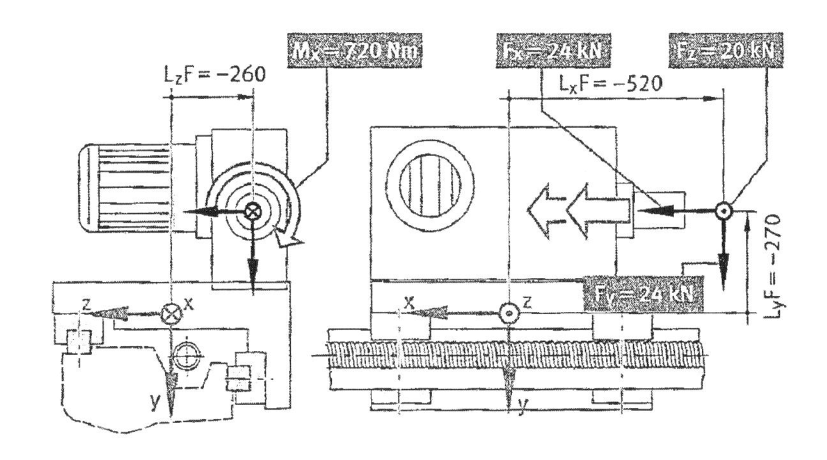

Bild 33.4: Krafteinleitung

7. *Lastkollektiv festlegen*

Um den Arbeitsablauf der Maschine abzubilden, muss ein Lastkollektiv beschrieben werden. Dieses setzt sich aus den Bewegungsgrößen der Maschine und deren Belastung durch äußere Kräfte (zum Beispiel Bearbeitungskräfte) zusammen. Hierzu sollte anhand eines Geschwindigkeit-Zeit-Diagramms eine sinnvolle Einteilung des Arbeitsablaufs in einzelne Lastfälle ermittelt werden. Mit Hilfe der Basisbewegungsgleichungen für gleichförmige Bewegung (v = konstant) beziehungsweise gleichförmige Beschleunigung (a = konstant) können dann fehlende Größen (Weg, Beschleunigung) ermittelt werden.

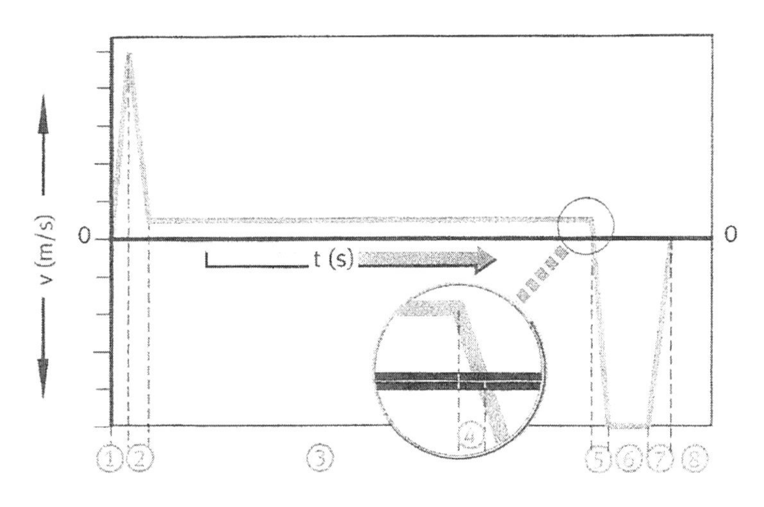

Weg: S (t) = S0 + (V + V0 / 2 x t)

Geschwindigkeit: V (t) = V0 + a x t

Beschleunigung: a (t) = delta V / delta t

Bild 33.5: Lastkollektiv

Beispiel für den Verlauf eines Linearschlittens

Im obigen vereinfachten Lastkollektiv-Schaubild mit der Kreisziffer 1 bis 8 ist der Verlauf eines Linearschlittens beschrieben.

Eilgang zur Bearbeitungsposition:

Beschleunigung: In t1 (0,05 s) auf V1 (0,5 m/s)

a(t) = delta V / delta t

a1 = 0,5 / 0,05 = 10 m/s²

s1 = V1 x t1 / 2

s1 = 0,5 x 0,05 / 2 = 0,0125 m = 12,5 mm

Verzögerung: In t2 (0,045 s) auf V2 (0,05 m/s)

a2 = V2 – V1 / t2

a2 = 0,05 – 0,5 / 0,045 = - 10 m/s²

s2 = s1 + V2 + V1 / 2 x t2

s2 = 0,0125 + 0,05 + 0,5 /2 x 0,045 = 0,0249 m = 24,9 m

ti s
Dauer des Zeitintervalls i

Si mm
Wegposition am Ende des Intervalls i

Vi m/s
Geschwindigkeit am Ende des Intervalls i

Ai m/s
Beschleunigung während des Intervalls i

33.1.2 Berechnungs-Beispiel

Bearbeitung
Konstante Geschwindigkeit V3 (0,05 m/s) für t3 (1,105 s)
Zusätzliche Wirkung der Bearbeitungskraft nach vorherigem Bild.

a3 = 0 m/s²

s3 = s2 + V3 + V2 /2 x t3

s3 = 0,0249 + 0,05 + 0,05 /2 x 1,05 = 0,0801 m = 80,1 mm.

Bearbeitungskraft: Lage:
X = - 520 mm
Y = - 270 mm
Z = - 260 mm
Größe:
Mx = 720 Nm
Fx = 24 Nm
My = 24 Nm
Fz = 20 Nm

Verzögerung: In t4 (0,0025 s) auf V4 (0 m/s)

a4 = V4 – V3 / t4

a4 = 0,0 – 0,05 / 0,0025 = -20 m/s²

s4 = s3 + V4 + V3 / 2 x t4

s4 = 0,0801 + 0,0+0,05 / 2 x 0,0025 =
0,0802m = 80,2 mm

Eilgang zurück in die Ausgangsposition:

Beschleunigung: In t5 (0,025) auf V5 (-0,5 m/s): entgegengesetzte Richtung

a5 = V5 – V4 / t5

a5 = - 0,5- 0,0 / 0,025 = - 20 m/s²

s5 = s4 + V5 +V4 / 2 x t5

s5 = 0,0802 + - 0,5+ 0,0 / 2 x 0,025 =
0,0739 m = 73,9 mm

Konstante Geschwindigkeit: V6 (- 0,5 m/s) für t6 (0,135 s) entgegengesetzte Richtung

a6 = 0 m/s²

s6 = s5 + V6 V5 /2 x t6

s6 = 0,0739 + -0,5 + (-0,5) / 2 x 0,135
= 0,0064 m = 6,4 mm

Verzögerung: In t7 (0,0257 s) auf V7 (0 m/s)

a7 = V7 – V6 / t7

a7 = 0 – (- 0,5) / 0,0257 = 19,46 m/s²

s7 = s6 + V7 + V6 / 2 x t7

s7 = 0,064 + 0,0 +(-0,5) / 2 x 0,0257 ~
0 m

Stillstand in der Ausgangsposition:

Dauer: t8 (1,5 s), V8 (0 m/s)

a8 = 0 m/s²

s8 = 0 mm

33.2 Berechnungsprogramm Bosch Rexroth „Linear Motion Designer“

Die richtige Baugrößenauswahl von Traglagern und Führungen sowie die optimale Motor-Getriebe-Kombination sind Voraussetzungen für Kostenoptimierung und lange Lebensdauer von Linearführungen. Mit dem „Linear Motion Designer“ bietet Rexroth eine Berechnungs-Software für seine Linearführungen.
Durch Eingabe der Prozessdaten – Dynamik, Massen und Kräfte – berechnet die Software automatisch die Lebensdauer der einzelnen Traglager. Es sind Kombinationen von bis zu 16 Traglagern möglich. Das Programm deckt das komplette Spektrum an Rollen-, Kugel-, Miniatur-Kugelführungen ab. Außerdem überprüft das Programm die gewählte Baugröße und falls nötig werden Achsen mit höherer Tragzahl vorgeschlagen. Zudem empfiehlt es die anwendungsspezifische Zusammensetzung von Motor und Getriebe zur Ansteuerung.
Der User gibt nur einmal die Prozessdaten Dynamik, Massen und Kräfte ein und kann anschließend durch alleinige Änderung der Systemparameter verschiedene Applikationen vergleichen. Für die Dynamikvorgaben stehen die Eingabemöglichkeiten, Zeitanteile und Strecken zur Verfügung.
Der „Linear Motion Designer“ berücksichtigt eine Vielzahl von Varianten beziehungsweise Applikationen beginnend bei einer Schiene mit Führungswagen bis hin zu zwei Schienen mit acht Führungswagen. Für drei dieser Varianten ist zusätzlich eine Verlagerungsberechnung integriert. Damit kann der Anwender die optimale technische und wirtschaftliche Lösung für jede Anwendung schnell berechnen.
Das Programm erzeugt direkt bei der Berechnung eine entsprechende Visualisierung. Der Ausdruck kann durch frei wählbare Koordinaten an das kundenspezifische Koordinatensystem angepasst werden. Durch die Eingabe von Querbeschleunigungen lassen sich auch 3-Achs-Anwendungen flexibel und komfortabel berechnen.

33.3 Berechnungsprogramm für Schneeberger „Monorail“ Führungen

Das computergestützte Berechnungsprogramm zur Monorail-Linearführung Auslegung dient zur Bestimmung der:

- erforderlichen Monorail Baugröße
- der optimalen Vorspannung
- statischen Tragsicherheit
- nominellen Lebensdauer

Das Berechnungsprogramm zeigt die elastische Verlagerung des Arbeitspunktes unter Lasteinwirkung für ein vorgegebenes Monorail-System.

Hierbei werden die realen, nichtlinearen Steifigkeiten der einzelnen Führungswagen und die Wechselwirkung der Wagen untereinander, hervorgerufen durch die unterschiedlichen Steifigkeiten unter Zug-, Druck- und Seitenlast, berücksichtigt.
Zusätzliche Verformungen infolge thermischer Ausdehnung und elastischer Verformung der Maschinenkonstruktion bleiben unberücksichtigt.

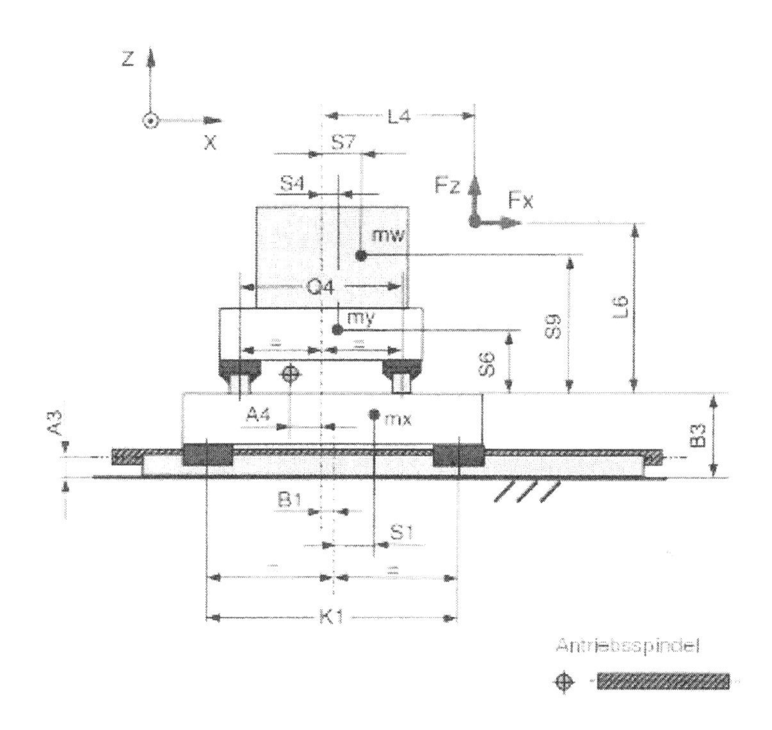

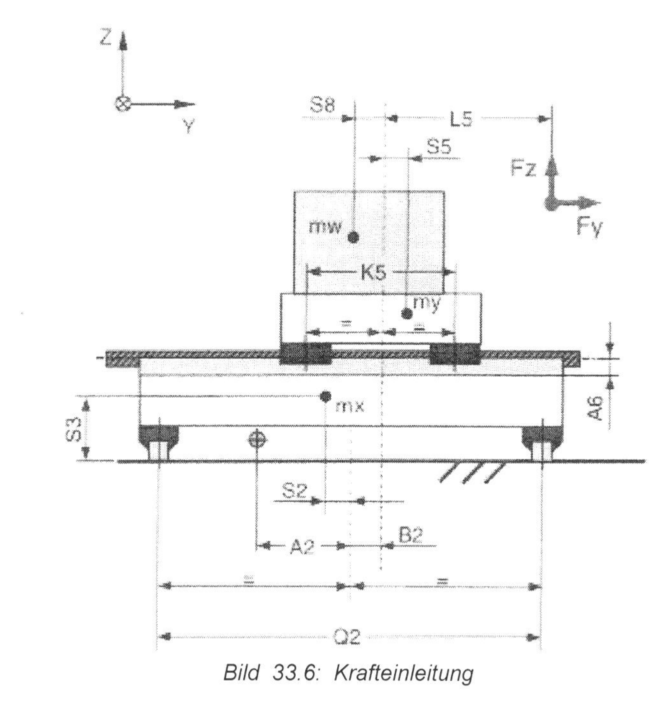

Bild 33.6: Krafteinleitung

Erforderliche Daten:
Für die Auslegung werden sämtliche Daten benötigt wie sie beispielhaft in nachstehender Maschinenzeichnung dargestellt sind.

- Führungsgeometrien mit Anzahl Wagen und Schienen. Wagenabstände längs und quer.
- Länge der Achsen im Raum und Abstände zueinander. (Abstände der Bezugspunkte benachbarter Achsen)
- Massen aller zu berechnenden Maschinenachsen und Werkstücke
- Lage des Massenschwerpunktes
- Lage der Antriebselemente gegenüber dem jeweiligen Achsenbezugspunkt
- Lage des Lastpunktes (Kraft- und Momenten-Angriffspunkt)
- maximale Verfahrwege (Hub) aller zu berechnender Achsen
- maximale Geschwindigkeit und Beschleunigung der Achsen

Bei unterschiedlichen Lastfällen zusätzlich:

- Lastkollektiv mit Geschwindigkeit, Beschleunigung, Verfahrweg und prozentualem Zeitanteil sowie Größe und Richtung der am Arbeitspunkt angreifenden Kräfte und Momente in Abhängigkeit des jeweiligen Lastfalles.

Sämtliche Geometriemaße sind bezogen auf den jeweiligen Achsenmittelpunkt (Siehe Zeichnung). Die Achsbezeichnung im kartesischen Koordinatensystem kann beliebig gewählt werden.

34 Gleitlager- und Wälzlager-Schäden

Die bei der Inspektion von Lagerstellen üblicherweise erfassten Zustandsgrößen – zum Beispiel Öl- und Lagertemperatur, Öldruck, Ölzustand, Geräusche – reichen häufig nicht aus, um sich anbahnende Schäden frühzeitig erkennen und verhindern zu können. Ein Nachteil der bei der Inspektion durchgeführten Prüfungen besteht vor allem darin, dass sie diskontinuierlich erfolgen und dass Schäden oft erst in ihrem Spätstadium erkannt werden. Zum Beispiel weist ein Anstieg der Öltemperatur häufig auf einen bereits eingetretenen Fressschaden hin oder abgefallener Öldruck auf bereits erfolgten starken Lagerverschleiß. Demgegenüber werden erste Anzeichen sich ausbildender Schäden (zum Beispiel Oberflächenrisse) durch die klassischen Inspektionsverfahren meist nicht erfasst. Es ist daher eine große Zahl aufwändiger Verfahren eingeführt worden, welche durch zusätzliche Messgrößen, durch verfeinerte Messempfindlichkeit und zum Teil durch kontinuierliche vollautomatische Überwachung die frühzeitige Erkennung und Unterbindung sich anbahnender Lagerschäden ermöglichen.
Im Folgenden wird ein Überblick über in Betracht kommende Verfahren gegeben:

- Messung der Betriebstemperatur und des Öldrucks

Die bei großen oder wichtigen Lagerstellen eingesetzten Temperatur- und Druckmessgeräte sollten auf möglichst kleine Veränderungen reagieren und mit Alarm- oder Abschalteinrichtungen verbunden sein. Als Temperatur-Messgeräte kommen Widerstandsthermometer und Thermoelemente in Betracht, für die Druckmessung induktive Aufnehmer.

- Untersuchung von Ölproben und Verschleißteilchen.

Menge und Art der der im Öl enthaltenen Verschleißteilchen lassen sich durch folgende Verfahren ermitteln:
Spektroskopisches Verfahren, Optische Partikelzählung, Ferrographie, Magnetic chip detector, Filteruntersuchung.

- Schwingungs-, Schall- und Stoßimpulsmessung

Schwingungsmessung. Als eine wirkungsvolle Maßnahme zum frühzeitigen Erfassen sich ausbildender Verzahnungs- und Lagerschäden hat sich die Messung der Wellenschwingungen in Lagernähe bewährt. Registriert werden hierbei radiale und axiale Verlagerungen. Die Schwingungsmessung erfolgt meist berührungslos, zum Beispiel induktiv oder nach dem Wirbelstromverfahren.

Körperschallmessung. Der mit zunehmendem Verschleiß verbundene Anstieg des Körperschalles wird genutzt, um den Zustand des Lagers anzuzeigen. Die Messung erfolgt durch pietzokeramische Aufnehmer, zum Beispiel am Außenring des Wälz- oder Gleitlagers einer Getriebewelle, oder am Gehäuse.

Stoßimpulsmessung. Dieses Verfahren findet zur Überwachung von Wälzlagern Verwendung. Die Stoßimpulse werden über Beschleunigungsaufnehmer erfasst.

34.1 Gleitlager-Schäden

Man könnte zunächst annehmen, dass ein Gleitlager bis in alle Ewigkeit hydrodynamisch, verschleißfrei arbeitet, wenn alle Regeln bei der Konstruktion und Berechnung erfüllt sind.
In der Praxis zeigt sich jedoch das Gegenteil. Durch einen Lagerschaden ist das Ende der Lebensdauer eines Gleitlagers stets gekennzeichnet.

Schadensmechanismen werden durch eine Vielzahl von möglichen Ursachen ausgelöst.

Normen von Lagerschäden

Was ist als Lagerschaden anzusehen? Wie ist der Schadensverlauf?
Die DIN 31661 behandelt das Thema: „Gleitlager, Begriffe, Merkmale und Ursachen von Veränderungen und Schäden" Die Norm behandelt erkennbare Veränderungen und Schäden während der Laufzeit des Gleitlagers, ohne dass diese eine Beschränkung der Betriebsfähigkeit oder der Lebensdauer oder den Ausfall des Gleitlagers zur Folge haben müssen".
Für die Schadensanalyse sind derartige Aussagen wenig hilfreich ebenso wie die Auflistung verschiedener Tragbilder wie Kantenträger einseitig, Kantenträger beidseitig, abnormales Tragbild und so weiter. Die Norm enthält eine Vielzahl von Schadenfotos, enthält jedoch keine klare Gliederung nach Schadenstypen und Schadensbildern.
Wichtige Schadenstypen und auch Schadensursachen sind dort gar nicht erwähnt. Es hat sich in der Praxis vielfach gezeigt, dass die Anwendung dieser Norm regelmäßig zu Fehleinschätzungen des Sachverhaltes führt.

Schadensverläufe

Wenn sich mit steigender Betriebstemperatur oder Öldruckverlust die Entstehung eines Lagerschadens ankündigt, ist die Betriebssicherheit der Maschine nicht mehr gewährleistet. Die Maschine muss abgestellt und die Schadensursache gefunden werden.
Die Mehrzahl der Gleitlagerschäden beruhen auf fehlerhafter Montage und Unregelmäßigkeiten während des Betriebes. Die Schäden treten früher oder später auf. In beiden Fällen entstehen dieselben Schadenbilder, jedoch sind die Ursachen meist unterschiedlich. Daher ist die Zuordnung, ob ein Schaden nach kurzer oder langer Betriebsdauer aufgetreten ist, für die Ursachenforschung äußerst wichtig.

Gleitlagerschäden nach kurzer Betriebsdauer

Tritt kurz nach Inbetriebnahme ein Lagerschaden auf, dann ist dies häufig auf veränderte Bedingungen zurückzuführen, die im Zusammenhang mit einem vorangegangenen Schaden stehen. Montagemängel führen ebenfalls zu frühzeitigen Ausfällen. Auch durch plötzliche Veränderung der Betriebsbedingungen werden Schäden ausgelöst.

Gleitlagerschäden nach langer Betriebsdauer

Statische oder dynamische Überbeanspruchung führt durch Werkstoff-Ermüdung meistens zu Schäden nach langer Betriebsdauer.
Tritt dieser Fall ein je nach Maschinenart nach zum Beispiel 160 000 Betriebsstunden, so ist das als normaler Vorgang zu bewerten und es ist bei solch einem Ausfall nicht wirtschaftlich, großen Aufwand in die Ursachenforschung zu investieren. Durch plötzliche Veränderung der Betriebsbedingungen können auch nach langer Betriebszeit Schäden auftreten.

Schadensanalyse

Da die Zusammenhänge der Schadens-Ursache recht kompliziert sind, ist es unumgänglich die Begriffe strikt nach Ursache, Schadenstyp und Schadensbild zu trennen. Im Verlauf eines Lagerschadens laufen typische Schadensmechanismen ab, die nach folgenden Schadentypen gegliedert sind und sich mit entsprechenden Schadenbildern darstellen.

Schadentypen

- Statische Überlastung
- Dynamische Überlastung
- Schmierstoffmangel
- Verschleiß
- Überhitzung
- Verschmutzung
- Stromübergang
- Kavitation
- Wasserstoffdiffusion

Schadenbilder

- Ablagerungen
- Kriechverformung
- Temperaturwechselverformung
- Heißrisse
- Ermüdungsrisse, Schichtablösung, Ausbrüche
- Reibnarben, Ausschmelzung
- Riefen, Einlaufspuren
- Verfärbung
- Korrosion, Erosion
- Schmutzwanderspuren, Eindrücken
- Spanwolle
- Lichtbogenkrater
- Kavitationsbild

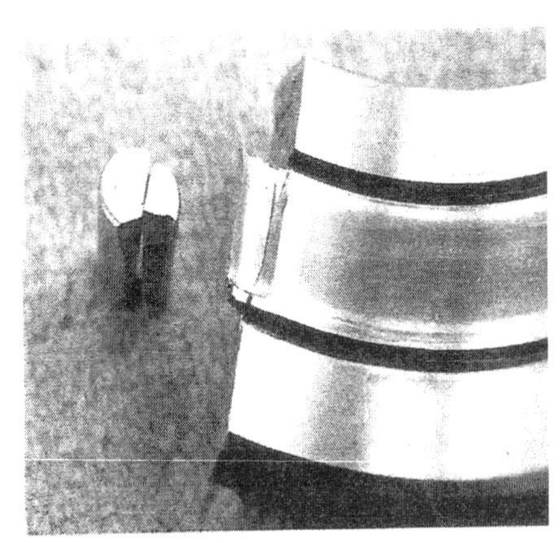

Gewaltbruch (2fach)

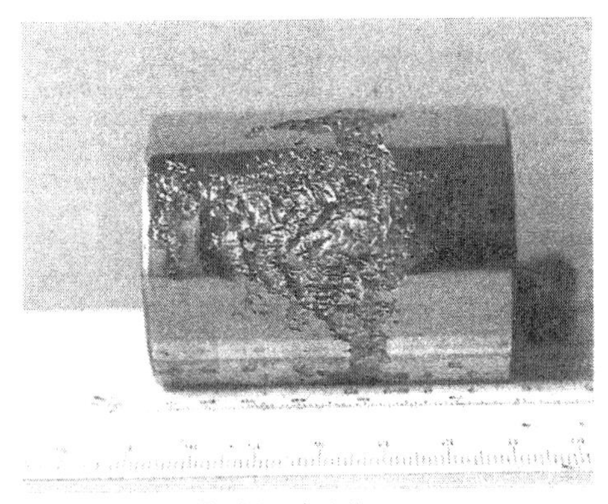

Vorzeitige Ermüdung (~1:1)

Plastische Verformung der Laufbahn und Bruch (~1:1)

Ermüdung und Riffeln (~1:1)

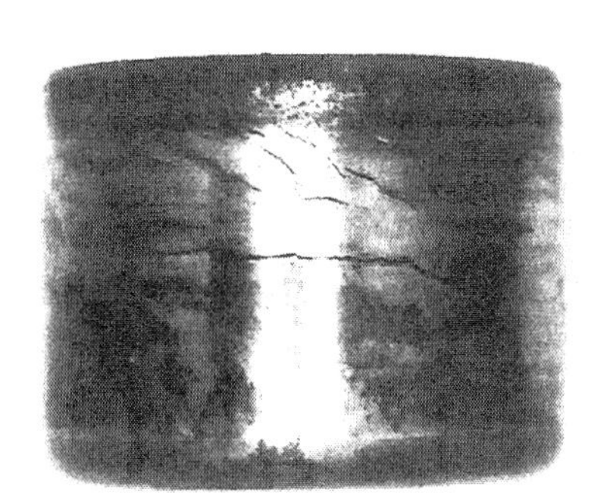

Bild 34.1: Lagerschäden

Da die Schadensursache über den Schadentyp zu einem Schadenbild führt, wird häufig angenommen, dass umgekehrt ein Schadenbild direkte Rückschlüsse auf die Schadenursache zulässt.
Dies trifft in der Praxis nur selten zu, da eine Schadenursache nacheinander verschiedene Schadentypen mit jeweils zugehörigen Schadenbildern entstehen lässt. Die Auswertung wird umso schwieriger, je weiter der Schaden in Zeit und Umfang fortgeschritten ist.
In der Praxis liegt das Problem der Beurteilung darin, dass der Betrachter des Lagerschadens nur das zuletzt aufgetretene Schadenbild sieht und unmittelbar nur den hierzu gehörigen Schadentyp zuordnen kann. Damit lässt sich jedoch in den meisten Fällen noch keine Verbindung zur primären Schadenursache herstellen.

- Verschiedene Ursachen können zum selben Schadenbild führen
- Eine Ursache kann verschiedene Schadenbilder erzeugen

Im Schadenfall müssen systematisch alle Einflüsse abgefragt und zusammengetragen werden. Die Vielzahl der Einzelinformationen zusammengefügt, helfen in ihrer Summe, die mögliche Schadenursache einzugrenzen.

Tabelle 34.1: Schadenanalyse

Schadenursache	**Schadentyp**	**Schadenbild**
Überschreitung der Lebensdauer		Ablagerung
Flächenpressung oberhalb	Statische Überlastung	Kriechverformung
Auslegungsgrenze in Verbindung mit häufigen Startvorgängen		Heißrisse Mischreibungsspuren
Überschreitung der Lebensdauer	Dynamische Überlastung	Ermüdungsrisse
Mängel im Lagersitz		Schichtablösung
Reduzierter Schmierspalt, Viskositätsverlust, Filterdefekt, Leckage	Schmierstoffmangel	Ausschmelzung, Mischreibungsspuren, Gleitschichtverschiebung
Warmölverschleppung, Ölkühlung, Wärmeleitung, zu schnelles Anfahren	Überhitzung	Ablagerung, Kriechverformung, Heißrisse, Mischreibungsspuren
Zufuhr fester oder flüssiger Fremdkörper	Verschmutzung	Riefen, Einlaufspuren, Korrosion, Eindrückungen
Wellenspannung (Induktion)	Stromübergang	Lichtbogenkrater
Gase oder Wasser im Öl, zu großes Spiel, scharfkantige Übergänge	Kavitation	Kavitationsbild
Unzulängliche Wärmebehandlung	Wasserstoffdiffusion	Schichtablösung

34.2 Wälzlager-Schäden

Über 50% aller Wälzlagerschäden sind auf fehlerhafte Schmierung zurückzuführen. An vielen weiteren Schäden, die sich nicht direkt auf eine Schmierstörung zurückführen lassen, ist sie mitbeteiligt.
Verschleiß, Anschmierungen, Verschürfungen und Fressspuren sind auf eine mangelhafte Schmierung in der Kontaktstelle zurückzuführen. Außerdem können Ermüdungsschäden

(Abblätterungen) auftreten. Zu einem Heißlauf der Lager kann es kommen, wenn sich bei Schmierstoffmangel oder Überschmierung die Lagerringe infolge ungünstiger Wärmeabfuhr ungleichmäßig erwärmen und dadurch eine Spielverminderung oder sogar eine Verspannung auftritt.

Tabelle 34.2: Schaden – Ursachen

Schadenbild	Ursache	Hinweise
Geräusch	Schmierstoffmangel	Stellenweise Festkörperberührung, kein zusammenhängender, tragender und dämpfender Schmierfilm.
	Ungeeigneter Schmierstoff	Zu dünner Schmierfilm, weil das Öl oder das Grundöl des Fettes eine zu geringe Viskosität hat. Bei Fett kann die Verdickerstruktur ungünstig sein. Teilchen wirken geräuschanregend.
	Verunreinigungen	Schmutzteilchen unterbrechen Schmierfilm und erzeugen Geräusche
Käfigverschleiß	Schmierstoffmangel	Stellenweise Festkörperberührung, kein zusammenhängender, tragender Schmierfilm.
	Ungeeigneter Schmierstoff	Zu geringe Viskosität des Öles oder Grundöles ohne Verschleißschutzzusätze kein Grenzschichtaufbau.
Verschleiß an Rollkörpern, Laufbahnen, Bordflächen	Schmierstoffmangel	Stellenweise Festkörperberührung, kein zusammenhängender, tragender Schmierfilm. Tribokorrosion bei oszillierenden Relativbewegungen, Gleitmarkierungen.
	Ungeeigneter Schmierstoff	Zu geringe Viskosität des Öles oder Grundöles. Schmierstoff ohne Verschleißschutzzusätze.
		Feste, harte Teilchen oder flüssige, korrosiv wirkende

	Verunreinigungen	Medien
Ermüdung	Schmierstoffmangel	Stellenweise Festkörperberührung und hohe Tangentialspannungen an der Oberfläche. Verschleiß.
	Ungeeigneter Schmierstoff	Zu geringe Viskosität des Öles oder Grundöles. Schmierstoff enthält Stoffe, deren Viskosität sich bei Druck nur geringfügig erhöht, beispielweise Wasser Unwirksame Additive
	Verunreinigungen	Harte Teilchen werden eingewalzt und führen zu Stellen hoher Pressung. Korrosive Medien verursachen Korrosionsstellen, von denen Ermüdung ausgeht.
Hohe Lagertemperatur, Verfärbte Lagerteile, Fressstellen	Schmierstoffmangel	Stellenweise Festkörperberührung, kein zusammenhängender, tragender Schmierfilm
	Ungeeigneter Schmierstoff	Hohe Reibung und hohe Temperatur wegen stellenweiser Festkörperberührung.
	Schmierstoffüberschuss	Bei mittleren oder hohen Drehzahlen Schmierstoffreibung insbesondere bei plötzlicher Schmierstoffzufuhr .

Quelle: FAG

Schmierstoffbedingte Schäden sind zuverlässig und einfach durch Temperaturmessung erkennbar.
Normales Temperaturverhalten liegt vor, wenn die Lagerung im stationären Betrieb die Beharrungstemperatur erreicht, Schmierstoffmangel zeigt sich durch einen plötzlichen Temperaturanstieg. Ein unruhiger Temperaturverlauf mit in der Tendenz ansteigenden Maximalwerten deutet auf eine allgemeine Verschlechterung des Schmierungszustands, zum Beispiel bei erreichter Fettgebrauchsdauer. Nicht geeignet sind Temperaturmessungen, um Ermüdungsschäden frühzeitig zu registrieren. Bei solchen örtlich begrenzten Schäden bewährt sich am besten die Schwingungsmessung. Durch kontinuierliche Schmierstoffanalysen erkennt man Lagerschäden, die mir Verschleiß verbunden sind.

Im folgenden Bild sind die gebräuchlichsten Verfahren zur Überwachung der Lager und die damit erfassbaren Schäden aufgeführt.

34.2.1 Überwachung der Lager

Tabelle 34.2: Lagerüberwachung

Messgröße	Messverfahren	Erfassbare Schäden
Schwingungen Vibrationen Luftschall Körperschall	Subjektives Abhören Frequenzanalyse(Schwingweg, Schwinggeschwindigkeit) Stoßimpulsmessung	Ermüdung Bruch Riffelbildung Riefen
Verschleiß	Überwachung des Abriebs Radionukleidmessung Schmierstoffanalyse	Verschleiß der Wälzlager-teile
Temperatur	Thermometer Thermoelement Thermowiderstand Vergleich von Messwerten	Heißläufer Trockenlauf Fresserscheinungen

Quelle: FAG

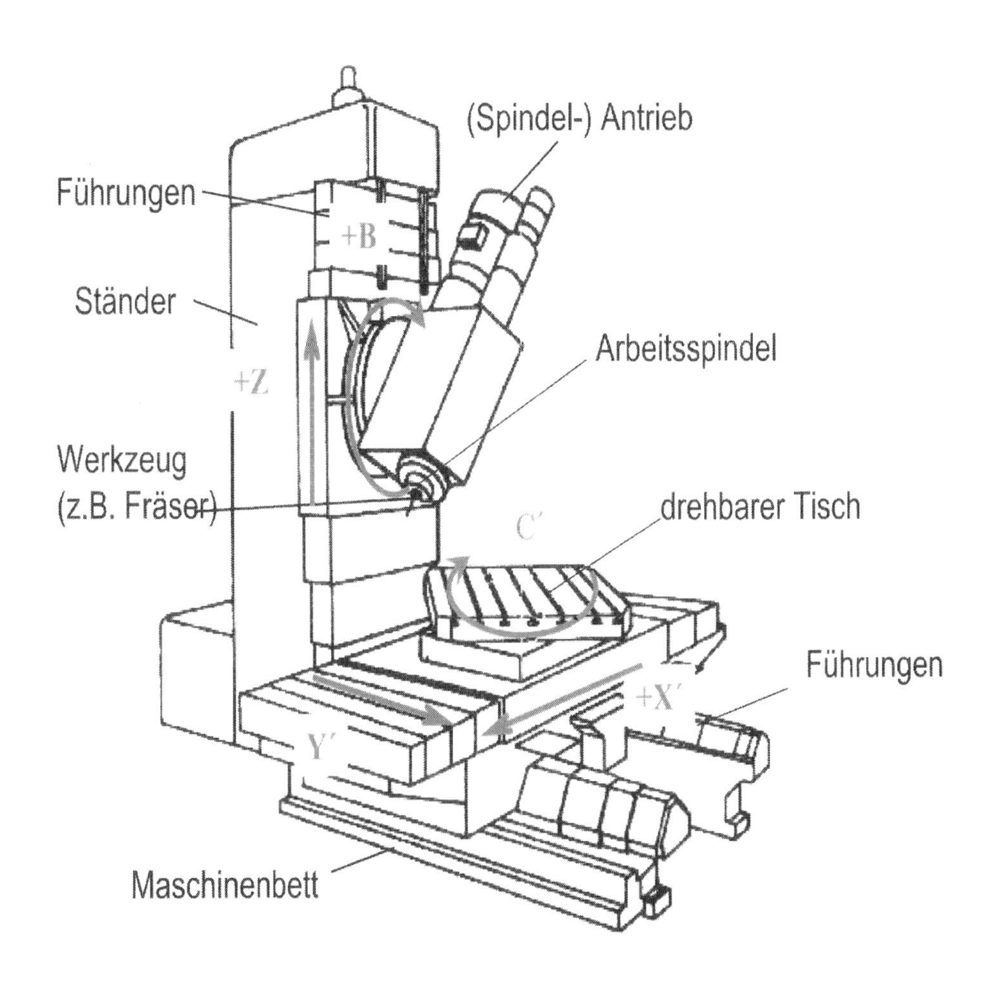

Bild 35.1: Vertikale (5-Achs-) Fräsmaschine in Kreuztischbauweise

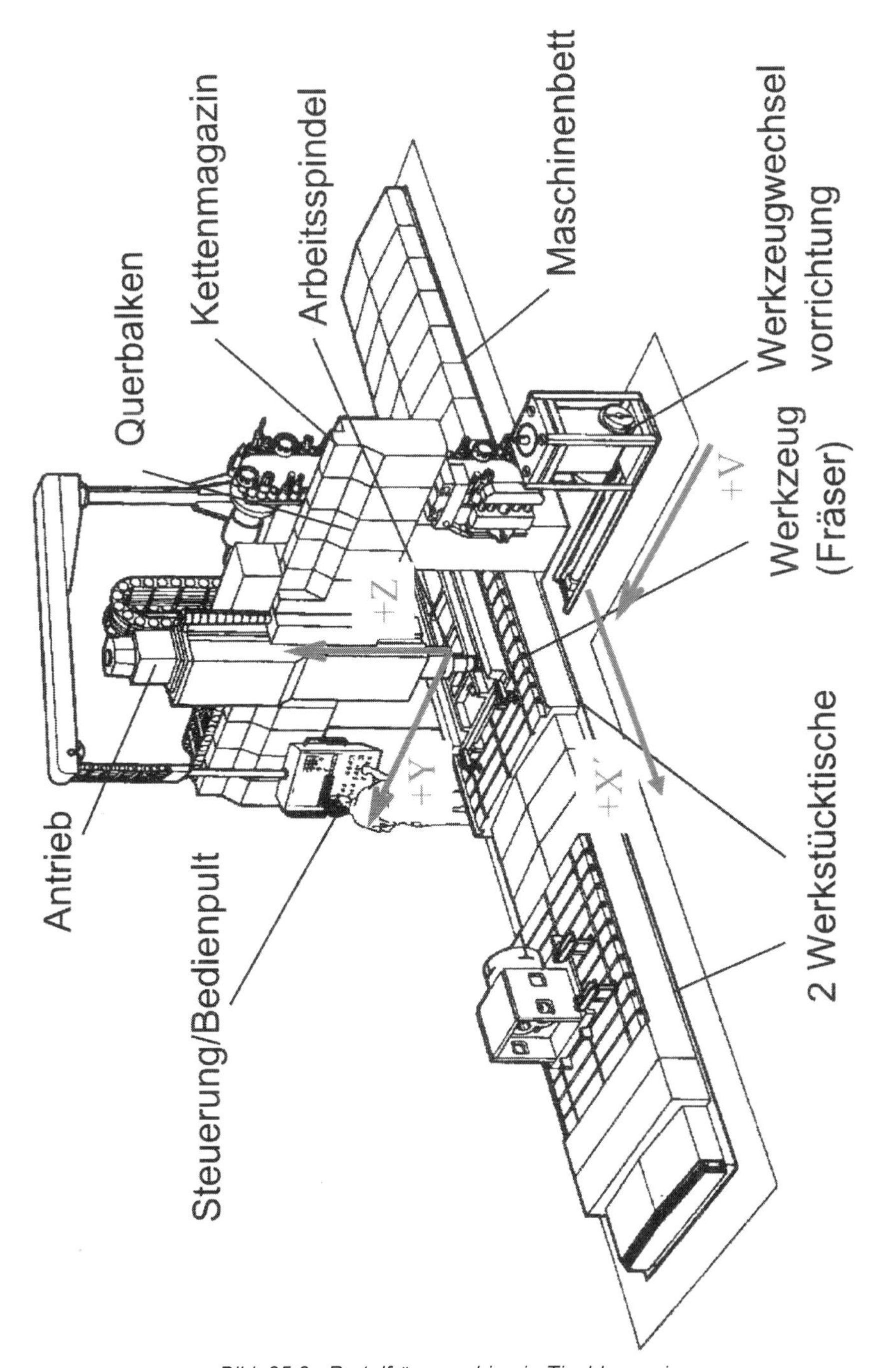

Bild 35.2: Portalfräsmaschine in Tischbauweise

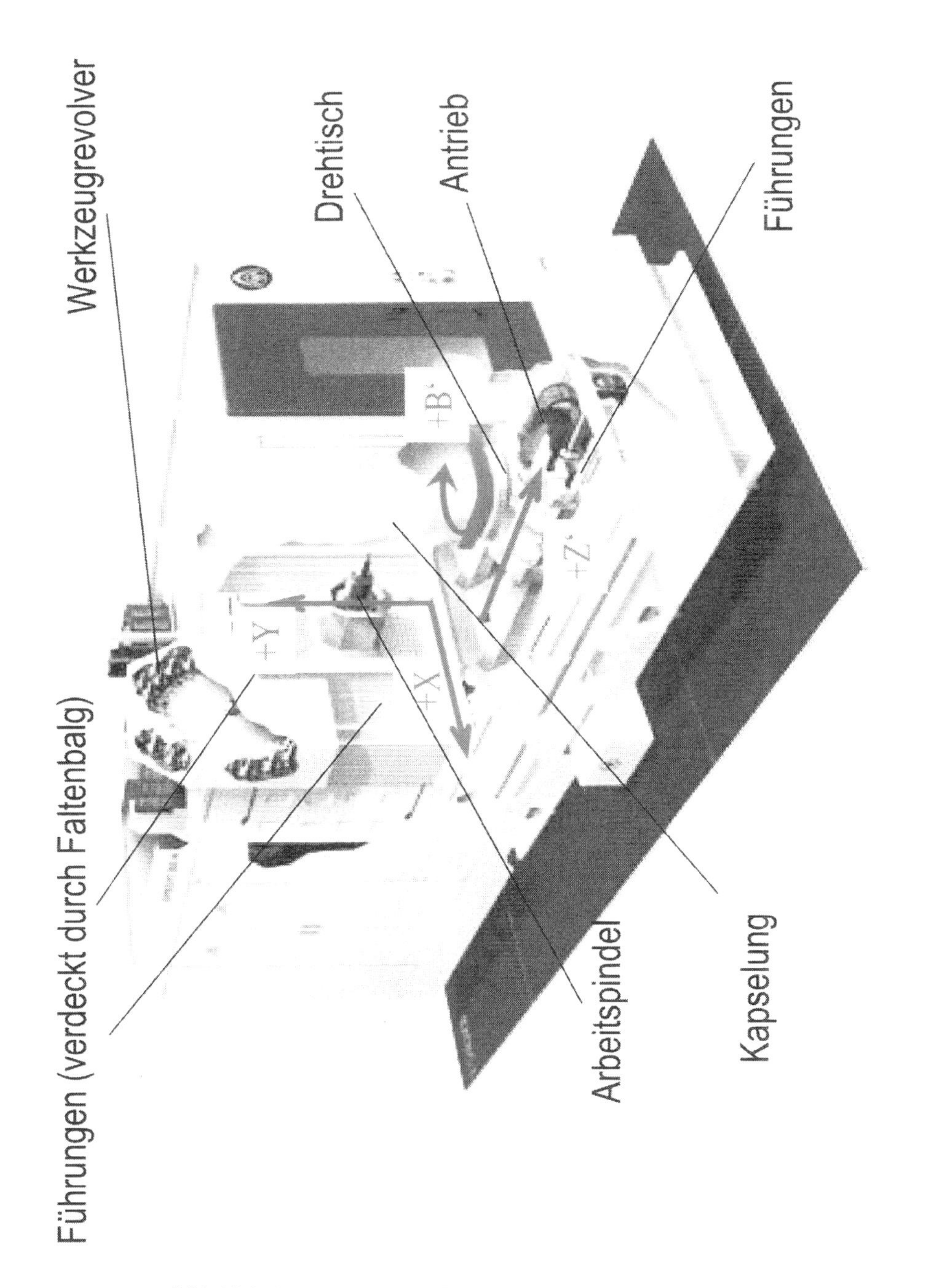

Bild 35.3: Horizontale Bohr-Fräsmaschine in Kreuzbettbauweise

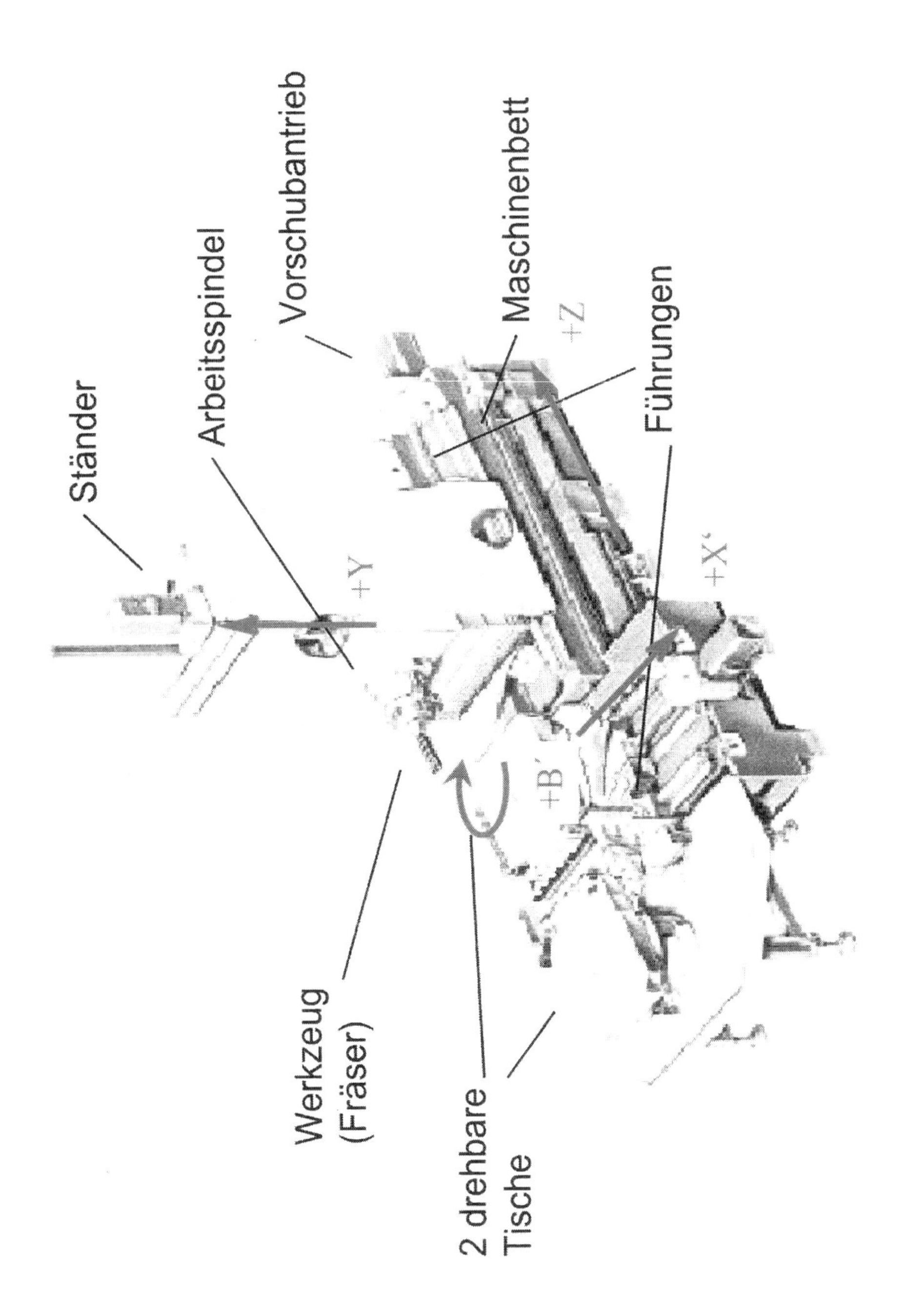

Bild 35.4: Horizontale Fräsmaschine in Kreuzbettbauweise

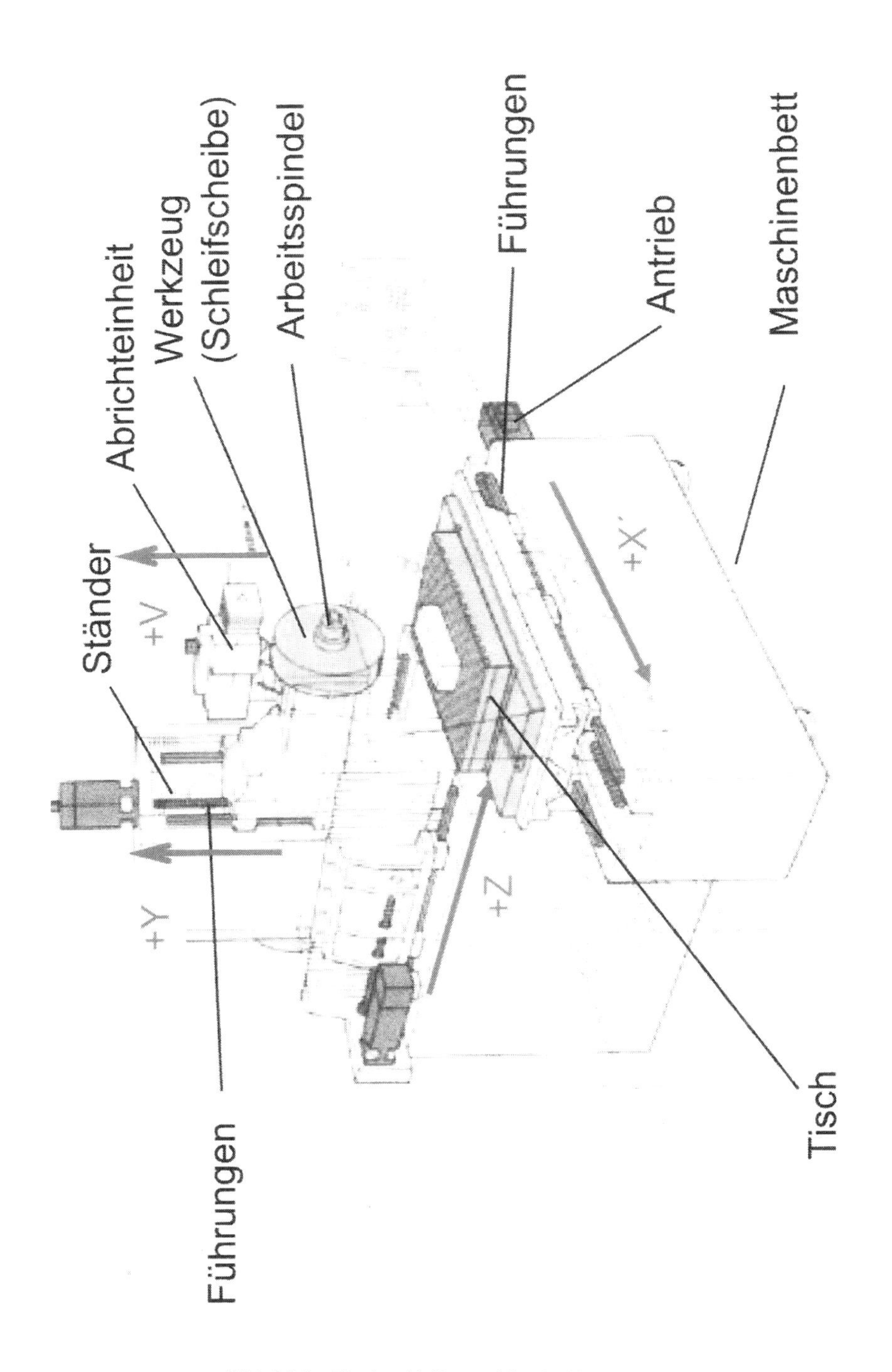

Bild 35.5: Flachschleifmaschine in Konsolbettbauweise

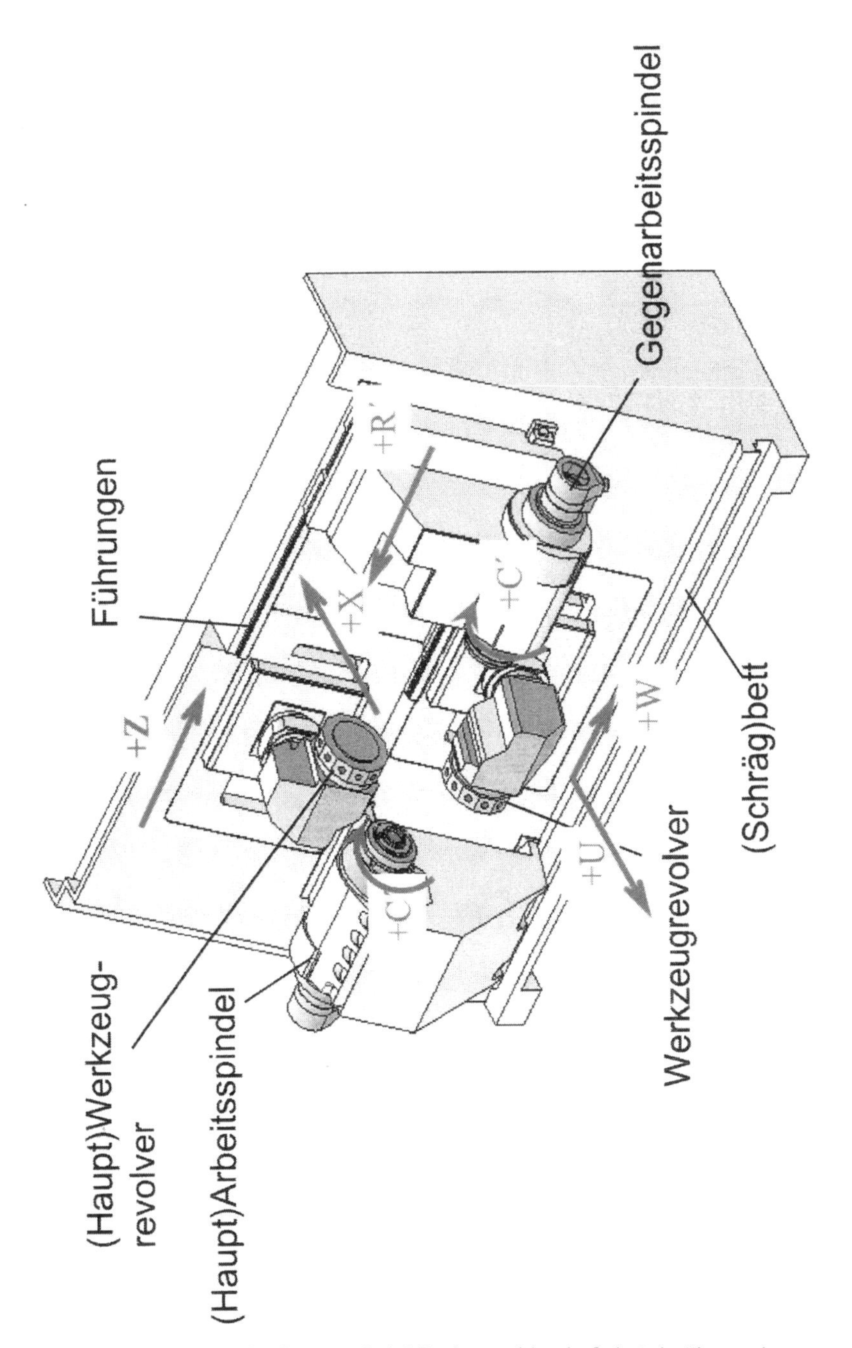

Bild 35.6: Gegenspindel-Drehmaschine in Schrägbettbauweise

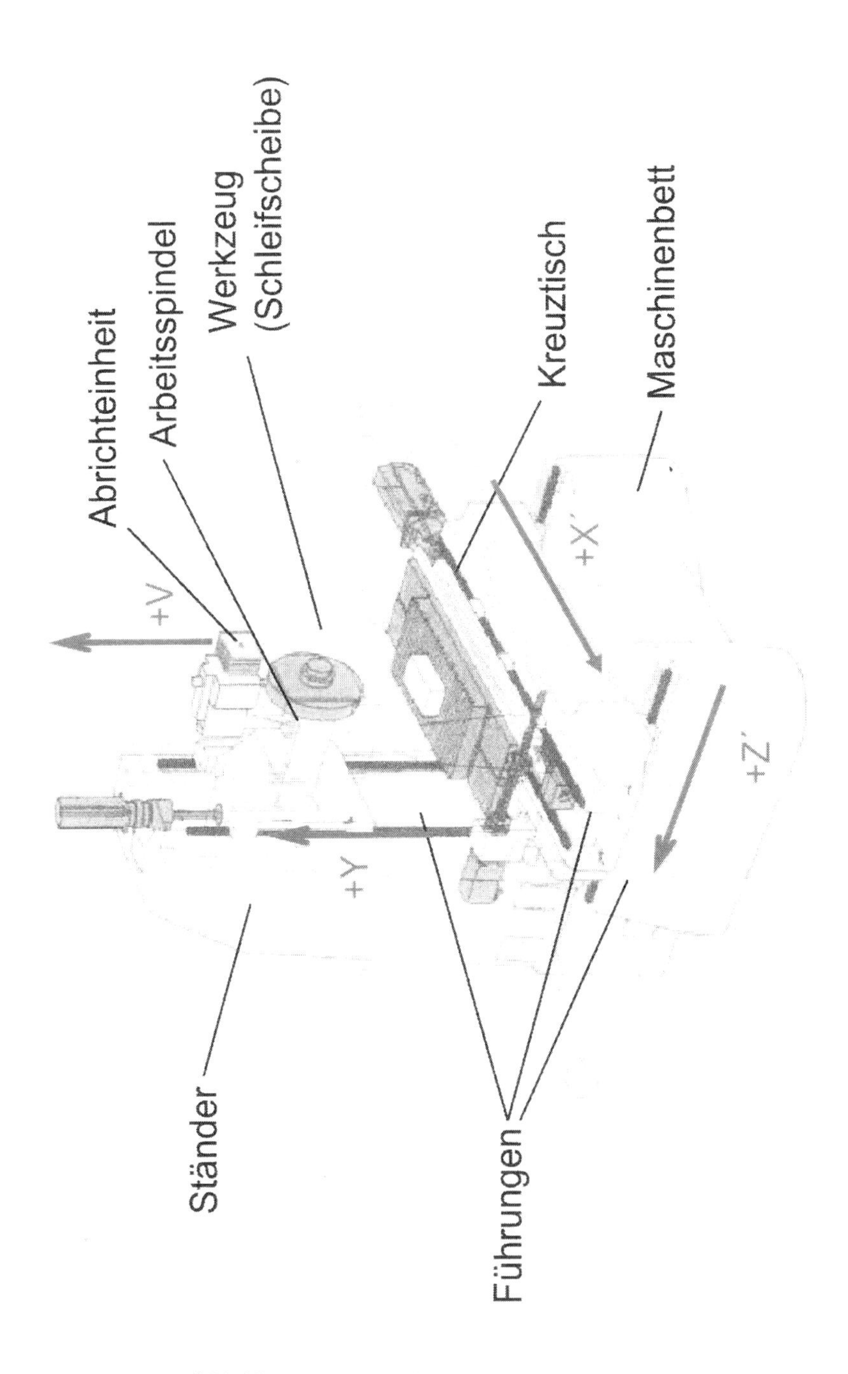

Bild 35.7: Flachschleifmaschine in Kreuztischbauweise

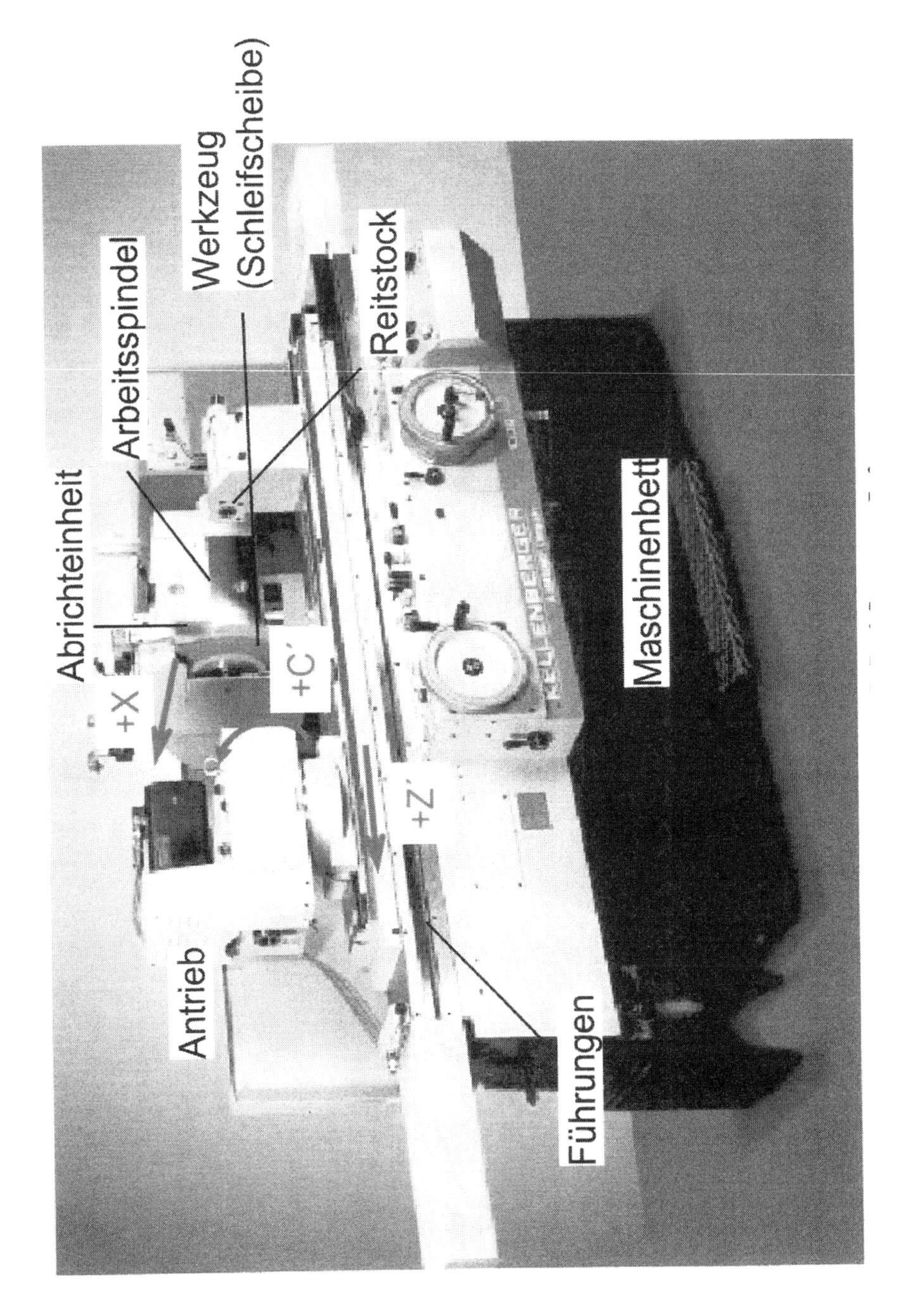

Bild 35.8: Außenrundschleifmaschine

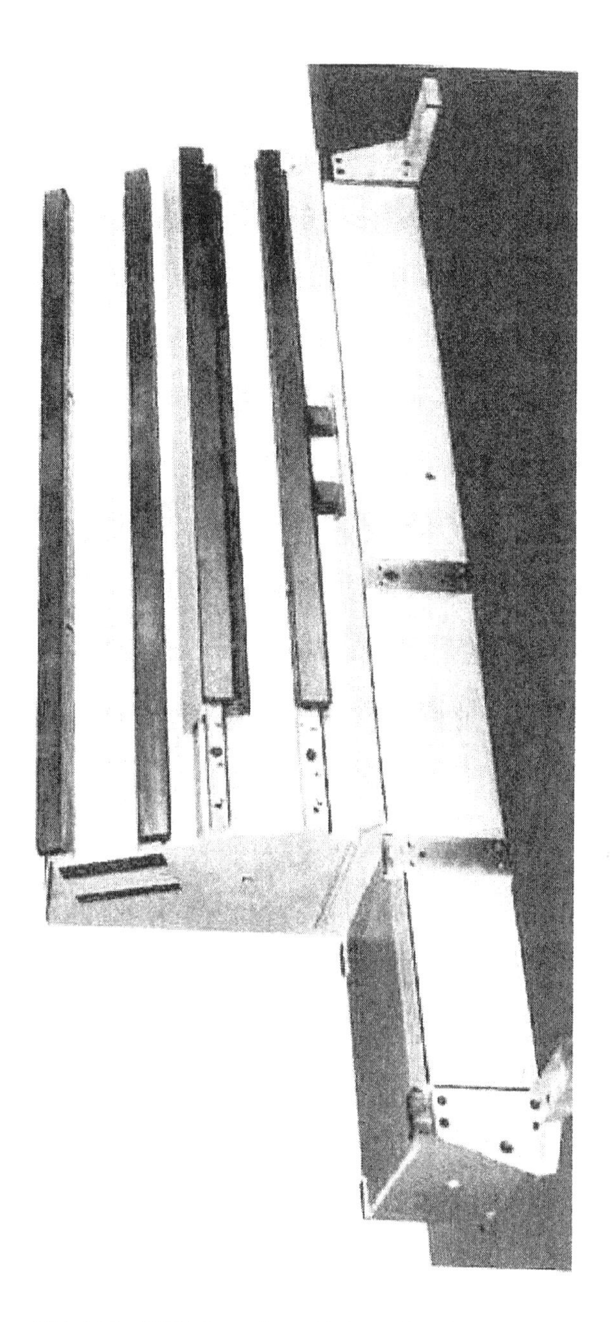

Bild 35.9: WZM-Gestell aus Beton, mit aufgeschraubten Führungsbahnen aus Stahl

Bild 35.10: Karusselldrehmaschine

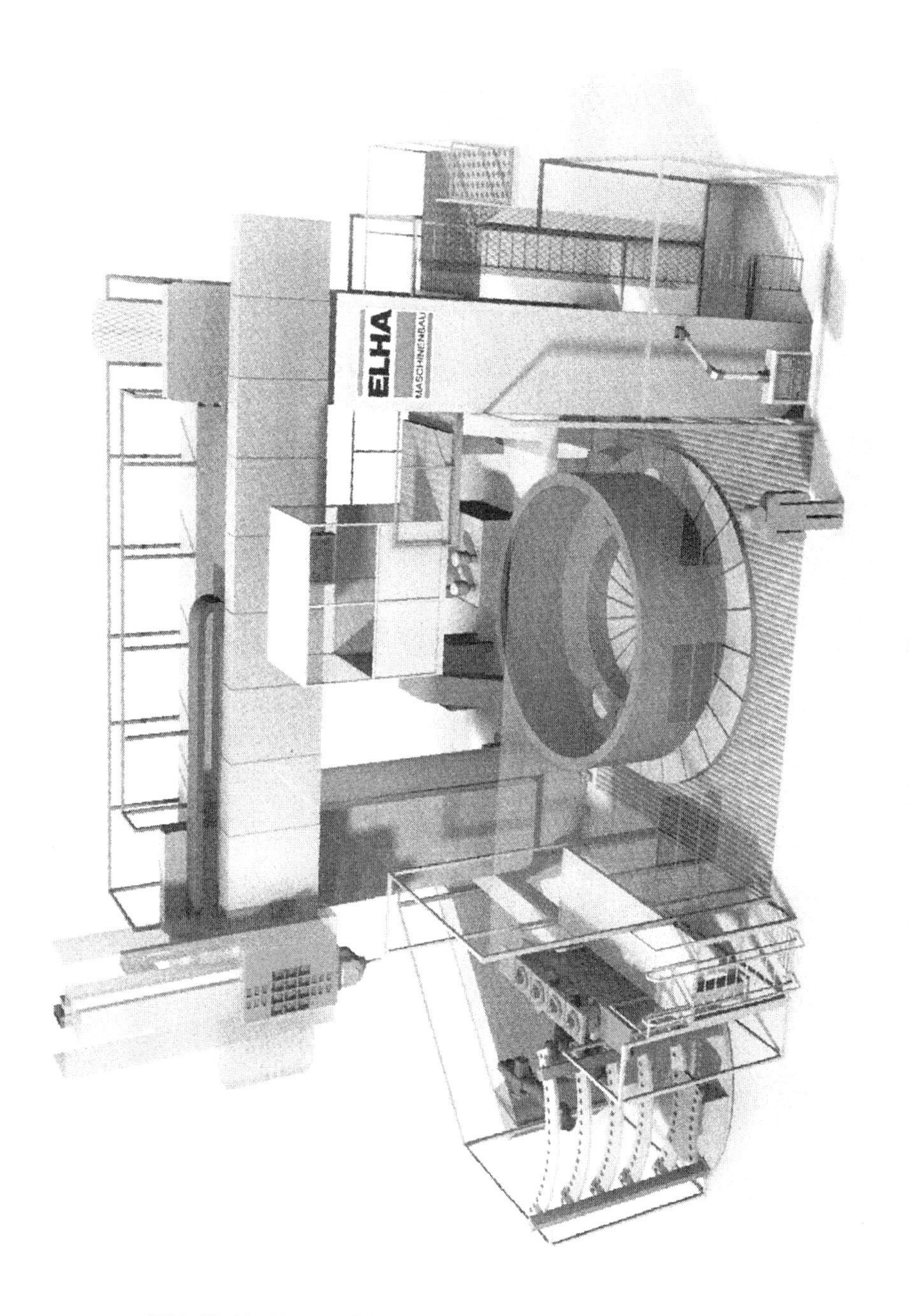

Bild 35.11: Karusselldrehmaschine (Quelle: ELHA)

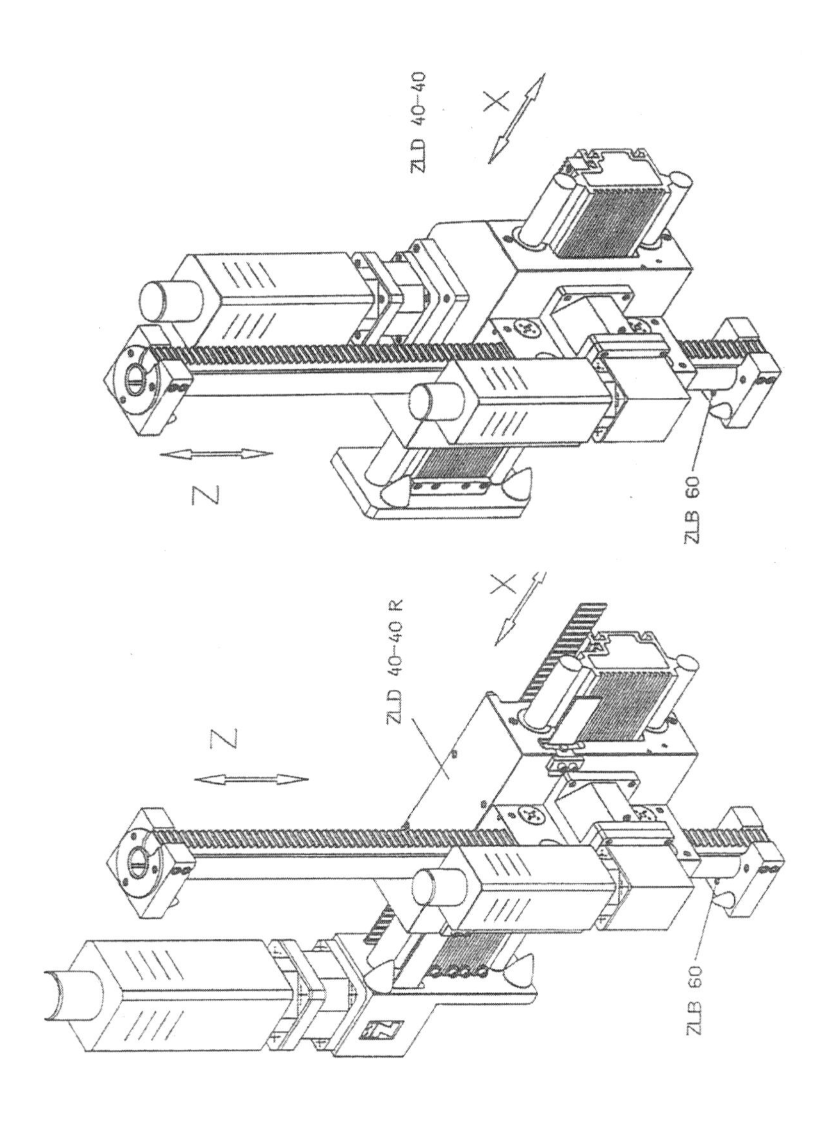

Bild 35.12: Portalachse mit Laufwagenantrieb über Zahnriemen bzw. Zahnstange

36 Literaturverzeichnis

ACO Severin Ahlmann GmbH, Mineralguss ABC. Firmenschrift

Adams V. Askenazi A. (1999) Building Better Products with Finite Elemente Analysis. On World Press, Santa Fee.

Atscherkan: Werkzeugmaschinen, Berechnung und Konstruktion. Technik-Verlag Berlin 1963

Bausch,Th.: Verzahnungshonen. In: Innovative Zahnradfertigung – Verfahren, Maschinen und Werkzeuge zur kostengünstigen Herstellung von Stirnrädern mit hoher Qualität. Expert verlag, 5. Auflage, Renningen 2015

Bechle,A.: Beitrag zur prozesssicheren Bearbeitung Hochleistungsfertigungsverfahren Wälzschälen. Diss. TH-Karlsruhe, 2006

Berger,R.; Fischer,R; Salecker,M.: Von der automatisierten Kupplung zum automatisierten Schaltgetriebe. VDI Bericht 1393

Bongartz HB. (1970) Die Tragkomponenten der Gleitführung und ihr Einfluss auf das Reibungsverhalten. Dissertation, RWTH Aachen.

Brändlein, J.: Eigenschaften von wälzgelagerten Werkzeugmaschinen. FAG Publ. Nr. WL 02113 DA

Bräuning H. (1973) Einsatz mehrflächiger hydrodynamischer Gleitlager in Schleifspindellagerungen. Industrie-Anzeiger 95 Nr. 59.

Brosch, P.F. : Moderne Stromrichterantriebe. Vogel-Verlag Würzburg. 2008.

Brosch, P.F. : Praxis der Drehstromantriebe mit fester und variabler Drehzahl. Vogel-Verlag Würzburg

Bruins, D.H.: Werkzeuge und Werkzeugmaschinen, Teil 1, Carl Hanser Verlag München 1968

Bruins / Dräger: Werkzeuge und Werkzeugmaschinen für die spanende Metallbearbeitung. Teil 2. Hanser-Verlag München 1984

Brungs S. (1979) Experimentelle Untersuchung und näherungsweise Berechnung von doppelsphärischen, druckgespeisten Luftlagern unter verschiedenen Beanspruchungen, TU München.

Butz F. (2000) Entwicklung schnelllaufender, wälzgelagerter Hauptspindeln für Werkzeugmaschinen. Tischvorlage FWF. Arbeitskreis, Werkzeugmaschinenlabor der RWTH Aachen.

Chaimowitsch: Ölhydraulik, VEB-Verlag Technik, Berlin 1957

Cuijpers,M.: Tooth Root Strength of Bevel an Hypoid Gears, Diss. TU Endhoven 2000.

DIN 31657 Entwurf (1992) Hydrodynamische Radial Gleitlager im stationären Betrieb. Berechnung von Mehrflächen- und Kippsegmentlagern Teil1 bis 4. Deutscher Normenausschuss.

DIN 3960 : Geometrische Größen an Stirnradverzahnungen. Hrsg. Deutscher Normenausschuss.1987

DIN 3990 : Teil 1/5, Tragfähigkeit von Evolventen-Stirnradverzahnungen. Hrsg. Deutscher Normenausschuss. Ausg. 1987

DIN 50320 (1979) Verschleiß: Begriffe, Systemanalyse von Verschleißvorgängen, Gliederung des Verschleißgebietes. Deutscher Normenausschuss.

DIN 51519 : Öl-Viskositätsdiagramm. Hrsg. Deutscher Normenausschuss. Ausg. 1976

Dittrich, O. und Schumann, R.: Anwendung der Antriebstechnik, Band 3, Getriebe, Krausskopf-Verlag

Dreyer WF. (1966) Über die Steifigkeit von Werkzeugmaschinen und vergleichende Untersuchungen an Modellen, Dissertation, RWTH Aachen.

Dubbels Taschenbuch für den Maschinenbau, Springer-Verlag, 1970

Dürr und Wachter: Hydraulische Antriebe und Druckmittelsteuerungen, Carl Hanser Verlag, München

Eckstein, H.J.: Technologie der Wärmebehandlung von Stahl. VEB-Verlag, Leipzig ,1987

Effenberger W. (1970) Hydrostatische Lageregelung zur genauen Führung von Werkzeugmaschinenschlitten. Dissertation, RWTH Aachen.

Eisele, F. und Schulz, H.D.: Dynamische Eigenschaften der Werkzeugmaschinengetriebe. Der Maschinenmarkt (1960) Nr. 63

Eisenmann S. (1986) Hydrostatische Lagersysteme mit im Laufspalt angeordneten Vordrosseln. Zollern Gleitlagertechnik.

Epucret (2002) Mineralguss für den Maschinenbau. Die Bibliothek der Technik Band 231. Verlag Moderne Industrie.

Eschmann, Hasbargen, Weigand: Die Wälzlagerpraxis. Oldenbourg-Verlag München, Wien 1978

Etmanski B. (1992) Zum Eigenschaftsprofil hochgefüllter Reaktionsharzverbundwerkstoffe,Dissertation, Universität GH Kassel.

Falke, H.: Schwingungen und Geräusche an Verstellantrieben, Antriebstechnik10/ 1978, Antriebstechnik 4 und 5 / 1976

Finkelnburg, H.: Stufenlose Antriebstechnik heute – Elektronik oder Mechanik, Fachberichte für Metallverarbeitung, Ausgabe September/ Oktober 1978

Förster, H.J.: Die Kraftübertragung im Fahrzeug vom Fahrzeug bis zu den Rädern. Verlag TÜV-Rheinland ,1987

Friedrich, G.: Eigenschaften elektrohydraulischer Vorschubantriebe im Bereich kleiner Drehzahlen. Diss. TH Aachen, 1965

Fritz E. (1992) Berührungsfreie Spindelabdichtung im Werkzeugmaschinenbau. Konstruktionskatalog. Industriebericht Nr. 39. Universität Stuttgart.

Fritz, E., Haas und Müller, H.K.: Berührungsfreie Spindelabdichtungen im Werkzeugmaschinenbau. Bericht aus dem Inst. Für Maschinenelemente der Univ. Stuttgart. Bd. 39, 1991

Fuller, D.: Theorie und Praxis der Schmierung. Stuttgart: Berliner Union.

Gerke M. (1991) Auslegung von ebenen und zylindrischen aerostatischen Lagern bei stationären Betrieb. Dissertation, TU München.

Gleason: Tooth Contact Analysis, Formulas and Calculations (TCA)

Goldschmidt AG (1990) Firmenschrift 3 / 80 Nr. 52

Göschen, B.1961, Berlin, Verlag Walter de Gruyter 1960

Götz HU (1990) Analyse, Modellbildung und Optimierung des Betriebsverhaltens von Kugelgewindetrieben. Dissertation NNI Karlsruhe.

Greiner, H. : Anlaufen, Bremsen, Positionieren mit Drehstrom-Asynchronmotoren. Danfoss Bauer GmbH, Esslingen, 2001.

Groß H. (2006) Technik elektrischer Vorschubantriebe in der Fertigungs- und Automatisierungstechnik. Publicis Corporate Publishing, Erlangen.

Groß, H. :Beitrag zur Lebensdauerabschätzung von Stirnrädern bei Zahnkraftkollektion bei geringem Völligkeitsgrad. Diss. TH-Aachen 1974

Hänchen, R.: Festigkeitsberechnung für den Maschinenbau, Hanser-Verlag, 1956

Harmonic Drive AG: Konstruktionshandbuch. 2005

HEMA (2006) Klemmsysteme Firmenschrift, Hema Seligenstadt.

Herold, W.: Elektromagnetische Lamellenkupplungen. Industrie Anzeiger, 80.Jg. (1958), H.56

Hippenstiel, F.: Mikrolegierte Einsatzstähle als maßgeschneiderte Werkstofflösungen zur Hochtemperaturaufkohlung von Getriebekomponenten. Diss. TU Aachen 2002

Huber, E.: Werkzeugmaschinengetriebe mittels elektronischer Steuerung. Industrie Organisation, 29 Jg. (1960), Nr. 8

Huber, P.R.: Zentralschmieranlagen – Übersicht und Stand der Technik. 1988

Huf, A.: Automatisierung spart Energie. Energy 2.0 Heft März 2009-05-22

Hütte, Berlin : Verlag Wilhelm Ernst & Sohn 1996

INA Schaeffler KG (2006) Profilschienenführungen, Firmenschrift, Katalog 6005, Homburg Saar.

Irtenkauf, J.: Der mechanische, elektrische und hydraulische Antrieb von Werkzeugmaschinen. Werkstatttechnik und Maschinenbau, 41.Jg. (1951), Heft 4

Irtenkauf, J.und Schuhmacher, H.: Schaltmittel für mechanische Getriebe, insbesondere bei Werkzeugmaschinen. Werkstatttechnik und Maschinenbau, 41.Jg. (1951), Heft 8

Jackisch, U.V.: Mineralguss für den Maschinenbau, Verlag Moderne Industrie. 2002

Jakob, L.: Drehstarre, flexible Kupplungen. Konstruktion, Elemente, Methoden. Heft 5, 1979

Kabelschlepp GmbH. Richtlinien für die Auslegung von Leitungen in Kabelschlepp–Energieführungen. Firmenschrift. Kabelschlepp Siegen.

Kickbusch, E.: Föttinger-Kupplungen und Föttinger-Getriebe. Springer-Verlag 1963

Kingsbury, A.: On Problems in the Theory of Fluid-Film Lubrication with an Experimental Method of Solution. Trans. Am. Soc. Mechan. Engrs. 53 (1931) Nr. 2

Klement J. (2008) Fräskopf- und Motorspindel Technologie. Expert verlag Renningen.

Klement, W.: Fahrzeuggetriebe. Carl Hanser Verlag München, 2007

Klingelnberg, J.: Kegelräder. Springer Verlag Berlin, Heidelberg, 2008

Köhler H. (1985) Druckgespeiste Gaslager mit flächig verteilten Mikrodüsen. Berechnung der statischen und dynamischen Eigenschaften und Vergleich mit anderen Lagertypen. TU-München.

Köhler, G. und Rögnitz, H.: Maschinenteile, Teil 2. Teubner-Verlagsgesellschaft Stuttgart, 1992

Köhler / Rögnitz: Maschinenteile, Teil 1, Teubner-Verlag 1965

König, W. und Weck, M.: Zahnrad- und Getriebeuntersuchung. Bericht vom Laboratorium für Werkzeugmaschinen der TH Aachen.

Koppenschläger, F.D.: Über die Auslegung mechanischer Übertragungselemente an numerisch gesteuerten Werkzeugmaschinen, Aachen, Dissertation TH ,1969

Krausse, J.: Reaktionsharzbeton als Werkstoff für hochbeanspruchte Maschinenteile. Hanser-Verlag München, Wien 1987

Krug, H.: Flüssigkeitsgetriebe bei Werkzeugmaschinen, Springer-Verlag, Berlin

Loomann, J.: Zahnradgetriebe. Konstruktionsbücher Bd. 26. Springer-Verlag Berlin, Heidelberg, New York 1988

Löser, K., Ritter, K.: Betriebserfahrungen mit modularen Vakuum-Wärmebehandlungsanlagen in der Antriebstechnik. In „Elektrowärme International", Heft3/2007.

Menges G. (1987) Kunststoffverarbeitung, mit Langfaser verstärkten Kunststoffen. Vorlesungsumdruck, RWTH Aachen.

Milberg, J.: Werkzeugmaschinen Grundlagen, Springer-Verlag Berlin,1995

N.N.: Die Schmierung von Zahnradgetrieben. Druckschrift Klüber Lubrication München

N.N.: Getriebelagerungen. FAG Publ. WL 04200 DA 1988

N.N.: Mineralguss ABC. Firmenschrift. ACO Severin Ahlmann GmbH & CO K

N.N.: Stationäre Zahnradgetriebe. Druckschrift Mobil Oil AG Hamburg

N.N.: Zentralschmierung für Maschinen und Anlagen. Druckschrift Willy Vogel AG, Berlin

N:N: Wälzlager in Werkzeugmaschinen. SKF-Publikation Nr. 2580T, Schweinfurt, 1967

N:N:: Voith. Firmenprospekt Voith DIWA Getriebe, Voith Midimat Getriebe

Niemann, G.: Maschinenelemente. Bd. 1/3 , Springer-Verlag Berlin, Göttingen, Heidelberg 1983

Noppen, R.: Berechnung der Elastizitätseigenschaften von Maschinenbauteilen nach der Methode Finite Elemente. Diss. TH Aachen 1973

Opitz H. (1969) Aufbau und Auslegung hydrostatischer Lager – und Führungen und konstruktive Gesichtspunkte bei der Gestaltung von Spindel-Lagerungen mit Wälzlagern. Bericht über die VDW-Konstrukteur Arbeitstagung, TH Aachen.

Palmgreen, A.: Grundlagen der Wälzlagertechnik,3, Frankh'sche Verlagshandlung, Stuttgart

Perovic, B.: Werkzeugmaschinen und Vorrichtungen, Carl Hanser Verlag München Wien,

Pfannkoch: VDI-Arbeitsmappe für den Konstrukteur, VDI-Verlag, 1972

Pitroff G. (1969) Laufgüte von Werkzeugmaschinen Spindeln. SKF Kugellagerfabriken. WTS 690820 Schweinfurt.

Porsch G. (1969) Über die Steifigkeit hydrostatischer Führungen unter besonderer Berücksichtigung eines Umgriffs. Dissertation, RWTH Aachen.

Recktenwald, J.: Eigenschaften von Getriebegehäusen aus Polymerbeton, Konstruktion und Auslegung. Diss. TH Aachen 1987

Roloff / Matek: Maschinenelemente. Viewegs Fachbücher der Technik. 2006

Rötscher, F. : Die Maschinenelemente, Springer-Verlag, 1929

Sahm D. (1987) Reaktionsharzbeton für Gestellbauteile spanender Werkzeugmaschinen. Werkstoffseitige Möglichkeiten der Verbesserung des Betriebsverhaltens. Dissertation, RWTH Aachen.

Salje`, E.: Elemente der spanenden Werkzeugmaschinen, Carl Hanser Verlag München 1967

Schenk, O. und Pittroff, H.: Das Schwingungsverhalten des Systems Spindel und Wälzlager. SKF Kugellagerfabriken, Schweinfurt

Schmidt H. (1990) SKC-Gleitbeläge. Firmenschrift SKC Rödental

Schönfeld J. (1999) Hydrostatische Systeme für Werkzeugmaschinen. Firmenschrift: Hydrostatik Schönfeld.

Schöpke: Werkzeugmaschinengetriebe. Westermann-Verlag, Braunschweig

Schroeder W. (1997) Feinpositionierung mit Kugelgewindetrieben. VDI-Reihe 1, Nr. 277, VDI-Verlag Düsseldorf.

Seefluth, R.: Dauerfestigkeitsuntersuchung an Wellen-Naben-Verbindungen, Diss. TU Berlin 1970

Siebers G. (1970) Hydrostatische Lagerungen und Führungen. Blaue Reihe Heft 97, Verlag Hallwag Bern Stuttgart.

Stephan: Optimale Stufengetriebe. Springer-Verlag, Berlin

Sybel R. (1962) Experimentelle Untersuchungen über Tragfähigkeit und Vibration von Luftlagern. Dissertation TU München.

Thum A. (1941) Steifigkeit und Verformung von Kastenquerschnitten. VDI-Forschungsheft 409. VDI-Verlag Berlin.

Thum: Spannungszustand und Bruchausbildung, Springer-Verlag 193

Tschätsch, H.: Werkzeugmaschinen der spanenden und spanlosen Formgebung. Carl Hanser Verlag, München, Wien 2003

VDI 2201: Gestaltung von Lagerungen; Einführung in die Wirkungsweise der Gleitlager. Hrsg. Verein Deutscher Ingenieure 1968

VDI 2204 (1992) Gleitlagerberechnung, Hydrodynamische Gleitlager für stationäre Belastung.

VDW-Bericht 0153. Untersuchung von Wälzführungen zur Verbesserung des statischen und dynamischen Verhaltens von Werkzeugmaschinen.

Verein Deutscher Eisenhüttenleute. Werkstoffkunde Stahl. Band 2, Springer-Verlag, Berlin 1985

Volk, P.: Antriebstechnik in der Metallverarbeitung. Springer-Verlag, Berlin 1966

Vollhüter, F.: Einfluss der Achsversetzung auf die Grübchen- und Zahnfußtragfähigkeit von spiralverzahnten Kegelrädern, Diss. TU München, 1992

Volmer, J,; Brock, R.: Getriebetechnik. Verlag Technik, Berlin 1995

Weck M. (1981) Einsatz von Geradführungen an Werkzeugmaschinen. Industrie Anzeiger 103.

Weck M. (1986) Anforderungsprofile an Fertigungseinrichtungen zur Ver- und Bearbeitung von Faserverbundwerkstoffen mit Kunstharzmatrix. VDW-Forschungsbericht 0150.

Weck, M.: Werkzeugmaschinen, Fertigungssysteme 2, Konstruktion und Berechnung. VD–Buch, Springer, Berlin, Heidelberg, Springer-Verlag 2002

Weck, M.: Werkzeugmaschinen, Fertigungssysteme 3, Mechatronische Systeme, Vorschubsysteme und Prozessdiagnose. VDI-Buch Springer Berlin, Heidelberg, Springer–Verlag 2001

Wiemer A. (1969) Luftlagerung. VEB-Verlag Technik, Berlin.

Willy Vogel AG. Zentralschmierung für Maschinen und Anlagen. Firmenschrift, Berlin.

Witte, H.: Werkzeugmaschinen. Vogel-Verlag, Würzburg 1994

Wollhofen, G.P.: Getriebeschmierung in der Anlagentechnik. Expert verlag, Ehningen, 1990

Zangs L. (1975) Berechnung des thermischen Verhaltens von Werkzeugmaschinen. Dissertation, RWTH Aachen.

Zimmer (2006) Klemm- und Bremselemente für Linearführungen. Firmenschrift, Zimmer Rheinau.

37 Stichwortverzeichnis

A

Abdichtung.. 50, 105, 144, 145, 197, 199, 201, 202, 204, 214, 283, 285, 297, 319, 320, 323, 334
Ablaufgenauigkeit.. 62, 74
Abstandsregelung.. 113
Abstreifer..... 31, 129, 132, 145, 147, 164, 319, 346, 348, 349, 350, 357
Abströmung... 229, 230
Aerostatische Drehführungen.. 247
Amagnetischer Stahl... 144
Anschlussflächen.. 62, 63
Anschluss-Konstruktion.. 61, 62
Anwendungsbeispiel.. 213, 238
Arbeitsspindel.. 4, 80, 190, 206, 221, 257
Auswahl von Führungen.. 9, 11
Auswertmethoden.. 73
Autokollimator.. 70, 71, 72
Axial Schrägkugellager.. 208

B

Baugröße.. 12, 13, 166, 309, 335, 345, 346, 368
Belastungsparameter... 67
Berechnung....... 108, 228, 229, 254, 260, 281, 349, 362, 368, 371, 391, 392, 394, 395, 396, 397
Berechnungsbeispiel.. 31, 124, 249
Berechnungsprogramm.. 362, 368
Berührende Dichtsysteme.. 322
Berührungsfreie Dichtsysteme.. 327
Betriebskosten.. 1, 13, 20, 309
Betriebsparameter.. 257, 258
Bewegungsführungen... 2, 3, 19, 20
Bewertungskriterien.. 14, 15
Blechabstreifer.. 146
Blenden.. 87
Brems- und Klemmelement.. 166, 167

C

Closed-Loop... 182
Crash-Sicherheit.. 50, 54, 57, 60

D

Dämpfung.. 3, 4, 12, 13, 17, 20, 26, 45, 51, 55, 58, 59, 61, 93, 105, 106, 107, 122, 123, 151, 152, 170, 171, 172, 173, 175, 225, 235, 237, 240, 242, 254, 256, 259, 261, 262, 340
Dämpfungselemente... 59, 170
Dämpfungsleiste.. 52, 59
Dämpfungsschlitten.. 59, 61, 152, 171, 172, 173, 174
Dauergenauigkeit...... 3, 16, 38, 105, 151
Dichtelemente.. 147
Dichtung.... 142, 145, 146, 297, 319, 320, 321, 322, 326, 334, 336
Doppelreflektor... 71
Drahtwälzlager.. 227
Drehführungen.. 3, 7, 8, 64, 190, 205, 215
Drehzahlen.... 78, 95, 115, 190, 195, 200, 201, 202, 206, 207, 209, 214, 216, 219, 220, 221, 222, 223, 224, 231, 237, 238, 248, 251, 261, 262, 283, 284, 289, 293, 297, 325, 327, 377, 393
Drosselkontrolleinheit.. 86, 87
Drosseln....... 83, 85, 86, 87, 91, 96, 101, 234, 327
Druckluft.... 106, 107, 163, 182, 248, 273, 275, 280, 290, 293, 294, 297, 333
Druckmittel.. 92
Druckwinkel... 208, 211, 217
Durchflussgleichung.. 81
Düsen-Luftlager.. 107

E

Eigenschwingungen... 261
Eindüsen-Luftlager... 107
Einlaufverhalten.. 12, 13, 143
Einspritzschmierung.. 297, 298, 301
Einspritztechnik... 48
Elektrodynamisches Schweben... 113
Elektromagnetische Drehlagerung.. 251
Elektromagnetische Geradführung.... 112
Entscheidungsstufen.. 10, 12, 15

F

Fangkammer.............................330, 332
Federenergiespeicher........164, 165, 272
Federungsdifferenz............................54
Fehler der Gleitführung.......................66
Feindrehversuch..............................219
Fernüberwachungssystem................336
Fettschmierung..138, 139, 214, 220, 285, 287, 288, 289
Flächenpressung....29, 31, 64, 122, 123, 135, 170, 338, 341, 343, 375
Flachführung...19, 20, 23, 33, 34, 35, 64, 149, 168
Flachkäfigwälzführung.......................22
Fließfett..139
Formvermessung........................72, 73
Fotoelektrische Drehgeber................312
Fräskopfachse................................278
Freiheitsgrade.................................4, 72
Fressen von Führungen......................13
Fressverschleiß..............134, 150, 342
Frischölzufuhr.................................327
Frontabstreifer..........146, 147, 148, 321
Führungsart...8
Führungsbahn Abstreifer..................319
Führungs-Beschichtung....................141
Führungsbreite...................................17
Führungselemente..........8, 64, 149, 362
Führungsfehler...................................66
Führungsgenauigkeit..........1, 3, 75, 106
Führungsmagnet......................119, 120
Führungspaare...........................7, 149
Führungsprinzip......................9, 12, 64
Führungsprinzipien................12, 14, 78
Führungsspiel..................................3, 4
Führungstypen...................................18

G

Geradführungen....7, 8, 9, 12, 17, 33, 50, 51, 64, 65, 106, 122, 149, 396
Geradheitsmessung.....70, 71, 72, 73, 75
Gestaltungsbeispiel..........................330
Gewichtsersparnis............................227
Gewichtung.........................14, 15, 215
Gleitbelagtechnik...............................48
Gleitbuchsen....................................308
Gleitende und rollende Reibung.........64
Gleitführung....12, 15, 16, 19, 20, 48, 50, 51, 57, 59, 60, 64, 108, 122, 123, 149, 150, 151, 172, 341, 342, 391
Gleitgeschwindigkeit...31, 40, 46, 78, 79, 92, 108, 123, 135, 136, 195, 310, 322, 323, 341
Gleitkufen..119, 197, 198, 199, 201, 202, 204
Gleitlagerwerkstoffe..........................359
Gleitreibung...1, 3, 45, 57, 108, 151, 339, 340
Graphitlager.....................................308
Grenzdrehzahlen..............222, 224, 315

H

Hallsensoren....................................180
Herstellkosten..................3, 13, 20, 361
Hydraulikplan......................................98
Hydrodynamische Drehführungen.....193
Hydrodynamische Druckbildung..........40
Hydrodynamische Gleitführung.....12, 20
Hydrodynamische Spindel........194, 201
Hydrostatische Axiallager.........238, 239
Hydrostatische Drehführungen..........228
Hydrostatische Führung......19, 102, 103, 104
Hydrostatische Spindelmutter............241
Hydrostatische Spindeln....................234
Hydrostatischer Gewindetrieb............239

I

Inkrementale Drehgeber....................312

K

Kapillare...........................86, 87, 97, 98
Keramiklager.....................................308
Keramische Wälzkörper.....................145
Kippsteifigkeit............107, 111, 221, 222
Klemmeinrichtungen.................162, 168
Klemmgefahr..................................39, 40
Klemmkraft........162, 163, 167, 270, 275, 278, 279
Klemmsysteme..........162, 270, 271, 393
Klemmung........163, 166, 168, 169, 270, 272, 273, 277, 278, 279, 281, 282
Kolbendrossel..............................89, 91
Konstruktive Varianten..........................9
Kontaktsteifigkeit.......................122, 123
Kreisführungen.....................................3
Kunststoff....29, 31, 47, 48, 49, 135, 144, 227, 308, 348, 358, 360
Kunststofflager..................................308

L

Lageabweichungen................66, 67, 186
Lagerbelastung.......78, 85, 95, 96, 97, 98
Lagerspalt.......81, 82, 87, 101, 106, 107, 247, 248, 306
Lagersysteme..22, 27, 79, 191, 192, 206, 220, 392
Längenmessgeräte.......................... 182
Laser..................70, 71, 74, 75, 108, 347
Laser-Interferometer................71, 74, 75
Laservermessung..........................74, 75
Lebensdauervergleich.......................... 56
Leichtlaufdichtung.............................. 322
Leistungsverstärker..................252, 254
Linearantrieb....................................... 110
Linearmotor.......103, 112, 115, 116, 120, 121, 160, 239, 240, 241, 242, 244
Linearmotorachsen....................159, 160
Linearsystem.............................158, 159
Loslager.....................208, 216, 217, 218
Luftlager.....106, 107, 108, 110, 111, 247, 248, 341

M

Magnetlager.......192, 251, 252, 253, 254, 255, 256, 257, 259, 260, 261, 262, 263, 264, 265, 266
Magnetlager Motorspindel.................. 261
Magnetoresistives Messprinzip......... 185
Magnetschwebetechnik......112, 118, 265
Maschinenabweichungen.................... 67
Mehrkreispumpe.................................. 85
Membrandrosseln..........................16, 96
Messfunktionen.................................... 73
Messgerät...............................67, 71, 74
Messort.......................................67, 176
Messprinzipien...................................... 67
Messsignal Verarbeitung.................. 180
Messsysteme.....176, 177, 179, 224, 301, 312, 314
Messverfahren......67, 68, 69, 70, 71, 72, 176, 185, 188, 189, 378
Mikrodüsen-Luftlager......................... 108
Minimalschmierung............................ 293

N

Neigungswaage......................70, 71, 72
Normen.....................................359, 372
Normen von Lagerschäden.............. 372
Nutzwertanalyse..........................12, 15

O

Ölfilmsteifigkeit..........................95, 98, 99
Ölkanäle.....................................325, 327
Öl-Luft-Schmierung............................ 291
Ölnebelschmierung............221, 289, 290
Ölschmierung.....138, 139, 152, 214, 220, 285, 299, 300, 322, 333
Ölsumpftemperatur............................ 325
Ölversorgung.. 83, 85, 86, 105, 193, 195, 225, 237
Ölversorgungssystem..16, 20, 84, 86, 95, 246

P

Passleiste..................................34, 35, 36
Permanentmagnetisches Schweben..113
Positionsabweichung............................ 74
Positionsempfindliche Diode................ 69
Positionsmessung.............................. 179
Präzisionsbearbeitung......256, 257, 258, 259
Prismenführung.....20, 23, 32, 33, 34, 51, 53
Profilschienenführung.......139, 152, 153, 159, 165, 172, 184, 319, 345
Prüflineal.. 69
Pumpe.......78, 79, 80, 83, 84, 85, 86, 92, 96, 97, 98, 105, 228, 231, 232, 233, 297

R

Regelung.....98, 114, 187, 231, 233, 252, 254, 255, 258, 259
Reibfunktionsdiagramm...................... 131
Reibkraft........46, 50, 123, 126, 278, 320, 333, 339, 341, 345, 346
Reibung.......4, 13, 22, 24, 43, 44, 45, 50, 51, 64, 78, 92, 105, 108, 121, 138, 141, 193, 207, 220, 222, 240, 261, 285, 286, 308, 310, 322, 324, 338, 339, 340, 341, 343, 359, 377
Reibungsarten...................................... 43
Reibungsbeiwert..........................45, 50
Reibungskoeffizienten......123, 129, 339, 341, 344
Resolver...................................179, 180
Rollenführungen.......51, 54, 57, 62, 156, 341
Rollenumlaufschuh.....................22, 59
Rolloabdeckung................................ 352

Rücklaufkanal.. 330
Rundachsenlagerung 221
Rundführung.. 24, 33, 38
Rundtisch... 225, 250, 265, 266, 312, 316

S

Schadenbilder.. 372, 373, 375
Schadensverläufe.. 372
Schadenursache.. 375
Schmalführungen 34, 127
Schmierdruck.. 78
Schmiereinheit.. 141
Schmierkeilformen.. 41, 42
Schmiernuten 49, 129, 131
Schmierstoff.. 9, 129, 139, 142, 145, 283, 285, 290, 292, 295, 304, 319, 320, 322, 323, 326, 341, 376, 377
Schmierstoffmenge.. 143, 290, 291
Schmierstoffzuführung 294, 295, 296
Schmierung.... 50, 80, 92, 128, 129, 131, 132, 134, 135, 138, 139, 141, 145, 152, 195, 197, 199, 201, 202, 204, 207, 248, 251, 261, 283, 285, 287, 289, 290, 293, 297, 302, 305, 306, 308, 310, 311, 333, 338, 341, 342, 343, 358, 359, 375, 393, 395
Schmierverhalten.. 29
Schutzabdeckungen.. 347, 355
Schutzvorrichtungen.. 9
Schwalbenschwanzführung.. 20, 34
Schwebezustand.. 113, 119, 252
Schwerlastklemmung 165, 166
Schwingungsdämpfung.. 172
Schwingungsgedämpftes Rundtischlagersystem.. 224
Selbstschmierende Gleitlager 304
Semiclosed-Loop.. 182
Sensorsignal.. 255, 336
Sicherheitsklemmung.. 163, 164
Sinterlager 108, 304
Spachteltechnik.. 47, 49
Spalthöhe.. 80, 82, 83, 88, 95, 96, 97, 98, 99, 123, 229, 230, 231, 241, 324, 333
Sperrluft.. 139, 327, 332, 333, 336
Spindel... 3, 80, 187, 190, 193, 194, 195, 197, 198, 199, 200, 201, 202, 203, 204, 206, 208, 209, 211, 214, 219, 220, 221, 231, 234, 237, 238, 242, 249, 250, 251, 253, 254, 255, 256, 258, 259, 264, 270, 290, 291, 312, 330, 333, 350, 361, 395
Spindeleinheiten.. 190
Spindellager..... 197, 207, 208, 209, 214, 216, 217, 219, 220, 221
Spindellagerung.. 99, 190, 215, 333
Squeeze-Film-Effekt.. 105, 123
Stahlabdeckungssysteme.. 350
Stahlführungen 49
Steifigkeit.. 3, 4, 8, 13, 15, 16, 17, 22, 25, 45, 50, 51, 52, 53, 54, 55, 57, 58, 62, 64, 77, 82, 96, 97, 98, 101, 105, 106, 107, 117, 122, 150, 151, 152, 165, 172, 174, 175, 180, 190, 193, 195, 197, 202, 206, 207, 208, 214, 215, 221, 224, 227, 231, 234, 235, 237, 247, 248, 254, 258, 261, 264, 272, 288, 312, 333, 360, 361, 392, 395, 396
Stellmagnet.. 252, 253
Steuerstrom.. 252, 253, 254
Stick-Slip.... 4, 12, 13, 14, 15, 16, 20, 26, 31, 45, 50, 57, 60, 105, 106, 108, 129, 150, 151, 170, 268, 319, 339, 341, 342, 343
Stribeck-Kurve.. 9, 45, 46, 341
Strukturierung von Gleitflächen.. 135

T

Taschen.. 79, 80, 82, 83, 89, 98, 99, 105, 229, 231, 232, 233, 235
Taschendruck.. 78, 80, 81, 85, 88, 96, 229, 230
Taschen-Drucköl-System.. 231
Teflongewebe.. 308, 309, 310
Teilschmierung 343
Teleskop-Stahlabdeckung.. 348, 349
Temperaturdifferenz.. 205
Thermisch neutrale Hauptspindellagerung 209
Thermische Belastung.. 324
Tischführungen.. 5, 16, 43, 44
Tischgeradheit.. 69
Tragfähigkeit... 17, 20, 22, 26, 50, 52, 53, 54, 95, 96, 98, 108, 137, 142, 143, 202, 207, 229, 293, 392, 396
Tragmagnet 119, 120
Tragzahl.. 54, 55, 368
Tribologische Eigenschaften 308, 341
Tribologische Mechanismen.. 136

U

Umgriff.. 80, 83, 95, 96, 97, 98, 102, 103, 104

Umgriffleisten.......................36, 64, 102
Umlaufschmierung....197, 199, 201, 202, 204
Unrundschleifen...............................257
Unwuchtkompensation.....................258

V

Verbundwerkstoff......................227, 360
Verformungsanalyse.........................122
Verschiebekraft...32, 33, 55, 57, 61, 320, 346
Verschleiß- und Korrosionsschutz.....142
Verschleißwerte...............................133
Verschmutzungsgrad................145, 147
Verstellführungen............................2, 20
Verunreinigungen.......79, 285, 290, 304, 333, 376, 377
Vier-Punkt-Lager...............................227
Viskosität......78, 79, 87, 92, 93, 96, 108, 129, 170, 194, 197, 199, 201, 202, 204, 229, 230, 231, 292, 293, 304, 340, 341, 342, 343, 345, 376, 377
Vordruckpumpe..................................85
Vorschubachsen..................5, 343, 346
Vorschubantrieb..................57, 151, 243
Vorspannkraft..............................51, 205
Vorspannung...22, 25, 26, 51, 55, 62, 64, 82, 103, 111, 132, 142, 152, 174, 194, 195, 207, 208, 209, 211, 217, 219, 251, 277, 286, 301, 346, 357, 368
Vorwiderstände..................................98

W

Wälzende Drehführung......................205
Wälzführung....12, 15, 20, 21, 45, 51, 52, 57, 59, 61, 150, 151, 152, 172
Wälzlagerschäden.....................302, 375
Wärmeausdehnung...........305, 306, 360
Wärmedehnung..........34, 211, 220, 360
Wärmeentwicklung..............78, 228, 230
Wartungsbedarf.............................12, 13
Wellenführung......................................24
Wellenverlagerung............................233
Werkstoffe.....29, 47, 108, 267, 268, 336, 338, 358, 360
Werkstoffpaarung...9, 12, 29, 31, 32, 44, 134, 150, 341
Werkzeugmaschinentisch...........53, 116

Z

Zahnstangen-Schnecke-System.......243